普通高等教育"十一五"国家级规划教材

大学化学实验

第二版

柯以侃　王桂花　主编

化学工业出版社
·北京·

本书在原第一版的基础上做了适当的调整与增补，全书分为两部分：上篇化学实验基础知识；下篇实验部分。

上篇分为七章，系统讲述了化学实验方法与技术的共性知识，如实验课的目的与要求、实验室用水、常用仪器与试剂、实验室安全、实验数据处理、化学实验基本操作、量测仪器与方法等。并且在第一版的基础上增加了化学实验设计与化学信息资源两章，为学生更好地完成设计实验提供必要的基础知识。

下篇的编排做了部分调整，以化学二级学科分章替代了原第一版的以实验层次分章的编排，实践证明这样的编排更有利于实验教学的安排。下篇的实验内容做了更新，融入了教师最近几年的部分教研成果，总计收入实验 100 个。

书末附录中编入了有关计量单位的必要内容与重要的物理常数。

本书供大学工科化工类专业学生使用。

图书在版编目 (CIP) 数据

大学化学实验/柯以侃，王桂花主编．—2版．—北京：化学工业出版社，2010.8（2014.8重印）
普通高等教育"十一五"国家级规划教材
ISBN 978-7-122-08986-1

Ⅰ．大… Ⅱ．①柯…②王… Ⅲ．化学实验-高等学校-教材 Ⅳ．O6-3

中国版本图书馆 CIP 数据核字（2010）第 123064 号

责任编辑：任惠敏　　　　　　　　　　　文字编辑：陈　雨
责任校对：顾淑云　　　　　　　　　　　装帧设计：韩　飞

出版发行：化学工业出版社（北京市东城区青年湖南街13号　邮政编码100011）
印　　装：大厂聚鑫印刷有限责任公司
787mm×1092mm　1/16　印张 32½　字数 831 千字　2014 年 8 月北京第 2 版第 5 次印刷

购书咨询：010-64518888（传真：010-64519686）　　售后服务：010-64518899
网　　址：http://www.cip.com.cn
凡购买本书，如有缺损质量问题，本社销售中心负责调换。

定　　价：58.00元　　　　　　　　　　　　　　　　　　　版权所有　违者必究

前　言

本书第一版自 2001 年出版以来，一直作为我校学生化学实验课程的教材使用至今已历时 9 年，它在提高我校化学实验教学的质量和完成整体上对学生观察能力、科学研究、创新能力以及掌握完整的化学实验知识的培养上起到了一定的积极促进作用。在 2005 年被北京市教育委员会评为北京高等教育精品教材，并于 2006 年列入普通高等教育"十一五"国家级教材规划。使用本教材的"大学化学实验"课程于 2005 年获国家精品课程。以上奖励是对本教材的肯定和鼓励。本次再版仍秉承第一版的编写原则：以素质教育和创新教育为核心，跨越以化学二级学科为依托及实验教学依附理论教学的传统框架，使之成为独立的，具有自身规律和理论方法及手段的一门新的课程——大学化学实验。并循序渐进地以"基础训练实验—综合实验—设计研究实验"三层次实验教学方法和按照"化合物制备→分离→成分分析→结构鉴定→性质测试"的一般研究顺序来组织实验教学内容。

本次修订在第一版的基础上做了部分的更新、修改和调整，并增加了新的章节，主要修订内容如下：

（1）上篇由原来的五章增加至七章，增加了化学试验设计和化学信息资源两章，为学生更好地完成设计实验提供必要的基础知识。

（2）对部分章节做了更新。第二章第二节改为化学实验室常用设备，包括了实验室常用电热设备、电动设备、超声清洗设备和微波制样设备；第四节化学试剂常识增加了标准物质和化学试剂的性质及使用方法。第三章增加了测量不确定度一节。第五章的仪器设备做了全面的更新，尽可能使学生了解当前的仪器发展水平。

（3）本次修订对第四章化学实验基本操作力争做到更为规范。书中介绍的操作规程尽量符合国家相关标准的规定与要求。并尽可能多介绍一些目前受到广泛重视的和具有良好应用前景的新的操作技术。

（4）本书对下篇的编排做了调整，即以化学二级学科分章替代了第一版中以实验层次分章的编排。实践证明这样的编排更有利于实验教学的安排，我校两年的"大学化学实验"课程的具体安排顺序和本书下篇的实验目录顺序是一致的。下篇的实验内容做了部分更新，融入了教师最近几年的部分科研成果。总计收入实验 100 个。

本教材上篇的修订由柯以侃负责，下篇的修订由王桂花负责，其他参加人员有张丽丹、楚进锋、李明磊、韩春英、董慧茹、马丽景、唐光诗、靳兰、李蕾、孙鹏、左蕾等，全书由柯以侃统稿。

本教材在编写和出版过程中得到编者所在单位北京化工大学理学院领导和化学工业出版社的支持及责任编辑的指导，在此一并致谢。

在修订工作中虽力求教材质量有新的提高，但错误与不足之处在所难免，恳请同仁和读者指正。

编者

2010 年 4 月

第一版前言

自 1996 年由教育部立项的《面向 21 世纪工科（化工类）化学课程体系和教学内容改革》的项目后，我校对原来的以化学二级学科为依托的化学课程体系作了新的整合。其中组建《大学化学实验》课程是课程体系改革和化学教学基地建设中的重要一步。

面向 21 世纪知识经济时代的到来，新的课程体系要自始至终以开发学生的创造力为目标，要有利于学生获取知识能力的培养，有利于学生综合能力和素质的培养，有利于学生树立正确的世界观和方法论。暨于无机、分析、有机、物化四门实验独立设课所存在的一些缺陷以及化学实验教学在工科化工类专业的教学中所占有的极大比重和地位，它要完成在整体上对学生观察能力、科学研究、创新能力和独立处理突发事件能力等多方位能力，以及掌握完整的化学实验知识的培养，因此必须对原有的实验课程作整体的优化组合。

近几年来，经过调查分析，并借鉴其它高校在化学实验改革方面的经验。为了更好地发挥化学实验教学在人才综合素质培养方面的独特作用，对实验内容、实验层次、实验组合、实验方法等方面进行全方位优化，将实验按基本操作、基本技能、综合实验和设计实验组织教学。本书是为了适应实验课程体系改革而编写的配套教材。

本教材分为两篇，上篇是化学实验基础知识，分为绪论、化学实验室基本常识、实验数据处理、化学实验基本操作及仪器和方法等五章，以使学生能较系统地掌握化学实验方法与技术的共性。下篇是实验部分，共分为四章，包括基本操作及基本技能训练实验、基础化学实验、综合实验部分和设计实验部分。总计收入实验 85 个，其中包括综合实验和设计实验 19 个。在选取每个实验项目时除了保留了一定数量的经典实验外，还要体现各化学学科之间相互交叉渗透的时代特点和实验的多型化。并将近几年教师的部分科研成果融入到实验中，力求在实验的内容和质量上有所创新和提高。

本教材是我校理学院化学系从事基础化学实验教学全体教师集体研究和初步实践的成果。参加本书编写的有李玉珍、金鑫、王金玲、董淑莲、陈咏梅、杨文胜、王上荣、柯以侃、王桂花、王志华、杨屹、李宝瑛、董慧茹、张丽娟、王涛、王勤娜、杜洪光、田虹、韩克飞、马丽景、章庆权、张丽丹、李伟峰、曹维良、郭洪猷、万有志、苏建茹等，全书由柯以侃统稿。

本教材在编写和出版过程中得到北京市高等学校教育教学改革试点项目（1999 年）和北京化工大学化新教材建设基金的资助，化工出版社的支持及任惠敏编审的指导，在此一并致谢。

由于我们水平所限及教学实践的时间尚短，错误与不足之处在所难免，祈望同仁和读者指正。

编者
2001.3

目 录

上篇 化学实验基础知识

第一章 绪论 ······ 1
  第一节 化学实验课的目的和要求 ······ 1
  第二节 学生实验守则 ······ 2
  第三节 实验预习、实验记录和实验报告 ······ 2

第二章 化学实验室基本常识 ······ 4
  第一节 化学实验室用水 ······ 4
  第二节 化学实验室常用设备 ······ 7
  第三节 化学实验室常用玻璃仪器及其他制品 ······ 19
  第四节 化学试剂常识 ······ 30
  第五节 实验室常用气体钢瓶的标志和使用 ······ 40
  第六节 化学实验室安全 ······ 42

第三章 实验数据处理 ······ 45
  第一节 数据记录与有效数字 ······ 45
  第二节 实验数据的统计处理 ······ 46
  第三节 间接测量中误差的传递 ······ 50
  第四节 实验结果的表示方法 ······ 51
  第五节 计算方法在实验数据处理中的应用 ······ 53
  第六节 测量不确定度 ······ 59

第四章 化学实验基本操作 ······ 61
  第一节 玻璃仪器的洗涤和干燥 ······ 61
  第二节 玻璃加工操作与塞子的加工 ······ 62
  第三节 试管实验与离子鉴定基本操作 ······ 65
  第四节 化学制备和质量分析基本操作 ······ 71
  第五节 分析天平和称量操作 ······ 85
  第六节 滴定分析基本操作 ······ 95
  第七节 有机化合物物理性质的测定 ······ 107
  第八节 分离操作技术 ······ 113
  第九节 有机合成的特殊技术 ······ 137

第五章 仪器和方法 ······ 140
  第一节 温度的测量 ······ 140

第二节　压力的测量……………………………………………………………… 148
　　第三节　真空技术………………………………………………………………… 151
　　第四节　黏度的测定……………………………………………………………… 157
　　第五节　表面张力测定…………………………………………………………… 159
　　第六节　电化学及电化学分析测试仪器………………………………………… 161
　　第七节　光谱分析仪器…………………………………………………………… 174
　　第八节　核磁共振波谱仪………………………………………………………… 198
　　第九节　色谱分析仪器…………………………………………………………… 201
　　第十节　热分析仪………………………………………………………………… 210

第六章　化学试验设计……………………………………………………………… 216
　　第一节　试验指标、因素和水平及试验设计…………………………………… 216
　　第二节　正交试验设计…………………………………………………………… 217
　　第三节　均匀设计试验法………………………………………………………… 227

第七章　化学信息资源……………………………………………………………… 231
　　第一节　化学化工类工具书……………………………………………………… 231
　　第二节　网络化学信息资源……………………………………………………… 242

下篇　实验部分

第八章　无机及分析化学实验部分………………………………………………… 250
　　第一节　基本操作及基本技能训练实验………………………………………… 250
　　　　实验一　玻璃仪器的认领和洗涤…………………………………………… 250
　　　　实验二　玻璃管加工………………………………………………………… 250
　　　　实验三　固体和液体物质的称量…………………………………………… 251
　　　　实验四　酸碱溶液浓度的比较……………………………………………… 252
　　　　实验五　氢氧化钠标准溶液的标定和工业乙酸含量测定………………… 253
　　　　实验六　电离平衡和沉淀反应……………………………………………… 256
　　　　实验七　碳酸钠的制备及其总碱量的测定………………………………… 262
　　第二节　基础化学实验部分……………………………………………………… 265
　　　　实验八　元素及化合物性质（一）………………………………………… 265
　　　　实验九　元素及其化合物性质（二）……………………………………… 279
　　　　实验十　配位化合物的形成和性质………………………………………… 285
　　　　实验十一　混合离子的分离与鉴定………………………………………… 289
　　　　实验十二　硫代硫酸钠的制备……………………………………………… 293
　　　　实验十三　络合滴定法测定水的硬度……………………………………… 294
　　　　实验十四　铅铋混合液中 Bi^{3+}、Pb^{2+} 的连续测定 ………………… 296
　　　　实验十五　高锰酸钾法测定 H_2O_2 的含量……………………………… 297
　　　　实验十六　氯化物中氯含量的测定（莫尔法）…………………………… 299
　　　　实验十七　定 pH 滴定法测定甲酸、乙酸混合酸中各组分含量………… 300
　　　　实验十八　氟离子选择性电极测定水中氟含量…………………………… 302

实验十九	邻二氮菲吸光光度法测铁	305
实验二十	溶剂浮选吸光光度法测定痕量铜	307
实验二十一	原子吸收分光光度法测定水的硬度	309
实验二十二	水中铜和锰的火焰原子吸收测定	310
实验二十三	电感耦合等离子体发射光谱定性分析	312
实验二十四	空气中氧、氮的气相色谱分析	314

第三节 综合实验部分 …… 316
　实验二十五 硫酸亚铁铵的制备及其 Fe^{2+} 含量的测定 316
　实验二十六 硫酸铜的提纯及组成分析 319
　实验二十七 三草酸合铁（Ⅲ）酸钾的合成及 $C_2O_4^{2-}$ 含量的测定 326
　实验二十八 三氯化六氨合钴的制备及其组成的测定 327
　实验二十九 环境友好产品的制备 330
　实验三十 高岭土中杂质铁的去除与增白 336
　实验三十一 洁厕灵中酸的定性及定量分析 338
　实验三十二 配位化合物的配位数及稳定常数的测定 339

第四节 设计实验部分 342
　实验三十三 水处理絮凝剂——聚碱式氯化铝的制备 343
　实验三十四 化学沉淀法制备高纯 α-Al_2O_3 纳米粉末 343
　实验三十五 胃舒平药片中铝和镁含量的测定 344
　实验三十六 多组分光度计算分析——同时测定高含量铜、镍、钴、铁 344
　实验三十七 废含钼催化剂中钼的化学回收 345

第九章 有机化学实验部分 347

第一节 基本操作及基本技能训练实验 347
　实验一 有机物的萃取和重结晶 347
　实验二 熔点、沸点的测定及温度计校正 347
　实验三 普通蒸馏 348

第二节 合成与制备实验及有机分析 349
　实验四 环己烯的制备 349
　实验五 1-溴丁烷的制备 350
　实验六 7,7-二氯双环 [4.1.0] 庚烷的合成（常量） 351
　实验七 碘苯的制备（微量） 352
　实验八 2-甲基-2-己醇的制备（微量和常量） 354
　实验九 乙醚的制备 356
　实验十 正丁醚的制备（微量） 357
　实验十一 苯亚甲基丙酮的制备 358
　实验十二 己二酸的制备 359
　实验十三 肉桂酸的制备（半微量） 359
　实验十四 邻苯甲酰苯甲酸的制备 361
　实验十五 乙酸异丁酯的制备（常量） 362
　实验十六 乙酰乙酸乙酯的制备（微量和常量） 363

实验十七　乙酰水杨酸的合成……365
　　实验十八　从茶叶中提取咖啡因（常量）……366
　　实验十九　紫外光谱法定性分析实验……368
　　实验二十　红外光谱法定性分析……372
　　实验二十一　核磁共振实验……374
　　实验二十二　气相色谱法测定混合物中乙醇的含量……376
　　实验二十三　色谱-质谱联用实验……377
　第三节　综合实验部分……378
　　实验二十四　1-溴丁烷和1-氯丁烷的竞争反应（常量）……378
　　实验二十五　绿色植物中色素的提取和色谱分离（常量）……381
　　实验二十六　对正十二烷氧基苯胺的合成及含量分析……382
　　实验二十七　1,2,3-苯并三唑的合成及结构表征……383
　　实验二十八　二茂铁衍生物的合成、分离及结构鉴定……384
　　实验二十九　乙酸乙酯的制备、结构表征及其含量测定……387
　　实验三十　1,1′-联-2-萘酚（BINOL）的合成及拆分……388
　第四节　设计实验部分……390
　　实验三十一　昆虫驱逐剂——OFF 的合成……390
　　实验三十二　聚合物尼龙66的制备……391
　　实验三十三　染料甲基橙的制备及鉴定……391

第十章　物理化学实验部分……393
　第一节　基本操作及基本技能训练实验……393
　　实验一　恒温槽的安装、灵敏度测定以及不同温度下液体黏度等的测定……393
　　实验二　物质摩尔质量的测定……398
　　实验三　燃烧热的测定……403
　　实验四　静态法测定液体的饱和蒸气压……408
　第二节　常数与物性测定……411
　　实验五　电离平衡常数的测定……411
　　实验六　难溶强电解质溶度积常数的测定……417
　　实验七　分解反应平衡常数的测定……423
　　实验八　二组分体系气液相图……425
　　实验九　原电池电动势的测定……427
　　实验十　电势法测定电解质离子平均活度系数与标准电极电势……431
　　实验十一　氢超电势的测定……434
　　实验十二　溶液的吸附作用和液体表面张力的测定……436
　　实验十三　蔗糖水解反应速率常数的测定……439
　　实验十四　乙酸乙酯皂化反应速率常数的测定……441
　　实验十五　比色法研究甲基紫反应动力学……443
　　实验十六　反应活化能的测定……446
　　实验十七　X射线粉末法……448
　第三节　综合实验部分……451

实验十八　用差热分析方法研究Cu-Cr氧化物催化剂的还原动力学 …………… 451
　　实验十九　固体吸附剂比表面的测定…………………………………………………… 454
　　实验二十　镁铝水滑石清洁合成、组成分析及其晶体结构表征……………………… 457
　　实验二十一　气相色谱法测定二氧化碳在活性炭吸附剂上的饱和吸附量 ………… 460
　　实验二十二　脉冲色谱法研究分子筛催化剂催化异丙苯裂解反应动力学………… 462
　　实验二十三　循环伏安法测定饮料中糖的含量 …………………………………… 465
　　实验二十四　十二烷基硫酸钠的合成及表征 ……………………………………… 468
　　实验二十五　气相色谱法研究催化燃烧法处理工业有机废气的Cu-Mn-Zr-O
　　　　　　　　催化剂的催化活性 ……………………………………………………… 473
　第四节　设计实验部分…………………………………………………………………… 475
　　实验二十六　吸收法治理SO_2气体的研究 ………………………………………… 475
　　实验二十七　治理烟道气中的NO_x气体研究 ……………………………………… 476
　　实验二十八　乙酸乙酯皂化反应的活化能的测定 ………………………………… 476
　　实验二十九　$2Ag(s)+Hg_2Cl_2(s)\Longrightarrow 2AgCl(s)+2Hg(l)$反应的$\Delta G$、$\Delta H$、$\Delta S$和
　　　　　　　　K的测定 ………………………………………………………………… 476
　　实验三十　水杨酸分子量的测定 …………………………………………………… 477

主要参考文献………………………………………………………………………………… 478

附录……………………………………………………………………………………………… 479
　一、法定计量单位的名称符号…………………………………………………………… 479
　二、一些重要的物理常数………………………………………………………………… 481
　三、国际相对原子质量表………………………………………………………………… 482
　四、常用化合物摩尔质量………………………………………………………………… 483
　五、常用指示剂…………………………………………………………………………… 485
　六、常用缓冲溶液………………………………………………………………………… 486
　七、酸、碱的解离常数…………………………………………………………………… 487
　八、溶度积常数…………………………………………………………………………… 488
　九、某些配离子的标准稳定常数（298.15K） ………………………………………… 490
　十、标准电极电势（298.15K） …………………………………………………………… 491
　十一、常用有机化合物的基本物性参数 ……………………………………………… 493
　十二、水的物性数据 …………………………………………………………………… 494
　十三、乙醇的含量（体积分数φ）与折射率 ………………………………………… 495
　十四、不同温度下的饱和水蒸气的压力 ……………………………………………… 495
　十五、共沸混合物的性质 ……………………………………………………………… 496
　十六、正交表 …………………………………………………………………………… 497
　十七、均匀设计表 ……………………………………………………………………… 503

上篇 化学实验基础知识

第一章 绪 论

第一节 化学实验课的目的和要求

一、化学实验课的教学目的

化学实验是化学理论的源泉,是化工工程技术的基础。因此,在化学教学中,化学实验是对学生进行科学实验基本训练的必修的基础课程。其目的不仅是传授化学实验知识,还担负着学生能力和素质培养的任务。通过化学实验课,学生应受到下列训练:

(1) 熟练掌握基本操作,正确使用各类仪器,具有取得准确实验数据的能力。

(2) 掌握正确记录、数据处理和表达实验结果的方法。

(3) 通过实验加深对化学基本理论的理解,对在实验中观察到的现象具有分析判断、逻辑推理和做出结论的能力。

(4) 能正确设计实验,包括选择实验方法、实验条件、仪器和试剂等。初步具备解决实际问题的能力。

(5) 掌握获取信息的能力,熟悉有关工具书、手册及其它信息源的查阅方法。

(6) 培养学生树立实事求是的科学态度,严肃认真的工作作风,良好的实验室工作习惯,相互协作的团队精神和开拓的创新意识。

二、化学实验课的教学要求

为了达到以上教学目的,提出如下的具体要求。

(1) 实验前必须做好预习,认真阅读实验教材和教科书,弄清实验的目的要求、基本原理、实验内容、操作步骤及注意事项等。

(2) 认真独立完成实验,实验是培养独立操作和独立思维能力的实习场所。每位学生要一丝不苟地完成实验,要做到认真操作、细心观察、积极思考、如实记录。若遇到异常情况或疑难问题应认真分析原因,仔细做重复实验,也可在教师指导下解决。要合理安排时间,按质按量完成指定的实验内容。要按照正确的操作方法使用各种仪器,做到心细谨慎,防止产生不必要的障碍或损坏仪器,仪器如有故障请实验指导教师排除;实验完毕,仪器恢复初始状态,仪表量程放至最大;实验过程中始终保持实验室内安静有序,桌面整洁,节约药品,安全使用水、电、天然气,高度重视安全操作。

对于设计性实验审题要准确,方案要合理可靠,发现问题,要及时修正方案,以达到预期目的。

实验测得的原始数据要按教师的要求登记备案。

(3) 认真、及时写好实验报告。实验报告是每次实验的总结,是反映学生实验水平和收获的依据之一,必须按时认真完成,书写要整洁,结论要明确,文字要简练,严禁相互抄袭和随意涂改。

第二节 学生实验守则

为实现上述教学要求，提高实验课教学质量，学生必须遵守以下实验守则：

(1) 有下列情况之一者，不允许进行实验：

① 没有预习或预习不合格者；

② 严重违反操作规程又不听从指导者；

③ 无故迟到超过20min者。

(2) 遵守纪律，保持肃静，不得脱离实验岗位和互相串位或帮忙，必须独立进行实验。

(3) 实验仪器是国家财物，务必爱护，小心使用。玻璃仪器若有损坏，要填写赔损单并按一定比例赔偿。使用精密仪器时，必须严格按照操作规程，遵守注意事项，若发现异常或出现故障，应立即停止使用，报告教师。

(4) 遵守试剂取用规则，注意节约药品，按实验中所规定的规格、浓度和用量正确操作取用。避免试剂瓶的滴管或瓶塞因离瓶混错而玷污，公用试剂、物品和仪器用毕应立即放回原处。要注意节约水、电和煤气。

(5) 实验中或实验后的废液、废渣和毒物或回收品，应放在指定的废物箱、废液缸或回收容器中，严禁倒入水槽中，以防污染环境以及水槽被淤塞或腐蚀。

(6) 每次实验完毕将玻璃仪器洗涤干净放回柜中，清理台面和试剂架，按顺序将试剂药品码放整齐，保持洁净。最后检查煤气阀门，水龙头和电闸门是否关好，值日生负责打扫卫生，保持实验室整洁，检查登记药品、仪器、安全和卫生等情况。

(7) 安全操作第一、严守安全守则，防止发生中毒、爆炸和烧伤等事故。

(8) 提前做完实验的同学，经教师检查，得到允许，方可离开实验室。

第三节 实验预习、实验记录和实验报告

一、实验预习

实验预习是实验前必须完成的准备工作，是做好实验的前提，但预习环节往往被学生忽略或不重视，若对实验的目的、要求、内容全然不知或了解很少，将严重影响实验的效果。为确保实验教学质量，每次实验前实验指导教师均要检查学生的预习情况，对于没有预习或预习不合格者，指导教师有权不让学生参加本次实验，学生应严格服从指导教师的安排。

在实验预习过程中，应注意以下几个方面：

(1) 认真阅读实验教材，明确实验的目的和实验的内容（若有电视录像或CAI，应在指定时间地点观看，不可缺席）。

(2) 掌握本次实验的主要内容，阅读实验中有关的实验操作技术及其注意事项。

(3) 对于设计性实验，要根据实验提示和要求，查阅有关手册和参考书，设计出自己的实验方案，经指导教师审查后，方可进入实验室。

(4) 写出实验预习报告，其内容应包括实验目的、实验原理、实验内容、实验步骤与操作、定量实验的计算公式，合成实验的装置图等。

(5) 在不允许将实验讲义带入实验室的情况下，学生应准确、熟练地完成整个实验。

二、实验记录

1. 实验记录本

每个学生都必须准备一本装订好的实验记录本，并编上页码，不能用活页本或零星纸张代替。不准撕下记录本的任何一页。如果写错了，可以用笔勾掉，但不得涂抹或用橡皮擦

掉。书写要整齐，字迹清楚，文字简练明确。写好实验记录本，是从事科学实验的一项重要训练。

2. 实验记录

在实验过程中，实验者必须养成一边进行实验一边直接记录的习惯，不允许事后凭记忆补写，或以零星纸条暂记再转抄。记录的内容应包括实验的全部过程，如加入药品的数量、仪器装置、每一步骤操作时间、内容及所观察到的现象和不同之处，若操作步骤与教材不一致时，要按实际情况记录清楚，以作为总结讨论的依据。实验记录是原始资料，必须重视。实验结束后，应根据不同要求，或指导教师在记录上签字，或填写实验数据表后，学生方可离开实验室。

三、实验报告

实验报告是每次实验的总结，能够反映学生的实验水平和总结归纳能力，必须认真完成。一般的实验报告应包括以下几项内容：

（1）实验目的　定量测定实验还应简介实验有关基本原理和主要反应方程式。

（2）实验内容　应尽量采用框图、符号、表格等形式，简单、清晰、明了地表示实验内容。切忌照抄书本。

（3）实验现象和数据记录　要与实验记录本上的数据、现象相同，不允许主观臆造，抄袭别人的实验结果，也不允许修改数据，否则本次实验按不及格处理。

（4）解释、结论或数据计算　对实验观象加以简明解释，写出主要反应方程式，分标题小结或最后得出结论。数据计算要准确。

（5）实验讨论　针对实验中遇到的问题，提出自己的见解或收获。合成实验要分析产率高低的原因，定量实验应分析实验误差的原因。

第二章 化学实验室基本常识

第一节 化学实验室用水

一、实验室用水的分级、储存及检验方法

（一）实验室用水的分级及储存

自来水中含有各种杂质，主要有电解质、有机物、颗粒物质和微生物等，不能直接用于化学实验工作。化学实验室用水应符合国家标准 GB/T 6682—2006《分析实验室用水规格和试验方法》。实验室用水分为三个等级：一级水、二级水和三级水。使用哪一级水要根据化学实验的要求而定，一般的化学实验，使用三级水即可。

实验室用水的分级见表 2-1。

表 2-1 实验室用水的分级

项 目 名 称		一级	二级	三级
pH 范围(25℃)		—	—	5.0～7.5
电导率(25℃)/(μS/cm)	≤	0.1	1	5
比电阻(25℃)/MΩ·cm	≥	10	1	0.2
可氧化物质[①]（以 O_2 计)/(mg/L)	≤	—	0.08	0.4
吸光度(254nm,1cm 光程)	≤	0.001	0.01	—
溶解性总固体(105℃±2℃)/(mg/L)	≤	—	1.0	2.0
可溶性硅(以 SiO_2 计)/(mg/L)	<	0.01	0.02	—

①量取 1000mL 二级水，注入烧杯中。加入 20%硫酸溶液 5.0mL，混匀。或量取 200mL 三级水，注入烧杯中。加入 20%硫酸溶液 1.0mL，混匀。在上述已酸化的试液中，分别加入 0.01mol/L 高锰酸钾标准溶液 1.00mL，混匀。盖上表面皿，加热至沸并保持 5min，溶液的粉红色不得完全消失。

（二）化学实验室用水的检验方法

1. 一般检验方法

一般化学实验工作用的三级水可以用测定电导率和化学方法检验。

水中电解质杂质的含量可由水的电导率来反映，表 2-2 列出了水的电导率、电阻率与溶解固体含量的关系。在实验室中可用笔式电导率仪方便地测出纯水的电导率。电导率低于 5.0μS/cm 的水可用于一般化学实验。

表 2-2 水的电导率、电阻率与溶解固体含量的关系

电导率(25℃)/(μS/cm)	电阻率(25℃)/Ω·cm	溶解固体/(mg/L)	电导率(25℃)/(μS/cm)	电阻率(25℃)/Ω·cm	溶解固体/(mg/L)
0.056	18×10⁶	0.028	20.00	5.00×10⁴	10
0.100	10×10⁶	0.050	40.00	2.50×10⁴	20
0.200	5×10⁶	0.100	100.0	1.00×10⁴	50
0.500	2×10⁶	0.250	200.0	5.00×10³	100
1.00	1×10⁶	0.5	400.0	2.5×10³	200
2.00	0.5×10⁶	1	1000	1.0×10³	500
4.00	0.25×10⁶	2	1666	0.6×10³	833
10.00	0.100×10⁶	5			

化学实验用的三级水的化学检验方法见表 2-3。

表 2-3　三级水的化学检验方法

检验项目	检　验　方　法	合格标准
pH 值	取水样 10mL，加甲基红指示剂（变色范围为 pH=4.2～6.2）2 滴，另取水样 10mL，加溴百里酚蓝指示剂（变色范围为 pH=6.0～7.2）5 滴 也可用 pH 计测定	不显红色 不显蓝色 pH=5.0～7.5
阳离子 （以镁盐代表）	取水样 10mL 于试管中，加入数滴氨缓冲液（pH=10），2～3 滴铬黑 T 指示剂	呈蓝色
氯离子	取水样 10mL 于试管中，加入数滴硝酸银溶液[(1.7g+浓硝酸 4mL)/100mL]，摇匀	无白色浑浊（黑背景下）

2. 标准方法

(1) 测定 pH 值范围　量取 100mL 水样，用 pH 计测定 pH 值。

(2) 电导率　用电导率仪测定电导率。一、二级水测定时，配备电极常数为 0.01～0.1cm^{-1} 的"在线"电导池，使用温度自动补偿。三级水测定时，配备电极常数为 0.1～1cm^{-1} 的电导池。

(3) 吸光度　将水样分别注入 1cm 和 2cm 吸收池中，于 254nm 处，以 1cm 吸收池中的水样为参比，测定 2cm 吸收池中水样的吸光度。若仪器灵敏度不够，可适当增加测量吸收池的厚度。

(4) 可氧化物质　量取 100mL 二级水（或 200mL 三级水）置于烧杯中，加入 5.0mL (20%) 硫酸（三级水加入 1.0mL 硫酸），混匀。加入 1.00mL [$c(1/5KMnO_4)=0.01mol/L$] 高锰酸钾标准滴定溶液，混匀盖上表面皿，加热至沸并保持 5min，溶液粉红色不完全消失。

(5) 蒸发残渣　量取 1000mL 二级水（500mL 三级水），分几次加入到旋转蒸发器的 500mL 蒸馏瓶中，于水浴上减压蒸发至剩约 50mL 时转移到已于 (105±2)℃ 质量恒定的玻璃蒸发皿中，用 5～10mL 水样分 2～3 次冲洗蒸馏瓶，洗液合并入蒸发皿，于水浴上蒸干，并在 (105±2)℃ 的电烘箱中干燥至质量恒定。残渣质量不得大于 1.0mg。

(6) 可溶性硅　量取 520mL 一级水（二级水取 270mL），注入铂皿中，在防尘条件下亚沸蒸发至约 20mL，加 1.0mL 钼酸铵溶液，摇匀后放置 5min，加入 1.0mL 草酸溶液，摇匀后再放置 1min 后，加入 1.0mL 对甲氨基酚硫酸盐溶液，摇匀转移至 25mL 比色管中，定容。于 60℃ 水溶液中保温 10min，目视比色，溶液所呈蓝色不得深于 0.50mL 0.01mg/mL SiO_2 标准溶液用水稀释至 20mL 经同样处理的标准对比溶液。

二、实验室用水的制备方法

（一）蒸馏法

将自来水经过蒸馏器蒸馏，所产生的蒸汽冷凝即得到蒸馏水。蒸馏法可除去大部分的无机盐，但仍含有少量的金属离子、二氧化碳及某些易挥发物。一次蒸馏水适用于一般的溶液制备。一次蒸馏水进行二次蒸馏可得二次蒸馏水。方法为在蒸馏瓶中加入碱性高锰酸钾溶液进行二次蒸馏。碱性高锰酸钾溶液的配制方法是在 1L 水中加入 8g 高锰酸钾和 300g 氢氧化钾。每蒸馏 1L 水需加入碱性高锰酸钾溶液 50mL。

在实验室中可用电热蒸馏水器或由自己组装的蒸馏装置制备蒸馏水。

（二）离子交换法

自来水通过离子交换柱即可去除水中的阴、阳离子得到去离子水。离子交换柱的配置顺序为：自来水先流经阳离子交换树脂柱、阴离子交换树脂柱，最后经阴、阳离子混合交换树脂柱。所得水的电导率可达 $0.1\mu S/cm$，符合一级水的标准。但是不能除去非电解质、胶体物质和有机物，还会有微量有机物从树脂中溶出。因此，可根据需要将去离子水进行重蒸馏或用有机吸附柱除去有机物，再经 $0.2\mu m$ 滤膜过滤得到高纯水。

（三）EDI 复合处理技术

EDI（electro-deionization）是一种连续电除盐技术，EDI 除盐原理如图 2-1 所示。

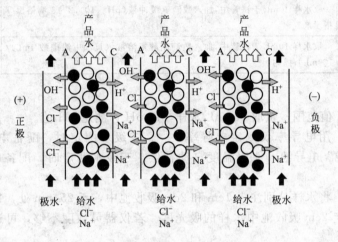

图 2-1　EDI 除盐原理示意图

该装置是由一定数量的 EDI 单元排列组成。一个 EDI 单元是由一对阴、阳离子交换膜之间充填混合离子交换树脂构成的。每个 EDI 单元用网状物隔开，两个 EDI 单元间的空间称为浓水室，阴、阳离子交换膜之间由混合离子交换树脂占据的空间称为淡水室。在装置两侧装有正负电极，当给水进入 EDI 单元后混合离子交换树脂交换水中的阴、阳离子，在直流电压的作用下，淡水室内的离子交换树脂中的阴、阳离子透过离子交换膜向正负极迁移，进入浓水室被排出，因离子交换膜不能透过水，故纯水通过淡水室产出。由于在直流电压作用下，水电解产生的 H^+ 和 OH^- 能对离子交换树脂进行连续再生，因而树脂的离子交换、树脂的再生及离子的迁移能相伴连续发生，故能连续制取高纯水。目前一套高纯水制备装置通常是先将原水经过预处理，再经过反渗透和连续电除盐，所得纯水电阻率达 $10\sim 18.2 M\Omega/cm$，能满足实验室用水要求。若在后处理系统中再配置超滤膜和紫外光杀菌组件，可制备满足生物用水要求的纯水。装置采用双流路出水的设计，一套设备可同时生产纯水和超纯水。

EDI 相比传统离子交换技术制备纯水的优点如下：

① 不必频繁更换或再生离子交换树脂，运行费用低；

② 通过自动监控系统即时在线检测水质，产水质量可靠；

③ 设备实现智能化控制，操作方便，可连续稳定运行。

EDI 使用注意事项如下：

① EDI 需要直流电源供电，模块运行的电压由其内阻和最佳工作电流决定。

② EDI 的给水要求　单级反渗透加软化或二级反渗透产水，采用预处理系统：初级过滤器、精细过滤器、活性炭过滤器装置等。去除水中的杂质、微颗粒、余氯、悬浮物和异味，降低水的氧化要求，避免有机物进入，保证反渗透和离子交换系统的平稳运行，延长使用寿命。

EDI 给水必须达到的最低条件为：总可交换阴离子（以 $CaCO_3$ 计）$<25mg/L$；$pH=6.0\sim9.0$；温度 $5\sim35℃$；进水压力 $<4bar$（$1bar=10^5Pa$）；硬度（以 $CaCO_3$ 计）$<1.0mg/L$；有机物（TOC）$<0.5mg/L$；氧化剂，$Cl_2<0.05mg/L$，$O_3<0.02mg/L$；变价金属离子，$Fe<0.01mg/L$，$Mn<0.01mg/L$，$H_2S<0.01\mu L/L$，$SiO_2<0.5mg/L$；给水电导率，$40\mu S/cm$。

二氧化碳总量的影响：二氧化碳含量和 pH 值明显影响产品水的电阻率，若 CO_2 大于 $10\mu L/L$，EDI 系统不能产出高纯度水，可以通过调节反渗透进水 pH 或使用脱气装置，降低 CO_2 的量。

③ 污染物的影响 氯和臭氧会氧化离子交换树脂和离子交换膜，使树脂破损，压力损失增加；铁和其他变价金属离子可使树脂中毒及催化树脂的氧化；硬度大能引起结垢，结垢一般在 pH 值较高的浓水室阴膜表面发生，使水流量降低，电流产生的热量无法转移会将膜烧坏；悬浮物、胶体和有机物会引起树脂和膜的污染及堵塞。

④ 浓水循环量 浓水循环量为纯水流量的 15%~30%，浓水室入口压力应小于淡水室的入口压力 $0.3\sim0.5kgf/cm^2$（$1kgf/cm^2=98kPa$），出口压力应低于淡水室的出口压力 $0.5\sim0.7kgf/cm^2$，以免离子泄漏到纯水中。

⑤ 提高 pH 值有利于弱电解质如硅酸、硼酸等转化为带电离子被除去。

优化运行条件如下：

为了获得较高电阻率和低二氧化硅含量的纯水，可以采用以下措施：

① 流量应在给定范围的下限；

② 电流适中；

③ 浓水流量应在给定范围的上限；

④ 二氧化碳含量尽量低；

⑤ pH 值接近上限。

如果需要较低质量的纯水，可以在提高产品水的流量或降低电流的条件下运行以节约成本。

第二节 化学实验室常用设备

一、电热设备

（一）常用加热器

1. 酒精喷灯

酒精喷灯有挂式与座式两种，其构造如图 2-2 所示。

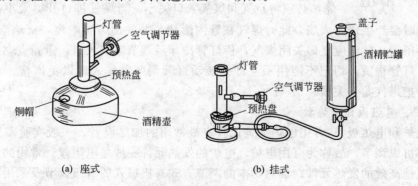

图 2-2 酒精喷灯的类型和构造

酒精喷灯的使用步骤如下：

(1) 使用酒精喷灯时，首先用捅针捅一捅酒精蒸气出口，以保证出气口畅通。

(2) 借助小漏斗向酒精壶内添加酒精，酒精壶内的酒精不能装得太满，以不超过酒精壶容积（座式）的2/3为宜。

(3) 往预热盘里注入一些酒精，点燃酒精使灯管受热，待酒精接近燃完且在灯管口有火焰时，上下移动调节器调节火焰为正常火焰（见图2-3）。

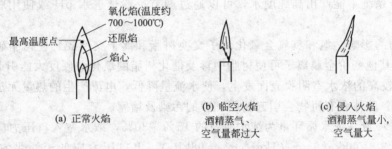

图2-3 灯焰的几种情况

(4) 座式喷灯连续使用不能超过半小时，如果超过半小时，必须暂时熄灭喷灯，待冷却后，添加酒精再继续使用。

(5) 用毕后，用石棉网或硬质板盖灭火焰，也可以将调节器上移来熄灭火焰。若长期不用时，须将酒精壶内剩余的酒精倒出。

(6) 若酒精喷灯的酒精壶底部凸起时，不能再使用，以免发生事故。

2. 煤气灯

实验室中如果备有煤气，常用煤气灯作为加热设备。煤气灯的构造如图2-4所示。转动灯管可以关闭或不同程度打开空气入口，灯座下的调节螺丝可调节煤气的进入量。使用时用橡皮管连接煤气龙头和煤气灯，点燃煤气时先关上空气入口。划火柴后打开煤气龙头，将火柴从下斜方移近灯口将灯点燃，然后调节空气和煤气进入量至火焰正常为止。此时火焰呈无色、不光亮的锥形，并不发出声响。不发光亮的无色火焰可分为三个锥形区：内层空气和煤气在这里混合，并未燃烧；中层为还原焰，这里煤气不完全燃烧，火焰具有还原性；外层煤气完全燃烧，并含有过量空气，火焰呈氧化性，称氧火焰。

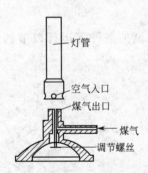

图2-4 煤气灯构造

如果在点燃煤气时，空气和煤气入口开得太大，火焰会凌空燃烧，必须将空气和煤气入口关小。当煤气进口开得太小，而空气入口开得太大时会产生侵入火焰，此时煤气在管内燃烧，并发出嘶嘶响声，火焰颜色呈绿色，灯管被烧得很烫，此时应立即关闭煤气，待灯管冷却后调节空气入口，重新点燃。当产生侵入光焰时，灯管很烫，切记不能用手立即去转动灯管调节空气入口以免烫伤。在使用完毕后，一定要把煤气龙头关紧。

3. 电炉、电热板和电热套

(1) 电炉和电热板 "万用电炉"是化验室最常用的加热设备，一般实验室采用的电炉其加热功率可以调节，故称为万用电炉。电炉的发热元件一般是电阻丝，常用的是镍铬合金丝，还有其他高效的发热元件。加热功率的调节方式有机械式的有级调节及采用可控硅的无级调节。发热元件不裸露的称为封闭式电炉，也可称为"暗式电炉"或"电热板"。根据平行实验样品的个数多少可以选用单联、双联、多联万用电炉。电热板的工作面板可以由铸铁板（最高温度420℃）、不锈钢板（最高温度380℃）或铝合金及特殊防腐材料（最高温度220℃）组成，应该在规定的最高温度以下使用。电炉和电热板的功率根据加热面的大小不同差别很大，一般为800～3600W。电炉和电热板的使用方法如下：

① 电源电压应与设备规定相符，电源插座要有良好的接地线。

② 使用前加热面应保持清洁，不允许有水滴、污物。

③ 使用电炉加热玻璃器皿时，电炉上应垫石棉网，以防器皿受热不均匀而破裂。如加热容器是金属容器，应防止其底部触及电炉丝引发短路和触电。

④ 合上电源开关，指示灯亮，加热器处于工作状态，调节控温旋钮，控制适当的加热温度。

⑤ 加热器处于工作状态时应有专人看管，工作完毕，切断电源。

电炉和电热板的使用注意事项和维护：

① 加热器应安放在阻燃的台面上，最好是水泥台面。特别要注意的是：垫上隔热材料的木质台面上不适合安放加热器，因为台面不能承受长时间的烘烤！

② 经常检查加热器外壳是否带电、接地线是否脱落。

③ 若加热元件溅上化学药品，应立即切断电源，冷却后及时清理。

(2) 电热套　电热套是加热烧瓶、烧杯、锥形瓶等的一种新型的节能加热器，常用作各种液体的加热、保温、蒸馏等用途。它的电热元件封闭于耐高温的玻璃纤维绝缘层内，制作成凹面的半球形状，内有保温隔热材料，它具有升温快、加热均匀、无明火、节能、使用安全的优点。根据需要加热烧瓶的容积，制成不同的规格，可以由100mL至10000mL，其功率也各不相同。现在很多新型产品具有可控硅电子电路调温、微电脑恒温、数码管显示温度的功能，它的感温元件是触点式温度计和热电偶，可以测定容器内和容器外的温度，控温精度为±1～±5℃，控温范围为室温至400℃。具有搅拌、恒温功能的电热套，其加热部分采用内热式加热方法，温度可以达到300℃，解决了恒温磁力搅拌器加热达不到100℃的问题。搅拌转速为1250r/min，可连续工作8h。

电热套使用方法如下：

① 调节温度旋钮至需要的温度值（由于电热器的热惯性，先置于所需温度80%处，待升温后调节数次即为旋钮的合适位置）。

② 连接传感器的接线。

③ 插上电源，将开关置于"开"，指示灯亮，绿灯亮等表示开始加热，升至所需温度时将开关置于红灯刚亮的位置。

④ 使用完毕，切断电源。

电热套使用注意事项：

① 有些产品首次使用时，因电热套内油脂挥发会冒白烟及有异味，应该将其置于通风处进行加热试验，待油脂挥发净后才可投入正常使用。

② 电热套的容积一般与烧瓶的容积相匹配，在用电热套进行蒸馏或减压蒸馏时，随着蒸馏的进行，瓶内物质逐渐减少，可能会使瓶壁过热，可选大一号的电热套，在蒸馏过程中，适时降低垫电热套的升降台的高度可避免瓶壁过热。

4. 电热恒温水（油）浴箱

电热恒温水（油）浴箱主要用于做恒温实验。通常采用水槽式结构，内胆与外壳之间有隔热材料，由管状加热元件在浴液中加热，用指针式或数显式控温仪控温，操作方便。

当实验需要在水的沸点以上温度进行加热恒温时，可选择恒温油浴箱。

电热恒温水浴箱使用方法如下：

① 仪器放在干燥的室内，以免温度控制仪器受潮湿而影响使用。仪器不宜在高电压、大电流、强磁场，带腐蚀性气体环境下使用，以免仪器受干扰，损坏及发生触电危险。应放在固定的平台上，电源电压必须与产品要求的电压相符，电源插座应采用三孔安全插座，必须安装接地线。

② 使用前应先将水加入箱内，为防止水碱生成，最好加入纯水。水位必须高于隔板，切勿在无水或水位低于隔热板的情况下加热，以防损坏加热管。不可将水放得太满，以免水沸腾时流入隔层和控制箱内，发生触电。

③ 插上电源，将控温仪设定在所需温度。绿灯亮表示升温，红灯亮表示恒温。

④ 使用完毕，切断电源。

电热恒温水浴箱使用注意事项：

① 水槽内外应保持清洁，不锈钢内箱和外壳镀塑料处切忌用与其有反应的溶剂或化学品溶液擦拭，以免发生作用。不用时最好将水及时放掉，并擦干净内箱，保持清洁。

② 控温系统已调校，不可随意调节机内元件否则影响精度。

③ 有报警装置的恒温箱若发出报警，查找原因并解决后方可重新使用。

（二）电热恒温干燥箱和真空干燥箱

1. 电热恒温干燥箱

电热恒温干燥箱简称烘箱或干燥箱，是化验室物品干燥、高温消毒、高温试验等最常用的电热设备。控温范围有多种：室温+20～200℃；50～300℃；室温+10～500℃等。它的加热元件分别采用电炉丝、不锈钢加热管、远红外发热器等，采用机械式的温度调节器或温度控制仪进行温度监控（指针式或数显），加热方式分为自然对流和强制热风循环两种方式，采用电动机鼓风使箱内空气强制对流的干燥箱又称电热鼓风干燥箱，它的温度均匀度较好。干燥箱的温度波动度通常为±1℃。根据干燥箱箱体大小不同，功率可以从500W到6kW甚至更大。小型干燥箱使用220V单相电源，大型的需要由380V三相电源供电。

电热恒温干燥箱的使用方法如下：

① 干燥箱应安放于有良好通风的室内干燥及水平处。周围不可放置易燃易爆物品。

② 供电线路中应安装供此箱专用的空气开关，并用比电源线粗一倍的导线作为接地线。

③ 通电前，先检查干燥箱的电气性能，并应注意是否有断电或漏电现象。

④ 干燥箱无防爆装置，不得用于干燥易燃易爆物品。

⑤ 放入试品，试品放置切勿过密，应留有热空气对流的空间，散热板上不能放置物品。关上箱门，在箱顶排气阀孔中插入温度计（数显型不需要），同时旋开排气阀，便于排放水汽。

⑥ 接通电源开关，开启两组加热开关，鼓风干燥箱可同时开启鼓风机开关，使鼓风机工作，将控温仪调温盘旋至所需温度，此时箱内开始升温，绿色指示灯亮，表示开始加热，当箱内温度达到所需温度时，红色指示灯亮，这时加热器不工作，干燥箱进入自动恒温状态。可以关闭一组加热开关。在刚开始恒温时，温度仍继续上升，此系余热影响，此现象约0.5h后会稳定在所需温度。对于控温要求较严的工作，非智能型干燥箱在温度恒定前，需要微调控温旋钮，在达到所需温度时使指示灯交替亮灭即可。

⑦ 干燥箱工作时，箱门不宜频繁开启，以免影响恒温。温度在300℃时，开启箱门可能会使玻璃急骤冷却而破裂。

2. 真空干燥箱

真空干燥箱是能在真空条件下干燥物品的电热设备，适用于干燥热敏性的、高温易分解或氧化的物质。它的控温范围一般为室温+10~200（或 250）℃，温度波动度≤±1℃，达到的真空度根据型号不同为 60~267Pa，早期的普及型产品工作室为圆形，新型真空干燥箱工作室为长方体，有效容积大，微电脑程控真空干燥箱箱体前面装有钢化、防弹双层玻璃门，便于观察工作室内物体，箱门闭合松紧能调节，采用整体成型的硅橡胶门封圈，密封性好，利于保持真空度。工作室材料为不锈钢。有的型号可以通过真空电磁充气阀向工作室内充入惰性气体，适用于干燥易氧化的物质。

真空干燥箱使用方法如下：

① 干燥箱应放置在平稳处，箱体外壳必须接地。
② 使用前清理真空干燥箱内的杂物和灰尘。
③ 真空干燥箱没有防爆装置，工作室内不得放入易挥发及爆炸性物品。
④ 用橡胶管将箱外侧的出气口与真空泵的抽气口连接，打开真空泵试抽，以检查抽气泵、阀、真空表、接头是否漏气。
⑤ 接通电源，设定要控制的温度，然后将控制钮放在实测值位置。
⑥ 将需要进行真空干燥的物质放入箱内，关闭箱门，开动真空泵，抽真空并开始升温。当显示的温度接近设定温度时，注意调节加热元件的电压（有的型号），或者由仪表自动控制温度。
⑦ 工作完毕，切断电源。
⑧ 缓慢打开放气阀，让气流慢慢进入干燥箱内腔，缓慢开启密封门，以免冷气急剧侵入影响其使用寿命。

真空干燥箱使用注意事项：

① 真空箱里的温度计读数和仪表指示的温度不一致，只能供参考，以实际效果为准。通常，玻璃棒温度计的读数，是指空气温度，在真空状态下，真空室里根本就不存在空气温度。玻璃棒温度计只是感受到由于吸收了热辐射而产生的温度。它与材质对红外线辐射的吸收、折射和透射能力等因数（热工学术语"黑度"）有密切联系。而一般的电热真空干燥箱都采用先加热真空室壁面、再由壁面向工件进行辐射加热的方式。控温仪表的温度传感器可以布置在真空室外壁，传感器可以同时接受对流、传导和辐射热。处于真空室里的玻璃棒温度计只能接受辐射热，由于玻璃棒黑度不可能达到 1，相当一部分辐射热被折射了，因此玻璃棒温度计反映的温度值就肯定低于仪表的温度读数。操作者可以参考真空室里玻璃棒温度计的读数积累经验，设定控温仪的温度。

② 必须先抽真空再升温加热，而不能先升温加热再抽真空。

a. 如果未抽真空而先加热物品，物品上及箱内的气体遇热膨胀，由于真空箱的密封性非常好，膨胀气体所产生的巨大压力有可能使观察窗钢化玻璃爆裂，这是一个潜在的危险。

b. 如果先升温加热再抽真空，加热的空气被真空泵抽出去的时候，热量必然会被带到真空泵上去，导致真空泵温升过高，可能使真空泵效率下降。

c. 加热后的气体被导向真空压力表，真空压力表就会产生温升。如果温升超过了真空压力表规定的使用温度范围，就可能使真空压力表产生示值误差。

（三）高温炉

化验室最常用的高温电炉是箱式电炉见图 2-5，又称马弗炉，常用作样品前处理、重量

图 2-5 马弗炉外形

分析时灼烧沉淀、测定灰分等用途。高温炉的最高使用温度（额定温度）随电热元件不同可以为 1000~1800℃。高温炉用电量较大，用电量与其加热炉膛的大小有关，为 2.5~8kW 不等。一般的马弗炉额定电压为 220V，功率 6kW 以上的马弗炉额定电压为 380V。高温炉都配有温度控制器，利用测温用的热电偶指示温度，并通过温控仪调节、自动控制高温炉温度。温控仪分为指针式和数字式两种。

高温炉使用方法如下：

① 为高温炉配置负载能力稍大于其额定功率的空气开关及电源线，控制器和高温炉均需可靠接地。

② 高温炉平放在地面或用不燃材料制造的台架上。控制器不宜放在高温炉上面，应放在工作台上，工作台面的倾斜度不得超过 5°。控制器离电炉最小距离不得少于 0.5m。

③ 按说明书接好电源线、控制器与高温炉的连线及热电偶连接线（最好使用补偿导线），将热电偶从热电偶固定座的小孔中插入炉膛，孔与热电偶之间间隙用石棉绳堵塞并固定好。注意：电源的相线与中线不可接反！

④ 检查接线无误后即可通电，合上电源开关，将控制器面板上的开关拨向开的位置，调节温度设定按钮，把温度设定到需要的温度，把设定钮拨向测量位置，红灯亮，同时有接触器的吸合声响，通电，电流表指示加热电流值，温度指示随炉内温度升高而徐徐上升，当温度上升至设定的温度时，红灯灭，绿灯亮，自动断电，停止升温。当炉内温度低于设定温度时，绿灯灭，红灯亮又自动通电。实现自动控制炉内温度。

⑤ 有断偶保护装置的高温炉，检查断偶保护装置是否正常工作的方法是：松开热电偶一端，此时测温指示迅速上升到最高点即自动切断加热电源，表示断偶保护装置良好，检查完毕，重新接好热电偶。

⑥ 使用完毕，将温度控制器面板上的开关拨向关的位置，切断总电源开关。

高温炉维护及保养：

① 控制器应放在干燥、通风良好、无腐蚀性气体的地方，工作环境温度为 -10~50℃，相对湿度不大于 85%。

② 为保证测量准确，每年应用直流电位差计校对温度控制仪的测温表，以免引起较大误差。

③ 定期检查各部分接线是否有松动，交流接触器的触头是否良好，出现故障应及时修复。

④ 高温炉第一次使用或长期停用后再次使用时，必须进行烘炉，方法如下：

炉温自室温升到 200℃　　　　保持 4h（打开炉门让水蒸气散发）
炉温自 200℃升到 600℃　　　保持 4h（关闭炉门）
炉温自 600℃升到 800℃　　　保持 2h（关闭炉门）

二、电动设备

（一）电动离心机

离心机是分析化学、生物学、医学、制药实验室常用的设备，在离心力作用下，混合物按其沉降系数不同而分离。按转速分类，离心机可分为：

低速离心机　最大转速6000r/min；
高速离心机　最大转速25000r/min；
超速离心机　最大转速100000r/min。

处理样品的量可以为：1.5mL、5mL、20mL、50mL等，分析实验室最常用的是低速和高速台式离心机。为了满足蛋白质等的分离要求温度低的实验，可以选用高速冷冻离心机。

台式离心机的一般外形见图2-6。

电动离心机使用方法如下：

① 将离心机放在平整而坚实的台面上，面板上各旋钮均处于0的位置。

图2-6　台式离心机

② 于对称位置放入有物料的离心管，如为玻璃离心管，它与套管之间应垫以橡胶、泡沫塑料等。液体不应太满，以免离心时溢出，对称位置管内所加的物质应相对平衡，偏差小于3g，盖好盖子。

③ 将调速旋钮调到最低位置，把定时器旋钮调到需要离心的时间，打开电源开关，由低速逐渐向高速转动旋钮，调至需要的转速，停止离心时也应逐渐减速至停止。关电源开关。

高速离心机使用方法及安全须知：高速离心机使用方法与低速离心机相同，因为转速更高，要严格执行以下安全须知。

① 开机时如发现电源指示灯不亮，应立即停机检查。

② 严禁在未装转头的情况下空载运行。

③ 运行前应检查转头有无腐蚀损伤。

④ 当转头运行时不要开启离心机盖，不要接触正在运行的转头。

⑤ 放装的离心管要求称量一致，严禁转头在装载不平衡的状态下运转。

高速离心机维护保养：

① 离心盖上不要放置任何物质，每次使用完毕，务必清理内腔和转头。

② 离心机如较长时间未使用，在使用前应将离心机盖开启一段时间，干燥内腔。

③ 电动机的碳刷在使用3000h后，应及时更换，以免磨损整流子。

（二）搅拌器

1. 电动搅拌器

电动搅拌器是石油、化工、食品、制药、生化、有机化学等实验室必备的电动设备，中型的用于试验，微型的用于分析。其主要部件为：在稳固沉重的底座的垂直铁棒上装有微型电动机，电动机的转轴下安装搅拌棒。电动机的转速采用分挡调速（10~20挡）或无级连续调速，具有数显测速功能的搅拌器能显示搅拌速度，带加热装置的搅拌器可以控制搅拌液的加热温度。搅拌棒材料为不锈钢或聚四氟乙烯（外套四氟套管，内为不锈钢棒），下面装有单层或双层双向活动叶片。

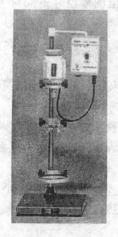

图2-7　S212数显电子恒速搅拌器

图2-7为数显电子恒速搅拌器。

电动搅拌器使用方法如下：

① 正确安装电动搅拌器，固定电动机时，应用力将其拧紧，在使用中严禁移动。盛装被搅拌溶液的器具也应放置稳定，使用中严禁移动。

② 电动机的卡头要牢固地卡住搅拌转轴，搅拌转轴与电动机转轴要保持相同的轴心。调整搅拌棒在溶液中的工作深度。用手试转，搅拌棒旋转时不摆动、搅拌桨转动自如，不能碰触容器壁。

③ 接通电源，指示灯亮。

④ 选择定时，将定时旋钮调至"定时"或"常开"位置。

⑤ 调节调速旋钮，应由低速慢慢增加到所需转速。低黏度溶液通常可用高速搅拌，高黏度溶液采用低转速搅拌。

⑥ 工作完毕，将调速旋钮置于最小位置，定时器置"零"，切断电源。

⑦ 将搅拌棒擦拭干净，不允许有水滴、污物残留。

电动搅拌器的使用安全与维护：

① 电源插座的电气额定参数应不小于电动搅拌器的参数，要有良好的接地措施。

② 擦洗搅拌器前，应先拔掉电源。

2. 磁力搅拌器

磁力搅拌器也叫电磁搅拌器，它的工作原理是由微电机带动耐高温的强力磁铁旋转产生旋转磁场，来驱动置于容器内溶液中的搅拌子转动，以达到对液体进行搅拌的目的，搅拌子是耐腐蚀材料，如聚四氟乙烯包裹的磁性细棒。带加热功能的磁力搅拌器在搅拌的同时还可以对溶液进行加热。它广泛应用于化学、环保、生物、医药等领域。在化验室中，是pH测定、电位滴定等多种分析操作的常用设备。图2-8是磁力搅拌恒温器。

磁力搅拌器的搅拌速度和加热温度均可连续调节，控温方式有机械的或电子的，可由数码显示加热温度，还可通过温度传感器直接控制容器内溶液温度。

图2-8 磁力搅拌恒温器

磁力搅拌器的转速范围为100～1500r/min或0～2000r/min，控温范围依型号不同可为室温～250℃或室温～380℃。

磁力搅拌器使用方法如下：

① 为保证安全，使用前要确认电源插座接地良好。

② 将搅拌器置于平稳的台面上，装溶液的容器尽量置于加热盘中央，溶液应不超过容器容量的80%，以防止溶液在搅拌时溢出（溅出），使搅拌子位于容器底部中心位置。

③ 将搅拌速度调节旋钮置于0，接通电源，电源指示灯亮。顺时针慢慢转动搅拌速度调节旋钮，直至达到所需的搅拌速度（须缓慢调节，以免搅拌子失速，如失速，使搅拌子重新回到容器中心，由低速开始重新调节）。

④ 调整温度旋钮即可改变加热盘温度。加热指示灯亮度的强弱表示加热功率的大小。有电子控温的搅拌器可以设定要求加热的温度，并能显示当前搅拌器加热盘的实际温度。

⑤ 有的型号的搅拌器可通过选配温度传感器直接控制溶液温度。

三、超声清洗设备

超声波清洗器的原理是基于超声波换能器将电的高频振荡信号转换成高频机械振荡，在介质——清洗溶剂中传播,由于超声波在清洗溶剂中的空化作用,空化泡的内外压力差十分悬殊,使气泡在瞬间生成—破裂,不断冲击被清洗物件表面、孔隙、缝道,使物件表面及缝隙中的污垢迅速剥落,从而达到清洗的目的。超声波在液体中还能起到加速溶解和乳化作用,脱气效果也非常显著,因而拓展了超声波清洗器的应用范围。

一般来说大于20kHz的频率即可算是超声波的范畴。作为清洗用途的超声波频率一般在25~130kHz,常用的工作频率为25kHz、28kHz、40kHz等。理论上频率越高清洗密度越大,清洗洁净度越高,但相对力度越小,多用于精密清洗。而频率低则清洗力度大。

在化验室,超声波清洗器成为不可缺少的常用设备,它有以下主要用途:

① 清洗实验室玻璃器皿,还可以用于打开阻塞、粘连的玻璃磨口;清洗大型仪器的零部件,如喷嘴、不锈钢接头、过滤器筛网、注射针等。

② 样品中被测成分的快速提取,如:蔬菜中农药残留物的提取、生物样品的细胞破碎等。

③ 固体试剂或固体样品的快速溶解。

④ 液相色谱分析中流动相的脱气。

超声波清洗器的超声功率从60W至2500W,容量由2L至160L,形式有台式、立式及分体式,图2-9为一般超声波清洗器外形。

超声波清洗机的使用方法如下:

① 清洗方法分直接清洗法和间接清洗法。直接清洗指物件直接放入装有清洗液的清洗槽内清洗,物件放在带孔的托盘或篮内。直接清洗的局限性是需要选择不会损伤超声波清洗槽的清洗液。间接清洗是将待清洗的物件放在烧杯或不带孔的托盘内,烧杯或托盘内装有清洗液。当选择间接清洗时,槽内的水位应保持在标准位置。

② 清洗液的选择:不要使用易燃的或低闪点溶液。因为空化作用释放出的能量被转化成热能和动能并在溶液内产生高温,这对于易燃液体是非常危险的。直接清洗法中避免使用酸性清洗液、漂白剂,因为它们会损害不锈钢槽;间接清洗法中可以使用。

图2-9 超声波清洗器

③ 用电源线将清洗器与电源相连,如果是分体机,还应用高频电缆将发生器与清洗槽连接起来。合上电源开关,开关灯亮。有定时器的清洗器还需设定清洗时间,定时器可在0~60min内设定,也可设为"常开"即连续工作,有的型号可设定清洗功率及清洗温度,清洗器开始工作。

④ 加热可以加快清洗的速度,达到最佳清洁效果。清洗过程中空化作用产生的巨大能量会产生热量,清洗液温度会上升,清洗器连续工作10~15min后会自动升温,升温不超过70℃,使用温度不要超过75℃。

⑤ 用作提取或溶剂脱气,应按规定的时间和功率操作,以保持方法的重现性。

⑥ 使用完毕,拔掉电源,放出清洗槽中的水,擦干清洗器上的水渍。

超声波清洗机使用注意事项:切勿使用可燃性溶剂;液面须达到液位标志线;只可使用水基清洗液;入槽物件勿触及槽的底面,以免损坏换能器;防触电措施,有良好接地,加水及清洗液时切断电源,保持干燥,加水不要过量,避免水溢出侵入清洗器内部,仪器内部有高压,不可带电拆卸。

四、微波制样设备

微波是一种电磁波,其频率在300～300000MHz,即波长在100cm～1mm范围内,位于电磁波的远红外光和无线电波之间。微波技术在样品制备中的应用主要是利用微波的热效应。

微波加热将电磁能转变成热能,其能量的传递是通过空间或介质,以电磁波的形式进行。当微波在传输过程中遇到不同物质时,会分别产生反射、吸收或穿透,这主要取决于物质的介电常数和介电损耗因子。物质内部的微观粒子可能产生四种介电极化:电子极化,原子极化,取向极化和空间电荷极化。前两种极化所需能量远高于微波能量,所以不会产生介电加热,而后两种极化需要的能量与微波能量相当,故可产生介电加热。因此,微波加热与微波频率及样品组成、温度、形状有关。

由于与传统加热方式不同,微波加热是内外一起发生的。液体本体的沸腾中心数量要比传统加热方式多很多,液体可被加热到超出大气压下沸点的温度,这将有利于固体样品的溶解和从固体样品中提取欲分析组分。

微波密闭消解的优点如下:

① 溶样快速 消解各类样品可在几分钟至二十几分钟内完成,比电热板消解速度快10～100倍。如凯氏定氮法消解试样需3～6h,用微波消解只需9～18min,快20倍左右。还能消解许多传统方法难以消解的样品,如锆英石。

② 密闭消解试剂用量少,空白值低。

③ 避免了挥发损失和样品的沾污,操作条件易于控制,提高了分析的准确度和精密度。采用密闭的消解罐,避免了样品中或在消解过程中形成的挥发性组分的损失,保证了测量结果的准确性。也避免了样品之间的相互污染和外部环境的污染,适于痕量及超纯分析和易挥发元素(如As、Hg、Pb、Se等)的检测。微波消解系统能实时显示反应过程中密闭罐内的压力、温度和时间三个参数,并能准确控制,反应的重复性好,故而提高了测定的准确度和精密度。

④ 消解过程在密闭条件下进行,酸试剂不会污染环境,有利于环境保护和人身健康,且节能效果显著。

(一)设备简介

微波制样设备是由微波炉及与此配套的自动监控系统组成的。微波炉包含六个部分:

① 磁控管,用以产生微波辐射;

② 波导管,将磁控管产生的微波辐射导入微波炉炉腔;

③ 微波炉空腔,盛放样品制备用的器皿;

④ 转动的样品架,保证微波加热均匀;

⑤ 波形搅拌器,将进入炉腔的微波分散到不同方向(有的微波炉没有);

⑥ 排风系统,将炉腔内产生的气体排出炉腔。

微波炉根据性能可以分为连续流动样品处理系列、高温样品处理系列、开放式样品处理系列、密闭式样品处理系列及脉冲式微波炉和非脉冲式微波炉。目前使用最多的是密闭式样品处理系列,都配有温度和压力控制系统。第三代密闭式样品处理装置都采用了专业型变频磁控管和高频闭环反馈运行模式,实现微波发射功率的自动变化;利用可靠的温度/压力传感技术,实现了有温度/压力反馈的智能微波变频功率控制,实时监测和显示微波功率、温度和压力,并有自动温度/压力控制方式转换。

密封溶样罐的内罐大都采用各种全氟聚合物制成,用得最多的是聚四氟乙烯;外罐大多用聚砜材料，或先进的复合纤维制成，要能承受几十公斤的压力。

目前市场上有几十种不同规格的微波制样仪器出售，很多仪器只需要选择不同的容器和程序，可以在同一台主机里实现多个样品的各种前处理，如高性能消解、大容量消解、干燥、蒸发和预浓缩、样品萃取等，显示了微波制样的广阔前景。

下面以 MDS-6 型非脉冲式温压双控微波消解萃取仪（上海新仪微波化学科技有限公司）（图 2-10）为例介绍微波消解设备的功能。

MSD-6 微波消解萃取仪的主要功能如下：

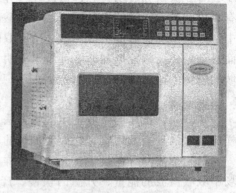

图 2-10 MSD-6 微波消解萃取仪

① 微波最大输出功率为 1000W，在 0~1000W 之间微波功率可以随温度和压力的变化自动变频调节，实现非脉冲微波连续加热；由于受压力和微波发射功率的闭环控制，在消解加热的过程中，消解罐内的压力上升，微波功率就下降；压力下降，功率就上升，从而达到一个动态的平衡。而消解罐内压力基本固定在所设定的压力上，压力控制的效果和精度都大大提高。

② 内置三种温/压控制模式（温度主控，压力主控和微波萃取），内存 30 多种样品处理应用方法，支持美国 EPA 和 ASTM 标准。可以自行编辑、存储、修改和删除特定样品的应用方法及各项控制参数（包括温度、压力、时间和功率变化范围等）；反应过程中荧光屏幕可切换显示各项参数变化情况和温度、压力的上升曲线。

③ 在压力测控上采用非接触式电感调频压力测控，实时显示和控制反应罐内的压力，控制范围：0.1~5MPa，精度 0.1MPa；示意图见图 2-11。

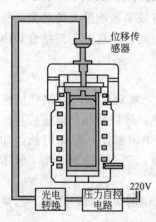

图 2-11 微波反应罐——光纤控压示意图

它采用电感调频位移压力传感器准确控制反应罐内压力，无需任何管线组装和拆卸。反应罐密闭和开启不需任何工具，并可在炉腔外冷却，冷却速度快，炉腔利用率高。

④ 温度控制范围：0~250℃，精度±1℃；采用铂电阻温度控制系统，直接插入反应罐内测量，实时显示和控制反应罐内的温度。在温控罐内可以同时控制压力，显示同一反应罐内准确的温压对照关系。

⑤ 主动和被动安全保护措施 主动安全保护装置：功率随温度和压力自动反馈控制，电感调频压力测控，铂电阻温度控制系统，智能化安全报警装置能自动提示和报警不安全的操作和状态，如反应罐泄漏切断，罐体位置异常和操作顺序颠倒报警等。被动安全保护装置包括：安全泄压孔，安全防爆膜，安全防护罩。

a. 溶样罐的安全泄压孔 由于大量气体产生或第一道安全措施万一失灵使密封活塞不断上升，当上升到超过设计压力（4MPa）高度时，高压气体就会从安全泄压孔泄出。

b. 溶样罐的安全防爆膜 当气体急速产生，安全泄压孔来不及泄出时，此时由于溶样杯压力不断增加，使密封碗裙边承受不了而破裂，避免了整个消解罐的破裂。

c. 消解炉的安全防护罩 由于操作上的不当或失误将有突发性化学反应或爆炸性的物品装入消解罐进行微波加热时而发生爆炸，则防护罩可有效地挡住炉门和炉腔内的爆炸物崩溅出来伤人。

有专家研究表明：脉冲微波在"开"和"关"的瞬间会产生高阈值电磁脉冲，在消解含有有机酯类和醇类的样品时，其与硝酸的反应产物可能会受刺激发生临界爆炸；在萃取反应中，高阈值脉冲微波也极易破坏所萃取的有机分子形态而影响萃取结果的一致性和可靠性。而自动功率变频控制和非脉冲技术有明显的优势，为进一步开发在微波萃取和微波合成等领域的应用创造条件。

（二）微波制样的操作方法

建立一种试样的微波密闭消解方法，要选择以下三个参数：①样品的称样量；②分解试样所用酸的种类及用量；③微波加热的功率与时间（压力与温度的设置）。下面分别介绍。

（1）样品的称样量　首先要了解样品的组成和性质，参考相关文献。不同的试样在微波场中吸收微波的能量、升温的快慢、产生压力的大小以及发生的化学反应的速率和程度不同。确定称样量要根据被测组分的含量和所用的检测方法的灵敏度，要求消解定容后的浓度一般高于检测限几倍至几十倍。从安全性角度考虑，称样量少些好。一般无机样品称样量为 $0.2\sim 2g$，有机样品为 $0.1\sim 1g$。

（2）消解所用酸的种类和用量　消解试样使用最广泛的酸是 HNO_3、HCl、HF、$HClO_4$、H_2O_2 等。这些都是良好的微波吸收体，在各种无机物样品中可以选用，根据不同的样品常使用各种混合酸。微波消解中最常使用的是 $HNO_3+H_2O_2$，也有用 HNO_3+HClO_4 的，因为高氯酸与有机物在一起有爆炸的危险，故要用 HNO_3+HClO_4 的混合物，高氯酸大都在常压下的预处理时使用，较少用于密闭消解中。$HNO_3+H_2O_2$ 常用的比例为 $2:1$。

样品量与试剂之比（固液比）的选择，消解试剂的量如果太少，消解作用不完全，消解试剂太多，空白值升高，因此，要选择适当的固液比，一般 $1:8$ 较好。

（3）微波加热的功率与时间　样品进行密闭微波消解，对消解效果影响最大的是微波强度，其次是消解时间，微波强度大，消解时间短，反之强度小，时间长。这两项要结合炉内样品个数通过试验选择最佳条件，进行严格控制。

微波消解试样的注意事项：

① 试样（特别是未知样品）加入酸后，不要立即放入微波炉，要观察加酸后试样的反应。如果反应很激烈：起泡、冒气、冒烟等，需要先放置一段时间，等待激烈反应过后再放入微波炉升温。有的样品可加酸后浸泡过夜，次日再放入微波炉中消解。一般先用低挡功率、低挡压力、低挡温度，用短的加热时间，观察压力上升的快慢，经几次试验，当了解了消解试样的特性后，方可一次设置高压、高温和长的加热时间。

② 对有突发性反应和含有爆炸组分的样品不能放入密闭系统中消解。如：炸药、乙炔化合物、叠氮化合物、亚硝酸盐等。

③ 不要用高氯酸消解油样和含油量大的样品。

（三）微波萃取

1. 微波萃取的原理和设备

微波萃取就是在微波能的作用下，用溶剂从固体中提取每种组分（微波液相萃取）或者用气体从固体或液体中提取某种组分（微波气相萃取）的一种方法。这是近年来引人注意的一种技术。

微波的量子能级属于范德华力（分子间作用力）的范畴，其能量本身不会破坏分子结构，但能使分子产生高速偶极旋转，而且辅以高温和高压可更容易从基体快速分离被分析物质，迅速解除基质与被分析物间的分子间作用力，迫使被分析物从基质中解析并快速进入溶剂。而且快速微波溶剂萃取由于被分析物瞬间溶出，可避免长时间样品高温分解，有利于萃取热不稳定物质，有助于从样品基体上解析萃取物，保持待测萃取物分子形态。且压力下溶剂的沸点升高，使溶剂在萃取过程中一直保持液态。

微波萃取的设备：在设计时，带有控温附件的微波制样设备可以用于消解和萃取两种用途。美国 CEM 公司 MARSX 微波快速溶剂萃取仪是美国官方认证的标准方法仪器，通过智能化专家系统及高精确过程控制反应及一些新技术，可以确保安全、快速，获得高重复性的结果。

2. 微波萃取的操作方法及其影响因素

微波萃取用制样杯一般为聚四氟乙烯材料制成的样品杯。微波萃取溶剂为具有极性的溶剂，如乙醇、甲醇、丙酮或水等。因非极性溶剂不吸收微波能，所以不能用非极性溶剂作为微波萃取溶剂（或萃取中通过专门的技术极化非极性试剂）。一般可在非极性溶剂中加入一定比例的极性溶剂来使用，如丙酮-环己烷（1∶1）。

（1）微波萃取的方法　准确称取一定量的待测样品置于微波制样杯内，根据萃取物情况加入适量的萃取溶剂（一般萃取溶剂和样品总体积不超过制样杯体积的 1/3），在密闭状态下，放入微波萃取系统中加热。根据被萃取组分的要求，设置萃取温度和萃取时间，加热萃取直至加热结束。把制样罐冷却至室温，取出制样杯，将杯内液体过滤或离心分离，制成可进行下一步测定的溶液。

（2）微波萃取的影响因素　影响微波萃取回收率的主要因素为萃取溶剂、萃取温度和萃取时间，其中溶剂的选择最为重要，这些条件可以通过参考文献后进行实验确定。

① 微波萃取中溶剂的影响　溶剂的极性对于萃取效率有很大的影响。利用微波能进行萃取分离时，除了要考虑溶剂的极性，还要求溶剂对分离成分有较强的溶解能力，方便后续处理，对待测成分的干扰小。已有报道用于微波萃取的溶剂有 甲醇，乙醇，异丙醇，丙酮，二氯甲烷，正己烷，异辛烷，乙腈，苯，甲苯等。

② 试样中的水分或湿度对微波萃取效率的影响　样品的含水量对回收率影响很大，因为样品中含有水分，才能有效吸收微波能而升温。若样品经过干燥，不含水分，就要采取样品再增湿的方法，使其具有足够的水分。也可选用能部分吸收微波能的萃取剂浸渍物料，再进行萃取。

③ 微波萃取中温度的影响　在微波密闭容器中，由于内部压力可达到十几个大气压，溶剂沸点比常压下的溶剂沸点高，因此，用微波萃取可以达到常压下使用同样的溶剂达不到的萃取温度，以提高萃取效率，而又不至于分解待测萃取物。

④ 萃取时间的影响　微波萃取时间与被测物样品量，溶剂体积和加热功率有关。一般情况下，萃取时间在 10～15min 内。在萃取过程中，一般加热开始 1～2min 即可达到所要求的萃取温度。萃取回收率随萃取时间延长而有所增长，但增长幅度不大。

第三节　化学实验室常用玻璃仪器及其他制品

化学实验室中经常使用玻璃仪器，这是由于玻璃具有很高的化学稳定性、热稳定性，有很好的透明度及良好的绝缘性能和一定的机械强度，另一方面玻璃原料来源方便，并可以用多种方法按需求制成各种不同的产品，还可以通过改变玻璃化学组成制出适应各种不同要求的玻璃仪器。

一、常用玻璃仪器及应用范围

见表 2-4。

表 2-4 常用玻璃仪器

名　称	规　格	应用范围	注意事项
试管架（试管、离心试管）	分硬质试管、软质试管、普通试管、离心试管。普通试管以（管口外径×长度）/mm 表示，离心试管以其容积/mL 表示	用作少量试液的反应容器，便于操作和观察。离心试管还可用于定性分析中的沉淀分离	1) 加热后不能骤冷，以防试管破裂 2) 盛试液不超过试管的 $1/3 \sim 1/2$ 3) 加热时用试管夹夹持，管口不要对人，且要求不断摇动试管，使其受热均匀 4) 小试管一般用水浴加热
烧杯	以容积表示。如 1000mL、600mL、400mL、250mL、100mL、50mL、25mL	反应容器。反应物较多时用，亦可配制溶液、溶样等	1) 可以加热至高温。使用时应注意勿使温度变化过于剧烈 2) 加热时底部垫石棉网，使其受热均匀，一般不可烧干
锥形瓶（三角烧瓶）	以容积表示。如 500mL、250mL、100mL、50mL	反应容器。摇荡比较方便，适用于滴定操作	1) 可以加热。使用时应注意勿使温度变化过于剧烈 2) 加热时底部垫石棉网，使其受热均匀 3) 磨口三角瓶加热时要打开塞
碘量瓶	以容积表示。如 250mL、100mL、50mL	用于碘量法或其他生成挥发性物质的定量分析	1) 塞子及瓶口边缘的磨砂部分注意勿擦伤，以免产生漏隙 2) 滴定时打开塞子，用蒸馏水将瓶口及塞子上的碘液洗入瓶中
烧瓶	有平底和圆底之分，以容积表示。如 500mL、250mL、100mL、50mL	反应容器。反应物较多，且需要长时间加热时用	1) 可以加热。使用时应注意勿使温度变化过于剧烈 2) 加热时底部垫石棉网或用各种加热套加热，使其受热均匀

续表

名　称	规　格	应用范围	注意事项
蒸馏烧瓶　克氏蒸馏烧瓶	以容积/mL表示	用于液体蒸馏，也可用于制取少量气体 克氏蒸馏烧瓶最常用于减压蒸馏实验	加热时应放在石棉网上
量筒　量杯	以所能量度的最大容积表示。量筒：如250mL，100mL，50mL，25mL，10mL 量杯：如100mL，50mL，20mL，10mL	用于液体体积计量	1) 不能加热 2) 沿壁加入或倒出溶液
容量瓶	以容积表示。如1000mL，500mL，250mL，100mL，50mL，25mL	配制准确体积的标准溶液或被测溶液	1) 不能直接用火加热 2) 不能在其中溶解固体 3) 漏水的不能用 4) 非标准的磨口塞要保持原配
(a)　(b)	滴定管分碱式(a)和酸式(b)，无色和棕色。以容积表示，如50mL，25mL	滴定管用于滴定操作或精确量取一定体积的溶液 滴定管架用于夹持滴定管	1) 碱式滴定管盛碱性溶液，酸式滴定管盛酸性溶液，二者不能混用 2) 碱式滴定管不能盛氧化剂 3) 见光易分解的滴定液宜用棕色滴定管 4) 酸式滴定管活塞应用橡皮筋固定，防止滑出跌碎 5) 活塞要原配，漏水的不能使用

续表

名　称	规　格	应用范围	注意事项
吸量管　移液管	以所量的最大容积表示。吸量管：如10mL，5mL，2mL，1mL 移液管：如50mL，25mL，10mL，5mL，2mL，1mL	用于精确量取一定体积的液体	不能加热
滴管	由尖嘴玻璃管与橡皮乳头构成	1）吸取或滴加少量（数滴或1～2mL）液体 2）吸取沉淀的上层清液以分离沉淀	1）滴加时，保持垂直，避免倾斜，尤忌倒立 2）管尖不可接触其他物体，以免玷污
称量瓶 (a)　(b)	分矮型(a)、高型(b)，以外径×高表示。如高型25mm×40mm，矮型50mm×30mm	要求准确称取一定量的固体样品时用，矮型用作测定水分或在烘箱中烘干基准物；高型用于称量基准物、样品	1）不能直接用火加热 2）盖与瓶配套，不能互换 3）不可盖紧磨口塞烘烤
试剂瓶 (a)　(b)	材料：玻璃或塑料 规格：分广口(a)、细口(b)；无色、棕色。以容积表示。如1000mL，500mL，250mL，125mL	广口瓶盛放固体试剂，细口瓶盛放液体试剂。棕色瓶用于存放见光易分解的试剂	1）不能加热 2）取用试剂时，瓶盖应倒放在桌上 3）盛碱性物质要用橡皮塞或塑料瓶 4）不能在瓶内配制在操作过程中放出大量热量的溶液

续表

名　称	规　格	应用范围	注意事项
滴瓶	有无色、棕色之分。以容积表示。如125mL,60mL	盛放每次使用只需数滴的液体试剂	1)见光易分解的试剂要用棕色瓶盛放 2)碱性试剂要用带橡皮塞的滴瓶盛放 3)其他使用注意事项同滴管 4)使用时切忌张冠李戴
长颈漏斗　漏斗	以口径和漏斗颈长短表示。如6cm长颈漏斗、4cm短颈漏斗	长颈漏斗用于定量分析,过滤沉淀,短颈漏斗用作一般过滤	不能用火直接加热
分液漏斗　滴液漏斗	以容积和漏斗的形状(筒形、球形、梨形)表示。如100mL球形分液漏斗、60mL筒形滴液漏斗	1)往反应体系中滴加较多的液体 2)分液漏斗用于互不相溶的液-液分离	活塞应用细绳系于漏斗颈上,或套以小橡皮圈,防止滑出跌碎
(a)直形冷凝管　(b)空气冷凝管　(c)球形冷凝管	以口径表示	直形冷凝管适用于蒸馏物质的沸点在140℃以下 　空气冷凝管适用于蒸馏物质的沸点高于140℃ 　球形冷凝管适用于加热回流的实验	

续表

名 称	规 格	应用范围	注 意 事 项
表面皿	以直径表示。如 15cm，12cm，9cm，7cm	盖在蒸发皿或烧杯上以免液体溅出或灰尘落入	不能用火直接加热，直径要略大于所盖容器
研钵	厚料制成。规格：以钵口径表示。如 12cm，9cm	研磨固体物质时用	1)不能做反应容器 2)只能研磨，不能敲击 3)不能烘烤
干燥器	以直径表示。如 18cm、15cm、10cm 无色、棕色	1)定量分析时，将灼烧过的坩埚置其中冷却 2)存放样品，以免样品吸收水汽	1)灼烧过的物体放入干燥器前温度不能过高 2)使用前要检查干燥器内的干燥剂是否失效 3)磨口处涂适量凡士林
三口烧瓶	以容量表示。如 200mL、100mL、50mL、25mL 有磨口、非磨口	用于反应	
蒸馏头	以口径表示。10#、12#、14#、16# mm	与圆底烧瓶组装后用于蒸馏	
Y形管	以口径表示。如 10#、12#、14#、16# mm	与圆底烧瓶组装后用于蒸馏	
75°弯管	以口径表示。如 10#、12#、14#、16# mm	与圆底烧瓶组装后用于蒸馏	

续表

名　称	规　格	应用范围	注　意　事　项
接引管　双头接引管	材料：玻璃 规格：以口径大小表示	用于蒸馏	
抽滤瓶	材料：玻璃 规格：抽滤瓶以容积表示。如 500mL,250mL,125mL	用于减压过滤	不能用火直接加热
Thiele 管	材料：玻璃	用于测熔点	内装石蜡油、硅油或浓硫酸
干燥管	有直形、弯形和普通、磨口之分。磨口的还按塞子大小分为几种规格。如 14# 磨口直形、19# 磨口弯形	内盛装干燥剂,当它与体系相连,既能使体系与大气相通,又可阻止大气中的水汽进入体系	干燥剂置球形部分,不宜过多。小管与球形交界处填充少许玻璃棉
维氏分馏柱	材料：玻璃 以口径大小表示	用于分馏、分离多组分混合物	
分水器	材料：玻璃 以口径大小表示	用于放掉反应过程中产生的水,从而加快反应速率	

二、部分常用玻璃实验装置

见图 2-12～图 2-19。

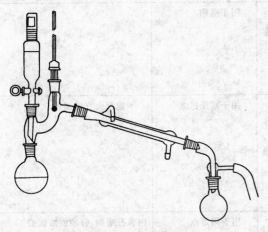 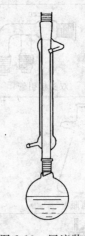

图 2-12　蒸馏装置　　　　　　　图 2-13　回流装置

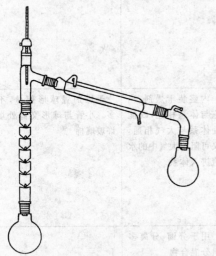 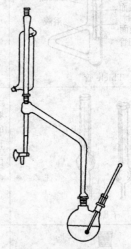

图 2-14　分馏装置　　　　　　　图 2-15　分水装置

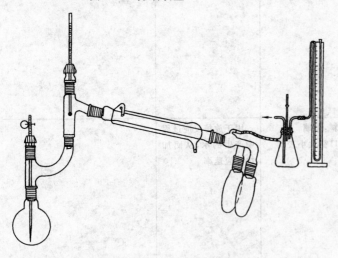 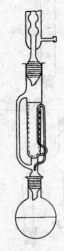

图 2-16　减压蒸馏装置　　　　　图 2-17　索氏提取器

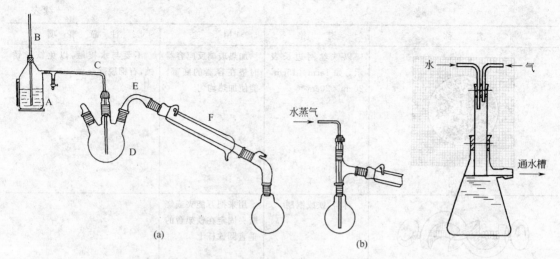

图 2-18 水蒸气蒸馏装置
A—水蒸气发生器；B—安全管；C—水蒸气导管；
D—三口圆底烧瓶；E—馏出液导管；F—冷凝管

图 2-19 气体吸收装置

三、其他制品

见表 2-5。

表 2-5 实验室常用制品

名 称	规 格	用 途	注 意 事 项
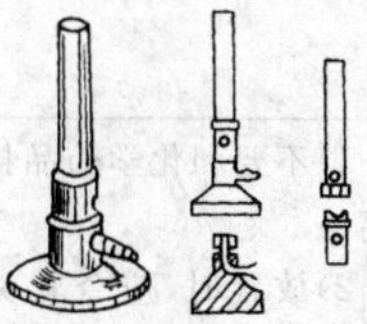 煤气灯	材料：铜制和铁制	用于加热	
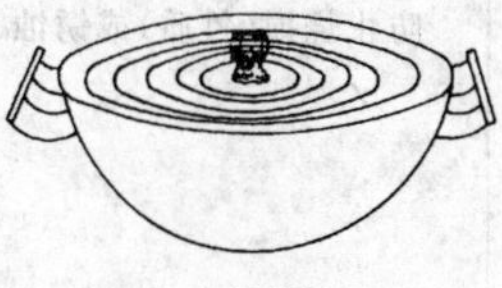 水浴锅	材料：铜制和铝制。水浴锅上的圆圈适于放置不同规格的器皿	用于要求受热均匀而温度不超过100℃的物体的加热	1）注意不要把水浴锅烧干 2）严禁把水浴锅作为砂浴盘使用
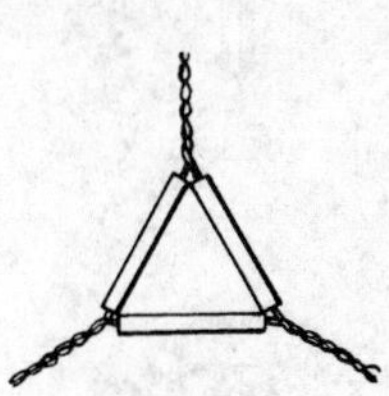 泥三角	材料：瓷管和铁丝。有大小之分	用于承放加热的坩埚和小蒸发皿	1）灼烧的泥三角不要滴上冷水，以免瓷管破裂 2）选择泥三角时，要使搁在上面的坩埚所露出的上部，不超过本身高度的1/3

续表

名　称	规　格	用　途	注 意 事 项
石棉网	以铁丝网边长表示。如 15cm×15cm, 20cm×20cm	加热玻璃反应容器时垫在容器的底部，能使加热均匀	不要与水接触，以免铁丝锈蚀，石棉脱落
双顶丝	材料：铁或铜制	用来把万能夹或烧瓶夹固定在铁架台的垂直圆铁杆上	
烧瓶夹	材料：铁或铜制	用于夹住烧瓶的颈或冷凝管等玻璃仪器	头部套有耐热橡皮管以免夹碎玻璃仪器
烧杯夹	材料：镀镍铬的钢制品，头部绕石棉网	用于夹取热烧杯	
坩埚钳	材料：铁或铜合金，表面常镀镍、铬	夹持坩埚和坩埚盖	1)不要和化学药品接触，以免腐蚀 2)放置时，应令其头部朝上，以免玷污 3)夹持高温坩埚时，钳尖需预热
试管夹	竹制、钢丝制	用于夹拿试管	防止烧损（竹质）或锈蚀
滴定台及滴定管夹	材料：铁制支杆及底板，底板上铺乳白玻璃或白瓷板，铁制滴定管夹	用于固定滴定管	

续表

名　称	规　格	用　途	注　意　事　项
移液管架	材料：硬木或塑料	用于放置各种规格的移液管及吸量管	
试管架	材料：木制、金属或塑料制品	用于放置试管	
比色管架	材料：木制	用于放置比色管	
铁架台、铁环	材料：铁制品	用于固定放置反应容器。铁环上放石棉网可用于放被加热的烧杯等仪器	
三脚架	材料：铁制品	放置较大或较重的加热容器	
试管刷	以大小和用途表示。如试管刷、烧杯刷	洗涤试管及其他仪器用	洗涤试管时，要把前部的毛捏住放入试管，以免铁丝顶端将试管底戳破

续表

名 称	规 格	用 途	注意事项
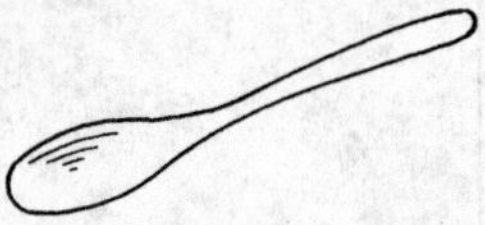 药匙	材料：牛角或塑料	取固体试剂时用	1）取少量固体时用小的一端 2）药匙大小的选择，应以盛取试剂后能放进容器口内为宜
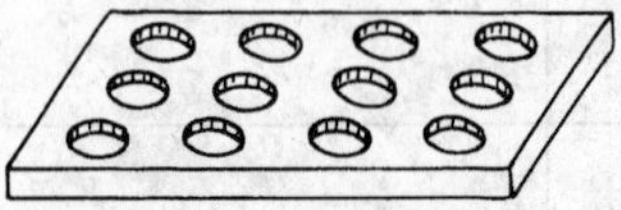 点滴板	材料：白色瓷板 规格：按凹穴数目分十穴、九穴、六穴等	用于点滴反应，一般不需分离的沉淀反应，尤其是显色反应	1）不能加热 2）不能用于含氢氟酸和浓碱溶液的反应
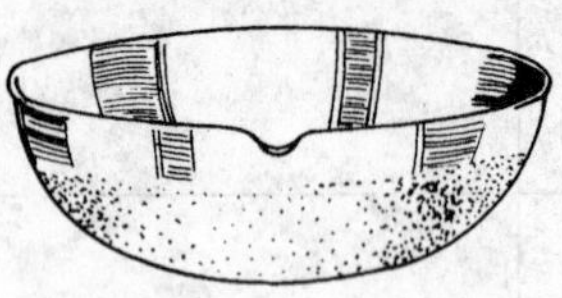 蒸发皿	材料：瓷质 规格：分有柄、无柄。以容积表示。如150mL，100mL，50mL	用于蒸发浓缩	可耐高温，能直接用火加热，高温时不能骤冷
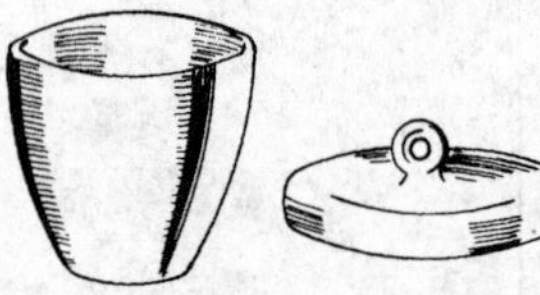 坩埚	材料：分瓷、石英、铁、银、镍、铂等 规格：以容积表示，如50mL，40mL，30mL	用于灼烧固体	1）灼烧时放在泥三角上，直接用火加热，不需用石棉网 2）取下的灼热坩埚不能直接放在桌上，而要放在石棉网上 3）灼热的坩埚不能骤冷
 布氏漏斗	材料：磁质	用于减压过滤	

第四节 化学试剂常识

化学试剂是具有不同的纯度标准的精细化学品，其价格与纯度相关，纯度不同价格有时相差很大。因此，在做化学实验时应按实验的要求选用不同规格的试剂，既不盲目追求高纯度以免造成浪费，又不随意降低试剂规格从而影响实验结果。下面简要介绍试剂的分类和规格。

一、化学试剂分类和规格

按试剂的用途或化学组成，化学试剂可分为以下十类：无机分析试剂、有机分析试剂、特效试剂、基准试剂、标准物质、指示剂和试纸、仪器分析试剂、生化试剂、高纯物质和液晶。

化学试剂规格按试剂的纯度及杂质含量来划分，可分为高纯、光谱纯、基准、分光纯、优级纯、分析纯和化学纯 7 种，国家和主管部门颁布的主要是优级纯、分析纯和化学纯 3 种规格的质量指标，见表2-6。

表2-6　化学试剂规格

名称	级别	英文名称及代号	标志颜色	应用范围
优级纯(保证试剂)	一级	guaranteed reagent(GR)	绿色	用于精密分析和科学研究工作
分析纯	二级	analytical reagent(AR)	红色	用于定性定量分析和一般研究工作
化学纯	三级	chemical pure(CP)	蓝色	适用于一般分析和有机、无机化学实验

为了保证和控制化学试剂产品的质量，国家颁布了化学试剂的部颁标准（代号 HG）和国家标准（代号 GB），对试剂的规格和检验方法标准做出规定。

二、标准物质

我国颁布的标准物质已有4000多种，进口的标准物质和标准品又有数千种，有很多种类的标准物质与化验工作关系密切，特别是化学成分标准物质，是试剂的重要组成部分，因此，必须了解标准物质的相关知识。

标准物质定义为：已确定其一种或几种特性，用于校准测量器具、评价测量方法或确定材料特性量值的物质。可以是纯物质、固体、液体、气体和水溶液。我国将标准物质分为2级：一级标准物质和二级标准物质。

（1）一级标准物质　采用绝对测量方法或其他准确、可靠的方法测量标准物质的特性量值，测量准确度达到国内最高水平并附有证书的标准物质，该标准物质由国务院计量行政部门批准、颁布并授权生产。

一级标准物质主要用于评价标准方法、作为仲裁分析的标准及为二级标准物质定值，是量值传递的依据。

（2）二级标准物质　采用准确、可靠的方法或直接与一级标准物质相比较的方法测量标准物质的特性量值，测量准确度满足现场测量的需要并附有证书的标准物质，该标准物质经国务院有关业务主管部门批准并授权生产。

二级标准物质可作为工作标准直接使用。

（一）标准物质分类

标准物质按照鉴定特性可分为3类。

（1）化学成分标准物质　用于成分分析仪器的校准和分析方法的评价，如金属、地质、环境等化学成分标准物质。

（2）物理和物理化学特性标准物质　用于物理化学特性计量器具的刻度校准或计量方法的评价，如pH、燃烧热、聚合物分子量标准物质等。

（3）工程技术特性标准物质　用于工程技术参数和特性计量器具的校准、计量方法的评价及材料或产品技术参数的比较计量，如粒度标准物质、标准橡胶等。

参考国际常用的分类方法，我国对标准物质进行分类见表2-7。

表2-7　标准物质的分类

序号	类别	举例
01 钢铁	钢铁成分分析标准物质	铸铁、铁合金、碳素钢、合金钢、不锈钢、钢铁和合金光谱分析标准物质、金属中气体…
02 有色金属	有色金属及金属中气体成分标准物质	高纯金属中杂质、各种合金中气体…
03 建材	建材成分分析标准物质	黏土、石灰岩、石膏、钠钙硅玻璃、硅酸盐水泥、石材放射性标样、陶瓷产品放射性标样…

续表

序号	类别	举例
04 高分子材料	高分子材料特性测量标准物质	葡聚糖分子量、聚苯乙烯等高聚物分子量(宽分布或窄分布)、聚异丁烯高黏度标准黏度液…
05 化工产品	化工产品成分分析标准物质	基准化学试剂、滴定分析标准溶液、杂质标准溶液、各种仪器分析标准如色谱标准物质、各种化工产品的纯度、各种气体中混合气体、苯甲酸元素分析标准…
06 地质	地质矿产成分分析标准物质	岩石、各种矿石、土壤成分、电子探针成分分析(各种矿及化学物质)、茶叶成分分析…
07 环境	环境化学分析标准物质	水中各种离子标准溶液、水、河流沉积物、面粉、茶叶成分、大气监测液体样品、各种农药…
08 临床化学与药品	临床化学与药品成分分析标准物质	药品、血清、抗生素、冻干牛血成分分析、冻干人尿(痕量金属)成分分析、粉类化妆品中铅成分分析…
09 食品	食品及食品中有害成分分析标准物质	食用合成色素溶液、各种食品防腐剂溶液、白酒色谱分析、各种食品的生物成分分析…
10 农药兽药	农药兽药及多氯联苯标准物质	各种农药纯度分析、各种农药溶液…
11 煤炭石油	煤炭石油成分分析标准物质	煤灰、焦炭成分分析,煤物理特性和化学成分分析、石油成分、石油中元素…
12 工程技术特性	工程技术特性测量标准物质	校准试验筛用玻璃微珠、柴油十六烷值、车用含铅(及无铅)汽油辛烷值、浊度…
13 物理和理化特性	物理和物理化学特性标准物质	pH 基准试剂、pH 标准缓冲溶液、KCl 电导率标准溶液、苯甲酸量热、各种熔点标准、标准黏度液…
14 核材料	核材料成分与放射性测量标准物质	铀矿石、产铀岩石、放射源氢同位素水样等

(二) 标准物质的应用

① 用于部分国际单位制与导出单位的复现,如长度单位、质量单位、物质的量单位、动力黏度单位、摩尔热容单位等。

② 用于某些工程技术特性量、物理和物理化学特性量的标度,如温度、pH、溶液的电导率、黏度等。

③ 用标准物质检定仪器的性能如分光光度计的波长校准、分辨率检查、色谱仪检测器的灵敏度检定等。

④ 用与被测样品组成相似的标准物质,用同样的分析方法进行测定,以评价分析方法的准确度和精密度。

⑤ 在化学分析中标准物质作为工作标准,如:仪器分析中制作工作曲线,为测量仪器定值,如 pH 计、电导率仪、工业气相色谱仪等;又如,在测定化学试剂的标准溶液的制备中,当对标准滴定溶液浓度值的准确度有更高要求时可使用二级纯度标准物质或定值标准物质代替工作基准试剂进行标定或直接制备 (GB 601—2002)。

⑥ 在实验室质量保证中,在实验室内和实验室间,通过发出标准物质进行分析,收集测定值,作质量控制图,用于评价分析者和实验室的工作质量。

⑦ 用于技术仲裁,在商品质量检验、污染源分析监测、产品质量等发生争议时,用标准物质进行仲裁分析,结果具有客观性和权威性。

(三) 标准物质的使用注意事项

① 标准物质的选购 从国家技术监督局发布的"标准物质目录"中选购,根据使用目

的，选购一级或二级标准物质。

② 仔细阅读标准物质的证书 特别是标准物质的用途要与使用的一致，做成分分析要选择与样品的基体组成和被测成分的浓度水平相当的标准物质。

③ 使用前查验 要查看标准物质的生产日期、有效期及不确定度等是否符合要求；检查外观、包装有无异常。通过实验对标准物质的准确性进行验证，如与已有的标准物质进行比对，测试已知结果的样品等。

④ 在标准物质的有效期内使用 有效期一般是标准物质的研制者在规定的储存条件下，经稳定性试验证明特性值稳定的时间间隔。

⑤ 需要配制成溶液的标准物质，其配备过程、使用的溶剂种类和浓度对标准工作液的稳定性都有影响，需要注意监测标准物质溶液的变化情况，当标准溶液失效时，应立即停止使用。

⑥ 按照标准物质证书的要求正确使用和在要求的保存条件下保存。

三、化学试剂的性质及使用方法

（一）常用化学试剂

1. 常用酸碱

表 2-8 列出了常用酸、碱试剂的密度、浓度和一般性质。

表 2-8 常用酸、碱试剂的密度、浓度和一般性质

名称 化学式 M_r	沸点/℃	密度/(g/mL)	w/%	c/(mol/L)	一般性质
盐酸 HCl 36.463	110	1.18～1.19	36～38	约 12	无色液体，发烟，与水互溶，强酸，常用溶剂，腐蚀性。大多数金属氯化物易溶于水，Cl^- 具有还原性及一定的配位能力
硝酸 HNO_3 63.02	122	1.39～1.42	约 69	约 16	无色液体，与水互溶，强腐蚀性。受热、光照射易分解，放出 NO_2 呈橘红色。强酸，具有氧化性。硝酸盐都易溶于水
硫酸 H_2SO_4 98.08	338	1.83～1.84	95～98	约 18	无色透明油状液体，与水互溶并放出大量热，故只能将酸慢慢地加入水中，否则会因暴沸将酸溅出伤人。强酸。浓酸具有氧化性，强脱水能力，使有机物脱水炭化。除碱土金属及铅的硫酸盐难溶于水外，其他硫酸盐一般都溶于水
磷酸 H_3PO_4 98.00	213	1.69	约 85	约 15	无色浆体液体，易溶于水，强酸。低温时腐蚀性弱，200℃时腐蚀性强。强配位能力，很多难溶矿物均可被其分解，高温脱水形成焦磷酸和聚磷酸
高氯酸 $HClO_4$ 100.47	203	1.68	70～72	约 12	无色液体，易溶于水，水溶液稳定，强酸。热浓时是强氧化剂和脱水剂。除钾、铷、铯外，其他金属盐都易溶于水。与有机物作用易爆炸，故加热高氯酸及其盐时，要注意预防爆炸危险
氢氟酸 HF 20.01	120	1.13	约 40	约 22.5	无色液体，易溶于水，弱酸，强腐蚀性。触及皮肤会造成严重灼伤，并引起溃烂。对三价、四价金属离子有强的配位能力，能腐蚀玻璃，需用塑料瓶或铂器皿储存
乙酸 CH_3COOH 60.054		1.05	36.2 99 （冰醋酸）	约 6.2 17.4 （冰醋酸）	无色液体，有强烈的刺激性气味，与水互溶，是常用的弱酸。当质量分数达 99% 以上时，密度为 1.05g/mL，凝固点为 14.8℃，称为冰醋酸，对皮肤有腐蚀作用
氨水 NH_4OH 35.048		0.88～0.91	25～28 （NH_3）	约 15	无色液体，有刺激性气味，弱碱，易挥发。加热至沸 NH_3 可全部逸出，空气中 NH_3 达到 0.5% 时可使人中毒。室温较高时，欲打开瓶塞，需用湿毛巾盖着，以免喷出伤人

续表

名称 化学式 M_r	沸点 /℃	密度 /(g/mL)	w/%	c /(mol/L)	一般性质
氢氧化钠 NaOH 40.01		1.53	饱和溶液 50.5	约 19.3	白色固体，呈粒状、块状、棒状，易溶于水并放出大量热，强碱。有强腐蚀性，对玻璃有腐蚀性，浓溶液不适宜存放于玻璃瓶中，特别是带玻璃塞的瓶中
氢氧化钾 KOH 56.11		1.535	饱和溶液 52.5	约 14.2	

注：w——质量分数；M_r——相对分子质量；c——物质的量浓度。

2. 常用有机溶剂

表 2-9 列出了常用有机溶剂的性质。

表 2-9　常用有机溶剂的性质

名称 M_r 化学式	密度 (20℃) /(g/mL)	沸点 /℃	燃点[①] /℃	闪点[②] /℃	一般性质
乙醇 46.07 CH_3CH_2OH	0.785	78.32	423	14	无色、有芳香气味的液体。易燃，应密封保存。与水、乙醚、氯仿、苯、甘油等互溶。为最常用的溶剂
丙酮 58.08 CH_3COCH_3	0.790	56.12	533	−17.8	无色、具有特殊气味的液体。易挥发，易燃。能与水、乙醇、乙醚、苯、氯仿互溶，能溶解树脂、脂肪。为常用溶剂
乙醚 74.12 $C_2H_5OC_2H_5$	0.714	34.6	185	−45	无色液体。极易燃，密封保存。微溶于水，易溶于乙醇、丙酮、氯仿、苯。为脂肪的良好溶剂。常用作萃取剂
氯仿（三氯甲烷） 119.33 $CHCl_3$	1.481	61.15	—		无色，稍有甜味、不燃。微溶于水，与乙醇、乙醚互溶，溶于丙酮、二硫化碳。为树脂、橡胶、磷、碘等的良好溶剂。可作为有机化合物的提取剂
1,2-二氯乙烷 98.97 CH_2ClCH_2Cl	1.238	83.18	413	13	无色、有氯仿味。微溶于水，与乙醇、丙酮、苯、乙醚互溶
四氯化碳 153.83 CCl_4	1.594	76.75	—		无色、密度大，不燃，可灭火。微溶于水，与乙醇、乙醚、苯、三氯甲烷等互溶。为脂肪、树脂、橡胶等的溶剂
二硫化碳 76.13 CS_2	1.263	46.26	90	−40	无色、烂萝卜味。易燃，不溶于水。能溶解硫黄、树脂、油类、橡胶等
乙酸乙酯 88.07 $CH_3COOC_2H_5$	0.901	77.1	425	−4	无色、水果香、易燃。溶于水，与乙醇、乙醚、氯仿互溶，溶于丙酮、苯。常用作涂料的稀释剂和油脂的萃取分离溶剂
苯 78.11 C_6H_6	0.874	80.1	562	−17	无色、有特殊气味，有毒，易燃。不溶于水，与乙醇、乙醚、丙酮互溶。是脂肪、树脂的良好溶剂、萃取剂
甲苯 92.13 $C_6H_5CH_3$	0.867	110.6	536	4.4	无色，蒸气有毒。不溶于水，与乙醇、乙醚互溶。溶于氯仿、丙酮、二硫化碳等

① 燃点又称着火点，是指可燃性液体加热到其表面上的蒸气和空气的混合物与火焰接触，立即着火并继续燃烧的最低温度。

② 闪点表示可燃液体加热到其液体表面上的蒸气和空气的混合物与火焰接触发生闪火时的最低温度。闪点的测定用开口杯法或闭口杯法。表中数据皆为闭口杯法。

3. 通用试剂

通用试剂的种类很多,最常用的是无机和有机的酸、碱、盐;指示剂;特效试剂等,在此不一一列出,使用前,应了解试剂的物理和化学性质及危险性。

(二) 标准试剂

标准试剂有许多类,目前国内常用的有下列类别:滴定分析标准溶液(溶液)、滴定分析基准试剂(固态)、pH 基准试剂(固态)、杂质标准溶液(溶液)等,仪器分析的标准试剂等。

1. 制备标准滴定溶液的试剂

在国家标准"GB 601—2002 化学试剂 标准滴定溶液的制备"中,规定了 24 种标准滴定溶液的制备方法,包括了酸碱滴定、氧化还原滴定、沉淀滴定、配位滴定、非水滴定、有机功能团测定的标准滴定溶液。

表 2-10 列出了制备标准滴定溶液的试剂的性状(表中试剂的标准号未注日期可使用最新版本),供使用这些试剂时参考。

表 2-10 制备标准滴定溶液试剂的性质

序号	名称、化学式、M_r	标准号	基 本 性 状
1	氢氧化钠 NaOH 40.01	GB 629	白色粒状固体,易吸收空气中水分和二氧化碳,易溶于水 溶于水时放出大量热 具强腐蚀性,可侵蚀玻璃
2	盐酸 HCl 36.46	GB 622	无色透明的氯化氢水溶液,在空气中发烟,有刺激臭味 $\rho(20℃)=1.18g/mL$
3	硫酸 H_2SO_4 98.08	GB 625	无色透明液体,能与水、乙醇混合,同时放出大量热,暴露于空气中迅速吸水,强腐蚀性 $\rho(20℃)=1.84g/mL$
4	碳酸钠 Na_2CO_3 105.99	GB 639	白色粉末,暴露于空气中逐渐吸水成一水合物。溶于水,不溶于乙醇
5	重铬酸钾 $K_2Cr_2O_7$ 294.18	GB 642	橙红色结晶颗粒或粉末,溶于水,不溶于乙醇
6	硫代硫酸钠 $Na_2S_2O_3·5H_2O$ 248.18	GB 637	无色结晶,溶于水,不溶于乙醇
7	溴化钾 KBr 119.70	GB 649	白色结晶粉末,溶于水
8	溴酸钾 $KBrO_3$ 167.00	GB 650	白色结晶粉末,溶于水,几乎不溶于乙醇。与有机物、硫化物或其他还原性物混合研磨,即可猛烈爆炸
9	碘 I_2 253.81	GB 675	灰黑色具有金属光泽的片状结晶,易溶于乙醇、醚、三氯甲烷、二硫化碳及碱金属碘化物的溶液中,难溶于水
	碘化钾 KI 166.00	GB 1272	白色结晶,易溶于水,可溶于乙醇、丙酮。在潮湿空气中微具潮解性。久置会析出碘而呈黄色

续表

序号	名称、化学式、M_r	标准号	基 本 性 状
10	碘酸钾 KIO_3 214.00	GB 651	白色结晶粉末,溶于水,不溶于乙醇
11	草酸 $H_2C_2O_4 \cdot 2H_2O$ 126.07	GB 9854	无色结晶,在温热、干燥空气中风化,可溶于水、乙醇
12	高锰酸钾 $KMnO_4$ 158.04	GB 643	黑紫色、有金属光泽的结晶。溶于水,遇乙醇及其他有机溶剂则还原为低价化合物
13	硫酸铁(Ⅱ)铵 (硫酸亚铁铵) $(NH_4)_2Fe(SO_3)_2 \cdot 6H_2O$ 392.14	GB 661	浅蓝绿色结晶,在空气中逐渐被氧化,溶于水,不溶于醇
14	硫酸(高)铈 (或硫酸铈铵) $Ce(SO_4)_2 \cdot 4H_2O$ 404.30 $2(NH_4)_2SO_4 \cdot$ $Ce(SO_4)_2 \cdot 4H_2O$ 668.56	企业标准	四水合硫酸铈:黄色或橙黄色结晶粉末,易溶于水,溶于稀硫酸,有腐蚀性 四水合硫酸铈铵:黄色或橙黄色结晶粉末,溶于无机酸,微溶于水,不溶于乙酸
15	乙二胺四乙酸二钠 $C_{10}H_{14}N_2O_8Na_2 \cdot 2H_2O$ 372.24	GB 1401	白色结晶粉末,溶于水,几乎不溶于乙醇
16	氯化锌 $ZnCl_2$ 136.32	—	白色颗粒或粉末,可溶于水,易在空气中潮解
17	氯化镁 $MgCl_2 \cdot 6H_2O$ 203.31	GB 672	无色结晶,在空气中潮解,溶于水及醇
17	硫酸镁 $MgSO_4 \cdot 7H_2O$ 246.47	GB 671	无色结晶或白色粉末,溶于水,能溶于丙三醇,微溶于乙醇
18	硝酸铅 $Pb(NO_3)_2$ 331.2	HG/T 3470	白色结晶,溶于水,有毒
19	氯化钠 $NaCl$ 58.44	GB 1266	白色、无臭结晶粉末,溶于水,几乎不溶于醇
20	硫氰酸钠 $NaSCN$ 81.07	GB 1268	白色或无色结晶溶于水、乙醇、易潮解
20	硫氰酸钾 $KSCN$ 97.18	GB 648	无色结晶,易潮解,溶于水及乙醇
21	硝酸银 $AgNO_3$ 169.87	GB 670	无色结晶,溶于水,在洁净干燥的空气中稳定,遇有机物变黑
22	亚硝酸钠 $NaNO_2$ 69.00	GB 633	白色或浅黄色结晶,易溶于水,在空气中潮解

续表

序号	名称、化学式、M_r	标准号	基 本 性 状
23	高氯酸 $HClO_4$ 100.46	GB 623	无色透明液体,具有强腐蚀性。与有机物接触,遇热极易引起爆炸
24	氢氧化钾 KOH 56.11	GB 2306	白色均匀粒状或片状固体,易吸收空气中水分及二氧化碳,易溶于水

表 2-10 中有 4 种试剂,它们为:重铬酸钾、碘酸钾、乙二胺四乙酸二钠、硝酸银,当采用基准试剂级别,按标准要求的条件干燥后,准确称量,可直接配制成标准溶液使用,而采用一般级别,例如分析纯试剂配制的标准溶液,则需要标定。可根据标准溶液的需用量及工作要求选用,其成本不同,基准试剂成本较高。

也可以购买标准滴定溶液直接使用。

2. 滴定分析基准试剂

基准试剂是纯度高、杂质少、稳定性好、化学组分恒定的化合物。二级标准物质的基准试剂可作为工作标准使用。目前,市场供应的基准试剂,其含量范围为 99.95%～100.05%。用于标定标准滴定溶液(表 2-11)。

表 2-11 滴定分析工作基准试剂的性质

序号	基准试剂名称、 化学式、M_r	国家标准号	基 本 性 状
1	邻苯二甲酸氢钾 $KHC_8H_4O_4$ 204.22	GB 1257—1989	无色单斜结晶或白色结晶性粉末,在空气中稳定,溶于约 12 份冷水、3 份沸水,微溶于乙醇
2	无水碳酸钠 Na_2CO_3 105.99	GB 1255—1990	白色粉末,暴露于空气中逐渐吸收水,成为一水合物,溶于水,不溶于乙醇
3	重铬酸钾 $K_2Cr_2O_7$ 294.18	GB 1259—1989	橙红色有光泽结晶颗粒或粉末,不吸湿或潮解,不溶于乙醇,有强氧化性,500℃分解
4	三氧化二砷 As_2O_3 197.84	GB 1256—1990	白色无定形结晶粉末,易升华,剧毒,微溶于水,易溶于碱金属氢氧化物或碳酸盐溶液
5	碘酸钾 KIO_3 214.00	GB 1258—1990	白色结晶或结晶性粉末,无气味,缓慢溶于 12 份冷水、3.1 份沸水,溶于稀酸,不溶于乙醇,有强氧化性,有刺激性
6	草酸钠 $Na_2C_2O_4$ 134.00	GB 1254—1990	白色结晶粉末,无气味,有吸湿性,不溶于乙醇,有刺激性,熔点 250～270℃(分解)
7	氧化锌 ZnO 81.389	GB 1260—1990	白色或微黄色粉末,在空气中吸收二氧化碳和水蒸气,溶于稀酸、浓碱溶液、氨水、铵盐溶液,不溶于水、乙醇
8	乙二胺四乙酸二钠 $EDTA-Na_2$ 372.24	GB 12593—1990	白色结晶性粉末,溶于水,溶液呈酸性,pH 值约为 5.3,难溶于乙醇,熔点 252℃(分解)
9	氯化钠 NaCl 58.44	GB 1253—1989	无色或白色四方体结晶或结晶性粉末,微有潮解性,微溶于乙醇

序号	基准试剂名称、化学式、M_r	国家标准号	基 本 性 状
10	硝酸银 $AgNO_3$ 169.87	GB 12595—1990	无色透明大型结晶或白色小结晶,无气味,溶于水,对蛋白质有凝固作用
11	无水对氨基苯磺酸 $4-(H_2N)C_6H_4SO_3H$ 173.19	GB 1261—1977	白色结晶性粉末,见光变色,水合物在100℃时失去水分,无水物在280℃开始分解炭化,较易溶于热水,微溶于冷水,几乎不溶于醇、醚和苯

3. 杂质测定用标准溶液

我国的国家标准 GB 602—2002 规定了 85 种化学试剂杂质测定用标准溶液的制备方法。杂质测定用标准溶液是指在单位容积内含有准确数量的物质（元素、离子或分子）的溶液，适用于化学试剂中杂质测定，也可供其他行业选用。每种杂质标准溶液都是用试剂的纯品（分析纯以上），按标准要求的条件干燥或纯化制备而得，有数种标准溶液需要测定其准确值后使用，有多种标准溶液由于其浓度存放后会变化，要求临用前制备，一般规定保存期为两个月，当出现浑浊、沉淀或颜色有变化等现象时，应重新制备。

4. pH 基准试剂（固态）和 pH 标准缓冲溶液（溶液）

pH 基准试剂用作酸度计的定位标准，用于制备 pH 标准缓冲溶液。pH 标准缓冲溶液是一整套标准溶液，用于标定的 pH 值范围为 1.0~13.0。pH 标准缓冲溶液的配制方法见 JJG 119—2005。

表 2-12 列出的 pH 工作基准试剂，共有 7 种，用于制备 6 种 pH 标准缓冲溶液，一般化验室常用的 pH 标准缓冲溶液仅 3~4 种。可以购买整瓶的基准试剂自行准确称量后配制 pH 标准缓冲溶液，或购买已准确称量的小包装的 pH 标准物质，用纯水将其全部溶解并准确稀释至要求的体积，即可使用，也可购买 pH 标准缓冲溶液直接使用，同样，要注意溶液的保质期，尤其在重复使用时，如当溶液出现浑浊要重新配制。

表 2-12 pH 工作基准试剂的性质

名称、化学式、M_r	标准号	基 本 性 状
氢氧化钙 $Ca(OH)_2$ 74.10	GB 6852	白色粉末,能渐渐吸收空气中的二氧化碳,不易溶于水 可溶于铵盐、酸
磷酸二氢钾 KH_2PO_4 136.09	GB 6353	无色结晶,溶于水,不溶于乙醇 水溶液 pH=4.4~4.7
四草酸钾 $HOOC \cdot COOK \cdot$ $HOOC \cdot COOH \cdot$ $2H_2O$ 254.19	GB 6855	白色结晶,加热分解
苯二甲酸氢钾 $C_6H_4COOHCOOK$ 204.22	GB 6857	无色结晶或白色结晶粉末,能溶于水
酒石酸氢钾 $KHC_6H_4O_6$ 188.17	GB 6858	白色结晶粉末,易溶于热水,溶于酸及碱溶液,难溶于冷水,不溶于乙醇

续表

名称、化学式、M_r	标准号	基 本 性 状
磷酸氢二钠 Na_2HPO_4 141.96	GB 6854	白色结晶,易潮解,溶于水,不溶于乙醇
四硼酸钠 $Na_2B_4O_7 \cdot 10H_2O$ 381.37	GB 6856	无色透明结晶粉末,易溶于热水及丙三醇,不溶于醇,66℃脱去 $8H_2O$,320℃脱净结晶水,1575℃分解

(三) 仪器分析试剂

仪器分析试剂是各种分析仪器进行仪器检定、定标和试样分析所用的试剂。按分析仪器的分类,主要包括以下几方面。

(1) 原子吸收光谱标准品　原子吸收光谱法进行试样分析时作为标准用的试剂,可以购买固体纯品按国标配制或购买原子吸收标准溶液使用。

(2) 色谱用试剂　指用于气相色谱、液相色谱(含薄层色谱、柱色谱)等分析法中的试剂和材料,有色谱标准品(色谱纯)、固定液、载体、溶剂等,其中,高效液相色谱试剂有溶剂(高效液相色谱纯,用作流动相),减尾剂,离子对试剂等。

(3) 分光纯试剂　有一定的波长透过率,用于分光光度法的定性分析和定量分析。

(4) 光谱纯试剂　通常是指光谱法分析过的、纯度较高的试剂,用于光谱分析。

(5) 核磁共振溶剂　主要是氘代溶剂(又称重氢试剂或氘代试剂),是有机溶剂结构中的氢被氘(重氢)所取代的溶剂。

(6) 电子显微镜用试剂　电子显微镜用的固定剂、包埋剂、染色剂等。

(四) 化学试剂使用注意事项

① 根据工作要求合理选用相应级别的试剂。

a. 滴定分析标准溶液的配制,选用化学纯或分析纯。

b. 标定标准溶液的基准物,选用基准试剂,如果要求准确度更高时,可以直接使用二级标准物质代替基准试剂。

c. 痕量分析,为降低空白值和避免杂质干扰选用高纯试剂。

d. 仪器分析:色谱分析标准品,使用色谱纯试剂;气相色谱固定液,使用色谱固定液类;药物分析对照品,使用标准物质;紫外分光光度法,使用的溶剂为分光纯或经空白试验吸光度符合要求的溶剂;无火焰原子吸收光谱法,使用高纯酸;阳极溶出伏安法,使用高纯试剂。

e. 仲裁分析,基准物使用二级标准物质,试剂使用优级纯、分析纯。

f. 车间中控分析,使用分析纯、化学纯试剂,络合滴定为防止封闭指示剂使用分析纯试剂。

g. 加热浴、冷却浴可用工业品。

标准物质等贵重试剂应严格按需用的品种和数量购买,并注意专门存放和专用,注意在保质期限内使用。

② 同一规格的试剂注意制造厂和制造批号不同引起的性能差别　特别要注意的有:气相和液相色谱柱、气相色谱载体、吸附剂、指示剂、有机显色剂、试纸等。必要时应先进行检验,在同一实验中使用相同厂家和批号的试剂,以确保结果的重现性和可比性。

③ 了解常用试剂的物理性质、化学性质及危险性,如腐蚀性、毒性、易燃易爆性等,在

操作前，准备好防护用品。

　　a. 打开久置未用的浓硫酸、浓硝酸、浓氨水等试剂瓶时，应佩戴防护面罩及防护手套。

　　b. 配制发出大量溶解热的试剂溶液时，要将试剂加入到水中，另外用容器准备好足够的冷却水，要将试剂加入到纯水中，而绝不可相反。例如配制硫酸的水溶液，要将硫酸缓缓加入到纯水中，配制氢氧化钠或氢氧化钾的水溶液时，也会大量放热。

　　c. 取用氢氟酸，一定要佩戴防护面罩及防护手套，氢氟酸绝不可洒在皮肤上，因它能侵蚀到骨骼。

　　④ **固体试剂的取用方法**　用干净药勺或不锈钢（与不锈钢不反应的试剂）铲从试剂瓶中取用，很少量试剂（毫克级）的取用可用窄纸条对折成直角，头部剪成45°代替药勺，按需要量铲取后放到容器中，固体颗粒较重时，要沿倾斜的容器壁缓慢滑下，以免击破容器的底。多取出的固体不可再放回原瓶，避免沾污。

　　⑤ **液体试剂的取用**　用倾注法倒入试管或干净的量筒中，方法如下：取下瓶塞倒置放在桌面上，用手握住瓶体（标签面向手心，使不受腐蚀），逐渐倾斜瓶子让试剂沿受器内壁流下，或沿玻璃棒流入烧杯中，取至所需量后，将瓶口在量筒壁或玻璃棒上靠一下，以免瓶口液体流到瓶的外壁，再逐渐竖起试剂瓶。必须用吸管吸取试剂时，要将试剂转移到滴瓶中，再吸取。不可用吸管深入原瓶吸取液体，取出的液体不要倒回原瓶。

　　⑥ **嗅试剂气味的方法**　必须要嗅试剂的气味时，正确的方法是：试剂瓶远离鼻子，打开瓶塞用手在试剂瓶上方扇动，使空气流流向自己而闻出其味，不可对准瓶口猛吸气。

　　⑦ 不可品尝化学试剂。

　　⑧ 夏季室温太高，打开易挥发性溶剂（乙醚、石油醚沸程30～60℃）瓶塞前，可将试剂瓶先置于冷水中冷却，注意不可把瓶口对准自己或他人。

　　⑨ 绝不可将用光试剂的空瓶不清洗和改变标签而装入它种试剂（在处理有机溶剂时容易犯此错误）。

　　试剂保管在实验室中是一项很重要的工作，在一般的实验室中不宜保存过多易燃、易爆和有毒的化学试剂，要根据用量随时去试剂库房领取。为防止化学试剂被玷污和失效变质，甚至引发事故，要根据试剂的性质采取相应的保管方法。见光易分解、易氧化、易挥发的试剂应储于棕色瓶中，并放在暗处。易腐蚀玻璃的试剂应保存在塑料瓶内，吸水性强的试剂要严格密封，易相互作用的试剂不宜一起存放，易燃和易爆的试剂储存于通风处，不能放于冰箱中，剧毒试剂，要由专人保管，取用时登记。

第五节　实验室常用气体钢瓶的标志和使用

一、高压气体钢瓶的漆色与标志

　　实验室使用的许多气体，如氧、氮、氢、空气、氩、氦、氨、氯、二氧化硫、乙炔、甲烷等，都是由气体工厂生产经压缩储存于专用气体钢瓶中的，国家对高压气体钢瓶的漆色与标志有统一规定，气瓶的漆色、标志示意图见图2-20。表2-13列出了我国部分高压气体钢瓶的漆色与标志。

二、气瓶和减压器的结构

　　气瓶是由无缝合金或碳素钢管制成的圆柱形容器，一般壁厚5～8cm，容积12～55L，为使气瓶可以竖放，底部装有钢质平底座，气瓶顶部装有开关阀，钢瓶剖视图见图2-21。

　　气门侧面的接头螺纹，若是可燃气体则为左旋，非可燃气体则为右旋。

　　气瓶内压力很高，在使用时为降低压力并保持压力稳定，需要装上减压器，减压器有杠

表 2-13 高压气体钢瓶的漆色与标志

气瓶名称	瓶身的漆色	所标字样	字样颜色	钢瓶内气体状态
氢	深绿	氢	红	压缩气体
氧	天蓝	氧	黑	压缩气体
氮	黑	氮	黄	压缩气体
空气	黑	压缩空气	白	压缩气体
氩	灰	氩	绿	压缩气体
氖	灰	氖	绿	压缩气体
氨	黄	液氨	黑	液态
氯	草绿	液氯	白	液态
二氧化碳	铝白	液化二氧化碳	黑	液态
乙炔	白	乙炔	红	乙炔溶解在活性丙酮中
其他气体	灰	气体名称	可燃红不燃黑	

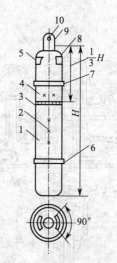

图 2-20 气瓶的漆色、标志示意图
1—整体漆色（包括瓶帽）；2—所属单位名称；
3—色环；4—全体名称；5—制造钢印（涂清漆）；
6、7—防震圈；8—检验钢印（涂清漆）；
9—安全帽；10—泄气孔

杆式和弹簧式两类，目前大都使用弹簧式的。弹簧式减压器又分为反作用和正作用两种，其结构如图 2-22 与图 2-23 所示。

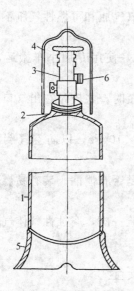

图 2-21 氧气瓶剖视图
1—瓶体；2—瓶口；3—启闭气门；4—瓶帽；
5—瓶座；6—气门侧面接头

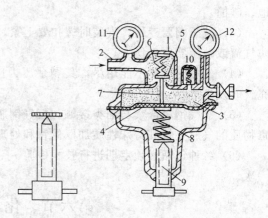

图 2-22 反作用弹簧式减压器
1—高压气室；2—管接头；3—低压气室；4—薄膜；
5—减压活门；6—回动弹簧；7—支杆；8—调节弹簧；
9—调节螺杆；10—安全活门；11—高压压力计；
12—低压压力计

减压器上的高压压力计指示钢瓶中的气体压力，低压压力计指示出口工作气体压力，出口压力由调节螺杆调节。

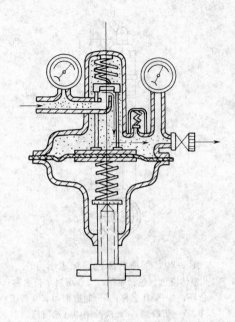

图 2-23 正作用弹簧式减压器

不同的气体钢瓶要配备不同的减压器,通常减压器的外部漆色和其配用的钢瓶的漆色是相同的,如用于氧气钢瓶的为天蓝色,用于氢气钢瓶的为深绿色等,减压器一般不能混用,但用于氧的减压器可用于氮或空气的气瓶上,而用于氮的减压器只有充分洗除油脂后才可用于氧气瓶上。

三、高压气瓶使用方法和规则

在使用高压气瓶时,首先要装上配套的减压器,安装时应先将气瓶气门连接口的灰尘、脏物等吹除(可稍开气瓶开关阀),然后将减压器的管接头与气门侧面接头连接,并拧紧,要检查丝扣是否滑牙,要确保安装牢靠后才能打开气瓶开关阀。安装好减压器后先开气瓶开关阀,并注意高压压力计的指示压力。然后将减压器调节螺杆慢慢旋紧,此时减压阀座开启,气体由此经过低压室通向使用部分,在低压压力计上读取出口气体压力,并转动调节螺杆直至所需压力为止。当气体流入低压室要注意有无漏气现象。使用完毕后,先关闭气瓶开关阀,放尽减压器进出口的气体,然后将调节螺杆松开。

在使用高压气瓶时,要遵守以下规则,以免发生事故。

(1) 钢瓶放于阴凉、通风、远离火源和振动的地方,氧气瓶和可燃性气瓶不能放于同一室,室内存放钢瓶不宜过多,气瓶应可靠地固定在支架上。

(2) 搬运时,钢瓶的安全帽要拧紧以保护开关阀。最好使用专用小车搬运,要避免坠地、碰撞。

(3) 减压阀要专用,安装时螺扣要上紧。开启高压气瓶时,人应站在出气口的侧面,以防气流或减压器射出伤人。

(4) 气瓶内气体不能用尽,其剩余压力应不小于 9.8×10^5 Pa,以防空气倒灌,在下次充气时发生危险。

(5) 氧气钢瓶严禁与油类接触。氢气钢瓶要经常检查是否有泄漏。装有易燃、易爆、有毒物质的气瓶要按其特殊性质加以保管和处理。

(6) 各种气瓶必须定期进行技术检验。一般每3年检验一次,腐蚀性气体气瓶2年检验一次。

第六节 化学实验室安全

在化学实验进行过程中,经常要接触到水、电、燃气及易燃、易爆、有毒、有腐蚀的化学药品,为防患于未然,必须学会一些自救和自护方法,而且应自觉遵守化学实验室的安全守则。

一、实验事故的预防和处理

1. 实验事故的预防

(1) 实验前仔细检查仪器设备及实验装置。严格按照操作规程去做。

(2) 操作和处理易挥发、易燃烧的溶剂时,应远离火源。

(3) 使用或反应过程中产生有刺激的、恶臭的、有毒的气体（如 H_2S、Cl_2、NO、CO、SO_2 等），加热或蒸发盐酸、硝酸、硫酸时，均应在通风橱内进行。

(4) 在不了解化学药品性质时，不允许将药品任意混合，以免发生意外事故。

(5) 强酸和强碱等具有强腐蚀性的药品，不要洒在衣服和皮肤上。

(6) 有毒化学试剂（如氰化物、砷盐、锑盐、可溶性汞盐、铬的化合物、镉的化合物等），不得进入口内或接触伤口。

(7) 剧毒化学试剂在取用时要戴橡皮手套，并注意不让剧毒物质掉在桌面上。在操作过程中经常冲洗双手，仪器用完后，立即洗净。

2. 实验事故的处理

(1) 割伤 若为一般轻伤，应及时挤出污血，并在伤口处涂上红药水。伤口内若有玻璃碎片或污物，先用消过毒的镊子取出，用蒸馏水洗净伤口，并用3% H_2O_2 消毒，然后涂上红药水、撒上消炎粉并用绷带包扎。伤口较深、出血过多时，可用云南白药止血或扎止血带，并立即送医院救治。

(2) 烫伤 若烫伤后已起泡，不要挑破水泡。在烫伤处涂以烫伤膏或万花油，也可用风油精涂抹。

(3) 酸烧伤 先用大量水冲洗，再用饱和 $NaHCO_3$ 溶液或稀氨水冲洗，然后再用水冲洗。如果溶液溅入眼内，立即用大量水长时间冲洗，再用2% $Na_2B_4O_7$ 溶液洗眼，最后再用蒸馏水冲洗。

(4) 碱烧伤 先用大量水冲洗，再用2%的 HAc 溶液冲洗，然后再用水冲洗。若碱液溅入眼内，立刻用大量水长时间冲洗，再用3%的 H_3BO_3 溶液洗眼，最后用蒸馏水冲洗。

(5) 溴腐伤：先用 C_2H_5OH 或 10% $Na_2S_2O_3$ 溶液洗涤伤口，再用水冲洗干净，并涂敷甘油。

(6) 吸入溴蒸气、氯气气体后，可吸入少量酒精和乙醚混合蒸气。

(7) 毒物误入口内，可取 5~10mL 稀 $CuSO_4$ 溶液加入一杯温水中，内服后用手指伸入咽喉，促使呕吐，然后立即送医院治疗。

(8) 遇有触电事故，应立即切断电源，必要时进行人工呼吸，对伤势较重者，应立即送医院。

(9) 金属汞易挥发，它通过人的呼吸进入人体内，逐渐积累会引起慢性中毒，注意不要把汞洒落在桌上或地上，一旦洒落，必须尽可能收集起来，并用硫黄粉盖在洒落的地方，使汞转化成不易挥发的硫化汞。

3. 灭火常识

实验过程中万一不慎起火，切不可惊慌，应立即采取以下灭火措施：

(1) 首先关闭燃气龙头，切断电源，迅速把周围易着火的东西特别是有机溶剂和易燃易爆物质移走，以防止火势蔓延。

(2) 由于物质燃烧要有空气并达到一定温度，因此灭火采取的是降温和将燃烧物质与空气隔离的措施。

一般小火可用湿布、石棉网、石棉布或砂子覆盖燃烧物，火势较大时要使用灭火器灭火。不同的灭火器有不同的应用范围。表2-14给出了实验室常用灭火器及其应用范围。如果衣服着火，切勿惊慌乱跑，引起火焰扩大，应立即在地面上打滚将火闷熄，或迅速脱下衣服将火扑灭。

二、化学实验室安全守则

化学实验室中许多试剂易燃、易爆，具有腐蚀性或毒性，存在着不安全因素，因此进行

表 2-14 灭火器种类及其应用范围

灭火器名称	应用范围
泡沫灭火器	用于油类着火。这种灭火器由 $NaHCO_3$ 与 $Al_2(SO_4)_3$ 溶液作用产生 $Al(OH)_3$ 和 CO_2 泡沫,泡沫把燃烧物质包住,与空气隔绝而灭火。因泡沫能导电,因此不能用于扑灭电器着火
二氧化碳灭火器	内装液态 CO_2,用于扑灭电器设备失火和小范围油类及忌水的化学品着火
1211 灭火器	内装 CF_2ClBr 液化气。适用于油类、有机溶剂、精密仪器、高压电器设备着火
干粉灭火器	这种灭火器内装 $NaHCO_3$ 等盐类物质与适量的润滑剂和防潮剂,用于油类、可燃气体、电器设备、精密仪器、图书文件等不能用水扑灭的火焰
四氯化碳灭火器	内装液态 CCl_4,用于电器设备和小范围的汽油、丙酮等的着火

化学实验时,必须重视安全问题,绝不可麻痹大意。首次进入化学实验室的学生,应接受必要的安全教育,在实验中要严格遵守实验室安全守则。

(1) 必须熟悉实验室的环境,了解与安全有关的一切设施(如电闸、水管阀门、燃气管阀门、急救箱和消防用品等)的位置及使用方法。

(2) 严禁在实验室吸烟、饮食、大声喧哗、打闹。

(3) 用完酒精灯、天然气灯、电炉等加热设备后,要立即关闭,拔掉插销。

(4) 使用电器设备时,切记不要用湿手接触插销,以防触电。

(5) 实验结束后,将仪器洗净,把实验台面整理干净,洗净双手,离开实验室。

(6) 值日生负责实验室的清理工作,关好水、电、燃气及窗户后再离开实验室。

第三章 实验数据处理

化学实验的任务是准确地测量化学变化过程中的实验数据,以找出化学变化过程中具有科学规律的依据。但是,由于各种原因,实验结果不可避免地会产生误差。因此,有必要探讨产生误差的原因和误差出现的规律,以便尽量减小误差对测量结果的影响;同时也要学会对实验数据的正确记录、对实验数据进行数学处理、判断最佳估计值及其可靠性。数理统计、计算方法以及计算机技术的综合应用为实验数据的处理提供了有力的工具。本章主要讨论实验数据处理常用的方法。

第一节 数据记录与有效数字

一、数据记录

任何测量工具都有一定的测量准确程度,普通分析天平称量只能准确到 0.1mg,滴定管的读数只能准确到 0.01mL,因此在记录称量数据和读数体积时不仅要表示出数据的大小,而且要反映出测量的准确程度。所谓有效数字,就是实际能测到的数字,如用万分之一的分析天平称取 0.1g 多一点的试样,应记为 0.1230g,共有 4 位有效数字,这数值中 0.123 是准确的,最后一位数"0"是可疑的,可能有上下一个单位的误差,即其实际质量是在 0.1230g±0.0001g 范围内的某一数值。若记为 0.123,它只有 3 位有效数字,虽然从数字角度看和 0.1230 没有区别,但是记录反映的测量准确程度被缩小了十倍。反之若记为 0.12300,有 5 位有效数字则无形中将测量准确程度夸大了十倍。因此记录的数据必须是实际能测到的数字。

数字"0"具有双重意义,作为普通数字使用,它就是有效数字,作为定位用,则不是有效数字,0.1230 中后一个"0"是有效数字,前面一个"0"仅起定位作用,不是有效数字。改变单位并不改变有效数字位数,如 0.1230g 若以 μg 作为单位,则表示为 $1.230 \times 10^5 \mu g$。即用指数形式表示,它仍然是 4 位有效数字,而不能写成 $123000\mu g$,否则就误解为 6 位有效数字。

在化学实验中常遇到倍数和分数关系,这些数可视为无限多位数有效数字。在有关化学平衡计算时常使用 pH、pM、pK 等对数值,其有效数字位数等于尾数部分的位数,如 pH=10.25,即 $[H^+]=5.6\times10^{-11}$mol/L,其有效数字为 2 位而非 4 位。分析化学计算如遇到首位数≥8 的数字,如 9.35,可多计一位有效数字,看作是 4 位有效数字。

二、有效数字运算规则

在实验结果的计算中,每个测量值的误差都要传递到计算结果中,为了不使计算结果的准确程度受到损失,必须遵照一定的数据运算规则。运算过程中可先运算再对结果修约或对各数据先进行修约再计算结果。当采用计算器计算时会保留过多的有效数字,对最后结果也应当修约成适当位数。

有效数字的修约规则是"四舍六入五留双",即当尾数≤4 时则舍;尾数≥6 时则入,尾数等于 5 而后面数为 0 时,"5"前面为偶数则舍,为奇数则入;当 5 后面还有不是零的任何数时,无论 5 前面是偶或奇皆入。例如将下列数据修约为 4 位有效数字。

$$1.5234 \longrightarrow 1.523$$

$$1.5236 \longrightarrow 1.524$$
$$1.52350 \longrightarrow 1.524$$
$$1.52450 \longrightarrow 1.524$$
$$1.52452 \longrightarrow 1.525$$

在进行运算时遵照的计算规则为：

(1) 加减法 在进行加减法时是各个数值的绝对误差的传递，因此它们的和或差的有效数字的保留，应依小数点后位数最少的数据为根据，即结果的绝对误差与各数中绝对误差最大的那个数相适应。例如：$28.1+15.46+1.04643=?$ 相加的结果是 44.60643，根据上面的规则小数点后只能保留一位，故其值为 44.6。也可以小数点后位数最少的数 28.1 为准，将其他各数修约为带一位小数的数，$15.46 \longrightarrow 15.5$，$1.04643 \longrightarrow 1.0$，再相加求和为 44.6，结果相同。28.1 是三个数中绝对误差最大的，为 ± 0.1，现计算结果为 44.6，绝对误差仍保持 ± 0.1。

(2) 乘除法 在进行乘除法时是各个数值相对误差的传递，因此，所得结果的有效数字可按有效数字最少的那个数来保留，即结果的相对误差应与各数中相对误差最大的那个数相适应。

例如
$$\frac{0.0234 \times 17.854}{128.6} = 0.0032487\cdots$$

在上述的 3 个数中 0.0234 是有效数字最少的，是 3 位有效数字。因此计算结果也相应取 3 位有效数字，为 0.00325。

第二节 实验数据的统计处理

一、基本统计量的计算

基本统计量分为两类，一类表示数据的集中趋势，有平均值、中位数等，另一类表示数据的离散程度，有平均偏差、标准偏差和极差等，其有关计算公式如下：

(1) 样本平均值 $\bar{x}$ n 次测定数据的平均值 $\bar{x}$ 为：

$$\bar{x} = \frac{x_1 + x_2 + \cdots + x_n}{n} = \frac{1}{n}\sum_{i=1}^{n} x_i$$

$\bar{x}$ 是总体平均值 μ 的最佳估计值，当 $n \to \infty$ 时，$\bar{x} \to \mu$。

(2) 中位数 x_M 将数据按大小顺序排列，当测定次数 n 为奇数，居中的为中位数，若 n 为偶数，正中间两个数的平均值为中位数。当测定值的分布为正态分布时，中位数能代表一组测定值的最佳值，且它的求法简单，又不受两端极值变化影响，但用以表示集中趋势不如平均值好。

(3) 平均偏差 $\bar{d}$ 平均偏差为：

$$\bar{d} = \frac{|d_1| + |d_2| + \cdots + |d_n|}{n} = \frac{1}{n}\sum_{i=1}^{n} |d_i|$$

$$d_i = x_i - \bar{x} \quad (i=1, 2, \cdots, n)$$

相对平均偏差是 $\frac{\bar{d}}{\bar{x}} \times 100\%$。

用平均偏差表示精密度计算比较简单，但这种表示方法大偏差往往得不到反映。两组数据的平均偏差的计算值可能相同，但两组数值的精密度可能不同。

(4) 标准偏差 总体标准偏差为：

$$\sigma = \sqrt{\frac{\sum_{i=1}^{n}(x_i-\mu)^2}{n}}$$

在一般分析工作中，只做有限次的测定，有限次测定时样本标准偏差 S 表达式为：

$$S = \sqrt{\frac{\sum_{i=1}^{n}(x_i-\overline{x})^2}{n-1}}$$

标准偏差比平均偏差能更灵敏地反映出大偏差的存在，能更正确反映测定结果的精密度。

相对标准偏差也称变异系数（CV）为：

$$CV = \frac{S}{\overline{x}} \times 100\%$$

(5) 极差 R 极差 R 也称全距，指一组平行测定数据中最大者和最小者之差 $R = x_{\max} - x_{\min}$。

二、对总体均值 μ 的区间估计

当用平均值 $\overline{x}$ 来表示实验结果时，只有当 $n \to \infty$ 时，$\overline{x} \to \mu$，此时的结果才是可靠的，而通常只做少数几次测定，如何根据由少数次测的 $\overline{x}$ 值对 μ 可能存在的区间做出估计呢？由于总体标准偏差 σ 是未知的，仅知道的是 S，用 S 代替 σ 时必然引起误差。为此英国化学家和统计学家 W. S. Gosset，提出用 t 值代替 u 值 $\left(u = \frac{\overline{x}-\mu}{\sigma}\right)$，以补偿这一误差。$t$ 定义为：

$$t = \frac{\overline{x}-\mu}{S_{\overline{x}}} = \frac{\overline{x}-\mu}{S}\sqrt{n}$$

式中 $S_{\overline{x}}$ 是平均值的标准偏差，$S_{\overline{x}} = \frac{S}{\sqrt{n}}$。

此时偶然误差不服从正态分布而服从 t 分布，t 值不仅随概率而异，还随自由度 $f(f = n-1)$ 变化。

由 t 的定义可得到对于有限次数的测定，真值 μ 与平均值 $\overline{x}$ 之间的关系：

$$\mu = \overline{x} \pm \frac{tS}{\sqrt{n}}$$

t 为在选定的某一真值落在上式区间内概率（亦称为置信度）下的概率系数，利用上式可以估算出，在选定的置信度下，总体均值 μ 在以测定平均值 $\overline{x}$ 为中心的多大范围内出现，这个范围称为平均值的置信区间。

t 值可由表 3-1 查得。

表 3-1 对于不同测定次数及不同置信度的概率系数 t 值

测定次数 n	置 信 度				
	50%	90%	95%	99%	99.5%
2	1.000	6.314	12.706	63.657	127.32
3	0.816	2.292	4.303	9.925	14.089
4	0.765	2.353	3.182	5.841	7.453
5	0.741	2.132	2.276	4.604	5.598
6	0.727	2.015	2.571	4.032	4.773
7	0.718	1.943	2.447	3.707	4.317

测定次数 n	置信度				
	50%	90%	95%	99%	99.5%
8	0.711	1.895	2.365	3.500	4.029
9	0.706	1.860	2.306	3.355	3.832
10	0.703	1.833	2.262	3.250	3.690
11	0.700	1.812	2.228	3.169	3.581
21	0.687	1.725	2.086	2.845	3.153
∞	0.674	1.645	1.960	2.576	2.807

三、可疑数据的取舍

在化学实验中对实验对象进行有限次的测定,在一系列平行测定的数据中,往往有个别数据偏差较大,我们将这种偏差较大的值称为可疑值。若实验中出现了偏差较大的可疑值首先回忆实验中是否有明显的过失和意外,例如溶液的损失、器皿不干净等,如果有这种明显的原因,应将该可疑值毫无疑问地舍去。如果没有明显原因,该可疑值不可随便舍去,但也不可随便保留,随便舍去与保留对实验数据的准确度都有影响。统计学上取舍可疑值有多种方法,本节介绍较简单的两种方法,Q 检验法与 Grubbs 检验法。

1. Q 检验法

Q 检验法是判断可疑值取舍的常用的较简单的方法之一,该方法适用于 3~10 次测定的实验数据的检验,其步骤如下:

(1) 将数据从小到大排列:x_1,x_2,…,x_n;其中最大的与最小的值 x_n,x_1 为可疑值;

(2) 确定检验值,首先计算可疑值与其最邻近值之差 x_2-x_1 及 x_n-x_{n-1},然后比较两值的大小,差值大的一端先检验取舍;

(3) 计算舍弃商 Q:

$$Q=\frac{|x_{可疑}-x_{相邻}|}{x_{最大}-x_{最小}}$$

(4) 根据测定次数 n 和指定的置信度(常以 90%),查表 3-2,可得相应的 Q_{90} 值。

表 3-2 Q 值表(置信度 90% 和 95%)

测定次数 n	2	3	4	5	6	7	8	9	10
Q_{90}	…	0.94	0.76	0.64	0.56	0.51	0.47	0.44	0.41
Q_{95}	…	1.53	1.05	0.86	0.76	0.69	0.64	0.60	0.58

(5) 将 Q 值与 Q_{90} 相比较,若 $Q \geqslant Q_{90}$,则将该可疑值舍弃,否则应保留。

(6) 若舍弃一个可疑值后,对其余的数据继续进行 Q 检验,直至无可疑值为止。

例:某学生测得七次平行实验数据如下:66.53,66.45,66.47,66.50,66.62,66.38,66.80。用 Q 检验法判断 66.80 是否要舍弃。

解:把实验数据从小至大排列:

66.38,66.45,66.47,66.50,66.58,66.62,66.80

上述数据中 66.80 为可疑值

$$Q=\frac{|66.80-66.62|}{66.80-66.38}=0.43$$

从表中查得:$n=7$ 时,$Q_{90}=0.51>0.43$,故该值 66.80 未达到舍弃界限应保留。

2. Grubbs 检验法

Grubbs 检验法判断可疑值将测量数据的平均值 $\bar{x}$ 及标准偏差 σ 引入算式，并以所有测量结果作为基础数据，因此判断的准确性，比 Q 检验法的可靠性高，但相对计算量较大。其检验步骤如下：

(1) 将实验数据从小到大排列，x_1，x_2，$\cdots$，x_n；

(2) 计算该组实验数据的平均值 $\bar{x}$（包括可疑值在内）及标准偏差 σ；

(3) 确定检验值，首先计算最大值 x_n 与最小值 x_1 与其邻近值的差值 x_n-x_{n-1}，x_2-x_1，差值较大者为先检验端；

(4) 计算舍弃商 G：

$$G=\frac{|x_{可疑}-\bar{x}|}{\sigma}$$

(5) 根据实验测定次数及指定置信度查 G 值表 3-3。若 $G \geqslant G_表$，则该可疑值舍弃，否则应保留。

表 3-3　G 值表

测定次数 n	置信度 95%	置信度 99%	测定次数 n	置信度 95%	置信度 99%
3	1.15	1.15	12	2.29	2.55
4	1.46	1.49	13	2.33	2.61
5	1.67	1.75	14	2.37	2.66
6	1.82	1.94	15	2.41	2.71
7	1.94	2.10	16	2.44	2.75
8	2.03	2.22	17	2.47	2.79
9	2.11	2.32	18	2.50	2.82
10	2.18	2.41	19	2.53	2.85
11	2.23	2.48	20	2.56	2.88

(6) 舍弃一个可疑值后，对其余的数据继续进行 G 检验，直至无可疑值为止。

例：某实验人员测一组平行数据：80.02，80.12，80.15，80.18，80.20，80.35，试用 Grubbs 检验法（置信度为 95%），检验可疑值。

解：将数据排列：

80.02，80.12，80.15，80.18，80.20，80.35

$$\bar{x}=\frac{\sum_{i=1}^{n}x_i}{n}=\frac{1}{6}\times(80.02+80.12+80.15+80.18+80.20+80.35)$$
$$=80.17$$

$$\sigma=\sqrt{\frac{\sum_{i=1}^{n}(x_i-\bar{x})^2}{n-1}}=0.11$$

因为 $(80.35-80.17)>(80.17-80.02)$，首选检验 80.35

$$G=\frac{80.35-80.17}{0.11}=1.64$$

查表 3-3 G 值表，当 $n=6$，置信度为 95% 时：

$G_表=1.82>1.64$，因此 80.35 应保留。

第三节　间接测量中误差的传递

在实验中所得出的具有一定科学规律的结果，往往很少是从直接测量结果得到的，而是将直接测量结果通过数学运算而得到的，称为间接测量结果。显然，每个直接测量结果的准确度对最终的间接测量结果都会产生影响。下面分别讨论从直接测量结果的误差计算间接测量的误差和标准偏差。

一、函数误差的传递规律

设有函数 $R=f(u_1,u_2,\cdots,u_n)$

令 Δu_1，Δu_2，$\cdots$，Δu_n 分别代表测量 u_1，u_2，$\cdots$，u_n 时的误差，ΔR 代表由于各测定值的误差引起 R 的误差，则得

$$R+\Delta R=f(u_1+\Delta u_1,u_2+\Delta u_2,\cdots,u_n+\Delta u_n)$$

上式右端按泰勒级数展开，并作为近似只取误差的一阶项，则得到误差传递的一般公式：

$$\Delta R=\frac{\partial f}{\partial u_1}\Delta u_1+\frac{\partial f}{\partial u_2}\Delta u_2+\cdots+\frac{\partial f}{\partial u_n}\Delta u_n$$

其相对误差为：

$$\frac{\Delta R}{R}=\frac{\partial R}{\partial u_1}\frac{\Delta u_1}{R}+\frac{\partial R}{\partial u_2}\frac{\Delta u_2}{R}+\cdots+\frac{\partial R}{\partial u_n}\frac{\Delta u_n}{R}$$

由误差传递的一般公式得到的在各种基本运算中误差的传递规律现汇总于表 3-4。

表 3-4　各种基本运算中误差的传递公式

各种基本运算	绝对误差	相对误差
加法 $R=u_1+u_2+\cdots+u_n$	$\Delta R=\|\Delta u_1\|+\|\Delta u_2\|+\cdots+\|\Delta u_n\|$	$\dfrac{\|\Delta u_1\|+\|\Delta u_2\|+\cdots+\|\Delta u_n\|}{R}$
减法 $R=u_1-u_2$	$\Delta R=\|\Delta u_1\|+\|\Delta u_2\|$	$\dfrac{\|\Delta u_1\|+\|\Delta u_2\|}{R}$
乘法 $R=u_1u_2\cdots u_n$	$R=\left(\left\|\dfrac{\Delta u_1}{u_1}\right\|+\left\|\dfrac{\Delta u_2}{u_2}\right\|+\cdots+\left\|\dfrac{\Delta u_n}{u_n}\right\|\right)$	$\left\|\dfrac{\Delta u_1}{u_1}\right\|+\left\|\dfrac{\Delta u_2}{u_2}\right\|+\cdots+\left\|\dfrac{\Delta u_n}{u_n}\right\|$
除法 $R=\dfrac{u_1}{u_2}$	$R=\left(\left\|\dfrac{\Delta u_1}{u_1}\right\|+\left\|\dfrac{\Delta u_2}{u_2}\right\|\right)$	$\left\|\dfrac{\Delta u_1}{u_1}\right\|+\left\|\dfrac{\Delta u_2}{u_2}\right\|$
方次与根 $R=u^m$	$Rm\left\|\dfrac{\Delta u}{u}\right\|$	$m\left\|\dfrac{\Delta u}{u}\right\|$
对数 $R=\lg u=0.43429m u$	$R\left(0.43429\dfrac{\Delta u}{u}\right)$	$0.43429\dfrac{\Delta u}{u}$

由表中公式计算得到的是各测定量的误差相互叠加而形成的最大可能误差，实际上，各测定量的误差可能相互抵消，经传递后造成的误差比由以上公式计算的要小。

二、函数标准偏差的传递规律

函数 $R=f(u_1,u_2,\cdots,u_n)$ 在误差传递中标准偏差的一般公式为：

$$\sigma=\sqrt{\left(\frac{\partial f}{\partial u_1}\right)^2\sigma_{u_1}^2+\left(\frac{\partial f}{\partial u_2}\right)^2\sigma_{u_2}^2+\cdots+\left(\frac{\partial f}{\partial u_n}\right)^2\sigma_{u_n}^2}$$

由上式得到的在各种基本运算中标准偏差的传递规律汇总于表 3-5。

表 3-5 各种基本运算中标准偏差的传递公式

各种基本运算	标准偏差	相对标准偏差
$R = u_1 + u_2$	$\sigma_R = \sqrt{\sigma_{u_1}^2 + \sigma_{u_2}^2}$	$E_R = \dfrac{1}{u_1+u_2}\sqrt{\sigma_{u_1}^2 + \sigma_{u_2}^2}$
$R = K u_1 u_2$	$\sigma_R = K\sqrt{u_2^2 \sigma_{u_1}^2 + u_1^2 \sigma_{u_2}^2}$	$E_R = \sqrt{\dfrac{\sigma_{u_1}^2}{u_1^2} + \dfrac{\sigma_{u_2}^2}{u_2^2}}$
$R = K\dfrac{u_1}{u_2}$	$\sigma_R = \left(\dfrac{K}{u_2}\right)^2\left(\sigma_{u_1}^2 + \dfrac{u_1^2}{u_2^2}\sigma_{u_2}^2\right)$	$E_R = \sqrt{\dfrac{\sigma_{u_1}^2}{u_1^2} + \dfrac{\sigma_{u_2}^2}{u_2^2}}$
$R = K + n\ln u$	$\sigma_R = \dfrac{n}{u}\sigma_u$	$E_R = \dfrac{1}{R}\left(\dfrac{n}{u}\sigma_u\right)$
$R = a + K u^n$	$\sigma_R = nK^{n-1}\sigma_u$	$E_R = \dfrac{1}{R}(nK^{n-1}\sigma_u)$

第四节 实验结果的表示方法

化学实验结果的表示方式，依数据的特点和用途而定，其基本要求是准确、明晰和便于应用。常用的表示方式有四种：数值表示法、列表表示法、作图表示法和方程表示法。

一、数值表示法

数值表示法在分析测试结果表示中是最常用的方法，分析测试的目的是要通过有限次的测定来获得测定量的真值近似值。当测量值只存在随机误差时，用测量值平均值估计真值的不确定度仅由随机误差决定，因此测定结果的表示形式是：

$$\mu = \bar{x} \pm U$$

式中，μ 是被测定量的真值；$\bar{x}$ 是测定平均值；U 是不确定度，其含义是真值落在以平均值为中心和 U 为分散区间的概率是 $P = 1 - \alpha$。

随机误差引起的扩展不确定度 U 可以表示为：

$$U = \pm t_{\alpha, f} S_x$$

式中，$t_{\alpha, f}$ 是在一定的自由度 f 和选定的某一显著水平 α 下的概率系数；S_x 是对样品进行 n 次重复测定的标准偏差。

由此可知，为了从测得的数据正确表示测量值和真值的近似程度，必须给出测量值的平均值 $\bar{x}$、标准偏差 S 和测定次数 n 三个基本参数，同时还要指明表示的量值的置信度。

在报告的结果中，书写时要注意测定平均值与不确定度的末位数应对齐。

二、列表表示法

列表法是实验数据直观的一种表示方法，其优点是列入的数据是原始数据，便于存档和调用；可同时列出多个参数的数值，便于考察参数之间的关系、看出实验结果的规律性。在现在的科技文献中，通行三线制表格。

制作表格时应注意以下几点：

(1) 每一表格均应有简明准确的名称，标注于表的上方，并加以编号。

(2) 表的第一行为表头，表头要清楚地标明表内每列数据的名称及单位，名称尽量用符号标示。同一列数据单位相同时，将单位标注于该列数据表头，各数据后不再加写单位，单位使用 SI 单位。写法采用斜线制，如该列数据表示压力 p，则该列表头写成"p/Pa"。

(3) 每一行所记数据要注意其有效数字位数，并小数点对齐。

(4) 表中的数据要以最简单的形式表示，公共的乘方因子在第一行表头的名称下注明。

(5) 原始数据与处理结果列在同一张表上，要注明处理方法及运算公式，并将其在表的下方注明。

(6) 当需要对全表、表中的某行或某个、某些数据做特殊说明时，可在数据上做一标记，再在表的下方加注说明。

(7) 表中的自变量通常选择简单参数，如温度、压力、时间等，自变量的值一般是均匀等间隔增加。

三、作图法

作图法可以清楚地、直观地显示实验结果的变化规律。例如：极值、拐点、周期性以及变化速率等。同时又可以对实验结果做简单的对比分析。作图法处理实验数据的简单要点如下：

(1) 坐标标度的选择　常用的坐标种类有直角坐标、对数坐标和三角坐标。坐标标度的选择应考虑两个因素。一个是坐标点的选取使读取坐标值方便，通常单位坐标格所代表的变量值要取整数。第二个因素要考虑有效数字及坐标有效利用面积，如图 3-1 所示。

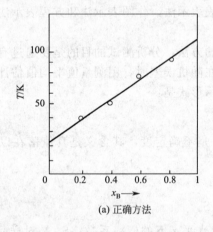 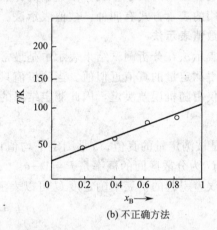

(a) 正确方法　　　　　　　　　　(b) 不正确方法

图 3-1　坐标标度选取实例

(2) 作图时注明实验测量值　作图时将实验测量值采用实验点符号标定在图中，例如用 ○、△、×、●、⊙ 等符号标记。同一张图上有不同的实验曲线，用不同的符号区分。连接实验点成曲线时，曲线尽可能光滑。实验点应均匀地分布于曲线两边。同时实验点的符号大小应与实验误差相近。

(3) 实验数据图题写在图的下方，并注明图的序号。

(4) 曲线上需作切线时，可采用镜面法，见图 3-2，首先作 C 点的法线，然后作与法线垂直的切线。

四、方程式法

方程式法是实验数据处理必不可少的方法之一，它往往需要将实验数据做数据处理，归纳成方程式，从而找出实验数据之间的规律性的结论。例如：线性回归、曲线回归或通过插值找出非线性关系等。该方法需用计算方法的原理。随着计算机的发展可以程序化。下一节介绍几种回归方程以及实验数学处理的方法。

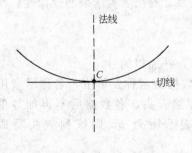

图 3-2　作切线的方法

第五节 计算方法在实验数据处理中的应用

实验中得到的实验数据在与化学理论相关联时，需要借助于数学手段。在化学理论的处理中常用的计算方法为：非线性 N 次方程的解，曲线下面积的积分计算，线性回归，插值与中心差分。

一、非线性 N 次方程的解

1. Newton 迭代法求非线性 N 次方程的解基本原理

设非线性 N 次方程式为：

$$f(x) = a_0 + a_1 x + a_2 x^2 + a_3 x^3 + \cdots + a_n x^n = 0$$

把 $f(x)$ 在 x_0 点附近展开成泰勒级数

$$f(x) = f(x_0) + (x - x_0) f'(x_0) + (x - x_0)^2 \frac{f''(x_0)}{2!} + \cdots$$

取其线性部分，作为非线性 N 次方程 $f(x) = 0$ 的近似方程，则有

$$f(x_0) + f'(x_0)(x - x_0) = 0$$

设 $f'(x_0) \neq 0$，则其解为：

$$x_1 = x_0 - f(x_0) / f'(x_0)$$

再把 $f(x)$ 在 x_1 附近展开成泰勒级数，取其线性部分做 $f(x) = 0$ 的近似方程。若 $f'(x_1) \neq 0$，则得

$$x_2 = x_1 - f(x_1) / f'(x_1)$$

如此循环得到牛顿法的一个迭代序列

$$x_{n+1} = x_n - f(x_n) / f'(x_n)$$

2. 判别迭代序列是否收敛于方程的根

(1) 在初值 x_0 到 x_{n+1} 的邻域内，$f(x)$ 和 $f''(x)$ 均不为零，且同号，则序列 $\{x_{n+1}\}$ 将收敛于方程的根。

(2) 将 $f(x) = 0$ 改写成 $x = \varphi(x)$，$\varphi(x)$ 若满足充分条件 $|\varphi'(x)| \leqslant 1$，则迭代序列收敛。

3. 牛顿迭代的几何意义

见图 3-3。当我们选取初值 x_0 以后，过 $(x_0, f(x_0))$ 作 $f(x)$ 的切线，其切线方程为：

$$y - f(x_0) = f'(x_0)(x - x_0)$$

此切线与 x 轴的交点

$$x_1 = x_0 - f(x_0) / f'(x_0)$$

为第一次迭代的 $f(x)$ 的根，如此迭代至 x_{n+1}，则趋近于方程的根 ξ。

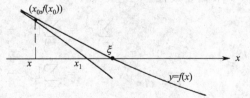

图 3-3 牛顿迭代的几何意义

4. 迭代法的应用

(1) 合理选取初值 x_0；

(2) 将初值代入迭代方程 $x_{n+1} = x_n - f(x_n) / f'(x_n)$ 中 $(n = 0, 1, \cdots)$；

(3) 当 $(x_{n+1} - x_n) \leqslant \varepsilon$ 时，ε 规定为精度，例如 $\varepsilon = 10^{-5}$，则 x_{n+1} 为方程的根。

5. 计算子程序框图

见图 3-4。

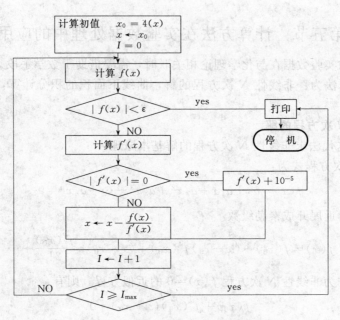

图 3-4 牛顿迭代法子程序框图

符号说明如下：

x_0：初值；$f(x)$：迭代方程；ε：精度；$f'(x)$：方程的一阶导数；I_{max}：最大迭代数。

二、数据拟合线性方程

1. 线性回归原理

有函数

$$y = a + bx$$

式中 y 与 x 为一系列的实验值，为确定 y 与 x 的关系，只要确定 a 与 b，即可得到线性方程 $y=a+bx$。利用"最小二乘法"即残差的平方和为最小。

令 $r=$ 残差，其值为 $r=y-(a+bx)$，选择适当的 a、b 使残差的平方和最小。即

$$\sum r^2 = 最小$$

数学上求最小值即以 $\sum r^2$ 分别对 a 和 b 求偏导，令其为零且二阶导数为正时，得到极小值。因此，以 $\sum r^2$ 对 a、b 求导可解出 a 值及 b 值。

对 n 次实验中第 i 次测定值有 $r_i = y_i - (a+bx_i)$，$\sum_{i=1}^{n} r_i^2 = \sum_{i=1}^{n}[y_i-(a+bx_i)]^2$，故 $\sum_{i=1}^{n} r_i^2$ 对 a 求偏导数有：

$$\sum_{i=1}^{n} r_i^2 = \sum_{i=1}^{n}[y_i^2 - 2y_i(a+bx_i) + (a+bx_i)^2]$$

$$= \sum_{i=1}^{n}[y_i^2 - 2ay_i - 2bx_iy_i + a^2 + 2abx_i + b^2x_i^2]$$

$$\left(\frac{\partial \sum_{i=1}^{n} r_i^2}{\partial a}\right)_b = \sum_{i=1}^{n}[-2y_i + 2a + 2bx_i] = 0$$

解得

$$a = \frac{\sum_{i=1}^{n} y_i - b\sum_{i=1}^{n} x_i}{n} \tag{1}$$

同理，以 $\sum_{i=1}^{n} r_i^2$ 对 b 求导，令其为零可解得：

$$\sum_{i=1}^{n} y_i x_i = a \sum_{i=1}^{n} x_i + b \sum_{i=1}^{n} x_i^2 \qquad (2)$$

联立方程（1）和（2）解出常数 a 与 b 为：

$$a = \frac{\sum y_i - b \sum x_i}{n}$$

$$b = \frac{n \sum x_i y_i - \sum y_i \sum x_i}{n \sum x_i^2 - \sum x_i \sum x_i}$$

令：

$$\overline{y} = \frac{1}{n} \sum_{i=1}^{n} y_i \qquad \overline{x} = \frac{1}{n} \sum_{i=1}^{n} x_i$$

则：

$$b = \frac{\sum x_i y_i - n \overline{y} \overline{x}}{\sum x_i^2 - n \overline{x}^2}$$

又令：

$$S_{yy} = \sum y_i^2 - n \overline{y}^2$$
$$S_{xx} = \sum x_i^2 - n \overline{x}^2$$
$$S_{xy} = \sum x_i y_i - n \overline{x} \overline{y}$$

则得：

$$a = \overline{y} - b \overline{x}$$

$$b = \frac{S_{xy}}{S_{xx}}$$

相关系数：$R = \dfrac{S_{xy}}{(S_{xx} \cdot S_{yy})^{1/2}}$

即回归线性方程为：$y = a + bx$

2. 线性回归的应用

（1）合理选取实验数据值 $(x_1, x_2, \cdots, x_n)$、$(y_1, y_2, \cdots, y_n)$。

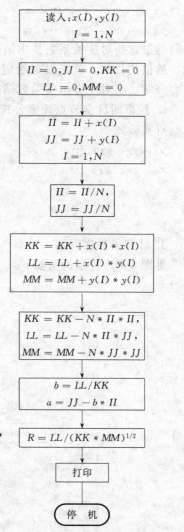

（2）计算 $\overline{y} = \dfrac{1}{n} \sum\limits_{i=1}^{n} y_i$

$\overline{x} = \dfrac{1}{n} \sum\limits_{i=1}^{n} x_i$

$S_{xx} = \sum\limits_{i=1}^{n} x_i^2 - n \overline{x}^2$

$S_{yy} = \sum\limits_{i=1}^{n} y_i^2 - n \overline{y}^2$

$S_{xy} = \sum\limits_{i=1}^{n} x_i y_i - n \overline{x} \overline{y}$

图 3-5　一元线性回归子程序框图

（3）代入回归方程计算 a、b、R。a 为直线的截距，b 为直线的斜率，R 为相关系数。

3. 计算子程序框图

见图 3-5。符号说明如下：

x，y——两变量；II——$\sum_i x_i$，$\bar{x}$；JJ——$\sum_i y_i$，$\bar{y}$；KK——$\sum_i x_i^2$，$\sum_i x_i^2 - n\bar{x}^2$；$LL$——$\sum_i x_i y_i$，$\sum_i x_i y_i - n\bar{x}\bar{y}$；$MM$——$\sum_i y_i^2$，$\sum_i y_i^{-2} - n\bar{y}$；$b$——斜率；$a$——截距；$R$——相关系数。

三、拉格朗日全节点插值法

在实验中我们经常遇到这样的问题，实验中测得一系列对应的实验数据：

x：x_0，x_1，x_2，…，x_n

y：y_0，x_1，x_2，…，y_n

如何通过这些对应关系去找出函数 $f(x)$ 的一个近似表达式？可以利用插值的方法，简单地说，插值的目的，就是根据给定的数据寻找一个解析形式的函数 $f(x)$。插值的方法很多，下面介绍一个对于 n 组实验数据的拉格朗日全节点插值法。

1. 拉格朗日全节点插值公式（推导略）

有实验数据：

y_0，y_1，y_2，…，y_n

x_0，x_1，x_2，…，x_n

$$y = f(x) = \sum_{i=0}^{n} \left[y_i \prod_{\substack{j=0 \\ j \neq i}}^{n} \frac{x - x_j}{x_i - x_j} \right]$$

2. 计算子程序框图

见图 3-6。符号说明如下：

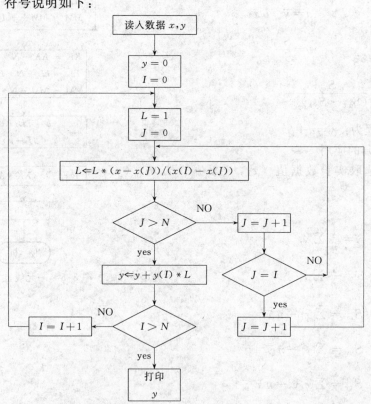

图 3-6 拉格朗日全节点插值法子程序框图

x，y——一系列的实验对应数据；y——$f(x)$；L——$\prod\limits_{J=0}^{N} \dfrac{x - x(J)}{x(I) - x(J)}$；$N$——实验数

据组数。

四、复化抛物线公式（求曲线下面积）

1. 基本原理

将区间 $[a,b]$ 等分为偶数份。为此，令 $n=2m$，m 为正整数，在每个小区间 $[x_{2k-2}, x_{2k}]$ 上用抛物线求积公式：

$$\int_{x_{2k-2}}^{x_{2k}} f(x)\mathrm{d}x \doteq \frac{2h}{6}(f(x_{2k-2}) + 4f(x_{2k-1}) + f(x_{2k}))$$

式中 $h=\dfrac{b-a}{n}$，因此，在 $[a,b]$ 区间复化抛物线求积公式为：

$$S_n = \int_a^b f(x)\mathrm{d}x = \sum_{k=1}^{m} \int_{x_{2k-2}}^{x_{2k}} f(x)\mathrm{d}x$$

$$\doteq \frac{h}{3}\Big[f(a) + f(b) + 4\sum_{k=1}^{m} f(x_{2k-1}) + 2\sum_{k=1}^{m-1} f(x_{2k})\Big]$$

2. 求曲线下面积的应用

（1）实验数据点如下：

y_0, y_1, y_2, …, y_n

x_0, x_1, x_2, …, x_n

运用插值方法找出 $y\sim x$ 的数学关系即：$y=f(x)$ 方程。

（2）分别计算端点的函数值 $f(a)$、$f(b)$ 及奇数点 $f(x_{2k-1})$、偶数点 $f(x_{2k})$ 值，然后代入 S_n 方程中可求得 $[a,b]$ 区间曲线 $f(x)$ 下的面积。

（3）计算子程序框图

见图3-7。符号说明如下：

H——步长；L——区分间隔，开始取2或3；x——自变量；$F(x)$——因变量，函数方程；ε——精度。

五、中心差分

实验中测得一系列对应的实验数据，x_i ($i=0,1,\cdots,n$) 以及 y_i ($i=0,1,2,\cdots,n$)。往往需要得出 $dy/dx\sim x$ 的数量关系，在数学上称为数值微分，下面介绍中心差分法解决如上微分的函数关系。

1. 中心差分基本原理

在给定区间 $[a,b]$ 上的一系列点 x_i ($i=0,1,\cdots,n$) 以及相对应的 y_i ($i=0,1,2,\cdots,n$) 值，采用前面介绍的插值方法找出一个函数关

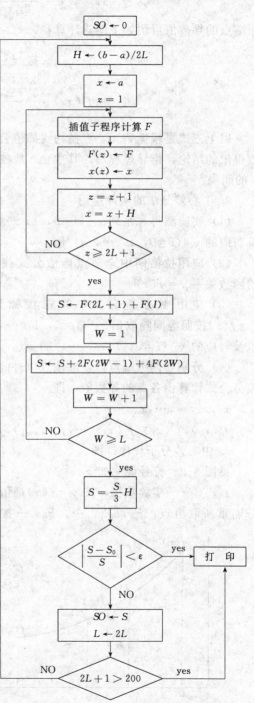

图3-7 求曲线下面积子程序框图

系 $y=f(x)$（图 3-8）。

将函数 $y=f(x)$，按等间隔计算出 x_i ($i=0,1,\cdots,n$) 及相对应的 y_i ($i=0,1,\cdots,n$) 值，除两端点 x_0 与 x_n 即 a 与 b 以外的任意点 x_i 的导数 $y'=f'(x_i)$ 可按下式计算：

$$f'(x_i)=\frac{f(x_{i+1})-f(x_{i-1})}{2\Delta x}\quad(i=1,2,3,\cdots,n-1)$$

两端点的导数值可用如下两式计算：

$$f'(x_0)=\frac{-3f(x_0)+4f(x_1)-f(x_2)}{2\Delta x}$$

$$f'(x_n)=\frac{3f(x_n)-4f(x_{n-1})+f(x_{n-2})}{2\Delta x}$$

以上三式是根据一元三点抛物线插值公式求导数得出的结论，推导过程略。其中 Δx 是独立变量 x 的间隔。

2. 中心差分法的实际应用

（1）实验测得一系列 x_i ($i=0,1,\cdots,n$) 以及对应的 y_i ($i=0,1,\cdots,n$) 值。

（2）应用拉格朗中全节点插值公式找出 $y\sim n$ 的函数关系 $y=f(x)$。

（3）应用中心差分法，首先将插值方程 $y=f(x)$ 按照等间隔取出 x_i ($i=0,1,\cdots,n$) 点以及对应的 y_i ($i=0,1,2,\cdots,n$) 点。

（4）分别对两个端点以及除端点以外的点应用差分公式计算出各点的导数值，即

$x_0,x_1,x_2,\cdots,x_{n-1},x_n$

$f'(x_0),f'(x_1),f'(x_2),\cdots,f'(x_{n-1}),f'(x_n)$

3. 中心差分子程序框图

见图 3-9。符号说明如下：

x_i，y_i——实验数据，按 $y=f(x)$ 插值函数等分隔重新取值点；F_0，F_1，$\cdots$，F_n——按等分隔

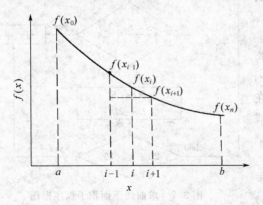

图 3-8 函数 $y=f(x)$ 曲线图

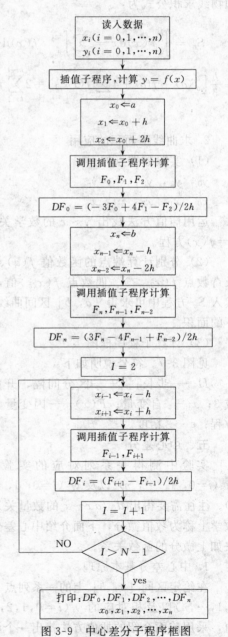

图 3-9 中心差分子程序框图

x_0, x_1, $\cdots$, x_n 应用插值函数计算 $F(x)$；DF_0, DF_1, $\cdots$, DF_n——应用中心差分在等分隔点上求得的导数值。

第六节 测量不确定度

一、概述

从计量学的观点来看，一切测量结果必须附有测量不确定度，才算是完整的测量报告。没有不确定度的测量结果不能判定测量技术的水平和测量结果的质量，也失去了或减弱了测量结果的可比性。

鉴于不确定度的重要性，早在 1978 年国际计量大会做出决议，要求制定一个表述不确定度的指导性文件，这个文件在 1981 年完成制定任务，提出了建议书《实验不确定度的表示》。经过多年研究、讨论和反复修改，1993 年制定了《测量不确定度表达指南》(Guide to the Expression of Uncertainty in Measurement，GUM)。GUM 是有关不确定度的最重要的权威文献，是不确定度及其应用的基础。该指南在 1994 年已由中国计量出版社出版了它的中文版。

"不确定度"一词是意指"可疑"，意味着对测量结果正确性或准确度的可疑程度。

不确定度定义如下：

与测量结果相关联的参数，表征合理地赋予被测量值的分散性。

从其定义来看不确定度对测量结果来说是表示其分散程度，它是测量结果含有的一个参数。

二、不确定度的计算

测量不确定度是由多个分量组成的，这些分量包括：

1. 标准不确定度（记为 u）

用标准偏差表示测量结果的不确定度。标准不确定度有两类计算方法：A 类评定和 B 类评定。

A 类评定的计算法是对一系列观测值进行统计分析以计算标准不确定度的方法。

单次测量的标准不确定度即为标准差估计值 S。

$$u=S$$

平均值的标准不确定度为：

$$u=S/\sqrt{n}$$

n 为测量次数。

B 类评定是不同于对一系列观测值进行统计分析以计算标准不确定度的方法，通常根据经验或其他信息的假定概率分布来估算，它的计算可利用公式：

$$u(x_i)=a_i/k_i$$

a_i 是 x_i 的变化半范围，k_i 是包含因子。

对正态分布，对应于置信度 $P=0.95$、0.99、0.997 时的 k_i 值分别为 2、2.58、3；对均匀分布 $k_i=\sqrt{3}$，对其他分布有不同的求 $u(x_i)$ 的方法。

2. 合成标准不确定度

当测量结果是由其他量值计算得来时，按其他量的方差或协方差算出的测量结果的标准不确定度为合成标准不确定度。

测量结果 y 的合成标准不确定度记为 $u_c(y)$，简写为 u_c。

若 $y=f(x_1, x_2, \cdots, x_N)$，当各分量无关时，则 $u_c^2(y)=\sum\left(\dfrac{\partial f}{\partial x_i}\right)^2 u^2(x_i)$，

$$u_c(y)=\sqrt{\sum u_i^2}$$

式中标准不确定度分量 $u_i=\left|\dfrac{\partial f}{\partial x_i}\right|u(x_i)$

对于 A 类评定特别写为：

$$u_i=S_i=\left|\dfrac{\partial f}{\partial x_i}\right|S(x_i)$$

当不确定度来自两类评定时，写为：

$$u_c(y)=\sqrt{\sum S_i^2+\sum u_i^2}$$

当各分量完全相关时

$$u_c(y)=\sum u_i$$

3. 扩展不确定度

扩展不确定度定义为测量结果区间的量，在该区间中合理的含量大部分的被测量值，记为 U。

$$U=ku_c$$

式中 $k=t_P(f)$，$t_P(f)$ 为置信度为 P，自由度为 f 的大分布临界值，在无法获得自由度时，取 $k=2\sim3$。

三、不确定度的评定过程

总的不确定度的评定过程可简要地以框图（图 3-10）表示：

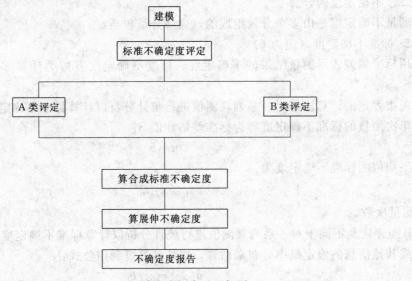

图 3-10 不确定度评定过程框图

第四章 化学实验基本操作

第一节 玻璃仪器的洗涤和干燥

一、玻璃仪器的洗涤

1. 仪器的一般洗涤步骤

化学实验要使用各种玻璃仪器,这些仪器是否干净,常常会影响到实验结果的准确性。因此,需将玻璃仪器洗涤干净。如何洗涤、选用何种洗涤液要视玻璃仪器的类别、实验的要求、污物的性质和玷污的程度而定。

一般的玻璃仪器,如烧杯、烧瓶、锥形瓶、试管和量筒等,可以用毛刷从外到里就水刷洗,这样可洗去水可溶性物质、部分不溶性物质和尘土,若有油污等有机物,可用去污粉(有损玻璃尽量少用)、肥皂粉或洗涤剂洗涤,使用时,用蘸有去污粉或洗涤剂的毛刷擦洗,然后用自来水冲洗干净,最后用蒸馏水或去离子水润洗内壁2~3次。洗净的器皿,它的内壁应能被水均匀地润湿而无水的条纹,且不挂水珠。在有机实验中,经常使用磨口玻璃仪器,洗刷时要注意保护磨口,不宜使用去污粉,需改用洗涤剂。

对于不易用刷子刷到或不能用刷子刷洗的玻璃仪器,如滴定管、容量瓶、移液管等。通常是将洗涤液倒于或吸于容器内振荡几分钟或浸泡一段时间后,将用过的洗涤液仍倒入原瓶储存备用,再用自来水冲洗干净,这类仪器的洗涤方法详见第六节。

砂芯玻璃滤器在使用后必须立即清洗,针对不同的沉淀物采用适当的洗涤液先溶解砂芯表面的固体,然后再反复多次用洗涤液抽洗,使残留在砂芯中的沉淀物被全部抽走,再用蒸馏水冲洗干净,于110℃烘干,保存在无尘的柜中。

2. 常用洗涤液

针对不同的玷污物,采用相应的洗涤液洗涤,可以起到事半功倍的效果。目前常用的一些洗涤液见表4-1。

表4-1 常用洗涤液

洗 涤 液 配 方	使 用 注 意 事 项
铬酸洗涤液: 5g $K_2Cr_2O_7$ 加热溶于100mL水中,冷却后,慢慢加入80mL工业浓硫酸(切不可将水溶液倒入浓硫酸中!)	用于除去器壁残留油污。使用时要倾尽器皿内水,再倒入洗涤液。只要洗涤液未变绿色,可重复使用,该洗涤液为强氧化剂、腐蚀性强,应注意安全
氢氧化钠的高锰酸钾洗涤液: 4g $KMnO_4$ 溶于少量水中,再加入100mL 10%氢氧化钠溶液,贮于带胶塞玻璃瓶中	用于洗涤油污及有机物玷污器皿。洗后如有 MnO_2 析出,可用草酸或亚硫酸钠溶液除去
盐酸的乙醇洗涤液: 1份盐酸加2份乙醇混合	此洗液适合于洗涤沾有有颜色的有机物的比色皿
草酸洗液: 5~10g草酸溶于100mL水中,加入少量浓盐酸	可除去 MnO_2 等玷污物
碘-碘化钾溶液: 1g碘,2g碘化钾溶于水中,用水稀释至100mL	可洗涤用过硝酸银滴定液后留下的黑褐色玷污物

表中铬酸洗液因对环境污染较大尽可能不用或少用,废液必须经过处理,不可直接排放。

二、玻璃仪器的干燥

在化学实验中，往往需要用干燥的仪器。因此在仪器洗净后，还应进行干燥。事先把仪器干燥好，就可以避免临用时才进行干燥。下面介绍几种简单的干燥仪器的方法。

(1) 晾干　在化学实验中，应尽量采用晾干法于实验前使仪器干燥。仪器洗净后，先尽量倒净其中的水滴，然后晾干。例如，烧杯可倒置于柜子内；蒸馏烧瓶、锥形瓶和量筒等可倒套在试管架的小木桩上；冷凝管可用夹子夹住，竖放在柜子里。放置一两天后，仪器就晾干了。

应该有计划地利用实验中的零星时间，把下次实验需用的仪器洗净并晾干，这样在做下一个实验时，就可以节省很多时间。

图 4-1　气流干燥器

(2) 在烘箱中烘干　一般用带鼓风机的电烘箱。烘箱温度保持在 100~120℃。鼓风可以加速仪器的干燥。仪器放入前要尽量倒净其中的水。仪器放入时口应朝上。若仪器口朝下，烘干的仪器虽可无水渍，但由于从仪器内流出来的水珠滴到别的已烘热的仪器上，往往易引起后者炸裂。用坩埚钳子把已烘干的仪器取出来，放在石棉板上冷却；注意别让烘得很热的仪器骤然碰到冷水或冷的金属表面，以免炸裂。厚壁仪器如量筒、吸滤瓶、冷凝管等，不宜在烘箱中烘干。分液漏斗和滴液漏斗，则必须在拔去盖子和旋塞并擦去油脂后，才能放入烘箱烘干。

(3) 用气流干燥器吹干　在仪器洗净后，先将仪器内残留的水分甩尽，然后把仪器套到气流干燥器（图 4-1）的多孔金属管上。要注意调节热空气的温度。气流干燥器不宜长时间连续使用，否则易烧坏电机和电热丝。

(4) 用有机溶剂干燥　体积小的仪器急需干燥时，可采用此法。洗净的仪器先用少量酒精洗涤一次，再用少量丙酮洗涤，最后用压缩空气或用吹风机（不必加热）把仪器吹干。用过的溶剂应倒入回收瓶中。

第二节　玻璃加工操作与塞子的加工

一、简单玻璃加工操作介绍

1. 喷灯和火焰

加热玻璃管的喷灯可以用煤气喷灯，图 4-2 是最简单的煤气喷灯。外层通煤气，中间芯子通压缩空气或氧气加空气，气体流量另外用开关调节。如果没有这种灯，可用一般实验室加热用的煤气灯代用。

在无煤气时可以用液体燃料（煤油、汽油、酒精等）喷灯，最高温度能达到 1000℃，也可用于加工简单零件。

煤气火焰由三层组成，如图 4-3 所示。

在不加压缩空气时，煤气经喷灯至出口处遇空气中氧开始燃烧，火焰不分层，因供氧不足而呈黄色，火苗软，这时火焰温度为 600℃ 左右，叫作还原焰，俗称"文火"，操作时用来对玻璃预热和退火。

煤气-空气火焰，用调节空气量的大小来改变火焰的温度。适合软质玻璃和硬质玻璃的加工。

要拉制的玻璃管在文火中预热后一般放在火焰高度的 2/3 处即氧化焰中加热，使玻管受热均匀，且加快熔融。

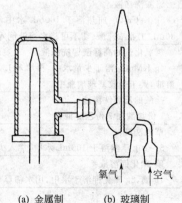

(a) 金属制　　(b) 玻璃制

图 4-2　简易煤气喷灯

由于玻璃是热的不良导体，在加热和冷却过程中内外层温度不一样，热胀冷缩的情况不一样，从而使玻璃内部产生应力。因此加工好的玻璃仪器如不经退火在冷却后会自然爆裂，有的要隔相当长的一段时间，或使用中受加热或其他因素影响而发生突然爆裂。故在玻璃加工后都应进行退火以消除应力。一般在文火中退火，用接触面积大而温度不高的火焰烘烤加工的制品，再放在石棉网上在空气中慢慢冷却。复杂的玻璃仪器可以放在高温炉中进行退火。

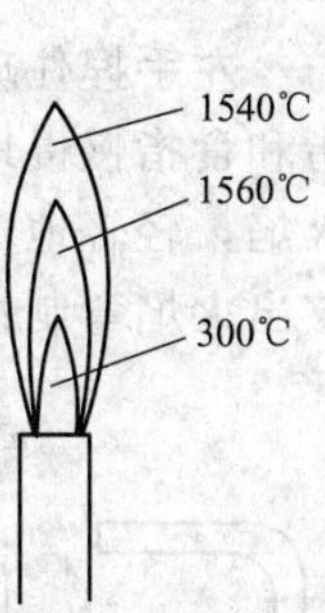

图4-3 煤气火焰的构造

2. 玻璃管的洗涤

玻璃管的洗净，玻璃管在加工以前，先要清洗干燥。玻璃管内外的灰尘，用水冲洗即能洗净。若管内有污物不能用水洗干净时，可将玻璃管截成所需长度，浸在肥皂水或浓硝酸或铬酸洗液中处理，然后取出用水清洗干净。制备熔点管的玻璃管，除用铬酸洗液处理，用水清洗外，还需用蒸馏水清洗。

洗净的玻璃管必须干燥后才能进行加工。加工前可在空气中晾干或在烘箱中烘干，不可用火直接烘干，以防炸裂。

3. 玻璃管的切割

玻璃管的截断按照需要的长度从玻璃管的一端截断。在需要截断的地方，用锋利的三角锉刀的边棱或扁锉刀锉出一条细而深的痕，锉时要向同一方向锉，不要来回乱锉，否则不但锉痕多、粗，且使锉刀变钝。然后用两手捏住锉痕两旁，大拇指顶住锉痕的背面，两手向前推，同时朝两边拉，玻璃管就平整地断开（图4-4）。

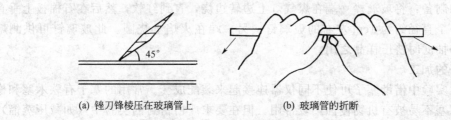

(a) 锉刀锋棱压在玻璃管上　　(b) 玻璃管的折断

图4-4 玻璃管的截断

截断玻璃管也可用锉刀先锉出一条小痕，用烧得红热的拉细的玻璃棒紧按在锉痕的前面，玻璃管因受热而沿着锉痕胀裂，如此继续用烧红的玻璃棒在裂痕前导引，直到断开为止。此法特别适用于接近玻璃管端处的断开。

4. 玻璃管的拉丝

玻璃管的拉丝，用左手握住玻璃管，右手托玻璃管，在煤气灯上加热，火焰由小到大，边加热边用左手的大拇指和食指转动玻璃管，转动时，玻璃管不要移动位置，在玻璃管变软时，托玻璃管的右手也要将玻璃管做同方向转动，快慢一致，以免玻璃管绞曲起来。当玻璃管发黄变软时，即可从火焰中取出，两手做同方向旋转，边转边拉，拉成所需的粗细。拉好后不能马上松开，尚需继续转动，直到完全变硬后，放在石棉网上冷却。根据需要截取细管所需长度。拉出来的细管要求与原来的玻璃管在同一轴上，不能歪斜。

拉制熔点管的玻璃管需用直径为1cm、壁厚为1mm左右的玻璃管，否则拉成的直径为1mm左右的毛细管管壁太薄，且粗细不均匀。拉好后将内径1mm左右的毛细管截取长为16cm的小段，两端都用小火封闭，使用时只要将毛细管中间割断，即得两根熔点管。

5. 玻璃管的弯制

左手捏住玻璃管的一端,右手托住另一端,将玻璃管平放在火焰上,然后用左手的大拇指和食指慢慢地转动玻璃管,使受热均匀,火焰由小到大,到玻璃管软化时,将玻璃管移出火焰,轻轻地弯一角度;然后再在火焰上加热(加热的部位是前一次加热位置的旁边),再移出火焰弯制;如此重复,直到弯成所需的角度。弯好后进行退火,退火火焰不要太强,使玻璃管表面受到热和玻璃管内径的膨胀抵消,否则冷却后要炸裂。注意在弯管的时候不要用力过大,否则在弯的地方要瘪陷或纠结起来(图4-5)。弯好的玻璃管应在同一平面上。

弯玻璃管的另一方法是先将玻璃管一端拉细后封闭,或套上一个橡皮滴头,然后两手捏住玻璃管的两端,将玻璃管斜放在火焰上加热,火焰宽度应为玻璃管的两倍(可以在煤气灯上套一鱼尾灯罩)将玻璃管慢慢转动,使玻璃管受热均匀,直到玻璃管受热部分充分软化,这时,立即将玻璃管移出火焰,弯成所需角度(注意不要扭曲!),趁玻璃管受热部分未变硬时,立即从玻璃管开口一端吹气,使弯曲部分变圆滑。

玻璃管弯好后,要把两端断开地方烧光滑,否则会割伤手,且弄坏塞子。烧时要一边转动玻璃管,一边加热,直到圆滑为止,不应烧得太久,以免管口缩小。烧热的玻璃管应放在石棉网上慢慢冷却,不能直接放在桌面上。

图4-5 弯成的玻璃管

6. 制玻璃钉

玻璃棒的截断与玻璃管的截断相同,同样截断后的玻璃棒也要放在火焰中边烧边转,直到断口变圆。

玻璃钉的制备:将玻璃棒一端在煤气灯上边转边烧,直到红软,然后在石棉板上垂直按下去,按成一个直径约为1cm左右的玻璃钉。另一端在火焰上烧圆。此玻璃钉可供测熔点时研磨样品和抽滤时挤压样品之用。

二、塞子的加工

有机化学实验中借助塞子可使不同仪器连接起来装配成套。常用的塞子有软木塞和橡皮塞两种。软木塞不易被有机物侵蚀,较常用。但在要求严格密封的实验中(如减压蒸馏)或使用的试剂(如氯、溴等)极易腐蚀软木塞时,就必须用橡皮塞,以防漏气或腐蚀。

塞子的选择应与烧瓶或冷凝管的颈口相适应。塞子进入颈口部分不能少于塞子本身高度的1/3,但也不能多于2/3[图4-6(a)、(c)不正确,(b)正确]。

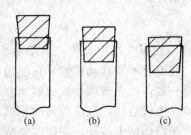
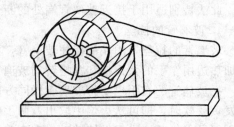

图4-6 塞子的配置　　　　　　　　图4-7 软木塞滚压器

塞子选好后,即进行钻孔。软木塞在钻孔前要在软木塞滚压器(图4-7)内用小力慢慢滚压,以防止在钻孔时塞子裂开。钻孔的大小应保证管子或温度计等插入后不漏气,因此,钻孔器的外径应略小于所装管子的外径,钻孔时应先从塞子直径小的一头钻起,钻孔器应垂直均匀钻入,一面按一个方向慢慢旋转,一面向前推进,防止把孔钻斜;当钻到1/2处时,慢慢反方向旋转拔出钻孔器，再在塞子的另一头对准钻入，到完全钻通。在钻橡皮塞时，选择钻孔器的口径应比管子的口径略大。钻孔前，钻孔器的前部最好涂一些凡士林、甘油、碱溶液或水，使易于钻入。橡皮塞钻孔时，一般是直径小的一端钻入，直至钻通，不必两头对钻。

如果钻的孔较小（主要是因为实验室的钻孔器口径不合适）或孔道不光滑，可用圆锉锉到适当大小。

塞子钻好孔后，可把仪器或其一部分插到塞孔中。这时，一手握软木塞，另一手握要插入的部分的末端，例如，温度计水银球一端，蒸馏瓶支管末端（为防割破手，垫毛巾或戴线手套操作）。采用转动的方式（如转动软木塞）把仪器插入塞孔中。转动时用力均匀适当，不应过猛，同时必须是握住插入塞孔的那一部分的末端。绝不允许握住另外一端，也不允许不采用转动木塞的方式而采用"顶入"的方式把仪器硬顶到塞孔中。采用握住仪器的另一端硬顶入塞孔中的方式不但毁坏仪器，同时还易顶破手。

钻孔器用了一定时间后，管口锋刃会卷曲或变钝，因此必须用特制的"卷刀"（图 4-8）将钻孔器磨锐，卷去钝的部分，形成新的锋刃。无"卷刀"时，也可在钻孔器管口内塞一铁棒，用锉刀锉出新的锋刃。

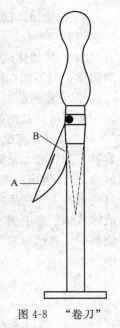

图 4-8 "卷刀"

第三节 试管实验与离子鉴定基本操作

一、试管实验的基本操作

试管作为反应器在无机化学实验中用得最多。无机化学中的基本理论和元素及其化合物性质的验证实验，一般是在试管中进行的，因此，把这类实验常称为"试管实验"或者"试管反应"

试管实验的优点：试剂用量少，操作简便，并能立即取得实验结果。为把这类实验做好，必须注意以下几点。

1. 试管清洁

试管干净无沾污是取得准确实验结果的因素之一。通常只要将试管用自来水刷洗数次即可。

2. 试剂的取用方法

在实验准备室中分装化学试剂时，固体试剂一般装在广口瓶中，液体试剂或配成的溶液则盛放在试剂瓶（细口瓶）或带有滴管的滴瓶中。对于见光易分解的试剂（如硝酸银等）则应盛放在棕色瓶内。每个试剂瓶上都贴有标签，上面写明试剂的名称、规格和浓度，必要时要注明配制日期。标签外面涂一薄层蜡或用透明胶带保护它。

（1）固体试剂的取用

① 取用固体试剂一般用干净的药匙（牛角匙），其两端为大小两个勺，按取用药量的多少而选择应用。药匙应专用。

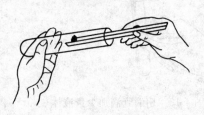

图 4-9 用纸舟往试管中送入固体试剂

如果要将固体加入到湿的或口径小的试管中时，可先用一窄纸条做成"小纸舟"，用药匙将固体药品放在纸舟上，然后平持试管，将载有药品的小舟插入试管，让固体慢慢滑入试管底部（见图 4-9）。

② 试剂取用后，要立即把瓶塞盖好且不要盖错。

③ 称量固体试剂时，注意不要多取。多取的药品，不能倒回原瓶，可放在指定容器中供它用。

④ 一般固体试剂可以放在干净的纸或表面皿上称量。具有腐蚀性、强氧化性或易潮解的固体试剂不能在纸上称量。不准使用滤纸来盛放称量物。

⑤ 有毒药品要在教师指导下按规程取用。

(2) 液体试剂的取用

① 从平顶塞试剂瓶中取用试剂（图 4-10）　先取下瓶塞将其仰放在台面上，用左手持容器（如试管、量筒等），右手握住试剂瓶，试剂瓶上的标签向着手心（如果是双标签则要放两侧），倒出所需量的试剂。倾倒时，瓶口靠住容器壁，让液体缓缓流入；倒完后应将瓶口在容器上靠一下，再使瓶子竖直，这样可以避免遗留在瓶口的试剂沿瓶子外壁流下来。把液体从试剂瓶中倒入烧杯（图 4-11）时，用右手握瓶，左手拿玻璃棒，使棒的下端斜靠在烧杯中，将试剂瓶口靠在玻璃棒上，使液体沿棒流入杯中。

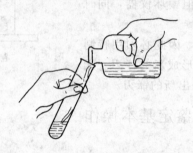

图 4-10　往试管中倒液体试剂

图 4-11　往烧杯中倒液体试剂

② 从滴瓶中取少量试剂　从滴瓶中取用液体试剂时，提起滴管，使管口离开液面，用手指紧捏滴管上部的橡皮头，以赶出空气，然后将管口伸进液面吸取试剂。将试剂滴入试管中时，须用拇指、食指和中指夹住滴管，将它悬空地放在靠近试管口的上方滴加（图4-12），绝对禁止将滴管伸进试管中或触及管壁（图 4-13），以免玷污滴管口。滴完溶液后，滴管应立刻插回原来的滴瓶中，以免"张冠李戴"。

严禁使用其他滴管到公用试剂瓶中取药。

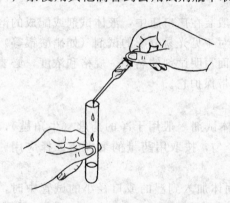

图 4-12　用滴管滴加少量液体药品的正确操作

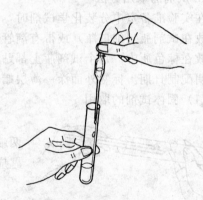

图 4-13　用滴管滴加少量液体药品的不正确操作

③ 液体试剂的定量量取与粗估　当液体试剂的体积必须精确控制时，可以用量筒或移

液管等定量移取。如果不需准确量取时,则不必用量器,只要学会估计从瓶中取用所需液体量即可。例如,1mL或2mL溶液大约相当于多少滴,或其在试管中所占的容积比例等,这样可以在一般不需准确计量的实验中,快速取用试剂。

(3) 试管中反应液的摇荡 几种试液加在一起必须混合均匀,若只顾加试剂,而保持试管不动,会致使后加试剂在试管液面过量,造成观察错觉,为此要求第一种试剂加过之后,后继滴加的试剂必须边滴边摇匀,使其反应均匀,现象准确。

摇动试管的方法:左手拇指、食指和中指握住试管中上部,右手加液,用左手腕力摇动试管(用五指握住试管上下或左右振荡都是错误的)。如果试液过多(超过3mL)或是多相反应难以摇动时,必须用玻璃棒搅动使其均匀,在离心试管中的反应,必须用玻璃棒搅动。

(4) 试管反应中的加热 任何化学反应只有在一定条件下才能发生,不创造一定的条件反应不会进行,或者进行得慢以至于难以观察出来。因此,必须重视反应条件的控制,温度是反应条件之一。试管中的反应有的在室温下立即进行,伴随的实验现象明显地表现出来;有的要在加热条件下才能进行。

加热方法(图4-14)可根据反应温度要求进行选择。若反应要求100℃以下,稍热,可选用水浴加热,水浴加热除采用水浴锅外,也可加热烧杯中的水来代替,还可以在酒精灯上直接加热,但须控制加热时间,避免煮沸状态。若反应要求在煮沸状态下,这时必须在酒精灯焰上直接加热,但应用试管夹夹住试管,夹住部位应离试管口3~4cm处,且液量不超过1/3试管,试管倾持在火焰上不停地上下移动加热,不要集中加热某一部位,以防暴沸,溅出溶液。加热时试管口不能朝着别人或自己,以免溅出溶液把人烫伤。试管中的固体反应(如分解反应),常用酒精灯直接加热,采用铁架台上的铁夹夹住试管,管口朝下倾斜,酒精灯焰先来回移动,使试管全部预热,然后集中加热固体,使之反应。

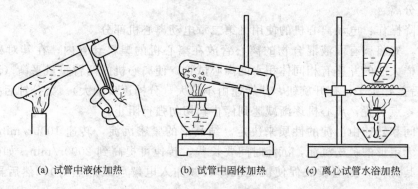

(a) 试管中液体加热　　(b) 试管中固体加热　　(c) 离心试管水浴加热

图4-14 试管加热方法

离心试管中进行的反应一般是沉淀反应,为使沉淀物在热作用下脱水聚沉,便于离心分离,常用水浴加热(离心试管不能直接在火焰上加热)。用一个250mL的烧杯装约2/3的自来水,加热至所需温度,将离心试管插入热水中即可。

(5) 试管反应中的现象观察 化学反应必定产生新物质,新物质产生时的现象表现有:沉淀的生成或溶解、气体的产生或吸收、颜色的变化、特别气味的产生等。各种化学反应的现象表现不尽相同。实验前要针对试管中的具体化学反应,根据所学过的原理,推断反应产物,预测反应现象。这样,就能做到有意识有目的地去观察实验中出现的现象,就不至于当重要的化学现象出现时视而不见,或者见而疑惑不解其因。因此,要求每个实验者在实验前必须进行充分的准备,明确实验目的、原理和步骤。实验时要认真仔细地对变化的全过程进行观察,不能走马观花,或者只看开始和结果,要注意每一个细微的变化。遇上意外现象也不能放过,找出产生的原因。其原因可能是以下几方面:①反应条件(浓度、试剂用量、溶液的酸碱性、温度、时间等)没有控制好;②试剂变质;③操作程序颠倒;④试管不干净等。

二、离子的分离与鉴定的基本操作

分离和鉴定是无机元素定性分析中的两个实验步骤,若试液中各离子对鉴定互不干扰,便可直接分别鉴定,无须分离;若对鉴定彼此有干扰,就要选择适当的分离方法来消除干扰,再做鉴定。

下面介绍分离鉴定中的某些操作。

1. 离子的沉淀分离

离子的分离方法有许多种,在本实验课程中常碰到的有沉淀分离法。沉淀分离法是借助形成沉淀与溶液分离的方法。在沉淀分离中涉及的基本操作有:沉淀、离心沉降、溶液的转移、沉淀的洗涤等。

(1) 沉淀 沉淀是在试液中加入适当的沉淀剂,使被鉴定离子或干扰离子沉淀析出的过程。常用的沉淀剂有:HCl、H_2SO_4、$NH_3 \cdot H_2O$、$(NH_4)_2CO_3$、$(NH_4)_2S$ 等,可根据沉淀要求选择使用。

在离子的分离鉴定实验中,一般采用离心试管作为反应器,这是离心沉降所要求的。

沉淀操作:把试液置于离心管中,滴加沉淀剂,边滴边加用小玻璃棒搅动,使其混合均匀,预计反应完全后,进行离心沉降,沉淀在离心管底部,上层为清液,在上层清液中滴加一滴沉淀剂,检验是否沉淀完全,否则再加沉淀剂,搅拌,再离心沉降,直到上层清液加入沉淀剂不再变浑为止。

(2) 离心沉降 借助电动离心机的高速转动的离心作用,使沉淀物聚集沉降于离心管底部,与溶液分离。

离心沉降操作:电动离心机的使用见第二章电动离心机部分。

使用时,先将盛有固液混合物的离心管放在离心机的塑料套管内;在其对称位置的孔里,放入同样大小的并盛有相同体积水的离心试管,使离心机的两臂重量平衡(防止损坏中心轴),然后盖好盖子,打开旋钮,使转速由小到大(分挡逐步增大)。数分钟后把旋钮分挡逐步旋回到零点位置,离心机逐渐减速到停止,切勿强行阻止。

离心时间和转速由沉淀的性质来决定。结晶形的紧密沉淀,转速1000r/min,1~2min 停止转动;无定形的疏松沉淀,沉淀时间要长些,转速可提高到2000r/min。如经3~4min 后仍不能使其分离,则应设法促使沉淀沉降(如加入电解质或加热等),然后再进行离心分离。

(3) 溶液的转移(图 4-15) 经确认沉淀已经完全离心沉降后,用吸管把清液和沉淀分开的过程称为溶液的转移,其方法是:左手拇指、食指和中指持住离心管并向右倾斜;右手拇指、食指和中指持住吸管,捏紧橡皮头,排除空气,然后将吸管轻轻伸入上层清液,慢慢放松橡皮头,溶液则慢慢吸入管中。随着溶液的减少,将吸管逐渐下移。若一次不能吸净,可重复操作,直至吸净为止,若吸出的溶液需要保留,必须事先准备一支干净的离心管来接收,切勿弃去。

吸管吸取溶液时,切勿在伸入清液以后再捏橡皮头排空气(为什么);吸管尖端切勿触及沉淀。

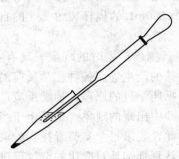

图 4-15 溶液的转移

(4) 沉淀的洗涤 如果要继续鉴定沉淀，必须将沉淀洗涤干净，以便除去未吸干的溶液和沉淀吸附的杂质。常用的洗涤剂是蒸馏水，可往沉淀中加入 15～20 滴蒸馏水，用玻璃棒充分搅拌，离心分离，清液用吸管吸出，弃去。必要时重复洗几次。

2. 离子的鉴定

离子鉴定就是通过化学反应来确定某种元素或其离子是否存在。用来确定试样中某种元素或其离子是否存在的反应称为鉴定反应。下面仅就鉴定反应和某些鉴定操作做简要介绍。

(1) 鉴定反应 离子鉴定反应大都是在水溶液中进行的离子反应，要求反应进行完全、有足够的速度、用起来方便、而且要有外部特征，此外，还要求反应具有较高的灵敏度和选择性。

反应的外部特征是指沉淀生成或溶解、溶液颜色的改变、气体的排出、特别气味的产生等。无这些特征表现的反应不能作为鉴定反应，否则无法鉴定某种离子是否存在。例如，在有 Fe^{3+} 存在的试剂中，加入 NH_4SCN 试剂后溶液即呈红色。就是根据反应前后溶液颜色的改变这些外部特征来判断 Fe^{3+} 的存在。

鉴定反应同一切化学反应一样，只有在一定条件下才能按预定的方向进行。若不注意反应条件，只是机械地照分析步骤去做，常常使得分离不彻底，鉴定不明确，得不出正确的结论。如果头脑中时刻不忘反应条件的重要，那么，在进行分析步骤时，不至于"照方配药"，在失败时能够参照反应条件去找原因。

反应要求的具体条件很多，主要的有以下几项：①反应物的浓度；②溶液的酸度；③溶液的温度；④溶剂的影响；⑤干扰物质的影响。除此之外，催化剂的存在、反应所用的器皿、甚至试剂加入的顺序等也都是应当加以注意的。

所谓反应的选择性，是指与一种试剂作用的离子种类而言，能与加入的试剂起反应的离子种类越少，则这一反应的选择性越高。若只对一种离子起反应，则这一反应的选择性最高，该反应为此离子的特效反应，该试剂也就是鉴定此离子的特效试剂。例如，阳离子中有 NH_4^+ 与强碱作用而放出氨气

$$NH_4^+ + OH^- \longrightarrow NH_3\uparrow + H_2O$$

故该反应是鉴定 NH_4^+ 的特效反应，强碱就是鉴定 NH_4^+ 的特效试剂。

真正的特效反应是不多的。上述鉴定 NH_4^+ 的特效反应也只是在一般阳离子中是特效的，离开这个范围，干扰它的还有 CN^-、氨基汞盐、有机胺类等，因为它们在热的 NaOH 溶液中会产生氨气。如：

$$CN^- + 2H_2O \xrightarrow{NaOH,\triangle} HCOO^- + NH_3\uparrow$$

因此，特效反应或特效试剂是对一定的情况而言的，利用上述反应鉴定 NH_4^+，就要除去溶液中的 CN^- 等干扰物质，以提高鉴定反应的选择性。通常提高鉴定反应选择性的方法有以下几种：①加入掩蔽剂消除干扰离子；②控制溶液酸度消除干扰离子；③分离干扰离子等。

在离子鉴定中掌握鉴定反应的条件和特效反应是做好离子鉴定实验的重要保证，但有时并不能完全保证鉴定的可靠性。其原因来自两个方面：①溶剂、辅助试剂或器皿等可能引进外来离子，从而被当作试液中存在的离子而鉴定出来；②试剂失效或反应条件控制不当，因而使鉴定反应的现象不明显或得出否定结果。第一种情况可以通过"空白实验"解决，即以溶剂代替试液，加相同的试剂，以同样的方法进行鉴定，看是否仍能检出。第二种情况可通过做"对照实验"解决，即以已知离子的溶液代替试液。用同法鉴定，如果也得出否定结

果,则说明试剂已经失效,或是反应条件控制得不够正确等。空白实验和对照实验对于正确判断分析结果、及时纠正错误有重要意义。

(2) 鉴定操作　离子鉴定实验中常用器皿有:离心试管、普通试管、表面皿、点滴板、酒精喷灯等。鉴定反应有的是在离心管或普通试管中进行,也有不少情况是在点滴板的空穴中进行;表面皿用作气室实验,酒精喷灯用作焰色反应。

① 点滴板的使用。点滴板(图 4-16)是带有凹穴的黑色或白色瓷板。按凹穴的多少分为四穴、六穴、十二穴等。它可以用作同时进行多个不需分离的少量沉淀反应的容器,特别适用于白色或有色沉淀及溶液颜色发生改变的定性点滴反应。具有快捷、方便和节省材料的特点。

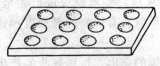

图 4-16　点滴板

使用时,要根据沉淀或溶液的颜色,选择黑、白或透明的点滴板。先用自来水刷洗干净,再用蒸馏水荡洗一次,将水沥干,然后按实验要求进行鉴定实验,必须控制试剂滴入孔穴的量,以不漫出进入其他孔穴为限,以防沾污干扰其他实验。

② 气室实验　气室是由两块 7~9cm 直径的表面皿合在一起构成的。在气室中进行微量气体鉴定的步骤是:先将一片试纸(或浸过所需试剂的滤纸块)润湿后贴在上面表面皿的凹面上,然后在下面的表面皿中加入反应试液,随即将贴好试纸的表面皿迅速盖合在上面。待反应发生后,观察试纸的变色情况以做判断。如果必要,可将气室放在水浴上加热。

气体的检验,可在气室中进行,也可以在如图所示的验气管中进行。验气管是使用液体试剂检验微量气体的一种简易验气装置(图 4-17)。图 4-17 中(a)是在离心试管口的软木塞上,插一尖端为球形的玻璃棒,试剂悬在球形处;(b)是在离心试管口的软木塞上插一支滴管,试剂盛在滴管尖端。在离心试管内加酸(或其他试剂)后,迅速塞紧木塞。此时产生的气体便与预先悬挂的试剂发生作用,显示出检验结果。

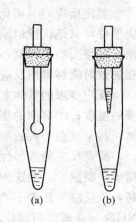

图 4-17　验气装置

③ 焰色反应　碱金属、碱土金属及其他几种离子的易挥发盐类(如氯化物),在高温时容易被激发而发生其特性光谱线,因此可从火焰颜色的变化来鉴定这些元素,如图 4-18 所示。

焰色实验操作:进行焰色实验时,先将铂丝(或镍铬丝)的弯头浸入试管中的盐酸(6mol/L)中,然后取出放在酒精喷灯的氧化焰上灼烧片刻,再浸入盐酸中,再灼烧,如此反复数次,直至火焰无色,此铂丝可算洁净了,此外用它蘸取试液(应加 6mol/L HCl)同样灼烧,观察火焰的颜色。

必须注意,用铂丝鉴定一种元素之后,在鉴定另一种元素时,必须用上述方法把铂丝处理干净。

元素: Li　Na　K　Rb　Cs
颜色: 深红　黄　紫　红紫　蓝
　　　Be　Mg　Ca　Sr　Ba
　　　白　白　橙红　洋红　绿

图 4-18　焰色反应鉴定元素图

④ 用试纸检验溶液及气体的性质

a. 用试纸检验溶液的性质　普通实验中常用石蕊试纸或 pH 试纸检验水溶液的酸碱性。方法是将一小片试纸放在干净的点滴板或表面皿上,然后用洗净并用去离子水冲洗过的玻璃棒,蘸取待检测溶液滴在试纸上,观察其颜色变化。若用 pH 试纸检验溶液的 pH 值时,可将试纸所呈现的颜色与标准色板比较,即可得到相应的 pH 值。

注意，不能将试纸直接投入被测试液中进行检验。

b. 用试纸检验气体的生成与性质　对化学反应中产生的气体，常用试纸进行验证和定性。如用石蕊试纸或pH试纸检验生成气体的酸碱性；用KI淀粉试纸检验氯气；用$KMnO_4$试纸或I_2淀粉试纸检验SO_2气体；用$Pb(Ac)_2$或$Pb(NO_3)_2$试纸检验H_2S气体。

用试纸检验相应气体时，都应事先用去离子水把试纸润湿，把它沾附在干净玻璃棒尖端，或者用手指甲捏住其一个小角，将试纸移至发生气体的容器（如试管）口上方（注意不能接触容器壁）。观察试纸颜色的变化，判断气体的生成及其性质。

第四节　化学制备和质量分析基本操作

在无机物的制备和质量分析中用到的许多基本操作如样品溶解、蒸发（浓缩）结晶（重结晶）、沉淀、过滤、洗涤、干燥和灼烧等都是相同的，有些仅是在要求的严格程度上有所差异。故放在同一节中讨论。

一、固体样品的研磨与溶解

（一）研磨

当固体物质颗粒较大时，在其溶解或化学反应前，往往需要进行粉碎。实验室中固体粉碎方法可在干净的研钵中进行，用研杵在研钵中将固体物质磨成细小颗粒或粉末，以便使固体加速溶解、增大反应颗粒的相际接触面，提高反应速率。

研磨操作必须注意以下几点：

① 研磨物质的数量以其体积不超过钵体容量的1/3为宜。

② 研磨时以研杵与研钵内壁挤压固体颗粒，不能用研杵敲击固体。

③ 易燃、易爆和易分解的物质不能用研磨的方法粉碎。

实验室中的研磨设备，除了研钵以外，还有较高级的小型球磨机和胶体磨等，可以将固体物质颗粒直径磨细到5μm或1μm左右。

（二）样品溶解

在制备和质量分析时，样品通常需要溶解，常用搅拌和加热等方法促其加快溶解。加热时应注意加热物质的热稳定性，选择适当的加热方法。

下面介绍的溶解操作是在质量分析时的要求，在一般的制备中没有这么严格。

溶解样品通常在烧杯中进行，需准备洁净的烧杯（一般是250mL）及与之配套的搅拌玻璃棒（长度为烧杯高度的1.5倍）和直径稍大于烧杯口的表面玻璃。样品通常用减量法称于烧杯中。若试样易溶于溶剂且在溶解时无气体产生，亦无需加热煮沸。此时，量取一定溶剂沿烧杯内壁倒入，或顺下端紧靠杯壁的搅拌棒流下，在倒液的过程中要避免液滴溅出。可以用玻璃棒搅拌以促进溶解，溶解后，将表面玻璃盖好。自在烧杯中放入玻璃棒后直至开始过滤之前，不能将玻璃棒拿离烧杯。如果在样品溶解时，有气体产生，可先用少量水润湿样品，盖上表面玻璃，由烧杯嘴与表面玻璃间的窄缝处沿壁注入溶剂。待反应完毕样品溶解后，在杯口上方小心地竖起表面玻璃，用洗瓶吹洗表面玻璃内侧及杯壁，冲洗时应使流下的水顺杯壁流下以免引起崩溅（此时烧杯稍倾斜放置）。如果溶样必须加热煮沸，表面玻璃不能盖严，可在杯口挂上三个玻璃钩，再在上面放表面玻璃。总之在溶样过程中，溶液不能有任何损失。

二、沉淀

沉淀过程要求沉淀完全，纯净且易于分离和洗涤。因此，沉淀操作要根据沉淀的性质来决定，沉淀操作的规程如下：

① 沉淀剂用量一般超过理论值的 10%～50%，视沉淀的性质而定。对晶形沉淀，沉淀剂要稀一些，如沉淀呈胶状，最好用比较浓的沉淀剂溶液。必要时沉淀剂可加热但不要煮沸。

② 沉淀剂溶液要在搅拌下加入，以免局部浓度过高。操作时，左手拿滴管滴加沉淀剂，溶液顺器壁流下或滴管口接近液面滴下，勿使溶液溅起，滴加速度不宜太快。此时，右手持搅棒充分搅拌，搅拌不要用力过猛，不能碰烧杯壁和底，沉淀剂要一次加完。通常沉淀是在热溶液中进行的，但不能在正沸腾的溶液中进行，对无定形沉淀加沉淀剂和搅拌的速度要快些。

③ 沉淀剂加完后，必须检查沉淀是否完全，为此，将溶液放置片刻，待沉淀下降溶液完全清晰透明时，用滴管滴加一滴沉淀剂，观察滴落处是否出现浑浊，如出现浑浊需补加一定量沉淀剂，直至再加一滴沉淀剂不出现浑浊为止，此时盖上表面玻璃，搅棒仍放在烧杯中不要取出。

④ 沉淀完全后，在水浴上陈化 1h 或放置过夜，但对胶状沉淀不能陈化，需立即趁热过滤。

三、过滤和洗涤

在制备和提纯中，原料处理后的残渣、提纯中的杂质、最终产品及质量分析中生成的被测物沉淀等大都通过过滤来实现溶液与沉淀的分离。溶液与沉淀的分离的方法一般有三种：倾析法、过滤法和离心分离法。离心分离法在本章的第三节中已经介绍。当生成的沉淀相对密度较大或结晶的颗粒较大时，可以静置待沉淀沉降至容器底部后，直接从容器口将上层的清液倾出达到沉淀和溶液的分离，这种方法称为倾析法。一般都是在过滤沉淀之前先用倾析法将清液倾出。这样可以加快过滤的速度。

过滤法是溶液与沉淀分离最常用的方法。过滤时，溶液与沉淀的混合物通过过滤器（如滤纸），沉淀留在过滤器上，溶液则通过过滤器进入承接的容器中，所得溶液称为滤液。

溶液的温度、黏度、过滤时的压力、过滤器孔隙的大小和沉淀物的性质都会影响过滤的快慢。热溶液比冷溶液容易过滤，但一般来说温度升高，沉淀的溶解度也有所提高，可能会导致分离不完全。过滤速度还同溶液的黏度有关，一般来说黏度大，过滤慢。此外，还可以通过控制过滤器两边的压差来调节过滤速度（如减压过滤）。至于过滤器孔隙的大小应从两方面考虑：孔隙较大，过滤加快，但小颗粒的沉淀也会通过过滤器进入滤液；孔隙较小，沉淀的颗粒易被滞留在过滤器上，形成一层密实的固体层（滤饼），堵塞过滤器的孔隙，使过滤速度减慢甚至难以进行。另外，胶体沉淀能够穿过一般的滤纸，所以过滤前应设法把胶状沉淀破坏，如加热煮沸或用保温过滤的方法。总之，选用不同的过滤方法，应考虑到相应的影响因素。化学制备中常用的过滤方法有常压过滤、热过滤和减压过滤三种。

在常压下用普通漏斗过滤的方法称为常压过滤法。

（一）常压过滤操作

下面介绍的过滤操作是按质量分析的要求，在化学制备时所用的滤纸和漏斗的规格有不同的要求。

1. 漏斗和滤纸的选择

对于需要灼烧的沉淀常用滤纸过滤，而只需烘干后即可称量的沉淀常用微孔玻璃漏斗过滤。在质量分析中用滤纸过滤使用的是长颈漏斗，漏斗颈长 15～20cm，漏斗锥体角度为 60°，颈的内径为 3～5mm，出口处为 40°角。

所用的滤纸为定量滤纸，亦称为无灰滤纸，每张滤纸灼烧后的灰分要小于 0.1mg。常用国产定量滤纸的灰分见表 4-2。

表 4-2 定量滤纸的灰分

直径/cm	7	9	11	12.5
灰分/g	3.5×10^{-5}	5.5×10^{-5}	8.5×10^{-5}	1.0×10^{-4}

定量滤纸的规格根据直径大小有 7cm、9cm、11cm、12.5cm 四种，按滤速快慢分为快速型、中速型和慢速型三类。见表 4-3。

根据沉淀的性质及沉淀的量，选择漏斗和滤纸的类型和规格。

表 4-3 滤纸规格及用途

编号	102	103	105	120	127	209	211	214
类别	定量滤纸				定性滤纸			
滤速/(s/100mL)	60~100	100~160	160~200	200~240	60~100	100~160	160~200	200~240
滤速区别	快	中	慢	慢	快	中	慢	慢
盒上包带标志	蓝	白	红	橙	蓝	白	红	橙
应用	无定形沉淀	粗晶形沉淀	结晶形沉淀					

2. 滤纸的折叠和漏斗的准备

将选择好的滤纸按对折法折叠，先把滤纸沿直径对折，压平，然后再对折，但不按紧，以便调整角度。从一边三层一边一层处打开，即成 60°角的圆锥形（见图 4-19）。把折叠好的滤纸放入漏斗中，滤纸高度应低于漏斗上边缘 0.5cm 左右，若高出漏斗，可剪去高出部分或用大一点的漏斗。如果漏斗锥体正好是 60°，圆锥形滤纸就能紧贴在漏斗壁上，若漏斗角度大于或小于 60°，可调整折叠的角度直至贴合为止，此时把折边压平。把三层滤纸处的外层折角撕下一小角，不能太大，也不能用剪刀剪。能使内层滤纸与漏斗的内壁贴得更紧。

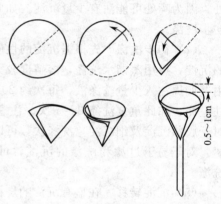

图 4-19 滤纸的折叠

将正确折叠好的滤纸置于已洗净的漏斗底部，一手按住滤纸的三层处，一面用洗瓶吹出少量的水使滤纸全部润湿。用玻璃棒轻压滤纸，赶出滤纸和漏斗壁间的气泡。然后加水至滤纸边缘，此时在漏斗颈内就能形成水柱，当漏斗内的水全部流尽后，水柱仍能保持，就认为水柱做成功了。若不能保持需重做。水柱做不成的原因：一是纸边可能有微小空隙，没有压紧；二是漏斗颈内壁不净，漏斗颈内径太大。当漏斗内加满水后水柱不能自动形成，这时可用手指堵住漏斗下口，稍掀起滤纸一边，从滤纸和漏斗间的空隙处注水至漏斗颈及锥体一部分被水充满，压紧滤纸边慢慢松开按在下口的手指，即能形成水柱，只有水柱做成后才能开始过滤，由于水柱的重力，可起抽滤作用，从而加快过滤速度。

3. 过滤

做好水柱的漏斗置于漏斗架上，下面放置洗净的烧杯来承接滤液。将漏斗颈出口斜口长的一侧紧贴烧杯的内壁，漏斗位置的高低，以漏斗颈的出口不接触滤液为度。烧杯上盖一合适的表面皿。

过滤过程分为三步，先是用倾泻法倾注出沉淀上层清液，然后是初步洗涤，最后是沉淀转移。

(1) 倾泻法过滤清液 为避免沉淀堵塞滤纸空隙影响过滤速度，可先让上层清液通过滤纸。倾泻过程为：先将烧杯倾斜放置，烧杯嘴向下，待沉淀完全沉清后，左手握烧杯移至漏斗中心上方。同时用右手从烧杯中将玻璃棒提出液面，在离开液面后轻碰烧杯壁使悬在玻璃棒下端的液滴流回烧杯，然后在漏斗上方将玻璃棒拿离烧杯。将烧杯嘴与玻璃棒贴紧。玻璃棒直立，下端对着滤纸三层一边，并尽可能接近但不触及滤纸。慢慢倾斜烧杯，使上层清液经玻璃棒流入漏斗（见图4-20）。漏斗中的液面不要超过滤纸高度的2/3~3/4。以免沉淀因毛细管作用而"爬"过滤纸上缘。倾注过程最好一次完成，如果倾注过程中必须暂停，则一定要在暂停倾注时，先扶正烧杯。在扶正烧杯时要随着烧杯的直立慢慢地把烧杯嘴贴着玻璃棒向上提一些，等玻璃棒和烧杯将近平行时，再将玻璃棒离开烧杯嘴放回烧杯中。这样才能避免留在杯嘴和玻璃棒间的液体流到烧杯外壁上去。玻璃棒放回烧杯时要注意切勿将清液搅混，也不能靠在烧杯嘴处，因为嘴处可能沾有少量沉淀。如此重复操作直至上层清液滤完为止，倾注完毕后，进行初步洗涤。

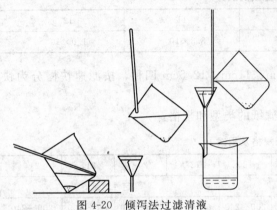

图4-20 倾泻法过滤清液

(2) 初步洗涤 先根据沉淀的性质选择合适的洗涤液，对于溶解度很小而又不易成胶体的沉淀，可用蒸馏水洗涤，溶解度较大的晶形沉淀可用沉淀剂稀溶液洗涤。洗涤时，沿烧杯内壁四周注入少量洗涤液，每次约20mL左右，充分搅拌后静置，待沉淀沉降后，按上法倾注过滤，如此重复洗涤3~5次。注意每次都要尽可能倾尽洗涤液，这样可提高洗涤效率。对于胶状沉淀及细沉淀，洗涤次数可以多一些。在处理胶状沉淀时，不要让滤纸内洗涤液流尽。对于易于过滤和洗涤的沉淀，可以不用倾泻法洗涤，而是把沉淀转移到滤纸上后再洗涤。

(3) 沉淀转移 在盛有沉淀的烧杯中加入少量的洗涤液，其量不能超过滤纸锥体一次容纳的体积。搅拌，不待沉淀下沉立即按倾注清液相同的方式将沉淀和洗涤液一起倾入漏斗。残留在烧杯内的沉淀可继续以相同的操作转移至漏斗中，转移中要注意混合液切勿流到烧杯外壁或顺玻璃棒下端滴落在漏斗外。转移操作重复不超过三次，以免洗涤液用量过大造成溶解误差。在最后一次转移后，往往在杯壁上仍粘有少量沉淀，此时可按图示（图4-21）的方式将沉淀全部吹至漏斗中。该操作是将玻璃棒横放在烧杯口上，其下端正对烧杯嘴，并长出烧杯口2~3cm。用左手食指按住玻璃棒，拇指在前，其余手指在后握住烧杯，拿起并放在漏斗上方。倾斜烧杯使玻璃棒下端指向滤纸三层一边，右手拿洗瓶冲洗烧杯壁上附着的沉淀使之全部转移至漏斗中。最后用保存的小块滤纸擦拭玻璃棒，擦后滤纸放入烧杯中，用玻璃棒压住滤纸对烧杯内壁进行擦拭，然后用玻璃棒将滤纸拨入漏斗中。再用洗涤液对烧杯内壁做最后一次冲洗，洗液转入漏斗中。

4. 洗涤

沉淀全部转移到滤纸上后，要做最后的洗涤，其目的是把沉淀表面吸附的杂质和残余的母液洗去，另一个目的是通过洗涤使沉淀集中到滤纸锥体的底部以便沉淀包卷。

沉淀洗涤的方法是从洗瓶中注出细流冲洗滤纸边缘稍下一些的地方，开始往下做螺旋形移动（图 4-22）使沉淀集中到滤纸锥体底部。直到洗涤液充满滤纸锥体一半，每次洗后要尽量沥干，洗涤次数一般是 8～10 次，或进行有关离子的鉴定，直至洗尽。

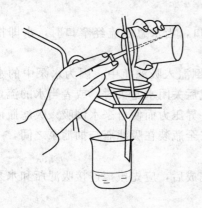

图 4-21　沉淀转移

图 4-22　沉淀洗涤

（二）热过滤

某些溶液在温度降低时易析出晶体，为了防止此不利于过滤的现象发生，通常使用热过滤法过滤。热过滤时，把玻璃漏斗放在铜质的热水漏斗内，如图 4-23 所示。热水漏斗内装有热水（注意不要加水过满，以免加热沸腾后溢出），用煤气灯加热热水漏斗，以维持溶液的温度，保证过滤中不析出晶体。热过滤所选用的玻璃漏斗，其颈的外露部分不宜过长。

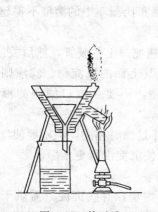

图 4-23　热过滤

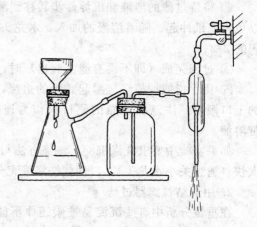

图 4-24　减压过滤装置

（三）减压过滤（或称抽滤或真空过滤）

减压可以加快过滤的速度，还可以把沉淀抽吸得比较干。减压过滤时，使用的漏斗有布氏漏斗和烧结过滤器两种。

1. 用布氏漏斗过滤

布氏漏斗不适于结晶颗粒太小和胶态沉淀的过滤，因为胶态沉淀在快速过滤时易透过滤纸，颗粒很细小的沉淀又会因为减压抽吸而在滤纸上形成一层密实的沉淀（滤饼），使溶液不易透过，反而达不到加速过滤的目的。减压过滤法使用的仪器装配图如图 4-24 所示。

① 布氏漏斗（或称瓷孔漏斗）：为瓷质过滤器，中间为具有许多小孔的瓷板，以便使溶液通过滤纸从小孔流出。布氏漏斗下端颈部装有橡皮塞，借以与吸滤瓶相连，胶塞的大小应和吸滤瓶的口径相配合，橡皮塞塞进吸滤瓶颈内的部分以不超过整个塞子

的 1/2 为宜。

② 吸滤瓶：用以承接过滤下来的滤液，其支管用橡胶管和安全瓶的短管连接，而安全瓶的长管则和水泵相连接。

③ 真空（水）泵：减压用，在水泵内有一个窄口，当水急剧流经窄口时，水即把空气带走，从而使与水泵连接的仪器系统减压。

④ 安全瓶：其作用是防止水泵中水产生溢流而倒灌入吸滤瓶中。因为水泵中的水压发生变动时，常会发生水溢流现象，例如减压过滤完成后关闭水龙头时，或者当水的流量突然加大而后又变小时，都会由于吸滤瓶内的压力低于外界压力而使自来水倒吸入吸滤瓶内，使过滤好的溶液受污染，造成过滤失败。如果将一个安全瓶装在吸滤瓶与抽滤泵之间，一旦发生水的溢流，安全瓶就起到了缓冲作用。

必须注意，如果抽滤装置中不用安全瓶，过滤完成后，应先拔掉连接吸滤瓶和水泵的橡胶管，再关水龙头，以防倒吸现象发生。

减压过滤的操作方法如下：

① 剪滤纸：取一张大小适中的方形滤纸，在布氏漏斗上轻压一下，然后沿压痕内径剪成圆形，此滤纸放入漏斗中，应是平整无皱折，将漏斗的瓷孔全部盖严。也应注意滤纸不能大于漏斗底面。

② 将滤纸放在漏斗中，以少量去离子水润湿，然后把漏斗安装在抽滤瓶上（尽量塞紧），微开水龙头，减压使滤纸贴紧。

③ 将待过滤的溶液和沉淀逐步转移到漏斗中。要以玻璃棒引流，加溶液速度不要太快，以免将滤纸冲起。随着溶液的加入，水龙头要开大。注意布氏漏斗中的溶液不得超过漏斗容积的 2/3。

④ 过滤完成（即不再有滤液滴出）时，先拔掉抽滤瓶侧口上的胶管，然后关掉水龙头。

⑤ 用手指或搅棒轻轻揭起滤纸的边缘，取出滤纸及其上面的沉淀物。滤液则由吸滤瓶的上口倾出。注意吸滤瓶的侧口只作为连接减压装置用，不要从侧口倾倒滤液，以免弄脏溶液。

如果实验中要求洗涤沉淀，洗涤方法与使用玻璃漏斗过滤时相同，但不要使洗涤液过滤太快（适当关小水龙头），以便使洗涤液充分接触沉淀，使沉淀洗得更干净。

2. 用烧结过滤器过滤

在重量分析中有些沉淀易被碳还原不能与滤纸一起灼烧，有些沉淀只需烘干后即可称量，无需灼烧，这种情况下，可使用烧结过滤器。烧结过滤器亦称微孔玻璃坩埚或微孔玻璃漏斗。

烧结过滤器按滤板孔径大小分级，其牌号以每级孔径上限值前置字母"P"表示，国家标准 GB 11415—89 规定的过滤器牌号和分级见表 4-4。

表 4-4　过滤器的分级牌号及用途

牌　号	孔径分级/μm		用　途
	>	≤	
P1.6	1	1.6	滤除≤1.6μm 的病菌
P4	1.6	4	滤除液体中细的沉淀物、较大的杆菌及酵母
P10	4	10	滤除细沉淀及水银过滤
P16	10	16	滤除较大沉淀物及气体洗涤

续表

牌 号	孔径分级/μm		用 途
	>	≤	
P40	16	40	滤除较大沉淀物及胶状沉淀物
P100	40	100	
P160	100	160	滤除大颗粒的沉淀物
P250	160	250	

在重量分析中，一般用 P4 号过滤细晶形沉淀，用 P10 号过滤粗晶形沉淀。

(1) 准备工作 过滤前，微孔玻璃坩埚需要经过洗净、烘干、恒重等准备工作。微孔玻璃坩埚经自来水冲洗后安装在吸滤装置上，注入洗液（HCl 或 HNO$_3$）使浸没玻璃滤板，浸泡一些时间，抽吸直至不再有滤液流出，再吸 1min。拔去吸滤瓶上的橡皮管，停止抽吸，然后注入蒸馏水再抽吸，重复 2~3 次，即可洗净。

洗净的坩埚，放在表面玻璃上，在实验所要求的温度下，烘干 1~2h。冷却后称出空玻璃坩埚重量。再烘干 45min 至 1h，再冷却称重，直至前后两次称重的质量差小于 0.0002g。

(2) 过滤 将已知重量的玻璃坩埚安装在吸滤装置器上．接通抽气泵。在抽吸下用倾泻法过滤沉淀，操作和滤纸过滤相同。经转移和洗涤后的沉淀完全吸着在微孔玻璃坩埚的滤板上后，拔去抽气管，停止抽吸，取下坩埚。

(3) 烘干称量 将带有沉淀的玻璃坩埚放在表面玻璃上一起置于烘箱中，在规定温度下烘干至恒重。温度与空坩埚恒重时的温度要相同，沉淀性质确定烘干温度。第一次烘干时间长一些，约 2h，第二次烘干时间短一些，45min 至 1h。置于干燥器中冷却至室温后称重。样品恒重和空坩埚恒重时的冷却时间要一致。反复烘干、称量，直至恒重为止。

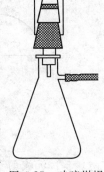

图 4-25 玻璃坩埚洗涤装置

(4) 坩埚的清洗 使用后的玻璃坩埚必须彻底清洗，留在砂芯微孔中的沉淀要全部溶解后才能继续使用。要清洗干净首先是根据沉淀性质选择合适的洗液，但不能用强碱性的洗液。较有效的洗涤方法是减压抽洗法，把坩埚倒置于图 4-25 所示的装置中，筒内装满适当的洗液，然后减压，使筒内洗液在减压下急速通过砂芯微孔，溶解留在微孔中的沉淀，继而被抽洗出来。

四、沉淀的干燥和灼烧

过滤和洗涤过的沉淀还必须经过烘干、炭化、灰化、灼烧等操作，才能最后称量。以上操作都是在坩埚中进行的，必须先准备好坩埚。

(一) 坩埚的准备

所用的坩埚一般为瓷坩埚，容积为 30~50mL。先将瓷坩埚洗净，放于泥三角上小火烤干或烘干。新坩埚用含铁离子或钴离子的蓝墨水在坩埚外壁和盖上编号，然后在所需的温度下灼烧。灼烧可在煤气灯上或高温炉中进行，第一次一般在 800~950℃下灼烧 30~40min，新坩埚需 1h。为防止温度的突变而引起坩埚破裂，在高温灼烧前，可先放在已升至较高温度的炉膛口预热，再放入炉膛中。从高温炉中取出坩埚时，亦可先在炉口放置一段时间等稍冷后再取出。取出时通常是先切断电源，使膛内温度降至 300~400℃时再取出。取出后先放在瓷板上，在空气中冷却至不灼手时，移入干燥器中。将干燥器移至天平室，冷却至室温后取出称量。当灼热的坩埚放入干燥器时，先不要盖严，留一缝隙，等几分钟后再盖严。并在冷却过程中，要稍稍推开一点盖子2~3次，以免因器内压力降低打不开盖子。

随后进行第二次灼烧，约15~20min，冷却后称重。如果前后两次称量结果之差不大于0.2mg，则坩埚已达恒重，否则再灼烧直至恒重。

（二）沉淀的包裹

对于晶形沉淀，一般体积较小，可将带有沉淀的滤纸取出后包裹。用顶端扁平的玻璃棒将滤纸三层部挑起，再用手指将锥体取出，展开后按图4-26(a)所示折卷成小包。包得紧一些，但不要压沉淀。然后将滤纸层较多的一边向上放入坩埚中。

胶体沉淀体积较大，为避免沉淀损失，可在漏斗中进行包裹。方法是用扁头玻璃棒将滤纸上沿挑起后，向中间折叠［图4-26(b)］，使之全部盖住沉淀，再转移至坩埚中，滤纸的三层厚处朝上。如漏斗上沿有微量沉淀，可用几片滤纸擦下与沉淀包卷在一起，以上操作勿使沉淀损失。

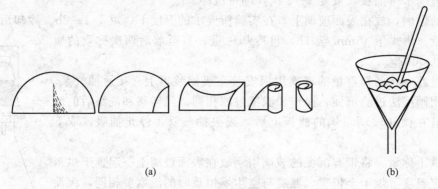

图 4-26　沉淀的包裹

（三）沉淀的干燥和灰化

湿的沉淀和滤纸必须先在低温下烘干，可将坩埚斜放在泥三角上，坩埚口对准泥三角的一角，坩埚盖倚在坩埚口的中部见图4-27。用小火加热（应先调好火焰大小）。火焰对准坩埚盖中部，由于对流热空气通过坩埚内部将水蒸发，火不能大，慢慢将沉淀和滤纸烘干，烘干后把灯移至坩埚底部。仍以小火加热，使滤纸炭化变黑，炭化时不使滤纸着火，若着火立即移去灯火，盖上盖，待火焰自行熄灭后继续炭化，直至滤纸完全炭化后（此时不再冒烟），可逐渐加大火，并随时用坩埚钳稍稍转动坩埚角度，一次转动角度勿太大，使坩埚内壁上的炭完全灰化。

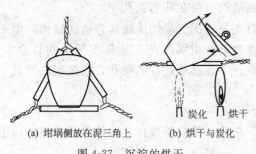

(a) 坩埚侧放在泥三角上　(b) 烘干与炭化

图 4-27　沉淀的烘干

（四）沉淀的灼烧

滤纸灰化后必须高温灼烧直至恒重，高温灼烧可以在煤气喷灯的火焰中进行。此时将坩埚直立在泥三角中，盖严坩埚盖，用大火灼烧20~30min。此时火焰的焰心（火焰蓝色圆锥体的顶点）应比坩埚底低数毫米。沉淀灼烧常在高温炉中进行，方法和注意事项同上述坩埚的灼烧。一般第一次灼烧时间为30~40min，第二次灼烧时间为15~20min。高温炉的温度设定在沉淀所需的灼烧温度。沉淀冷却到室温后称量，然后再灼烧、冷却、称量，直至恒重。做到恒重的关键是坩埚恒重和沉淀恒重时灼烧温度要相同。特别是在冷却过程中在空气中的冷却时间，放入干燥器中的冷却时间，在天平中的称量时间，都要相同。严格做到定温、定时。

五、蒸发与结晶

（一）溶液的蒸发与浓缩

蒸发通常指液体表面的汽化现象，蒸发在任何温度下都可以发生。受热越多，温度越高，暴露面积大，则蒸发越快。在相同条件下，沸点低的液体较沸点高的液体容易汽化，如乙醇比水蒸发快。

在化学实验中，蒸发专指含有不挥发性溶质的溶液受热沸腾、蒸去溶剂而浓缩的一种操作技术。当溶液蒸发到一定程度时冷却，就可以析出固体（晶体），当物质溶解度较大时，必须待溶液表面出现晶膜时停止蒸发，当物质的溶解度较小（或高温时溶解度较大），不必蒸发到液面出现晶膜就可冷却。

在一般实验中，蒸发是在蒸发皿中进行的，蒸发皿的面积较大，有利于快速蒸发。蒸发皿中放液体的量不要超过其容积的 2/3，可以随水分的蒸发逐渐添加被蒸发液。若无机物对热是稳定的，可用煤气灯直接加热蒸发，否则，用水浴间接加热。

对于某些物质，在大气压下蒸发时会引起氧化或其他不良作用，为了降低沸点或保证质量，蒸发可在减压下进行，通常叫做真空蒸发。一般在常压下蒸发时可用敞口设备，在减压蒸发时，就必须用密闭容器。

蒸发是一种古老操作，例如熬卤制盐和榨汁制糖，为其典型实例。随着生产技术的发展，蒸发设备也不断创新和完善。蒸发在化工、食品、医药和核工业中都得到广泛应用。由于蒸发要大量耗用热能，工业上应用的蒸发器，为了节约热能，往往采用多效蒸发器和热泵蒸发器。

（二）结晶与重结晶

1. 结晶

结晶是一种从液态（溶液或熔融态）或气态原料中析出晶体物质的操作技术。在结晶过程中有热量的变化和相态的变化。化工生产中常遇到的是从溶液中析出晶体。由于液、固平衡的存在，只要控制温度、浓度等条件，结晶操作不仅能够从溶液中取得固体溶质，而且能够实现溶质与杂质的分离，借以提高产品的纯度。许多化工产品（如各种盐类、医药品、染料等）都可以用结晶法制取，得到的晶体产品不仅有一定纯度，而且外表美观，便于包装、运输、储存和使用。从过饱和溶液中析出的溶质沉淀大致可分为晶形沉淀与无定形沉淀。晶形沉淀本应是按其晶形而显示特有形状的沉淀，但实际上却由于形成时的条件不同而形状各异。此外有些沉淀，例如氢氧化铁和氢氧化铝等常常形成胶体，且最初呈无定形的，逐渐脱水缩合成为晶体。溶质从溶液中析出形成晶体，先形成晶核，然后晶核生成晶体。一般认为，过饱和程度越大，沉淀的溶解度越小，晶核生成速率就越大且数量就越多，得到晶体的颗粒就越小。

结晶的方法主要介绍以下几种：

① 冷却结晶：将溶液降温冷却，使之成为过饱和溶液而使晶体析出。此方法对于那些易溶的且溶解度随温度改变而显著变化的物质尤为适用。例如硫酸亚铁铵晶体的生成。

② 蒸发结晶：通过蒸发除去部分溶剂，使溶液成为过饱和而析出晶体。此方法适用于那些溶解度随温度下降而减小不多的物质，例如氯化钠和氯化钾等晶体的形成。

③ 真空结晶：将溶液在真空状态下闪急蒸发，使溶液在浓缩与冷却的双重作用下达到

过饱和而结晶。此法在工业结晶中应用广泛。

④ 盐析结晶：向溶液中加入溶解度大的盐类，以降低被结晶物质的溶解度，使其达到过饱和而结晶。

结晶的颗粒大小要适宜，颗粒大且均匀时，夹带母液较少，而且易于洗涤；结晶太细和参差不齐的晶体往往形成稠厚的糊状物，夹带母液较多，不仅不易洗涤甚至难以过滤沉淀，有时还会透过滤纸，使沉淀很难从母液中分离出来。大小适宜均匀的结晶颗粒，还有利于物质的提纯。

结晶颗粒大小取决于过饱和溶液的浓度和降温冷却的速率。稀的过饱和溶液晶核生成的数量少，易形成较大的结晶颗粒。如果迅速冷却饱和溶液，迅速形成大量晶核，析出的晶体颗粒必然是小的。如缓慢的冷却则析出粗大的晶体颗粒，所以要控制适宜的冷却速率，其次还要选择合适的结晶温度。

为了获得纯净的结晶，应该在结晶前先将溶液过滤除去杂质。如果冷却后，析不出结晶，可以振荡结晶皿，或用玻璃棒小心地摩擦器壁，可以促进晶核的生成，也可以投入晶种，结晶就会逐渐增多。

为了提高产品的纯度，可以把第一次得到的晶体重新溶入少量溶剂中加热溶解，然后再结晶，这样反复进行的过程叫做重结晶。但重结晶的损耗量很大，因为每次的母液中都含有不少溶质。所以将母液收集起来，采取适当的方法处理，不能随便丢掉。

2. 重结晶

在化学实验中制得的固体产品常含有少量杂质，例如，反应副产物和未作用的反应物。重结晶是除去这些杂质最常用的方法。选择合适的溶剂，使固体有机物在该溶剂中温度高时溶解度较大，而在温度低时溶解度较小；在这种溶剂中，某些杂质有较大的溶解度，而另外一些杂质的溶解度则很小。这样，加热时，被精制的固体和溶解度较大的杂质就溶解，趁热过滤，可除去其中不溶杂质；待滤液冷却后，被精制的物质从过饱和溶液中结晶析出，而把溶解度较大的其他杂质留在溶液中。如一次重结晶后所得到的产物仍不够纯净，可重复几次，最后得到很纯的产物。

正确的选择溶剂对于重结晶操作很重要，所用溶剂必须符合下列条件：

① 不与被重结晶物质发生反应。
② 加热时，重结晶物质的溶解度较大；冷却后，溶解度很小。
③ 杂质在该溶剂中溶解度较大或较小。
④ 溶剂的沸点不宜太高，易除去。

选择溶剂时，可以根据化学手册中的数据决定，也可以先做小量试验，决定取舍。取几支干净试管，放入0.1g被重结晶物质，分别加入0.5～1.0mL不同种类的溶剂，加热，到完全溶解。当冷却后有多量的很好的结晶析出的溶剂就是合适的溶剂；常用的无机溶剂是水，有机溶剂是乙醇，乙醚，石油醚，丙酮，甲醇，苯，乙酸乙酯，四氯化碳等。

如果单一溶剂均不适合该物质的重结晶时，则可使用混合溶剂进行重结晶。混合溶剂是指对该物质溶解度很大的和溶解度很小的且又能互溶的两种溶剂混合组成。一般常用的混合溶剂有乙醇与水，乙醇与乙醚，乙醇与丙酮，醋酸与水，苯与石油醚等。使用时可以将被重结晶的物质溶解在适量的易溶溶剂中制成热饱和溶液，趁热过滤以除去不溶的杂质，然后逐渐滴加难溶溶剂，直至出现浑浊不再消失为止，再加热或加入少量易溶溶剂使其刚好澄清，将此溶液慢慢冷却，即析出晶体；也可以先试出混合溶剂的适当比例，配好后，像单一溶剂那样配制热的饱和溶液。

重结晶的操作步骤一般是：

热饱和溶液的制备与脱色。如果用水做溶剂，可以用烧杯进行操作。如果用有机溶剂或混合溶剂时，就要用烧瓶或锥形瓶装上回流冷凝管进行操作。

把要重结晶的物质放入烧瓶中，加入适量的溶剂（比需要量小），装上回流冷凝管，加热到沸腾。如不能完全溶解，再从冷凝管的上口分批加入少量溶剂（每加入一些溶剂后都要煮沸），直到物质全部溶解，然后稍微多加入一些（一般多加20%）。加入溶剂时，应随时注意不要因为其中含有少量不溶解的杂质而加入过多的溶剂。在加入可燃性溶剂时，应把火源移开或熄灭。

如果溶液中含有有色物质或树脂状物质，可以用活性炭脱色。当溶液稍冷后，加入活性炭，活性炭的用量依有色物质多少而定，一般加入量约为被结晶物质质量的1%~2%。活性炭可以一次加入，也可以分批加入，每加入一批后，煮沸，待溶液稍冷后，再加入另一批，直到有色杂质除去。在有些情况下，要得到完全无色的溶液是不容易的，这时，一般也不宜加入太多的活性炭。原因是活性炭除了吸附有色物质或树脂状物质外，也吸附被重结晶的物质。

经过脱色后的溶液，趁热过滤。

六、干燥

干燥是指除去吸附在固体、气体或混在液体中的少量的水分和溶剂。化合物在测定其物理常数及进行分析前都必须进行干燥，否则会影响结果的准确性。某些反应需要在无水条件下进行，原料和溶剂也需干燥。所以，在化学实验中试剂和产品的干燥具有十分重要的意义。

（一）液体的干燥

液体有机物中含有的少量水分通常是用固体干燥剂除去。选用的干燥剂应符合下列条件：

① 干燥剂与被干燥的有机物不发生反应；

② 干燥剂不溶于被干燥的有机物中；

③ 干燥剂干燥速度快，吸水量大（吸水量是指单位质量干燥剂所吸收的水量）；

④ 价格低廉。

常用的干燥剂如下：

① 无水氯化钙　吸水能力大，吸收后形成氯化钙六结晶水合物（30℃以下），价廉，所以在实验室中被广泛应用。但无水氯化钙吸水速度不快，因而干燥的时间较长。由于氯化钙能水解生成碱式氯化钙、氢氧化钙，因此，无水氯化钙不宜用作酸性物质的干燥剂；同时又由于无水氯化钙易与醇、胺以及某些醛、酮、酯生成络合物，因此，也不宜于做上述的干燥剂。

② 无水硫酸镁　很好的中性干燥剂，干燥作用快，价格不贵，能形成 $MgSO_4 \cdot nH_2O$，（$n=1, 2, 4, 5, 6, 7$），可用来干燥不能用其他干燥剂干燥的有机物，例如，醇、醛、酸、酯等。

③ 无水硫酸钠　吸水量大，吸水后形成 $Na_2SO_4 \cdot 10H_2O$（32.4℃以下），本身为中性盐，对酸性或碱性物质都无作用，使用范围也广，但吸水速度较慢，而且最后残留的少量水分不易吸收。

④ 无水碳酸钾　吸水能力中等，能形成 $K_2CO_3 \cdot H_2O$，作用较慢，碱性，适用于干燥中性有机物如醇类、酮类和腈类及碱性有机胺类等。

⑤ 固体氢氧化钠，氢氧化钾　主要用于干燥胺类，使用范围有限。

⑥ 金属钠　用无水氯化钙处理后的烃类，醚类等，常用金属钠除去其中微量的水。金属钠比较贵。

各类有机化合物常用的干燥剂如下：

有机化合物	干燥剂
烃	无水氯化钙，金属钠
卤烃	无水氯化钙，无水碳酸钾，无水硫酸钠
醇	无水硫酸镁，无水碳酸钾，无水硫酸钠
醚	无水氯化钙，金属钠
醛	无水硫酸镁，无水硫酸钠
酮	无水碳酸钾，无水硫酸钠，无水硫酸镁
酯	无水碳酸钾，无水硫酸钠，无水硫酸镁
硝基化合物	无水硫酸钠，无水硫酸镁，无水氯化钙
酸，酚	无水硫酸镁，无水硫酸钠
胺	固体氢氧化钠，氢氧化钾，无水碳酸钾

干燥方法如下：取一个大小合适的既干净又干燥的锥形瓶，放入被干燥的液体，加入适量的干燥剂，塞好塞子，摇荡，然后静置一定的时间。使用干燥剂时应注意用量适当，否则不是干燥得不完全，就是被干燥物质过多地吸附在干燥剂的表面上而造成损失。在实际操作时，可先少加一些，振摇放置片刻后，如果干燥剂有潮解现象，则再加一些；如果出现少量水层，则必须用滴管将水层吸去，再加入一些干燥剂。由于在有机层中有悬浮的微细水滴，且干燥剂达到高水合物时需要时间很长，往往不能达到它应有的吸水量，因而，干燥剂的实际用量是较为过量的。

当液体干燥后，通过置有折叠滤纸的玻璃漏斗或用颈部塞有一小棉花的玻璃漏斗（防止干燥剂进入蒸馏瓶），直接滤入蒸馏瓶内进行蒸馏。

（二）固体的干燥

固体最简单的干燥方法是把它摊开，在空气中晾干。固体也可在水浴上或烘箱中干燥。对于热稳定的固体，并且其蒸气没有腐蚀性，可以在烘箱中进行干燥（烘箱的温度调节到低于该物质的熔点约20℃左右进行干燥）。

此外，固体还常在干燥器中进行干燥。

1. 普通干燥器

盖与缸之间的接触面经过磨砂，在磨砂处涂上凡士林，便紧密吻合，缸中有多孔瓷板，下面放干燥剂，上面放被干燥的物质。根据固体表面所带的溶剂来选择干燥剂，例如，氧化钙（生石灰）用于吸收水或酸，无水氯化钙吸收水和醇，氢氧化钠吸收水和酸，石蜡吸收石油醚等，所选用的干燥剂不能与被干燥的物质反应。为了更好地干燥，也有用浓硫酸或五氧化二磷作为干燥剂的。

2. 真空干燥器

真空干燥器的形状与普通干燥器同，只是盖上带有活塞。可以和真空泵相连，降低干燥器内的压力。在减压情况下干燥，可以提高干燥效率。活塞下端呈弯勾状，口向上，防止和大气相通时因空气流入太快将固体冲散。开启盖前，必须先旋开活塞，使内外压力相等，方可打开。

用红外线干燥固体物质时，可将被干燥固体物质放入红外线干燥箱中或置于红外灯下进行烘干，但要注意被干燥物质与红外灯之间的距离，否则温度太高使被干燥物质未被干燥而先被熔化，用红外线干燥的特点是能使溶剂从固体内部的各个部分蒸发出来。

七、气体的制备、净化和收集

（一）气体的发生

实验室中常用启普发生器来制备氢气、二氧化碳、硫化氢等气体：

$$Zn + 2HCl == ZnCl_2 + H_2 \uparrow$$

$$CaCO_3 + 2HCl == CaCl_2 + CO_2 \uparrow + H_2O$$

$$FeS + 2HCl == FeCl_2 + H_2S \uparrow$$

启普发生器的结构如图4-28所示，它是由一个葫芦状的玻璃容器和球形漏斗组成的。固体药品放在中间圆球内，可以在固体下面放些玻璃棉来承受固体，以免固体掉至下球中。反应的酸液从安全漏斗中加入，通过球形漏斗流到容器底部。底部有一个液体出口，平时用玻璃塞塞紧。球形容器上部有气体出口，与带有活塞的导气管相连。

图4-28 启普发生器

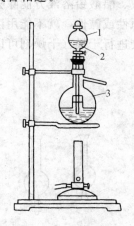

图4-29 气体发生装置
1—分液漏斗；2—酸液；
3—蒸馏烧瓶

使用时，将活塞打开，由于容器内压力降低，酸液即从底部通过狭缝上升到中间球内，与固体接触而产生气体。停止使用时，关闭活塞，容器内的气体会将液体压回到下球及球形漏斗内，使固体与酸脱离接触而停止反应。在气体的发生过程中，可以通过调节活塞的开启程度控制得到需要的气体流速。

启普发生器中的酸液变稀时，可把下球侧口的塞子拔下，倒掉废酸，塞好塞子，再向安全漏斗中加入新的酸液。当需要更换或添加固体时，在酸液与固体脱离接触的情况下，可用橡皮塞将球形漏斗上口塞紧，再拔去中间球侧口的塞子，将原来固体的残渣从侧口取出，或从此口加入新的固体。

启普发生器不能加热，装入的固体反应物必须是较大的块粒状的，应用有其局限性。

鉴于启普发生器不能加热又不适于颗粒细小或粉状固体物的反应，对于像氯化氢、氯气和二氧化硫等气体的制备，则不能用启普发生器，而改用能加热的气体发生装置，如图4-29所示。几种气体制备的反应是：

$$MnO_2 + 4HCl(浓) \xrightarrow{\triangle} MnCl_2 + Cl_2 \uparrow + 2H_2O$$

$$NaCl + H_2SO_4(浓) == NaHSO_4 + HCl \uparrow$$

$$Na_2SO_3 + 2H_2SO_4(浓) == 2NaHSO_4 + SO_2 \uparrow + H_2O$$

气体发生装置由蒸馏烧瓶和分液漏斗组成,分液漏斗下面加一个小试管,目的在于反应中继续加液时而不外逸气体。

使用时,把固体加入蒸馏瓶内,将酸液装在分液漏斗中,并连接好导气管和气体接收装置。当打开分液漏斗的活塞,使酸液均匀滴加在固体上,就可开始反应发生气体,若反应缓慢,可适当加热加快速度。

(二)气体的净化和干燥

实验室中制出的气体常常带有酸雾和水汽,所以在要求高的实验中就需要净化和干燥,通常用洗气瓶和装有干燥剂的干燥塔(图4-30)来进行。一般是让发生出来的气体先通过洗气瓶洗去酸雾,然后再通过浓硫酸吸去水汽,如二氧化碳的净化和干燥就是这样进行的。氢气的净化要较为复杂,在氢气发生过程中常夹杂有硫化氢、砷化氢等气体,所以要通入高锰酸钾溶液、醋酸铅溶液方能除去硫和砷,酸气也同时除去,最后再通过硫酸干燥。有些气体具有还原性或碱性,就不能用浓硫酸来干燥,如硫化氢、氨气等,可以用无水氯化钙或碱石灰或硅胶进行干燥(干燥剂可以装在干燥塔、干燥管或U形管内)。

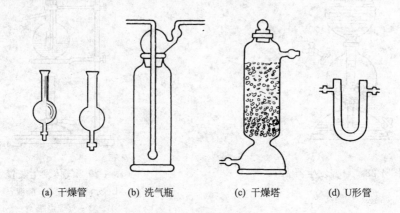

(a) 干燥管　　(b) 洗气瓶　　(c) 干燥塔　　(d) U形管

图 4-30　气体净化器皿

(三)气体的收集

根据气体的不同特点,可以采用不同收集方法(图4-31):

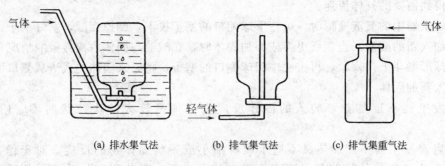

(a) 排水集气法　　(b) 排气集气法　　(c) 排气集重气法

图 4-31　气体的收集

① 在水中溶解度很小的气体,如氢气,氧气,用排水集气法;
② 易溶于水而比空气轻的气体(如氨),可用瓶口向下的排气集气法收集;
③ 能溶于水而比空气重的气体(如氯、二氧化碳),可用瓶口向上的排气集气法收集。

第五节 分析天平和称量操作

天平是测量物体质量的计量仪器，天平称量操作是分析化学中最常用最基本的操作。电子天平的出现使天平的操作变得更为简单、快速和准确。但掌握正确的称量方法仍然是获得准确的称量结果的关键。本节简要介绍天平的结构、性能、使用方法及维护。

一、天平的分类、准确度级别及选用

（一）天平的分类和准确度级别

按天平的称量原理可分为机械天平和电子天平两大类：实验室中常用的机械天平又可以分为等臂双盘天平和不等臂单盘天平，它们一般都有光学读数装置，又称为电光分析天平。双盘天平还可以再分为摇摆天平和阻尼天平（有阻尼器）。按加码器加码范围，分部分机械加码和全部机械加码。双盘天平的缺点是天平的两臂理论上长度应相等，实际上存在不等臂性误差，空载和实载灵敏度不同，操作麻烦。不等臂单盘天平采用全量机械减码，具有操作简便，称量速度快，性能稳定等优点，单盘电光天平已基本取代双盘电光天平。

电子天平采用电磁力平衡的原理，没有刀口刀承，无机械磨损，采用全部数字显示，称量快速，只需几秒钟就可显示称量结果。电子天平连接计算机和打印机后，可具有多种功能。电子天平的价格相对较贵，这是影响它普及的重要原因，但电子天平代表天平今后发展的趋势。

天平可以按称量范围进行分类，见表 4-5。

表 4-5 按称量范围的天平分类

名 称	最小分度	称量范围（典型的）	名 称	最小分度	称量范围（典型的）
超微量分析天平	0.1μg	3g	常量分析天平	0.1mg	200g
微量分析天平	0.001mg	3g	精密天平	1mg	60kg
半微量分析天平	0.01mg	30g			

一般的定量分析选用分度值为 0.1mg 的天平，在半微量定量分析中，称样量仅为数毫克，故需选用分度值为 0.01mg 或 0.001mg 的天平。

一些型号的电子天平具有双量程，即在一台天平上有可切换的 2 种最小分度和称量范围。如 AE163 型电子天平的最小分度为 0.01/0.1mg，对应的称量范围为 30/160g。因此可根据称样量选择其最小分度。

天平按检定标尺分度值 e 和检定标尺分度数 n（n 为最大称量与检定标尺分度值 e 之比）又可分为下列 2 个准确度级别：特种准确度级（符号为①）和高准确度级（符号为②）。

天平准确度级别与 e、n 的关系见表 4-6。

表 4-6 天平准确度级别与 e、n 的关系

准确度级别	检定标尺分度值 e	检定标尺分度数 n 最小	检定标尺分度数 n 最大	最小称量
特种准确度级 ①	$e \leq 5\mu g$	1×10^3		
	$10\mu g \leq e \leq 500\mu g$	5×10^4	不限制	$100e$
	$1mg \leq e$	5×10^4		
高准确度级 ②	$e \leq 50mg$	1×10^2	1×10^5	$20e$
	$0.1g \leq e$	5×10^3	1×10^5	$50e$

属①级和②级的机械杠杆式天平，按检定标尺分度数 n 又可以划分为 10 个不同的准确

度级别，见表 4-7。

表 4-7　天平的准确度级别

准确度级别符号	检定标尺分度数 n	准确度级别符号	检定标尺分度数 n
①$_1$	$1\times10^7\leqslant n$	①$_6$	$2\times10^5\leqslant n<5\times10^5$
①$_2$	$5\times10^6\leqslant n<1\times10^7$	①$_7$	$1\times10^5\leqslant n<2\times10^5$
①$_3$	$2\times10^6\leqslant n<5\times10^6$	②$_8$	$5\times10^4\leqslant n<1\times10^5$
①$_4$	$1\times10^6\leqslant n<2\times10^6$	②$_9$	$2\times10^4\leqslant n<5\times10^4$
①$_5$	$5\times10^5\leqslant n<1\times10^6$	②$_{10}$	$1\times10^4\leqslant n<2\times10^4$

（二）天平的选用

天平的规格主要用以下三项技术参数表示：最大称量、分度值和秤盘尺寸。

（1）最大称量　最大称量又称最大载荷，表示天平可称量的最大值。天平的最大称量必须大于被称物体可能的质量。

（2）分度值　天平的分度值是天平标尺一个分度对应的质量。天平的最大称量与分度值之比就是分度数 n 值的大小，其值在 5×10^4 以上的称为高精密天平，其值越大准确度级别越高。

天平规格说明中读数精度（估读值）一栏，表示目测一个分度以下借助测微器所读出的最小质量。只有在天平的变动性能够达到与读数精度相应的指标时才认为此值可以代表测量精度。

（3）秤盘直径和秤盘上方的空间　天平的技术规格给出天平秤盘直径及秤盘上方空间，即高度和宽度，可以根据称量物件的大小选择天平。

天平的选择主要是依据以上三个参数。

（1）被称物体的质量必须小于最大称量值，通常常量分析天平的最大称量值为 200g，完全能满足一般化学分析的要求。

（2）从天平的绝对精度（分度值 e）去考虑是否符合称量精度要求，常量分析通常要求测量误差小于 2‰，若称量 0.1g 样品，要使称量误差小于 1‰，至少使用最小分度值为 0.1mg 的天平才能满足要求。所以在常量化学分析中必须使用常量分析天平，若称取的样品量更少就要使用半微量或微量天平。

（3）天平的秤盘尺寸必须能容纳被称物体的大小。

（4）电子天平和机械天平相比有很多优点，称量时全量程不用砝码、几秒钟内即达平衡，显示读数，称量速度快；没有机械天平的玛瑙刀和刀垫，操作时不需开关升降柜，使用寿命长，性能稳定；电子天平精度高，灵敏度高，具有自动校准、自动去皮、计数、质量单位换算等功能，还可以采用电子记录，便于进行质量控制等，所以在经济条件许可时，应选用电子天平。

二、单盘精密天平使用和保养

（一）单盘天平的称量原理

单盘电光天平也是根据杠杆原理设计的，按横梁结构的不同可分为等臂与不等臂两种形式。等臂的单盘电光天平除只有一个秤盘外，其结构特点和称量原理与双盘电光天平大致相同。

DT-100 型单盘电光天平是目前最常见的国产不等臂单盘电光天平。它的特点是横梁上只有两把刀子，即支点刀和承重刀；所有的砝码在称量前就全部挂在悬挂系统中而且与横梁尾部装的配重砣保持横梁的平衡。

在称量时，秤盘放有被称物体，悬挂系统质量增加使天平梁失去平衡；但只要从悬挂系统减掉一定量的砝码，天平梁即可重新恢复平衡。根据杠杆原理，减掉的砝码质量必然等于被称物体的质量。这种方法称为替代称量法，其原理如图4-32所示。

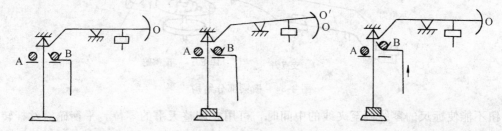

(a) 砝码悬挂系统上横梁平衡在O　(b) 被称物加在悬挂系统上横梁平衡在O′　(c) 减掉砝码B后横梁又平衡在O

图4-32　替代法原理

替代称量法的优点是：不存在不等臂误差，提高了称量结果的准确度；由于在称量过程中横梁始终保持全载平衡，感量不随称样量的大小而变化；再加上操作简便，称量速度快这些特有的优点，是双盘天平所不及的。

（二）DT-100型单盘天平的结构

DT-100型单盘天平的最大负荷为100g，名义分度值（即感量）为0.1mg，微标分度值1mg，微读机构分度值0.05mg。其外形结构如图4-33(a)和(b)所示。

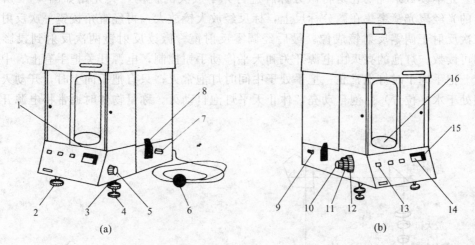

图4-33　DT-100型单盘电光天平的外形结构

1—圆水平仪；2—减震脚垫；3—调整脚螺丝；4—锁紧螺母；5—微读手钮；6—电源插头；
7—调零手钮；8—停动手钮；9—电源转换开关；10—0.1～0.9g减码手钮；
11—1～9g减码手钮；12—10～90g减码手钮；13—减码数字窗口；
14—标尺刻度投影屏；15—微读数字窗口；16—秤盘

DT-100型单盘天平内部结构分以下几部分说明：

（1）横梁部分　横梁部分结构如图4-34所示。

横梁设计成不等臂形式，没有指针，尾部装有微分标牌、配重砣、阻尼片、平衡砣和重心砣。梁上还装有承重刀和支点刀。配重砣主要起平衡作用。重心砣用来精确地调整感量，沿丝杆上下移动一周约改变感量两分度。平衡砣用来大幅度地调整天平的平衡位置，当用调

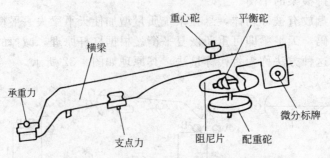

图 4-34 横梁部分结构

零手钮不能使标尺的零线调至夹线的中间时,可用它调整天平的零位。平衡砣沿丝杆转动一周约改变标尺位置 35 分度。

(2) 悬挂系统 由承重板、砝码架和秤盘等组成。承重板只有一块,除了起着将力传递给承重刀的作用外,还有支撑砝码架的作用。为了减少天平在工作时承重板与重承刀之间的摩擦阻力,承重板下面粘有一块人造宝石。砝码架供承挂砝码用,砝码为圆柱形,放在砝码架上的槽里。秤盘用来放置被称量物体,悬挂在吊钩上方的钩槽里。

(3) 机械减码装置 通过转动减码手钮进行操作,减码手钮分别由各自独立的三个手钮组成。大手钮可减 10~90g 砝码;中手钮可减 1~9g 砝码;小手钮可减 0.1~0.9g 砝码。

(4) 光学读数系统 它是将微分标牌进行光学放大的机构,其光路如图 4-35 所示。灯泡发出的光经聚光镜聚焦在微分标尺上,标尺经放大镜放大,再经直角棱镜一次反射和五角棱镜二次反射于调零反射镜成像。最后经调零反射镜,微读反射镜两次反射到投影屏上成像,即可读数。灯泡的亮灭由电源开关和天平停动手钮控制,电源开关把手有上、中、下三个位置。把手向下时灯泡常亮;把手处于中间时灯泡常灭;只有把手向上时,开动天平(停动手钮处于水平位置)灯泡自动亮,休止天平灯泡自动灭。称量物体时通常将电源开关把手向上。

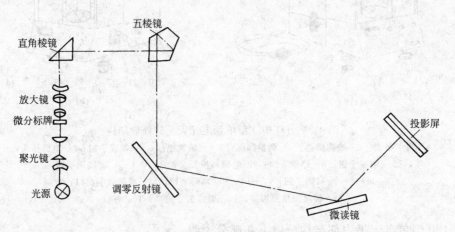

图 4-35 光路示意图

(5) 停动装置(天平开关) 停动装置的作用是实现天平的开关动作。当停动手钮处于垂直位置时,天平处于休止状态;若将手钮向前转动 90°,呈水平位置,则横梁上的刀子和刀垫互相接触,横梁可在很大范围内(100 分度以上)自由摆动,此时天平呈"全开"状态；若将手钮向后转动 30°，此时天平呈"半开"状态，横梁被限制在很小（10～15 分度以下）范围内摆动，所以允许进行减码操作，但转动减码手钮必须缓慢。

(6) **调零装置** 用于全开天平后投影屏上的标尺"00"刻线不在投影屏夹线的正中时，通过转动调零手钮使其准确地落在投影屏夹线的正中。

(7) **微读装置** 它的作用是全开天平时，横梁停稳后通过转动微读手钮带动装置使标尺刻线移到夹线的正中，以便显示出标尺刻线不足一个分度所代表的质量值。投影屏读数方法如图 4-36 所示。

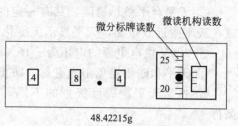

图 4-36 DT-100 型天平称量结果的读数方法

此时表示称量结果为 48.42215g，根据有效数字取舍规则可写为 48.4222g。因为本天平的变动性为微读机构 1 分度，相当于 0.1mg，虽然微读机构的读数能力是 0.05mg，但因天平的分度值与变动性有 1∶1 的对应关系，所以 DT-100 型天平的分度值为 0.1mg，称量结果表示至 0.01mg 没有意义，应化简为 48.4222g。当然，称量过程中多保留一位数字供参考也是可以的。

(三) **单盘天平的称量操作**

(1) **称量前的准备工作** 取下天平罩，检查电源是否接通，电源开关把手是否向上，停动手钮是否垂直向上，减码数字窗口、微读数字窗口是否处于"0"位。检查天平是否处于水平位置，即水准仪内的气泡是否在圆圈的中央。若不在中央，拧松锁紧螺母，调节底板下面的两个调整脚螺丝，使其回到中央，调好后将两个锁紧螺母拧紧。调零点：用毛刷轻轻刷去秤盘上的灰尘；全开天平等停稳后，转动调零手钮使投影屏上的标尺"00"刻线位于夹线的正中。若调零手钮已旋转到极限位置仍达不到目的，休止天平后由教师调节天平横梁上的平衡砣来解决，切勿擅自动手。

(2) **减码称量** 休止天平打开侧门，将被称物放在秤盘的中央后进行减码称量。将停动手钮向后旋转约 30°，使天平处于"半开"状态，此时标线一般停在微分标尺的 10～15mg 之间。向前转动减码大手钮，若转至 50g 时标尺刻线向上方移动或无光亮出现，表明减去砝码的质量已超过被称物的质量，此时应把大手钮退回到 40g 位置。然后再向前转动减码的中手钮，若转到 9g 时标尺刻线向上方移动或无光亮，则应把中手钮退回到 8g 位置。最后向前转动小手钮，若转到 0.5g 时标尺刻线向上方移动，标尺负数夹入夹线甚至投影窗由亮变暗，应把小手钮转回到 0.4g 位置。此后，全开天平标尺刻线移动到 22～23mg 之间静止下来；再转动微读手钮，使 22 刻线夹在夹线的正中；若微读轮刻线为"1.5"，其称量结果从数字窗口读出的数值为 48.42215g，如图 4-36 所示。

由此可见，单盘电光天平减码一般采用"由大到小顺序减码"的原则。允许"半开"天平减码，但必须均匀缓慢地操作。

(3) **读数和记录** 由读数窗口准确读数并核对一遍再记录在实验记录本上。

(4) **结束工作** 记录完毕立刻休止天平（停动手钮转至垂直向上位置），取出被称物，关好天平侧门；将砝码窗口和微读数字窗退回到"0"位，再次全开天平观察零点有无变化。要求微读轮上的刻度不超过两格（即 0.2mg），否则应检查出原因后调好零点重新称量。

最后将天平恢复到使用前的状态，盖好天平罩。

(四) **单盘天平的维护保养**

(1) **天平要求的环境条件** 天平是精密的计量仪器，必须放置在一定的环境条件下，才能达到其计量性能的标准。

① 天平室不得受震动、气流及其他强磁场的影响。

② 天平台平整、稳固,具有一定的防震、隔震效果(简单的检验方法为:倚靠天平台或在天平附近放重物,天平显示无变化)。

③ 220V供电电源的电压为-15%~+10%;50Hz电源频率变化为-2%~+2%。

④ 天平和砝码避免阳光直射,防止腐蚀性气体的侵蚀。

⑤ 按照天平准确度级别的不同,天平的工作环境的温度和相对湿度应满足表4-8的条件。

表4-8 天平的工作环境条件要求

准确度级别		温度/℃	温度波动不大于/(℃/h)	湿度不大于(RH)/%
①₁~①₂		18~23	0.2	70
①₃~①₄	e≤0.001mg	18~23	0.2	70
	e>0.001mg	18~26	0.5	75
	最大称量>1kg	18~24	0.5	75
①₅~①₆		15~30	1.0	85
①₇~①₈		10~32	2.0	90
①₉~①₁₀		室温	—	

天平室的湿度不要低于45%,湿度太低,材料易带静电,使称量结果不准确。

(2) 天平内及天平盘应保持清洁,刀子和刀垫如有灰尘,应定期用麂皮或真丝绸蘸无水乙醇清洁或用软毛刷清扫。

(3) 为避免温度和湿度变化的影响,天平如经搬动,应在天平室内放置1~3h后使用(据不同的级别)。

(4) 不得随意移动天平,搬动天平前,应卸下秤盘、吊耳、横梁等部件,搬动或拆装天平后应在检查天平的计量性能后方可使用。

(5) 天平载重不得超过最大载荷,被称物应放在干燥清洁的器皿中称量,挥发性、腐蚀性物品必须放在密闭加盖的容器中称量。被称物体必须与天平室温度一致后才可称量。

三、电子天平使用和保养

(一) 电子天平的称量原理

应用现代电子控制技术进行称量的天平称为电子天平。各种电子天平的控制方式和电路结构不相同,但其称量的依据都是电磁力平衡原理。现以MD系列电子天平为例说明其称量原理。

我们知道,把通电导线放在磁场中时,导线将产生电磁力,力的方向可以用左手定则来判定。当磁场强度不变时,力的大小与流过线圈的电流强度成正比。如果使重物的重力方向向下,电磁力的方向向

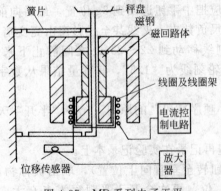

图4-37 MD系列电子天平结构示意图

上,与之相平衡,则通过导线的电流与被称物体的质量成正比。

电子天平结构示意图,见图4-37。

秤盘通过支架连杆与线圈相连,线圈置于磁场中。秤盘及被称物体的重力通过连杆支架

作用于线圈上，方向向下。线圈内有电流通过，产生一个向上作用的电磁力，与秤盘重力方向相反，大小相等。位移传感器处于预定的中心位置，当秤盘上的物体质量发生变化时，位移传感器检出位移信号，经调节器和放大器改变线圈的电流直至线圈回到中心位置为止。通过数字显示出物体的质量。

（二）电子天平的安装和使用

以 FA1604 型电子分析天平为例，简单介绍安装和使用。

1. 电子天平的安装

电子天平的安装很简单，拆箱后，去除一切包装，取出风罩内缓冲海绵，装好秤盘。将天平置于稳定的工作台上，避免震动、阳光照射和气流。图 4-38 是 FA1604S 型电子天平外形及各部件图。

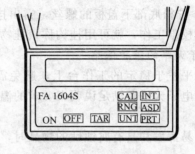

2. 电子天平的使用方法

（1）天平在使用前观察水平仪，如水平仪水泡偏移，需调整水平调节脚，使水泡位于水平仪中心。

（2）选择合适电源电压，将电压转换开关置相应位置。天平接通电源，就开始通电工作（显示器未工作），通常需预热 1h 后方可开启显示器进行操作使用。

（3）ON 开启显示器键，只要轻按一下 ON 键，显示器全亮，对显示器的功能进行检查后，进入称量模式。OFF

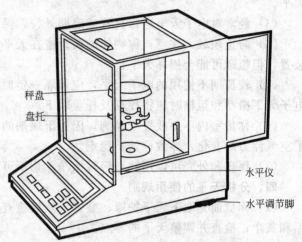

图 4-38　电子天平外形及各部件

关闭显示键，轻按 OFF 键，显示器熄灭即可。若较长时间不再使用天平，应拔去电源线。

（4）天平校准键，因存放时间较长，位置移动，环境变化或为获得精确测量，天平在使用前一般都应进行校准操作。校准天平按说明书进行。

（5）电子天平采用轻触按键，能实行多键盘控制，操作灵活方便，各功能的转换与选择，只需按相应的按键。TAR 清零、去皮键；RNG 称量范围转换键；UNT 量制转换键；INT 积分时间调整键；ASD 灵敏度调整键；PRT 输出模式设定键。

（6）称量操作

① 称量：以上各模式待用户选定后（本天平由于具有记忆功能，所有选定模式能保持断电后不丢失就可用于称量），按 TAR 键，显示为零后，置被称物于秤盘，待数字稳定，即显示器左边的"0"标志熄灭后，该数字即为被称物的质量值。

② 去皮重：置容器于秤盘上，天平显示容器质量，按 TAR 键，显示零，即去皮重。再置被称物于容器中，这时显示的是被称物的净重。

③ 累计称量：用去皮重称量法，将被称物逐个置于秤盘上，并相应逐一去皮清零，最后移去所有被称物，则显示数的绝对值为被称物的总质量值。

④ 加物：置 INT—0 模式，置容器于秤盘上，去皮重。将被称物（液体或松散物）逐步加入容器中，能快速得到连续读数值。当加物达到所需称量，显示器最左边"0"熄灭，

这时显示的数值即为用户所需的称量值。当加入混合物时，可用去皮重法，对每种物质计净重。

⑤ 读取偏差：置基准砝码（或样品）于秤盘上，去皮重，然后取下基准砝码，显示其质量负值。再置称物于秤盘上，视称物比基准砝码重或轻，相应显示正或负偏差值。

⑥ 下称：拧松底部下盖板的螺丝，露出挂钩。将天平置于开孔的工作台上，调正水平，并对天平进行校准工作，就可用挂钩称量挂物了。

（三）电子天平的维护保养

(1) 将天平置于稳定的工作台上，避免震动、气流及阳光照射，防止腐蚀性气体的侵蚀。高精度的电子天平要满足说明书要求的温度和湿度波动的条件，才能达到规定的称量准确度要求。

(2) 称量易挥发和具有腐蚀性的物品时，要盛放在密闭的容器中，以免腐蚀和损坏电子天平。

(3) 经常对电子天平进行自校或定期外校，保证其处于最佳状态。

(4) 防止超载，注意被称物体的质量应在天平的最大载荷以内，电子天平大多都有保护装置，但超载可能会损坏天平！

(5) 较长期不使用的电子天平，应每隔一定时间通电一次，以保持电子元器件的干燥。电子天平搬动和运输时应将秤盘及托盘取下。

(6) 称量室内不要放置干燥剂，因为干燥剂的吸水和放水形成了不同方向的气流，引起了空气浮力的变化，导致称量不稳定。

(7) 秤盘和外壳可以用软布轻轻擦净，切不可用强溶剂擦洗。

四、分析天平的使用规则

(1) 称量前先取下天平护罩、叠好，然后检查天平是否处于水平状态；刷去秤盘上的污垢和灰尘；检查并调整天平的零点。

(2) 旋转天平开关旋钮或停动手钮时必须缓慢，要轻开、轻关，绝对禁止在天平开启状态取放称量物和加减砝码及环码。单盘电光天平允许"半开"时加减砝码，但不允许取放称量物；双盘电光天平"半开"是为了判断指针倾斜方向及程度，不允许加减砝码及环码。

(3) 读数和检查零点时必须全开天平，应关好侧门，不得随意打开前门。

(4) 试样和化学试剂均不得直接放在天平盘上称量，而应放在清洁干燥的表面皿、称量瓶或坩埚内；具有腐蚀性的气体或吸湿性物质必须放在称量瓶或其他适当的密闭容器中称量。

(5) 双盘电光天平 1g 以上的砝码必须用镊子夹取，转动指数盘、减码手钮必须一挡一挡地慢慢进行，防止砝码跳落或互撞。大砝码及被称物应尽量放在秤盘的中央，这样可减少秤盘的晃动，也可使称量结果更加准确。

(6) 绝对禁止载重超过天平的最大负载；为了减少称量误差，在同一实验中应使用同一台天平和与其配套的砝码，并注意相同面值砝码的区别，应优先使用不带标记的砝码。

(7) 称量时，如砝码与被称物的质量相差甚大时，不允许全开天平；应学会用"半开"天平的操作来决定砝码的加或减；双盘电光天平两盘相差在 10mg 范围内才允许全开天平；而单盘电光天平砝码与被称物相差在 100mg 以内才允许全开天平。

(8) 称量数据必须记录在实验记录本上，不得记在零碎纸上或其他地方；记录必须用钢笔或圆珠笔书写。

(9) 称量完毕关好天平，及时取出砝码及被称物；指数盘和读数窗复零位后检查称量后的零点;若称量后零点变化超过 0.2mg,应检查出原因后重新称量;若有撒落在天平盘上的试样应及时用毛刷清刷掉,然后检查天平是否关好,侧门是否关上,最后罩上天平护罩。

(10) 为了保证天平横梁的等臂性,称量的物体必须与天平箱内的温度一致,不得将过热或过冷的物体放进天平称量。

五、试样的称量方法及称量误差

1. 称量方法

(1) 指定质量称样法(固定称样法) 有时为了配制准确浓度的标准溶液或为了计算方便,对于在空气中没有吸湿性的样品,可以在表面皿等敞口容器中称量,通过调整药品的量,称得指定的准确质量,然后将其全部转移到准备好的容器中。操作如下:

先在天平上准确称出洗净干燥的小表面皿(生产上称量矿样等常用薄金属片或簸状容器,硫酸纸或电光纸等光滑称量纸)的质量,加好所需药品的砝码,用小药勺或窄纸条慢慢将试样加到表面皿上,在接近所需量时,应用食指轻弹小勺,使试样一点点地进入表面皿中,直至所指定的质量为止。若不慎加多了试样,必须半开状态,用勺取出试样重复以上操作。取出表面皿,将试样全部转入小烧杯中,如试样为可溶性盐类,最后用洗瓶吹洗纯水将其粉末洗入小烧杯中。

(2) 减量法(递减称量法) 在称量瓶中放入被称试样,准确称取瓶和试样的总质量,向接收容器中倒出所需量的试样,再准确称量剩余试样和称量瓶的质量,两次称量的质量差即为倒入接收容器中的试样质量。减量法适于称量吸湿性强,易吸收空气中二氧化碳等的试样,连续称取几份试样较为方便。

现以要求称量出四份质量范围在 0.1~0.2g 固体试剂为例,说明递减称量法的操作步骤。

① 在粗台秤上用称量纸称取约 4 倍于 0.15g 的固体试剂。
② 做好称量前的准备工作,即清理天平、调好水平和零点等。
③ 按直接称量法称出称量瓶与固体试剂的总质量,设其质量为 m_1。

操作时要戴好细纱手套放取称量瓶,若没有细纱手套也可用一纸条或塑料条套在称量瓶上,如图 4-39 所示,严禁用手直接抓取。

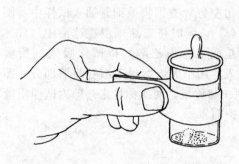

图 4-39 用纸条套住称量瓶

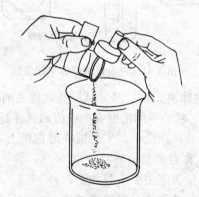

图 4-40 试剂敲出方法

④ 转动指数盘,减去 100mg 环码;取出称量瓶在接收试剂容器的上方(尽量靠近又不能接触)打开瓶塞;将称量瓶慢慢倾斜,用瓶塞轻轻敲打瓶口的上部,如图 4-40 所示,使试剂慢慢落入容器中。估计倾出试剂量已接近所需要的量(即 0.15g,原试剂总量的 1/4)

时，在接收容器上方边用瓶塞轻轻敲打瓶口的外壁边慢慢将称量瓶竖起，使粘在瓶口的试剂回到瓶内或落入接收容器内，然后将称量瓶加盖后重新放回天平盘上。

⑤ 半开天平，若指针迅速向右偏转，则倒出试剂不足100mg，可按上述方法继续倾出部分试剂，直到天平指针向左偏转为止。这时可由指数盘再减去100mg环码，半开天平若指针迅速向右偏转，则表示倒出的试剂量没有超过200mg，符合要求的称量范围。然后适当加减砝码准确称量倒出第一份试剂后称量瓶与试剂的总质量，设其为m_2，则第一份试剂的质量为m_1-m_2。递减称量法每份试剂倒出的次数不宜过多，以免增加丢失的机会，最好一次成功，最多不得超过3次。

⑥ 按照上述方法重复进行操作，即可称得第二、第三和第四份试剂的质量。按表4-9进行记录和计算。

表 4-9　递减称量法记录表

项　目	编　号	1	2	3	4
倒出前 称量瓶+试剂量/g		m_1	m_2	m_3	m_4
倒出后 称量瓶+试剂量/g		m_2	m_3	m_4	m_5
倒出试剂的量/g		m_1-m_2	m_2-m_3	m_3-m_4	m_4-m_5
称量前零点(小格)					
称量后零点(小格)					

称量工作结束应按直接称量法取出称量物和砝码、指数盘恢复到零、检查零点，最后将天平恢复到使用前的状态。

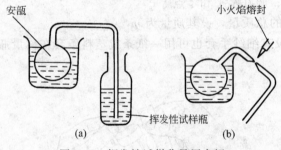

图 4-41　挥发性试样称量用安瓿

(3) 挥发性液体试样的称量　用软质玻璃管吹制一个具有细管的球泡，称为安瓿，用于吸取挥发性试样，熔封后进行称量。沸点低于15℃的试样，球泡壁应稍厚。泡壁均匀，在木板上敲击不碎。先称出空安瓿质量，然后将球泡部在火焰中微热，赶出空气，立即将毛细管插入试样中[图4-41(a)]，同时将安瓿球浸在冰浴中（碎冰+食盐或干冰+乙醇）待试样吸入到所需量（不超过球泡2/3)，移开试样瓶，使毛细管部试样吸入，用小火焰熔封毛细管收缩部分[图4-41(b)]，将熔下的毛细管中残留的试样赶去，和安瓿一起称量，两次称量之差即为试样质量。

盛装沸点低于20℃的试样时应带上有机玻璃防护面罩。

2. 称量误差分析

称量误差主要来源如下：

(1) 被称物（容器或试样）在称量过程中条件发生变化。

① 被称容器表面的湿度变化。烘干的称量瓶、灼烧过的坩埚等一般放在干燥器内冷却到室温后进行称量，它们暴露在空气中会因吸湿而使质量增加，空气湿度不同，吸附的水分不同，故称量试样要求速度快。

② 试样能吸附或放出水分，或具有挥发性，使称量质量改变，灼烧产物都有吸湿性，

应盖上坩埚盖称量。

③ 被称物温度与天平温度不一致。如果被称物温度较高，能引起天平臂不同程度的膨胀，且有上升的热气流，使称量结果小于真实值。应将烘干或灼烧过的器皿在干燥器中冷却至室温后称量，但在干燥器中不是绝对不吸附水分，故如坩埚等应保持相同的冷却时间后称量才易于恒重。

④ 容器包括加药品的塑料勺表面由于摩擦带电可能引起较大的误差，这点常被操作者忽略。故天平室湿度应保持在 50%~70%，过于干燥使摩擦而积聚的电不易耗散。称量时要注意，如擦拭被称物后应多放一段时间再称量。

(2) 天平和砝码不准确带来的误差　天平和砝码应定期检定（至多 1 年以内），方法见有关规程。砝码的实际质量不相符属于系统误差，可借使用校正值消除，一般分析工作当不采用校正值时，要注意到克组砝码的质量允差较大。

(3) 称量操作不当是初学者称量误差的主要来源，如天平未调整水平，称量前后零点变动，开启天平过重，以及吊耳脱落，天平摆动受阻未被发现等，其中以开启天平过重，转动减码手钮过重，造成称量前后零点变动为主要误差，因此在称量前后检查天平零点是否变化，是保证称量数据有效的一个简易方法。另外如砝码读错，记录错误等虽属于不应有的过失误差，但也是初学者称量失误的主要原因。

(4) 环境因素的影响　震动、气流、天平室温度太低或温度波动大等，均使天平变动性增大。

(5) 空气浮力的影响　一般分析工作中所称的物体其密度小于砝码的密度，其体积比相应的砝码的体积大，在空气中所受的浮力也大，在精密的称量中要进行浮力校正，一般工作忽略此项误差。

第六节　滴定分析基本操作

滴定分析仪器主要有容量瓶、移液管和滴定管。滴定分析中使用的滴定分析仪器必须符合国家标准规定的要求。滴定分析仪器的洗涤及使用必须规范，所谓规范即必须与国家标准的容量定义及玻璃量器的校准使用方法一致。各种量器的准确度对于一般分析而言已基本满足要求，但在要求较高的分析工作中必须进行校准。

一、滴定管

滴定管是用来在滴定时准确测量从滴定管流出滴定剂体积的仪器，按容量的大小可分为三类：常量滴定管，有 50mL 和 25mL 两种；半微量滴定管，为 10mL；微量滴定管，有 1mL、2mL 和 5mL 三种。

在滴定分析实验中，使用最广泛的是 50mL 滴定管，它的最小刻度为 0.1mL，最小刻度之间可估计出 0.01mL。因此，读数时应当估计出小数点后第二位的数字，读数误差为 ±0.02mL。按其用途的不同可分为如下两种：酸式滴定管和碱式滴定管。酸式滴定管下端有玻璃活塞，亦称具塞滴定管，适用于装酸性、中性及氧化性溶液，不适于装碱性溶液。碱式滴定管是用乳胶管与尖嘴玻璃管连接，乳胶管内装有玻璃珠以控制流速，亦称无塞滴定管。碱式滴定管用于装碱性溶液。凡与橡皮管起作用的 $KMnO_4$、$AgNO_3$ 和 I_2 等标准溶液都不能使用碱式滴定管。易见光分解的溶液装于棕色的滴定管中，其余都用无色的。酸式滴定管的准确度高于碱式的，除了不宜用酸管的溶液，一般均应用酸管。

(一) 滴定管的计量要求

滴定分析中所使用的滴定管必须符合国家标准 GB 12805—91 的要求。

滴定管必须有下列标志：
① 生产厂名或注册商标；
② 标准温度：20℃；
③ 量出式符号：Ex；
④ 滴定管的准确度等级："A"或"B"；
⑤ 非标准旋塞的旋塞芯、壳应分别标有易辨的相同标记，分别标在旋塞芯柄和流液管中。

滴定管的计量要求见表 4-10，容量允差表示零至任意一点的允差，也表示任意两检定点间允差，表中值是在标准温度 20℃时，水以规定的时间流出，等待 30s 后读数所测得的。

表 4-10 滴定管的计量要求一览表

标称容量/mL		1	2	5	10	25	50	100
分度值/mL		0.01		0.02	0.05	0.1	0.1	0.2
容量允差/mL	A	±0.010	±0.010	±0.025	±0.04	±0.05	±0.10	
	B	±0.020	±0.020	±0.050	±0.08	±0.10	±0.20	
流出时间/s	A	20～35		30～45		45～70	60～90	70～100
	B	15～35		20～45		35～70	50～90	60～100
等待时间/s		30						
分度线宽度/mm		≤0.3						

滴定管的流出时间见表 4-10，流出时间是指水的弯月面从零位标线降到最低分度线所需时间，测定流出时间时旋塞要全开，流液口不接触器具。

（二）滴定管的使用

1. 滴定管的准备

（1）检查 对酸管检查活塞是否匹配，管尖是否完好；对碱管检查胶管直径是否合适，玻璃球大小是否适中，管尖是否完好。然后试漏，按规定酸管是在活塞不涂油时进行试漏检查。将活塞芯和活塞套用水润湿后旋紧关闭，加水至零线，直立约 3min，观察活塞周围及管尖有无水渗出。也可将滴定管直立夹在滴定管架上静置 10min，观察液面是否下降，管尖是否有液珠。碱管检查方法同上。

（2）涂油 酸管的活塞必须涂油，以使活塞转动灵活，通常涂的是凡士林或真空油脂。先用滤纸将活塞、活塞孔和活塞套擦干，这是涂油关键之一，活塞必须是干燥的。用手指取少量凡士林在擦干的活塞孔两边沿圆周均匀地涂一层［见图 4-42(a)］，活塞孔附近不要涂太多，这是关键之二，油层必须薄而均匀。然后将活塞小心直着插入活塞套中，向同一方向转动活塞，直至凡士林呈透明状，无气泡和纹路，且转动灵活。为防止活塞掉落，在活塞尾部的凹槽内套上乳胶圈。在套圈时要顶住活塞大头，以免将活塞顶出。

涂油是准备工作中的关键一步，涂油过少，活塞转动不灵活导致操作困难，也容易漏液；涂油过多，造成活塞孔的堵塞，甚至造成管尖的堵塞。出现以上情况，必须清除。如果是活塞孔堵住，可以取下活塞，用细铜丝通之。如果是管尖堵塞，则将水充满全管，把管尖没在热水中，温热片刻后打开活塞，冲出的水将熔化的油带出。也可以用四氯化碳等有机溶剂浸溶。

涂油后的滴定管要重新试漏，试漏方法同上。若不漏水且转动灵活，则涂油成功。否则重新操作，直至成功为止。

（3）洗涤　滴定管内壁必须完全被水润湿不挂水珠，充液后弯月面边缘处不起皱变形，否则滴定时溶液沾在壁上影响容积测量的准确性。洗涤方法先用自来水冲洗滴定管内外，再用特制的滴定管软毛刷蘸合成洗涤剂水刷洗内管，如仍不能洗净，可用洗液洗涤。洗酸管时先将管内的水放掉，关闭活塞，倒入 10～15mL 洗液，横持滴定管转动直至洗液布满内壁，放置一会，将管直立后打开活塞，将洗液放回原瓶中。若滴定管油垢严重，可将洗液充满滴定管，浸泡 15min 或更长时间。放出洗液后，先用自来水冲洗，再用蒸馏水涮洗三次，每次用水 10～15mL，水从出口管放出，若从管口放出，务必不要打开活塞，以免活塞上油脂流入管内沾污管壁。

洗净的滴定管其内壁完全被水润湿而不挂水珠。

碱管洗涤时需将乳胶管取下。

（4）装溶液和赶气泡　在装溶液前，应将试剂瓶中的标准溶液摇匀。然后用标准溶液淋洗滴定管三次，洗法与用纯水洗相同。关闭活塞，倒入 10～15mL 标准溶液，从下口放出约 1/3 以洗涤管尖部分，再关闭活塞横持滴定管转动，使溶液与内壁处处接触，然后从管口倒出，如此重复三次。淋洗及装入标准溶液时应直接倒入滴定管。若装标准溶液的试剂瓶较大，在装溶液时，可将试剂瓶放在实验桌边缘，右手握住瓶颈，使试剂瓶倾斜，另一手拿滴定管，管口与瓶口接触［见图 4-42(b)］缓慢顺内壁将溶液倒入管中。溶液装满后（超过"0"刻度线以上约 5～10cm），在调零之前先应排除管尖气泡。对于酸管，可将活塞全部打开使溶液快速冲出，排出下端存留的气泡。对于碱管，可将橡皮管向上弯曲，出口斜向上，用两指挤压稍高于玻璃球所在处，使溶液从管口喷出，这时一边仍挤橡皮管，一边将管嘴放直，对光检查橡皮管内及出口管内是否有未充满的地方或有气泡，若有，可重复上述操作［见图 4-42(c)］。至此滴定管的准备工作全部完成，可以开始滴定。

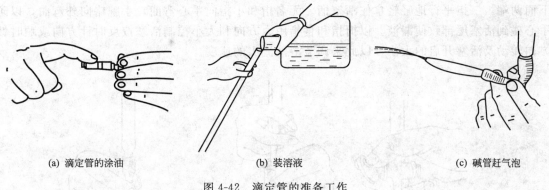

(a) 滴定管的涂油　　　　　　(b) 装溶液　　　　　　(c) 碱管赶气泡

图 4-42　滴定管的准备工作

2. 滴定管的读数

滴定管的读数应遵守以下规则：

① 读数时，必须等到附在内壁上的溶液流下后再取读数，当放出溶液速度很慢时，如滴定到终点时，一般等 0.5～1min 即可，如是刚刚装入溶液或放出溶液速度较快时，必须等 1～2min。

② 读数时，滴定管必须处于垂直状态，可以夹在滴定管夹上，也可用右手拇指和食指轻轻持滴定管上口，让其自由垂直。

③ 读数时眼睛应与弯月面最下缘在同一水平线上，对无色或浅色溶液应读弯月面下缘最低点，溶液颜色太深时，可以读两侧最高点。初读与终读都取同一种读数标准（见图4-43）。

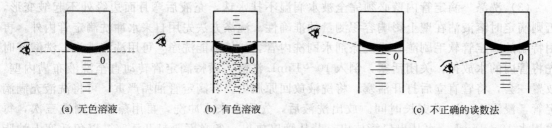

(a) 无色溶液　　　　(b) 有色溶液　　　　(c) 不正确的读数法

图 4-43　滴定管的读数

为了协助读数,可在滴定管后侧衬一黑纸或涂有一长方形黑色方块(约 3cm×1.5cm)的白纸,黑色部分处于弯月面下约 1mm,此时弯月面呈黑色,读此黑色弯月面下缘最低点。这种方法易于观察。

若使用有蓝线衬背的滴定管,此读数点为两个弯月面相交于滴定管蓝线的某一点。读数时视线应与此点在同一水平线上。

④ 初始读数应在 0.00 刻度线位置,读数必须准确到 0.01mL。

3. 滴定操作

(1) 调零　初始读数必须在 0.00 刻度线位置,故需调零。调零时,滴定管保持垂直。视线与"0"刻度线在同一水平线上。转动活塞缓慢地放出溶液,使液面徐徐下降直至弯月面下缘刚好与"0"刻度线上缘相切,立即关闭活塞(持活塞的方法按下述要求操作)。

(2) 滴定　滴定一般在锥形瓶中进行,也可在烧杯中进行。滴定管垂直夹在滴定管架上,通常夹在右边,活塞柄向右。右手握住锥形瓶瓶口,使滴定管管尖伸入锥形瓶口约 1cm,瓶底离滴定台底板约 2～3cm。使用酸管时,左手握持滴定管活塞柄,见图 4-44(a)。此时左手大拇指从滴定管内侧,放在活塞柄上中部。食指和中指从滴定管外侧,放在活塞柄下面两端,三指平行地轻轻拿住活塞柄。无名指和小指向手心弯曲,手腕略向外弯曲,以防手心碰到活塞尾部致使漏液。以拇指和食指用力方向和大小控制活塞按反时针方向或顺时针方向转动及活塞开启的大小,以此来调节溶液流出的速度。

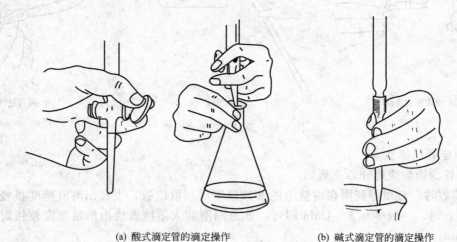

(a) 酸式滴定管的滴定操作　　　　(b) 碱式滴定管的滴定操作

图 4-44　滴定操作

使用碱管时,左手拇指及食指拿住乳胶管中玻璃球所在部位稍上一些地方,无名指及小指夹住出口管,使管口垂直而不摆动[见图 4-44(b)]。以左手拇指和食指向侧下方挤压玻璃球所在部位稍上处的乳胶管,形成空隙使溶液流出,以挤压力大小控制流速。在挤压时不能使玻璃球移位或挤压球的下部以免形成气泡。

滴定开始前，检查并记录零点。滴定管管尖如有液滴，用烧杯内壁碰去。滴定时右手持锥形瓶，左手操控活塞柄，边摇动，边滴定。摇动时，锥形瓶按一个方向转动，瓶口不晃动，不碰管尖。滴定过程中左手自始至终不能离开活塞柄任溶液自流，溶液滴入速度以每秒3～4滴为宜。临近终点时，要放慢滴定速度，每加1滴或半滴要充分摇动直至指示剂变色停止滴定，等待0.5～1min，读取并记录读数。

由活塞来控制流速要求做到：能逐滴放出溶液；能只放出一滴溶液；能将液滴悬于管尖，即能滴加半滴甚至1/4滴溶液。在终点时，放出半滴溶液悬于管尖，可用锥形瓶内壁靠下，或用洗瓶将其冲下，但不能用过多的蒸馏水。

有关滴定速度问题在国家的相关标准中有不同的规定。在GB/T 601—2002《化学试剂标准滴定溶液的制备》标准中，对滴定速度有这样的描述："在标定和使用标准滴定溶液时，滴定速度一般应保持在6～8mL/min，将滴定速度规定为6～8mL/min到达滴定终定后不必等一定时间，而是立即读数。"并认为在滴定分析中从滴定管快速流出标准溶液或样品溶液，然后等若干分钟再读数的方法不适合标准滴定溶液的标定和化学试剂成分分析等对准确度要求较高的滴定分析。若按一滴溶液的体积为0.04mL，流速为6～8mL/min的滴定速度相当于每秒2.5滴到3.3滴。所以每秒滴3滴的滴定速度是合适的。原则上测定样品时的滴定速度应该与标定时和滴定管校正时的流速相同。在实际测定中滴定速度还须顾及滴定反应的速率。滴定速度是影响测定准确度的重要因素之一。操作者必须给予充分的重视。

在烧杯中滴定时，用右手持搅棒绕圈搅动溶液。注意搅棒不要碰及管尖、杯壁及底。加半滴溶液，可用搅棒轻碰管尖，将液滴碰下。其他与在锥形瓶中滴定相同。

50mL A级滴定管的允许误差是±0.05，若滴定体积是25mL，则相对误差已达±0.2%，故滴定时所用滴定剂体积不要少于25mL。标定时，滴定体积控制在35～40mL，但一般不超过40mL，更不能超过50mL。

滴定管使用后，倒去剩余溶液，用自来水冲洗后，再用蒸馏水淋洗。然后用蒸馏水充满全管，用大试管套在管口，夹于滴定管架，下次用时只要检查内壁不挂水珠，就不必再用洗液洗了。若滴定管长期不用时，活塞部分应垫上纸片，碱管需将乳胶管取下，胶管、玻璃珠和管尖分别保存。

二、容量瓶

容量瓶是一个细颈、球部呈梨形的平底瓶，带有磨口塞，颈上有刻度线，表示在所指温度下（一般为20℃）当液体充满到刻度线时，液体体积与瓶上所注明的体积相等。在滴定分析中用于准确确定溶液的体积，如在直接法配制标准溶液时或制备确定体积的试样溶液时都要使用到容量瓶。容量瓶有棕色和无色两种，对见光易分解的物质应选择棕色的。容量瓶有50mL、100mL、250mL、1000mL及2000mL等多种规格，在滴定分析中最常用的是250mL容量瓶。

（一）容量瓶的计量要求

滴定分析中所使用的容量瓶必须符合GB 12806—91的规定要求。

容量瓶必须有下列标志：

① 标称容量：如100、200、500；

② 容量单位符号：cm^3 或 mL；

③ 标准温度：20℃；

④ 量入式符号：In；

⑤ 准确度等级符号："A"或"B"；
⑥ 生产厂名或商标；
⑦ 可互换性塞的尺寸及号别；
⑧ 非互换性塞、口编号。

容量瓶的计量要求如表 4-11 所示。

表 4-11 容量瓶的计量要求一览表

标称容量/mL		1	2	5	10	25	50	100	200	250	500	1000	2000
容量允差 /mL	A	±0.010	±0.015	±0.020	±0.020	±0.03	±0.05	±0.10	±0.15	±0.15	±0.25	±0.40	±0.60
	B	±0.020	±0.030	±0.040	±0.040	±0.06	±0.10	±0.20	±0.30	±0.30	±0.50	±0.80	±1.20
分度线宽度/mm		≤0.4											

(二) 容量瓶的使用

1. 容量瓶的洗涤与试漏

在使用容量瓶之前先检查：容量瓶容积与所要求的是否一致；刻度线距离瓶口的远近如何；是否不漏水。试漏的方法可在瓶中放入自来水至刻度线附近。盖好盖后，用滤纸擦干瓶口和盖，左手按住瓶塞，右手指尖顶住瓶底边缘，倒置 1～2min，观察有无水渗出（可用滤纸一角在瓶塞和瓶口的缝隙处擦拭，查看滤纸是否潮湿）。如果不漏，把瓶直立，转动瓶盖约 180°后，再倒过来试一次，进一步确认瓶盖与瓶口在任何位置都是密合的，若漏水绝不能使用。

容量瓶的洗涤原则是先用自来水冲洗，必要时才用洗液浸洗，不能用硬毛刷刷洗。用洗液时，倒入约 10～20mL（瓶中尽可能没有水），边转动边向瓶口倾斜，至洗液布满全部内壁。放置数分钟后，将洗液由上口慢慢倒回原来装洗液的瓶中，倒出时边倒边旋转使洗液流遍全颈。然后用自来水充分冲洗，再用蒸馏水洗 3 次，向外倒水时，顺便将瓶塞冲洗。洗涤时应遵守少量多次，250mL 容量瓶每次用水量约为 30mL。每次都要充分振荡，并倒净残余的水，洗完后立即将瓶盖好。以免再被玷污。

洗净的标准是观察装液后弯月面边缘是否起皱变形，内壁不挂水珠，尤其是刻度线以上内壁要完全润湿不挂水珠。

2. 容量瓶配制溶液的方法

若样品是固体，一般是将样品准确称量在 50mL 或 100mL 的烧杯中，加少量的水或适当的溶剂溶解，如果必须加热使试样溶解或在溶解处理时有大量热放出，则需等待冷却至室温时才能转移，溶解时可用玻璃棒搅拌加速溶解。固体样必须完全溶解后才能转移。

转移时将烧杯放在容量瓶口上方后将玻璃棒取出并插入容量瓶中，玻璃棒下端与瓶颈内壁接触。烧杯嘴紧靠玻璃棒中下部，倾斜烧杯，使溶液缓缓地沿玻璃棒和颈内壁全部流入瓶内。见图 4-45(a)。流完后，将烧杯嘴贴紧玻璃棒向上提，同时使烧杯直立，并将玻璃棒放回烧杯中。用洗瓶冲洗玻璃棒和烧杯内壁 3～5 次，每次用水约 5～10mL，洗涤液按上述方法转移至容量瓶中。然后加水或其他溶剂至总容积的 3/4 时，水平方向旋转摇动容量瓶（不要加塞）使溶液初步混合，继续加水或其他溶剂至接近刻度线 1cm 左右，等待 1～2min。

用左手拇指和食指轻轻捏住容量瓶颈刻度线上方，保持容量瓶垂直，使刻度线和视线保持在同一水平线上，用细长滴管加水至弯月面下缘最低点与标线相切为止。用滴管加水时，尽量使滴管管口接近液面，稍向旁侧倾斜，使水顺壁流下，随液面上升，滴管也随之提起，勿使其接及液面[见图 4-45(b)]。

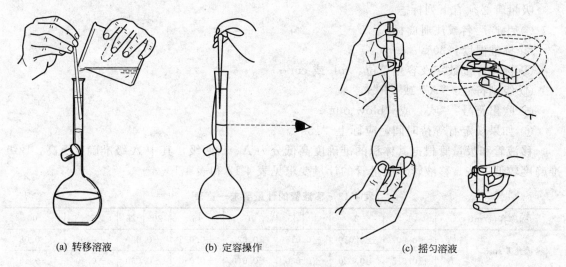

(a) 转移溶液　　　　　(b) 定容操作　　　　　(c) 摇匀溶液

图 4-45　容量瓶的操作

定容后，盖好瓶塞，左手大拇指在前，中指、无名指及小指在后拿住瓶颈刻度线以上部分，以食指顶住瓶塞，用右手指尖顶住瓶底边缘。见图 4-45(c)。将容量瓶倒转，使气泡上升到顶并将瓶振荡。再倒转过来，如此反复 10～20 次，使溶液充分混匀。

试样为液体时可用移液管移取所需体积的溶液放入容量瓶，按以上方法稀释、定容、摇匀。

容量瓶不得放在烘箱中烘烤，不能进行加热溶液的操作，容量瓶不能长久储存溶液，如需保存溶液应转移到试剂瓶中，使用后的容量瓶应立即洗净，不用时，可在瓶口垫一小纸条以防磨口黏结。

三、移液管和吸量管

移液管、吸量管都是准确移取一定体积溶液的容量仪器。

移液管的上端有环形标线，椭圆球上标有它的容积和标定温度。在规定的温度下，当溶液的弯月面最低点与环形标线相切时，让溶液按一定方式自然流出，所放出的体积与标注体积相同。

常用的移液管规格有 2mL、5mL、10mL、25mL、50mL 等多种。

吸量管是带有刻度的玻璃管，常用来移取小体积的溶液，其准确度不如移液管。常用的吸量管有 1mL，2mL，5mL 和 10mL 等几种规格。

（一）移液管和吸量管的计量要求

滴定分析中使用的移液管和吸量管必须符合国家标准 GB 12808—91 和 GB 12807—91 的要求。

在购买时要注意产品标志。

移液管必须有下列标志：

① 标称容量：如 5、10、25；
② 容量单位符号：cm^3 或 mL；
③ 标准温度：20℃；
④ 量出式符号：Ex；
⑤ 准确级别符号："A" 或 "B"；
⑥ 生产厂名或注册商标。

吸量管必须有下列标志：
① 生产厂名或注册商标；
② 标准温度：20℃；
③ 标称容量数字及容量单位：mL 或 cm^3；
④ 级别符号："A" 或 "B"；
⑤ 吹出符号："吹" 或 "blow-out"；
⑥ 如果规定有等待时间，应标上 "15s"。

移液管和吸量管根据其体积的准确度高低分为 A、B 两级，其中 A 级准确度更高，B 级准确度较低一些。移液管和吸量管的计量要求见表 4-12 和表 4-13。

表 4-12 移液管的计量要求一览表

标称容量/mL		1	2	3	5	10	15	20	25	50	100
容量允差/mL	A	±0.007	±0.010	±0.015	±0.020	±0.025	±0.030	±0.05	±0.08
	B	±0.015	±0.020	±0.030	±0.040	±0.050	±0.060	±0.10	±0.16
流出时间/s	A		7～12		15～25		20～30		25～35	30～40	35～45
	B		5～12		10～25		15～30		20～35	25～40	30～45
分度线宽度/mm						≤0.4					

表 4-13 吸量管的计量要求一览表

标称容量/mL	分度值/mL	容量允差/mL				流出时间/s				分度线宽度/mm
		流出式		吹出式		流出式		吹出式		
		A	B	A	B	A	B	A	B	
0.1	0.001 0.005	—	—	±0.002	±0.004					
0.2	0.002 0.01	—	—	±0.003	±0.006			3～7		
0.25	0.002 0.01	—	—	±0.004	±0.008			2～5		
0.5	0.005 0.01 0.02	—	—	±0.005	±0.010			4～8		A 级：≤0.3 B 级：≤0.4
1	0.01	±0.008	±0.015	±0.008	±0.015			4～10		
2	0.02	±0.012	±0.025	±0.012	±0.025	3～6		4～12		
5	0.05	±0.025	±0.050	±0.025	±0.050			6～14		
10	0.1	±0.05	±0.10	±0.05	±0.0	5～10		7～17		
25	0.2	±0.10	±0.20	—		11～21		—		
50	0.2	±0.10	±0.20	—		15～25		—		

在使用时必须注意移液管和吸量管的允许误差。通常滴定分析要求测量的相对误差在 0.2% 以内，若使用了 B 级的标称容量为 20mL 的移液管移取 20.00mL 的被测溶液，从表 4-12 知标称容量的 20mL 的移液管其容量允差为 ±0.060mL，则移取体积的相对误差已达 ±0.3%，这是不符合滴定分析要求的。所以通常在移取试液时要使用 A 级的 25mL 的移液管。

移液管和吸量管的流出时间也要符合标准的规定，流出时间是指水的弯液面从刻度线或最高分度线自由下降到流液口处停止的那一点所占有的时间。在测定流出时间时，移液管或吸量管必须垂直放置，接收容器稍微倾斜，使流液口尖端与容器内壁接触并保持不动。流出时间应符合表 4-12 和表 4-13 规定。

（二）移液管和吸量管的使用

1. 移液管和吸量管的洗涤

在洗涤前要检查移液管或吸量管的管口和尖嘴有无破损。即使稍有破损也是不能使用的。

移液管和吸量管的洗涤操作方法如下：

先用自来水冲洗移液管的内外壁，然后用洗耳球将管内残留的水吹去后插入洗液中。此时左手握洗耳球，右手用拇指和中指捏住移液管标线以上处。捏紧洗耳球将球内的空气排出后，把洗耳球的尖嘴插入或紧压在移液管的管口上，注意不能漏气。慢慢松开左手，吸取洗液至移液管容量的约 1/5 时，移开洗耳球。右手食指迅速按住移液管上口，放平转动，使洗液布满管内壁。等待片刻后，从上口将洗液放回原存洗液的瓶中。用自来水充分冲洗，再用蒸馏水洗涤内壁 3 次。用蒸馏水洗涤方法同上。放净纯水后，可用一小块滤纸吸去管外和管尖内残剩的水，放于移液管架上备用。

洗净后的移液管内壁应完全润湿不挂水珠。要确定滴定分析量器是否清洗干净，应在充液时，观察弯月面边缘处是否起变形。否则应重新清洗。

也可将需清洗的移液管放入盛有洗液的大量筒或高型玻璃缸中浸泡一段时间，然后用自来水冲洗。再用蒸馏水洗涤三次。

过去常用的洗液是铬酸洗液，因其对环境的污染要谨慎使用，不得任意排放。最好使用无铬洗液。

2. 移取溶液的方法

（1）吸取溶液　所吸取的溶液必须均匀，在吸取前要摇匀待吸溶液。在滴定分析中所吸取的标准溶液或样品溶液往往存放在容量瓶中，最好不直接插入吸取，而是将待吸溶液倒出一小部分于洗净并干燥的小烧杯中吸取。若移液管管尖端内外存留水在吸取前务必用滤纸吸去，然后用少量待吸溶液涮洗内壁三次以使管内液体浓度和被吸液浓度相同。涮洗方法和洗液洗涤方法相同，但溶液是从下端尖口处排入废液杯内，并要尽量避免已吸入的溶液再回流到烧杯中或容量瓶中。如此操作重复三次后即可吸取溶液。

吸取溶液时左手持洗耳球，右手大拇指和中指拿住移液管标线以上处，移液管插入待吸液面下 1~2cm 处并要边吸边往下插，始终保持此深度。插入太浅容易吸空。用洗耳球按上述操作方法吸取溶液，当管内液面上升至标线以上约 1~2cm 处时，迅速用右手食指堵住管口（此时若液面落至标线以下，应重新吸取）并将移液管提出液面，提出后用滤纸吸干移液管外壁下端沾附的少量溶液。

（2）调节液面　左手另取一个干净小烧杯，将移液管管尖紧靠小烧杯内壁，管身垂直，标线与视线在同一水平，微微松开食指（也可微微转动移液管）使管内液面缓慢连续下降（不是跳跃式下降）直至弯月面下缘与标线上缘相切为止。立即用食指压紧管口，使溶液不再流出。若尖口处有液滴，将管尖紧靠烧杯内壁除去。将移液管小心移至承接溶液的容器中（为方便控制液面，食指应微潮湿又不能太湿）。

（3）放出溶液　将移液管垂直，接收器倾斜，管尖紧靠接收器内壁，松开食指，使溶液自由地沿容器壁流下。当管内溶液流完后，仍保持放液状态，停 15s 后，移去移液管。上面的操作可简单归纳为"垂直、靠壁、停放 15s"。必须牢牢记住。

移液管从容器中移开前应遵守等待时间规定，一般是15s。若没有规定一定的等待时间，应遵守近似3s的等待时间。

移液管使用完毕后，洗净移液管，放置在移液管架上。

移液管的操作见图4-46。

吸量管的使用方法与移液管基本相同，只是用它放出管内部分溶液时食指不可完全放开，一直要轻轻按住管口，以免溶液流下太快，使放出的溶液体积达到所需要的体积时来不及按住。

使用吸量管时，通常是使液面从最高刻度降到另一较小的刻度，使两刻度之间的刻度之差恰好为所需移取的溶液体积。

使用移液管和吸量管时应当注意：

① 移取完毕管尖留有的少量溶液不得吹出或用力甩出；

② 同一实验必须使用同一支移液管和与其联合使用的容量瓶；

③ 使用吸量管时除刻有"吹"字标记之外，不得将管尖残留的溶液吹出，同一实验应尽可能

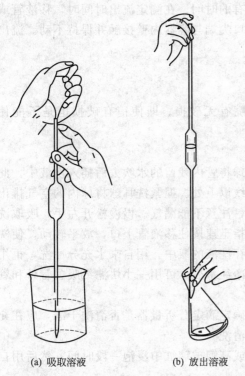

(a) 吸取溶液　　(b) 放出溶液

图4-46　移液管的操作

使用同一吸量管的同一部位；

④ 移液管和吸量管均不允许烘烤或加热；

⑤ 用毕洗净放在专用管架上。

四、滴定分析仪器的校准

滴定分析仪器的实际体积与其标称容量是有一定误差的。商家生产的仪器必须符合国家规定的量器的容量允许误差。滴定分析仪器的校正可按照国家计量检定规程（JJG 196—2006）常用玻璃器的校准方法进行。

符合量器的容量允许误差的仪器对于一般的分析工作，如生产中的中控分析已经满足要求，但在标准溶液标定等一些要求较高的分析工作中须对仪器做校准。并利用校准值对分析结果进行修正。

容量仪器的校准常用的方法有绝对校准法和相对校准法两种。

（一）绝对校准法

绝对校准法亦称衡量法，该法是称量量器中所容纳或放出的水的表观质量，并根据该温度下水的密度，计算出该量器在20℃时的容量。

由质量换算成容积时，必须考虑以下三种因素：

① 温度对水密度的影响；

② 温度对玻璃的容积的影响，因玻璃的热胀冷缩性能，温度改变容积也必随之改变；

③ 空气浮力对在空气中所称物体质量的影响。

考虑到以上因素的影响。可由以下公式将质量换算成20℃时的容积。

$$V_{20} = \frac{m(\rho_B - \rho_A)}{\rho_B(\rho_W - \rho_A)}[1+\beta(20-t)]$$

式中 V_{20}——标准温度20℃时的被检玻璃量器的实际容量，mL。

ρ_B——砝码密度，取 8.00g/cm^3；

ρ_A——测定时实验室的空气密度，取 0.0012g/cm^3；

ρ_W——蒸馏水 λ℃时的密度，g/cm^3；

β——被检玻璃量器的体胀系数，℃$^{-1}$；

t——检定时蒸馏水温度，℃；

m——被检玻璃量器内所容纳水的表观质量，g。

为简便计算，上式可写为以下形式：

$$V_{20} = mK(t)$$

$$K(t) = \frac{\rho_B - \rho_A}{\rho_B(\rho_W - \rho_A)}[1+\beta(20-t)]$$

$K(t)$ 值列于表4-14中。

移液管、容量瓶、滴定管都可应用衡量法做绝对校准。

表4-14 常用玻璃量器衡量法 $K(t)$ 值表

(一) 钠钙玻璃体胀系数 25×10^{-6} ℃$^{-1}$，空气密度 0.0012g/cm^3

水温 t/℃	0.0	0.1	0.2	0.3	0.4	0.5	0.6	0.7	0.8	0.9
15	1.00208	1.00209	1.00210	1.00211	1.00213	1.00214	1.00215	1.00217	1.00218	1.00219
16	1.00221	1.00222	1.00223	1.00225	1.00226	1.00228	1.00229	1.00230	1.00232	1.00233
17	1.00235	1.00236	1.00238	1.00239	1.00241	1.00242	1.00244	1.00246	1.00247	1.00249
18	1.00251	1.00252	1.00254	1.00255	1.00257	1.00258	1.00260	1.00262	1.00263	1.00265
19	1.00267	1.00268	1.00270	1.00272	1.00274	1.00276	1.00277	1.00279	1.00281	1.00283
20	1.00285	1.00287	1.00289	1.00291	1.00292	1.00294	1.00296	1.00298	1.00300	1.00302
21	1.00304	1.00306	1.00308	1.00310	1.00312	1.00314	1.00315	1.00317	1.00319	1.00321
22	1.00323	1.00325	1.00327	1.00329	1.00331	1.00333	1.00335	1.00337	1.00339	1.00341
23	1.00344	1.00346	1.00348	1.00350	1.00352	1.00354	1.00356	1.00359	1.00361	100363
24	1.00366	1.00368	1.00370	1.00372	1.00374	1.00376	1.00379	1.00381	1.00383	1.00386
25	1.00389	1.00391	1.00393	1.00395	1.00397	1.00400	1.00402	1.00404	1.00407	1.00409

(二) 硼硅玻璃体胀系数 10×10^{-6} ℃$^{-1}$，空气密度 0.0012g/cm^3

温度 t/℃	0.0	0.1	0.2	0.3	0.4	0.5	0.6	0.7	0.8	0.9
15	1.00200	1.00201	1.00203	1.00204	1.00206	1.00207	1.00209	1.00210	1.00212	1.00213
16	1.00215	1.00216	1.00218	1.00219	1.00221	1.00222	1.00224	1.00225	1.00227	1.00229
17	1.00230	1.00232	1.00234	1.00235	1.00237	1.00239	1.00240	1.00242	1.00244	1.00246
18	1.00247	1.00249	1.00251	1.00253	1.00254	1.00256	1.00258	1.00260	1.00262	1.00264
19	1.00266	1.00267	1.00269	1.00271	1.00273	1.00275	1.00277	1.00279	1.00281	1.00283
20	1.00285	1.00286	1.00288	1.00290	1.00292	1.00294	1.00296	1.00298	1.00300	1.00303
21	1.00305	1.00307	1.00309	1.00311	1.00313	1.00315	1.00317	1.00319	1.00322	1.00324
22	1.00327	1.00329	1.00331	1.00333	1.00335	1.00337	1.00339	1.00341	1.00343	1.00346
23	1.00349	1.00351	1.00353	1.00355	1.00357	1.00359	1.00362	1.00364	1.00366	1.00369
24	1.00372	1.00374	1.00376	1.00378	1.00381	1.00383	1.00386	1.00388	1.00391	1.00394
25	1.00397	1.00399	1.00401	1.00403	1.00405	1.00408	1.00410	1.00413	1.00416	1.00419

滴定管、移液管和容量瓶绝对校准的操作步骤如下：

1. 容量瓶绝对校准操作步骤

① 用托盘天平称取洁净而干燥的容量瓶的表观质量（称准至 0.1g）。

② 将烧杯内与室温平衡的蒸馏水沿玻璃棒移入容量瓶，直到弯月面下缘的最低点与瓶颈标线相切，记录水温（读数准确到 0.1℃），用滤纸吸干瓶颈内壁水珠，随即盖紧瓶塞，若瓶外壁有水，亦必须擦干，用托盘天平称取容量瓶和纯水的表观质量，两次称量之差即为容量瓶所容纳的纯水表观质量。

③ 平行测定两次，取其平均值 m。

④ 由 $V_{20}=mK(t)$ 求出在 20℃时容量瓶的实际容积。

2. 移液管绝对校准操作步骤

① 将清洗干净的移液管垂直放置，充水至最高标线以上约 5mm 处，擦去移液管流液口外面的水。

② 缓慢地将液面调整到被检分度线上，移去流液口的最后一滴水珠。

③ 取一只容量大于被检移液管容量的带盖称量杯，称取空杯的质量。

④ 将流液口与称量杯内壁接触，称量杯倾斜 30°，使水充分地流入称量杯中。对于流出式移液管，当水流至流液口口端不流时，近似等待 3s，随即用称量杯移去流液口的最后一滴液珠。对于吹出式吸量管，当水流至流液口口端不流时，随即将流液口残流液排出。

⑤ 将被检移液管内的纯水放入称量杯后，称得纯水质量（m）。

⑥ 在调整被检移液管液面的同时，应观察水温，读数应准确到 0.1℃。

⑦ 按衡量法计算移液管在标准温度 20℃时的实际容量。

平行测定两次取其平均值。

3. 滴定管绝对校准操作步骤

① 将清洗干净的被检滴定管垂直稳固地安装到检定架上，充水至最高标线以上约 5mm 处。

② 缓慢地将液面调整到零位，同时排出流液口中的空气，移去流液口的最后一滴水珠。

③ 取一只容量大于被检滴定管容量的带盖称量杯，称得空杯质量。

④ 完全开启活塞，对于无塞滴定管需用力挤压玻璃小球，使水充分地从流液口流出。

⑤ 当液面降至被检分度线以上约 5mm 处时，等待 30s，然后 10s 内将液面调至被检分度线上，随即用称量杯，移去流液口的最后一滴水珠。

⑥ 将被检滴定管内的纯水放入称量杯后，称得纯水质量（m）。

⑦ 在调整被检滴定管液面的同时，测量水温读数准确到 0.1℃。

⑧ 按衡量法计算被检滴定管在标准温度 20℃时的实际容量。

滴定管的检点为：

1～10mL：半容量和总容量，两点。

25mL：0～5mL，0～10mL，0～15mL，0～20mL，0～25mL，5 点。

50mL：0～10mL，0～20mL，0～30mL，0～40mL，0～50mL，5 点。

100mL：0～20mL，0～40mL，0～60mL，0～80mL，0～100mL，5 点。

（二）相对校准法

相对校准法是相对比较两种量器的容积之间的比例关系。在滴定分析中容量瓶和移液管常配套使用，如用 25mL 移液管从 250mL 容量瓶中移出溶液体积是否是容量瓶体积的 1/10，这直接关系到测定结果的准确度。因此，重要的不是要知道所用容量瓶和移液管的绝对体积，而是两者的容积比是否正确。

在分析工作中，滴定管采用绝对校准法。对于配套使用的移液管和容量瓶可用相对校准法，绝对校准法准确，操作比较麻烦，相对校准法操作简单，但必须配套使用。

现以 25mL 移液管和 250mL 容量瓶为例说明其实验步骤。

用 25mL 移液管吸取纯水放入干燥的 250mL 容量瓶中，共吸取十次。观察容量瓶中水的弯月面下缘是否与标线相切，若正好相切，说明两者体积比例是 1:10，若不相切，说明有误差。待容量瓶干燥后重复三次。并根据弯月面的下缘做出新的标线（可用平直的窄纸条贴在与弯月面相切处，在纸条上刷蜡）。

（三）温度改变时溶液体积的校准

滴定分析仪器都是以 20℃ 为标准温度来标定和校准的，若使用时不在 20℃，仪器容积和液体体积都会改变。但在同一温度下配制和使用，此项校准值将抵消，即不必校准，如果在不同温度下使用，则需要校准。当温度相差不大时，玻璃仪器容积变化很小，可以忽略不计，但是溶液体积的变化不能忽略，表 4-15 列出了在不同温度下 1000mL 水或稀溶液换算到 20℃ 时，其体积应增减的毫升数。

表 4-15　在不同温度下每 1000mL 水或稀溶液换算到 20℃ 时的校准值　　单位：mL

温度/℃	水，0.01mol/L 各种溶液及 0.1mol/L HCl	0.1mol/L 各种溶液	温度/℃	水，0.01mol/L 各种溶液及 0.1mol/L HCl	0.1mol/L 各种溶液
5	+1.5	+1.7	20	+0.0	+0.0
10	+1.3	+1.45	25	−1.0	−1.1
15	+0.8	+0.9	30	−2.3	−2.5

第七节　有机化合物物理性质的测定

一、熔点

当固体物质加热到一定温度时，就从固体状态转化为液体状态，这时的温度为该物质的熔点。物质的熔点就是固液两相在大气压下平衡时的温度。纯的固体物质，在一定的压力下，固液两相之间的变化非常敏锐。自初熔到全熔的温度范围不超过 0.5~1.0℃。测定有机物的熔点，配合其他分析方法，可以推测其为某种化合物，对分析、鉴定有机化合物有重要的意义。此外，从熔点的测定，还可以定性了解有机物的纯度。纯物质有固定的熔点，不纯物质的熔点较纯物质低，而且熔点距（自初熔到全熔的温度范围）也较大。

1. 毛细管法测定熔点

（1）毛细管的拉制　取一根干净又干燥的内径为 1cm、壁厚为 1mm 的软质玻璃管，在煤气灯上加热，火焰由小到大，边加热边转动，使之受热均匀，直到玻璃管完全烧红和软化。从火中取出，先慢慢地两手同方向地边转边拉，然后较快地边转边水平地向两边拉开。待拉好的毛细管冷却后，在内径约为 1mm 的部分，截取 20cm 长的小段。毛细管的两头开口处在煤气灯上用小火封口，保存好以备后用。同时可以从中间截断，即成两根毛细管（一端开口，一端闭口）。

（2）样品的装入　将少许干燥的待测样品放在干净的表面皿上，用玻璃钉研成极细的粉末，堆成小堆，将毛细管开口的一端垂直插入样品粉末中，然后将毛细管侧过来，开口向上，在桌面上蹾几下，再通过一根长 40cm 的冷凝管（可用空气冷凝管代替），从上端使毛细管自由落下，把装入的药品在桌面上蹾实。如此反复，直到毛细管内样品装入约 2~3mm

高为止。装入的样品应均匀、紧密、结实。

(3) 常用的熔点管　常用的熔点管是梯勒熔点管。熔点管内倒入液体石蜡或浓硫酸或其他无色的高沸点液体作为加热液体。液体的量不应过多,一般是不超过熔点管的上支管(应考虑液体受热膨胀)。温度计的上端接上一个开口的软木塞(图4-54),温度计的水银球在熔点管上下两叉管口的中间,将待测样品的毛细管利用液体的黏性使之"贴"在温度计上或用小橡皮圈套在温度计上(橡皮圈不能浸在热浴液中),使其样品的部分置于水银球侧面中部(图 4-47)控制好加热速度,对准确测定熔点是个关键。加热速度开始时可稍快(开始每分钟上升10℃,以后减为5℃),待温度上升接近其熔点时(约低于熔点10℃),调节热源,使温度每分钟上升1℃。这时加热不能太快,一方面是为了保证有充分的时间让热量由管外传至管内,以使固体熔化,另一方面因观察者不能同时观察温度计示数及样品变化情况,所以只有缓慢加热,才能使此项误差减小。仔细观察毛细管内的固体变化情况,记录毛细管中固体开始熔化时的温度和熔化完全时的温度,如 134～134.6℃,而不是记录两个数值的平均值。

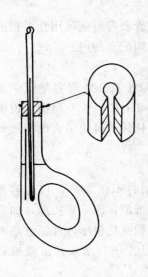

图 4-47　测定熔点的仪器装置图

熔点管中的液体必须冷却到低于被测物质的熔点 20～30℃时,方可插入样品毛细管重新进行测定。

在测未知物的熔点时,可先做一次粗测,这时加热可稍快一点,大致确定样品熔点,然后精测两次,这时加热速度如上所述。

注意:当被测物质的熔点较高(例如在 140～150℃以上)时,在测完熔点后不能立即把温度计从熔点管中取出。否则,由于突然冷却,温度计常会破裂或水银柱中断。

2. 微量熔点仪法测定熔点

用毛细管测定熔点仪器简单,方法简便,但不能观察样品在加热过程中的转化及其他变化过程,如结晶水的失水、多晶体的变化及分解等。微量熔点测定仪(或称显微熔点测定仪,如图 4-48 所示)就可观察其加热的全过程,且可测微量样品的熔点,通常在普通显微镜台上放一电热板,由电热丝加热,用标准温度计测定其温度。

测定熔点时,先将玻璃载片洗净擦干,将微量样品放在载玻片上,用一带柄的支持器使载玻片位于电热板中心空洞上,用一干净盖玻片盖住,放上隔热的圆玻璃片,调节镜头,使显微镜焦点对准样品,开启加热开关,用可变电阻调节加热速度,当温度接近样品熔点时,控制温度上升速度为 1～2℃/min,当样品结晶的棱角开始变圆时,是熔化的开始,晶形完全消失是全部熔化。

测定熔点后,停止加热,稍冷,除去热圆玻璃片、盖玻片及载玻片,将一厚圆

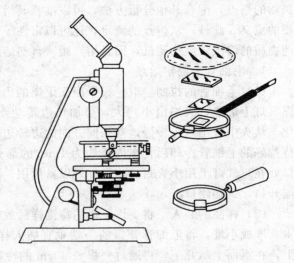

图 4-48　显微熔点测定仪

的铅板放在加热板上加快冷却，再清洗玻璃片备用。

3. 温度计的校正

用以上方法测熔点时，温度计上的熔点读数与真实熔点之间常有一定的偏差，这可能是由于温度计的刻度存在一定的偏差。例如一般温度计中的毛细管孔径不一定很均匀，有时刻度也不很准确，且温度计有全浸式和半浸式两种，全浸式温度计的刻度是在温度计的汞线全部均匀受热的情况下刻出来的，而在测熔点时仅有部分汞线受热，因而露出的汞线温度当然较全部受热者为低，另外长期使用的温度计，玻璃也可能发生体积变形而使刻度不准。为了校正温度计，可选用一标准温度计来对比校正，将作为校正用的标准温度计和被校正的温度计平行插在油浴中，慢慢均匀加热，记下两支温度计的读数，画出一条校正曲线，供校正时使用。这是一种校正方法。此外，也可采用纯有机化合物作为校正的标准，通过此法校正的温度计，上述误差可一并除去。校正时，只要选择几种已知熔点的纯化合物为标准，测定它们的熔点，以观察到的熔点作为纵坐标，测得的熔点与已知熔点的差数作为横坐标，画成曲线，在任一温度时的校正值可直接从曲线上读出。

标准样品的熔点如下，校正时可选用：

水-冰	0℃	苯甲酸	122.4℃
α-萘胺	50℃	尿素	135℃
二苯胺	53℃	水杨酸	159℃
萘	80.55℃	对苯二酚	173~174℃
间二硝基苯	90.02℃	蒽	216.2~216.4℃
乙酰苯胺	114.3℃	酚酞	262~263℃

温度计零点的测定：

在一个 15cm×2.5cm 的试管中放入蒸馏水 20mL，将试管浸在冰盐浴中冷却至蒸馏水部分结冰，用玻棒搅动使之成冰水混合物。将试管从冰盐浴中移出，然后将温度计插入冰水中，轻轻搅动混合物到温度恒定后（2~3min）读数。

二、沸点

沸点的测定（微量法）：

当液体的蒸气压与外界大气压相等时，液体就沸腾，这时的温度叫做液体的沸点。测定有机物的沸点，可以推测其为某种化合物，对分析、鉴定有机化合物有重要的意义。此外，从沸点的测定，还可以定性了解有机物的纯度。纯物质有固定的沸点，不纯物质的沸点范围则较大（恒沸混合物除外）。通常是在蒸馏或分馏的过程中同时就测定了物质的沸点。若试样很少，则可采用微量法来测定液体的沸点。

取一段既干净又干燥的薄壁软质粗玻璃管或一支打破了的软质试管，拉制成毛细管。截取一段内径约 3mm、长约 7~8cm 的毛细管，将一端封闭，管底要薄，作为装试样的外管。再截取一段内径约 1mm 的毛细管，在中间部位封闭，自封闭处一端截取约 5mm（作为沸点管的下端），另一端约 8cm，总长约为 9cm 作为内管。由此两根粗细不同的毛细管组成沸点管。测定时将试样滴入外管中高度约为 1~1.5cm，放入内管，然后将沸点管用小橡皮圈附于温度计旁，沸点管底部在温度计水银球中间，将附有沸点管的温度计放入梯勒管中，其位置与测熔点时相同。

三、相对密度

单位体积内所含物质的质量称为该物质的密度。相对密度常以符号 d_4^{20} 表示。d_4^{20} 的含义是20℃时物质的质量与4℃同体积的水的质量之比。因为水在4℃时密度为1.00000g/cm³，所以若用g/cm³为单位时 d_4^{20} 即表示该物质的密度（相对密度）。

物质的相对密度是液体化合物的一个重要常数。它与物质的纯度、构成以及测定时的温度有很大关系。相对密度常用的测定方法有：相对密度瓶法、液体相对密度天平法和相对密度计法等。

四、比旋光度

偏振光通过旋光物质时，偏振光的振动平面被旋转的角度，称旋光度，通常用 α 表示。物质的旋光度是用旋光仪测定的。测定旋光物质的旋光度时，旋光管的长度、溶液的浓度、光源的波长、测定时的温度以及所用溶剂都会影响旋光度的数值，甚至改变旋光的方向，因此物质的旋光性通常用比旋光度表示。

1mL中含有1g溶质的溶液放在1dm（10cm）长的盛液管中所测得的旋光度，称为比旋光度或比旋光，亦称旋光率。可用下式表示：

$$[\alpha]_\lambda^t = \frac{\alpha}{cl}$$

式中，$[\alpha]$ 代表旋光度；t 是测定时的温度；λ 是所用光源的波长；α 是旋光仪上测定的旋光度数；c 是溶液的浓度（单位 g/mL）；l 是盛液管的长度（用 d_m 示）。

比旋光度是旋光性物质的一种物理常数，例如在20℃时，用钠光（$\lambda = 589.3$nm，可用D表示）做光源，测定天然葡萄糖水溶液，它使偏振光右旋，其比旋光度为52.5℃，可表示为：

$$[\alpha] = +52.5℃ （水）$$

比旋光度不受测定时所用旋光管的长度和溶液浓度的影响，因此被用作旋光物质的物理常数之一，以表示旋光物质的旋光性。

若旋光物质是液体，可直接测定，但在计算比旋光度时，需将上式中的 c 改换成该液体的密度 ρ，即

$$[\alpha]_\lambda^t = \frac{\alpha}{\rho l}$$

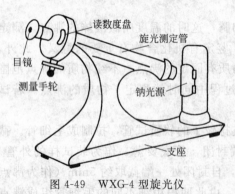

图4-49 WXG-4型旋光仪

国产WXG-4型旋光仪外形图和光路图如图4-49和图4-50所示。由光源发出的光，经聚光镜、滤色镜、起偏器变为平面偏振光再经半荫片呈现三分视场。当通过含有旋光性物质的旋光测定管时，偏振面发生旋转，光线经检偏器、物镜、目镜组，通过聚焦手轮可清晰看到三分视场，再通过转动测量手轮使三分视场明暗程度一致。此时就可以从放大镜读出读数度盘游标上的旋转角度——旋光度。光路图中起偏器和检偏器的作用见图4-51，当两个偏振片的方向平行时（a），偏振光可通过检偏器，当互为垂直时（b），则被阻挡视野呈全黑。

在旋光仪中设计了三分视场的装置，其调节原理如下：

由于肉眼对视场明暗程度的判断不够灵敏，所以在旋光仪中设计一种三分视场的装置。在起偏器后面的中部安装一狭长的石英片，宽度约为视场的1/3。因石英有旋光性，通过石英片的偏振光被转了一个角度 ϕ，见图4-52。图中 OA 为偏振光的振动面，OC 为偏振光通

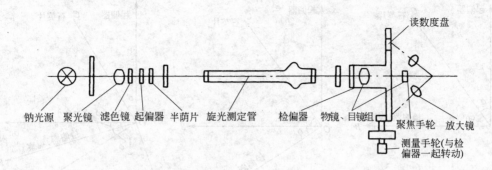

图 4-50 WXG-4 型旋光仪光路图

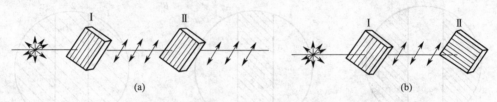

图 4-51 起偏器（Ⅰ）和检偏器（Ⅱ）的作用

过石英片后的振动面，OB 为检偏器的透射面。光强 I 与光波振幅 E 的平方成正比，$I \propto E^2$。如果偏振光振动方向与检偏器透射面方向不一致，则 $I \propto (E\cos\theta)^2$，$\theta$ 为两个方向之夹角。例如偏振光振动面 OA 方向和检偏器的透射面 OB 方向相垂直，$\angle AOB=90°$，$I_1 \propto (E\cos 90)^2=0$，而 $\angle COB=90-\phi$，$I_2 \propto [E\cos(90-\phi)]>0$，所以从检偏器后面看到的视场中石英片稍亮而两旁是暗的，出现三分视场〔图 4-52(a)〕。当检偏器转过 ϕ 角使 $\angle COB=90°$，则

$$I_2=0, \angle AOB=90+\phi, I_1 \propto [E\cos(90+\phi)]^2>0$$

故在检偏器后面看到的为另一三分视场：石英片无光而两旁稍亮〔图 4-52(b)〕。只有当检偏器转到 $\angle AOB=90°+\dfrac{\phi}{2}$ 的位置，此时

$$\angle COB=90-\frac{1}{2}\phi, I_1 \propto \left[E\cos\left(90+\frac{\phi}{2}\right)\right]^2, I_2 \propto \left[E\cos\left(90-\frac{\phi}{2}\right)\right]^2$$

$I_1=I_2$，视场中 3 个区域明暗程度一致，三分视场消失，见图 4-52(c)。这一位置就是测定物质旋光度的调节标准。当检偏器再转过 $90°$ 使 $\angle AOB'=180°+\dfrac{\phi}{2}$ 时，因

$$\angle COB'=180-\frac{\phi}{2}, I_1 \propto \left[E\cos\left(180°+\frac{\phi}{2}\right)\right]^2, I_2 \propto \left[E\cos\left(180°-\frac{\phi}{2}\right)\right]^2$$

I_1 与 I_2 也相等，检偏器后面的目镜中又可观察到三分视场消失，但在这个位置视场很亮，不利于三分视场的观察和调节，故不能以此为标准测定旋光度。

五、折射率

折射率是有机化合物的重要常数之一。它是液体化合物的纯度标志，也可作为定性鉴定的手段。

某一物质的折射率随入射光线波长、测定温度、被测物质结构、压力等因素而变化，所

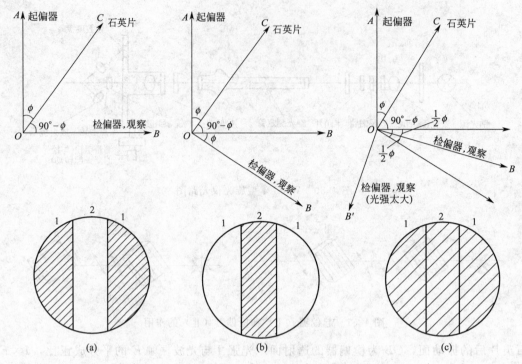

图 4-52 旋光仪三分视场图

以折射率的表示须注明光线波长 D，测定温度 t，常表示为 n_D^t，D 表示钠灯的 D 线波长（589.3nm）。

用于测定液体化合物折射率的仪器是 Abbe（阿贝）折射仪，其光学原理如下：

由于光在两个不同介质中的传播速度不相同，当光从一个介质进入另一个介质时，它的传播方向发生改变，这一现象称为光的折射，见图 4-53，根据折射定律，光线自介质 A 进入介质 B，入射角 α 与折射角 β 的正弦之比和两个介质的折射率成反比

$$\frac{\sin\alpha}{\sin\beta}=\frac{n_B}{n_A}$$

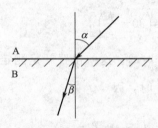

图 4-53 光的折射现象

当入射角 α 为 90°，$\sin\alpha=1$，此时折射角达到最大值，称为临界角，用 β_0 表示。通常测定折射率都是采用空气作为近似真空标准状态，即 $n_A=1$，上式成为 $n=1/\sin\beta_0$，由此可见，如果能测定临界角 β_0 就可以得到介质的折射率。

Abbe 折射仪的结构见图 4-54。

Abbe 折光仪的使用方法如下：

将折射仪恒温器接头接超级恒温槽，通入恒温水，使恒温于 (20.0±0.2)℃，打开棱镜，在镜面上滴 1～2 滴丙酮，用镜头纸擦干，然后用蒸馏水或已知折射率的标准折光玻璃块校正标尺刻度，校正完毕后开始测量。

测定操作如下：

① 测定时，将待测液体滴在洗净并擦干了的磨砂棱镜面上，旋转图 4-54 中的棱镜锁紧扳手，使液体均匀无气泡充满视场，如样品易挥发，可用滴管从棱镜间小槽滴入。

② 调节两反光镜使两个镜筒视场明亮。

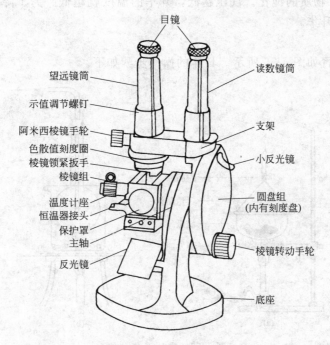

图 4-54　Abbe 折射仪

③ 转动棱镜，在目镜中观察到半明半暗现象，因光源为白光，故在界线处呈现彩色，此时可调节阿半西棱镜手轮使明暗清晰，然后再调节读数镜筒使明暗界线正好与目镜中"十"字线交点重合。从标尺上直接读取折射率 n_D，读数可至小数点后第四位。最小刻度是 0.001，可估计到 0.0001。数据的可重复性为 ±0.0001。

④ 测量糖溶液内含糖量时，操作同上。但测量结果应从读数镜视场左边所指示值读出糖溶液含糖量的百分数。

⑤ 若需测量不同温度时的折射率，可将超级恒温槽温度调节到所需测量温度，待恒温后即可进行测量。

⑥ 使用完毕，打开棱镜组，用丙酮洗净镜面，干燥，并用镜头纸擦净。

使用 Abbe 折射仪，最重要的是保护一对棱镜，不能用滴管或其他硬物碰及镜面，严禁腐蚀性液体、强酸、强碱、氟化物等的使用。当液体折射率不在 1.3000～1.7000 范围内时，则不能用阿贝折射仪测定。

第八节　分离操作技术

一、挥发分离法

挥发分离法是利用物质挥发性的差异分离共存组分的方法。它是将组分从液体或固体样品中转变为气相的过程，它包括升华、蒸发、蒸馏、分馏等，有时又称之为气态分离法。一般来说，在一定温度和压力下，当待测痕量组分或基体中某一种组分的挥发性和蒸气压足够大，而另一种小到可以忽略时，就可进行选择性挥发，达到定量分离的目的。

（一）升华

固态物质不经液态直接转变成气态，这种过程叫升华，可作为一种应用固-气平衡进行分离和纯化的方法。利用升华可除去不挥发性杂质，或分离不同挥发度的固体混合物。一般情况下，升华可得到纯度较高的产品，但是操作时间较长，损失也较大，在实验室里最适用于较少量（1~2g）物质的纯化。气压越低，升华的温度就越低。为了降低升华温度，可采取减压升华或真空升华。

1. 常压升华

常压升华的装置如图 4-55 所示。具体的操作步骤如下。

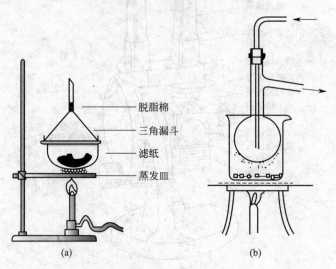

图 4-55　常压升华装置

（1）准备阶段　在蒸发皿中放置待升华的样品，上面覆盖一张有许多小孔的滤纸（最好在蒸发皿的边缘上先放置大小合适的用石棉纸做成的窄圈，用于支持滤纸）。然后将大小合适的玻璃漏斗倒盖在上面，漏斗的颈部塞有玻璃毛或脱脂棉团，以减少蒸气逃逸，但也不要塞得太紧以至于不通气。

（2）加热升华　在石棉网上渐渐加热蒸发皿（最好能用空气浴、砂浴或其他热浴），小心调节火焰，控制浴温低于被升华物质的熔点，使其慢慢升华，该过程切忌加热温度太高太快。蒸气通过滤纸小孔上升，冷却后凝结在滤纸上或漏斗壁上。必要时外壁可用湿滤纸或湿布冷却以促进结晶迅速形成。

（3）结束阶段　当蒸气减少，凝结速度显著降低时，停止加热。待仪器基本冷却后，取下玻璃漏斗和滤纸，小心收集结晶。测定结晶物质的熔点以判断其纯度。

较大量物质的升华可在烧杯中进行。烧杯上放置一个通冷水的烧瓶，使蒸气在烧瓶底部凝结成晶体，并附着在烧瓶底部，如图 4-55(b) 所示。

2. 减压升华

为了降低升华温度，可以采取减压升华或者真空升华。减压升华的装置如图 4-56 所示。具体的操作步骤如下：

（1）准备阶段　将待升华物质放在吸滤管中，然后把装有冷凝管的橡皮塞紧密地塞住管口。利用水泵或油泵减压，同时接通冷凝水（空气），冷凝水（空气）的接法如图 4-56 所示。注意不要在吸滤管中加入太多样品，要在冷凝管和样品层之间留有一定的距离。为了安全起见，在水泵或油泵连接处务必安装一个安全瓶。

（2）加热升华阶段　将吸滤管浸在油浴中加热到被升华物质的沸点左右，使之升华。在减压状态下，样品可在远远低于其正常沸点的温度下沸腾，因此无需把加热温度升高得太高，防止气化了的样品不凝结为固体，同时为了增强凝结，尽可能把冷凝水的流量开大。

（3）结束阶段　当蒸气减少，凝结速度显著下降时，停止加热。待仪器冷却后，打开安

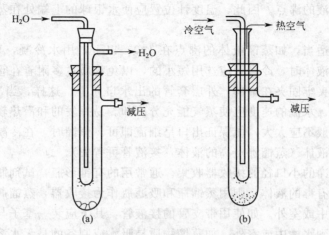

图 4-56 减压升华冷凝装置接法

全瓶上的二通活塞,使得系统接通大气。关闭水泵或者油泵,取下冷凝管,小心地将结晶收集起来。可以通过测定其熔点判断纯度。

减压升华所需时间较长,而且样品损失也较大。

3. 升华操作注意事项

(1) 升华温度一定要控制在固体化合物熔点以下。

(2) 被升华的固体化合物一定要干燥,如果有溶剂存在,则会影响升华后固体的凝结。

(3) 滤纸上的孔径应该尽量大一些,以便于蒸气上升时顺利通过滤纸,并在滤纸的上面和漏斗中结晶,否则会影响晶体的析出。

(4) 减压升华时,停止抽滤时一定先打开安全瓶上的放空阀,再关水泵,否则循环水泵里的水会倒吸进入吸滤管中,造成实验失败。

(二) 常压蒸馏

液体混合物沸腾时,不同组分从液相逸出的能力不同,结果是易挥发组分在平衡气相中的含量高于其在原液相中的含量。也就是说,液体混合物沸腾后,如果将蒸气冷凝下来,那么易挥发组分就得到了富集,这个过程就是常压蒸馏。它是分离和纯化液态有机化合物最常用的方法之一。应用这一方法不仅能够把挥发性物质与不挥发性物质分离,还能够把沸点不同的液体混合物分离。

1. 常压蒸馏装置

实验室中常压蒸馏操作所用的仪器主要包括蒸馏烧瓶(也可以用烧瓶和蒸馏头组装)、冷凝管和接收器三大部分,如图 4-57 所示。可以直接购买全玻璃成套蒸馏装置,也可以自行组装。

蒸馏瓶是最常用的容器,其选用取决于蒸馏的液体体积。蒸馏的液体体积一般不少于蒸馏瓶容量的1/3,不多于2/3。如果装入液体太多,加热沸腾时,液体可能冲出支管口;反之,蒸馏结束时,会有较多的液体残留在瓶内,以致损失过大。

蒸馏时,温度计水银球部分必须被蒸气包围

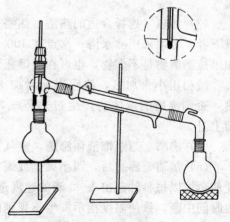

图 4-57 蒸馏装置

才能正确测定蒸馏液的沸点。因此，温度计位置应使水银球的上端处在蒸馏瓶支管底边的水平线上。

冷凝管应选择适当，如蒸馏液体的沸点在140℃以下，用水冷凝，140℃以上，则用空气冷凝。蒸馏少量液体时，冷凝管应选用短小的，以免物质过多附着在管壁，造成损失。

冷凝管应用铁夹牢固夹在中部，外层套管的出水口向上。这样，当冷水从下端通入时，能使冷凝管充满水。水流的速度应使蒸气能充分冷却。易挥发的和潜热较大的物质，水流速度可适当放大，一般不应太大，能保证出口呈细流即可。蒸馏时，在冷凝管的末端安装一个接液管，便于接收液体（蒸馏沸点高的液体，接液管可省去）。

馏出液要用干净的小口径的接收器收集。通常用的有锥形瓶，试剂瓶，吸滤瓶等。如果接收易挥发易燃或有毒的液体，则用蒸馏瓶和吸滤瓶作为接收器，蒸馏瓶和吸滤瓶支管上接一橡皮管通到水槽中或室外。如使用带支管的接液管，其下应装一塞子与锥形瓶相连，直管上接一橡皮管，通到水槽中或室外。如蒸馏物质易吸水或制备的是无水溶剂，则用带支管的接液管，在其支管上装一干燥管与大气相通，防止水汽侵入。蒸馏低沸点易燃液体时（如乙醚），不能用明火加热，应用预热的水浴或加热套加热。

选择好合适规格的仪器，然后安装。其顺序是一般从热源开始，由下而上，由左到右。据热源高度，夹好蒸馏瓶。安放冷凝管时，要先接好通冷凝管的橡皮管，调整它的高度和位置，使与蒸馏瓶的支管同轴，然后松开夹冷凝管的铁夹，使冷凝管沿此轴移动和蒸馏瓶相连，这样才不致折断蒸馏瓶的支管。最后再接上接液管，接收器和温度计，整套装置要求正确，塞子连接要紧密，无论从正面还是从侧面观察，各个仪器的轴线都应在同一平面内，所有的铁夹和铁台都应在仪器的背后。

2. 常压蒸馏的操作

(1) 加料　通过玻璃漏斗将待蒸馏液体小心加入蒸馏瓶中，切勿将待蒸馏液体倒入蒸馏瓶的支管中，以免污染馏出液。在蒸馏瓶中加入几粒沸石或毛细管以消除液体在加热时出现的过热现象，使液体在均匀的状态下沸腾，避免暴沸现象发生。然后在蒸馏瓶上塞上带温度计的橡皮塞。

(2) 调整装置　接通冷凝水，冷凝管的下口为进水口，上口为出水口。通常被蒸馏物沸点在140℃以下时用水冷凝器，高于140℃时用空气冷凝器。蒸馏高度挥发性和易燃液体（如乙醚）时，选用较长的冷凝器，使蒸气充分冷凝。检查仪器的连接处是否紧密，保证不漏气。

(3) 加热　选择合适的热浴，热浴方式应根据待蒸馏液体的沸点来选择。沸点在100℃以下者，必须采用沸水浴；沸点在100～250℃者，应采用油浴；沸点再高者，可采用砂浴；如果被蒸馏物是不燃物，也可在蒸馏瓶下放置一块石棉网，直接用火加热。

最初用小火加热，然后逐渐增加火力。加热时切勿对未被液体覆盖的蒸馏烧瓶壁加热，否则沸腾的液体将产生过热蒸气，使温度计所示温度高于沸点温度。此时，蒸气逐渐上升。

(4) 沸腾　当蒸馏液体沸腾，蒸气到达温度计水银球部位时，温度计指示会急剧上升。

(5) 蒸馏　沸腾后，调小火焰或调节加热电炉的电压，使加热速度略下降。调节加热速度使蒸馏以每秒钟蒸出1～2滴的速度进行。蒸馏速度不能太慢，否则水银球周围的蒸气会短时间中断，致使温度指示发生不规则的变动，影响读数的准确性。蒸馏速度也不宜太快，否则温度计响应较慢，同样也易使读数不准确；同时由于蒸气带有较多的微小液滴，会使馏出液组成不纯。记下第一滴馏出液的温度。

接收前馏分（也称馏头，是指沸点比所需馏分沸点低的那部分物质），同时观察温度计指示。

待达到所需馏分的温度时，记下此温度，同时换另一接收容器进行接收。如果馏出液的沸点较低，为避免挥发，应将接收容器放在冷水浴或冰水浴中冷却。

（6）蒸馏结束　当所需沸程的液体都蒸出后，记下此温度。切记，即使高沸点杂质含量极少，也不要蒸干，以免发生意外事故。

停止加热，撤去热浴。按装置安装的相反顺序拆卸仪器。注意！为防止温度计因骤冷发生炸裂，拆下的热温度计不要直接放到桌面上，而应放在石棉网上。

（三）水蒸气蒸馏

水蒸气蒸馏也是分离和提纯有机化合物的一个方法。采用水蒸气蒸馏来分离和提纯有机化合物时，被分离和提纯的物质必须与水不起反应，不溶或微溶于水，在100℃左右时蒸气压不能太小（一般不小于1.33×10^3 Pa）。当不溶于水的物质与水加热到某一温度时，根据道尔顿分压定律，在这个温度，整个体系的蒸气压应为各组分蒸气分压之和，即 $p = p_1 + p_2$，其中 p 代表体系的蒸气压，p_1 为水的蒸气压，p_2 为有机物的蒸气压。当体系加热到 p 等于外界大气压时，就开始沸腾，有机物就随同水一起蒸馏出来。显然，这时的温度比水或有机物单独存在时的沸点低。这样，用水蒸气蒸馏的方法可以在常压下把有机物在低于沸点的温度蒸馏出来。随同水一起蒸馏出来的有机物的量就可用下式算出：

$$W_2/W_1 = (M_2 p_2)/(M_1 p_1)$$

式中　W_2——馏出物中有机物的质量；

W_1——馏出物中水的质量；

M_2——有机物的分子量；

M_1——水的分子量；

p_2——在蒸馏温度时有机物的蒸气压（近似从大气压力与在蒸馏温度时水的蒸气压力之差算出）；

p_1——在蒸馏温度时水的蒸气压力。

例如，苯胺（沸点184.4℃）和水的混合物，用水蒸气蒸馏时在98.4℃沸腾，在这个温度时，水的蒸气压是 9.57×10^4 Pa（718mmHg），苯胺的蒸气压是 5.60×10^3 Pa（42mmHg=760mmHg−718mmHg），苯胺的分子量为98，水的分子量为18，所以馏出物中苯胺和水的质量比是：

$$W_2/W_1 = (98 \times 42)/(18 \times 718) = 1/3.3$$

也就是，当有3.3g水蒸馏出来时，就有1g苯胺同时蒸馏出来。实际上，完全不溶于水的物质是没有的，因此，上面的结果是近似的。

水蒸气蒸馏常用于以下几种情况：

① 混合物中含有大量固体，用一般的蒸馏，过滤，提取和重结晶都难以分离。例如，把苯胺从硝基苯还原后的混合物中分离出来。

② 混合物中含有焦油或树脂状物质，用一般的蒸馏，过滤，提取和重结晶都难以分离，例如，把邻硝基苯酚从苯酚的硝化产物中分离出来。

③ 有机物的沸点较高，在这个温度直接蒸馏会引起有机物的分解。

④ 反应副产物或过剩的原料可随水蒸气的挥发而使之与不随水蒸气挥发的主要产品分开。

如果有机物与水反应，或在100℃左右时的蒸气压大小，或有机物易溶于水，这时都不能用水蒸气蒸馏的方法来分离和提纯。

1. 水蒸气蒸馏装置

常用的水蒸气蒸馏装置,它包括水蒸气发生器、蒸馏瓶、冷凝器和接收器四个部分,如图 4-58 所示。

水蒸气导出管与蒸馏部分导管之间由一个 T 形管相联结,三者之间的距离越短越好,防止大量的蒸气冷凝。T 形管用来除去水蒸气中冷凝下来的水,有时在操作发生不正常的情况下,可使水蒸气发生器与大气相通。蒸馏的液体量不能超过其容积的 1/3。水蒸气导入管应正对烧瓶底中央,距瓶底约 8~10mm,导出管连接在一直型冷凝管上。

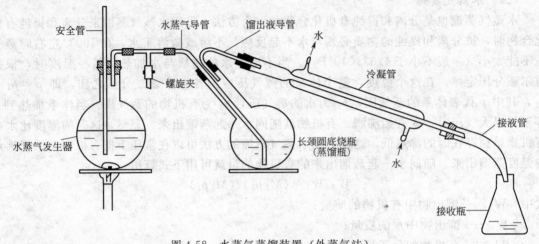

图 4-58 水蒸气蒸馏装置(外蒸气法)

2. 水蒸气蒸馏操作

(1) 加料 将待蒸馏物与少量水一起放入蒸馏瓶中,约为蒸馏瓶容量的 1/3。注意!为了防止蒸馏瓶中液体溅入冷凝管中,应该将蒸馏瓶的位置向水蒸气发生器倾斜 45°。

(2) 调整仪器 水蒸气发生器的盛水量为其容积的 3/4。将安全管插到贴近水蒸气发生器底部的位置。水蒸气导管的末端应弯曲,使之垂直地正对蒸馏瓶中央并接近瓶底。

接通冷凝水(如果随水蒸气挥发馏出的物质熔点较高,在冷凝管中易凝成固体堵塞冷凝管,可考虑改用空气冷凝管),并检查仪器各连接处是否紧密,保证其不存在漏气现象。打开螺旋夹。

(3) 加热 对水蒸气发生器进行加热,当有大量稳定水蒸气从 T 形管跑出时,将 T 形管上的螺旋夹拧紧,此时水蒸气会均匀进入蒸馏瓶。

为了避免水蒸气进入蒸馏瓶时大量凝结,必要时可以在蒸馏瓶下面放置一石棉网,对其进行小火加热。

(4) 蒸馏 控制加热速度,使蒸汽能够全部在冷凝管中冷凝下来。这时可以观察安全管的液面,如果上下跳动,即说明蒸馏平稳进行。

馏出速度一般控制在每秒钟 2~3 滴。必要时可以用冷水浴冷却接收器。

在蒸馏过程中,要经常检查安全管中的水位是否合适,如发现其突然升高,意味着有堵塞现象,应立即打开止水夹,移去热源,使水蒸气发生器与大气相通,避免发生事故(如倒吸),待故障排除后再行蒸馏。如发现 T 形管支管处水积聚过多,超过支管部分,也应打开止水夹,将水放掉,否则将影响水蒸气通过。

(5) 蒸馏结束 当蒸馏瓶中几乎无油状物时，打开 T 形管上的螺旋夹，使系统接通大气；移去水蒸气发生器的热源，停止加热。

注意！切勿先停止加热，否则蒸馏瓶中的液体会倒吸到水蒸气发生器中。

冷却后，按照安装仪器的相反顺序拆卸仪器。

（四）减压蒸馏

在常压下很多有机化合物沸点较高，不易蒸馏，或者蒸馏时发生分解，氧化，聚合等反应，因此蒸馏这些物质时就必须在减压下进行。当液体的蒸气压与外界大气压相等时，液体就沸腾，这时的稳定温度就是该液体在常压下的沸点。若降低蒸馏瓶内的压力，液体就会在较低的温度下沸腾（在这个温度时，液体的蒸气压与瓶内的压力相等），这样，该液体就可以在较低的温度下进行蒸馏。这种在较低压力下进行的蒸馏称为减压蒸馏。有机物的沸点和压力的关系可以从手册中或压力-温度经验曲线中查出。

应用此图可以估计一个化合物的沸点和压力的关系，即从某一压力下的沸点推算到另一压力下的沸点。

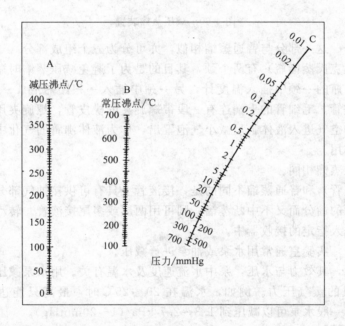

图 4-59 有机液体的沸点-压力的经验计算图

在应用图 4-59 时，可用一条小尺子，通过表中的两个数据，便可知道第三个数据。例如我们知道一个液体在常压时的沸点为200℃，那么如用水泵蒸馏，水泵的压力为 4kPa（30mmHg），要知道其沸点，我们可将尺子通过 B 的200℃点和 C 的 4kPa（30mmHg），便可看到小尺子通过直线 A 的点为100℃。即为这一液体在水泵为 4kPa（30mmHg）真空度的水泵抽气下，在 100℃ 左右蒸出。又如根据文献报告，某一化合物在真空度 40Pa（0.3mmHg）点上，则可以看到尺子通过 B 线的310℃，然后将尺子通过 B 线的310℃及 C 线的133Pa（1mmHg），则尺子与 A 线的125℃相交，这便是指这一化合物如用真空度为 133Pa（1mmHg）的油泵蒸馏，将在125℃沸腾。

1. 减压蒸馏装置

常用的减压蒸馏系统可分为蒸馏、抽气以及保护和测压装置三部分，如图 4-60 所示。

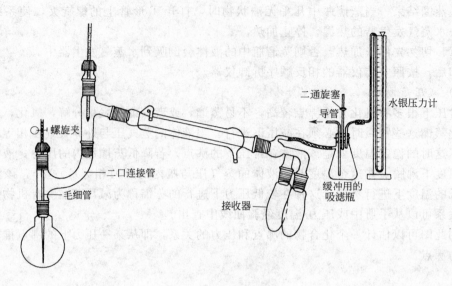

图 4-60 减压蒸馏装置

(1) 蒸馏部分　这一部分与普通蒸馏相似，亦可分为三个组成部分。

减压蒸馏瓶（克氏蒸馏瓶）有两个颈，其目的是为了避免减压蒸馏时瓶内液体由于沸腾而冲入冷凝管中，瓶的一颈中插入温度计，另一颈中插入一根距瓶底 1~2mm 的末端拉成细丝的毛细管的玻管。毛细管的上端连有一段带螺旋夹的橡皮管，螺旋夹用以调节进入空气的量，使极少量的空气进入液体，呈微小气泡冒出，作为液体沸腾的气化中心，使蒸馏平稳进行，又起搅拌作用。

冷凝管和普通蒸馏相同。

接液管（尾接管）和普通蒸馏不同的是，接液管上具有可供接抽气部分的小支管。蒸馏时，若要收集不同的馏分而又不中断蒸馏，则可用两尾或多尾接液管。转动多尾接液管，就可使不同的馏分进入指定的接收器中。

(2) 抽气部分　实验室通常用水泵或油泵进行减压。

用水泵减压时，其效力与水压，泵中水流速度及水温有关。用水泵减压所能达到的压力不能低于当时水温的蒸气压力。例如，水温在 20~25℃ 时，最高只能达到 2.3~3.3 kPa（17~25mmHg）。一般水泵可以减压到 1.3~2.7 kPa（1~20mmHg）。

油泵的效能决定于油泵的机械结构以及真空泵油的好坏。好的油泵能抽至真空度为 13.3Pa。油泵结构较精密，工作条件要求较严。蒸馏时，如果有挥发性的有机溶剂，水或酸的蒸气，都会损坏油泵及降低其真空度。因此，使用时必须十分注意对油泵的保护。

为使蒸馏液受热均匀，要用加热套，水浴，油浴或沙浴等加热浴进行加热。克式蒸馏瓶内的圆球部分要浸入浴液 2/3，但不能碰到加热浴底部。在浴液中要插一温度计，以控制温度，一般浴液的温度比蒸馏液沸点高 20~30℃。

(3) 保护和测压装置部分　为了保护油泵必须在馏液接收器与油泵之间顺次安装冷阱和几个吸收塔。冷阱中冷却剂的选择随需要而定。吸收塔（干燥塔）通常设三个：第一个装无水 $CaCl_2$ 或硅胶，吸收水汽；第二个装粒状 $NaOH$，吸酸性气体；第三个装切片石蜡，吸烃类气体。实验室通常利用水银压力计来测量减压系统的压力。水银压力计又分开口式水银压力计和封闭式水银压力计。

2. 减压蒸馏的操作

(1) **前处理** 如果被蒸馏物中含有低沸点杂质，应先进行常压蒸馏，以除去低沸点物质。如果准备用油泵进行减压蒸馏，最好先用水泵减压蒸去低沸点物质，尽可能减少低沸点有机物损坏油泵。

(2) **加料** 将待蒸馏的液体通过玻璃漏斗加到克氏蒸馏瓶中。液体的量不要超过克氏蒸馏瓶容积的 1/2。液体量不要过多，否则在蒸馏时可能冲出或液体飞沫被蒸气带出。

(3) **调整仪器** 塞上带有毛细管的塞子，并保证仪器各部位连接紧密。为避免发生意外事故，在减压蒸馏状态下，沸点高于 140℃者，用空气冷凝管；沸点低于 140℃者，用直型水冷凝管。

(4) **减压** 旋紧旋夹，并打开安全瓶上的二通活塞，开泵抽气。如果用水泵抽气，则应将水开到最大流量。

(5) **检漏** 逐渐关闭安全瓶上的二通活塞，同时从压力计上观察系统所能达到的真空度。检查系统各连接处是否漏气。若漏气，应采取相应措施使各连接部位紧密。若系统达不到所需真空度，也应检查是否由于水泵或油泵本身的效率所限。

(6) **调压** 如果超过所需真空度，可以小心调节安全瓶上的二通活塞，使少量空气进入。如果真空度适宜，则不必调节二通活塞。

调节旋夹，使液体中有连续平稳的小气泡冒出，让连续平稳的小气泡作为蒸馏时的沸腾中心，与常压蒸馏时沸石所起的作用相同。切勿彻底关闭旋夹，以免发生暴沸或者出现其他意外事故。

(7) **加热** 选择合适的热浴方式，减压状态下，物质沸点在 100℃ 以下的，采用沸水浴；沸点在 100~250℃ 的，采用油浴；沸点更高的，可采用砂浴。

加热前检查克氏蒸馏瓶，保证其圆球部位至少应有 2/3 浸入浴液中，以保证受热均匀。然后进行加热，加热时切勿对未被液体覆盖的烧瓶壁或烧瓶颈加热，否则沸腾的液体将产生过热蒸气，使温度计所示温度高于沸点温度。

调节浴液温度，比蒸馏液体的沸点高约 20~30℃。

(8) **沸腾** 当蒸馏液体沸腾，蒸气到达温度计水银球部位时，温度计指示急剧上升。

(9) **蒸馏** 调小火焰或调节加热电炉电压，使加热速度略微下降。降低加热温度的目的是使水银球上凝聚的液滴和蒸气在温度上达到平衡。调节加热速度使蒸馏以每秒蒸出 1~2 滴的速度进行。蒸馏速度不能太慢，否则水银球周围的蒸气会短时间中断，致使温度指示发生不规则的变动，影响读数的准确性。蒸馏速度也不宜太快，否则温度计响应较慢，同样也易使读数不准确。

同时由于蒸气带有较多的微小液滴，会使馏出液组成不纯。记录第一滴馏出液的温度和压力。接收前馏分，同时观察压力和温度的变化。当达到所需馏分的沸点温度时，换另一个容器接收，并记录此时的温度和压力。

(10) **蒸馏结束** 当所需沸程的液体都蒸出后，记录此温度和压力。切记，即使高沸点杂质含量极少，也不要蒸干，以免发生意外事故。

停止加热，撤去热浴。待系统稍冷后，逐渐打开二通活塞，使系统与大气相通；松开旋夹，系统内压和大气压平衡后关闭水泵或油泵。

按照安装装置的相反顺序拆卸装置。注意！为防止温度计因骤冷发生炸裂，拆下的热温度计不要直接放到桌面上，而应放在石棉网上。

(五) 分馏

分馏和蒸馏一样，是分离和提纯液体有机化合物的常用方法。当液体混合物中的各组分的沸点相差不太大，普通蒸馏法难以精确分离时，用分馏柱将它们分离开的方法称为分馏法。精密的分馏设备能将沸点相差1～2℃的混合物分开。

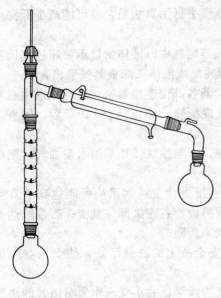

当加热液体混合物时，由于混合物中各组分的蒸气压不同，在某一温度下，当气相和液相达到平衡时，易挥发的组分的含量在气相中比在液相中多。因此，若将此蒸气冷凝成液体，此液体中易挥发的组分的含量就比原来的液体多。这就相当于在某温度下进行了一次蒸馏。将此冷凝的液体在某温度下再气化（气相与液相在此温度下达成平衡），蒸气冷凝成液体，在这第二次蒸气冷凝的液体中，易挥发的组分的含量又有所提高。如此反复到足够多的次数，最后就能将混合物分开。分馏实际是用分馏柱来进行的，在分馏柱内，由于柱外空气的冷却，所蒸馏的混合物的蒸气部分冷凝，在冷凝液中易挥发的组分的相对含量增加。当流下的液体与上升的蒸气相接触时，二者之间进行了交换，使易挥发的组分气化。难挥发的组分冷凝。如此反复，若分馏柱的分离效率足够高，蒸气达到分馏柱的支管

图 4-61 分馏装置

时就可以得到纯的易挥发组分。而冷凝回来留在烧瓶中的液体就是难挥发的组分。

1. 分馏装置

分馏装置与蒸馏装置基本相同。区别在于分馏装置仅在蒸馏装置的蒸馏瓶上方加装一个分馏柱，其他部分相同，如图 4-61 所示。

实验室经常使用的分馏柱有韦氏（Vcgreax）分馏柱、球形分馏柱和赫姆帕（Hempl）分馏柱，如图 4-62 所示。韦氏分馏柱的柱体由多组倾斜的刺状管组成，而后两种分馏柱可以填充填料以增加柱效率。常用的填料有短玻璃管、玻璃珠、瓷环或者由金属丝制成的圈状和网状填料。

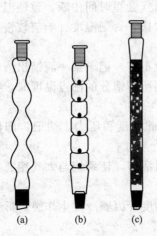

图 4-62 分馏柱
（a）球形分馏柱；（b）韦氏分馏柱；（c）赫姆帕分馏柱

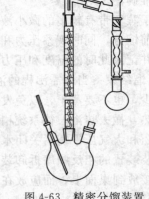

图 4-63 精密分馏装置

上述三种分馏柱的效率相对较低，如果分馏沸点相距很近的液体混合物，需要用精密分馏装置进行分离，如图4-63所示。精密蒸馏的分馏原理与一般分馏原理相同，采用电加热回流以及电控制保温装置。

分馏装置的安装方法、安装顺序与蒸馏装置的相同。在安装时，要注意保持烧瓶与分馏柱的中心线上下对齐，使"上下一条线"，不要出现倾斜状态。同时，将分馏柱用石棉绳、玻璃布或者其他保温材料进行包扎，外面可用铝箔覆盖以减少柱内热量的散失，削弱风与室温的影响，保持柱内适宜的温度梯度，提高分馏效率。要准备3～4个干燥的、清洁的、已知重量的接收瓶，以收集不同温度馏分的馏液。

2. 分馏操作

分馏操作和蒸馏操作基本相同。

将待分馏的混合物放入圆底烧瓶中，加入沸石数粒，装上分馏柱，并插上温度计。调整装置接通冷凝水，冷凝管的下口为进水口，上口为出水口。分馏柱的外围用石棉绳包住，以减少柱内热量的散发，减少风和室温的影响。

选择合适的热浴加热。液体沸腾后要注意调节浴温，使蒸气慢慢升入分馏柱，约10～15min后蒸气到达柱顶。在有馏出液滴出后，调节浴温使得蒸出液体的速率控制在每2～3s流出1滴，以便取得比较好的分馏效果。待低沸点组分蒸完后，再逐渐升高温度，当第二组分蒸出时会出现沸点的快速上升。

待所需馏分馏出后，即停止加热。关闭冷却水，取下接收器。按相反方向拆卸装置，并进行清洗和干燥。

进行分馏操作时，一定要控制好分馏的速度，维持恒定的馏速，要使相当数量的液体自分馏柱流回烧瓶，也就是要选择合适的回流比。尽量减少分馏柱的热量散失和柱温的波动。

（六）亚沸蒸馏

亚沸蒸馏是指液体在低于沸点条件下的表面蒸发，避免沸腾带出母液的蒸馏过程。由于其热源功率很小，使液体在沸点以下缓慢蒸发，故而不存在雾滴污染问题。

亚沸蒸馏技术经常用于制备高纯水，因为这样所得蒸馏水几乎不含金属杂质（超痕量），如表4-16所示。适用于配制除可溶性气体和挥发性物质以外的各种物质的痕量分析用试液。亚沸蒸馏器常作为最终的纯水器与其他纯水装置（如离子交换纯水器等）联用，所得纯水的电阻率高达16MΩ·cm以上。但应注意保存，一旦接触空气，在不到5min内可迅速降至2MΩ·cm。石英亚沸蒸馏水器既避免了玻璃杂质的污染，又因液相温度低于沸点。不致因沸腾而在蒸气中夹带水珠，使气液分离完全，水质极高，因此能大大降低空白值，从而能提高方法灵敏度和准确性。

表4-16　亚沸高纯水金属离子含量分析结果表

项目	Ca	Mg	Mn	Fe	Cu	Zn	Al	Co	Ni	Cr	Cd	Pb	Na
亚沸高纯水/(μg/L)	0.25	0.1	0.1	0.2	0.02	0.05	0.15	0.2	0.12	0.15	0.01	0.01	0.1

亚沸蒸馏器的结构如图4-64所示。

亚沸蒸馏技术不仅用于制取高纯水，还可以用来提纯液体试剂，比如制备特级纯盐酸、硫酸、硝酸、高氯酸、氨水等。

二、溶剂萃取与固相萃取

（一）溶剂萃取

液-液萃取分离法又称溶剂萃取分离法，简称萃取分离法。这种方法是利用与水不相混溶

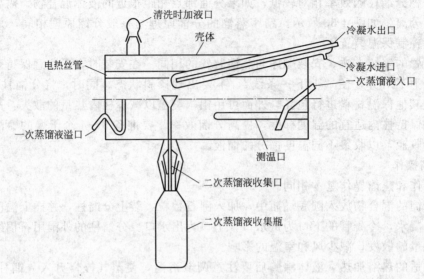

图 4-64 亚沸蒸馏器示意图

的有机溶剂同试液一起振荡,这时,一些组分进入有机相中,另一些组分仍留在水相中,从而达到分离富集的目的。萃取分离法设备简单,操作快速,特别是分离效果好,故应用广泛。缺点是费时,工作量较大;萃取溶剂常是易挥发、易燃和有毒的物质,所以应用上受到限制。

1. 液-液萃取分离操作

(1) 准备工作　选择比萃取剂和被萃取溶液总体积大一倍以上的分液漏斗,常见的分液漏斗有筒形分液漏斗、梨形分液漏斗、圆形分液漏斗,如图 4-65 所示。使用前,应该检查分液漏斗的盖子和旋塞是否严密。检查的具体方法是:先向分液漏斗中加入一定量的水,振摇,观察是否泄漏。切勿使用有泄漏的分液漏斗,否则会存在安全隐患。同时不要在盖子上涂油。

(a) 圆形分液漏斗　　　(b) 梨形分液漏斗　　　(c) 圆形分液漏斗

图 4-65 常用分液漏斗

(2) 加料　将被萃取溶液和萃取剂分别由分液漏斗的上口倒入(必要时可以使用玻璃漏斗加料),盖好盖子,此时分液漏斗里面液体分为两相。萃取剂的选择要根据被萃取物质在此溶剂中的溶解度而定,同时要易于和溶质分离开,最好用低沸点溶剂。一般来说,水溶性较小的物质可用石油醚萃取;水溶性较大的可用苯或乙醚;水溶性极大的用乙酸乙酯。

(3) 振摇　振摇分液漏斗使两相液层充分接触,此时液体混合为乳浊液。振摇操作的方法是:把分液漏斗倾斜,使漏斗的上口略朝下,然后用力振摇,如图 4-66(a) 所示,但是要绝对防止液体泄漏。

(4) 放气 振摇后，让分液漏斗仍保持上口朝下的倾斜状态，旋开旋塞，放出蒸气或者所产生的气体，使分液漏斗内外压力平衡，见图 4-66(b)。

(5) 重复振荡 重复振摇和放气数次。

(a) 振摇　　　　(b) 放气

图 4-66　分液漏斗的振摇及放气

(6) 静置 将分液漏斗放在铁环中，静置。静置是为了使不稳定的乳浊液分层，一般情况是静置 10min 左右，较难分层的需要静置更长时间。静置后液体分为清晰的两层。

在萃取时，常常会出现乳化现象，从而影响分离。可以采取一些方法破坏乳化：

① 静置更长时间。

② 轻轻旋摇分液漏斗，加速分层。

③ 如果因为两种溶剂（水与有机溶剂）部分互溶而发生乳化，可以加入少量电解质（比如 NaCl），利用盐析作用加以破坏；如果因为两相密度差较小而发生乳化，可以加入电解质以增加水相密度。

④ 如果因为溶液呈碱性而出现乳化，可以加入少量的稀盐酸或者采用过滤等方法予以消除。

⑤ 还可以根据不同情况，加入乙醇、磺化蓖麻油等物质来消除乳化。

(7) 分离 液体分成清晰的两层后，就可以进行分离。分离液层时，下层液体应经旋塞放出，上层液体应从上口倒出。注意不要把上层液体也从旋塞放出，否则会被附着在漏斗旋塞下面颈部的残液玷污。

(8) 合并萃取液 分离出的被萃取溶液再按照上述方法进行萃取，萃取的次数取决于分配系数的大小，一般为 3~5 次。将所有萃取液合并，加入适量的干燥剂进行干燥。

(9) 蒸馏 将干燥过的萃取液加到蒸馏瓶中，使溶剂蒸发，即得到萃取产物。对于容易热分解的产物，应该进行减压蒸馏。

2. 固体试样萃取分离操作

在实验室里，从固体物质中萃取所需要的成分，通常是在如图 4-67 所示的索氏提取器（也叫脂肪提取器）中进行的。它利用溶剂回流及虹吸原理，使固体物质每次都能为纯的溶剂所浸润、萃取，因而效率较高。

萃取前先将固体物质研细以增加液体浸溶面积，再装进一端用线扎好的滤纸筒里，轻轻压紧，再盖上一层直径略小于纸筒的滤纸片，以防止固体粉末漏出堵塞虹吸管。滤纸筒上口向内叠成凹形，滤纸筒的直径应略小于萃取器的内径，以便于取放。筒中所装的固体物质的高度应低于虹吸管的最高点，使萃取剂能充分浸润被萃取物质。

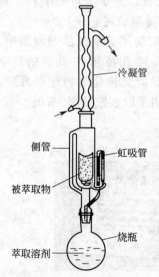

图 4-67　索氏提取器

将装好了被萃取固体的滤纸筒放进萃取器中，萃取器的下端与盛有溶剂的圆底（或平底）烧瓶相连，上端接回流冷凝管。加热烧瓶使溶剂沸腾，蒸气沿侧管上升进入冷凝管，被冷凝下来的溶剂不断地滴入滤纸筒的凹形位置。当萃取器内溶剂的液面超过虹吸管的最高点时，因虹吸作用萃取液自动流入圆底烧瓶中并再度被蒸发。如此循环往复，被萃取的成分就会不断地被萃取出来，并在圆底烧瓶中浓缩和富集，这个过程大约需要2～5h。然后用其他方法分离纯化。

（二）固相萃取

固相萃取就是利用固体吸附剂将液体样品中的目标化合物吸附，与样品的基体和干扰化合物分离，然后再用洗脱液洗脱或加热解吸附，达到分离和富集目标化合物的目的。固相萃取被日趋认为是一个非常有用的样品处理技术，专门用来进行分析前的样品纯化和浓缩。使用固相萃取法能避免液-液萃取所带来的许多问题，比如，易于乳化，不完全的相分离，较低的定量分析回收率，昂贵易碎的玻璃器皿和大量的有机废液。与液相萃取相比，固相萃取更有效，容易达到定量萃取，快速和自动化，同时也减少了溶剂用量和工作时间。固相萃取通常是用于液体样品的准备和不易或不挥发样品的萃取，但是也用于能预先提取到溶液里的固体样品。固相萃取产品对样品的萃取，浓缩和净化都非常好。

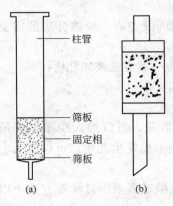

图 4-68　固相萃取小柱
(a) 普通固相萃取小柱；
(b) 针头型小柱

1. 固相萃取的装置与固定相

最简单的固相萃取装置就是一根直径为数毫米的小柱（图4-68），小柱可以是玻璃的，也可以是聚丙烯、聚乙烯、聚四氟乙烯等，还可以是不锈钢制成的。小柱下端有一孔径为 $20\mu m$ 的烧结筛板，用以支撑吸附剂。如自制固相萃取小柱没有合适的烧结筛板时，也可以用填加玻璃棉来代替筛板，起到既能支撑固体吸附剂，又能让液体流过的作用。在筛板上填装一定量的吸附剂（100～1000mg，视需要而定），然后在吸附剂上再加一块筛板，以防止加样品时破坏柱床（没有筛板时也可以用玻璃棉替代）。

固相萃取装置的另一种形式为盘式萃取器，它与膜过滤器十分相似。盘式萃取器是含有填料的纯聚四氟乙烯圆片，或载有填料的玻璃纤维片。填料约占盘总量的60%～90%，盘的厚度约1mm。柱和盘式萃取器的主要区别在于床厚度与直径之比。对于等重的填料，盘式萃取的截面积比柱式萃取大10倍，因而允许液体试样以较高的流量流过。

很多公司还研制开发了很多固相萃取的专用装置，使固相萃取使用起来更加方便简单。为了能使多个固相萃取小柱同时进行抽真空，Supelco公司提供了12孔径和24孔径的真空多歧管装置，可同时处理多个固相萃取小柱（图4-69）。我国中科院大连化学物理研究所，国家色谱研究分析中心也研制开发了真空固相萃取装置。成品固相萃取装置见图4-70。

图 4-69　真空固相萃取装置

图 4-70　成品固相萃取装置

鉴于固相萃取实质上是一种液相色谱的分离，故原则上讲，可作为液相色谱柱填料的材料都可用于固相萃取。但是，由于液相色谱的柱压可以较高，要求柱效较高，故其填料的粒度要求较严格，过去常用 10μm 粒径填料，现在高效柱多用 5μm 填料，甚至用了 3μm 的填料（随着 HPLC 泵压的提高，填料的粒径在逐渐减小）。对填料的粒径分布要求也很窄。固相萃取柱上所加压力一般都不大，分离的目的只是把目标化合物与干扰化合物和基体分开即可，柱效要求一般不高，故作为固相萃取吸附剂的填料都较粗，一般在 40μm 即可用，粒径分布要求也不严格，这样可以大大降低固相萃取柱的成本。常用于固相萃取的固定相类型及用途参见表 4-17。

表 4-17 固相萃取的常用固定相类型及用途

固定相类型	表面特征	应用
LC-18	硅胶键合十八烷基，键端处理过	反相萃取，适合于非极性到中等极性的化合物。比如，抗生素、巴比妥酸盐、咖啡因、脂溶性维生素、碳水化合物、苯酚、邻苯二甲酸酯、茶碱等
ENV1 TM-18	硅胶键合十八烷基，键端处理过	反相萃取，适合于非极性到中等极性的化合物。如，抗生素、咖啡因、芳香油、脂溶性维生素、杀菌剂、除草剂、苯酚等
LC-CN	硅胶上键合丙氰基烷，键端处理过	反相萃取，适合于中等极性化合物 正相萃取，适合于极性化合物，如抗生素、染料、黄曲霉毒素、除草剂、苯酚、类固醇，弱阳离子交换萃取，适合于碳水化合物和阳离子化合物
LC-NH₂	硅胶上键合丙氨基	正相萃取，适合于极性化合物，弱阴离子交换萃取，适合于碳水化合物、弱阴离子和有机酸
LC-SAX	硅胶上键合有卤化季铵盐	强阴离子交换萃取，适合于阴离子、有机酸、核酸、核苷酸、表面活性剂
LC-SCX	硅胶上接磷酸钠盐	强阳离子交换萃取，适合于阳离子、抗生素、有机酸、氨基酸、儿茶酚胺、除草剂、核酸、表面活性剂

注：硅胶填料颗粒大小为 40μm，孔径大小为 6nm。

2. 固相萃取操作过程

固相萃取的一般操作程序如下。

(1) 活化吸附剂 在萃取样品之前要用适当的溶剂淋洗固相萃取小柱，以使吸附剂保持湿润，可以吸附目标化合物或干扰化合物。不同模式固相萃取小柱活化用溶剂不同。

① 反相固相萃取所用的弱极性或非极性吸附剂，通常用水溶性有机溶剂，如甲醇淋洗，然后用水或缓冲溶液淋洗。也可以在用甲醇淋洗之前先用强溶剂（如己烷）淋洗，以消除吸附剂上吸附的杂质及其对目标化合物的干扰。

② 正相固相萃取所用的极性吸附剂，通常用目标化合物所在的有机溶剂（样品基体）进行淋洗。

③ 离子交换固相萃取所用的吸附剂，在用于非极性有机溶剂中的样品时，可用样品溶剂来淋洗；在用于极性溶剂中的样品时，可用水溶性有机溶剂淋洗后，再用适当 pH 值的，并含有一定有机溶剂和盐的水溶液进行淋洗。

为了使固相萃取小柱中的吸附剂在活化后到样品加入前能保持湿润，应在活化处理后在吸附剂上面保持大约 1mL 活化处理用的溶剂。

(2) 上样 将液态或溶解后的固态样品倒入活化后的固相萃取小柱，然后利用抽真空（图 4-71），加压（图 4-72）或离心（图 4-73）的方法使样品进入吸附剂。

(3) 洗涤和洗脱 在样品进入吸附剂，目标化合物被吸附后，可先用较弱的溶剂将弱保留干扰化合物洗掉，然后再用较强的溶剂将目标化合物洗脱下来，加以收集。淋洗和洗脱同前所述，可采用抽真空、加压或离心的方法使淋洗液或洗脱液流过吸附剂。

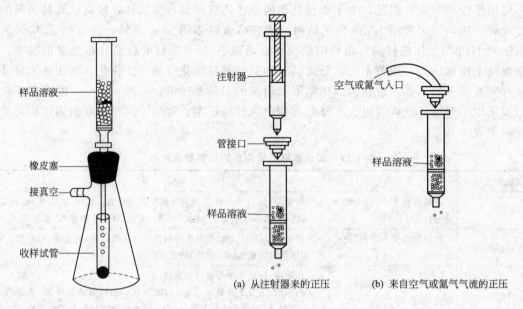

图 4-71 固相萃取操作（抽真空）　　　　图 4-72 固相萃取操作（加压）

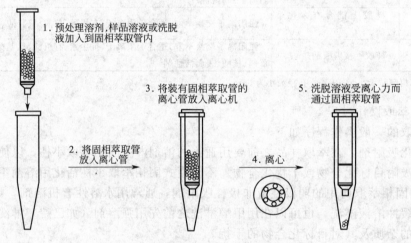

图 4-73 固相萃取操作（用离心机处理）

如果在选择吸附剂时，选择对目标化合物吸附很弱或不吸附，而对干扰化合物有较强吸附的吸附剂时，也可让目标化合物先淋洗下来加以收集，而使干扰化合物保留（吸附）在吸附剂上，两者得到分离。在多数的情况下是使目标化合物保留在吸附剂上，最后用强溶剂洗脱，这样更有利于样品的净化。图 4-74 给出了固相萃取所采用的一般程序示意图。

三、色谱分离法

色谱分离法（又称层析法）是一种高效的物理分离方法，它按固定相的形式划分，可以分成柱色谱，纸色谱和薄层色谱。这里介绍这三类色谱的操作技术。

（一）柱色谱

1. 柱色谱装置

柱色谱装置包括色谱柱（如图 4-75 所示）、滴液漏斗、接收瓶，其中色谱柱有玻璃材料和有机玻璃材料两种，后者只用于水作为洗脱剂的场合。色谱柱下端配有旋塞，色谱柱的长

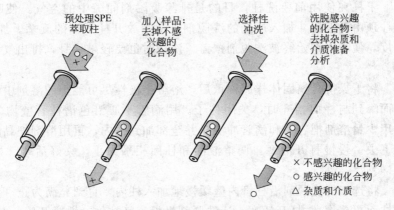

图 4-74 固相萃取的一般程序示意图

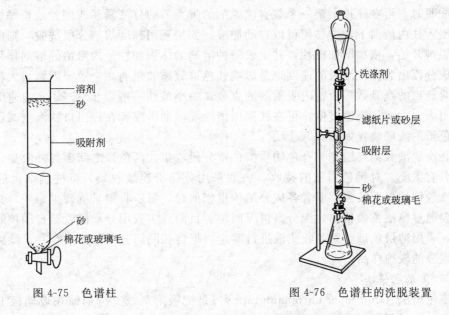

图 4-75 色谱柱　　　　图 4-76 色谱柱的洗脱装置

径比应不小于（7~8）：1。如果没有色谱柱，也可以用滴定管代替。

2. 分离操作

（1）装柱　色谱柱的装填有干装和湿装两种方法。

① 干装　干装时，先在柱底塞上少许玻璃纤维（或者脱脂棉），再加入一些细粒石英砂，然后将准备好的吸附剂填料（粒径 100~200 目）用漏斗慢慢加入干燥的色谱柱中，边加入边敲击柱身，务必使吸附剂装填均匀，不能有空隙。吸附剂用量应是被分离混合物量的 30~40 倍，必要时可多达 100 倍。填装完毕之后，在吸附剂表面铺一层滤纸或者一薄层石英砂，以避免加洗脱剂时吸附剂被冲起。干法装柱适用于粗颗粒吸附剂的装填。

② 湿装　湿装时，将准备好的吸附剂用适量洗脱剂调成可流动的糊，同干装时一样准备好色谱柱，将吸附剂糊小心地慢慢加入柱中，加入时不停敲击柱身，务必使吸附剂装填均匀，不能有气泡和裂隙，还必须使吸附剂始终被洗脱剂覆盖。另外一种湿装方法是先将洗脱剂加入色谱柱，将下端活塞稍微旋开，同时将吸附剂缓缓加入柱内，加入的速度不宜太快，以免带入气泡。可以轻轻振动色谱柱，使带入的气泡从上部排出，并使填充均匀。湿法装柱适合于细颗粒吸附剂的装填。

(2) 洗柱　干柱在使用前要洗柱，目的是排除吸附剂间隙中的空气，使吸附剂填充密实。洗柱时从柱顶由滴液漏斗加入所选的洗脱剂，适当放开柱下端的旋塞。加入时先快加，再放慢滴加速度，使吸附剂始终被洗脱剂覆盖。洗柱时也要轻敲柱身，排出气泡。液面要始终高于吸附剂。

(3) 装样　将干燥待分离固体样品称重后，溶解于极性尽可能小的溶剂中使之成为浓溶液。将柱内液面降到与柱面相齐时，关闭柱子。用滴管小心沿色谱柱管壁均匀地加到柱顶上。加完后，用少量溶剂把容器和滴管冲洗净并全部加到柱内，再用溶剂把黏附在管壁上的样品溶液淋洗下去。慢慢打开活塞，调整液面和柱面相平为止，关好活塞。如果样品是液体，可直接加样。

(4) 洗脱　将选好的洗脱剂沿柱管内壁缓慢地加入柱内，直到充满为止（注意，任何时候都不要冲起柱面覆盖物）。打开活塞，让洗脱剂慢慢流经柱体，洗脱开始。在洗脱过程中，注意随时添加洗脱剂，以保持液面的高度恒定，特别应注意不可使柱面暴露于空气中。在进行大柱洗脱时，可在柱顶上架一个装有洗脱剂的带盖塞的分液漏斗或倒置的长颈烧瓶，让漏斗颈口浸入柱内液面下，这样便可以自动加液。如果采用梯度溶剂分段洗脱，则应从极性最小的洗脱剂开始，依次增加极性，并记录每种溶剂的体积和柱子内滞留的溶剂体积，直到最后一个成分流出为止。洗脱的速度也是影响柱色谱分离效果的一个重要因素。大柱一般调节在每小时流出的毫升数等于柱内吸附剂的克数。中小型柱一般以 1~5 滴/s 的速度为宜。如果因柱阻力太大而使流速过低，可在柱顶用惰性气体加压或者在柱出口抽真空减压以加快流速。柱色谱的洗脱装置如图 4-76 所示。

(5) 洗脱液收集与检测　有色物质按色带分段收集，两色带之间要另外收集，因为可能是两组分有重叠。对无色物质的接收，一般采用分等份连续收集，待洗脱结束后再统一鉴别。若洗脱剂的极性较强，或者各成分结构很相似时，每份收集量就要少一些，具体数额的确定，要通过薄层色谱检测，视分离情况而定。目前，多数用分步接收器自动控制接收。洗脱完毕，采用薄层色谱法对各收集液进行鉴定，把含相同组分的收集液合并，除去溶剂，便得到各组分的较纯样品。

(二) 薄层色谱法

薄层色谱法（thin layer chromatography）是把吸附剂或支持剂铺在玻璃板上，将样品点在其上，然后用溶剂展开，使样品中各个组分相互分离的方法。这是一种简便、快速、微量的分离分析技术，其应用范围非常广泛。

1. 薄层板的制备

(1) 薄层色谱用的吸附剂和支持剂　薄层吸附色谱的吸附剂最常用的是氧化铝和硅胶；分配色谱的支持剂为硅藻土和纤维素。硅胶是无定形多孔性物质，略具酸性，适用于酸性物质的分离和分析。薄层色谱用的硅胶分为："硅胶 H"——不含黏合剂；"硅胶 G"——含煅石膏黏合剂；"硅胶 HF254"——含荧光物质，可用于波长为 254nm 紫外光下观察荧光；"硅胶 GF254"——既含煅石膏又含荧光剂等类型。与硅胶相似，氧化铝也因含黏合剂或含荧光剂而分为氧化铝 G、氧化铝 GF254 及氧化铝 HF254。黏合剂除上述的煅石膏（半水合硫酸钙 $2CaSO_4 \cdot H_2O$）外，还可用淀粉、羧甲基纤维素钠。

薄层吸附色谱与柱吸附色谱一样，化合物的吸附能力与它们的极性成正比，具有较大极性的化合物吸附较强，因而 R_f 值较小。因此利用化合物极性的不同，用硅胶和氧化铝薄层色谱可将一些结构相近或顺、反异构体分开。

薄层板制备的好坏直接影响色谱的结果。薄层应尽量均匀且厚度（0.25~1mm）要固定。否则，在展开时前沿不齐，色谱结果也不易重复。

(2) 薄板的选择 最常用的薄板是玻璃板，其大小规格可根据样品量、组分的数目多少和展开的方式来确定。一般情况是，待分离组分总量在0.5~1g左右，可采用400mm×350mm的薄板1~3块即可。预试或定性鉴定，用单项展开时，多用200mm×50mm，200mm×25mm或75mm×25mm的载玻片。如果用于双向展开或小量制备时，一般采用200mm×200mm或400mm×200mm的大板。玻璃板要求平整、光滑、干净。

(3) 吸附剂的涂铺方法

① 干铺法 干铺法就是将吸附剂颗粒或粉末均匀地平铺在玻璃板上的方法，所制得薄板称为干板（软板）。干板用的吸附剂粒度，一般为150~200目左右。详细的涂铺方法是，把玻璃板平放在平台上或实验台面上，先将吸附剂大致平摊在玻板上，然后两手握住一根带有两个套圈的粗玻璃棒，按照图4-77所示方向推动，把多余的吸附剂除去，便可得到一块均匀的薄板。玻棒套圈可以用塑料管或胶布等制成。两个套圈的厚度和距离，便是薄层的厚度和宽度。用作定性或定量分析用的薄层厚度一般为0.25~0.5mm，制备用的薄层厚度一般为1~3mm（此法也可用于制备大块湿板）。

② 湿铺法 湿铺法就是用一定的溶剂先将吸附剂调成糊状，然后再将糊状物均匀地铺在薄板上的方法。湿板（硬板）用的硅胶、氧化铝一般为200~300目左右，聚酰胺、纤维素一般为160~200目。湿铺法的操作步骤如下：

a. 调糊 调糊的方法随着材料的不同和黏合剂的不同而有所不同。

用石膏作为黏合剂的吸附剂，如硅胶G、氧化铝G、硅胶GF254，或不含黏合剂的吸附剂，如硅胶H、氧化铝H的调制，均是取1份吸附剂，加大约2~3份水，用角勺或玻棒调匀后即可涂铺。

用羧甲基纤维素钠作为黏合剂时，取硅胶H（200~250目）1份，加入0.5%羧甲基纤维素钠溶液2份，充分调匀后，即可涂铺。

用淀粉作为黏合剂时，取硅胶H（200~250目）0.95份，加0.05份淀粉（可溶性淀粉不能用），加水2~3份，在沸水浴上加热，不停搅拌下煮沸5min，直到获得最大的黏稠度，再加水1份，再煮1~2min，调匀，冷后涂铺。

纤维素粉1份，加水（或丙酮）5~6份调成糊状后涂铺。

聚酰胺1g，加85%甲酸6mL，搅拌溶解后，再加70%乙醇3mL，调匀后，便可涂铺。

b. 铺板 常用湿铺法有两种：

ⓐ 平铺法：将调制好的薄层糊倒在备用的玻板上，用玻棒初步摊开，用拇指和食指抓住玻板一端，在桌面上反复震动数次，待薄层糊铺展均匀后，平放在平台上即可。此法简便、快速，最适合微型板的制备。

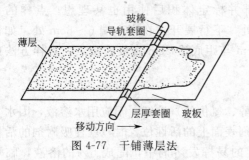

图4-77 干铺薄层法

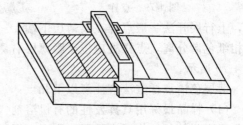

图4-78 薄层涂布器

ⓑ 器具涂铺法：将调好的薄层糊倒入放在玻璃一端上的涂铺器的料槽中，然后立即匀速向另一端推动涂铺器，糊状吸附剂便从槽下狭缝处流出，均匀地铺在玻板上，便可得到一块薄层板。此法亦可同时制备数块薄层板，如图4-78所示。

制备好的薄层板，要求薄厚均匀，层面不应有波纹，也不应有透过吸附剂而看到玻璃板的斑点。晾干后，可根据需要在105℃烘箱中烘烤半小时，冷却后取出在干燥器中保存备用。作为分配色谱的硅胶薄层板无需活化，在室温下放置12h后即可使用。

2. 吸附剂活度的测定

(1) 不含黏合剂的氧化铝和硅胶的活度测定多采用海氏（Hermenek）法：

取0.02mL染料混合液（由偶氮苯30mg，对甲氧基偶氮苯、苏丹黄、苏丹红和对氨基偶氮苯各20mg分别溶于50mL四氯化碳配制而成），分别滴于氧化铝（或硅胶）干板上（薄层：90mm×240mm×0.6mm），用四氯化碳展开（薄板与展开缸底夹角为10°～200°）。然后按表4-18中R_f值确定其活度级别。

表4-18 氧化铝及硅胶海氏定级法

偶氮染料	氧化铝(硅胶)活度级别			
	Ⅱ	Ⅲ	Ⅳ	Ⅴ
偶氮苯	0.59(0.61)	0.74(0.70)	0.58(0.83)	0.95(0.86)
对甲氧基偶氮苯	0.16(0.28)	0.49(0.43)	0.69(0.67)	0.89(0.79)
苏丹黄	0.01(0.18)	0.25(0.30)	0.57(0.53)	0.78(0.64)
苏丹红	0.00(0.11)	0.10(0.13)	0.33(0.40)	0.56(0.50)
对氨基偶氮苯	0.00(0.04)	0.03(0.07)	0.08(0.20)	0.19(0.20)

注：表内括号中数字为硅胶活度级的R_f值。

(2) 含黏合剂的硅胶吸附剂活度测定，是用湿铺板经活化后，用斯托尔（Stahl）方法进行的。

取对二甲氨基偶氮苯、靛酚蓝、苏丹红三种染料各10mg，溶解于1mL氯仿中，把该溶液点在薄层上，点的直径为1～2mm，用正己烷-乙酸乙酯（9:1）展开，30～60min内溶剂行1cm，如果三种染料的比移值（R_f）大小为对二甲氨基偶氮苯＞靛酚蓝＞苏丹红，则与Ⅱ级氧化铝的活性相当。

3. 点样

把样品滴加到薄层极上的操作，称为点样。点样是将经处理后的样品点加在薄层的特定部位，这是一项需要十分仔细的操作步骤，点样的好坏会直接影响分离效果。点样可用玻璃毛细管，如做定量测定，应使用微量移液管或微量注射器，市售血球计数管经加工磨尖头部并标定体积后使用也甚理想。点样的位置，上行展开法一般点样在离薄层下端4～5cm处，下行展开法在离上端6～8cm处。如做双相纸色谱分离，点样处应位于距薄层右侧边5cm与距底边5cm直线的交点，点样方法如图4-79所示。

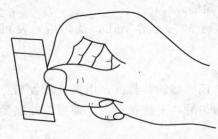

图4-79 点样

薄层色谱点样方法应注意以下几点：

(1) 样品最好用具挥发性的有机溶剂（如乙醇、氯仿等）溶解，不应用水溶液，因水分子与吸附剂的相互作用力较弱，当它占据了吸附剂表面上的活性位置时，就使吸附剂的活性降低，而使斑点扩散。点样前，样品溶解在选定的易挥发溶剂中，配成5%的溶液，临用前，再稀释到 0.1%～1% 的溶液。样品浓度过大，会引起斑点拖尾。浓度过稀又会造成斑点扩散，影响分离效果。如果浓度过稀，可以在同一位置重复点样数次，但后次点样需等前次样点干燥后方能进行。

（2）点样量随薄层厚度和分离目的而定，在 0.25mm 厚度的薄层上，做定性分离时，一般点样量为几微克至几百微克，若薄层厚度增加，点样量可适当加大。制备分离时，因层厚可达 2mm，点样量可达几十毫克至几百毫克。点样量不宜太多，否则会降低 R_f 值。

（3）点样后的样点直径不宜过大，否则，展开后斑点不浓集，影响分离效果和降低灵敏度。圆点直径要控制在 2mm 以内。欲达这种效果，就须分次点样，边点样，边用冷、热风交替吹干。

（4）薄层板在空气中不能放置太久，否则会因吸潮降低活性。

4. 展开

将点样后的薄层板放置在一个盛有展开剂的密闭容器——展开室（又称色谱缸）中，让溶剂通过吸附剂时组分离，此操作过程称展开。除了专用的展开室外，常见玻璃标本缸、染色缸、广口瓶、大量筒、大试管等可作为其代用品。

常用的展开方式有以下几种：

（1）上行法　这是最常用的一种展开方式，是将点有样点的薄层端向下浸入展开剂（0.5cm 厚）中，上端以倾斜状或垂直状靠在内壁或支架上［如图 4-80(b) 所示］。如果是干板只能与平面成 5°～10°的近水平倾斜放置［如图 4-80(a) 所示］。

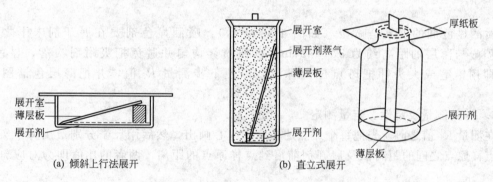

图 4-80　上行展开法

上行法展开的距离一般为 10～15cm，展开时间约为 30min 左右，最快者只需几分钟，最慢者需 2～3h。

（2）下行法　此法与上行法的操作相反，薄层样点朝上，展开剂是从上向下通过薄层。展开剂放于另一小槽内，展开剂与薄层之间是通过展开剂沾湿的滤纸条或纱布条作为桥梁进行转移的。由于展开剂受吸附和重力的双重作用，因此，下行法展开速度较快。

（3）双向展开法　先在一个方向用一种展开剂展开，然后将薄板调换 90°角位置，换用另外一种展开剂再展开一次的方法称为双向展开。由于此法分离效果较好，因此，常用于某些复杂成分或 R_f 值较小的成分的展开，氨基酸分离就常用此法展开。

（4）递次上行法　先用一种展开剂上行展开后，再在同一方向用同一种或换成另外一种展开剂展开，如此反复多次，可得到较好的分离效果，这种方法称为递次上行法，可适用于不易分离的化合物的分离。

在混合溶剂展开过程中，由于板层两边缘的溶剂较易挥发，尤其是沸点较低的溶剂，由此导致两边缘的展开剂中高沸点溶剂比例增大且上行较快，引起两边样点较中间样点走得较快,这种现象称为边缘效应(如图4-81所示)。消除边缘效应常用的方法是在展开室内壁贴上用展开剂浸湿的滤纸条。

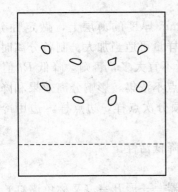

图 4-81　边沿效应

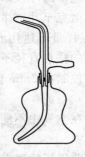

图 4-82　喷壶

5. 显色

显色是在展开之后为了再现那些无色组分斑点所在位置的方法。根据物质的结构,显色有物理显色和化学显色两种。前者常用紫外光照射,后者常用一些化学试剂喷洒。有些物质本身无色,但在紫外光照射下,可呈现一定的颜色,这些物质可用紫外显色法。对于那些在紫外光下不显色的无色物质,可以选择适当的化学试剂进行显色,这些化学试剂称为显色剂。

喷洒显色剂的工具是喷壶(如图4-82所示),喷洒显色剂要在展开剂未干之前进行,喷壶与薄层的距离约为30~40cm,以便喷雾均匀并避免把吸附剂吹落,显色后,要立即用铅笔或大头针把斑点位置标出,以便下步测量 R_f 值,并把薄层色谱图描绘下来。

6. R_f 的测量及定性、定量测定

在测量 R_f 值之前,先把每个斑点的轮廓和中心画出,然后用尺子分别量出每个斑点中心到点样原点之间的距离以及展开剂前沿到点样原点的距离,两者的比值即为对应斑点的 R_f 值。

定性鉴定的一般方法是直接在薄层上比较样品斑点和标准物质的 R_f 值,或者将斑点直接洗脱或挖出斑点吸附剂后洗脱,再用仪器进行鉴定。

定量的方法是用面积积分仪直接测定面积或用薄层扫描仪进行光密度自动扫描测定。直接误差范围一般为5%左右,也可用间接法测定,即把样品斑点洗脱下来,再用仪器测定,此法误差范围一般在3%~5%之间。

(三)纸色谱

纸色谱(paper chromatography,PC)是一种以滤纸为支持物的色谱方法,主要用于多官能团或高极性的亲水化合物,如醇类、羟基酸、氨基酸、糖类和黄酮类等的分离。它具有微量、快速、高效和灵敏度高等特点。

纸色谱的原理比较复杂,涉及分配、吸附和离子交换等机理,但分配机理起主要作用,因此,一般认为纸色谱属于分配色谱。

1. 滤纸的要求与选择

对普通实验来说,一般实验室中的滤纸都可以用。但在做某些定量测定或某些深入研究的工作中,对滤纸就要做适当的选择了。一般地说,色谱用滤纸要求质地细密,厚薄均匀,

平整，对光检测时透光度均匀，不得有污点，应有一定的强度，滤纸对溶剂的渗透速度适当，滤纸中应不含有水或有机溶剂可溶的杂质，对氨基酸分析有干扰的铜、铁元素的含量分别在 $1.5\mu g/g$ 和 $10\mu g/g$ 以下。

将滤纸裁剪成条形时，应顺着纤维排列的方向。在裁剪滤纸时，要把周边裁剪整齐，不能留毛边。还要注意防止手垢和汗渍等杂质污染滤纸。

2. 展开溶剂的选择与配制

纸色谱用的溶剂一般要求如下。①纯度高。有时仅含1%的杂质，也会相当大地改变被分离物质的 R_f 值。即便有微量的杂质存在，在溶剂移动和挥发过程中，也会形成杂质的浓集区域而影响检出。②有一定的化学稳定性。若在展开过程中容易被氧化的溶剂不宜作为展开剂。③容易从滤纸上除去。

纸色谱中，很少用单一溶剂作为展开剂，多用极性的混合溶剂，且其中之一是水。在选择展开剂时，一般按照相似相溶原理进行。如果被分离物质是易溶于水，但难溶于乙醇的强亲水性物质，如氨基酸、糖类等，可选用含水量在 $10\%\sim40\%$ 之间的高含水量系统作为展开剂。若物质是可溶于乙醇和水，且较易溶于乙醇的中等亲水性物质，则宜采用中等含水量的溶剂系统作为展开剂。对于难溶于水，但易溶于亲脂性溶剂的物质，则展开剂主要组分是苯、环己烷、四氯化碳、甲苯等。对于完全亲脂性物质，如甾醇等，最好采用反相系统，即用甲酰胺、二甲基甲酰胺等浸渍滤纸作为固定相，可用含水的醇或与此相近的溶剂作为流动相。

溶剂系统的组成与含水量的变化规律是：有机溶剂的极性越大，所配成的混合溶剂的有机相中含水量越高，反之，含水量越低。在有机溶剂的同系物中，分子量越大，所配成的混合溶剂有机相中水分含量越低。据此，可以根据需要选择合适的有机溶剂，配制一定含水量的溶剂系统，以获得较理想的 R_f 值。

对于酸性或碱性物质来说，由于其电离平衡现象的存在，展开时必将产生拖尾现象。因此，通常在溶剂中加入较强的酸（如甲酸）或碱（如氨）来抑制弱酸或弱碱的电离。另一种常用方法就是在滤纸上喷上缓冲盐类，以保持一定的pH值，干后再展开。但必须注意，展开剂也必须事先用缓冲液平衡后再使用。

溶剂的一般配制方法是将溶剂各组分按配方比例充分混合即可。如果混合液分层，则必须在充分振荡混合、静置分层之后，分出有机相作为展开剂。

常见的纸色谱斑点拖尾现象有以下几种情况：

① 点样量过多，样品量超过了点样处滤纸所荷载的溶剂能够溶解的能力。

② 某些物质可以形成多个电离形式，且各自有其不同的 R_f 值，因而在纸上造成连续拖曳，这种情况可使用碱性或酸性的展开系统，抑制其电离即可消除。

③ 被分离的物质与滤纸上的 Cu^{2+}、Ca^{2+}、Mg^{2+} 等杂质形成络合物而形成拖尾，可改用纯滤纸展开。

④ 某些物质在展开过程中会逐渐分解，如肾上腺素和某些含硫氨基酸等，可将它们转变成稳定的物质再做展开来克服。

⑤ 当被分离的物质能溶于显色剂中时，如显色剂用量过多，可使斑点模糊或拖长。

3. 纸色谱操作过程

（1）滤纸的选样　滤纸厚薄应该均匀，全纸平整无折痕，滤纸纤维松紧适宜，能够吸收一定量的 H_2O。使用时将滤纸切成纸条，大小可自行选择，一般为 $3cm\times20cm$，$5cm\times30cm$ 或 $8cm\times50cm$。纸色谱的装置如图4-83所示。

（2）点样　取少量试样，用水或易挥发的溶剂（如乙醇、甲醚或者乙醚等）溶解，配制成约为1%的溶液。用铅笔在滤纸一端2～3cm处划线，标明点样位置，用毛细管吸取少量试样溶液，在起点线上点样，控制点样直径在0.2～0.5cm，然后将其晾干或在红外灯下烘干。

（3）展开　下行法：将已干燥好的滤纸上端悬挂在玻璃勾上，置于已被展开剂饱和的展开缸中，将点有样品的下端浸入展开剂中（约1cm），但试样斑点必须在展开剂液面之上，展开剂在滤纸上上升，样品中各组分随之而展开，如图4-84(a)所示。

上行法：将滤纸上端折纹浸入展开剂中，向下方展开，此法为上行法，如图4-84(b)所示。

图4-83　纸色谱装置

展开可以向一个方向进行，即单向展开；也可进行双向展开，即先向一个方向展开，取出，待展开剂完全挥发后，将滤纸转动90°，再用原展开剂或另一种展开剂进行展开；亦可多次展开、连续展开或径向展开等，见图4-84(c)。

另外，还有辐射法（展开剂由圆形滤纸中央向四周展开）和双向展开法（先后用两种不同的展开剂在垂直方向展开），见图4-84(d)。

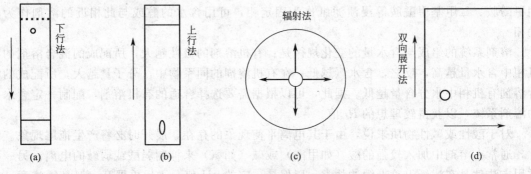

图4-84　纸色谱展开图

（4）显色　展开完毕，取出滤纸，画出展开剂上升前沿。如果化合物本身有颜色，就可直接观察斑点。若本身无色，通常可用显色剂喷雾显色或在紫外灯下观察有无荧光斑点，并用铅笔在滤纸上画出斑点位置及形状。

（5）比移值（R_f）　在固定的条件下，不同化合物在滤纸上以不同的速度移动，所以各个化合物的位置也各不相同，通常用距离表示移动的位置（如图4-85所示）。比移值的计算公式如下：

$$R_f = \frac{溶质最高浓度中心至原点中心的距离}{溶剂上升前沿至原点中心的距离}$$

当温度、滤纸质量和展开剂等都相同时，对于一个化合物的比移值是一个特定的常数，因而可做定性分析的依据。由于影响R_f的因素很多，实验数据往往与文献记载不完全相同。因此在未知物鉴定时，常采用标准样品在同一张滤纸上点样对照。

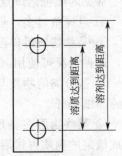

图4-85　纸色谱展开图

由于纸色谱分离设备简单、操作简便、试样需用量少、分离后可在纸上直接进行定性鉴定，比较斑点面积和颜色深浅还可以进行半定量测定，因此纸色谱分离广泛用于有机化合物的分离和检出，也可以用于分离和检出无机物质。

第九节 有机合成的特殊技术

一、无水无氧操作

在有机制备实验中，经常遇到对水、氧敏感的试剂，如：硼氧化物，有机铬化合物，有机锂化合物，格氏试剂等。在这些实验中，反应装置及溶剂需绝对干燥，试剂处理及反应体系均处于惰性气体中。

对空气、水敏感的试剂常常装在特殊的瓶内，密封系统见图 4-86。

揭开胶木（或塑料）盖子（盖子内有聚四氟乙烯弹性衬垫），用一支注射器插进金属齿盖的圆孔中，就能将液体试剂不接触空气和潮气而直接转移到反应瓶中，垫圈上的小针孔会自行密封，瓶内试剂与空气，潮气完全隔绝，因而能使试剂长期安全保存。在制备实验中得到对水、氧气敏感的中间体需保存，参照上述操作。

实验的玻璃器皿的壁上往往吸附一层潮气，它们需要在烘箱中 125℃过夜或者 140℃加热 4h 干燥，趁玻璃器皿热的时候装配好，并且充入干燥的惰性气体备用。另一种方法是待玻璃器皿冷却后装配仪器，然后边充入干燥的氮气（或者氩气）边用电吹风或者煤气灯火焰加热，使体系干燥，装置见图 4-87。

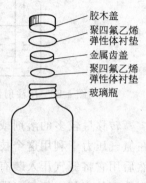

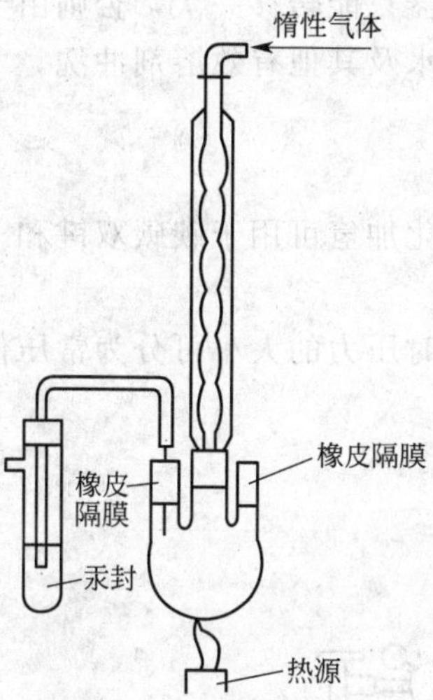

图 4-86 密封系统

用聚四氟乙烯或一般塑料管将惰性气体线路连接到反应装置的接管上，在反应装置的另一端，用塑料管和针头将惰性气体引到鼓泡器。装有矿物油的鼓泡器能使大于大气压力的惰性气体流出鼓泡而排至反应装置外，而大气中的氧气或水汽由于矿物油的密封作用而进不了反应装置内部，一边不断使惰性气体经反应体系，一边不断用电吹风或煤气灯加热玻璃容器，就可以达到干燥玻璃装置内部的目的。氮气压力可能冲开不牢固的标准锥形接头的密封，所以在充入气流时，需要用弹簧夹子或橡皮圈扣牢接头。

玻璃仪器的开口可用橡皮隔膜使反应器内部不与空气接触，也便于用注射器转移试剂。小的橡皮隔膜在刺穿以后可以确保安全和再密封，并可使较小面积的橡皮与反应器中的有机蒸气接触。（注意：橡皮隔膜上往往吸附有潮气，也需在使用前预先干燥）。与有机蒸气接触的橡皮隔膜只有在一定针刺次数之内才可确保系统的完全密封，而这还取决于针头的大小，

图 4-87 反应装置在惰性气流中干燥

将针头始终插进原来的小孔，可以延长隔膜的寿命。转移小量的对水和空气敏感的试剂和干燥溶剂可以用一支带有针头的注射器，针尽可能长些，使用长针可以不必将试剂瓶倾斜，倾斜往往会引起液体与隔膜接触，使橡皮隔膜发生膨胀和损坏。

注射器和针在使用前必须充分干燥，在烘箱内充分干燥时，注意不要将注射器和注射器塞装配在一起。注射器在冷却过程中应该有惰性气体充入，用干燥的氮气流冲洗 10 次以上，以除去空气和吸附在玻璃上的水汽，干燥后的注射器针尖插入橡皮塞后，便可放在空气中。

用注射器转移试剂是很容易完成的，即先将干燥的高纯惰气用注射器压入密封的试剂瓶，再利用气体压力缓慢地将试剂压入注射器，操作见图 4-88。

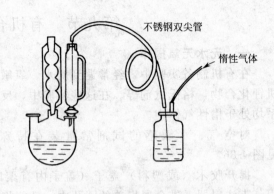

图 4-88 用注射器转移试剂　　　　　图 4-89 用双尖不锈钢管转移试剂

转移量较多的溶剂或液体试剂时，使用双尖不锈钢空心细管比较方便，图 4-89 表明了在氮气压力下利用这个技术转移液体试剂的情况，首先，将双尖不锈钢空心管用氮气冲洗，然后用它将氮气压入装有试剂的密封瓶内。再将双尖针的一端通过试剂瓶上的隔膜插入到试剂上面的空间，氮气立即通过针头。最后，将双尖针的底端通过反应装置上的隔膜插入反应器内，试剂瓶内的针头末端再推进到液体中。当所需的容量已转移后，立即把针拉回到液面上的空间，用氮气稍稍洗后移去，针头先从反应器上移去，然后再从试剂瓶上移去。

所有使用完的注射器，针头应当立即冲洗净，一般一支注射器只能转移一次，否则由于试剂水解和氧化，会使针头堵塞或污染。双尖不锈钢管用完后用水及其他有效溶剂冲洗。

二、加氢装置

1. 加氢原理

有机化合物在催化剂存在下与氢气加成反应称催化加氢，催化加氢可用于碳碳双键和三键直接加氢，也可用来还原不饱和官能团和一些卤化物。

催化氢化分为液相催化氢化和气相催化氢化两大类。从作用时压力的大小可分为常压催化加氢和加压催化加氢。本节介绍常压催化加氢。

常用的催化剂有镍，钼，钯，钴和铁等的活性粉末。

2. 常压加氢装置

见图 4-90。

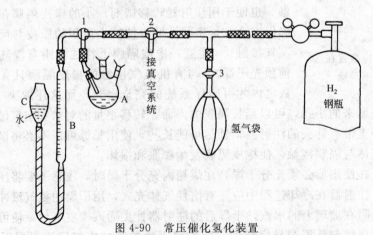

图 4-90 常压催化氢化装置

A—氢化瓶（25mL 锥形瓶）；B—储气瓶（80～100mL 两端有二通活塞并标有刻度的玻璃桶）；C—平衡瓶（250mL 分液漏斗）

3. 加氢操作

往氢化瓶中加入反应物及催化剂。氢化开始前，提高平衡瓶使储气瓶中注满水。旋转活塞1，2和3使储气瓶与氢气袋相通。将平衡瓶放置在低处，用排水集气法慢慢向储气瓶中充氢气，充满后切断储气瓶与气源间的通路。关闭活塞3，旋转活塞2使氢化瓶与真空系统相通，抽真空。旋转活塞2、3使氢化瓶与氢气袋相通，向氢化瓶内进行充氢，如此抽真空—充气反复2～3次。

调节平衡瓶，使其水面与储气瓶中水面相平，记下储气管中氢的体积，并把平衡瓶放回高处，旋转活塞1使储气瓶和氢化瓶相通，开始搅拌进行氢化。

每隔5min记录一次吸氢体积（量体积时，仍要放下平衡瓶，使其水面与储气瓶中水面相平），用所记录的数据作时间-吸氢体积曲线。当储气瓶氢气体积不再明显变化时，反应基本完成。打开活塞3，使氢气瓶与大气相通，放掉氢气瓶中残存的氢气，滤去催化剂，经后处理得产物。

第五章 仪器和方法

第一节 温度的测量

一、温标

温标是温度标尺的简称,由于温度测量是间接的,它是依据当温度发生变化时体系其他性质变化的测量来确定的,因此可以这样来确定温标:①确定测温仪器(温度计)——选用合适的工作物质(称为测温物质)及其某种性质(称为测温特性)来显示温度的变化;②利用测温特性来确定温标的基准点(或称参考点);③确定基准点间的分度,如果测温特性与温度呈线性关系则分度为等分。但这种温标依赖于测温物质,称为经验温标。

鉴于上述缺点,1848年开尔文(即汤姆生,1824~1907)根据卡诺(1796~1832)定理提出了一种理想的科学的温标,它不依赖于测温物质的具体性质,适用于任何物质和一切温度范围。这种温标称为热力学温标,由它所表示的温度称热力学温度。因热力学温标是从理论上得到的,难于完满地实现,为此国际上决定建立一种实用温标来逼近热力学温标,称为国际温标。方法是:① 以热力学温标为基础规定一些可以复现的定义固定点,它们的温度规定值是一些国家用气体温度计等精密测温仪器测得的;② 把整个温度分成若干温区分段进行定标,所谓定标就是在固定点间用标准内插仪器(指定的标准温度计)根据内插公式(指定的测温关系)进行分度,内插公式中的一些常数也用定义固定点的温度来确定。

现行的是1990年国际温标,代号为ITS-90,它是目前实现热力学温标的实际手段,一切温度计和测温仪表都是根据国际温标来标度的,我国已于1991年7月1日起施行。

1990年国际温标的主要内容如下:

(1) 规定17个定义固定点及其温度值作为定标的数字基础,列于表5-1。

表5-1 ITS-90 定义固定点

序 号	温　　度		物　质①	状　态
	T_{90}/K	$t_{90}/℃$		
1	3~5	−270.15~−268.15	He	蒸气压点
2	13.8033	−259.3467	e-H_2	三相点
3	≈17	≈−256.15	e-H_2(或 He)	蒸气压点(或气体温度计点)
4	≈20.3	≈−252.85	e-H_2(或 He)	蒸气压点(或气体温度计点)
5	24.5561	−248.5939	Ne	三相点
6	54.3584	−218.7916	O_2	三相点
7	83.8058	−189.3442	Ar	三相点
8	234.3156	−38.8344	Hg	三相点
9	273.16	0.01	H_2O	三相点
10	302.9146	29.7646	Ga	熔点
11	429.7485	156.5985	In	凝固点
12	505.078	231.928	Sn	凝固点

续表

序号	温度 T_{90}/K	温度 t_{90}/℃	物质[①]	状态
13	692.677	419.527	Zn	凝固点
14	933.473	660.323	Al	凝固点
15	1234.93	961.78	Ag	凝固点
16	1337.33	1064.18	Au	凝固点
17	1357.77	1084.62	Cu	凝固点

① 除了 ^{3}He 外，其他物质均为自然同位素成分；e-H_2 为正（ortho-）、仲（para-）分子态处于平衡浓度时的氢；熔点和凝固点是指在 101325Pa 的压力下固液相的平衡温度。

(2) 把整个温度分为 4 个温区（有的温区还划分几个分温区），分段定标。温区间有些是重叠的，重叠部分的定义是等效的。这些温区表示如下：

① 第一温区：0.65～5.00K。T_{90} 由 ^{3}He 与 ^{4}He 的蒸气压与温度的关系式定义，如下所示。此温区所用的内插仪器为 ^{3}He、^{4}He 蒸气温度计。

$$T_{90}/K = A_0 + \sum_{i=1}^{9} A_i [\ln(p/Pa - B)/C]$$

式中，A_0、A_i、B、C 为常数，其值见表 5-2。

表 5-2 公式中各常数值

常数	^{3}He(0.65～3.2K)	^{4}He(1.25～2.1768K)	^{4}He(2.1768～5.0K)
A_0	1.053447	1.392408	3.146631
A_1	0.980106	0.527153	1.357655
A_2	0.676380	0.166756	0.413923
A_3	0.372692	0.050988	0.091159
A_4	0.151656	0.026514	0.016349
A_5	−0.002263	0.001975	0.001826
A_6	0.006596	−0.017976	−0.004325
A_7	0.088966	0.005409	−0.004973
A_8	−0.004770	0.013259	0
A_9	−0.054943	0	0
B	7.3	5.6	10.3
C	4.3	2.9	1.9

② 第二温区：3.0～24.5561K（氖三相点）。T_{90} 由 ^{3}He 与 ^{4}He 的蒸气压与温度的关系式定义，它使用三个温度点分度的 ^{3}He 和 ^{4}He 定容蒸气温度计来内插。三个温度点为：氖的三相点，平衡氢三相点（13.8033K），^{3}He 和 ^{4}He 蒸气温度计在 3.0～5.0K 测得的一个温度点。

③ 第三温区：13.8033（平衡氢三相点）～1234.93K（银的凝固点）。T_{90} 由铂电阻温度计定义。它使用一组规定的定义固定点及采用规定的内插法来分度。任何一支铂电阻温度计都能在整个温区内有高的准确度，同时还要分若干个小温区。

温度值 T_{90} 由该温度时的电阻 $R(T_{90})$ 与水的三相点时的电阻 $R(273.16K)$ 之比求得。比值 $W_r(T_{90})$ 为

$$W_r(T_{90}) = R(T_{90})/R(273.16K)$$

一支适用的铂电阻温度计须由无应力的纯铂丝制成，且要求

$$W_r(302.9146K) \geqslant 1.11807$$

或

$$W_r(234.3156K) \leqslant 0.844235$$

一支能用于银凝固点的铂电阻温度计还须满足

$$W_r(1234.93K) \geqslant 4.2844$$

在电阻温度计的不同温区内使用不同的参考函数,有关详细内容可参阅相关专著。

④ 第四温区:银凝固点以上的温区。T_{90}用一个定义固定点和普朗克辐射定律定义,此区的内插仪器为光电温度计。

二、各种温度计介绍

可以用来测量温度的物质都具有与温度密切相关而且又能严格复现的物理性质(测温特性),例如体积、长度、压力、电阻、电势等,利用这些性质可以设计并制成各类测温仪器——温度计。

温度计通常可以分为接触式和非接触式两类:

① 接触式温度计与被测物体直接接触,当二者达成热平衡时温度相等。这样通过温度计中测温物质的某种性质的变化就可表示出温度。这类温度计种类很多,可进一步分类,见表5-3。

表 5-3 接触式温度计的种类

温度计类型	测温性质	举 例	使用温度范围/℃
液体膨胀温度计	液柱高度	水银玻璃温度计 酒精玻璃温度计	-30～300 -110～50
热电偶	温差电势	铂铑-铂热电偶 镍铬-镍硅热电偶	-100～1500 -200～1100
电阻温度计	电阻	铂电阻温度计	-260～1100
蒸气压温度计	蒸气压	氧蒸气压温度计	-272～-173
气体温度计	恒容:测气体的压力 恒压:测气体的体积	氦气温度计 氢气温度计 氮气温度计	-269～0 0～110 110～1550

② 非接触式温度计与被测物体并不接触,而是利用被测物体所发射的电磁辐射,根据其波长分布或强度和温度之间的关系进行测温。

先介绍一些常用的温度计。

1. 水银-玻璃温度计

水银-玻璃温度计是液体膨胀温度计的一种,它们的测温物质是盛在上端带有一支均匀毛细管的玻璃球中的水银,温度的变化引起水银体积的变化,从而使毛细管中的水银液面上升或下降,通过毛细管外壁的刻度直接读出被测物体的温度。

由于水银具有易提纯、比热容小、传热快、膨胀系数比较均匀以及不易黏附在玻璃壁上等优点,而且水银不透明,因而在毛细管中易于读数,这就使水银-玻璃温度计成为实验室中用得最普遍的一种温度计。

(1) 水银-玻璃温度计的型号 按其刻度和量程范围的不同,水银-玻璃温度计可分为下列几种:

① 常用的刻线以1℃为间隔,量程范围有0～100℃,0～250℃,0～360℃等。

② 由多支温度计配套而成,刻度以0.1℃为间隔,每一支量程为50℃或更小些,交叉组成量程范围为-10～+200℃或+400℃等。

③ 作为量热计或精密控温设备的测温附件,有刻度间隔0.01℃或0.02℃的精密温度计。其量程只有10℃或15℃,适于室温使用。

④ 高温水银温度计,用特硬玻璃做管壁,其中充以氮或氩,最高可测至600℃,如果以

石英制成的,则可测至750℃。

(2) 使用水银-玻璃温度计的注意点

① 玻璃易破碎,因此不能耐受撞击、折拗以及骤冷骤热等。

② 必须等待温度计与被测物体达到热平衡,水银柱液面不再移动后方可读数。达到热平衡所需的时间与温度计水银球的直径、温度的高低以及被测物质的性质等有关,一般情况下温度计浸在被测物体中达到热平衡时间为1~6min。

③ 为了防止水银在毛细管壁上黏附,读数前需轻轻敲击温度计,这对使用精密温度计尤其要注意。

④ 读数时水银柱液面、刻度和眼睛应保持在同一水平面上,以免产生读数误差。

(3) 水银-玻璃温度计的校正

由于温度计制作上的问题或者温度计使用日久可能造成温度计玻璃球变形而使温度计读数与真实温度不符,此时温度计需要校正。

一般是做零点校正和定点校正。将温度计置于冰-水混合体系中,待其达到热平衡后观察零度的刻度是否正确,找出修正值。亦可用其他合适的纯物质,在其熔点或沸点进行校正。

更好的办法是用标准温度计进行直接比较,经过多点校正后作出温度计校正曲线,用内插法得到温度计示值所对应的实际值。

在精密测量中有时还要做露颈校正,就是因露在被测物体外的温度计毛细管中的水银与水银球中的水银温度不同所做的一种校正。

① 露颈校正:如果只将汞球浸入被测介质中而让温度计杆露出介质,则读数准确性将受到两方面的影响。第一是露出部分的汞和玻璃的温度不同于浸入部分,且随环境温度而改变,因而其膨胀情况便不同;第二是露出部分长短不同受到的影响也不同。为了保证示值的准确,校正温度计时将杆浸入被测介质中只露出很小一段(一般不超过10mm),以便读数,这样读数的温度计叫全浸温度计。全浸式汞温度计使用时应当将汞全部浸入被测体系中,如图5-1所示,达到热平衡后才能读数。

通常使用温度计时,多数情况下不可能把温度计的汞部分全部浸没在被测系统中。因此,由于露在被测物体外的汞温度低于被测物体的温度而带来读数误差,这部分误差可以通过露颈校正而消除,如图5-1所示。

温度计露颈校正公式为

$$\Delta t_{露颈} = \frac{kh}{1-kh}(t_{测}-t_{环})$$

式中,$\Delta t_{露颈} = t_{实} - t_{测}$ 为读数校正值;$t_{实}$ 为体系温度的实际值;$t_{测}$ 为温度计的读数值;$t_{环}$ 为露出待测体系外汞柱的有效温度(从放置在露出一半位置处的另一支辅助温度计读出);h 为露出待测体系外部的汞柱长度,称为露颈高度,以温度差值(℃)表示;h 为汞相对于玻璃的膨胀系数,$k=0.00016℃^{-1}$。一般的,$kh \ll 1$,所以有

$$t_{实} = t_{测} + kh(t_{测}-t_{环})$$

② 其他因素校正:延迟作用、辐射作用、毛细管内径不均匀等因素也影响温度计的准确测量,关于它

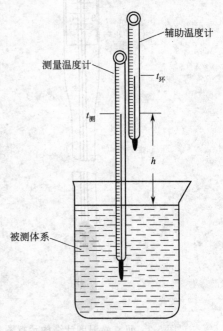

图5-1 温度计露颈校正

144

们的校正计算可参阅温度测量专著。

2. 贝克曼温度计

它也是一种水银-玻璃温度计（见图5-2），其构造除了与一般水银温度计一样有一个水

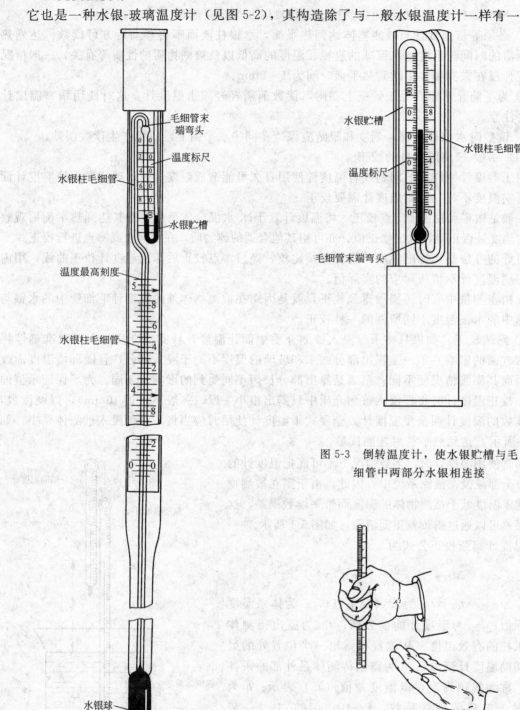

图 5-2　贝克曼温度计结构示意图

图 5-3　倒转温度计，使水银贮槽与毛细管中两部分水银相连接

图 5-4　使水银柱中的水银在毛细管末端弯头处断开

银球和一支毛细管外,在毛细管末端还连接着一个水银贮槽。因此这种温度计水银球中的水银量可以借助水银贮槽进行调节,这样,虽然量程较短(一般只有5℃),但它却可用来精确测量不同温度区间的温度差值。贝克曼温度计刻度精细,刻线间隔为0.01℃,用放大镜可以估读至0.002℃,所以测量精确。适用范围宽广,可在-20~+120℃内使用。例如在量热技术中可用于冰点降低、沸点升高及燃烧热测定等。

贝克曼温度计调节方法有两种:恒温浴调节法和标尺读数法。现介绍恒温浴调节法。

① 首先确定所使用的温度范围。例如测量水溶液凝固点下降要读出1~-5℃之间的温度读数;测量水溶液沸点升高要读出99~105℃之间的温度读数,至于燃烧热的测定,则室温时水银柱示值在2~3℃之间为宜。

② 根据使用范围,估计当水银柱升至毛细管末端弯头处的温度值。一般的贝克曼温度计水银柱由刻度最高处上升至毛细管末端,还需要升高2℃左右。根据这个估计值来调节水银球中的水银量。例如测定水溶液凝固点降低时,最高温度读数拟调节至1℃,那么毛细管末端弯头处的温度应相当于3℃。

③ 将贝克曼温度计浸在温度较高的恒温浴中,使毛细管内的水银柱升至弯头,并在球形出口处形成滴状,然后从水浴中取出温度计,将其倒置,即可使它与水银贮槽中水银相连接,如图5-3所示。

④ 另用一恒温浴,其温度调至毛细管末端弯头所应达到的温度(例如本例为3℃),把贝克曼温度计置于该水浴中恒温5min以上。

⑤ 取出温度计,用右手紧握中部并使其近乎垂直,用左手轻击右手小臂(图5-4),这时水银柱可在弯头处断开。温度计从恒温浴中取出后,由于温度差异,水银体积迅速发生变化,因此这一步骤要求迅速、轻快、果断,切忌慌乱,以免造成失误。

⑥ 将调节好的温度计置于欲测温度的恒温浴中,观察其读数值并估计量程是否符合要求。例如凝固点降低法测摩尔质量的实验,可用0℃的冰水浴检验,如果贝克曼温度计示值在4~5℃处意味着调节合适。若偏差过大则应重新调节。调好的贝克曼温度计应合适放置,勿让毛细管中的水银与贮槽中水银相接,最好直接安放在待使用的仪器上。

3. 热电偶温度计

(1) 原理　将两种金属导线构成一闭合回路,如果两个接点所处的温度不同,就会产生电势,称为温差电势。如果在回路中串接一个毫伏表,则可粗略显示该温差电势的量值(图5-5),这一对金属导线的组合就称为热电偶温度计,简称热电偶。温差电势E与二接点温度差ΔT有确定的关系,如果其中一个接点的温度恒定不变,则温差电势只与另一个接点的温度有关:$E=f(T)$。通常将其一端置于标准压力$p^{\ominus}$下的冰水共存体系,那么由温差电势就可显示出另一端的温度值。

(2) 优点　第一,灵敏度较高。一般的热电偶的电势温度系数达几十微伏每度,配之精密电位差计测定电势,使最终的测温结果可准至0.01℃。如果热电偶串接成热电堆(图5-6)则温差电势是单体热电偶电势之加和,选用精密电位差计,检测灵

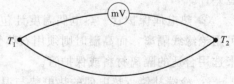

图5-5　热电偶示意图

敏度达10^{-4}℃。第二,复现性好,其电势-温度函数关系复现性极好,由固定点标定后可较长时间使用。第三,量程宽,应用不同的热电偶可从-200℃测至1800℃。第四,热电偶是一种比较理想的温度-电量变换器,把温度这个非电参量变换成电参量后才能实现温度的自动记录、处理和控制,这在科学研究和工业生产上应用十分广泛。

(3) 种类　原则上任何两种不同的金属丝焊接在一起都可组成热电偶温度计，但在使用时只有那些性质稳定（在测温范围内不易氧化或不发生其他变化）、温度系数大（单位温度变化所产生的温差电势变化 $\dfrac{dE}{dt}$）的金属组合才能使用。

应用得较普遍的有铂-铂铑、镍铬-镍硅、铁-康铜、铜-康铜等，这些都已成为商品热电偶。上述这些合金的组成分别是：康铜为 60%铜、40%镍；镍铬为 90%镍、10%铬；镍硅为 95%镍、2%铝、1%硅、2%镁；铂铑为 90%铂，10%铑。

(4) 热电偶的校正和标定　热电偶常用一些称为固定点的温度如物质的凝固点、三相点等进行标定。测得一些数据后作温差电势-温度曲线，称为标准曲线。实际测温时，在测得热电偶的温差电势后用内插法从标准曲线上查得温度。对于商品热电偶，出厂时在说明书中给出温度与对应的温差电势值，可查表或作曲线内插得到温度值。

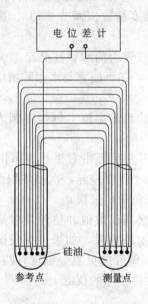

图 5-6　热电堆示意图

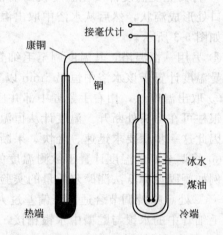

图 5-7　热电偶的校正和使用装置示意图

(5) 热电偶的使用

① 热电偶温度计装置。一般将热电偶的一个接点置于待测物体（热端）中，另一接点则置于储有冰水的保温瓶（冷端）中，这样可保持冷端温度稳定，如图 5-7 所示。

温差电势可用电位差计、毫伏计或数字电压表测量，而精密的测量可用灵敏检流计或电位差计。

② 热电偶保护管。热电偶温度计包含两条焊接起来的不同金属的导线，低温时两条线可用绝缘线隔离，而高温时则须用石英管、磁管或硬质玻璃管隔离，可根据待测的最高温度来选用合适的隔离材料或保护管。

③ 冷端补偿。热电偶的热电势与温度的关系数据表是在冷端保持 0℃时得到的。因此，在使用时也最好能保持这种条件，即直接将热电偶冷端，或用补偿导线把冷端延引出来，置于冰水浴中。若没有冰水，则应使冷端处于温度较稳定的室温，在确定温度时，需将测得的热电势加上 0℃到室温的热电势（室温高于 0℃时），然后再查数据表。若用直读式高温表，则应把指针零置于相当于室温的位置。热电偶冷端温度波动引起热电势变化也可用补偿电桥法来校正。市售的冷端补偿器有按冷端是 0℃或 20℃设计的。购买时要说明配用的热电偶。

若热电偶长度不够,需用补偿导线与补偿器连接。使用补偿导线时,切勿用错型号或将正、负极接错。

④ 温度的测量。要使热端温度与被测介质温度完全一致,两者须有良好的热接触,并很快建立热平衡。要求热端不向介质以外传递热量,以免热端与介质永远达不到热平衡。

4. 电阻温度计

利用测温物质的电阻随温度变化的特性制成的温度计是电阻温度计。它与热电偶温度计一样可用于温度的电量转换。在各种纯金属中,铂、铜和镍是制造电阻温度计最合适的材料。铂的熔点高,易提纯,在氧化性介质中很稳定。它的热容极小,对温度变化响应极快,而且有良好的复现性。所以铂电阻温度计被选定为国际温标中平衡氢三相点(13.8033K)至银凝固点(1234.93K)宽广温度范围内体现温标的标准温度计(图 5-8)。

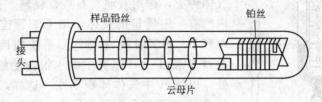

图 5-8　铂电阻温度计

电阻温度计在低温和中温区的测温性能优于热电偶。

由于铂电阻的温度系数较小,每度大约变化 0.4%,因此应该使用高精度的测量仪表。

电阻温度计的标定方法与热电偶相同。

下面介绍几种特殊用途的温度计。

5. 蒸气压低温温度计

液体的蒸气压是温度的函数,如果以蒸气压测量来计算温度,其精度很高。

图 5-9 是根据这一原理设计的氧蒸气压温度计,它常被用来测定液氮的温度。氧蒸气压温度计制作步骤如下:由 F 将适量纯净水银注入 D-E 管中。在 A 端焊接上真空三通活塞,抽真空并熔封之。将压力计缓慢向 D 侧倾斜,使一部分水银经 C 流入 B 管,再将压力计复位,这样可在 C 处获得极高的真空度。在 F 端也接上真空三通活塞,对 E、G 管抽空,充入纯净、干燥的氧气。再反复抽真空、充氧气 3～5 次。最后充入氧气,使其在室温下管内的压力达到 1.07×10^5 Pa 左右。关闭三通活塞,用液氮将小球 H 冷却,熔封 F 端。

测量时,将小球连同部分 G 管浸于被测介质中,此时管内部分氧气凝聚成液态,空间被饱和的氧气所充满。D、E 管中水银柱高度差即为被测介质温度下氧的饱和蒸气压。查饱和蒸气压-温度数据表可得相应的温度值。

蒸气压低温温度计体积较大,达到热平衡需时较长。其主要缺点是每种工作物质都只能测量略低于其正常沸点的一个较小量程。

6. 光电温度计

光电温度计是一种非接触式温度计,是利用被测物体所

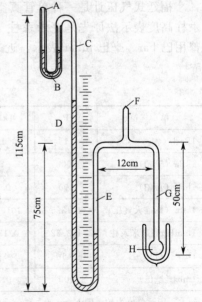

图 5-9　氧蒸气压温度计

发出的光讯号被接收元件接收后转换成为电讯号，根据电讯号的强弱表示出被测物体的温度。

7. 光学高温计

光学高温计也是一种非接触式温度计。例如一种灯丝消失光学高温计，其原理如下：在一定波长范围，处于不同温度的物体有不同的亮度。以目测通过高温计目镜与内装的标准可调光源灯丝比较。调节通过参比灯的电流，使灯丝亮度正好与被测目标辐射光的亮度相等，灯丝的像从视野中消失。控制灯丝亮度的电流大小经标定直接以温度值显示出来。

8. 气体温度计

气体温度计有定容和定压两种。图 5-10 是定容温度计示意图。测温泡 A（视待测温度范围和温度计所用的气体种类，选用玻璃、石英、瓷料、铂或铂铱合金制成）内贮有一定质量的气体，用毛细管连接于水银压力计的左臂 B，测温时使 A 与待测系统相接触，上下移动水银贮器 R 使压力计左臂中的水银面始终保持在同一位置 0 处，以使 A 中气体体积不变。这样，不同的待测温度将使 A 中的气体有不同的压力，它可从压力计两臂水银面的高度差 h 和右臂上端的大气压力求得。这样就可由气体压力随温度的改变来确定温度。

气体温度计具体操作比较复杂，可参阅热学教科书或温度测量的专著。

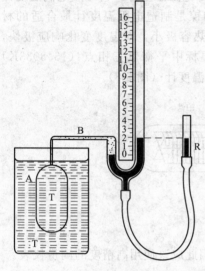

图 5-10 定容气体温度计

第二节 压力的测量

实验室和工业生产中有多种形式的压力测量仪表，这里仅介绍实验室常用的压力测量仪器。

一、福廷式气压计

福廷式气压计是一种单管真空汞压力计，结构见图 5-11。它是以汞柱来平衡大气压力，汞柱高度表示法原先是毫米汞柱（mmHg），近来的产品多以千帕（kPa）表示。气象学上曾用巴 bar、毫巴 mbar 表示，近来气象预报又用百帕 hPa 表示。它们之间的换算关系见表 5-4。

表 5-4 常用压力单位换算表

单　位	1Pa	1kPa	1hPa	1atm	1mmHg	1bar	1mbar
1Pa[①]（帕）	1	1×10^{-3}	1×10^{-2}	0.987×10^{-5}	7.5×10^{-3}	1×10^{-5}	1×10^{-2}
1kPa（千帕）	1000	1	10	0.987×10^{-2}	7.5	1×10^{-2}	10
1hPa（百帕）	100	0.1	1	0.987×10^{-3}	0.75	1×10^{-3}	1
1atm（标准大气压）	101325	101.325	1013.25	1	760.0	1.013	1013.25
1mmHg（毫米汞柱）	133.32	0.1333	1.333	1.316×10^{-3}	1	1.333×10^{-3}	1.333
1bar[②]（巴）	1×10^5	1×10^2	1×10^3	0.987	750	1	1×10^3
1mbar（毫巴）	100	0.1	1	0.987×10^{-3}	0.75	1×10^{-3}	1

① 国际单位为帕，即 N/m²（牛顿/米²）；以帕为基准，还常用兆帕、千帕、百帕，1兆帕等于 10^6 帕。

② 巴、毫巴不是国际单位，有时还会用到。显然，毫巴与百帕这两个单位大小相同。

福廷式气压计主要结构是一根长 90cm 上端封闭的玻璃管,管中盛有汞,倒插入下部汞槽内。玻璃管中汞面上部是真空,汞槽下部是用羚羊皮袋作为汞贮槽,它既与大气相通,汞又不会漏出。在底部有一调节螺旋可用来调节其中汞面的高度。象牙针的尖端是黄铜标尺刻度的零点,利用黄铜标尺上的游标尺,读数精度达 0.1mm。

(1) 铅直调节 福廷式气压计必须垂直放置。在常压下若与铅直方向相差1°,则汞柱高度读数误差约为 0.013%。为此在气压计下端设计一固定环,调节时先拧松气压计底部圆环上的3个螺旋,令气压计铅直悬挂,再旋紧这3个螺旋使其固定。

(2) 调节汞槽内的汞面高度 慢慢旋转底部的汞面调节螺旋使汞槽内汞面升高,利用汞槽后面白磁板的反光注视汞面与象牙针间的空隙,直至汞面恰好与象牙针尖相接触。

(3) 调节游标尺 转动游标尺调节螺旋使游标尺的下沿边与管中汞柱凸顶相切,这时观察者的眼睛和游标尺前后的两个下沿边应在同一水平面。

(4) 读数 游标尺的零线在铜管标尺上所指的刻度是大气压的整数部分(mmHg 或 hPa),再从游标尺上找出一根恰与铜管标尺某一刻度相重合的刻度线,此游标尺刻度数值即为大气压力的小数部分。

(5) 读数校正 汞气压计的刻度是以温度等于 0℃、纬度 45°海平面的高度为标准的,所以从气压计上直接读出的数值,必须经过仪器校正后才是正确的。

① 仪器误差的校正:由于仪器本身不够精确,造成读数误差,称为仪器误差。气压计生产出来后,工厂随即将其与标准气压计比较,并将误差写在校正卡上随同气压计出厂,因而每次观察的气压读数,应先加以校正。如果差值是正值,就应加在气压计读数上;如果是负值,则应减去。

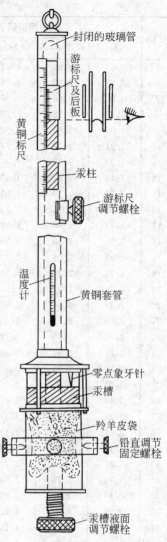

图 5-11 福廷式气压计结构示意图

② 温度影响的校正:在纬度 45°、温度 0℃时,海平面上 760mmHg 定义为1atm。如果温度改变,则汞密度的变化、铜管本身的胀缩都将影响刻度。当温度升高时,前者引起读数偏高,后者引起读数偏低。由于汞的膨胀系数比铜管的要大,因此当温度高于 0℃时,经仪器校正后的气压值应减去温度校正值;当温度低于 0℃时,应加上温度校正值。考虑了这两个因素之后,得到下列校正公式:

$$h_0 = h_t - h\frac{\beta - \alpha}{1 + \beta t}t$$

式中,h_0 为将汞柱校正到 0℃时的读数,mmHg;h_t 为温度 t 时的气压计读数,mmHg;α 为黄铜的线膨胀系数,0.0000184℃$^{-1}$;β 为汞的体膨胀系数,0.0001818℃$^{-1}$;t 为读数时的温度,℃。为了使用方便,已将各温度时的读数 h_0 换算成 h_t 所对应修正的数值,部分数据见表 5-5,使用该表只需将各温度时的读数加上表 5-5 中相应的数值(必须注意,在 0℃以上,此项修正全为负)。

表 5-5 大气压力计读数的温度校正值[①]

$t/℃$	压力测量值 p/mmHg					压力测量值 p/kPa				
	740	750	760	770	780	96	98	100	101.325	103
5	0.60	0.61	0.62	0.63	0.64	0.078	0.080	0.082	0.083	0.084
6	0.72	0.73	0.74	0.75	0.76	0.094	0.096	0.098	0.099	0.101
7	0.85	0.86	0.87	0.88	0.89	0.110	0.112	0.114	0.116	0.118
8	0.97	0.98	0.99	1.00	1.02	0.125	0.128	0.131	0.132	0.134
9	1.09	1.10	1.12	1.13	1.15	0.141	0.144	0.147	0.149	0.151
10	1.21	1.22	1.24	1.26	1.27	0.157	0.160	0.163	0.165	0.168
11	1.33	1.35	1.36	1.38	1.40	0.172	0.176	0.179	0.182	0.185
12	1.45	1.47	1.49	1.51	1.53	0.188	0.192	0.196	0.198	0.202
13	1.57	1.59	1.61	1.63	1.65	0.203	0.208	0.212	0.215	0.218
14	1.69	1.71	1.73	1.76	1.78	0.219	0.224	0.228	0.231	0.235
15	1.81	1.83	1.86	1.88	1.91	0.235	0.240	0.244	0.248	0.252
16	1.93	1.96	1.98	2.01	2.03	0.250	0.255	0.261	0.264	0.268
17	2.05	2.08	2.10	2.13	2.16	0.266	0.271	0.277	0.281	0.285
18	2.17	2.20	2.23	2.26	2.29	0.281	0.287	0.293	0.297	0.302
19	2.29	2.32	2.35	2.38	2.41	0.297	0.303	0.309	0.313	0.319
20	2.41	2.44	2.47	2.51	2.54	0.313	0.319	0.326	0.330	0.335
21	2.53	2.56	2.60	2.63	2.67	0.328	0.335	0.342	0.346	0.352
22	2.65	2.69	2.72	2.76	2.79	0.344	0.351	0.358	0.363	0.369
23	2.77	2.81	2.84	2.88	2.92	0.359	0.367	0.374	0.379	0.385
24	2.89	2.93	2.97	3.01	3.05	0.375	0.383	0.390	0.396	0.402
25	3.01	3.05	3.09	3.13	3.17	0.390	0.399	0.407	0.412	0.419
26	3.13	3.17	3.21	3.26	3.30	0.406	0.414	0.423	0.428	0.436
27	3.25	3.29	3.34	3.38	3.42	0.421	0.430	0.439	0.445	0.452
28	3.37	3.41	3.46	3.51	3.55	0.437	0.446	0.455	0.461	0.469
29	3.49	3.54	3.58	3.63	3.68	0.453	0.462	0.471	0.478	0.486
30	3.61	3.66	3.71	3.75	3.80	0.468	0.478	0.488	0.494	0.502
31	3.73	3.78	3.83	3.88	3.93	0.484	0.494	0.504	0.510	0.519
32	3.85	3.90	3.95	4.00	4.06	0.499	0.510	0.520	0.527	0.537
33	3.97	4.02	4.07	4.13	4.18	0.515	0.525	0.536	0.543	0.552
34	4.09	4.14	4.20	4.25	4.31	0.530	0.541	0.552	0.560	0.569
35	4.21	4.26	4.32	4.38	4.43	0.546	0.557	0.568	0.576	0.585
36	4.33	4.38	4.44	4.50	4.56	0.561	0.573	0.585	0.592	0.602
37	4.44	4.51	4.57	4.63	4.69	0.577	0.589	0.601	0.609	0.619
38	4.56	4.63	4.69	4.75	4.81	0.592	0.604	0.617	0.625	0.635

① 以测量值减去校正值即为 0℃ 时的压力。

重力加速度 g 随海拔高度及纬度不同而异，致使汞所受重力发生变化，导致气压计读数误差，但此项校正值很小，一般实验可不予考虑，其他如汞的蒸气压，毛细管效应等的校正值都很小，也可不必考虑。

二、U形汞压力计

U形汞压力计是实验室测定反应系统总压最常用的仪表之一。

(1) 工作原理 在截面均匀的 U 形玻璃管中充入一定量的汞，玻璃管两端汞面的高度取决于所接的系统压力和环境压力。U 形管通常一端接被测系统，另一端通大气（或抽真空）。设被测系统内压力为 $p_{系}$，另一端通大气，压力为 $p_{大}$，如图 5-12 所示，则有如下关系：

$$p_{大} - p_{系} = h$$

式中，h 为 U 形管内汞液面高度差（mmHg）。系统的压力 $p_{系}$ 为 $p_{系}=p_{大}-h$。

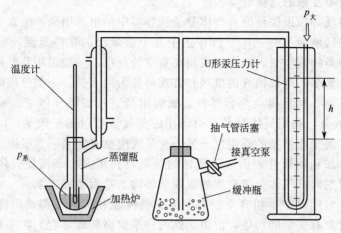

图 5-12 U 形汞压力计测压示意图

（2）注意事项 检查整个系统的气密性，不能漏气；h 与 p 须统一单位；读数时，读取汞面凸面水平切线的刻度。

第三节 真空技术

真空是泛指低于标准压力的气体状态。在真空下，由于气体稀薄，则单位体积内的分子数较少，分子间碰撞或分子在一定时间内碰撞于器壁的次数也相应减少，这是真空的主要特点。

真空度是对气体稀薄程度的一种客观量度，其最直接的物理量应该是单位体积中的分子数。不同真空状态体现该空间具有不同的分子密度。因此真空也指在标准状态下其每 cm³ 的分子数少于 2.687×10^{18} 个的给定空间。但是由于历史的原因，真空度的高低通常用气体的压力来表示，气体的压力越低表示真空度越高。

在现行的国际单位（SI）制中，真空度的单位与压力的单位均统一为帕斯卡（Pascal），简称帕，符号为 Pa。它与原来的 C.G.S. 制压力单位之间的关系为：

$$1Pa(帕)=1N/m^2(牛顿/米^2)$$

早期，在实验中都是用汞柱压力计上汞柱的高度（mm）来计量真空度的，并定义：1mmHg 高为 1torr。由于不少科技文献和仪器仪表目前还沿用 torr 这个单位，因此暂时允许与帕单位并用，二者之间的换算关系为：

$$1torr=133.3224Pa$$

在化学实验中通常按真空的获得和测量方法的不同，将真空划分为以下四个区域：

粗真空　　　　$10^2 \sim 1$ kPa
低真空　　　　$10^3 \sim 10^{-1}$ Pa
高真空　　　　$10^{-1} \sim 10^{-6}$ Pa
超高真空　　　$10^{-6} \sim 10^{-10}$ Pa

在近代物理化学实验中，凡是涉及到气相的物理化学性质、气相反应动力学以及气-固表面态的研究，为了排除空气和其他气体的干扰，通常都需要在一个密闭的容器内进行，并且首先将干扰气体抽去，创造一个具有某种真空度的实验环境，然后将被研究的气体通入，才能进行下一步实验。因此真空的获得和测量是化学实验技术中的一个重要方面，学会真空系统的设计、安装和操作是一项重要的基本技能。

一、真空的获得及泵的选择

为了获得真空就必须设法将原有气体分子从容器中抽出。用来产生真空的设备通称为真空泵。由于真空的区域为 $10^4 \sim 10^{-10}$ Pa,达十几个数量级的宽广范围,所以产生不同真空度时常采用不同种类的真空泵。高真空或超高真空的获得,一般需用几种泵的组合系统。

真空泵的种类繁多,但按抽气的机理和方式可分为两大类。一类是压缩型的真空泵,将气体由特定容器压缩,然后排放至容器外。如利用高速水流将气体带走的水冲泵,利用膨胀-压缩作用的机械泵,利用气体黏滞牵引作用的蒸气流喷射的扩散泵,以及利用分子牵引作用的分子泵等都属于压缩型的真空泵。另一类是吸附型真空泵,靠吸附方式降低特定空间的气体分子密度。如利用活性表面吸附气体的钛泵,利用深冷表面使气体碰撞黏附的低温泵,以及利用吸附剂降低气体分子密度的吸附泵等均为吸附型真空泵。

水冲泵是实验室用以产生粗真空的真空泵。机械泵和扩散泵都要用特种油作为工作物质,因而对实验对象有一定的污染,但由于这两种泵价格较低,它们在实验室中还经常被使用。机械泵的抽气速率很高,但只能产生 $1 \sim 10^{-1}$ Pa 的低真空。扩散泵使用时必须用机械泵作为前级泵,可获得优于 $10^{-1} \sim 10^{-7}$ Pa 的高真空和超高真空。吸附泵和钛泵都属于无油类型泵,不存在油蒸气的沾污问题,二者串级使用可获得优于 10^{-6} Pa 的超高真空。分子泵是靠内圆筒高速机械运动使气体做定向流动,它无须前级泵可直接获到超高真空。低温泵是目前抽速最大,能达到极高真空的真空泵。

1. 水冲泵

水冲泵的构造如图 5-13 所示。水经过收缩的喷口以高速喷出,使喷口处形成低压,产生抽吸作用将由系统进入的气体分子不断被高速喷出的水流带走。水冲泵能达到的极限真空受水的蒸气压所限制,20℃时极限真空约为 10^3 Pa,水冲泵在实验室主要用于抽滤或用于产生粗真空。

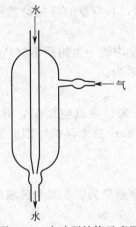

图 5-13 水冲泵结构示意图

图 5-14 旋片式油泵原理图

2. 机械泵

常用的机械泵是旋片式油泵,工作原理如图 5-14 所示。

气体从真空系统吸入泵的入口,随偏心轮旋转的旋片使气体压缩,而从出口排出。这种泵的效率主要取决于旋片与定子之间的严密程度。整个单元都浸在油中,以油作为封闭液和润滑剂。实际使用的油泵常由上述两个单元串联而成。实验室常用 2X 系列机械泵,其抽气速率为 1L/s、2L/s、4L/s。当入口压力低于 0.1Pa 时,其抽气速率急剧下降。

机械泵在使用时要注意以下几点：

（1）机械泵不能直接抽含可凝性气体的蒸气、挥发性液体等。因为这些气体进入泵后会破坏泵油的品质，降低油在泵内的密封和润滑作用，甚至导致泵的机件生锈。因此，在可凝性气体进泵前需先通过纯化装置。例如，在纯化装置中盛放可吸收水分的无水氯化钙、五氧化二磷、分子筛等；盛放可吸收有机物蒸气的石蜡；盛放可吸收其他蒸气的活性炭或硅胶等。

（2）机械泵不能用于抽含腐蚀性成分的气体，如含氯化氢、氯气、二氧化氮等的气体。因为这类气体会迅速侵蚀泵中精密加工的机件表面，从而导致泵漏气，不能达到所要求的真空度。对于这种情况，应当使气体在进泵前先通过盛有氢氧化钠固体的吸收瓶，以除去有害气体。

（3）机械泵由电动机驱动。使用时应注意电动机的电压。若为三相电动机驱动的泵，第一次使用时须注意三相电动机的旋转方向是否正确。机械泵正常运转时，不应有摩擦、金属撞击的异声。运转时电动机温度不能超过 60℃。

（4）在机械泵的进气口前须安装一个三通活塞。停止抽气时，应使机械泵与抽空系统隔离，泵先与大气相通，然后再关闭泵的电源。这样既可保持系统的真空度，又可避免泵油倒吸。

3. 扩散泵

扩散泵的原理是利用一种工作物质高速从喷口处喷出，在喷口处形成低压，对周围气体产生抽吸作用而将气体带走。这种工作物质在常温时应是液体，并具有极低的蒸气压，用小功率的电炉加热就能使液体沸腾气化，沸点不能过高，通过水冷却便能使气化的蒸气冷凝下来。过去用汞作为工作物质，但因汞有毒，现在通常采用硅油。图 5-15 是扩散泵的工作原理图。硅油被电炉加热沸腾气化后，通过中心导管从顶部的二级喷口处喷出，在喷口处形成低压，将周围气体带走。但硅油蒸气随即被冷凝成液体回入底部，循环使用。被夹带在硅油蒸气中的气体在底部聚集，立即被机械泵抽走。

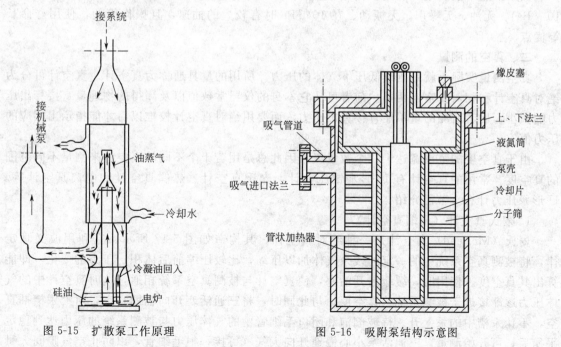

图 5-15　扩散泵工作原理　　　　图 5-16　吸附泵结构示意图

在上述过程中，硅油蒸气起着一种抽运作用，其抽运气体的能力决定于下面三个因素：硅油本身的摩尔质量要大；喷射速度要高；喷口级数要多。现在用摩尔质量大于 3000 的硅油作为工作物质的四级扩散泵，其极限真空度可达到 10^{-7} Pa，三级扩散泵可达 10^{-4} Pa，实验室用的油扩散泵其抽气速率通常有 60×10^{-3} m^3/s 和 300×10^{-3} m^3/s 两种。

油扩散泵必须用机械泵作为前级泵，将其抽出的气体抽走，不能单独使用。扩散泵的硅油易被空气氧化，所以使用时应用机械泵先将整个系统抽至低真空后，才能加热硅油。硅油不能承受高温，否则会裂解。硅油蒸气压虽然极低，但仍会蒸发一定数量的油分子进入真空系统，玷污被研究对象，因此一般在扩散泵和真空系统连接处安装冷凝阱，以捕捉可能进入系统的油蒸气。

4. 吸附泵

吸附泵的全名为分子筛吸附泵。它是利用分子筛在低温时能吸附大量气体或蒸气的原理制成的，其特点是将气体捕集在分子筛内，而不是将气体排出泵外。其结构如图 5-16 所示。

分子筛是人工合成的无水硅铝酸盐结晶，其内部充满着孔径均匀的无数微孔空穴，约占整个分子筛体积的一半。当向液氮筒中灌入液氮后，分子筛因被冷却到低温，能大量捕集待抽容器中的气体，极限真空度可达约 10^{-1} Pa。由于吸附后的分子筛可通过加热脱附活化，反复使用，因此吸附泵的使用寿命较长，维护方便。吸附泵可单独使用，其优点是无油，但工作时需消耗液氮。通常吸附泵用作超高真空系统中钛泵的前级泵。

5. 钛泵

钛泵的抽气机理通常认为是化学吸附和物理吸附的综合，而以化学吸附为主。钛泵的种类很多，这里介绍一种冷阴极钛离子泵，其泵壳用不锈钢制成，阳极由若干不锈钢管组成，阴极是钛板。在高压电场作用下，气体被电离，离子在电场和磁场作用下加速，轰击阴极，溅射出钛，如气体为氧、氮、二氧化碳、氢等活性气体，则其离子能与溅射出的钛生成化合物沉积在阳极上；如气体为惰性气体，则其离子可能与溅射出来的钛形成物理吸附。

钛泵不能单独使用，需用吸附泵或机械泵作为其前级泵。钛泵具有极限真空度高（约 10^{-8} Pa）、无油、无噪声、无振动、在 10^{-2} Pa 时有较大的抽速，且操作简便，使用寿命长等优点。

二、真空的测量

真空测量实际上就是测量低压下气体的压力。所用的量具通称为真空计。真空计可分为绝对真空计和相对真空计两类。前者可从它本身的仪器常数值以及测得的物理量直接算出压力的大小，后者所测的量不能直接算出压力，而要用绝对真空计校准以后才能指示出相应的压力值。

由于真空度的范围宽达十几个数量级，因此总是用若干个不同的真空计来测量不同范围的真空度。常用的真空计有 U 形水银压力计，麦氏真空计，热偶真空计和电离真空计等。U 形汞压力计在上节已介绍。

1. 麦氏真空计（压缩真空计）

麦氏（McLeod）真空计是一种绝对真空计，其构造如图 5-17 所示。它利用波义耳定律，将被测真空系统中的一定的残余气体加以压缩，比较压缩前后体积、压力的变化，即能算出其真空度。使用时，缓缓启开活塞，使真空计与被测真空系统相通，这时真空计中的气体压力逐渐接近于被测系统的真空度。与此同时，将三通活塞开向辅助真空，对贮汞槽抽真空，不让汞槽中的汞上升。待玻璃泡和闭口毛细管中的气体压力与被测系统的压力达到稳定平衡后，可开始测量，三通活塞小心慢地开向大气（可接一根毛细管，以防止空气瞬间大量冲入），使汞槽中汞缓慢上升，进入真空计上方。当汞面上升到切口处时，玻璃泡和毛细管即形成一个封闭体系，其体积是事先标定过的。令汞面继续上升，封闭体系中气体被不断压缩，压力不断增大，最后压缩到闭口毛细管内。毛细管 R 是开口通向被测真空系统的，其压力不随汞面上升而变化。因而随着汞面上升，R 和闭口毛细管产生压差，其差值可从两个汞面在标尺上的位置直接读出，如果毛细管和玻璃泡的容积为已知，压缩到闭口毛细管中的气体体积也能从标尺上读出，就可算出被测系统的真空度。通常，麦氏真空规已将真空度直接刻在标心上，不再需要计算。使用时只要闭口毛细管中的汞面到达零线，立即关闭活塞，停止汞面上升，这时开管 R 中的汞面所在位置的刻度线，即为所求真空度。麦氏真空计的量程范围为 $10 \sim 10^{-4}$ Pa。若在闭口毛细管的入口处接一小玻璃泡和一小段毛细管，则可将量程扩大至 10^2 Pa。麦氏真空计不能测量压缩时会凝聚的蒸气的压力，这是缺点。

2. 热偶真空计和电离真空计

热偶真空计是利用低压时气体的导热能力与压力成正比的关系制成的真空测量仪，其量程范围为 $10 \sim 10^{-1}$ Pa。电离真空仪是一只特殊的三极电离真空管，在特定的条件下根据正离子流与压力的关系，达到测量真空度的目的，其量程范围为 $10^{-1} \sim 10^{-6}$ Pa。在商品的测量仪器中已将上述两种真空计复合配套，组成复合真空计。复合真空计除了两个独立的规管外，其他电源及电子检测系统均组装在一起，其优点是把两种真空计的量程连接起来，在压力为 $10 \sim 10^{-1}$ Pa 时使用热偶真空计，在压力低于 10^{-1} Pa 时使用电离真空计。

在化学实验和科学研究中，使用复合真空计测量系统的真空度已相当普遍，但应该了解，无论热偶真空计还是电离真空计都是相对真空，使用前需要进行校准。还要注意的是，用复合真空计测量系统真空度时，如果残留气体为氮气或干燥空气，则测量指示的数据即为真空度；如果系统残留的气体并非氮气或空气，那么测量数据需要乘以对应气体的校正系数（见表 5-6）才是真空度。

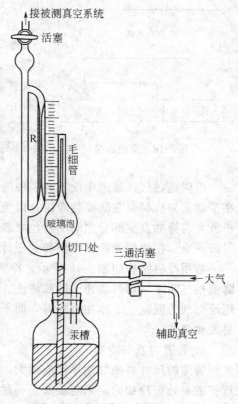

图 5-17　麦氏真空计构造示意图

表 5-6　一些气体的真空度读数校正系数

气体种类	校正系数	气体种类	校正系数	气体种类	校正系数	气体种类	校正系数
干燥空气	1.00	氧	0.34	水蒸气	0.85~1.16	二氧化碳	1.60
氢	0.40	氩	1.40	汞蒸气	2.70		
氦	0.18	氮	1.00	一氧化碳	1.10		

三、真空系统的操作

1. 真空泵的使用

如图 5-18 所示是常用的真空泵与真空系统的连接方式。这里机械泵既是真空系统的初抽泵，也是扩散泵的前置泵。初抽时活门 A、C 关闭，B 打开，直到压力达 $10 \sim 1$ Pa 时再打

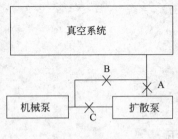

图 5-18 泵的连接

开 A、C，关闭 B，两泵同时工作达高真空。

启动扩散泵前要先用前置泵将扩散泵抽至初级真空，接通冷却水，逐步加热沸腾槽，直至油沸腾并正常回流为止。停止扩散泵工作时先关加热电源，至不再回流后关闭冷却水进口，再关扩散泵进出口旋塞，最后停止机械泵工作。注意：机械泵在停止工作前应先使进口接通大气，否则会发生真空泵油倒抽入真空系统的事故。使用油扩散泵时，应防止空气进入（特别是在温度较高时），以免硅油被氧化。

2. 冷阱

冷阱是在气体通道中设置的一种冷却式陷阱，能使可凝性蒸气通过时冷凝成液体。通常在扩散泵和机械泵之间要装冷阱，以免有机物、水汽等进入机械泵，影响泵的工作性能。在扩散泵与待抽真空部分之间一般也要装冷阱，以捕集从扩散泵反扩散的油蒸气，这样才能获得高真空。在使用麦氏真空规和汞压计的地方也应该用冷阱使汞蒸气不进入真空部分。

常用冷阱结构如图 5-19 所示。冷阱不能做得太小，以免增加系统阻力，降低抽气速率，同时要便于拆卸清洗。冷阱外部套装有冷却剂的杜瓦瓶，常用冷却剂为液氮、干冰加丙酮等，而不宜使用液体空气，因为它遇到有机物易发生爆炸。

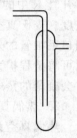

图 5-19 冷阱

3. 管道与真空旋塞

管道的尺寸对抽气速率影响很大，所以管道应尽可能短而粗，尤其在靠近扩散泵处更应如此。真空旋塞是一种精细加工而成的玻璃旋塞，一般能在 10^{-4} Pa 的真空下使用而不漏气。旋塞孔芯的孔径不能太小，旋塞的密封接触面应足够大。真空系统中应尽可能少用旋塞，以减少阻力和漏气可能。对高真空来说，用空心旋塞较好，它质量轻，温度变化引起漏气的可能性较小。当然正确涂敷真空脂也很重要。

4. 真空涂敷材料

常用的真空涂敷材料有真空脂、真空泥、真空蜡等，它们在室温时的蒸气压都很小，一般为 $10^{-2} \sim 10^{-4}$ Pa。真空脂用在磨口接头和真空旋塞上；真空泥用来粘补小沙孔或小缝隙；真空蜡用来胶合不能熔合的接头，如玻璃-金属接头等。国产真空脂按使用温度不同又分不同序号。

5. 真空系统的检漏

低真空系统的检漏，最方便的是使用高频火花真空检漏仪，它是利用低压力（$10^2 \sim 10^{-1}$ Pa）下气体在高频电场中，发生感应放电时所产生的不同颜色，来估测气体的真空度的。使用时，按住手揿开关，放电簧端应看到紫色火花，并听到蝉鸣响声。将放电簧移近任何金属物时，应产生不少于三条火花线，长度不短于 20mm，调节仪器外壳上面的旋钮，可改变火花线的条数和长度。火花正常后，可将放电簧对准真空系统的玻璃壁，此时如真空度优于 10^{-1} Pa 或压力小于 10^3 Pa，则紫色火花不能穿越玻璃壁进入真空部分；若真空度小于 10^{-1} Pa，紫色火花能穿越玻璃进入真空部分内部，并产生辉光。

当玻璃真空系统上有微小的砂孔漏洞时，由于大气穿过漏洞处的电导率比绝缘的玻璃电导率高得多，因此当高频火花真空检漏仪的放电簧移近漏洞时，会产生明亮的光点，这个明亮的光点就是漏洞所在处。

实际的检漏过程如下：启动机械泵，在数分钟内可将真空系统压力抽至 $10 \sim 1$ Pa，用高频火花检漏仪检查系统，可以看到红色的辉光放电，蓝白色的辉光放电，直到极淡的蓝色的荧光，它们分别对应于不同的真空度。这时若关闭机械泵与系统连接的活塞，10min 后，再用高频火花检漏仪检查，其放电颜色应和 10min 前相同，否则表示系统漏气。漏气一般发生在玻璃结合处，接头处或活塞处。可用高频火花检漏仪仔细检查，如发现有明亮的光点存在，就是砂孔漏洞。为了迅速找出漏气所在，通常用分段检查的方式进行，即关闭某些活塞，把系统分几个部分，分别检查，确定了某一部分漏气，再仔细检查漏洞所在处。

一般来说，个别小砂孔漏洞可用真空泥涂封，较大漏洞则需重新焊接。

系统能抽到并维持低真空后，便可启动扩散泵，待泵内硅油回流正常，可用高频火花检漏仪重新检查系统，当看到玻璃管壁呈淡蓝色荧光，而系统内没有辉光放电，表示真空度已优于 10^{-1}Pa，否则，系统肯定还有极微小漏气处。此时同样可利用高频火花检漏仪分段检查漏气，再以真空泥涂封。

注意：不能把高频火花检漏仪放电簧指在某处停留过火，这样有时会制造出一个漏洞来。同时，高频火花检漏仪工作 3min 左右应停用瞬间。然后再用手揿开关继续使用，这样可防止高频火花检漏仪损坏。

玻璃真空系统上的铁夹附近，或金属真空系统，不能用高频火花检漏仪检漏，一般改用在系统表面逐步涂抹丙酮或甲醇或肥皂液的方法，当涂抹液进入漏洞的瞬间，系统漏气速度会突然减小，由此可找出漏孔。

若管道段找不到漏孔，则通常为活塞或磨口接头处漏气。须重涂真空脂或换接新的真空活塞或磨口接头。磨口在涂真空脂之前，必须用有机溶剂仔细清洗，最后用丝绸蘸以有机溶剂擦洗，绝不允许磨口上沾有任何纤维。真空脂要涂得薄而均匀，两个磨口接触面上不应留有任何空气泡或"拉丝"。

6. 真空系统的操作要领

在启开或关闭活塞时，应两手进行操作，一手握活塞套，另一手缓缓旋转内塞，务使开、关活塞时不产生力矩，以免玻璃系统因受力而扭裂。天气较冷时，须用热吹风使活塞上的真空脂软化，使之转动灵活。任何一个活塞的启开或关闭，都应注意会影响系统的其他部分。

对真空系统抽气或充气时，应通过活塞的调节，使抽气或充气缓缓进行，切忌系统压力过剧的变化。因为系统压力突变会导致 U 形水银压力计的水银冲出或吸入系统。

进行真空系统测量，若用吸附剂低温（如液氮温度）吸附气体，则当实验结束时需要注意，吸附剂温度回升会释放大量被吸附的气体，造成系统压力剧升，此时应及时用机械泵将放出的气体抽出系统。

第四节 黏度的测定

一、概述

黏度是流体流动时内摩擦力的量度。黏度这个名词可作为表示内摩擦力系数数量的名称。黏度大小常以动力黏度、运动黏度或条件黏度等表示。

1. 动力黏度

动力黏度是指液体在一定剪切应力下流动时内摩擦力的量度，其值为所加于流动液体的剪切应力和剪切速率之比。其单位以 Pa·s 表示。

2. 运动黏度

运动黏度指的是液体在重力作用下流动时摩擦力的量度，其值为相同温度下液体动力黏度与其密度之比，其单位以 m^2/s 表示。

3. 条件黏度

条件黏度是恩氏黏度、赛氏黏度、雷氏黏度等的统称，其测定方法可参阅相关资料。

二、黏度计的种类

液体的黏度差别较大，必须考虑被测液体类型及流动形式选择黏度计，常用的黏度计有以下几种：

① 毛细管黏度计，此类黏度计用以测定动力黏度与运动黏度。

② 细孔式黏度计，它们测定的都是条件黏度，这类黏度计有恩氏黏度计、赛氏黏度计和雷氏黏度计等。

③ 落球黏度计，主要用于测定黏度大的液体，这类黏度计有古尔维奇黏度测定管和霍普勒黏度计。

④ 旋转黏度计，是指用同轴圆筒系统测定流体的流变性质的黏度计，它特别适用于测定非牛顿流体。

三、毛细管法测定液体黏度的原理和方法

液体在毛细管中流动时，大都为牛顿流体。若使液体流动的力全部用于克服其黏性阻力，则根据牛顿公式，可推得如下结果：

$$\eta = \frac{\pi p R^4 t}{8VL}$$

式中，V 是在时间 t 内流经毛细管的液体体积；R 是毛细管半径；p 是毛细管两端的压力差；L 是毛细管的长度。此式即著名的 Poiseuille 公式，是毛细管法测定液体黏度的依据。

由上式知，若能测定 R、L、p、V、t 值，就能直接计算黏度 η，这称为绝对法，但在上述测定值中，毛细管半径 R 难于准确测量，且其在式中呈 4 次方关系，因此该测量误差对 η 的影响很大，故一般不采用绝对法求黏度，而是采用相对法，即用同一支黏度计在相同条件下分别测量样品和标准液体（已知其在该温度下的黏度和密度的液体）流过毛细管的时间 t_2 和 t_1，根据 Poiseuille 公式，应有：

$$\eta_1 = \frac{\pi R^4 p_1 t_1}{8VL}$$

$$\eta_2 = \frac{\pi R^4 p_2 t_2}{8VL}$$

二式相除得：

$$\frac{\eta_1}{\eta_2} = \frac{p_1 t_1}{p_2 t_2}$$

若将毛细管竖直放置，使液体在重力作用下流经毛细管，则有 $p = \rho g h$，其中 ρ 为液体的密度，g 为重力加速度，h 为等效平均液柱高。两次实验中 h 值相同，上式可写为：

$$\frac{\eta_1}{\eta_2} = \frac{\rho_1 t_1}{\rho_2 t_2}$$

或

$$\eta_2 = \eta_1 \frac{\rho_2 t_2}{\rho_1 t_1}$$

即已知某温度下标准液体的黏度 η_1 和密度 ρ_1，测得 t_1 和 t_2 即可求得待测液体的黏度 η_2。

常用的毛细管黏度计有 Ostwald 式 (a) 和 Ubbelohde 式 (b) 两种，结构如图 5-20 所示，其中管 A 较粗，下端有球 F，作为盛液体及冲稀液体用，管 B 中段 K 为毛细管，上端球 E 为盛放流经毛细管的液体用，两端有刻度线 a、b，作为液体流动时记录开始与终止时间的标准点。实验时液体自 A 管装入，在 B 管上方将液体吸至 a 线以上后任其流下，测量液体自刻度线 a 流至 b 所用的时间 t。Ubbelohde 式黏度计还有一根支管 C，与管 B 在下端

的球 D 处相接，这样可使毛细管 K 的下端直接与大气相通，使实验中通过 A 管进行溶液稀释时，增加溶剂的量与球 E 中液体流经毛细管的时间无关，因此，用 Ubbelohde 式黏度计测定时可在黏度计中直接稀释溶液。而 Ostwald 式黏度计则要求试样的体积必须每次测定时都保持相同。故 Ubbelohde 式黏度计使用更为方便，也更为普遍。

在推导 Poiseuille 公式时，曾假设使液体流动的推动力 p 全部用于克服液体的黏性阻力。事实上，液体流动时也得到了动能，因此，精确的测量必须对此进行校正，称为动能校正；其次，在毛细管出入口的两端，管径大小和液体的流速分布与管子中部并不相同，这要影响到液体的流出体积，相应的校正称为末端校正。考虑这两项校正，Poiseuille 公式就成为下述形式：

$$\eta = \frac{\pi p R^4 t}{8V(L+nR)} - \frac{m\rho V}{8\pi(L+nR)t}$$

式中，ρ 为待测液体的密度；m，n 均为仪器常数。采用相对法测定液体黏度时，由于使用同一支黏度计，各种仪器常数均为固定值，即有

$$\eta = A\rho t - B\rho/t$$

式中常数 A、B 的值通常用两种黏度已知的液体进行测定而求得。

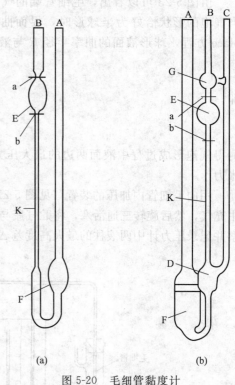

图 5-20　毛细管黏度计

由于温度对黏度有显著影响，所以在使用毛细管法测定黏度时，还需用精密的恒温装置控温（恒温装置的结构、使用方法见有关章节），在液体放入黏度计之前，务必除去液体中的灰尘、纤维等固体杂质，以免堵塞毛细管，黏度计容量的选择应以其在管内的流动时间超过 100s 为好，以避免对实验结果的动能校正，简化结果处理方法。

第五节　表面张力测定

一、概述

平衡时两相间界面总是有个收缩力存在，这种力就叫作表面张力，以 γ 表示。表面张力是研究流体界面性质的基本数据，表面张力的测定对各种纯液体、溶液、特别是表面活性剂溶液的研究具有十分重要的意义。

测定液体的表面张力的方法很多，有毛细管上升法、最大气泡压力法、滴重法、悬环法及 du Nouy 张力计等，但没有一种方法能适用于测定所有体系，选择什么方法测定表面张力，与样品大小，测定时间，精确度与目的性有密切关系，这里仅介绍一种最常用并且比较简便的方法——最大气泡压力法。

二、最大气泡压力法测定表面张力的原理和方法

最大气泡压力法的测定装置见图 5-21 与图 5-22，测定时将待测液体 2 置于样品管 3 中，插入毛细管 1，在毛细管内加压或在毛细管外减压，由于管内外的压力差将使管端处的液体内形成一气泡。若用的管很细（如实验所用的毛细管），则可假设气泡在形成过程中的形状为一变化的球面［见图 5-23(a)～(c)］，压力大到一定值时，气泡脱离管端逸出。

由图 5-23 可以看出，毛细管端的气泡在形成过程中经历了曲率由大变小再变大的过程。当气泡的形状恰好为半球形时，界面曲率半径最小，而且等于毛细管的内半径，根据 Laplace 方程，球形液面的曲率半径 R 与液面两边的压力差 Δp 及表面张力 γ 之间满足关系式

$$\Delta p = \frac{2\gamma}{R}$$

即

$$\gamma = \frac{\Delta p \cdot R}{2}$$

测得气泡形成过程中液面两边的最大压力差 Δp_{max} 及毛细管半径 R，即可求得该液体的表面张力 γ。

用向毛细管内加压的装置（见图 5-21）测定时，先关闭三通活塞，用梨形充气球向贮气瓶中充气，然后旋转三通活塞，将贮气瓶与毛细管接通。调节螺旋夹使气泡一个个均匀形成，观察并记录压力计中两液柱的最大高度差 Δh，即气泡内外最大压力差 $\Delta p_{max} = \rho g \Delta h_{max}$。

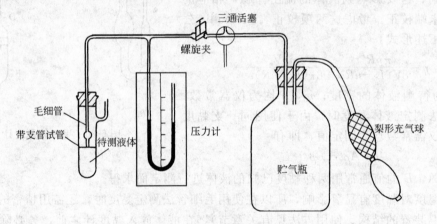

图 5-21 加压装置示意图

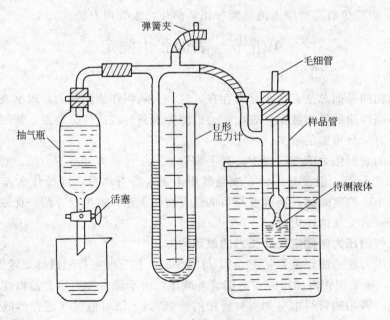

图 5-22 减压装置示意图

用减压装置（见图 5-22）测定时，当按图中所示连接好仪器，样品管中的待测液体将沿毛细管上升，这时打开抽气瓶的活塞，让瓶内的水缓缓滴下，则样品管中待测液体液面上方的气体压力小于毛细管内液面上的压力（即室压），故毛细管内气体可将液体挤出，在管口处形成气泡并长大，气泡逸出时压力差的最大值可由 U 形压力计上读出，同理 $\Delta p_{max} = \rho g \Delta h_{max}$（注意，该式中的 ρ 为 U 形压力计中的液体密度）。

将测得的 Δp_{max} 代入 $\gamma = \dfrac{\Delta p \cdot R}{2}$，可得：

$$\gamma = \frac{R \cdot \rho g \Delta h_{max}}{2}$$

若将表面张力分别为 γ_1 和 γ_2 的两种液体用同一支毛细管测得各自的压力计液柱高度差 Δh_1 和 Δh_2，则有如下关系：

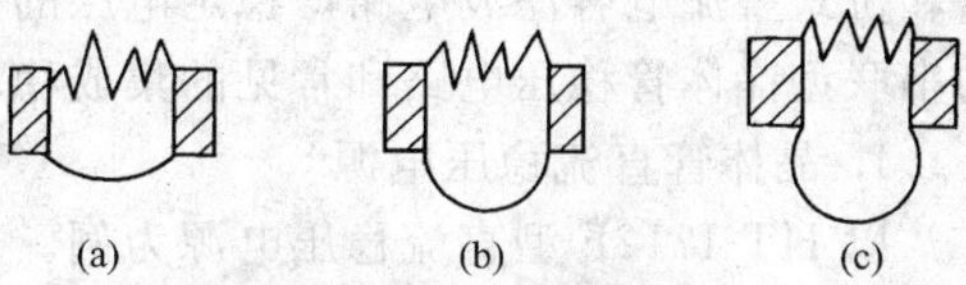

图 5-23　气泡形成过程中曲率变化示意图

$$\frac{\gamma_1}{\gamma_2} = \frac{\Delta h_1}{\Delta h_2}$$

即

$$\gamma_1 = \frac{\gamma_2 \Delta h_1}{\Delta h_2} = K \Delta h_1$$

对同一支毛细管来说，K 为一常数，其值可借一表面张力为已知的液体标定之。标准液体一般选用某温度下的纯水，其表面张力值可自手册中查得。

应用该式时，是假定气泡内外的压力差全部用于克服液体的表面张力，忽略了液体静压力的影响，因此在实际操作中，应当使毛细管口放置的位置恰好与待测液体的液面相切。另外，由于液体静压力的影响，形成的气泡严格讲，应该是椭球体，此项误差的校正，请参阅有关专著。

最大气泡压力法具有设备简单、操作方便的特点，并且不依赖于接触角的大小，测定速度也很快，还可不必准确测定待测液的密度数据，这些均为该法的优点，但此法是一种产生新鲜表面的准动态方法，故不适用于测定达到平衡慢的系统。

以上方法原则上同样适用于液-液界面张力的测定。

第六节　电化学及电化学分析测试仪器

一、直流稳压电源

稳压电源是在电网电压或负载发生变化时，其输出电压能够基本上保持不变的电源。电源电压的稳定在电路测量中特别重要，电源电压的不稳定会造成测量误差，甚至可能使电子设备无法正常使用。

稳压电源有直流稳压电源和交流稳压电源两大类，下面只介绍直流稳压电源。

市电电源供给的是有效值为 220V，频率为 50Hz 的正弦交流电，一般需要对它进行一些处理，才能给电路供电。首先，需要用整流电路将交流电变换为直流电；其次，由于整流后的电压会随着市电电压或负载的变化而变化，这种变化可能会使用电的电子设备不能正常工作，因此还需要有稳压设备将整流电压稳定在一定的范围内。直流稳压电源就是完成上述两项任务的设备。

直流稳压电源的工作原理一般是先用变压器将 220V，50Hz 的交流电压变为所需幅度的交流电压，然后用整流电路把交流电压变为直流脉动电压，再经滤波电路使直流脉动电压平滑，最后再通过直流稳压电路输出稳定的电压。如图 5-24 所示。

图 5-24 直流稳压电源工作原理示意图

一般常见的整流电路和电器滤波电路有：半波整流电容滤波电路、全波整流电容滤波电路和桥式整流电容滤波电路。稳定电压的方法很多，有最简单的硅稳压管稳压电路、最常用的串联型晶体管稳压电路和常见的集成稳压电路。

1. 晶体管直流稳压电源

以 HT-1712F 型直流稳压电源为例。这种类型的直流稳压电源采用运算放大器、硅晶体管的直流稳压电源，其精度高，波纹小，抗干扰能力强，有良好的负载适应性。其主要技术指标为：

输出电压：0～30V（二路）

输出电流：0～1A（二路）

波纹（峰-峰值）：≤5mV

HT-1712F 型直流稳压电源面板示意图如 5-25 所示。

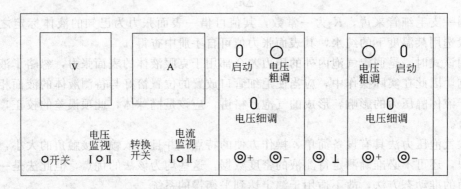

图 5-25 HT-1712F 型直流稳压电源面板示意图

使用注意事项如下：

① 电源可以同时输出两路，两路共用一块电压表和电流表，"电压监视"和"电源监视"开关起转换第Ⅰ、Ⅱ路电压、电流的作用。

② 若需监视第Ⅰ路电压、电流时，把"电压监视"、"电流监视"开关放到Ⅰ位置上，调节"电压粗调"、"电压细调"即可得到所需的电压值。

③ 输出电压由接线柱"+"和"-"提供，地线接线柱仅与机壳相连。当欲输出正电压时，应将"-"与地线接线柱相连；当欲输出负电压时，应将"+"与地线接线柱相连。

④ 输出端不允许短路，当发现电压表指数下降时，应关闭电源或断开负载。

2. 集成稳压电源

LAPS-3-2 型稳压电源是一种常见的稳压电源，它具有三路稳压双路可调，一路固定（5V）双路可调（0～30V），具有过载、输出短路保护功能。输出显示采用三位半 LCD 显示，读数准确，使用时不需用其他电压表、电流表对其进行校准，由一个琴键开关可随时实现对电压、电流的监测。其主要技术指标为：

输入：220V±10%；50Hz±4%

输出：+5V±1%；2A（一路）

0～30V；2A（双路）

波纹电压：<1mV

LAPS-3-2 三路稳压双路可调直流稳压电源面板示意图如 5-26 所示。

LAPS-3-2 型直流稳压电源使用方法如下：

① 开关打开后，液晶表头对输出量显示，同时表示单位的发光二极管亮。

② 左边的液晶表头用于监测左路 0～30V 及中间固定 5V 输出，可用 5V/0～30V 转换开关进行转换；右边液晶表头用于对右路 0～30V 输出进行监测。

③ 电流、电压的监测可分别用左、右两个电压/电流转换开关进行转换。

④ 输出电压可以通过调节左、右两个输出调节得到需要的值，调节范围 1.2～30V。

⑤ 该电源具有过载（2A）、输出短路保护功能，当负载电源大于 2A 或输出短路时，电源会自动切断输出，表头电压指示为 0。当查明电路故障并排除后，按相应的"恢复"键，电源恢复正常。

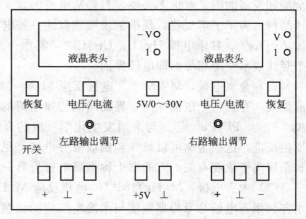

图 5-26　LAPS-3-2 型直流稳压电源面板示意图

二、电极及其制备

1. 电极

电化学中的所谓"电极"，是一种有电荷传递的多相体系，电极的一端是电子导体，另一端是离子导体，例如最为简单常见的电极：金属/电解质。相间的界面称为电极界面，电荷跨越界面传递引起电极反应并通过电极的电子导体（例如金属）输入或输出电流。两个电极组成电化学电池，两个电极反应的总和称为电池反应，实现化学能和电能的相互转化。

需要指出的是，习惯上我们经常把电极的金属部分（或其他电子导体）称为电极，如铂电极、石墨电极等，那是不确切的。因为一个单独的相不能构成电极界面，也就没有跨界面的电荷传递，发生不了电极反应。所以单个金属不能称为电极。在电极体系中也可以加入其他物质引入更多的相使反应复杂化，使电极具有更多的性能，如甘汞电极、氯化银电极、化学修饰电极等。如果电极的电子导体是半导体，那就称为半导体电极，在新兴的光电化学中有广泛的应用。

2. 根据电极反应是否可逆，电极可分为可逆电极和不可逆电极

此处所述之可逆，有几方面的含义。热力学含义是可逆过程应在物质和能量两个方面都能达到可逆。对电极而言，电极界面通过正向微电流所产生的效应在逆向微电流通过时能完全消除，此时组成电极的各相之间都达到平衡，电极电势为平衡电势，符合能斯特公式。但具备可逆条件的电极要在实际上体现其可逆还必须使电荷跨越界面的传递速率很快，即很易建立电极平衡才行。这就是可逆电极的动力学含义。在实际应用中则是指那些电势稳定且易重现的电极，例如通常用作参比电极的，都可认为是可逆电极。

在电化学实际测定中，不同场合要采用各种电极，如电化学热力学的研究，被研究的电极和参比电极都要用可逆电极。在电化学动力学研究的三电极体系中，参比电极用可逆电极，被研究电极是测定其电极行为（超电势），当然是不可逆电极；辅助电极是为了连通回

路，一般用惰性金属作为导体。

3. 可逆电极举例

可逆电极品种很多，有的书将其分成一、二、三等类型，其实它们并无本质的区别，从全局和发展的眼光看也无必要。只要从电极的意义出发就一目了然并可据此设计出各种新电极品种。为了了解概貌，现举例说明并叙述一些电极的制备方法。下述电极的表达式如银电极 $Ag|Ag^+$、甘汞电极 $Hg|Hg_2Cl_2|Cl^-$，其中一端为电子导体，另一端为离子导体，每一条竖线表示一个相界面即电极界面。

(1) 金属电极，$M|M^{z+}$　电极反应 $M \rightleftharpoons M^{z+} + ze^-$，电极由金属与含金属离子的溶液组成，存在一个电极界面，界面两侧传递电荷的是金属离子。例如 $Cu|Cu^{2+}$、$Zn|Zn^{2+}$、$Ag|Ag^+$、$Pb|Pb^{2+}$ 等。与溶剂发生化学反应的金属不能制成电极，如 Na、K、Ca 等与水发生反应，这些金属可以设计和制成汞齐电极，见 (2) 所述。金属电极的电势与金属性质和金属离子浓度有关。有的书上称金属电极为第一类电极。

(2) 汞齐电极，$M(Hg)|M^{z+}$　电极反应 $M(Hg) = M^{z+} + ze^-$。$M(Hg)$ 代表金属 M 的汞齐。汞齐电极是专为那些能与水发生反应的活泼金属设计的。汞齐中的金属 M 与含该金属离子的溶液达成平衡。汞不参加电极反应。惠斯顿标准电池中的镉电极就是汞齐电极。这类电极的电势不仅与金属性质和溶液中的金属离子浓度有关，而且也与汞齐中金属含量有关。

(3) 氧化还原电极，$Pt|M^{z+}, M^{z'+}$　例如 $Pt|Fe^{3+}, Fe^{2+}$，电极反应为 $Fe^{2+} \rightleftharpoons Fe^{3+} + e^-$。虽然通常的电极反应都是氧化或还原反应，但这里所讲的氧化还原电极是指电极上所发生氧化或还原的两种物质处于同一相中，浸在溶液中的惰性金属（如 Pt）不参与电极反应，只起供给或接受电子的作用。跨越界面传递电荷的是电子。这类电极的电势是由溶液中离子的氧化态的改变而形成的，决定于不同氧化态的离子浓度，而与惰性金属的性质无关。下述 (5) 的气体电极与此处所述十分相似。

(4) 金属及其难溶盐组成的电极，$M|M_{\nu_+}X_{\nu_-}(固)|X^{z-}$　金属 M 和该金属的一种难溶盐 $M_{\nu_+}X_{\nu_-}$ 以及饱和了 $M_{\nu_+}X_{\nu_-}$ 并含负离子 X^{z-} 的溶液组成电极，例如甘汞电极 $Hg|Hg_2Cl_2|KCl$、氯化银电极 $Ag|AgCl|Cl^-$ 等，如果负离子是 OH^-，则如氧化汞电极 $Ag|HgO|OH^-$。这种电极存在两个界面，跨越界面传递电荷的是负离子 X^{z-}。电极反应为 $\nu_+ M + \nu_- X^- \rightleftharpoons M_{\nu_+}X_{\nu_-} + \nu_- e^-$，决定电极电势数值的是金属和金属盐的性质以及负离子的浓度。这些电极往往是"高度可逆"的，就是电极平衡很易达到，电势稳定、重现，常用作参比电极。与此类似的还有一些电极如 $Pb|PbC_2O_4|CaC_2O_4|CaCl_2$（水溶液），组成电极的相、界面增多，结构复杂，也增添了功能：电极电势与阳离子（如 Ca^{2+}）的浓度有关，适合某种用途。因此在遵从电极结构原则的前提下可根据实验的具体需要设计制备各种各样的电极。有的书把这些电极称为第二类和第三类电极。

(5) 气体电极，$Pt|X_2(气)|X^-$　这类电极是由浸在溶液中的惰性金属（如 Pt）或非金属电子导体（如石墨）构成，气体泡围绕惰性电极通过溶液，与溶液中该气体的负离子达成平衡。如氢电极 $Pt|H_2|H^+$，电极反应为 $H_2(气) \rightleftharpoons 2H^+ + 2e^-$，跨越电极界面传递电荷的是电子。气体电极与 (3) 述的氧化还原电极类似，只是氧化态（离子）与还原态（气体）分处于两相之中，增加了一个相和一个相界面。同样惰性金属或石墨不参加反应，仅起供给和接受电子的作用，惰性金属对气体电极的"可逆性"有很大影响，见氢电极的制备。

(6) 非金属非气体电极　例如溴电极 $Pt|Br_2(液)|Br^-$（水溶液）和碘电极 $Pt|I_2(固)|I^-$（水溶液）。在这些电极中，溶液中饱和了 Br_2 或 I_2，电极反应分别为 $Br_2(液) + 2e^- \rightleftharpoons 2Br^-$（水溶液）

和 I_2(固)$+2e^- \rightleftharpoons 2I^-$（水溶液）。与（3）、（5）所述之氧化还原电极、气体电极类似。

4. 可逆电极制备举例

前述，在实用中称得上可逆的电极应具备：①电极反应可逆，电极电势可用能斯特公式表示；②很易达到平衡，电荷通过电极界面的正向和反向的速率，所谓交换电流密度要很大。因此制备可逆电极就要选择适当的电极体系和合适的电极材料、制备方法等。现以氢电极、甘汞电极、氯化银电极为例介绍其制备。这些电极通常用作参比电极。在电化学、热力学和动力学研究中都要用到。

(1) 氢电极，$Pt|H_2$（气）$|H^+$（水溶液）　氢电极在电化学研究中应用极广。氢电极是所有氢离子指示电极（指能反映氢离子活度的电极）中精密度最高的一种；氢电极是最基本的参比电极，标准氢电极（氢气压力、氢离子活度均处于标准状态）是各种电极的电势标准；氢电极又是组成哈纳特电池的基本电极，广泛用于电化学、热力学等的研究。氢电极的重要性是显而易见的，也是电化学实验室中必备的电极。

① 氢电极的构造：如图5-27所示，电极管有通氢气的进出阻气阀以防止空气的漏入。氢气必须很纯，如果含有惰性杂质如 N_2 会影响 H_2 的分压；O_2 会在电极上还原，使氢电极电势产生偏离；CO_2 与 CO 以及 As 的硫化物会使氢电极"中毒"，干扰电极反应的进行。氢电极惰性金属为铂，并且用电镀的方法镀上一层绒状的铂黑以增加表面积并起电催化作用，加速电极反应速率，使电极容易达到平衡。

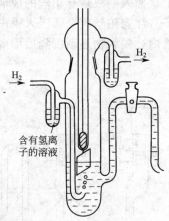

图5-27　氢电极结构示意图

② 铂片的表面处理：将 1cm×1cm 的铂片在热 NaOH 乙醇溶液中浸泡15min左右除去油污，然后在浓硝酸中煮3～5min，依次用自来水与蒸馏水洗净（若铂片原来就有铂黑，则应预先将其浸入40℃的王水中洗去）。用处理过的铂片作为阴极，另一铂片作为阳极，在稀硫酸（0.5mol/L）中电解10～20min，如果电极表面析出氢气不均匀，出现大气泡，表明铂片表面仍有油污，得重新处理。电解后的铂片再用自来水、蒸馏水洗净，然后镀铂黑。

③ 镀铂黑的溶液：有两种，一种是3%氯铂酸溶液，电镀的电流密度约20mA/cm^2，时间5min；另一种是在3.5%氯铂酸溶液中添加0.02%醋酸铅，电流密度约30mA/cm^2，时间10min。第一种镀出的铂黑活性较强，但使用寿命较短；第二种所得铂黑不易中毒，使用寿命长。电镀好的铂片（习惯称为铂黑电极）必须保存在蒸馏水或稀硫酸溶液中。

一般在氢电极中铂片的上部需露出液面，处于 H_2 气氛中使形成气液固三相界面，有利于氢电极迅速达成平衡。溶液中通过稳定的氢气流，一般每秒钟为1～2个气泡。在通气后半小时内电极应达到平衡，在被氢气饱和的溶液中，数分钟内就很接近平衡电势。

(2) 甘汞电极，$Hg|Hg_2Cl_2$（固）$|KCl$（水溶液）　电极由表面附着甘汞层的金属汞浸于含 Cl^- 的溶液所组成。由于电势稳定，容易制作，广泛用作参比电极。电极反应为 $2Hg+2Cl^- \rightleftharpoons Hg_2Cl_2+2e^-$，电极电势决定于 Cl^- 的浓度。市售的甘汞电极有饱和 KCl 溶液、1mol/L 和 0.1mol/L KCl 溶液三种。自制的甘汞电极大多为饱和 KCl 溶液，因其溶液配制较为方便，但它的温度系数较大，且当温度改变后，KCl 达到新的饱和溶解度需要时间，电极电势变化发生滞后现象。1mol/L、0.1mol/L KCl 甘汞电极温度系数较小，多用于精密的电化学测量中。由于甘汞在高温下不稳定，故甘汞电极一般适用于70℃以下的测量。

① 结构：图 5-28 列出甘汞电极的一些结构形式。图中（a）、（b）是两种市售的甘汞电极。电极管内部有一根小玻璃管，管的上部放置汞，它通过封在玻璃管内的铂丝与外部导线相通；汞下面放汞与甘汞的糊状混合物，为防止下落，在小玻璃管的下部用脱脂棉塞住。小玻璃管浸在 KCl 溶液中。电极管的下端用多孔性陶瓷封口以减缓溶液的流出速率。电极（b）是在甘汞电极外面增加一根过渡玻璃套组成。使用时该玻璃管中可注入阴、阳离子电导接近并且对被测溶液无影响的溶液，或注入研究体系的溶液。过渡玻璃套下端也有多孔陶瓷封口，流速也很慢，可以减少甘汞电极溶液对研究体系的污染。

② 三种实验室制甘汞电极：图 5-28 的（c）~（e）是三种实验室制作的甘汞电极。制作（c）电极时，先在电极管的底部封一段铂丝，使内外导电。然后在电极管内加一定量的纯汞，在汞的表面铺一薄层汞和甘汞的糊状混合物。糊状混合物制作方法是在清洁的研钵中放一些 Hg_2Cl_2 细粉，加几滴汞仔细研磨，研磨时也可加几滴 KCl 溶液，最后研成灰色糊状物。电极管内所铺糊状物层不能太厚。铺好后在电极管内注入所需的 KCl 溶液。电极的导电是采用汞把铂丝和导电铜丝连接的方法。图中（d）和（e）电极的导电方法是从电极管的上口插入一根封有铂丝的玻璃管。先在电极管内加入汞，塞好带有导电用铂丝的玻璃管的塞子（注意铂丝应全部浸入汞中），然后把 KCl 溶液连同一些汞和甘汞糊状物一起抽吸入电极管内，糊状物逐渐沉降后形成薄薄的一层。抽吸后用螺丝夹夹紧乳胶管。

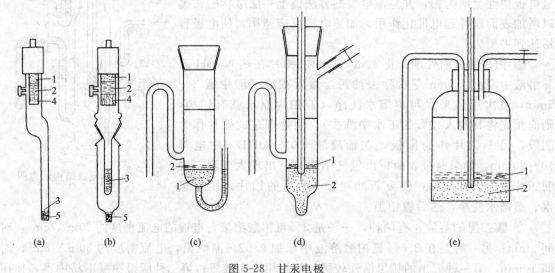

图 5-28 甘汞电极
1—汞；2—汞和甘汞糊状物；3—KCl 结晶；4—棉花纤维；5—多孔性陶瓷或烧结玻璃

③ 类似的电极：例如硫酸亚汞电极 $Hg|Hg_2SO_4(固)|K_2SO_4$（水溶液）、氧化汞电极 $Hg|HgO(固)|KOH$（水溶液）等的制作方法与上述甘汞电极基本相同。

(3) 氯化银电极 $Ag|AgCl(固)|Cl^-$　电极由表面覆盖有氯化银的银丝浸在含 Cl^- 的溶液构成，电极反应为 $AgCl+e^- \rightleftharpoons Ag+Cl^-$。氯化银电极电势稳定，重现性很好，是常用的参比电极。图 5-29 中的（a）~（e）是几种自制的氯化银电极样式。

氯化银电极有三种制作方法，即电解法、热分解法与热电解法。热分解法是古老的方法，制得的电极性能重现性差，现已很少采用。电解法制备容易，电势响应快，在测量精度要求不高的场合，如电势滴定、玻璃电极内参比电极等多用此法。因受金属基底表面结构不均匀的影响，电解法制得的电极电势偏差较大，约±1mV，重现性较差。热电解法制得的电极电势测量偏差很小，<10μV，重现性较好。由于表面多孔，电极响应较慢，约 50min。

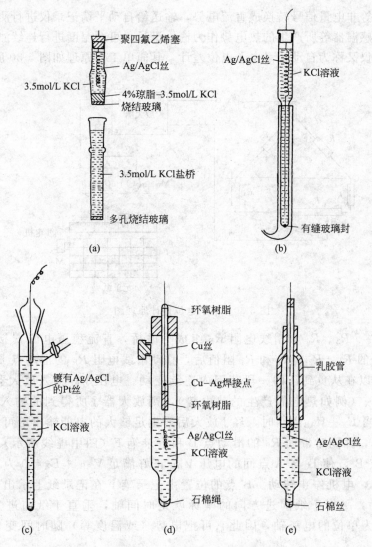

图 5-29 几种自制的氯化银电极

在电化学研究中常用这种电极。现介绍电解法。

① 方法一：取一根纯银丝，先用丙酮洗去表面沾污的有机物，在 3mol/L HNO$_3$ 中浸蚀一下，再用蒸馏水洗净。在 0.1mol/L HCl 中阳极氧化 30min，用铂丝作为阴极。阳极电流密度约 0.4mA/cm^2，得到的 Ag/AgCl 通常是淡紫色，用蒸馏水充分洗净后装入电极管中待用。如此制得的电极，其电势与所用试剂纯度有较大关系，若要得到高精度的氯化银电极，必须采用重蒸馏水和重蒸馏过的盐酸。

② 方法二：取一段铂丝经表面清洗后用下法电镀银。100mL 镀银溶液内含 3g AgNO$_3$、60g KI 和 7mL 25% 氨水。阴极电流密度 2.7mA/cm^2，时间 2h。电镀得白色银丝。取出后在浓氨水中洗去表面的银络合离子。用蒸馏水充分洗净后按方法一在 HCl 溶液中阳极氧化生成 Ag/AgCl，制成电极。

三、记录仪

1. 自动平衡记录仪的简单工作原理

自动平衡记录仪可以自动测量和记录各种直流电势。各种能产生直流电势的变送器将温度、压力、流量等非电量信号转换成直流电势,输送给自动平衡记录仪进行测量和记录。如将热电偶、辐射感温器等所产生的热电势作为输入讯号,可对温度进行连续测量和记录。因此自动平衡记录仪又称为自动记录电子电位差计。其简单工作原理如图 5-30 所示。

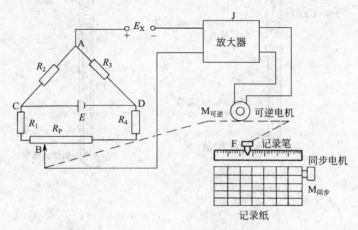

图 5-30 电子电位差计原理图

图中 R_1、R_2、R_3、R_4 和滑线电阻 R_P 组成一电桥,直流稳压电源 E 接在电桥的 CD 两端,选定合适的 R_1、R_2、R_3 和 R_4 阻值后,移动滑线电阻 R_P 的滑动点 B,则 AB 上的相对电压 V_{AB} 可以在从负到正的一段范围内连续变动。电压 V_{AB} 输入放大器 J 的回路中,串联被测电势 E_X(例如热电偶产生的热电势),则放大器 J 所得到的输入讯号是 E_X 与 V_{AB} 的代数和。当 $E_X + V_{AB} \neq 0$ 时,经 J 放大后产生足够大的电能输出给可逆电机 $M_{可逆}$,使可逆电机转动,并同时带动 R_P 的滑动点 B 和记录笔 F(图中虚线所示)。直到 B 达到一个新的平衡点 B′,使 B′ 与 A 点间的电压 $V_{AB'}$ 正好满足 $V_{AB'} + E_X = 0$ 为止,这时放大器 J 无电能输出,电机停止转动。B′ 点的位置由记录笔 F 在记录纸上示出。同步电机使记录纸恒速移动,平行于纸前进方向的坐标就是时间轴,垂直于纸前进方向的坐标是以毫伏(mV)为单位的电势轴,因此它可把电势(或温度等)随时间变化的曲线自动记录下来。

2. 3066 型水平台式记录仪的使用

3066 型水平台式记录仪(图 5-31)是四川仪表总厂生产的三笔型自动平衡记录仪,可与多种输出直流电势的仪器配套使用,如色谱,差热等。

(1) 主要技术指标

电源:220V 交流 ±10%,50Hz(可选 120V,200V,220V,240V)

使用温湿度范围:5~40℃,40%~80% 相对湿度

标准状态:环境温度 (23±5)℃

姿势:水平(记录面)

最高灵敏度:500μV/cm

记录笔色:1 笔红,2 笔绿,3 笔蓝

记录笔间距:约 5mm

有效记录宽度:250mm,刻度 2mm/度,两端 5mm/度

测量范围:由 0.5~5V/cm 可切换 13 种,带微调

基准量程:50mV/cm

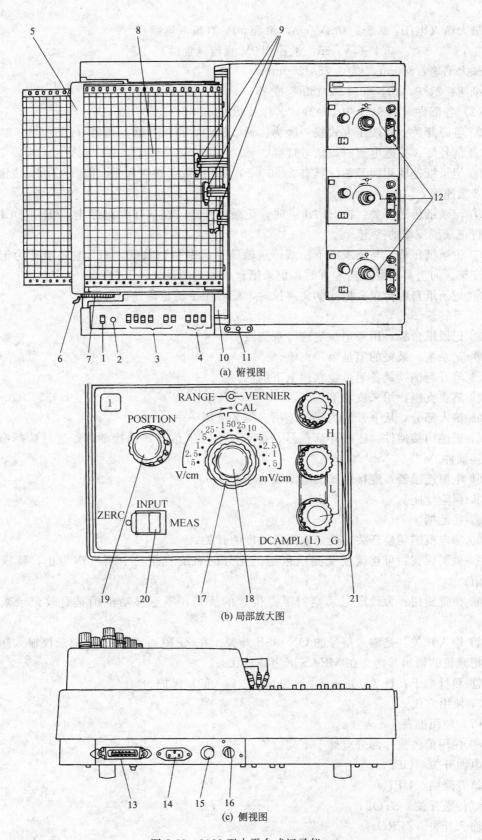

图 5-31 3066 型水平台式记录仪

最大输入电压：0.5～50mV/cm，量程 50V 直流（连续）
　　　　　　 0.1～5V/cm，量程 250V 直流（连续）

最大笔速：800mm/s（0.25s/200mm）

纸速：2，6，20，60（cm/min）或 2，6，20，60（cm/h）

(2) 各部件（图 5-31 中 1～21）名称及功能

① 电源开关：用按压方式按一次为接通（ON），再按一次，切断（OFF）。

② 信号灯：接通电源时，信号灯亮。

③ 记录纸速度切换开关：具有 2、6、20、60 的数字按钮和 cm/h、cm/min 按钮，可以确定 8 级速度。

④ 记录纸传送开关：在 START 时，记录纸传送，在 STOP 时停止。(REROLL) 选择是进行记录纸反绕的按钮。

⑤ 记录纸压板：与记录纸下的纸传送轴筒一起保持记录纸。而且它还兼作为记录纸台板的支架。向上提高并移向左方时，记录纸台板就可滑动。

⑥ 记录纸自由传送：把此柄向前拉时，就可用手转轮传送记录纸。

⑦ 手转轮。

⑧ 记录纸台板：用来记录笔迹与观测波形。

⑨ 记录笔：最短的笔是第一支笔。

⑩ 笔升起柄：是各笔可独立地上下的柄。

⑪ 笔盖支座：用来放置笔盖。

⑫ 输入部分：从下开始为第 1 笔用、第 2 笔用……

⑬ 遥控用接插件：连接外部信号（接点，TTL＊信号）的接插件。通过选择指定才附加此接插件。

⑭ 电源连接器：连接附属的电源线的插头。

⑮ 保险丝座。

⑯ 接地端。

⑰ 测定范围切换开关：设定输入灵敏度的开关。

⑱ 微调旋钮：可连续改变测定范围。充分向右旋直至"卡塔"声为止，就成为刻度量程值。

⑲ 位置旋钮：为设定记录笔的零点位置的旋钮，零点移动范围是有效记录幅面全部范围。

⑳ 输入开关：是输入信号的 ON-OFF 开关。在 ZERO（零）时，记录仪输入短路，同时到记录仪的输出开路。在 MEAS 下为测量状态。

㉑ 测量端子：H（红）＋、L（黑）－、G（蓝）保护。

3. 使用方法

(1) 使用准备

① 使用前各操作部分应处于下列位置：

电源开关　OFF；

笔升降柄　UP；

纸传送开关　STOP；

输入开关　ZERO；

电源插头　连接于指定的电源（标准为 220V±10%）。

② 装好记录纸、安上记录笔。

③ 测量输入信号的连接：该记录仪最多可以有 3 个通道，每个通道都有 3 个接线柱：H（红）+，L（黑）-和 G（蓝）保护，一般情况下，无论信号源接地与否，都是将 G 和 L 连接到一起，并与信号源的负极连接，如图 5-32 所示。这 3 个通道分别对应三支笔，从下开始为第一笔、第二笔和第三笔。根据实际需要可以只使用其中一个通道和相应的笔，如色谱信号只需要一个通道和一支笔就可以实现色谱峰的绘制，而差热需要两个通道、两支笔等。

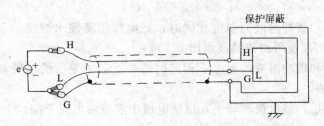

图 5-32　测量输入信号的连接

(2) 测量与记录

① 将电源开关置于 ON，信号灯亮。

② 旋转各通道的位置旋钮，调节零点，实际上就是输入信号为零时笔的位置，对于色谱而言就是色谱基线位置。

③ 设定电压量程，用测量范围切换开关选择与输入信号相应的电压量程，输入信号电压未知时，量程要设定大一些。

④ 微调旋钮向右充分旋到 CAL 位置，就成为量程刻度值。

⑤ 用记录纸切换开关设定适当的走纸速度，把记录纸传动开关置于 START，记录纸开始按设定速度传送。

⑥ 将笔升降柄倒向 DOWN 一侧，此时开始记录。

⑦ 实验完毕时，把记录纸传送开关置于 STOP，停止传送记录纸，笔升降柄倒向 UP，停止记录。

四、酸度计

酸度计是用于测定水溶液的酸度（pH 值）和电极电势（mV）的仪器，任何一种酸度计的结构都包括"pH-电势发送器"和"电位-酸度转换器"两部分。前者是由一对参比电极和指示电极组成，参比电极通常使用甘汞电极，指示电极随测定的对象而定，在测溶液 pH 值时，通常用玻璃电极。

pHXB-302K 型 pH/mV 计使用方法如下：

1. 准备工作与注意事项

① 如果使用交流电源，可以直接将电源插头插入 220V 电源插座上。也可以只用机内 9V 电池（当电池电压低于 7.5V 时，应更换新电池）工作。

② 电极在使用之前，应在蒸馏水中浸泡 1~2h。在正常使用情况下发现读数响应变慢、误差增大时，说明电极老化应该及时清洗或补充氯化钾溶液。

③ 用缓冲溶液定位时，转动定位（CALIB）旋钮，不能使液晶显示出缓冲溶液的 pH 给定值时，说明电极老化，不对称电势太大或者是缓冲溶液有问题，请更换电极或缓冲溶液。为了提高测量精度，应使用 pH 值与被测溶液接近的缓冲溶液来定位。

2. pH 值的测量

① 将准备好的电极的引线插入电极插孔中，将电极插入用于定位的标准缓冲溶液中。

② 按下电源开关，液晶显示出数字，将 pH/mV 选择键置于 pH（即弹出）状态。

③ 按下温度补偿按键，调节温度补偿旋钮（TEMP ℃），使液晶显示数值与溶液的温度数值（用温度计测量）相同（前面带有"—"号）后，再次按动温度补偿键使其弹出。

④ 用定位（CALIB）旋钮将液晶显示的数值调整到缓冲溶液的给定 pH 值（注意！数字前面不要出现"—"号）。定位完备。注意！在以后测量未知溶液 pH 时，不要再转动此旋钮。

⑤ 当被测溶液和缓冲溶液的温度相同时，把电极用蒸馏水冲洗一下，用滤纸吸干电极上的水，插入被测溶液便可由液晶显示出 pH 值。

⑥ 当被测溶液和缓冲溶液的温度不相同时需要重新重复③的步骤调整温度补偿，再按⑤测量溶液的 pH 值。

⑦ 测量完备以后，将电极套套上，以防电极中溶液渗出而干涸。

3. mV 测量

按下 pH/mV 选择键，液晶显示出来的数值就是被测量样品的 mV 值。

五、电导率仪

电导率仪是测量液体电导的仪器、它还可用作电导滴定用。

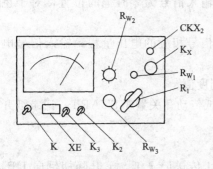

图 5-33 DDS-11A 型电导率仪
K—电源；XE—指示灯；K_3—高周、低周开关；K_2—校正、测量开关；
R_{W_3}—校正调节器；
R_{W_2}—电极常数调节器；
R_1—量程选择开关；
K_X—电极插口

1. DDS-11A 型电导率仪外形与组成

DDS-11A 型电导率仪具有测量范围宽（0～100mS/cm 共分 12 挡）、可直接读数和操作简便等优点，其外观结构与组成如图 5-33 所示。

2. 仪器的操作方法

① 根据被测样品的电导率，选用电极（电导率 0.01～10μS/cm 使用光亮铂电极；10^2～$10^3\mu$S/cm 使用镀铂黑电极），将电极放在盛有样品溶液的烧杯中。

② 检查表针是否指零，否则用表头上的螺丝调节。

③ 将"校正、测量"开关（K_2）调至"校正"位置。

④ 插接电源线，开电源开关 K，预热 2min，调节校正调节器（R_{W_1}）使表针指在满刻度上。

⑤ 将高周、低周开关（K_3）调向"低周位置"。

⑥ 根据被测液电导率的大致范围，将量程选择开关（R_1）旋至适当的挡上。

⑦ 将电极常数调节器 R_{W_2} 调至与所用电极上标有的电极常数相对应的位置上。

⑧ 将电极导线插头插在电极插口（K_X）内，旋紧插口上的紧固螺丝，再调节校正调节器（R_{W_1}），使指针满刻度，然后将"校正、测量"开关 K_2 调至测量位置，调节 R_1 使表针在表盘上显示出读数时为止。读得表针的指示数，再乘以量程选择开关所指倍率，即为被测溶液的实测电导率。将 K_2 调回校正位置，看指针是否指满刻度，然后再将 K_2 调至测量位置，重复测量一次。

⑨ 测量完毕，拔去电源，拆下电极，用蒸馏水冲洗后放回盒中。

六、电化学分析系统

电化学分析系统是能完成三十多种电化学研究与分析方法的多功能仪器。该系统主要分四部分：计算机、操作系统、三电极系统和电解池。这里仅简要介绍LK98BⅡ型电化学分析系统的操作步骤。

1. 具体操作步骤

（1）打开计算机，同时启动操作系统。

（2）点击桌面上的LK98BⅡ图标，稳定后，按动LK98BⅡ型微机上的自检系统按钮。系统自检后，出现系统界面。

（3）点设置菜单下选"方法选择"，点击之后会出现一个如图5-34的对话框。

在此，选择一种实验需要运用的方法，实验方法的选择是由实验本身的需要而确定的。本实验选择"线性扫描技术"下的"循环伏安法"，单击"确定"出现如图5-35的对话框。

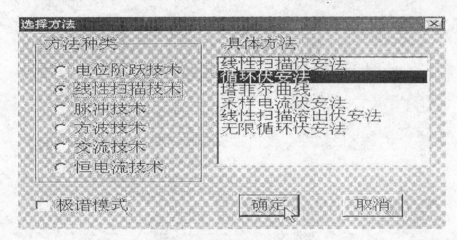

图5-34 实验方法选择对话框

（4）在图5-35的对话框中需要选择实验进行时的各种参数，其中开关控制参数根据需要选择，在大多数情况下，不需要设置。灵敏度控制参数，是在实验中必须设置的，在实验时，由于设置灵敏度参数不当，可能出现曲线不光滑的现象，这就需要在参数设置中，重新设置控制参数；控制参数包括灵敏度选择，滤波参数选择和放大倍率；其中放大倍率一般不变设为1，滤波参数选择多数情况下也没有太大变化50Hz基本足够，灵敏度选择比较重要，如果出现实验曲线不光滑，调节灵敏度就能解决。实验参数设定根据实验所采用的体系和电极确定，这需要实验者本身确定。

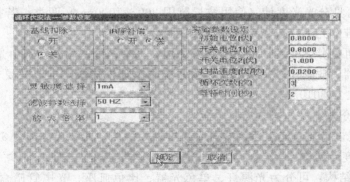

图5-35 参数设置对话框

（5）在参数设定完成后，单击"确定"就可以进行实验了。实验开始方法是，点击控制菜单下的"开始实验"。实验完成后，将实验所得曲线保存，按保存键或单击文件菜单选择保存或另存为选项，设置保存文件的位置，自定义一个名字后，按确定即可。

2. 实验结果的处理

通常情况下，用LK98BⅡ电化学分析系统所得到的曲线，不直接运用在对实验的分析中，因为，只有装有与LK98BⅡ电化学分析系统配套软件的计算机，才能识别该系统所绘出的曲线。一般运用origin软件，将LK98BⅡ电化学分析系统所绘出的曲线转化成图片形式。可以应用LK98BⅡ电化学分析系统的数据拷贝功能，将数据导出。就是点击数据处理菜单下的查看数据选项后，选择一条自己认为比较好的曲线，并单击该曲线的编号，点击确定，点击拷贝即将该曲线的数据拷贝到剪贴板上，而后将拷贝出的数据在origin中粘贴，最后作出曲线图以备实验分析时使用。开始实验界面见图5-36。

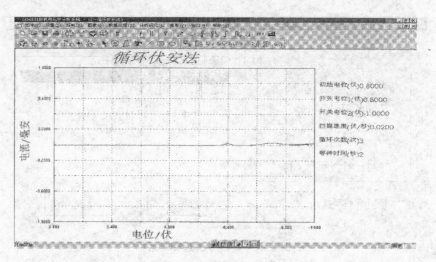

图 5-36　开始实验界面

第七节　光谱分析仪器

一、紫外可见分光光度计

用于测量和记录待测物质分子对紫外光、可见光的吸光度及紫外-可见吸收光谱，并进行定性定量以及结构分析的仪器称为紫外可见分光光度计。

紫外可见分光光度计按使用波长范围可分为可见分光光度计（使用波长范围400～780nm）和紫外可见分光光度计（使用波长范围200～1000nm）两类；若按其结构来分类，可分为单光束、准双光束、双光束和双波长四类。

目前，紫外可见分光光度计的型号很多，但其基本结构都相似，都由光源、单色器、样品吸收池、检测器、放大和控制系统及显示系统六个部件构成。本节简要介绍721型、722型、752型和日立U-3010/3310型分光光度计的使用。

（一）721型分光光度计

721型分光光度计属单光束手动式分光光度计，可测定的波长范围为360～800nm。

1. 721型光度计结构

① 仪器内部结构：可分为光源灯、单色光器、比色皿座、光电管暗盒（包括电子放大器）、晶体管稳压器和微安表等，如图5-37所示。

② 仪器的光学系统：721型光度计的光学系统如图5-38所示。

由光源灯发出的连续辐射光线射到聚光透镜上，会聚后经反射镜转角90°再经狭缝入射

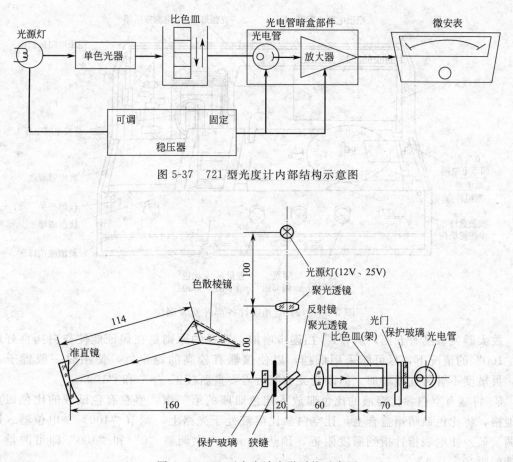

图 5-37 721型光度计内部结构示意图

图 5-38 721型光度计光学系统示意图

到单色光器内。

狭缝恰好位于球面准直镜的焦面上；当入射光线经过准直镜反射后就以一束平行光射向棱镜（棱镜背面镀铝），并在其中发生色散；入射光在镀铝面上反射后是依原路稍偏转一个角度反射回来。这样从棱镜色散后出来的光线再经过物镜反射后，就会聚在出光狭缝上，转动波长选择钮即可在狭缝后面得到所需波长的单色光。此单色光一部分在通过比色皿溶液时被吸收；未被吸收的光透过比色皿溶液照射到光电管上，将光能转换成电能，形成微电流经放大器放大带动微安表指针，即可从微安表上直接读出透光率（T）或吸光度（A）的数值。

2. 721型光度计的使用

721型光度计各部件的实际安装部位如图5-39所示。

仪器的使用方法如下：

① 仪器应安装在坚固平稳的工作台上，室内照明不宜太强。热天不能用电扇直吹仪器以免灯丝发光不稳定。

② 使用前应了解仪器的结构、工作原理和各旋钮的功能；接通电源之前应检查仪器的安全性、电源接线应牢固，通地性良好，各旋钮起始位置正确，电表指针必须在"0"刻线上，若不在"0"刻线可用电表上的校正螺丝调节。

③ 打开比色皿暗箱盖，选择所需要的单色光波长和适当的灵敏度，打开仪器的电源开关，调节"0"电位器，使电表指针指在"0"处。

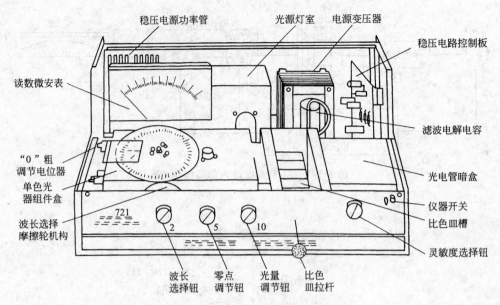

图 5-39　721 型光度计各部件安装部位

放大器灵敏度有五挡，从"1"挡逐步增加；选择的原则是在保证能使空白挡良好地调到"100"的情况下，尽可能采用低挡，以使仪器有较高的稳定性。使用时一般置于"1"处，灵敏度不够再逐渐增加。但改变灵敏度后需要重新校正"0"和"100"。

④ 将盛有空白参比溶液的比色皿放入比色皿座的第一格，盛有有色试液的比色皿放入其他格，将比色皿暗箱盖合上，让空白参比溶液处于光路上，调节"100%"电位器（即光量调节器）使电表指针指到满度附近，预热 20min 再次调整"0"和"100"即可测量有色试液的吸光度（A）。

⑤ 将比色皿拉杆抽出一格，使有色试液进入光路，电表所指的（A）（或 D）值即为有色试液的吸光度。

必要时可将空白参比溶液再推入光路，以核对吸光度的零位，然后再将有色试液拉出看所测量的吸光度（A）值有无变动。同法依次测量第二、第三比色皿中有色试液的吸光度（A），并记录吸光度读数。

⑥ 根据具体情况可选用去离子水，不加显色剂的试液或其他有色溶液作为参比溶液，用中性消光片作为陪衬空白调节电表指在"100%"处，能提高吸光读数，以适用于高含量测定。

⑦ 根据溶液含量的不同可选用不同规格（厚度）的比色皿，以使电表读数在 0.15～0.8 范围内，这样可降低测量误差。

⑧ 使用完毕将开关放在"关"的位置，拔下电源插头。取出比色皿，洗净倒放在滤纸上，待干燥后收回到比色皿盒内。

3. 使用时应注意事项

① 在不测量吸光度时应打开比色皿暗箱盖以切断光路，保护光电管。

② 使用比色皿时要保护其透光面，不使其产生斑痕而影响透光率。比色皿外面的溶液应先用滤纸吸干，再用镜头纸擦至光亮透明。比色皿被玷污可在洗涤剂中短时间浸泡或用乙醇等有机溶剂润洗，切勿在洗液或溶剂中长期浸泡，以免开胶。

③ 在测量吸光度时，应注意比色皿的位置，应尽量使它们在比色皿座内的位置前后一

致，否则会造成测量误差。各台仪器配套的比色皿不能互相调换使用。

④ 空白参比溶液只有测量完毕以后才能倒掉。

⑤ 若大幅度改变测量的单色光波长时，在调整"0"和"100%"后应稍等片刻，当电表指针稳定后重新再调整一次才可测定。

4. 仪器的维护

① 仪器应放在干燥的房间保管；放大器和单色光器两个硅胶干燥筒应保持干燥，若发现变色应立即更换或烘干再用。比色皿暗箱内的两色硅胶干燥剂，当仪器不用时也应定期烘干。

② 仪器使用数月后，波长刻度与单色光的实际波长会产生差异，应定期进行校准，以确保仪器的使用和测量的精确性。

③ 为确保仪器稳定工作，对于电压波动较大的地区，电源需要预先稳压，即准备一台稳压器，确保输入的电压为220V。

④ 当仪器工作不正常时，如无输入、光源灯不亮、电表指针不动等，应先检查保险丝有无损坏，然后再检查电路。

⑤ 仪器接地必须良好。

⑥ 仪器停止工作时，必须切断电源，开关应放在"关"处，并用塑料套子罩上，并在套内放数袋干燥剂。

（二）722型分光光度计

722型和721型同属单光束手动式分光光度计，差别是色散元件由衍射光栅替代了棱镜，其波长范围扩展至330~800nm，仪器的主要技术指标也有所改善，目前722型已取代了721型，成为各部门理化实验室常用的分析仪器之一。

722型可见分光光度计操作规程：

① 插上电源，仪器使用前需开机预热30min，打开开关，打开试样室盖，按"A/T/C/F"键，选择"$T\%$"状态，选择测量所需波长。

② 开始测量时要先调节仪器零点，方法为：保持在"$T\%$"状态，当关上试样室盖时，屏幕应显示"100.0"，如否，按"△/100%"键；打开试样室盖，屏幕应显示"000.0"，如否，按"0%"键。重复2~3次，仪器本身零点调好，可以开始测量。

③ 用参比液润洗一个比色皿，装样到比色皿的3/4处（必须确保光路通过被测样品中心），用吸水纸吸干比色皿外部所沾的液体，将比色皿的光面准光路放入比色皿架。用同样方法将所测样品装到其余比色皿中并放入比色皿架中。

④ 将装有参比液的比色皿拉入光路，关上试样室盖，按"A/T/C/F"键，调到"Abs"，按"A/100%"键，屏幕显示"0.000"，将其余测试样品一一拉入光源。记下测量数据即可（不可用力拉拉杆）。

⑤ 测量完毕后，将比色皿洗净，擦干，放回盒子，关上开关，拔下电源，复原仪器。

（三）752型分光光度计

752型分光光度计亦属单光束手动式分光光度计，但其可测定波长范围为200~800nm，可用于测定近紫外光区的吸光度。该仪器在波长200~350nm内，使用氘灯为光源，在波长350~800nm内，使用钨灯为光源。

仪器的使用方法如下：

① 插上电源插头、开启电源开关（仪器后侧）。

② 将测量选择开关置"T"，灵敏度倍率开关置"1"挡。

③ 将氘灯、钨灯转换开关置于钨灯开的位置，此时钨灯点亮、预热 20min。

④ 调节波长手轮至测试波长，如果测试波长在 350～800nm，则继续预热 3～5min，即可进行测试；如测试波长在 200～350nm 内，将灯转换开关置于氘灯开的位置，然后按下氘灯触发开关至指示灯亮（此时氘灯被点亮），预热 3～5min 可进行测试。

⑤ 打开试样室盖，调节"0"旋钮，使数显为"00.0"。关上样品室门，将参比溶液推入光路，调节"100%"旋钮，使数显为"100.0"。如数显不到"100%"，调大灵敏度挡，重复以上操作直至数显为"100%"。将测试样品推入光路，读数即为透射比值。

⑥ 如要测定吸光度 A，当数显调节到"100%"后，将选择开关置于"A"，此时数显应为".000"，否则应调节"Abs.0"旋钮，使显示值为".000"。将样品池推入光路，显示值即为 A 值。

⑦ 若测量浓度 c，当数显调节到"100%"后，将选择开关置于"C"，将经标定浓度的样品推入光路，调节浓度旋钮，使数显为标准溶液的浓度值，将样品池推入光路，数显即为样品的浓度值。

⑧ 吸光度精度的调整，根据 $A=\lg\dfrac{1}{T}$，可知当 $A=0$ 时，$T=100\%$，当 $A=1$ 时，$T=10\%$，因此当数显调节到"100%"，将选择开关置于"A"，调节"Abs.0"旋钮，使显示值为".000"。再将选择开关置于"T"，调节 100% 旋钮，使显示值为"10.00"，这时将选择开关再一次置于"A"，则显示值应为"1.000"，否则应撬开仪器面板上的小塑料帽，用小螺丝刀仔细调节吸光度斜率电位器，直至显示值为"1.000"。

⑨ 读完读数后应立即打开样品室盖。

⑩ 测量完毕，取出吸收池，各旋钮置于原来位置，关闭电源开关，拔下电源插头。

（四）U-3010 紫外可见分光光度计

日立公司生产的 U-3010 紫外可见分光光度计为双光束自动记录紫外可见分光光度计，该仪器的外部组成及样品室如图 5-40 及图 5-41 所示，下面仅介绍该仪器的简要操作步骤。

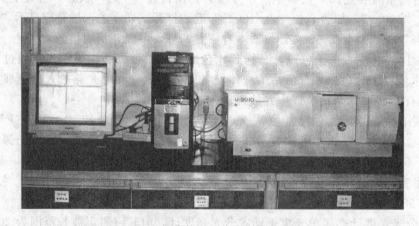

图 5-40　U-3010 紫外可见分光光度计的外部组成

U-3010 紫外可见分光光度计的操作步骤

开机

先接通主机电源，再接通计算机电源，用鼠标双击桌面上的"UV Solution"图标，屏幕上出现测量界面，预热 10min 后等候测量。

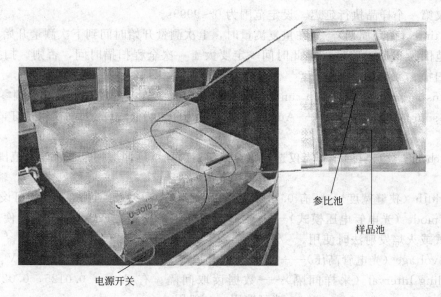

图 5-41　U-3010 紫外可见分光光度计样品室示意图

测量操作

1. 定性测量方式

点击屏幕右侧（Method）方法快捷图标，出现 5 张重叠的测量条件菜单，分别为：

（1）General（一般）

（2）Instrument（仪器条件）

（3）Monitor（模拟监视）

（4）Processing（数据处理）

（5）Report（报告格式）

下面分别加以说明：

（1）General（一般）菜单内容介绍：

Measurement（测量方式）——选 Wavelength scan 波长扫描方式。

Operator（操作者名）——可键入中文或英文。

Instrument（仪器类型）——已自动记录。

Comments（注释说明）——为测量条件加注必要的说明。

（2）Instrument（仪器条件）菜单内容介绍

Data mode（数据方式）——$T\%$（透过率），ABS（吸光度），E_s（样品侧单光束能量），E_r（参比侧单光束能量），$R\%$（发射）。

Start wavelength（起始波长）——可在 191.00～1100.00nm 间任意设定。

End wavelength（终止波长）——可在 190.00～1099.00nm 间任意设定。

Sean speed（扫描速度）——AUTO，0.3，3，15，30，60，120，300，600，1200，1800（nm/min）11 挡任选（但要考虑与狭缝宽度的配伍关系）。

High（高分辨率）——ON 适合陡纹光谱峰测量，一般选择 OFF。

Baseline correction（基线校正）——System 系统基线校正，范围为 19～1100nm。User 两条用户基线校正，范围任设。

Delay（延迟时间）——为了使样品的温度达到稳定，故而设定一个延迟时间。当做重复测量时,仅第一个样品执行延迟。设定范围为 0~9999s。

Cyele time(循环周期)——在重复测量时,上次测量开始时间到下次测量开始时间的间隔。设定范围为 0.1~99min。但此时间一定要大于一次全程扫描时间,否则,扫描未完便继续下一扫描。

Zero lnstrument before each run at_ nm——测量前,在指定的波长处自动调零。

Light source(光源选择)——Auto 在 340 nm 处自动切换。D2 only 仅用氘灯,W1 only 仅用钨灯。

Lamp change(灯范围)——当仅选用氘灯或钨灯时,可延伸应用范围。设定范围为 325~370nm。

Slit width(狭缝宽度)——有 0.1,0.5,1.0,2.0,4.0,50(nm)六挡可设定。

PMT mode(光电管电压模式)——Auto 通常测定时使用。Fixed 固定电压使用,一般在能量方式或火焰发射法时使用。

PMT voltage(光电管高压)——当上项选用 Fixed 方式时用。范围 0~1000V。

Sampling Interval(采样间隔)——数据读取间隔。有 Auto,0.0125,0.025,0.05,0.1,0.2,0.5,1,2,5(nm)10 挡可选用。一般用 Auto。

Replicates(重复次数)——样品重复测量次数设定。范围在 1~20 设定。

Path length(光路长度)——根据比色皿长度设定。范围在 0.1~100mm。

(3) Monitor(模拟监视)菜单内容介绍

Y—axis Max(纵轴最大标尺)——设定范围—99999.999~10000.000,初始值为 1。

Y—axis Min(纵轴最小标尺)——设定范围—10000.000~99999.999。初始值为 0。

Open data processing window after acquisition(测量后打开数据处理窗口)

Print report after data acquisition(测量后自动打印)

(4) Processing(数据处理)菜单内容介绍

Average replicates(平均值)——重复测量时使用。可求得平均值。

Processing choices(处理方法选择)——数据处理方法选择。

①Savitsky-Golay smoothing 平滑方式;

②Mean smoothing 平均平滑方式;

③Median smoothing 中间平滑方式;

④Derivative 微分方式。

Processing steps(处理步骤)

Peak Finding(光谱峰的找寻方法)

Integrating method(峰的检出方法)——①Rectangular 矩形;

②Trapezoid 斜方形;

③Romberg 罗伯格形。

Threshold(阈值)——将小于设定值的峰舍去。设定范围 0.0001~4.000。

Sensitivity(灵敏度)——有 1,2,4,8 四挡可选。一般选 1。

(5) Report(报告格式)菜单内容介绍

Include graph(包括图谱)——选定后可打印图谱。

Include peak table(包括峰值表)——选定后可打印峰值表。

Report Parameters(参数打印)——选定后可打印参数。

Include data listing(包括数据表)——选定后可打印数据表。其中含:

Data interval（数据间隔）——最小设定值为 0.5nm。
Data start（数据起始）——数据采集起始波长的设定。
Data end（数据终止）——数据采集终止波长的设定。
Use Microsoft Excel（使用 MS Excel 格式）——如计算机没有装载 Microsoft Excel 程序，此功能则无效。
Printer font（打印机字体）——如改变报告字体可选择。
（6）参数设定后，点击屏幕右侧（Measure）测量快捷图标，仪器开始光谱扫描。

2. 定量测量方式

点击屏幕右侧（Method）方法快捷图标，出现六张重叠的测量条件菜单。分别为：
① General（一般）
② Quantitation（定量条件）
③ Instrument（仪器条件）
④ Standarts（标准）
⑤ Monitor（模拟监视）
⑥ Processing（数据处理）
⑦ Report（报告格式）

下面分别加以说明：

（1）General（一般）菜单内容介绍

Measurement（测量方式）——选 Photometry 定量方式。
Operator（操作者名）——可键入中文或英文。
Instrument（仪器类型）——已自动记录。
Option（附属品选择）——可选择如自动进样器等附件。
Comments（注释说明）——为测量条件加注必要的说明。

（2）Quantitation（定量条件）菜单内容介绍

Measurement type（测量类型）——① Wavelength 指定波长。
② Peak area 峰面积。
③ Peak height 峰高。
④ Derivative 微分。
⑤ Ratio 峰比测定。

Calibration type（曲线校正类型）——① None 不校正，适于多波长测定。
② 1st order 一次线性方程。
③ 2nd order 二次曲线方程。
④ 3rd order 三次曲线方程。
⑤ Segmented 折线。

Number of wavelengths（波长数）——当不使用曲线校正时最多可设定 6 个波长。其他校正类型可设定 1~3 个波长。
Concentration unit（浓度单位）——任意设定。
Decimal place（有效小数位数）——浓度读值的小数有效位。输入范围 0~3。
Manual calibration（系数输入）——利用系数输入制作曲线（一般不用）。
Force curve through zrro（强制曲线通过零点）——使系数 Ao 值通过零点。

（3）Instrument（仪器条件）菜单内容介绍

Wavelength（1～6）（波长值）——根据上项内容的波长数而设定波长值。

Baseline correction（基线校正）——可以作系统基线（190～1100nm）及用户基线（两条）的校正和记忆。

Delay（延迟时间）——为了使样品的温度达到稳定故而设定一个延迟时间。当做重复测量时，仅第一个样品执行延迟。设定范围 0～9999s。

Cycle time（循环周期）——在重复测量时，上次测量开始时间到下次测量开始时间的间隔。设定范围为 0.1～99min。但此时间一定要大于一次全程扫描时间，否则扫描未完便继续下一扫描。

Zero instrument before each run at——测量前在指定的波长处自动调零。

Light source（光源选择）——Auto 在 340nm 处自动切换。D2 only 仅用氘灯，W1 only 仅用钨灯。

Lamp change（灯范围）——当仅选用氘灯或钨灯时，可延伸应用范围。设定范围为 325～370nm。

Slit width（狭缝宽度）——有 0.1，0.5，1.0，2.0，4.0，5.0（nm）六挡可设定。

PMT Mode（光电管电压模式）——Auto 通常测定时使用。Fixed 固定电压使用，一般在能量方式或火焰发射法时使用。

PMT Voltage（光电管高压）——当上项选用 Fixed 方式时用。范围 0～1000V。

Sampling interval（采样间隔）——数据读取间隔。有 Auto，0.0125，0.025，0.05，0.1，0.2，0.5，1，2，5（nm）10 挡可选用。一般用 Auto。

Replicates（重复次数）——样品重复测量次数设定。范围在 1～20 间设定。

Path Length（光路长度）——根据比色皿长度设定。范围在 0.1～100mm（仅对吸光度方式有效）。

(4) Standarts（标准）菜单内容介绍

No.（标样个数）——根据样品多少，设定标准样品个数。

Update（更新）——可清除已输入的标样个数，注释，浓度等项目。

Namets（标样品名）——输入标样序号。

Comments（标样注释）——对标样进行说明及注释。

Concentration（浓度）——输入标样浓度值。

Insert command（插入）——点击此框可再插入若干个标样数目。

Delete command（删除）——激活欲删除的标样栏目后再点击此框，便可删除。

(5) Monitor（模拟监视）与前项相同，故从略。

(6) Processing（数据处理）略。

(7) Report（报告格式）菜单内容介绍

Include calibration curve——选定后，报告中打印工作曲线图。

Include calibration data——选定后，报告中打印工作曲线值。

Include standards and sampler——选定后，报告中打印标样和样品值。

Use Microsoft Excel（使用 Excel 格式）——如计算机没有装载 Microsoft Excel 程序，此功能则无效。

Printer font（打印机字体）——如改变报告字体可选择。

(8) 关于测量步骤

① 上述六项内容全部设定后点击（OK）框确认，屏幕显示出一个四等份测量画面。

② 每放入一个标准样品后，点击屏幕右侧垂直的（Measure）快捷框实施测量，直至全部标样依次测完。最后显示一条完整的工作曲线。

③ 每放入一个未知样品后点击屏幕左下方（Sampler）框或按键盘上的 F4 键进行测量，直至全部样品测完。最后点击屏幕下方的（End）框或键盘上的 F9 键结束全部测量。

关机

先关闭主机电源，再关闭计算机电源。

二、红外光谱仪

红外光谱仪至今已发展了三代，第一代是棱镜色散型红外光谱仪，第二代为光栅型色散式红外光谱仪。20 世纪 70 年代中期作为第三代的干涉型红外光谱仪——FTIR 谱仪开始投入市场，20 世纪 80 年代中期逐渐取代了色散型红外光谱仪。本节扼要介绍 FTIR（傅里叶变换红外光谱仪）的结构和 NicoleT 公司的 Avatar307 型及 Bruker 公司的 VECTR22 型仪器的使用。

（一）FTIR 光谱仪结构概述

FTIR 光谱仪由光学系统，电子电路，计算机数据处理，接口和显示系统等部分组成。

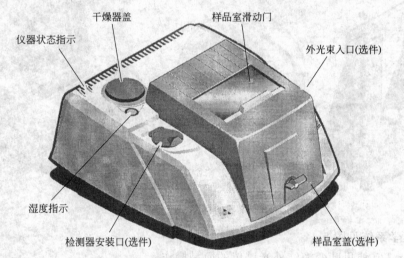

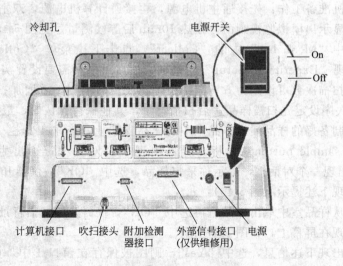

图 5-42 仪器的外观及键、钮功能

光学系统由固定镜，移动镜，由分束器组成的主干涉仪、激光干涉仪、白光干涉仪，光源、检测器和各种红外反射镜组成。主干涉仪用于获得样品干涉图，激光干涉仪用于实现主干涉图的等间隔取样及动镜速度和移动距离的监控，白光干涉仪以保证每次扫描在同一过零点开始取样。电子电路把检测器得到的信号经放大器、滤波器处理后送到计算机接口，再经处理后送至计算机数据处理系统。其另一功能是按键盘输入指令对干涉仪动镜运动及光源、检测器、分束器的调整更换进行控制，以实现自动操作。计算机通过接口与光学测量系统的电路相连，把测量的模拟信号转变为数字信号，在计算机上进行运算处理，把计算结果输给显示器、绘图仪及打印机。

（二）Avatar 370 傅里叶变换红外光谱仪

1. Avatar 370 傅里叶变换红外光谱仪的外观与光学系统

仪器外观及键、钮功能见图 5-42。

仪器的样品室及样品支架见图 5-43。

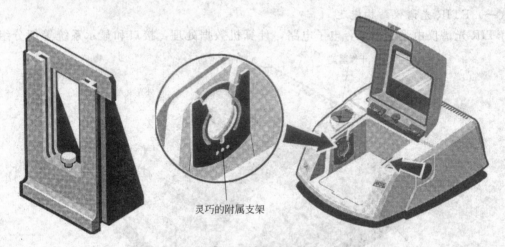

图 5-43　仪器的样品室及样品支架

仪器的光学系统见图 5-44。

2. Avatar 370 傅里叶变换红外光谱仪的简易操作

（1）开机准备工作：先接通主机电源，再接通计算机电源，双击桌面上的 EZ OMNIC，计算机屏幕显示出模拟监视画面，预热 10min 后等候测量。见图 5-45。

（2）选中"Menu bar"中的"Collect"，点击下拉菜单"Collect"中的"Experiment Setup"，出现"Experiment Setup"对话框，然后可根据需要设置实验参数。例如，通常的教学实验，扫描次数可设定为 5（若要获得高质量的谱图，需增加扫描次数）；分辨率设定为 4；扫描次序设定先扫描样品，后扫描背景，其他保持默认值，最后选中"OK"。

（3）将制备好的样品插入样品室中的样品支架上，点击工具栏（Toolbar）中的样品采集（Collect sample button）图标，屏幕出现一个对话框，给出生成的文件信息，选中"Yes"，又出现一个对话框，提示你采集样品，选中"OK"；仪器开始扫描样品，扫描结束后，屏幕出现下述提示（图 5-46）：

此时，从样品室中取出样品，再选中"OK"，仪器开始扫描背景，扫描结束后，样品的红外谱图出现在屏幕上，如图 5-47 所示。

此时会出现下述信息，选中"Yes"，则图被保存在窗口 1 中。如需将谱图保存到自己的文件夹中，只需"另存为"（Save as）即可。见图 5-48。

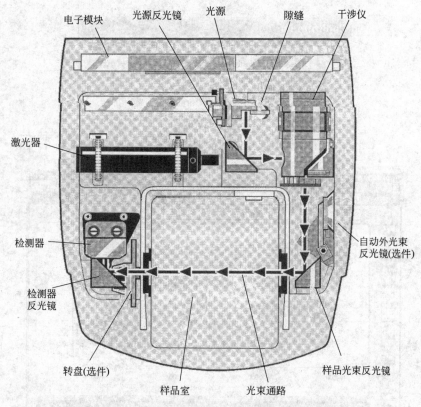

图 5-44 仪器的光学系统

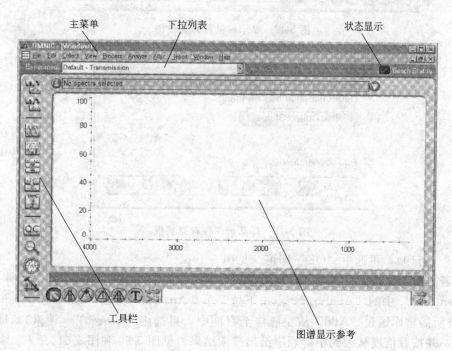

图 5-45 模拟监视画面

（4）若需打印，选中"Menu bar"中的"Report"，点击下拉菜单"Report"中的"Preview/Print Report"，"Preview"让你在打印前先预览一下需打印报告的效果，然后选

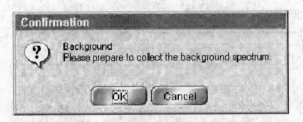

图 5-46　开始扫描样品对话框

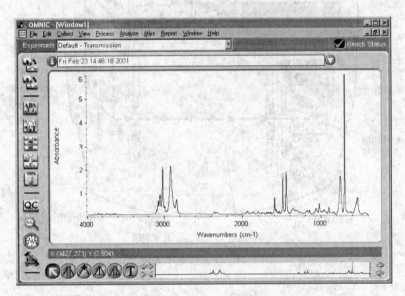

图 5-47　显示样品红外光谱图

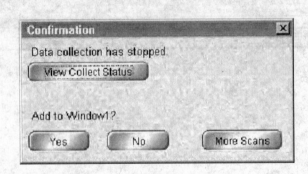

图 5-48　样品谱图保存对话框

中"Print"（打印），再选中"OK"即可。见图 5-49。

（5）若需对所测谱图进行定性，可将谱图与谱库中的标准谱图进行对照。具体做法为：选中"Menu bar"中的"Analyze"，点击下拉菜单"Analyze"中的"Library Setup"（谱库设置），将所需谱库通过"Add"从左框移至右框中，再选中"Search"（搜索），即可进行谱图比较，并按置信度从大到小的顺序给出搜索结果。见图 5-50 和图 5-51。

（6）关机：将样品从样品室中取出。先关计算机，后关主机。

（三）VECTOR22 傅里叶变换红外光谱仪

VECTOR22 傅里叶变换红外光谱仪操作规程如下：

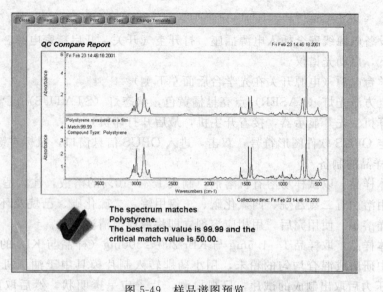

图 5-49 样品谱图预览

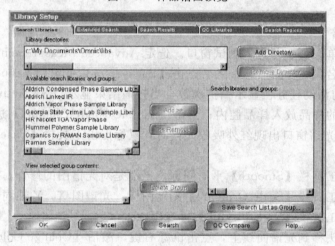

图 5-50 谱库设置界面

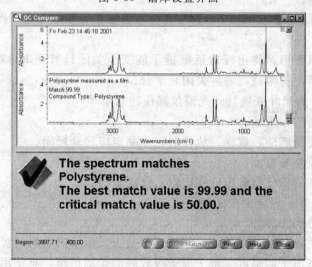

图 5-51 搜索结果

1. 开机

检查各设备电源线安全插入电源插座。打开空气开关,开启精密电源。在精密电源工作正常的状态下,启动光谱仪。

接通光学台电源(电源开关在光学台后面左下侧)。

面板右上方激光灯(LASER)点亮呈橘黄色,状态灯(STATUS)点亮呈黄色闪亮。

启动计算机(先开显示器,接着开主机,最后开打印机)。

鼠标指定 OPUS 软件图形符号,双击,进入 OPUS 信息窗口,鼠标左键点击 OK 按钮。

2. 红外样品的制备

(1) 液体样品:以试样易溶有机溶剂,制成1%~10%的溶液,注入适宜厚度的液体池中测定。常用溶剂有二氯乙烷、四氯化碳、三氯甲烷、二硫化碳、己烷及环己烷等。注:不可用水做试样溶剂。使用完后,用相应溶剂立即将液体池清洗干净。

(2) 固体样品:取样品 1~1.5mg 与 KBr 200~300mg(样品与 KBr 的比约为 200∶1)于玛瑙研钵中研磨成混合均匀的粉末,用小药匙转入制片模具中于油压机 10t 压力下保持 2min,撤去压力后取出制成的试片,目视检测,片子应呈透明状,然后取出样品片装入样品架。

(3) 测试光谱

① 选定主菜单 Measure 进入测试窗口。选定 Advanced Measurement。

② 输入样品名称和样品形态,之后点击【Background Single Channel】进行背景扫描;此时屏幕下方当前活动任务栏显示扫描次数,当扫描结束显示〔No Active Task〕。

③ 把准备好的样品放入样品腔内;点击【Sample Single Channel】进行样品扫描。

④ 当 OPUS 光谱窗口出现红外吸收光谱时,鼠标点击工具栏【Baseline Correction】基线校正图标。

⑤ 鼠标点击工具栏【Smooth】平滑图标,平滑是对光谱图的修饰。

⑥ 鼠标点击工具栏【Scale Ordinate】刻度图标,光谱图 X,Y 轴同时满刻度放大。

⑦ 鼠标点击工具栏【Peak Picking】标峰图标。

⑧ 将鼠标箭头移到光谱曲线上,点击鼠标右键,激活【Change Color】选择黑色图标,使光谱曲线变为黑色。

⑨ 鼠标点击工具栏【Quick Print】快速打印图标,打印红外光谱图。

3. 关机

点击关闭计算机图形,待出现对话框提示能安全关闭计算机时,按主机电源键关闭主机,接着关闭显示器,打印机,最后关闭光学台。

4. VECTOR22 傅里叶变换红外光谱仪操作注意事项

(1) 保持室内清洁,干燥。

(2) 光学台不要受震动,取样,放样时,样品盖应轻开轻闭。

(3) 不得随意改变参数。

(4) 使用完的红外样品制备组件立即以乙醇洗干净。

注:窗片不得用水清洗,各组件用后归原位。

三、原子吸收分光光度计

原子吸收光谱法是基于自由低能态(主要是基态)原子对辐射的吸收,原子吸收测定的是原子化器中的基态原子的密度。由于原子吸收峰的轮廓很窄,难于用普通的连续光源测定吸收值,Walsh 提出了在使用锐线光源的情况下,可以用峰值吸收代替积分吸收的办法来实现原子吸收的准确测量，使原子吸收光谱法成为元素分析的有力的工具之一。

原子吸收光谱仪由以下几个主要部分组成：

锐线光源 → 原子化器 → 单色器 → 光电检测与记录装置

锐线光源：一般使用空心阴极灯。在电场的作用下，处在阴极上的待测元素被激发至高能级，在回到低能级时发射出具有待测元素特征的光谱。

原子化器：主要作用是将处在溶液中的待测元素转变成气态基态原子，吸收空心阴极灯发射出的特征吸收光谱。因此如何有效地把样品中的待测元素转换并保持在基态原子状态，是原子吸收分析测量过程中需要仔细控制的参数。目前常用的原子化方法有火焰原子化和非火焰原子化两大类，后者一般指石墨炉原子化器。在火焰原子化器中，样品溶液通过气动雾化装置进入火焰，经过去溶剂、挥发、解离、原子化等程序变成气态原子，当原子化器中激发能量更高时，甚至可以进一步激发、离子化。通过改变形成火焰的燃气和助燃气的成分和比例，可以控制火焰的温度和气氛，适应不同样品和元素分析的需要。

单色器的主要作用是将吸收后的光谱与由火焰原子化器产生的背景光谱分离后经光电器件检测记录。

为进一步提高原子吸收光谱法的灵敏度，要解决的主要的一个问题是减少背景干扰，已建立了连续光谱法、Zeeman 效应等扣除背景的办法，取得了较好的结果。

本节以日立 Z-8000 型偏振塞曼原子吸收分光光度计和安捷伦公司生产的石墨炉系统的 4510 型原子吸收分光光度计为例，简要介绍仪器的使用。

（一）Z-8000 型原子吸收分光光度计

日立 Z-8000 型偏振塞曼原子吸收分光光度计的操作通过操作键盘及调节旋钮来完成，其键盘如图 5-52 所示。

操作方法如下：

1. 元素选择

（1）通电之前应检查各调节旋钮的开关是否处于表 5-7 所示位置。

表 5-7　Z-8000 型原子吸收分光光度计通电时各旋钮和开关所处状态

旋　钮　及　开　关	应　处　状　态	旋　钮　及　开　关	应　处　状　态
GAIN 旋钮	0（逆时针方向转到尽头）	FLAME SENSOR 开关	ON
LAMP CURRENT 旋钮	0（逆时针方向转到尽头）	FUEL 旋钮	逆时针方向转到尽头
FUEL OXIDANT 开关	STOP	FLAME-G. A. 转换开关	FLAME
FUEL 开关	STOP		

（2）接通电源开关，荧光屏会显示出元素选择画面。

（3）按 ALPHA 键，输入元素符号，再按 ENTER 键。

（4）按数字键或英文字母键（20 字为限），输入日期（DATE），再按 ENTER 键。

（5）按数字键或英文字母键（20 字为限），输入样品（SAMPLE），再按 ENTER 键。

（6）按数字键或英文字母键（20 字为限），输入测量人（OPERATOR），再按 ENTER 键。

（7）按 1（FLAME），选择原子化方式（AUTOMIZATION）。

2. 仪器操作条件选择

（1）按 INSTR COND. 键，荧光屏会显示出仪器条件画面。荧光屏上最初显示的是标准条件，实际测量时需要寻找最佳条件。

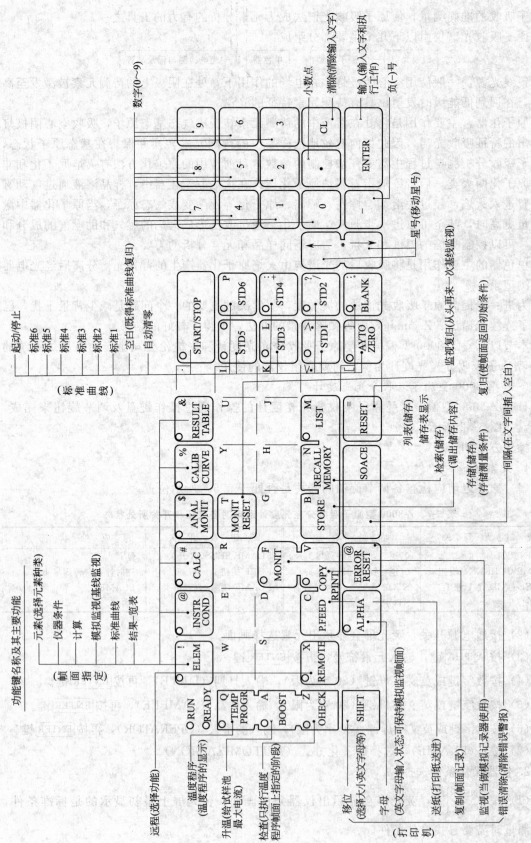

图 5-52 日立 Z-8000 型原子吸收分光光度计键盘

(2) 灯电流　按照荧光屏所示条件设定,有时需根据灯的使用时间或不同厂家的使用说明书来改变灯电流。

(3) 波长　来自光源的光强度（LIGHT ENERGY）在荧光屏上以虚线和虚线旁的数字显示。用粗调（COARSE）旋钮按待测元素的波长调节波长计数器。再调节 GAIN 旋钮,使光强度显示于荧光屏上。最后,用微调（FINE）旋钮调节到光强度最大的位置。

(4) 狭缝　荧光屏上显示的狭缝宽度是以通常的浓度范围为基准设定的,要根据实际样品形态或浓度进行调节。

(5) 灯位置的调整　把灯安装于灯座上,将灯回转,直到光强度最大的位置。应由 LAMP ADJUST 旋钮设定于光强度成为最大的位置,其目的在于调节灯的个别差。

(6) 气体流量的设定。

① 接通压缩机,打开乙炔总开关和中间阀,使气体通到 Z-8000 型；

② 把排水阱注满水,液位开关进入工作,DRAIN 灯点亮；

③ 向下扳 FLAME SENSOR 开关,设定于无监视状态；

④ 把 FUEL OXIDANT 开关置入 FLOW 位；

⑤ 按 AIR-C_2H_2 按钮,打开燃气和助燃气进口电磁阀,OXIDANT 灯点亮；

⑥ 观察助燃气（OXIDANT）的压力表,转动相邻的旋钮,把压力设定于 157kPa（1.6kgf/cm^2）（此旋钮为半固定式,一旦设定好就不用再调整）；

⑦ 观察燃气（FUEL）的压力表,转动相邻的旋钮,把压力设定于 29～34kPa（0.3～0.35kgf/cm^2）。

3. 火焰的点燃

(1) 打开冷却水,向上扳动 FLAME SENSOR 开关,使之处在监视状态。

(2) 把 FUEL OXIDANT 开关和 FUEL 开关置入 FLOW 位。

(3) 按 IGNITE 按钮,点燃火焰。

4. 原子吸收测量

按 ℃ACL 键,可选择测量方式。

(1) AAS（ABS）方式　喷吸试样,按 START/STOP 键,经过了指定的延迟时间和计算时间后,蜂鸣器就发出声响,此时停止试样喷吸,测量结果将以吸光度形式表示。

(2) AAS（CONC）方式　输入必要的单位及标准试样的浓度后,键盘上的标准试样用键（BLANK、STD1、STD2～STD6）的指示灯将点亮,告知即将测量的标准试样。"空白"以及标准试样将被依次喷吸,按 START/STOP 键,加以测量。最后一个标准试样测量完毕后,相关系数便可自动获得。

5. 结果的显示和打印

按 °RESULT TABLE 键,可显示结果的画面。在此画面下,按 ℃COPY 键,可打印结果。

6. 测量完毕后的操作

(1) 测量完毕后,喷吸蒸馏水约 5～10min,清洗雾化室内部。

(2) 关闭乙炔气室内管路截止阀,再关闭乙炔储气瓶总开关。

(3) 火焰熄灭后,将 FUEL OXIDANT 开关和 FUEL 开关置入 STOP 位。

(4) 将 GAIN 旋钮和 LAMP CURRENT 旋钮逆时针方向旋到尽头,然后断开开关。

(5) 关闭冷却水和空气压缩机。

（二）安捷伦4510原子吸收分光光度计

火焰分析法的操作方法如下：

1. 开启设备

（1）打开空压机开关，调其压力为0.3 MPa。打开乙炔气瓶开关、调其分压为0.1 MPa。

（2）打开计算机电源。选中【AA-4510】图标，连续按动鼠标2次打开原子吸收工作站。

（3）打开原子吸收主机电源。仪器开始自检。自检结束后，按【确定】键，进入应用程序窗口。

2. 方法建立

仪器参数设置：

（1）用鼠标单击【元素周期表】键，弹出元素周期表后，再用鼠标单击选择某一元素，这时该元素被选中并显示在醒目位置，随后按【确定】键关闭"元素周期表"对话框。

（2）波长选择：仪器默认的波长为被选元素的主灵敏线，如要选其他灵敏线时，将鼠标移到"波长"下拉框选中某个波长值并单击，则波长被选定。

（3）负高压选择：在负高压数值框内输入负高压值即可。负高压的上下限值是$0\sim700V$。

（4）灯电流选择：在灯电流数值框内输入电流值即可。灯电流上下限值是$0\sim12mA$。

（5）信号方式选择：信号方式有三种（原子吸收、背景吸收、背景校正）。在单选框内任选一种即可。

① 当选中"原子吸收"时，氘灯电流输入框是灰的，背景模式也是灰的，发射选择框是有效的（可选可不选）。

② 当选中"背景校正"时，背景模式选择；氘灯或自吸收模式电流输入框有效，而发射选择框是灰的。当背景模式选中"氘灯模式"时，只需在文本框内输入电流值即可。电流值的上下限为$24\sim93mA$。当背景模式选中"自吸收模式"时，只需在文本框内输入电流值即可。电流值的上下限为$0\sim14mA$。

③ 当选中"背景吸收"时，发射选择框和氘灯电流输入框有效，只需输入电流值即可。

（6）狭缝选择：狭缝选框内有0.1、0.2、0.4和1.0四种选择，只能选中其中一个。

（7）灯架位置选择：灯架位置有四种（1，2，3，4），在单选框内可任选一个。

（8）升降台位置选择：在"调节升降平台"对话框，按【◀】【▶】【▲】【▼】键调节升降台位置或直接输入位置坐标来调节升降台的位置。升降台位置调节范围为：前后位置是$0\sim200$，上下位置是$0\sim250$。

（9）原子化方法选择：当选择火焰法时，火焰法有效。当选择石墨炉法时，石墨炉有效。

（10）读数方式选择：读数方法有三种（峰高、峰面积、连续），可根据不同的测试来选择相应的读数方法。

（11）灯预热选择：在"灯预热设置"对话框，可选其中一个或多个灯进行预热。

火焰原子化器参数设置：

（1）燃气范围选择：燃气的范围是$0\sim6$，在规定范围内输入所需值。

（2）工作模式选择：工作模式有两种："空气-乙炔"和"笑气-乙炔"。在点火前必须先确定工作模式。

（3）气路状态：绿色指示灯表示气路状态正常，红色指示灯表示气路状态不正常。这时会出现提示对话框。【检测】键用于检测气体的流量。【探漏】键进行气路检查,检查完毕,按【停止探漏】键。

(4) 当测量结束熄火时,应先关乙炔钢瓶阀门,待火焰熄灭后,再按工作站"火焰原子化器参数设置"中【检测】键直至把管子内乙炔余气放空。

操作设置:

(1) 光源操作选择:在应用程序窗口,按【仪器调整】键,弹出一对话框。按【找峰】键,仪器将自动找出波长的中心位置。若能量显示接近零,可提高灯电流,增加负高压,若能量没有在绿色区内,按【调零】键或增加负高压值,使能量指示条落在绿色区内。若能量溢出,可降低负高压值重新进行找峰,直到能量指示条落在指示区域内,此时的峰值为元素最佳吸收峰。

(2) 点火操作选择:在原子化设置窗口,在燃气输入框内输入适当值,再按【点火】键,直至点燃火焰。如果点不着火,可适当加大乙炔流量。按【确定】键关闭对话框。

(3) 定量分析操作选择:在应用程序窗口,从"方式"下拉框中选中定量分析。然后,按【确定】键确认。再按【设置】键进入"校正曲线和斜率重调参数设置"页。

(4) 在"公式选择"下拉框内"线性法",各输入的条件可根据需要定(注意:至少输入2个标样点),按【确定】键,关闭对话框。

(5) 吸去离子水,再按【调零】键进行仪器调零。调零结束后,喷吸标准样品空白,按【标准空白】键。第二次喷吸标准样品空白,按【标准空白】键,程序自动计算出两次"标准空白"平均值。标准空白测试结束。

(6) 喷吸标准样品1,按【标准样品】键,再次喷吸标准样品1,按【标准样品】键,按上述操作方法,完成其他标准样品的测量。当标准样品测完以后,标准样品浓度与吸光度曲线自动生成。

(7) 测量待测样品,喷吸待测样品,按【测量样品】键。再喷吸待测样品,按【测量样品】键,计算机算出待测样品浓度。

(8) 若对测试结果不满意,可重新测试。具体方法是用鼠标点击所选序号,光标选中该条,重新喷吸样品,按【重读】键,新的测量数据就替代了旧的数据。

(9) 当样品测量结束后,按工具栏上的【保存】键,在"显示内容"对话框内,可输入样品名称、操作者、操作日期及备注。按【保存】键,输入文件名称后,再按【保存】键。

(10) 测量结束后,如需打印可在文件菜单中选"直接打印/定量分析打印",按【打印】即可。

四、电感耦合等离子体发射光谱仪

电感耦合等离子体发射光谱仪是采用电感耦合等离子体(ICP)作为激发光源的发射光谱仪。该类仪器种类繁多,结构和性能各异,大致可分为六类:ICP摄谱仪、ICP单色器、顺序等离子体光谱仪、多通道ICP光谱仪、综合型ICP光谱仪和中阶梯光栅ICP光谱仪等。这里介绍的由日本岛津公司生产的ICPS-7500型电感耦合等离子体发射光谱仪属扫描型电感耦合高频等离子体发射光谱仪,其主要指标如下:

光学系统:1m Czerny-Turme型双光栅。

波长范围和光栅刻线数:160~458nm,3600条/mm;458~850nm,1800条/mm。

高频电源:27.120MHz。

(一) ICPS-7500型电感耦合等离子发射光谱仪

该仪器的外观及光路系统见图5-53和图5-54。

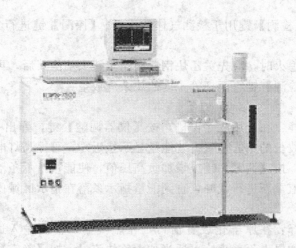

图 5-53 ICPS-7500 型电感耦合等离子发射光谱仪的外观图

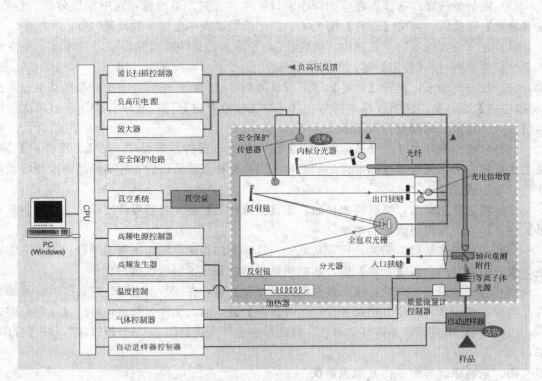

图 5-54 ICPS-7500 型电感耦合等离子发射光谱仪的光路示意图

(二) 仪器的操作步骤

(1) 打开主机电源开关和射频发生器开关,打开真空泵。
(2) 打开循环冷凝水。
(3) 打开氩气钢瓶,调节减压阀压力为 3.5kgf/cm²。
(4) 打开通风烟道开关。
(5) 打开计算机主机和显示屏,进入 ICP 操作系统。
(6) 打开自动进样器,将测试样品依次放入试管架。
(7) 建立测试卡片,设置参数。
(8) 启动"点火",15min 后进行波长校正。

(9) 波长校正结果 $s<50$,即可进行测试。
(10) 测试结束 5min 后灭火。
(11) 关射频发生器电源。
(12) 关真空泵。
(13) 关氩气钢瓶。
(14) 关通风烟道。
(15) 关计算机。
(三) 测试应用实例
1. 准备待测溶液
样品要求透明澄清,没有悬浮物,不含有机物,浓度小于 $100\mu g/mL$。
2. 标准卡片的建立
(1) 打开分析(Analysis)窗口,如图 5-55 所示。

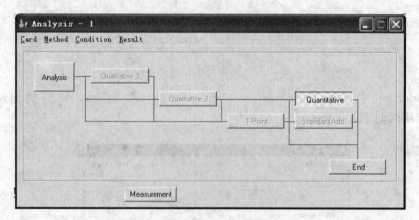

图 5-55 分析窗口界面

(2) Card 中选中 new,出现 new card name,给新卡片命名后点 OK。出现 Card Property,Opetator 栏中输入操作者姓名,Procedure 栏中选择定性(Qualitative)分析,Process 栏中 Result 处理做相应的设置,选中 Auto Tile,Auto Print 取消。Mode 中选择 Each+Average+R+S+CV 项。设置好以后点 OK,出现图 5-56 所示界面。

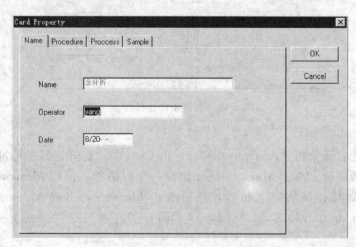

图 5-56 填写持卡者信息界面

(3) Condition 选项中,首先选择元素(Select Element),出现 Element and Wavelength 窗口(下图),选择要测的元素,切换到 Wavelength 栏,点击 Select 1 Line。选好以后点击 OK 关闭选择元素窗口。见图 5-57。

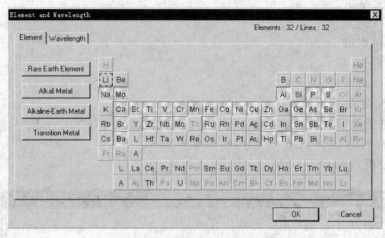

图 5-57 元素与波长选择界面

(4) Condition 中点击 Measurement Condition 项(图 5-58),将溶剂润洗(Solvent Rinse-L)默认时间 10s 改为 60s。

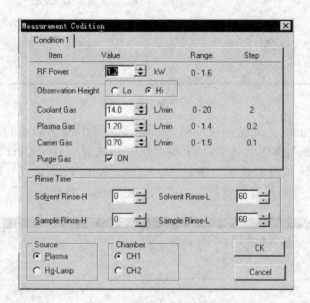

图 5-58 测量条件选择界面

3. 样品的测量

测试时,首先打开分析(Analysis)窗口,由 Card 中"打开建好的标准卡片",检查一下选择的元素是否正确。点击 Measurement 出现一个对话框,出现 Measure Sample Registration 窗口,设置好样品的放置位置,然后点击 Measure,出现 Measure-1 窗口。选中 Continuous,点击 Start 开始测试。见图 5-59 和图 5-60。

4. 测试结果

测试结果如图 5-61~图 5-63 所示。

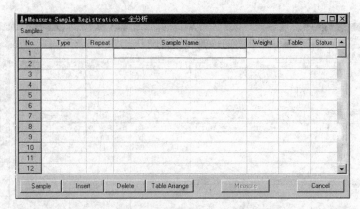

图 5-59 登记测量样品界面

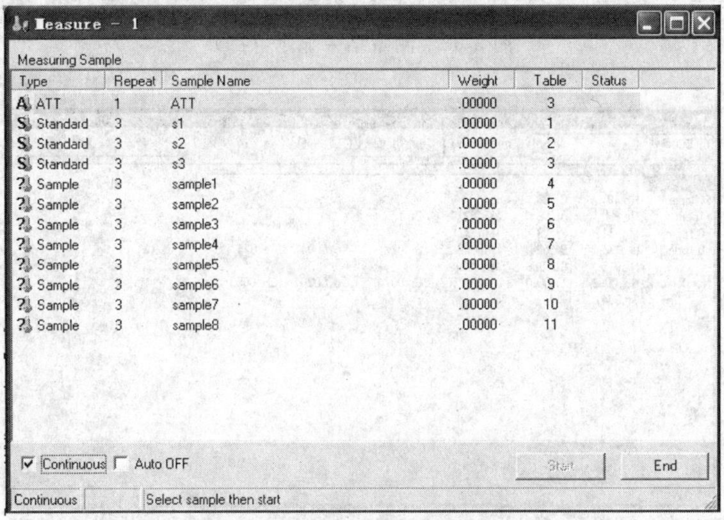

图 5-60 显示登记的测量样品

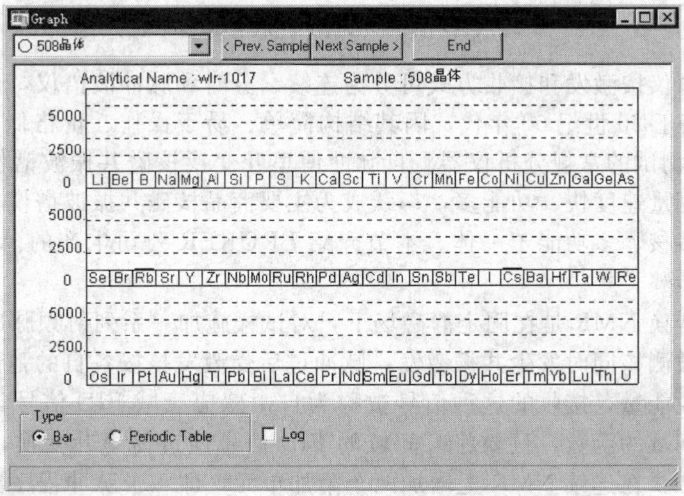

图 5-61 测量结果显示（一）

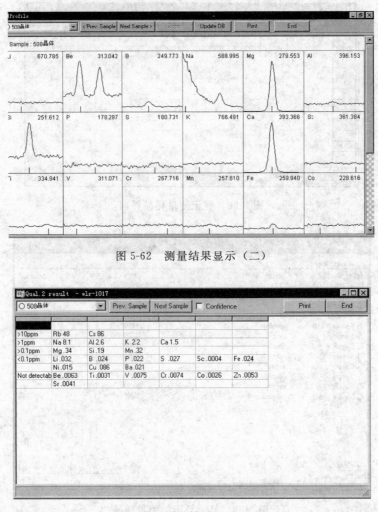

图 5-62　测量结果显示（二）

Qual. 2 result - wlr-1017

508晶体 | Prev. Sample | Next Sample | Confidence | Print | End

>10ppm	Rb 48	Cs 86				
>1ppm	Na 8.1	Al 2.6	K 2.2	Ca 1.5		
>0.1ppm	Mg .34	Si .19	Mn .32			
<0.1ppm	Li .032	B .024	P .022	S .027	Sc .0004	Fe .024
	Ni .015	Cu .086	Ba .021			
Not detectab	Be .0063	Ti .0031	V .0075	Cr .0074	Co .0026	Zn .0053
	Sr .0041					

图 5-63　测试结果显示（三）

第八节　核磁共振波谱仪

核磁共振波谱仪按激发和接收方式可分为连续、分时和脉冲波谱仪，连续 NMR 波谱仪（CW-NMR）兴盛于 20 世纪 60 年代，因其结构简单、易于操作、价格低廉，曾是 ^{1}H、^{19}F 和 ^{31}P 核 NMR 谱测试的常规分析仪器。自脉冲傅里叶变换核磁共振波谱仪问世后，由于其观测灵敏度高、测量速度快、功能多，一跃成为主要商品核磁共振波谱仪，并已普遍采用超导高磁场，且集多核、多功能于一体。本节介绍 BRUKER 公司生产的 AV600 液体核磁共振波谱仪的操作步骤。

脉冲傅里叶变换 NMR 是在固定静磁场下，对试样施加一系列射频脉冲，使试样中具有各自共振频率的被测核同时发生共振激发，脉冲过后受激发核按各自的弛豫过程，随时间以指数函数逐渐释放能量，接收的这种信号被称为自由感应衰减 FID 信号，它是具有各种共振频率相干的时间域的函数，只要将时间域的 FID 信号经过傅里叶变换，就可得到通常的频谱图。由此可知，在连续 NMR 上增加两个附加单元，即一个脉冲程序器和一个数据采集及处理系统，此外发射器和接收器的回路特性适合于脉冲操作，便成为脉冲傅里叶变换核磁共振波谱仪。

脉冲傅里叶 NMR 波谱仪一般包括 5 个主要部分：射频发射系统、探头、磁场系统、信号接收系统和信号处理与控制系统。

一、AV 600 液体核磁共振谱仪的外观机构

仪器外观见图 5-64。

图 5-64 AV 600 液体核磁共振谱仪外观

二、AV 600 液体核磁共振谱仪的操作步骤

1. 开机操作规程

（1）打开稳压电源及 UPS。UPS 的开机步骤如下：

① 按左键进入"UPS Control"菜单；

② 按右键"Scroll"进入子菜单；

③ 按中键"Yes"则打开 UPS（turn on）。

（2）打开空气压缩泵。

（3）打开 PC 机，进入正常工作界面。

（4）打开控制柜各开关：先开主机柜外左侧的总开关，接着打开 AQS 单元开关，注意等待 1min 左右至左侧红灯闪烁，再依次打开其他开关。若前放上的"error"红灯亮，显示错误，按一下前放上的"F4"键（quit）即可。

（5）鼠标双击"Bruker Utilities 3.1"图标，接着双击"Misceuaneous"，再双击"Telnet Spect"，打开登录对话窗口。

（6）login：root，之后关闭该窗口。

（7）双击"Xwinnmr 3.1"图标进入 Xwinnmr。

(8) 连续两次"CF",然后"ii"(第一次 CF 过程会有一些错误发生,是正常状况)。

(9) 键入"lockdisp"指令,出现 lock 界面。若出现错误,不能打开 lock 界面,则拔下 LCB 板上的"L-display"黑色插头,重新插上即可。

(10) 键入"rsh"指令读匀场文件,选择相应探头的匀场文件(如:"bbohump.0302",根据保存的匀场文件)。

2. 对于 BBI 及 BBO 探头

(1) 样品制备:取适量的样品用合适的氘代溶剂溶于 5mm 样品管中。

(2) 进样:用绸布将样品管外壁擦净,套上转子,用专用量筒量好样品管高度,按 BSMS 小键盘上"lift on-off"键吹气后将样品管放入探头。

(3) 锁场:键入"lock"指令,选择相应的溶剂锁场。

(4) 匀场:手动匀场,或先用氘梯度匀场后再手动进一步匀场。平时只需匀 Z、Z2、X、Y、XZ、YZ 等低阶项线圈即可。

(5) 新建文件名:用"edc"命令(或在"file"下拉菜单中点击"new")新建文件,最好先调用一个合适的实验参考文件,在其基础上新建。

(6) 设定参数:"edhead"指令先确认一下探头是否匹配;"edasp"指令设定前放的连线并保存;通过"eda"和"ased"指令设置合适的参数。

(7) 探头调谐和匹配:键入"atmm"指令进行调谐和匹配,调谐结束按"stop"停止。

(8) 采样:先通过"rga"指令自动优化 RG 值;用"zg"指令开始采样,中途停止采样用"stop"指令(停止不保存),或"halt"指令(停止并保存);不停止采样,但要转换谱图用"tr"指令。

(9) 停止实验:关闭锁场(若样品管旋转则先停止旋转),按"lift on-off"键取出样品管。若所有实验完成,换标样于探头中,或者不放样品管而盖上"防尘帽"。

(10) 谱图处理:设置处理参数 SI、LB 等;用"efp"指令转换 fid 信号,接着对谱图进行相位校正、基线校正、标峰、编辑标题等处理。

(11) 绘制谱图:"edg"指令编辑绘图参数;"plot"指令打印谱图(可通过"v"指令进行预览)。另外可通过 XWIN-PLOT 软件进行绘图。

3. 对于 HR-MAS 探头

(1) 样品制备:液体样品可用微量进样器取样,然后依次盖好三个"帽子";对于固体、半固体样品可切成小块装入样品管,再加入 1~2 滴 D_2O(用于锁场),然后依次盖好三个"帽子";注意装样时不可在样品管中留有气泡。

(2) 进样:样品放入探头后,通过"mas"指令将样品管转入魔角状态,之后设定转速并旋转。按"save"保存。

(3) 锁场、匀场、新建文件名、设定参数、采样等步骤同上。

(4) 探头调谐和匹配:键入"Wobb"指令,然后调节标有"T"和"M"的黄色螺杆分别对 1H 调谐和匹配;调节标有"T"和"M"的绿色螺杆分别对 13C 调谐和匹配。

(5) 停止实验:"mas"指令进入气动单元控制界面,停止转子旋转,并按"Eject Sample"弹出样品。

4. 关机操作规程

(1) 退出或关闭所有应用程序。

(2) 鼠标双击"Bruker Utilities 3.1"图标,接着双击"Misceuaneous",再双击"Telnet Spect"打开对话窗口

(3) login：root 回车，接着键入"init 0"回车，对话窗口将自行关闭。
(4) 关闭 PC 机（Shut down）。
(5) 关闭控制柜各开关：先依次关闭各单元开关，最后关闭主机柜外左侧总开关。
(6) 关闭空压机气路开关。
(7) 关闭 UPS 及稳压电源。UPS 的关机步骤如下：
① 按左键进入"UPS Control"菜单；
② 按右键"Scroll"进入子菜单；
③ 按中键"Yes"则关闭 UPS（turn off）。

第九节　色谱分析仪器

一、气相色谱仪

（一）仪器结构

气相色谱仪是实现气相色谱过程的仪器。

气相色谱分析流程由五部分组成，包括载气系统、进样系统、色谱柱、检测器（以热导为例）和记录系统，如图 5-65 所示。

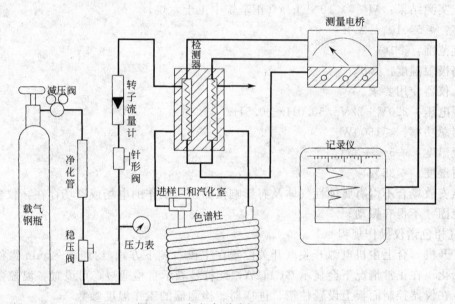

图 5-65　气相色谱分析流程示意图

载气由钢瓶提供，经减压阀减压后通过净化管、稳压阀，使压力表指示在 196kPa（2kgf/cm²）；再由针形阀调节并控制载气流量至所需要的值，并由转子流量计显示流量的大小；然后流经检测器的参比臂到达汽化室；试样由注射器或六通阀注入，在汽化室瞬间汽化被载气带入色谱柱进行分离。

分离后的单个组分随载气按先后顺序进入检测器的测量臂；检测器以它四臂热敏电阻组成测量电桥，将每个组分的浓度随时间而变化的量转变成电（电压或电流）信号；必要时把电信号放大后再驱动记录仪把信号随时间而变化的量记录下来，从而获得一个又一个的峰形曲线，称为色谱峰；每个色谱峰代表一个组分。

（二）GC112A 型气相色谱仪操作规程

由上海分析仪器厂生产的 GC112A 型气相色谱仪为微机控制的通用型气相色谱仪。仪器可进行填充柱分析或毛细管柱分析、配有双氢火焰离子化检测器（FID）和热导池检测器（TCD）。开放式的微机系统可选配 RS-232 接口与 FJ-2000 色谱工作站联用实现双向通讯控制及数据处理。

1. 仪器的技术指标及使用要求

(1) 柱箱温度指标

柱箱温度范围：室温上 15～399℃（增量 1℃）

柱箱控温精度：优于±0.1℃（200℃时测）

柱箱程序升温：五阶程升

程升速率设定：0.1～40℃/min（增量 0.1℃），200℃时测

各阶恒温时间：0～655min（增量 1min）

(2) 进样器、检测器、热导池温度指标

温度范围：室温上 15～399℃（增量 1℃）

控温精度：优于±0.1℃（200℃时测）

(3) 氢火焰离子化检测器

检测限：$M \leqslant 5 \times 10^{-11}$ g/s（正辛烷中正十六烷）

最佳实测结果：$M \leqslant 5 \times 10^{-12}$ g/s（正辛烷中正十六烷）

漂移：$\leqslant 6 \times 10^{-13}$ A/h

线性范围：$\geqslant 10^6$

最高极限温度：400℃

(4) 仪器使用要求

电源电压：220V±22V　50.0Hz±0.5Hz

仪器总功率：≤1500W

环境温度：+5～+35℃

相对湿度：≤85%

仪器安放场合不得有腐蚀性气体及有影响仪器正常工作的电场或磁场存在，仪器安放工作台应稳固，不得有振动。

2. 气相色谱仪操作规程

(1) 开机　合上主机电源开关（开关位置在主机右侧下方）。约经 1～2min 微机进行自检及初始化。在正常情况下会显示 GC112A，此符号表示自检通过，可设置各温控参数。

(2) 在仪器控制面板上设置柱箱、进样器、检测器的工作温度参数

设置柱箱温度为 150℃：按照【柱箱】、【初始温度】、【150】、【键入】。

设置进样器温度为 180℃：按照【进样器】、【180】、【键入】。

设置检测器温度为 180℃：按照【检测器】、【180】、【键入】。

(3) 检测器选择　按【检测器选择】键指定当前工作的检测器。其中 FID 的编号：【1】；TCD 编号：【4】。然后选【键入】。

(4) 电流设定　按【电流】键设定其工作电流【150】、【键入】。

(5) 按下【恒流源】开关钮。

(6) 按【起始】键，开始温控。

(7) 待微机温控上的准备灯亮后，并且检测器输出信号稳定了，就可以注入样品进行分析。

(8) 双击【Sepu3000 色谱工作站】选择登录通道 1 或通道 2。

(9) 选【样品设置】输入样品名称、分析时长、报告风格。

(10) 设定定量参数,包括定量基准、定量方法。

(11) 设定组分表、积分参数。

(12) 将样品注入进样口,对样品进行分析,对检测器信号进行积分处理和定量计算。

(13) 分析任务完成后,窗口由【当前进样】转换为【结果后处理】,双击【报告预览】图标,选择【风格】,在【实验信息】窗口调整报告内容。

(14) 点击【打印】,打印实验报告。

(15) 关机。

同步骤(2),设置柱箱、进样器、检测器的工作温度均为40℃,电流设定为0,待仪器温度降至设定温度后,关主机电源,最后关气体发生器电源。

二、高效液相色谱仪

高效液相色谱仪由以下六部分组成(图5-66)。

图 5-66　高效液相色谱仪的基本单元

各单元的功能如下。

(1) 高压输液系统　输液系统包括储液及脱气装置、高压输液泵和梯度洗脱装置。由于高效液相色谱柱的填料颗粒较小(3~5μm),需要用高压输液泵来输送流动相。梯度洗脱装置用于提供分离过程中流动相不同的洗脱强度。

(2) 进样系统　进样系统是将分析样品引入色谱柱的装置,分为手动进样器和自动进样器,与气相色谱仪一样,批量样品的分析适合采用自动进样器,可以提高进样的重现性,提高工作效率,避免人为操作的误差。

(3) 柱系统　高效液相色谱填充柱填料的粒度一般为3μm、5μm、7μm、10μm,采用10~30cm左右的柱长就能满足一般的复杂混合物的分析要求。高效液相色谱柱的内径有3类:

① 内径小于2mm的称为微管径柱;

② 内径在2~5mm的为常规液相色谱柱;

③ 半制备柱或制备柱是为制备目的而使用的色谱柱,其内径大于5mm。

(4) 检测系统　高效液相色谱检测器有多种,最常用的有紫外-可见分光光度检测器、二极管阵列检测器、荧光检测器、示差折光检测器、蒸发光散射检测器和电化学检测器等。

(5) 数据采集及处理系统　采集并处理检测系统输出的信号,给出样品的定性和定量分析结果。

(6) 仪器控制系统　对输液泵、梯度洗脱程序、色谱柱的温度、检测器的操作参数等进行控制的装置。

(一) Agilent 1100 高效液相色谱仪的外观结构

仪器外观见图5-67。

(二) Agilent 1100 高效液相色谱仪的操作步骤

(1) 在打开操作软件以前,先把色谱仪器上的泵和脱气装置打开,随后,将图5-68中的Instrument 1 Online图标打开,以便启动整个色谱系统。

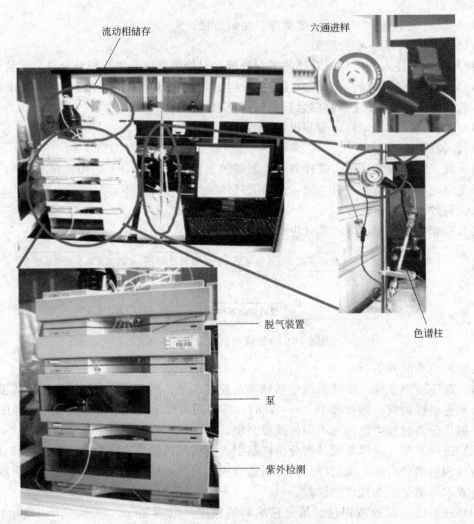

图 5-67　Agilent 高效液相色谱仪外观

图 5-68　启动色谱仪系统操作界面

此时在计算机屏幕上出现一个关于色谱系统的操作界面，如图 5-69 所示。

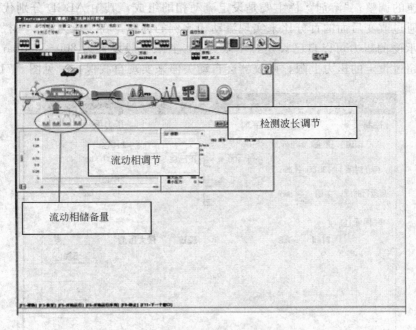

图 5-69　色谱系统操作界面

（2）开始进行流动相调节、检测波长调节和流动相储备量调节三项工作。

在这三个模块的操作中，只要单击相应位置即可调用相关操作细节。如单击流动相调节这一模块，会显示"设置泵"、"辅助测定"、"数据曲线"等选项，此时，只需要操作"设置泵"这一选项即可实现对流动相的调整。见图 5-70。

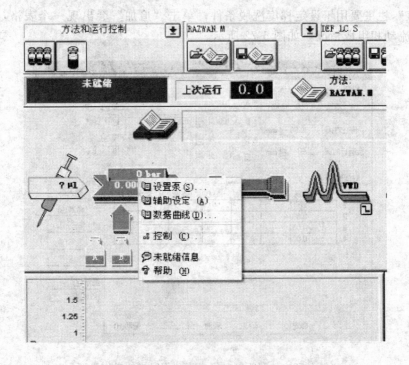

图 5-70　流动相调节操作界面

① 流动相条件的设置 当单击"设置泵"选项后,出现下述操作界面。"控制"栏主要是实现对流速的调整;"溶剂"栏主要是设定流动相的组成,其中 ABCD 分别代表不同的流动相,可以通过改变后面的百分比来实现流动相比例的调整;在"压力限"一栏中,整个体系所能预期承受的压力可以自己设定,下限为 0,上限一般设置为 200～300bar,当仪器所承受的压力超过设定的压力上限,则仪器会自动关停来实现自我保护。见图 5-71。

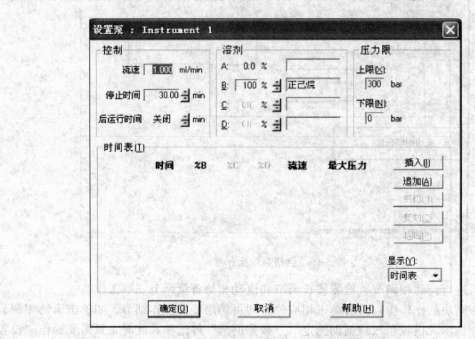

图 5-71 流动相条件设置操作界面

"时间表"栏主要用于设定梯度洗脱条件,单击"追加"会出现一个表格,用以填写不同时间内的流动相组成情况,如图 5-72 所示。

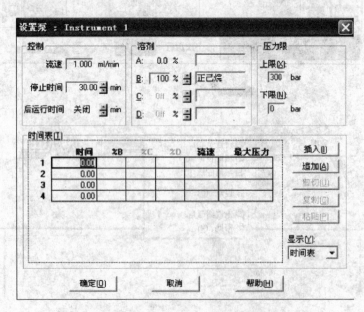

图 5-72 填写不同时间内流动相组成的操作界面

② 检测波长的调节 单击检测波长所代表的图标，会出现如下图示，点击"设置 VWD 信号"来调节检测波长，至于对"控制"和"在线光谱"有兴趣的同学可以自行学习用法。见图 5-73。

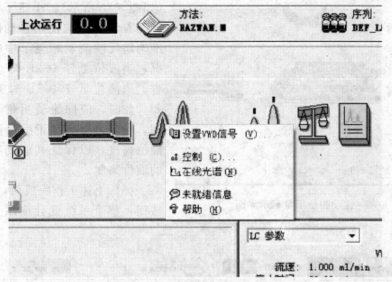

图 5-73 检测波长调节操作界面

进入检测波长设置界面，在"信号"一栏中可以设置所需的检测波长及峰宽的响应时间，在峰宽响应时间的设置中一般采用仪器的初始设置，即：>0.1min (2s)。"时间"栏与流动相设置类似，主要控制检测器的关闭时间，以保护检测器。"时间表"栏主要控制检测器检测波长的变化情况，可以设置不同时间使用不同的检测波长。见图 5-74。

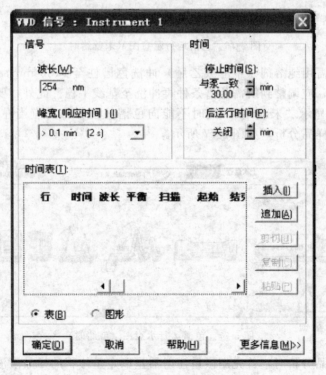

图 5-74 检测波长设置界面

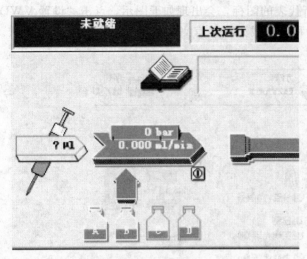

在实验中，需关注流动相总量的使用情况，可通过观察代表四种溶剂的小瓶中液位的高度来判断流动相的使用量（如图 5-75 所示）。小瓶子中液位的高度会随着流动相的使用自动减少，它可以准确地反映流动相瓶子中的真实液位情况，当液位低于 0.2L 时会显示黄色警告，当液位低于 0.1L 时系统会自动关闭。此时，应向流动相瓶子中添加流动相，同时，重新改正盛装流动相瓶子的液位高度，以保证其能真实反映瓶子中的液位高度。

（3）上述工作完成后，单击"启动"按钮，整个系统就会按照先前的设置开始工作，如图 5-76 所示。

图 5-75 流动相使用量显示界面

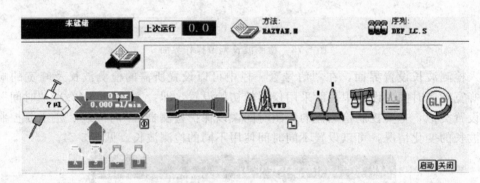

图 5-76 色谱运行示意图（未就绪时）

系统启动后，需用纯溶剂（甲醇或乙腈）冲洗色谱柱至少 30 min，直到系统显示基线平稳；冲洗结束后，应调整到所需色谱条件再冲洗至基线平稳。此外，要注意的是，当上图的左上角为红色并显示"未就绪"，此时不能向色谱柱进样。只有当左上角为绿色并显示"就绪"，方可进行样品分析，如图 5-77 所示。

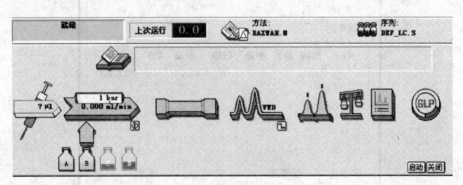

图 5-77 色谱运行示意图（就绪时）

（4）在进行样品分析时，首先用微量注射器量取定量体积的样品溶液，将进样阀逆时针旋转到底，然后将微量注射器平放、插入进样阀，当感受到针头有些压力时，应继续插入至底部，保持这一状态开始进样。样品应当以均匀、稍快的速度注入。进样结束后，不要将针头立即拔出，应保持进样状态，将进样阀顺时针旋转到底，此时方可拔出针头。与此同时，系统开始计时，如图 5-78 所示。此时，左上角为蓝色并显示"运行中数据采集"，而它右侧的"已运行"则显示了当前采集样品所进行的时间。

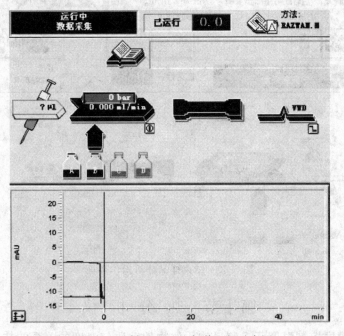

图 5-78 进样后显示的色谱运行示意图

由于系统所显示的色谱图较小，可以点击上图所显示的左下角处的图标，显示放大以后的色谱图，如图 5-79 所示。

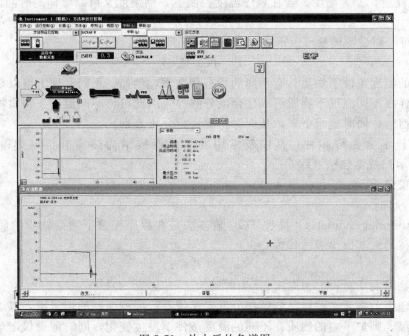

图 5-79 放大后的色谱图

当一个样品分析结束时,点击下图中出现的中断按钮,即可结束此次样品分析。见图 5-80。

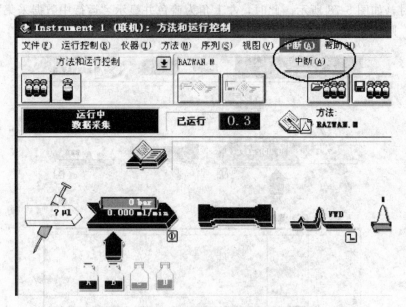

图 5-80 结束样品分析操作界面

第十节 热 分 析 仪

热分析是在程序控制温度下,测量物质的物理性质与温度的关系的技术。

数学表达式为:

$$P=f(T)$$

其中 P 是物理量,T 为温度。若在程序温度控制下,则温度又可以看作是时间的函数,即:

$$T=f(t)$$

其中 t 是时间,那么物理量可表示成时间的函数,即:

$$P=f(T 或 t)$$

在不同的温度条件下物质具有不同的状态和性质,例如,不同温度下可以是固体、液体或气体;同样在不同温度下物质可以化合或分解等。因此可将不同温度下物质物理性质的变化转化为电信号,同时记录下来,从而对物质进行分析鉴别。

热分析技术分为许多种,其中较常用的热分析技术为热重分析(TG)、差热分析(DTA)、差示扫描量热法(DSC)。

一、热重分析

1. 基本原理

热重(thermogravimetry)简称 TG,该方法是在程序控温下测量物质的质量与温度的关系的一种技术。其数学表达式为:

$$m=f(T 或 t)$$

式中,m 为物质的质量;T 为温度;t 为时间。

仪器原理为,将天平的样品容器部分设置在带有程序控温器的炉子里,将炉子以一定的升温速率升温,则炉子内的物质在不同的温度条件下发生变化,同时记录仪记录下不同温度下的重量值。根据不同温度的重量变化情况,可对被测物质进行定性、定量分析。

2. 热失重的计算

由样品的原始称重量及 TG 曲线中各温度区间的失重量，即可以计算出各温度区间的失重百分数。例如某物质的热失重曲线见图 5-81。

对应图中曲线，该物质在温度 $T_1 \sim T_2$ 区间内的热失重百分数为：

$$热失重百分数 = \frac{m_0 - m}{m_0} \times 100\%$$

式中 m_0——被测物在温度 T_1 时的质量；
m——被测物在温度 T_2 时的质量。

3. 热失重曲线的影响因素

(1) 热浮力的影响 空气在升温过程中密度发生变化，密度随着温度的升高而下降，因此在热重曲线上有表观增重现象，通常情况下可忽略。

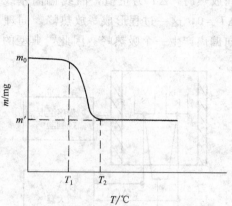

图 5-81 热失重示意曲线

(2) 坩埚的影响 坩埚的材质、大小、形状、重量不同，传热效果不同，对热重曲线有影响，通常同一系列对比实验，坩埚选取同一坩埚或同一类型坩埚。

(3) 升温速率的影响 升温速率的不同对热失重曲线影响较大，通常升温速率越大，热失重曲线滞后现象越严重且失重温度区间越宽。

(4) 试样的装样量、粒度的影响。

(5) 实验气氛的影响。

二、差热分析

1. 基本原理

差热分析（differential thermal analysis）简称 DTA。差热分析是热分析中最成熟且应用较广泛的一种技术。该方法是在程序控制温度下，测量物质和参比物之间的温差随温度（或时间）变化的一种技术。其数学表达式为：

$$\Delta T = T_s - T_r = f(T 或 t)$$

其中 T_s、T_r 分别代表试样及参比样温度，T 是程序温度，t 是时间。其 DTA 原理如图 5-82 所示。

在程序温度控制下，比较试样与参比样在升温过程中热量的吞吐的不同而考察试样的性质变化。因此要求参比样品在程序加热和冷却过程中具有热稳定性，且热特性为已知。

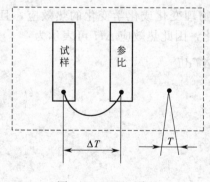

图 5-82 DTA 原理

仪器工作原理为，被测样品与参比样品之间的温差用热电偶测量，该示差热电偶是由两副电偶极性相同的热电偶串联而成的，将两个端点分别接触被测试样与参比样，当升温过程中试样无任何变化时，二者温度保持相同，热电势相互抵消而不产生温差信号；当试样有热量吞吐时，则两者的热电势不能抵消而产生温差信号，同时记录仪记录出温差随温度或时间的变化曲线。其仪器工作原理图如图 5-83 所示。

2. 差热分析曲线分析

试样和参比样对称地放在样品支持架上，且置于炉子的均温区。当以一定的程序温度升温或冷却时,若试样不发生变化,则试样与参比样的热性质较接近,两者温差 $\Delta T=0$,此时记录仪几乎为一水平线;若试样发生变化时,两者的温差 $\Delta T \neq 0$,若试样在某一温度区间放热时,ΔT 为正值,曲线偏离基线,当试样变化结束,与参比样之间重新达成热平衡 $\Delta T=0$,这一过程形成一放热峰。同理,当试样出现吸热峰时,ΔT 为负值,曲线向相反方向偏离产生一个吸热峰。因此,典型的 DTA 曲线如图 5-84 所示。

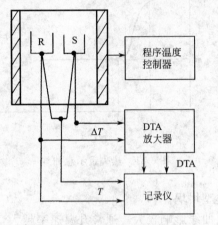

图 5-83 DTA 仪器工作原理   图 5-84 典型 DTA 曲线

图中 T_a 为曲线的开始温度;T_m 为峰温;T_f 为峰的结束温度,也为回基线温度。峰向朝下的为吸热峰,峰向朝上的为放热峰。虚线为基线。

从 DTA 曲线中,我们可以得到如下信息:

(1) 峰的位置 物质的任一物理和化学变化都伴随有热量的吞吐,则在 DTA 曲线上表现出吸热和放热峰,起峰温度和峰温常作为峰位置的特征。同种物质发生不同的物理变化和化学变化所对应的起峰温度和峰温不同;而不同物质的同一物理、化学变化所对应的起峰温度和峰温也不同,因此峰的位置可以作为物质定性变化的依据。

(2) 峰的面积 DTA 曲线的峰面积的大小代表热效应的大小,在一定样品量范围内,物质量与峰面积成正比,因而,物质量的多少又与热效应成正比,由此可见,峰面积可以作为定量计算物质热效应的依据。

(3) 热效应的定量计算 DTA 曲线的峰面积正比于物理变化或化学变化的热效应,且 DTA 又是测量试样与参比样之间的温差 ΔT 随温度的变化,因此热效应 ΔH 可表示为:

$$\Delta H \propto \int_{T_1}^{T_2} \Delta T \mathrm{d}T = K \cdot \int_{T_1}^{T_2} \Delta T \mathrm{d}T$$
$$= K \cdot \Delta S$$

式中 ΔH——热效应;

$\int_{T_1}^{T_2} \Delta T \mathrm{d}T$——DTA 的峰面积;

ΔS——DTA 的峰面积;

K——比例常数。

若已知某一定量物质在某一温度范围内变化的热效应,则在相同条件下测一未知样品得一峰面积,则未知样峰面积所代表的热效应为:

$$\Delta H = \Delta H_0 \times \frac{K \cdot \Delta S}{K_0 \cdot \Delta S_0}$$

式中 ΔH_0——已知样的热效应；

ΔH——未知样的热效应；

ΔS——未知样的峰面积；

ΔS_0——已知样的峰面积；

K，K_0——分别为未知样和已知样的仪器常数。

若保证两样品测量时实验条件一致，则 K，K_0 两常数可近似认为相等，则未知样的热效应为：

$$\Delta H = \Delta H_0 \times \frac{\Delta S}{\Delta S_0}$$

即只要准确测出两峰面积的大小则可知未知样的热效应。

(4) 峰面积的测定　可在仪器上用积分仪进行峰面积测量。下面的方法是实验室常用的方法，即用均匀的绘图纸描下峰面积进行称重，其两个峰的纸重比即为两个峰的面积比。使用称重法通常可通过调节走纸速度以取得较大的峰面积以降低误差。

三、差示扫描量热法

1. 基本原理

差示扫描量热法 (differential scanning calorimetry) 简称 DSC。DSC 与 DTA 较相似，但不同的是 DSC 在试样和参比池下面分别装有辅助加热器，借助加热器的热补偿作用以保持试样和参比样之间始终保持无温差出现，即 $\Delta T = 0$，其原理如图 5-85 所示。因此 DSC 是在程序控温下测量试样与参比样之间能量差为零所需补偿的热量随温度和时间变化的一种技术。

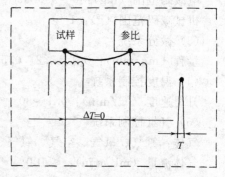

图 5-85　DSC 原理

DSC 仪器工作原理为，将试样和参比样对称地放入炉子的均温区。当随着程序温度的变化，物质的物理变化和化学变化产生热量吞吐，从而使试样和参比样之间产生温差，该温差随时由每个样品底部的热量补偿单元进行热量补偿，若试样吸热变化，则对试样热量补偿；若试样放热，则对参比样进行补偿，连续进行的补偿的热量随温度的变化即得到 DSC 曲线。DSC 工作原理见图 5-86。

由 DSC 的工作原理与 DTA 的工作原理比较，前者是试样与参比样产生温差后由热补偿单元将温差补偿掉使之 $\Delta T = 0$，后者是将试样与参比样之间的温差记录下来，因此两者之间具有许多相似之处，即 DSC 曲线上的特征，DTA 曲线也同样具有该特征，但是由于 DSC 曲线所记录的是热量，且由于试样样品量较小，热传递效果较好，试样一旦有热效应发生时，补偿器立即补偿，补偿完成后立即回基线，因此 DSC 比 DTA 所获得的信息更准确。

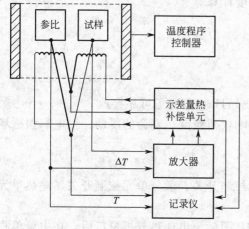

图 5-86　DSC 仪器工作原理

2. DSC 数据处理

DSC 曲线纵坐标单位为 mcal/s (1cal=4.1840J)，横坐标单位为时间或温度，当确定了走纸速度后即可知单位面积所代表补偿的热量。例如

DSC 量程为±10mcal/s，选用走纸速度 5mm/s，则 1min 走纸面积为 250mm×5mm/s×60s=75000mm²=750cm²，20mcal/s×60s=1200mcal，因此，1cm² 峰面积相当于 1.6mcal。另外与 DTA 曲线处理峰面积相似，可以用标准物质峰面积所代表的热效应与试样的峰面积之比而求得。

四、差热仪的使用方法

以上海精密科学仪器有限公司生产的 ZRY-1P 型综合热分析仪为例介绍其使用方法，该仪器是具有微机数据处理系统的热重-差热联用热分析仪器，是一种在程序温度控制下，测量物质的质量和热量随温度变化的分析仪器。

1. 主要技术规格及仪器使用条件

(1) 差热放大系统

量程（μV）：±10、±25、±50、±100、±250、±500、±1000

(2) 测重系统

最大负载（g）：2g

最小分度值（μg）：10

量程（mg）：0.1、0.2、0.5、1、2、5、10、20、50、100、200、500、1000

电减码范围（mg）：0～999.99

机械减码范围（g）：1

(3) 微分系统

量程（mg/min）：0.1、0.2、0.5、1、2、5、10

(4) 温度控制系统

升温速度（℃/min）：0.1～30

(5) 气氛控制系统

气体：氮气、氧气、空气、氦气、氩气

气体流量（mL/min）：≤100

(6) 数据处理系统

计算机数据处理系统

数据曲线的采集、存取、屏幕显示及结果打印

峰面积、始温、终温、热焓的计算及玻璃化温度计算等

DTA、TG 动力学数据处理

(7) 仪器正常工作条件

室温：15～25℃，且波幅小于 1℃/h

相对湿度：不大于 75%

电源：电压交流单相 220V±10%、频率（50±1）Hz、电源需可靠接地

放置仪器的工作台应坚固可靠，周围不得有影响仪器精度、寿命的震动、强电、强磁场干扰和腐蚀性气体存在。

2. 操作步骤

(1) 打开仪器的温度单元控制开关、天平单元控制开关、微分单元控制开关、差热单元和气氛单元控制开关。

(2) 打开计算机电源开关，用鼠标双击 ZRY-1P 图标。出现热分析窗口后，在主菜单栏中用鼠标选择【采样】。当出现采样设置窗口，首先根据需要确定天平控制单元及微分单元的量程、倍率，然后用鼠标点击选择此窗口中天平和微分的量程。

(3) 先拧松玻璃套管上部的拼帽,左手托住炉子托架,并拧松托架上固定螺钉,将炉子缓慢地降至导柱的底部。卸下热电偶外罩,将坩埚用镊子轻放在平板热电偶上,随后拧上热电偶外罩,双手托住炉子托架向上移动,使玻璃管上口与气导管平面接触,然后,左手托住炉子托架,右手先拧紧托架固定螺钉,再拧紧玻璃管上拼帽。

(4) 用电减码平衡两只坩埚及参比物的重量。当电减码电压表最后一位在 0~5 之间时,用鼠标点击采样设置窗口中的【调零结束】键。然后取出被测试样的坩埚,将测试样品放入坩埚内,均匀铺平,再轻轻放在平板热电偶上,注意观察 TG 挡电压值不得超过 5V。随后装上热电偶外罩,将炉子上升,拧紧玻璃管上拼帽。

(5) 在采样设置窗口中,输入温度、升温速率、样品名称、样品重量等参数。

(6) 在温度设置面板上,按【<】键,仪表进入程序输入设置状态,先显示第一段的温度值,其后按【设置】键,就依次显示第一段及其后各段的时间值及温度值,可按【∧、∨】键修改数据。按【<】键可移动光标,可分别移至个位、十位、百位和千位,能起到快速修改的目的。

(7) 在每次升温前必须先按住【∧】停止键,使给定值显示"Stop"时松键,然后按住【∨】键给定值显示"run"时松键,观察电压表若已有较高电压(5V 以上)时,应立刻按住【∨】键直至给定值显示"hold"时松键,这时仪表进入放电等待,当电压降至约 0V 时,再按【∨】键给定值显示"run"时松键,此时进入程序升温可将电炉开关打开,电炉开关绿色为炉压开,红色为炉压关。

(8) 在采样设置窗口,用鼠标点击【确认】键,仪器处于采样等待状态,这时屏幕上出现四条采样曲线。蓝色为 DTG,红色为温度,绿色为 TG,紫色为 DTA。

(9) 采样测试结束时,用鼠标点击采样窗口右上角的【存盘返回】键,当出现存盘对话框,输入文件名,按【保存】键,并返回主菜单。

(10) 热重数据计算机处理时,单击"热重数据处理",在数据处理窗口中,点击"调用文件"出现对话框,选择路径、盘符和文件名,调出曲线。然后点击【处理设置】键。在对 TG 处理前,要设置计算失重台阶的个数,用鼠标点击上下箭头键来确定要计算的阶数。计算失重百分比时,先要确定起点位置,再确定终点位置。随后用鼠标点击【TG 处理】键,屏幕上自动标出失重速率最大点的位置。窗口底部的状态条中标出起点温度、结束温度、失重速率最大点温度、失重百分比等值。如果要计算多个峰,重复上述方法。

(11) 数据处理完后,若要打印可点击【打印】,进入打印设置窗口。设置打印参数,确定后,点击打印图标即可。

(12) 差热数据计算机处理,同热重数据处理基本相同,不再重复。

第六章 化学试验设计

从目前情况看，化学学科实际上还是一门以试验研究为主的自然学科的分支学科，主要是通过试验获取相应的化学信息。因此，如何安排化学试验是一个十分重要的问题。试验安排合理，通过较少次数的试验，就可最有效地获取相应的化学信息，得到满意的结果，这就是通常所说的多快好省。一个失败的试验设计，花费了大量的人力、物力和时间，在得到的数据中包含的信息量极低，任何卓有成效的处理数据的化学计量学方法也无法从中提取有用的信息，结果是事倍功半。

在化学研究和生产过程中，经常需要寻求最佳工艺和配方，以便建立生产过程的数学模型，人们愈来愈希望以较少的试验建立精度较高的回归方程。要做到这一点，就要主动地把试验的安排、数据的处理和回归方程的精度统一起来考虑，也就是要根据试验目的和数据分析来选择试验点，使得在每个试验点上获得的数据含有最大的信息量。

本章仅简要介绍目前统计学中最重要的试验设计体系：正交试验设计和均匀试验设计。

第一节 试验指标、因素和水平及试验设计

一、试验指标

在试验设计中，衡量试验效果的量，称为试验指标，又称优化指标或响应值。能用数值表达的指标叫定量指标，如吸光度、色谱峰的分离度、化学反应产率等。不能用量表示的称为定性指标，如药物的药效，化学产品的色度等。定性指标常可转化为定量指标。通常用字母 y 来表示试验指标。

二、因素和水平

影响试验指标 y 取值的变量称为因素，如火焰原子吸收分光光度法中，乙炔流量和空气流量的比值、燃烧器高度、进样速度、空心阴极灯电流都影响到被测元素的吸光度，以上四个变量都是因素，在试验设计时首先要确定因素。因素的选择往往决定了试验设计成败，影响试验指标的因素可能很多，但是要确定最主要的和影响最大的。

因素的取值数目称为水平数，因素的取值就是该因素的水平，因素的可能取值的区域称为试验域，因此 y 可看成定义在试验域上的一个函数

$$y = f(x)$$

$x = [x_1, x_2, \cdots, x_n]^t$，$x_1, x_2, \cdots, x_n$ 表示试验中有 n 个因素。

试验域也可称为取值范围，如仅取范围的下限和上限做试验称为二水平试验。

因素和试验域的确定关系到试验设计的好坏，必须在深入了解所做试验的基础上做出正确的选择。

三、试验设计

试验设计就是如何安排试验，要具体设置控制因素的水平值，并以一定的试验顺序以最大限度地获取所需信息的化学测量数据，或者说要用较少的试验取得关于 $f(x)$ 尽可能充分的信息，要使得在每个试验点上获得的数据会有最大的信息量，而且要使数据的统计分析具有一些较好的信息。

在化学试验研究中遇到的体系大都是多变量体系，对于这样一种体系，大家比较熟知的做

法是使用因素轮换法。即每次只变动一个因素而固定其他因素的设计方法,这种方法简单、直观,也有一定的成效。但是对于绝大多数的多因素化学体系,用这种方法很难找到真正的最优试验条件,得到的结果并不是最优的因素水平,而且当因素数和水平数增加时做的试验次数会急剧增加,如当因素数为3,水平数为2时,需要做的试验次数为$2^3=8$,当水平数增加为3时,需要做的试验次数猛增至$3^3=27$次,有时往往是不能容忍的。这就是我们为什么要讲化学试验设计的一个重要原因。

第二节 正交试验设计

正交试验设计是安排多因素试验的一种方法,它使用的工具就是正交表,利用正交表安排试验有两个重要特点:一是均衡分散性,二是整齐可比性,这两个特性在数学上称为正交性,所以利用这些特性的试验设计方法称为正交试验设计。

一、正交表

正交表是正交试验设计的基础,正交表的符号为:$L_n(t^q)$,其中字母 L 表示正交表,n 为正交试验的次数,q 为试验的因素数,t 为因素的水平数。例如3因素2水平的正交表的符号为 $L_4(2^3)$,见表6-1。

表 6-1 $L_4(2^3)$

试验号＼列号	1	2	3
1	1	1	1
2	1	2	2
3	2	1	2
4	2	2	1

该表可安排三个因素,每个因素各有两个水平,试验次数为四次,每次的安排按表进行,如第一次试验三个因素都取水平1,第二次试验第一个因素取水平1,其余两个因素取水平2,如此按表执行。

以表6-1可知正交表的排列体现了两个特点:①每个因素中不同水平出现次数相同,各因素在四次试验中,其第一和第二水平都各出现两次,分配均匀;②任意两因素之间的不同水平都要进行搭配,搭配次数相同,即各水平之间的搭配是均衡的。

对二水平试验都可以用二水平的正交表来安排试验。常用的二水平正交表有:$L_4(2^3)$、$L_8(2^7)$、$L_{12}(2^{11})$、$L_{16}(2^{15})$、$L_{20}(2^{19})$、$L_{24}(2^{23})$、$L_{32}(2^{31})$。

只要因素的个数小于或等于这张表中的因素数 q,这张表就可以用来安排试验。例如考察五个二水平因素,$L_4(2^3)$ 肯定排不下,就可以用 $L_8(2^7)$,要考察10因素2水平可选用 $L_{12}(2^{11})$ 正交表。

当考察5个二水平因素选用 $L_8(2^7)$ 时,表中可以安排7个因素,而现在只有5个因素,因此可以任选其中的5列即可。如选其中的1、2、3、5、7列。

其他水平的正交表见附录。

以上正交表各因素的水平数都是相等的,当水平数不等时如何来安排试验呢?有两种方法:

1. 直接使用混合型正交表

若正交表的两列水平数不相等时,该正交表称为混合型正交表,如 $L_8(4\times 2^4)$ 这是一个四水平因素和四个二水平因素的混合型正交表,见表6-2。

表 6-2 $L_8(4 \times 2^4)$

试验号 \ 列号	1	2	3	4	5
1	1	1	1	1	1
2	1	2	2	2	2
3	2	1	1	2	2
4	2	2	2	1	1
5	3	1	2	1	2
6	3	2	1	2	1
7	4	1	2	2	1
8	4	2	1	1	2

由此可知，当我们遇到一个有一个四水平因素和3个二水平因素的试验时，就可以直接选用表 6-2 来安排试验，第一列必须选，其余三列可以任选。

常见的混合型正交表有：$L_8(4 \times 2^4)$、$L_{12}(3 \times 2^4)$、$L_{12}(6 \times 2^2)$、$L_{16}(4 \times 2^{12})$、$L_{36}(6^2 \times 3^5 \times 2)$ 等。

2. 拟水平法

若在现成的混合型正交表中找不到合适的表或即使找到了但需要做的试验次数太多时，这时可采用拟水平法，所谓拟水平法就是将水平数少的因素纳入水平数多的正交表内。

二、交互效应表

在多因素试验中，一个因素 A 对指标的影响与另一个因素 B 所取的水平有关系，就称这两个因素 A 和 B 有交互作用，用 A×B 表示 A 和 B 的交互作用

表 6-3 给出了 $L_8(2^7)$ 的交互效应表。

表 6-3 $L_8(2^7)$ 二列间的交互作用表

列号 \ 列号	1	2	3	4	5	6	7
1	(1)	3	2	5	4	7	6
2		(2)	1	6	7	4	5
3			(3)	7	6	5	4
4				(4)	1	2	3
5					(5)	3	2
6						(6)	1

如果将因素 A 放在第一列，把因素 B 放在第二列，由表 6-3 可以查出，第一列与第二列的交点是"3"，即 A 与 B 的交互作用列就是第三列，若第四列是因素 C，则 A 与 C 的交互作用列是"5"，而 B 与 C 的交互作用列是第六列。

通过下面的例子来进一步说明，当需要考虑因素间的交互作用时，如何来安排正交表表头。

例：有一个化学反应，需考察反应温度（A）、反应时间（B）、反应物配比（C）及反应压力（D）四个因素对反应产率的影响，若水平数均取二水平，同时还要考察 A 与 B、A 与 C 及 B 与 C 的交互效应，此时如何安排试验？

这是一个四因素二水平的问题，同时还要考察三种交互效应，因此至少因素数为 7 的二水平正交表才可能安排得下这个试验。$L_8(2^7)$ 的正交试验表如下（表 6-4）。

表 6-4 $L_8(2^7)$

试验号\列号	1	2	3	4	5	6	7
1	1	1	1	1	1	1	1
2	1	1	1	2	2	2	2
3	1	2	2	1	1	2	2
4	1	2	2	2	2	1	1
5	2	1	2	1	2	1	2
6	2	1	2	2	1	2	1
7	2	2	1	1	2	2	1
8	2	2	1	2	1	1	2

由上面的讨论可知，当将 A 因素定在 $L_8(2^7)$ 表的第一列，B 因素定在 $L_8(2^7)$ 表的第二列，由 $L_8(2^7)$ 的交互效应表（6-3）知第一列与第二列的交互效应 A×B 在第三列，将其空出。因素 C 若定在第四列，第一列与四列的交互效应 A×C 在第五列，第二列与第四列的交互效应 B×C 在第六列，所以第五列、第六列要空出来，因素 D 就只能在第七列，此时的表头设计为：

列号	1	2	3	4	5	6	7
因素	A	B	A×B	C	A×C	B×C	D

按这样定下各因素的列号后，就可以根据 $L_8(2^7)$ 正交表来安排试验。根据试验得到的结果，然后对各交互项效应进行估价。

三、正交表的线性图

对于不同的正交表都存在相应的标准线性图，标准线性图是从交互效应表导出的，所以正交表的线性图与交互效应表是一致的，只是线性图使用起来更方便一些。

例如 $L_8(2^7)$ 正交表的标准线性图如下（图 6-1）。

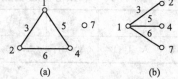

图 6-1 $L_8(2^7)$ 正交表的标准线性图

在这两个图中，点及相应代码代表 $L_8(2^7)$ 正交表的列，连线及其相应代码也代表正交表的列，但不同的是后者的列是代表线条相连的两点所代表的两列的交互效应。因此由图（a）可以做如下安排，线性图的顶点所对应的列及孤立点对应的列可用于安排试验的各个因素。上面讨论的一个四因素试验，就可将四个因素安排在 1、2、4、7 所对应的 $L_8(2^7)$ 正交表的列上，对那些需要调查交互效应的因素尽量安排在连线的代码 3、5、6 之上，所得结果和利用交互效应表的结果是一致的。

线性图（b）中是以 $L_8(2^7)$ 正交表中的第一列为中心，交互效应只考虑在第 1 顶点与第 2、4、7 顶点之间。所以在安排试验时，将各因素安排在顶点 1，2，4，7 之上，而且第 1 点的选择特别重要。

四、正交试验的步骤

正交试验通常包括四个步骤：

1. 明确试验目的，确定考核的试验指标

大多数情况下使用一个指标就可以对试验效果进行评价，例如合成产率，光度分析方法的吸光度，色谱分离度。但有时需要使用多于一个指标进行效果评价，例如色谱分离优化指标不仅要考虑分离度,还要考虑峰的分布和分析时间。

2. 设定试验因素和水平

试验者在试验开始前应根据有关的专业知识确定可能对试验结果有影响的因素,如除考察主要因素外,还要考虑因素间的交互作用,在处理数据时,每个交互作用都应作为一个因素对待。当确定了因素后,根据试验要求确定因素水平数,若仅仅了解该因素是否有影响,水平数可设为2,若是为了寻找最优试验条件,选择水平数要多一些。水平的上下限可根据文献或经验值估计。

3. 选择正交表并设计表头

如欲考察的因素都要进行优化,可选择各因素水平相同的普通正交表,一般先看水平数选择能容纳下全部因素和水平而试验次数最少的正交表,如考察的各因素水平数不同,可选用混合正交表。

当选择了正交表后,下面的问题是如何设计表头,所谓设计表头就是把因素恰当地放在正交表的那几列中。

第一种情况是不考虑各因素之间的交互作用,若选择的正交表的列数等于或大于因素数,此时只要将各因素任意地放入各列就可以了。如一个三因素三水平的问题,已知三水平试验的正交表有 $L_9(3^4)$ 和 $L_{27}(3^{13})$,不考虑交互作用时选择 $L_9(3^4)$ 正交表,三个因素放在 $L_9(3^4)$ 表中任意一列都可以,剩下的一列可空着,不必考虑。

第二种情况是要考虑各因素之间的交互作用,上例中三个因素 A、B、C 之间的交互作用都要考虑,此时显然 $L_9(3^4)$ 正交表已经安排不下,必须选用 $L_{27}(3^{13})$ 正交表。此时若将因素 A 和 B 安排在 $L_{27}(3^{13})$ 的 1、2 两列,由 $L_{27}(3^{13})$ 的两列间交互效应表知 A 与 B 的交互作用要占两列,并必须安排在 3、4 两列,所以此时的因素 C 就不能放在 3、4 两列了,若放在第 5 列,再根据交互效应表知 A 与 C,B 与 C 的交互作用都要占两列,分别在 6、8 和 9、11 两列。所以此时的表头为:

列号	1	2	3	4	5	6	7	8	9	10	11	12	13
因素	A	B	$(A\times B)_1$	$(A\times B)_2$	C	$(A\times C)_1$		$(A\times C)_2$	$(B\times C)_1$		$(B\times C)_2$		

4. 安排试验进行测定

根据设计的表头来安排试验,上例中不考虑交互效应时的试验按表 6-5 进行。

表 6-5 $L_9(3^4)$

试验号 \ 列号	1	2	3
1	1	1	1
2	1	2	2
3	1	2	3
4	2		
5	2	2	3
6	2		1
7	3		
8	3	2	1
9	3	3	2

考虑交互作用时按表 6-6 进行。

表 6-6　$L_{27}(3^{13})$

试验号 \ 列号	1	2	5
1	1	1	1
2	1	1	2
3	1	1	3
4	1	2	1
5	1	2	2
6	1	2	3
7	1	3	1
8	1	3	2
9	1	3	3
10	2	1	1
11	2	1	2
12	2	1	3
13	2	2	1
14	2	2	2
15	2	2	3
16	2	3	1
17	2	3	2
18	2	3	3
19	3	1	1
20	3	1	2
21	3	1	3
22	3	2	1
23	3	2	2
24	3	2	3
25	3	3	1
26	3	3	2
27	3	3	3

五、正交表的结果分析

用一个例子来说明正交试验结果的直观分析方法。

例：确定原子吸收测定铝合金中痕量铁的最佳条件，考察的三个因素分别为：A 酸度、B 络合剂（8-羟基喹哪啶）浓度和 C 释放剂（锶盐）浓度，每个因素考虑三个水平。

各因素不同水平时加入的盐酸、羟基喹哪啶和锶盐的量见表 6-7。

表 6-7　各因素不同水平时加入量　　　　　　　　　　　　　　mL

水平 \ 因素	A 酸度(1:1HCl)	B 5%8-羟基喹哪啶	C 20mg/mL 锶盐
1	4	3	1
2	7	6	9
3	10	9	17

这是一个三因素三水平试验，不考虑因素间的交互作用，按 $L_9(3^4)$ 正交表安排试验，结果见表 6-8。

表 6-8　试验结果

因素 试验号	A	B	C	吸光度值(×100)
1	1	1	1	13
2	1	2	2	25
3	1	3	3	20
4	2	1	2	22
5	2	2	3	29
6	2	3	1	17
7	3	1	3	21
8	3	2	1	19
9	3	3	2	19

由该表可知第五号试验 $A_2B_2C_3$ 的吸光度值 29（0.29×100）最大，所以（1:1）HCl 7mL、络合剂 6mL、释放剂 17mL 是最佳试验条件，以上结论是否可靠呢？必须采用"综合可比性"做进一步分析。

先分析因素 A、A_1（4）、A_2（7）和 A_3（10）中哪一个是最好的，当 A 取 A_1 时吸光度值分别是 y_1、y_2、y_3；A 取 A_2 时为 y_4、y_5、y_6；而 A 取 A_3 时为 y_7、y_8、y_9。由上表知此时 B 和 C 的三个水平在 y_1、y_2、y_3 中，y_4、y_5、y_6 中及 y_7、y_8、y_9 中都各占一个，即平均分配在 $\overline{K}_{A_1}$、$\overline{K}_{A_2}$ 和 $\overline{K}_{A_3}$ 中：

$$\overline{K}_{A_1} = \frac{1}{3}(y_1+y_2+y_3)$$

$$\overline{K}_{A_2} = \frac{1}{3}(y_4+y_5+y_6)$$

$$\overline{K}_{A_3} = \frac{1}{3}(y_7+y_8+y_9)$$

在 $\overline{K}_{A_1}$、$\overline{K}_{A_2}$、$\overline{K}_{A_3}$ 这三个数据中 B、C 的不同水平所起的作用是平均分配的，故 $\overline{K}_{A_1}$、$\overline{K}_{A_2}$、$\overline{K}_{A_3}$ 能真正反映 A 的三个水平 A_1、A_2、A_3 对试验结果的影响，$\overline{K}_{A_1}$、$\overline{K}_{A_2}$、$\overline{K}_{A_3}$ 中数值最大对应的水平的试验结果最好。

由表 6-8 的数据计算的 $\overline{K}_{A_1}$，$\overline{K}_{A_2}$，$\overline{K}_{A_3}$ 如下：

$$\overline{K}_{A_1} = \frac{13+15+20}{3} = \frac{48}{3} = 16$$

$$\overline{K}_{A_2} = \frac{22+29+17}{3} = \frac{68}{3} = 22.7$$

$$\overline{K}_{A_3} = \frac{21+19+19}{3} = \frac{59}{3} = 19.7$$

$\overline{K}_{A_2} = 22.7$ 最大，所以因素 A 取 A_2 最好。

同样我们可以计算 $\overline{K}_{B_1}$、$\overline{K}_{B_2}$、$\overline{K}_{B_3}$ 和 $\overline{K}_{C_1}$、$\overline{K}_{C_2}$、$\overline{K}_{C_3}$

$$\overline{K}_{B_1} = \frac{13+22+21}{3} = \frac{56}{3} = 18.7$$

$$\overline{K}_{B_2} = \frac{15+29+19}{3} = \frac{63}{3} = 21$$

$$\overline{K}_{B_3} = \frac{20+17+19}{3} = \frac{56}{3} = 18.7$$

$\overline{K}_{B_2} = 21$ 最大，所以因素 B 取 B_2 最好。

$$\overline{K}_{C_1} = \frac{13+17+19}{3} = \frac{49}{3} = 16.3$$

$$\overline{K}_{C_2} = \frac{15+22+19}{3} = \frac{56}{3} = 18.7$$

$$\overline{K}_{C_3} = \frac{20+29+21}{3} = \frac{70}{3} = 23.3$$

$\overline{K}_{C_3} = 23.3$ 最大，所以因素 C 取 C_3 最好。

这个例子中经"综合可比性"分析得到的最佳条件和初步观察的结果是一致，但许多情况下是不一致的，通过"综合可比性"分析能得到更为可靠的结论。

$\overline{K}$ 中的最大者与最小者之差叫做因素的极差。

因素 A 的极差 = 22.7 − 16 = 6.7

因素 B 的极差 = 21 − 18.7 = 2.3

因素 C 的极差 = 23.3 − 16.3 = 7.0

极差大小可以反映因素对试验结果产生影响的大小，极差大，说明该因素对试验结果产生较大的影响。上例中因素 A 的极差最大，说明因素 A 酸度是影响试验结果的主要因素，其次是 C，最小的是 B。

正交试验的分析结果通常以如下的表格形式表示（表 6-9）。

表 6-9 原子吸收测定铝合金中痕量铁的正交试验结果的计算表

水平\因素 试验号	A	B	C	吸光度(×100)
1	1	1	1	13
2	1	2	2	15
3	1	3	3	20
4	2	1	2	22
5	2	2	2	29
6	2	3	1	17
7	3	1	3	21
8	3	2	1	19
9	3	3	2	19
K_1 各列"1"数据之和	48	56	49	
K_2 各列"2"数据之和	68	63	56	
K_3 各列"3"数据之和	59	56	70	
$\overline{K}_1 = \frac{1}{3}K_1$	16	18.7	16.3	
$\overline{K}_2 = \frac{1}{3}K_2$	22.7	21	18.7	
$\overline{K}_3 = \frac{1}{3}K_3$	19.7	18.7	23.3	
极差	6.7	2.3	4.6	

六、正交试验结果的方差分析

直观分析方法具有简单直观，计算量小的优点，但不能估计误差的大小和不能精确估计各因素对试验结果影响的程度，方差分析可以弥补直观分析的不足。方差分析是在计算出各因素和误差的总离差平方和分解的基础上借助于 F 检验法，对影响总离差平方和的各因素的效应以及其之间的交互效应进行分析的一种分析方法。

现仍以一个三因素三水平问题为例：三个因素分别是反应温度、反应压力和反应物浓度。考察其对提高某种产品产量的影响，以寻求最佳的工艺条件。各因素的水平见表 6-10。

表 6-10 各因素的水平

因素 水平	温度(A)/℃	压力(B)/kgf	浓度(C)/(mol/L)
1	60	2	0.5
2	65	2.5	1.0
3	70	3	2.0

如果考虑各因素之间的交互作用，必须选用 $L_{27}(3^{13})$，再根据 $L_{27}(3^{13})$ 的两列间的交互效应表设计表头为：

列号	1	2	3	4	5	6	7	8	9	10	11	12	13
因素	A	B	$(A\times B)_1$	$(A\times B)_2$	C	$(A\times C)_1$	$(A\times C)_2$	$(B\times C)_1$			$(B\times C)_4$		

现将试验安排、试验结果及 K 值的计算结果列于表 6-11，K_1、K_2、K_3 是对应于每一列同一水平试验结果之和。

表 6-11 试验结果

试验号	A	B	$(A\times B)_1$	$(A\times B)_2$	C	$(A\times C)_1$	$(A\times C)_2$	$(B\times C)_1$	$(B\times C)_2$	试验结果
1	1	1	1	1	1	1	1	1	1	1.30
2	1	1	1	1	2	2	2	2	2	4.63
3	1	1	1	1	3	3	3	3	3	7.23
4	1	2	2	2	1	1	1	2	3	0.50
5	1	2	2	2	2	2	2	3	1	3.67
6	1	2	2	2	3	3	3	1	2	6.23
7	1	3	3	3	1	1	1	3	2	1.37
8	1	3	3	3	2	2	2	1	3	4.73
9	1	3	3	3	3	3	3	2	1	7.07
10	2	1	2	3	1	2	3	1	1	0.47
11	2	1	2	3	2	3	1	2	2	3.47
12	2	1	2	3	3	1	2	3	3	6.13
13	2	2	3	1	1	2	3	2	3	0.33
14	2	2	3	1	2	3	1	3	1	3.40
15	2	2	3	1	3	1	2	1	2	5.80
16	2	3	1	2	1	2	3	3	2	0.63
17	2	3	1	2	2	3	1	1	3	3.97
18	2	3	1	2	3	1	2	2	1	6.50
19	3	1	3	2	1	3	2	1	1	0.03
20	3	1	3	2	2	1	3	2	3	3.40
21	3	1	3	2	3	2	1	3	2	6.80
22	3	2	1	3	1	3	2	3	1	0.57
23	3	2	1	3	2	1	3	1	2	3.97
24	3	2	1	3	3	2	1	1	3	6.83
25	3	3	2	1	1	3	2	2	2	1.07
26	3	3	2	1	2	1	3	3	3	3.97
27	3	3	2	1	3	2	1	2	1	6.51
K_1	36.73	33.46	35.63	34.30	6.27	32.94	34.21	33.33	32.98	
K_2	30.73	31.30	32.08	31.73	35.01	34.66	33.13	33.04	33.43	
K_3	33.21	35.88	32.93	34.61	59.16	33.04	33.30	34.27	34.23	

这里先给出一般计算公式：
$$P = \frac{1}{n}(\sum_{i=1}^{n} x_i)^2$$
式中 n 就是正交设计共做试验的次数，在本例中 $n=27$，x_i 就是第 i 试验结果。
$$Q_A = \frac{1}{a} \sum_{i=1}^{n_A} K_{A_i}^2$$
式中 a 是某因素或交互效应在正交表中某列的同水平重复的试验次数，本例中 $a=9$，n_A 是水平数，这里 $n_A = 3$。K_{A_i} 是上表中的 K 值，$A_i = 1, 2, 3$
$$W = \sum_{i=1}^{n} x_i^2$$

离差平方和 $S_A = Q_A - P$ （自由度为 $n_A - 1$）
总离差平方和 $S = W - P$ （自由度为 $n-1$）
误差离差平方和 $S_e = S - \Sigma$ （式中 Σ 为所有因素和交互作用的离差平方和之和）
现在利用上表提供的数据按以上计算公式进行计算，结果如下：

$$P = \frac{1}{n}\left(\sum_{i=1}^{n} x_i\right)^2 = \frac{1}{27}(1.30 + 4.63 + 7.23 + 0.50 + \cdots + 6.57)^2 = 375.1263$$

$$W = \sum_{i=1}^{n} x_i^2 = (1.30^2 + 4.63^2 + 7.23^2 + 0.50^2 + \cdots + 6.57^2) = 536.3278$$

$$Q_A = \frac{1}{a} \sum_{i=1}^{n_A} K_{A_i}^2 = \frac{1}{9}(36.73^2 + 30.70^2 + 33.21^2) = 377.1652$$

$$Q_B = \frac{1}{9}(33.46^2 + 31.30^2 + 35.88^2) = 376.2929$$

$$Q_C = \frac{1}{9}(6.27^2 + 35.21^2 + 59.16^2) = 530.9958$$

$$Q_{(A \times B)_1} = \frac{1}{9}(35.63^2 + 32.08^2 + 32.93^2) = 375.8898$$

$$Q_{(A \times B)_2} = \frac{1}{9}(34.30^2 + 31.73^2 + 34.61^2) = 375.6817$$

$$Q_{(A \times C)_1} = \frac{1}{9}(32.94^2 + 34.66^2 + 33.04^2) = 375.3334$$

$$Q_{(A \times C)_2} = \frac{1}{9}(34.21^2 + 33.13^2 + 33.30^2) = 375.2012$$

$$Q_{(B \times C)_1} = \frac{1}{9}(33.33^2 + 33.04^2 + 34.27^2) = 375.2182$$

$$Q_{(B \times C)_2} = \frac{1}{9}(32.98^2 + 33.43^2 + 34.23^2) = 375.2154$$

各因素和交互效应的离差平方和为：
$$S_A = Q_A - P = 377.1652 - 375.1263 = 2.0389$$
$$S_B = Q_B - P = 376.2929 - 375.1263 = 1.1666$$
$$S_C = Q_C - P = 530.9958 - 375.1263 = 155.8695$$
$$S_{A \times B} = Q_{(A \times B)_1} + Q_{(A \times B)_2} - 2P$$
$$= 375.8895 + 375.6817 - 2 \times 375.1263 = 1.3186$$
$$S_{A \times C} = 375.3334 + 375.2012 - 2 \times 375.1263 = 0.2820$$

$$S_{B\times C}=375.2182+375.2154-2\times 375.1263=0.1810$$

总离差平方和为:
$$S=W-P=536.3278-375.1263=161.2015$$

误差离差平方和为:
$$S_e=S-\Sigma=S-S_A-S_B-S_C-S_{A\times B}-S_{A\times C}-S_{B\times C}=0.3446$$

自由度计算:

总平方的总自由度 $\quad f_T=n-1=27-1=26$

各因素的离差平方和的自由度为:
$$f_A=3-1=2;\ f_B=3-1=2;\ f_C=3-1=2$$

交互作用的自由度为相应两因素自由度乘积,所以
$$f_{A\times B}=f_A\times f_B=2\times 2=4;\ f_{A\times C}=2\times 2=4;\ f_{B\times C}=2\times 2=4$$

误差自由度为
$$f_e=f_T-\Sigma=26-(2+2+2+4+4+4)=8$$

均方计算:

均方为变差平方和被自由度相除,故:
$$MS_A=S_A/f_A=2.0389/2=1.0195$$

同理得:
$$MS_B=0.5833;\ MS_C=77.9348;\ MS_{A\times B}=0.3297$$

$S_{A\times C}$ 和 $S_{B\times C}$ 很小,可以和误差合并,此时新的误差平方和为:
$$0.2820+0.1810+0.3446=0.8076$$

新的误差自由度为:
$$8+4+4=16$$

故新误差均方为:
$$MS_e=0.8076/16=0.05048$$

F 值计算:
$$F_A=MS_A/MS_e=1.0195/0.05048=20.2$$

同理得:
$$F_B=11.6;\ F_C=1543.9;\ F_{A\times B}=6.5$$

当 $\alpha=0.05$ 时,查得临界值 $F_{0.05(2,16)}=3.63$,和上述 F 值相比 F_A,F_B 和 $F_{A\times B}$ 都大于 $F_{0.05(2,16)}$,且 F_C 比 $F_{0.05(2,16)}$ 大很多,这说明因素 A 和因素 B 及交互作用 A×B 对试验结果都有影响,而因素 C 的影响是十分显著的。

现将分析结果列于表 6-12。

表 6-12 方差分析表

方差来源	离差平方和	自由度	均方	F 值	$F_{0.05(2,16)}$	显著性	最优水平
A	2.0389	2	1.0195	20.2	3.63	*	A_1
B	1.1666	2	0.5833	11.6		*	B_3
C	155.8695	2	77.9348	1543.9		**	C_3
A×B	1.3189	4	0.3297	6.5		*	$A_1\times B_3$
A×C	0.2820	4	0.0548				
B×C	0.1810	4					
误差	0.3446	8					
总和	161.2015	26					

优化方案的确定：比较 K_i 值的大小，A 中 K_1 最大所以取 A_1，B 中 K_3 最大所以取 B_3，C 中 K_3 最大所以取 C_3。交互作 A×B 显著，要把 A 和 B 各种组合的试验结果对照一下，见表6-13。

表 6-13 结果对照

B \ A	1	2	3
1	13.16	10.07	10.23
2	10.40	9.53	11.37
3	13.7	11.10	11.61

表 6-13 中的数值是由相应行、列对应的各因素和水平所做试验的试验结果之和，如第一列、第一行的值 13.16 是 1.30、4.63、7.23 之和。

表 6-13 中 A_1B_3 的结果最大，所以最终确定最优水平组合是 $A_1B_3C_3$，即温度60℃、压力 3kgf、浓度 2.0mol/L 为最优条件。

若试验结果表示最佳水平处在试验的边界上，应当扩大试验水平的范围继续试验，以找到更好的条件。

第三节 均匀设计试验法

上一节介绍的正交设计只宜用于水平数不多的试验中，在化学和化工生产及科研的试验中很多变量如温度、压力和浓度等都是连续变量，水平数取得太少有时很难反映实际情况，这就需要提出新的试验设计方法。

由我国学者方开泰、王元提出的均匀设计就是来解决这样问题的方法。均匀设计是一种着重在试验范围内考虑试验点均匀分布以获得最多试验信息的试验设计方法。均匀设计试验需要做的试验次数比正交试验设计要少得多，用正交设计安排五因素五水平试验需要做25次，而均匀设计仅需 5 次。

均匀设计的基本思想是抛开正交设计中的"整齐可比性"的特点，而只考虑试验点的"均匀分散性"，即使试验点在所考察范围内均匀分布，所以这个方法叫"均匀设计"。由于均匀设计的结果没有整齐可比性，一般不能用在正交试验中的方法处理试验结果，而通常是采用回归法求得回归方程，再从回归方程中求出最优化条件，试验结果的处理较为繁复。故本节仅简要介绍如何使用均匀设计表及使用表来安排试验。

一、均匀设计表及其使用表

（一）均匀设计表

均匀设计表是均匀设计试验法的基础，其符号为：$U_n(q^s)$。其中 U 表示均匀设计表，n 表示试验的次数，s 表示试验的因素数目，q 表示试验的水平数，表 6-14 给出了一个 7 次试验，7 水平 6 因素的均匀设计表。

表 6-14 $U_7(7^6)$ 均匀设计表

试验号 \ 列号	1	2	3	4	5	6
1	1	2	3	4	5	6
2	2	4	6	1	3	5
3	3	6	2	5	1	4
4	4	1	5	2	6	3
5	5	3	1	6	4	2
6	6	5	4	3	2	1
7	7	7	7	7	7	7

对于一个 7 水平试验,只需安排 7 次试验就够了。

在很多书上只给出奇数水平的均匀设计表,如 $U_5(5^4)$、$U_7(7^6)$、$U_9(9^6)$、$U_{11}(11^{10})$ 等表格。当水平数为偶数时,选用比偶数大 1 的奇数表,划去最后一行,即得偶数表。例如将均匀设计表 $U_{11}(11^{10})$ 去掉最后一行,即得 10 水平偶数表,记为 $U_{10}^*(10^{10})$,在 U 的右上角加上一个 "*" 号,可安排 10 因素 10 水平的试验。

U_n^* 表与 U_n 表之间存在如下关系和特点:

① 所有的 U_n^* 表是由 U_n 表划去最后一行而获得。

② U_n 表的最后一行全部由水平 n 组成。U_n^* 表的最后一行则不然。所以 U_n^* 表比较容易安排试验。

③ 当 n 为偶数 U_n^* 表比 U_n 表有更多的列。

④ 当 n 为奇数 U_n^* 表的列数通常少于 U_n 表。

⑤ U_n^* 表比 U_n 表有更好的均匀性,应优先采用。

(二) 使用表

均匀设计表不同于正交表,均匀设计表中各列是不平等的,每一次试验取哪些列与因素数有关。为了保证不同因素、水平所设计的试验点均匀分布,每个均匀设计表都带有一个使用表,指出不同因素数应选择哪几列。

先看一张 $U_5(5^4)$ (表 6-15)。

表 6-15　$U_5(5^4)$

列号 试验号	1	2	3	4
1	1	2	3	4
2	2	4	1	3
3	3	1	4	2
4	4	3	2	1
5	5	5	5	5

如现在要设计的是一个两个因素五水平的问题,两个因素应该放在表 6-15 中的哪两列。分别使用 1、2 两列组合和 1、4 两列组合得图 6-2 (a) 和 (b)。

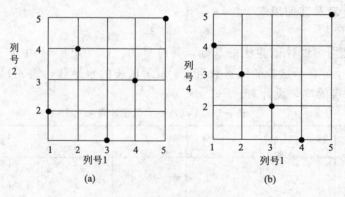

图 6-2　均匀设计

显然图 (a) 中各点的分布比图 (b) 中各点的分布要均匀些,也就是说在 $U_5(5^4)$ 表中 1、2 两列组合成的试验点的代表性比 1、4 两列组合的试验点的代表性要好些。每一张均匀设计表都同时附有一张使用表，$U_5(5^4)$ 的使用表，见表 6-16。

表 6-16 $U_5(5^4)$ 表的使用

因素数	列号			
2	1	2		
3	1	2	4	
4	1	2	3	4

使用表清楚地告诉我们，若只有两个因素，则取 $U_5(5^4)$ 中第 1、2 两列的水平进行组合，三个因素时则取 1、2、4 三列组合。

（三）拟水平均匀设计

当各个因素的水平数不同时可以采用拟水平法。若在一个试验中，有两个因素 A 和 B 为三水平，一个因素 C 为二水平，此时可以选用 $U_6^*(6^6)$ 均匀设计表，见表 6-17。

表 6-17 $U_6^*(6^6)$

列号 试验号	1	2	3	4	5	6
1	1	2	3	4	5	6
2	2	4	6	1	3	5
3	3	6	2	5	1	4
4	4	1	5	2	6	3
5	5	3	1	6	4	2
6	6	5	4	3	2	1

选表中的前三列，将 A、B、C 三个因素分别放在 1、2、3 三列。然后将一、二两列中 1、2 水平都看作水平 1，3、4 水平都看作水平 2，5、6 水平都看作水平 3；在第三列中，1、2、3 三个水平都视作水平 1，4、5、6 水平视作水平 2，这样得到拟水平设计，见表 6-18。

表 6-18 拟水平均匀设计

列号 试验号	A	B	C
1	(1)1	(2)1	(3)1
2	(2)1	(4)2	(6)2
3	(3)2	(6)3	(2)1
4	(4)2	(1)1	(5)2
5	(5)3	(3)2	(1)1
6	(6)3	(5)3	(4)2

从表 6-18 可知，采用拟水平法所得的表具有很好的均衡性，但并不是每一次做拟水平设计都能得到如此好的均衡性。

二、均匀设计试验安排及结果分析

均匀设计试验通常为以下 6 个步骤：

（1）明确试验目的 确定考核的试验指标和因素数及水平数。

（2）选择均匀设计表 选择均匀设计表是均匀设计试验法的基础，应根据欲研究的因素数和希望试验的次数来选。均匀设计试验结果没有整齐可比性，试验结果不能采用方差分析法，须用多元回归分析或逐步回归分析法找出描述多个因素（x_1、x_2、…、x_Q）与响应值（y）之间的统计关系的回归方程。若各因素与响应值的关系均为线性的，则多元回归方程为：

$$y = b_0 + b_1x_1 + b_2x_2 + \cdots + b_Qx_Q$$

要想求出 m 个回归系数,就要列出 m 个方程,为了对求得的回归方程进行检验,还要增加一次试验,共需 $m+1$ 次试验,应选择试验次数 n 大于 m 的均匀设计表。由于方程是线性的,方程个数等于因素个数 Q。

当各因素与响应值的关系为非线性的或因素间存在交互作用,此时,回归为多元高次方程。若各因素与响应值均为二次关系时,回归方程为:

$$\hat{y} = b_0 + \sum_{i=1}^{Q} b_i x_i + \sum_{i=1,j=i}^{T} b_T x_i x_j + \sum_{i=1}^{Q} b_i x_i^2$$

式中
$$T = \frac{Q(Q-1)}{2}$$

式中 $x_i x_j$ 反映因素间的交互效应,x_i^2 反映因素二次项的影响,回归方程的系数总计为:

$$m = Q + Q + \frac{Q(Q-1)}{2}(\text{不计常数项 } b_0)$$

所以必须选用试验次数大于 m 的均匀设计表。

例如考察三个因素的问题,若各因素与响应值均为线性关系,回归方程系数与因素个数 Q 相同 $m = Q = 3$,因此可选用试验次数为 5 的 $U_5(5)^4$ 表安排试验。当各因素的二次项对响应值有影响时,回归方程的系数为 2 倍因素数,即 $m = 2Q = 6$,试验次数应大于 m,所以至少选用 $U_7(7^6)$ 表安排试验。如果因素之间的交互效应也要考察,回归方程系数 $m = 3 + 3 + \frac{3(3-1)}{2} = 9$,此时须选用 $U_{10}(10^{10})$ 表或试验次数更多的表进行试验。

由此可见,因素的多少和因素方次大小及因素间的交互效应直接影响试验的工作量。为了减少试验次数,必须用专业知识判断各因素对响应值影响的大小,各因素之间是否存在交互作用和高次项的影响,删去影响不显著的因素和影响小的交互项和高次项以便减小回归方程的系数从而减少试验次数。但如果试验次数太小时影响到试验结果,可以采用试验次数多的均匀设计表。

(3) 安排因素水平表 确定采用的均匀设计表后,可根据均匀设计表的使用表将各因素的水平在均匀设计表中对号入座即可。当均匀设计表中的水平数多于设置的水平数,例如 $U_{12}(12^{11})$ 表的水平数为 12,而设置的水平数只有 6 个就足够了,这时可以将设置水平重复一次排入所用的均匀设计表中。

(4) 按制定的试验安排测定试验结果。

(5) 列出回归方程 回归方程的系数可用最小二乘法求得,对于线性回归方程,利用试验中设定的因素值和测定值求出回归方程系数的正则方程组,解该方程组即可求得回归系数。

如回归方程含有二次项或交互作用项时,可以通过变量变换将二次项及交互作用项化为一次项后,再求解其系数。

为了计算方便及克服各因素量纲上的不平等,在进行计算前对自变量数据必须进行标准化。

(6) 优化试验条件 回归方程反映了各因素对响应值的统计关系,回归方程的极值点对应的试验条件就是所要求的最佳条件,在几何学上可将回归方程看作曲面,响应面中的最高点相应的因素水平即为最佳条件。求响应面极值可采用多种优化方法,如逐步登高法、单纯形法、因素轮换法。

第七章 化学信息资源

掌握文献检索方法，对于所有化学工作者都是必不可少的，在后继课程中要做全面系统的介绍。本章仅仅是列出在实验中常用的一些工具书及国内外相关的网络化学信息资源。

第一节 化学化工类工具书

工具书是一类特殊类型的出版物，是用特定的编制方法，将大量分散在原始文献中的知识、理论、数据、图表等，用简明扼要的形式全面、系统地组织起来，以供人们迅速查阅。工具书按功能划分，可分为字典、词典、百科全书、年鉴、手册、书目、名录、指南、表谱等，下面扼要介绍在化学实验中常用的一些工具书。

一、综合性化学工具书

《化学百科全书》(Encyclopedia of Chemistry, Van Norstrand, 4th ed., 1984) 收载条目 1300 条。

《新编化学化工大辞典》(唐敖庆等编，长春：长春出版社，1996)。

《化学辞典》(周公度主编，北京：化学工业出版社，2004)。

《化合物词典》(申泮文、王积涛编著，上海：上海辞书出版社，2002)。

《CRC 化学和物理手册》(CRC Handbook of Chemistry & Physics；D. R. Lide & Jr Lide, Boca Raton：CRC Press, 82 th ed., 2001) 是美国化学橡胶公司 (Chemical Rubber Co.) 出版的一部著名的化学和物理学科的实用手册，初版于 1913 年，以后逐年改版。最近的新版每两年出版一次，每版都要修订，其编排体例和收录内容不断更新和发展。第 82 版收录了近 2000 种有机和无机化学物质，包括最基本的化学、物理和物理化学数据，含 300 余张图表。本书内容丰富，不仅提供了化学和物理方面的重要数据，而且还提供了大量科学研究和实验室工作所需要的知识。全书分 6 部分：A. 数学用表；B. 元素与无机化合物，首先介绍了各元素的发现简史，然后列表介绍无机化合物的物理常数，常数表按元素和无机化合物的字母顺序排列，盐类放在金属名称项下；C. 有机化合物，列表介绍有机化合物的物理常数，有机化合物按母体名称的字母顺序排列，相同母体再按取代基名称的字母顺序排列；D. 普通化学，内容包括元素和化合物的热力学性质，酸碱在水溶液中的离散常数，元素和化合物的蒸气压，水溶液的渗透系数和电导率，有机化合物的燃烧热、生成热等；E. 普通物理常数，内容包括力学、热学、电学、磁学、光学的常数；F. 其他，内容包括密度、摩擦系数、表面张力、黏度、无机物和有机物的临界温度和压力、化学键强度以及物理和化学常用的缩写和符号，物理学上的单位和名称等。

书末附有主题索引。主题索引一般不用化合物名称作为主题词。例如，在查找水杨酸苯酯的沸点时，用数据名称"沸点"(boiling point) 为主题词查主题索引 (第 63 版)。

水杨酸苯酯是有机化合物，查 C 大类第 65~576 页的有机化合物物理常数表。水杨酸苯酯的母体是水杨酸 (salicylic acid)，取代基是苯酯 (phenyl ester)，先按母体名称，再按取代基名称在表中查找，在 C-510 页上查到水杨酸苯酯的沸点是 173.12℃。

该手册从 1988 年起，出版了一种专供学生使用的普及本，1995 年又出版了 CRC Handbook & Inorganic Compourds，主编 D. L. Perry 和 S. L. Philips，列出了 4000 多种无机化合

物的命名（同义词）、分子式，物理性质和晶体分析数据。

《兰氏化学手册》（Lange's Handbook of Chemistry；J. A. Dean, McGraw-Hill, 15th ed., 1998. 魏俊发等译，北京：科学出版社，2002）是一部资料齐全、数据详实、使用方便，供化学及有关科学工作者使用的单卷式化学数据手册，在国际上享有盛誉。自1934年第一版问世以来，一直受到各国化学工作者的重视和欢迎。全书分11个部分，包括数学、综合数据和换算表、原子和分子结构、无机化学、分析化学、电化学、有机化学、光谱法、热力学性质、物理性质及杂录，正文以表格形式为主，所列数据和命名原则均取自国际纯粹与应用化学联合会最新数据和规定。本书是从事化学、物理、生物、矿物、医药、石油、化工、材料、工程、能源、地质、环保等领域工作的科技人员、生产人员、大中专院校师生和各类图书馆必备的工具书。

二、无机化学工具书

《无机化学丛书》（张青莲主编，北京：科学出版社，1982）共18卷41个专题，各专题由不同专家编写，是我国学者编写的大型无机化学工具书。(1) 稀有气体、氢、碱金属；(2) 铍、碱土金属、硼、铝、镓分族；(3) 碳、硅、锗分族；(4) 氮、磷、砷分族；(5) 氧、硫、硒分族；(6) 卤素、铜分族、锌分族；(7) 钪、稀土元素；(8) 钛分族、钒分族、铬分族；(9) 锰分族、铁系、铂系；(10) 锕系、锕系后元素；(11) 无机结构化学；(12) 配位化学；(13) 无机物热力学、无机物动力学；(14) 无机物相平衡；(15) 有机金属化合物、生物无机化学；(16) 放射化学；(17) 稳定同位素化学；(18) 地球化学。

《无机化学大全》（Encyclopedia of Inorganic Chemistry；R. B. King, John Wiley, 1994）内容涉及无机化学6个领域，分别是物理和理论方法、有机金属化学、主族元素、固态化学、过渡金属和生物化学。

《无机合成》（Inorganic Synthesis；McGrmv-Hill Book Co. Inc., John Wiley & sons, Inc., 1933～）前20卷已有中译本（申泮文等译，北京：科学出版社，1959～）。该书是制备无机物实验方法的丛书，至1991年已出版29卷，各卷由不同专家担任主编。在某些卷中有对先前出版的某些卷的更正。每卷载有数十种无机物的合成方法。每项合成实验由著者提供方法后，均经过其他实验室复核，提出修改意见并经编辑加工，再征得原著者同意，然后发表。

《无机化学命名法，1990年推荐》（Nomenclature of Inorganic Chemistry, Recommendation 1990, G. J. Leigh, Blackwell Scientific Publications）是最新的无机化学命名法书籍，由国际纯粹与应用化学联合会（TUPAC）无机化学命名委员会发行。

《化学反应大全》（Encyclopedia of Chemical Reactions；C. A. Jacobson, Reihold Publishing Co., 1946～1959）共8卷，按元素的英文名称顺序，列出各元素及其化合物与其他物质之间的化学反应方程式，均给出文献出处，卷后有试剂索引及制得物质索引。

《无机化合物合成手册》（日本化学会编，曹惠民等译，北京：化学工业出版社，1983～1988）共3卷。全书收集常见及重要无机化合物2151种，分别介绍其化学名称、分子式、物理化学性质、合成及提纯方法、注意事项等。

《重要无机化学反应》（陈寿椿编，上海：上海科学技术出版社，1984）汇编了68个元素和48种阴离子的近4800个化学反应。按分析化学的分类方法和它们的共同性质，较详尽地讨论了离子的一般理化特性、重要的鉴别反应及可能发生的化学反应。可作为科研、生产及教学人员的参考用书。

《格梅林无机和有机金属化学手册》（Gmelin Handbook of Inorganic and Organometallic

Chemistry; L. Gmelin, Heidelberg: Springer Verlag, 8th ed., 1924~) 是收集无机物资料最完全、系统、全面的手册，自 1924 年至 1994 年底已出书近 700 卷，目前仍以每年 15~20 卷的数量陆续出版。该手册将所有化学元素分为 73 个系统号，各系统号的元素均出版了正编，其中半数以上系统号出版了补编，2 种元素出版了附卷，4 种元素出版了专题，21 种金属元素出版了《有机金属化合物》卷，此外还出版了《化学式索引》及其补编。

三、有机化学工具书

《有机化工原料大全》（魏文德主编，北京：化学工业出版社，1989~1994）是有机化工专业的通用性、综合性工具书。全书分四卷，分类叙述了 400 多个有机化工原料品种的工业生产技术和应用知识。一卷为有机化学工业的发展简史、现状和趋势、原料资源、催化作用和催化剂的知识、脂肪烃和脂肪族卤素化合物；二卷为脂肪醇、醚和环氧化合物，脂肪族羰基、羧酸及衍生物；三卷为脂肪族含氮、含硫化合物，酯环化合物，芳香烃，芳香氯化物，醇，酚，醚，醛和酮；四卷为芳香羧酸及衍生物，芳香族含氮和含硫化合物，杂环化合物，元素有机化合物。详细介绍了各原料的性质、生产方法、工艺过程、分析方法、安全和用途等内容。

《有机合成》（Organic Synthesis）1921 年开始编著，John Wiely & Sons 出版社出版，到 1998 年已出至 76 卷，该书除单卷本外还出版合订本。本丛书的内容和特点是收录介绍具有一定代表性的不同类型化合物的合成途径及详细操作步骤，每种方法在发表前都经过两个不同实验室的有机合成专家进行核对验证，所以比较可靠，不仅可以作为合成某一具体化合物的实际指导，也可作为合成某一类型化合物的参考样板，是从事有机合成的最重要参考书之一。

《有机化合物系统鉴定法》（丁新腾等译，上海：复旦大学出版社，1987）译自美国 R. L. Shriner 等著的《The Systematic Identification of Organic Compounds》一书。注重综合运用波谱技术、色谱分离技术及化学方法来讨论未知物的分离、提纯和鉴定。内容包括未知物的鉴定、有机化合物的初步检验、纯度测定和物理性质、分子式测定、有机化合物分类、分离、官能团鉴定和特殊鉴定技术等。

《有机化合物词典》（Dictionary of Organic Compounds, DOC; J. Buckingham, Chapman & Hall, 5th ed., 1982）是一部著名、实用的有机化合物词典，由 I. Helibron 主编第 1~4 版（通常称为 Heilbron's Dictionary），1982 年由 J. Buckingham 主编了第 5 版，即现用版本，包括正编 7 卷。另外，为了及时反映最新材料，1983 年起每年出版一卷补编。收录有机化合物 15 万个，包括基本有机化合物、重要的天然有机化合物，具有重要工业或商业价值、用作实验室溶剂、试剂或原料的有机化合物，及具有重要化学结构或生物学性质的有机化合物。

《有机金属化合物词典》（Dictionary of Organometallic Compounds; J. Buckingham, Chapman & Hall, 1st ed., 1984）正编 3 卷，其中第 3 卷为化合物名称索引、分子式索引和 CAS 登记号。1985 年起，每年出版一卷补编。按元素分类，除卤素、稀有气体、不稳定放射性元素及 C、H、N、O、P、S、Se 外，每一元素为一类，每一类内按分子式排序。每一种元素类中，先介绍该元素的物理性质、获得方法、分析、处理及毒性、后为元素的法、德、西班牙、意大利、俄和日文名称。每一化合物条目包括结构式、立体化学说明、物理和化学性质、用途、危害和毒性、参考文献。

《CRC 有机化合物数据手册》（CRC Handbook of Data Organic Compounds; Robert C. Weast, CRC Press, Inc., 2nd ed., 1988）1985 年出第一版，分 A~O, P~Z 两卷。内

容包括化合物的红外、紫外、核磁共振和质谱数据、折射率、相对分子质量、分子式、熔点、沸点、密度、晶形、颜色、比旋光度，在几种溶剂中的溶解情况等。书末附熔点索引、沸点索引和分子式索引。第2版于1988年出版，收录的科学数据更加丰富，增添了许多化合物的波谱数据。

《CRC有机化合物鉴定数据表手册》（CRC handbook of Tables for Organic Compound Identification; Zvi Rappoport, CRC Press, Inc., 3rd ed., 1983）共收录26类有机化合物，约8150种。内容包括26类有机化合物（如烷烃、醚、醛等）供鉴定用的各种数据表，酚在水溶液中的酸离解常数和有机碱在水溶液中的离解常数，红外相关图，有机化合物中H的核磁共振谱，标准压力下沸点修正值，摩尔沸点升高和摩尔冰点降低，有机化合物的抗磁率，元素周期表，原子量表等。书末附化合物名称索引、表名称索引和重要主题索引。

《有机化合物热力学数据手册》（Handbook of the Thermodynamics of Organic Compounds; Richard M. Stephenson, Elsevier, 1987）包括有机化合物和有机金属化合物两大部分。内容有同义名、CAS登记号、毒性、熔点、冰点、沸点、液体摩尔体积、气体液化的临界温度、临界压力、临界体积。全书按分子式排列。可供检索有机化合物和有机金属化合物的热力学数据和流体的气液临界常数。

《有机合成大全》（Comprehensive Organic Synthesis: Selectivity, Strategy & Efficiency in Modern Organic Chemistry; Barry M Trost, Pergamon Press, 1991）是继《有机化学大全》之后有机化学领域的又一部权威著作，它集中反映了有机合成近十几年来的研究成果。全书共分9卷，由来自15个国家的250多位专家撰稿。第一部分：C—X$_{II}$键的加成反应；第二部分：碳—碳σ键的形成，C—C$_{II}$键的加成和取代反应，C—C$_{II}$键的结合，杂原子反应等。

《有机合成试剂》（Reagents for Oranic Synthesis; M. Fieser, Wiley, 1967）是有机合成试剂的重要大全，1967年出第1卷，1990年出到15卷，每卷目次相同。内容包括有机合成用的试剂和催化剂，介绍了结构式、相对分子质量、物理常数、合成方法、提纯方法、商品来源和用途等。

《有机化合物结构式手册》（益子洋一郎等著，徐文韬等译，河北教育出版社，1987）是一本中、英、日文名称对照的有机化合物结构式手册，共收录3500种有机化合物名称和结构。全书按脂肪、脂环、芳香及杂环化合物的结构分类编序。开链化合物按碳原子数由少到多排列；环状化合物按环数由少到多排列；杂环化合物按杂原子类型排列。书末附日、中、英文化合物名称索引，据此索引可由化合物名称找到相应的结构。

《贝尔斯坦有机化学大全》（Beilstein Handbuch der Orgarischen Chemie; Springer-Verlag, 4th ed., 1918～）简称Beilstein，英译名为Belistein Handbook of Organic Chemistry，由德国施普林格出版社出版，初版（共两卷）于1881年出版，1984年开始出版第五补编，并改用英文出版。20世纪90年代出版了Belisein Centennial Index（百年索引）。除印刷版的Beilstein外，还可进行联机检索和光盘检索。例如，DIALOG系统的390File Beilstein ON-LINE，给出1779年至今的有机化合物性质和制备等内容。Current Facts光盘，一年出版4次，给出最新的有机和医药化学信息。

《贝尔斯坦有机化学大全》是目前世界上有机化学方面资料最完备、最权威的一种大型参考工具书，收录了原始文献中已报道过的有机化合物的结构、制备、性质等数据和信息。它以内容丰富、取材精确可靠、编排科学、条目清晰而著称，对教学、科研、生产有很大的参考价值。

《溶剂手册》（程能林，胡声闻编，北京：化学工业出版社，1986）分上、下两册，内容分总论和各论两部分。总论部分对溶剂的一般概念、性质、纯化、毒性与处理、用途做了简明扼要的介绍。各论部分按溶剂的化学组成分类，共有溶剂 525 个（其中有机溶剂 512 个，无机溶剂 13 个），着重介绍了每一种溶剂的理化性质、规格、溶解性能、精制方法、用途及注意事项，并附有供参考的文献资料。

《石油化工毒物手册》（曹炳炎主编，北京：中国劳动出版社，1992）全书分两部分。第一部分收录 392 种物质，按化学结构分成 15 类，每种物质按化学名、别名、俗名、分子式（结构式）、分子量、物化性质、监测、毒性、中毒表现、处理和防护措施等内容叙述。第二部分介绍了职业中毒的诊断、急救、防护原则。本手册是从事石油化工生产、设计、安全、环保、工业卫生监测、医务等专业人员和管理工作者的常用工具书。

四、分析化学工具书

分析化学工具书主要包括分析化学手册、分析化学大全、分析化学各分支学科的手册等。

《分析化学手册》（北京：化学工业出版社，第二版，1997～2001）是一部比较全面的反映现代分析技术，供化学工作者使用的专业工具套书。在第一版原有 6 个分册的基础上，经扩充和修订为 10 个分册。

第一分册：基础知识与安全知识，杭州大学化学系分析化学教研室编，1997。

包括分析化学基础知识、试剂和溶液、取样与制样、复杂样品的处理、实验室安全知识与标准化管理，分析测试数据的统计处理等。

第二分册：化学分析，杭州大学化学系分析化学教研室编，1997。

包括分离与富集，定性分析、定量分析 3 方面内容。所包括的分析方法有沉淀分离法、溶剂萃取分离法、离子交换分离法、蒸馏蒸发分离法、无机与有机定性分析法、重量分析法、滴定分析法、有机化合物定量分析法、气体分析法等。收录的数据以基础数据和常用数据为主。

第三分册：光谱分析，柯以侃、董慧茹主编，1998。

包括光谱分析导论与发射光谱分析，原子吸收光谱法和原子荧光光谱法，X 射线光谱分析，紫外-可见光谱分析法，红外与拉曼光谱分析法，荧光、磷光及化学发光分析法。

第四分册：电化学分析，彭图治、王国顺主编，1999。

包括电分析化学导论，电重量分析，库仑分析法，电导分析法和高频滴定，安培滴定法，电位分析法，极谱分析法，极谱催化波，交流极谱，方波极谱，脉冲极谱和线性扫描极谱分析，卷积伏安法，计时分析法和循环伏安法，溶出分析法，电化学生物传感器，在体和无损电化学分析，还介绍了因特网上的分析化学资源及获取方法。

第五分册：气相色谱分析，李浩春主编，1999。

包括气相色谱法的基本原理、定义、概念、仪器、定性与定量方法等；气相色谱定性、定量用数据选集，其中收录了国内外色谱工作者至 1997 年为止发表的重要定性、定量数据数千个；色谱图选集，其中收集了典型的重要色谱分析图谱 1000 多张。

第六分册：液相色谱分析，张玉奎、张维冰、邹汉法主编，2000。

包括液相色谱的各种方法与分离模式、术语定义、样品处理、仪器装置、定性及定量方法等，收录的 1000 多张谱图反映了各种液相色谱方法在各领域的应用。

第七分册：核磁共振波谱分析，于德泉、杨峻山主编，1999。

包括核磁共振谱的基本原理、重要谱学方法及参数，质子核磁共振谱的化学位移和偶合常数，^{13}C 核磁共振谱的化学位移和偶合常数。本次修订增补了多维谱，H-H NOESY 等各类谱学方法的介绍，补充了大量近年来发表的化合物化学位移数值。

第八分册：热分析，刘振海主编，1999。

包括热分析的基本原理和各种应用，基本内容分为 3 部分。第一部分包括热分析定义、术语及有关物质的转变、反应和特性参数等。第二部分是各类物质（如聚合物、食品、药物、矿物、含能材料等）的有代表性的热分析曲线及简要解释。第三部分是热分析常用数据表。该分册集中反映了中日热分析科学工作者近年来在本领域的成果。

第九分册：质谱分析，丛浦珠、苏克曼主编，2000。

内容包括质谱学的基础知识、基本原理、谱学方法、质谱仪器和有关知识等，一般有机化合物的质谱，天然有机化合物的质谱。共收录了 3000 种化合物的质谱及解析说明，书末编制了有机化合物分子量与化合物的中、英文名称索引。

第十分册：化学计量学，梁逸曾、俞汝勤主编，2001。

全书分两部分（两篇）。第一部分介绍化学计量学的基本方法与基本概念，包括分析采样理论与方法、化学实验设计与优化、分析检测信号处理、多元校正与多元分辨、化学模式识别、计算机数字模拟、化学构效关系、人工智能与专家系统等。第二部分主要分析 MAT-LAB 语言编写的原程序及应用示例等。

《分析化学手册》（[美] J. A. 迪安编，常文保等译校，北京：科学出版社，2002）是一本单卷式的实验室指南。除提供必备的基础知识外，重点介绍了很多方面的权威性最新资料，分别为预分离技术，重量、容量分析，色谱法，电子吸收、发光、红外、拉曼和原子光谱法，光学活性和旋转色散、折射、X 射线、放射化学方法，核磁共振、电子顺磁共振、磁化率，质谱法，电分析和热分析，有机元素分析，有机官能团的检测和定量，气、液、固态水的测定和分析，统计学，地质和无机材料分析。

《精细化工产品分析方法手册》（郑淳元主编，北京：化学工业出版社，2002）选编了分子筛、催化剂、表面活性剂、感光化学品、电子工业用化学品、食品添加剂、饲料添加剂 7 类精细化工产品的通用分析方法和 100 多种产品的 200 多个现行有效的标准分析方法。每种分析方法均包括方法原理、适用范围、仪器、试剂、分析步骤、结果表述等内容。

《国际标准常规分析方法大全》（周同惠主编，北京：科学出版社，1998）包括 1800 多种分析方法，详细介绍乳制品、肉和蛋制品、咖啡和茶、色素、香料、鱼和海产品、谷物、维生素和其他营养物、化妆品、药物、动物饲料、消毒剂、危险品等的分析方法，是一部实用工具书。

《通用化工产品分析方法手册》（本书编写组编，北京：化学工业出版社，1999）根据现行有效的无机化工产品和有机化工产品国家标准和（或）行业标准（收录到 1997 年底）整理汇编而成。全书分无机化工产品、有机化工产品和索引三部分，介绍了每个品种的标准分析方法，包括方法原理、试剂和溶液、仪器和设备、测定步骤、分析结果的表述、允许误差以及该产品的技术要求等。书中还收集了与产品标准分析方法配套的通用试验方法标准、基础标准等。

《分析化学大全》（Treatises on Analytical Chemistry; I. M. Kolthoff, P. J. Elving, Wiley, 2nd ed., 1978～）对分析化学各个领域做了全面、精确、系统的论述，阐明了分析化学理论与实践之间的密切关系，提供了各种化学元素和有机化学分析的程序，以及测定、评价商品产品特征及组分的各种方法。全书分三篇，第 1 篇为理论与实践，共 12 卷，内容包括分析化学的目的、作用、范围，化学原理在分析化学中的应用，分离原理与技术、仪器使用原理与技术，物理与物理化学计量方法、经典方法、显微分析及其技术等。第 2 篇为无机和有机化合物的分析化学，共 17 卷，内容包括元素的系统分析化学，有机化合物的分析，定性分析。第 3 篇为工业分析化学，共 4 卷，按工业产品分类编排。

《工业分析化学百科全书》（Encyclopedia of Industrial Chemical Analysis；F. D. Snell, C. L. Hilton, Interscience, 1966～1974）全书分两篇 20 卷。第 1 篇（1～3 卷）为一般技术，包括工业产品的各种常用分析方法和技术，每种分析方法阐述了基本原理、常用仪器及操作步骤。第 2 篇（4～20 卷）为单个化合物及各类化合物的性质、制造、鉴定及杂质分析方法。

CRC 手册

《CRC 有机分析试剂手册》（Handbook of Organic Analytical Reagents；K. Ueno, T. Imanura, CRC Press, 2nd ed., 1992）收载了有机分析中最常用和最新试剂的同义词、分析用途、性质、配位反应和配合物的性质。

《CRC 化学分析基本表格手册》（CRC Handbook of Basic Tables for Chemical Analysis；T. J. Bruno, CRC Press, 1989）以表格形式列出了分析化学所需的各种数据。内容涉及气相色谱、高效液相色谱、薄层色谱、超临界液相色谱、紫外光谱、红外光谱、核磁共振波谱、质谱、原子吸收和发射光谱、定性测试等。

《CRC 原子吸收分析手册》（CRC Handbook of Atomic Absorption Analysis；A. Varma, CRC Press, 1984）共 2 卷，汇编了自 1955 年原子吸收光谱创始以来发表过的有关原子吸收光谱论文索引，按元素周期表排列次序，介绍了每一元素的性质、标准溶液的配制和仪器测定条件。

《CRC 光谱手册》（CRC Handbook of Spectroscopy；J. W. Robinson, CRC Press, 1981）共 3 卷，包括核磁共振、红外、喇曼、紫外（吸收与荧光）、化学分析用电子光谱、X 射线（吸收、衍射和荧光）、质谱、原子吸收、发射光谱等内容。本书数据可靠、涉及范围广。

《CRC 色谱手册：聚合物》（CRC Handbook of Chromatography；C. G. Smith, CRC Press, 1982）共 3 卷，内容包括 12000 多种聚合物和与聚合物有关的化合物的色谱数据表，还介绍了气相、液相、薄层及纸色谱、热解气相色谱、筛分排斥色谱的理论与实践。

《X 射线光谱手册》（Handbook of X-Ray Spectrometry；R. E. Van Grieken, Marcel Dekker, 1993）论述 X 射线荧光分析、发射分析的各个方面，内容新颖，反映了现代分析标准技术和学科的新发展。

色谱手册

《薄层色谱手册》（Handbook of Thin-Layer Chromatography；J. Sherma, Marcel Dekker, 1991）全书分两部分。第 1 部分，论述了薄层色谱的理论、机制和一般操作，介绍了薄层色谱、薄层放射色谱、色谱/质谱联用。第 2 部分，按化合物类型论述了薄层色谱在一些化合物分析中的应用。

《气相色谱实用手册》（顾蕙祥、闫宝石主编，北京：化学工业出版社，第二版，1990）介绍国内外各种牌号固定液 800 种，固体固定相 180 种，提供 3 万个定性数据。

《毒物快速系列分析手册》（王涨富编，合肥：安徽科学技术出版社，1986）本书列举的毒物包括农药、西药、无机化合物、有机化合物及植物 5 大类，计 900 余种。

《实用农化分析》（张行峰编，北京：化学工业出版社，2001）是一本集土壤学、农业化学与分析化学基本理论于一体的实用性工具书，可操作性强，除介绍分析化学的基本知识、农化分析的基本技术、基本方法以及现代仪器应用之外,主要叙述土壤、植物、肥料及农用水等的测定,如采样处理,N、P、K、Ca、Mg、Si、S、Zn、Cu、Mn、Fe、B、Mo 以及水中重金属和矿物等的具体分析方法。

分析化学中的有机试剂

《分析化学中的有机试剂》(张华山,王红等编,北京:科学出版社,2002)较全面系统地阐述分析化学及生物分析用的有机试剂、分子及离子荧光探针。内容包括分析中的显色剂、荧光试剂、发光试剂、超分子显色剂的作用原理及应用;离子荧光探针、分子荧光探针及其在生物活性物质的测定和生命科学中的应用,高效液相色谱和气相色谱中的衍生试剂及应用。

《有机分析试剂手册》(程广禄、上野景平、今春寿明著,王镇浦等译,北京:地质出版社,1985)阐述了有机分析试剂的基本理论,系统介绍了 O,O-给电子螯合剂、O,N-给电子螯合剂、N,N-给电子螯合剂、带含硫官能团的螯合剂、非螯合试剂、非配位试剂及测定阴离子的有机试剂的性质、别名、来源和合成方法,试剂的提纯及分析应用等,书后附汉英和英汉索引。

《化学助剂分析与应用手册》(黄茂福主编,北京:纺织工业出版社,2002)分上、下两册。上册介绍常用酸、碱、盐、氧化剂、还原剂和有机化合物的性质、规格及化学分析方法,物理常数和物理常数的测定方法,表面活性剂的定性分析方法等;下册介绍各类化学助剂的性能、作用原理及化学结构特征。

五. 物理化学工具书

《郎多尔特-博恩施泰因》(Landolt-Börnstein, LB)全书分两编,分别为《郎多尔特-博恩施泰因物理、化学、天文、地球物理和技术的数据和函数,第 6 版》([德] Landolt-Börstein Zahlewerte und Funktionen aus Physik Chemie, Astronomie, Geophsik und Technik . Sechete Auflage),A. Eucken 主编,共 4 卷 28 册,1950~1980;《郎多尔特-博恩施泰因自然科学和技术中的数据和函数关系,新编》([英] Landolt-Börstein Numerical Data Functional Relationships in Science and Technology. New Series,[德] Landolt-Börstein Zahlenwerte und Funktionen aus Naturwissenschaften und Technic. Neue Serie),1961~1994 年底已出版 7 辑(每辑若干卷、册)200 余分册,各卷主编不同。两编均由 Springer-Verlag 出版,本书将这两编分别称为"第 6 版"及"新编"。"新编"现仍陆续出版,每年出书约 10 册。

LB 是目前国际上公认的最系统、最完整的自然科学和技术数据的权威性巨著,其中很多是与化学化工有关的物理化学数据和图表。这套巨著中的数据和图表均经过专家整理,并给出资料的来源,以便读者查阅原始文献。因 LB 所载数据、函数关系均以表格和图形表示,故对略知德文或不懂德文的读者也没有太大困难,尤其是自 1987 年编辑出版了 LB 的索引,更为该手册的使用提供了方便。

《元素电化学大全》(Encyclopedia of Electrochemistry of the Elements; A. J. Bard, Marcel Dekker, Inc., 1973~1986)共 15 卷,前 10 卷为无机电化学部分,后 5 卷为有机电化学部分。

《汽-液平衡数据书目》(Vapor-Liquid Equilibrium Data Bibliography; Ivan Wichterle et al., Amsterdam: Elsevier)现已出版正编(1900~1972),第 1 补编(1973~1975),第 2 补编(1976~1978),第 3 补编(1979~1981),第 4 补编(1982~1984)。本书收集了世界上发表平衡数据文献的书目,提供了文献的作者和出处等信息。

《化学动力学大全》(Comprehensive Chemical Kinetics; C. H. Bamford, C. F. H. Tipper,

R. G. Compton, Elsevier, 1969～) 已出版 10 个部分, 31 卷。内容包括动力学实践和理论,均相分解和异构化反应, 无机反应, 有机反应, 聚合反应, 氧化和燃烧反应, 选择的基元反应, 非均相反应, 化学工程动力学, 现代方法、理论和数据。

《化学数据集》(Chemistry Data Series; 德国 DECHEMA 出版社, 1978～) 用英文出版, 内容包括气-液平衡数据集, 纯物质的临界数据, 混合热数据集, 选择的化合物和二元混合物的推荐数据, 液-液平衡数据集, 低沸点物质混合物的气-液平衡, 固-液平衡数据集, 无限稀释的活度系数, 流体混合物的热导率和黏度数据, 电解质溶液的相平衡和熵。

《化学反应速度常数手册》(罗孝良等编译, 四川科学技术出版社, 1985) 共 3 个分册, 内容分别为气相化学反应速率常数, 水溶液中的化学反应速率常数, 非水溶液中的化学反应速率常数。

《烃类和有关化合物性质的选择值》(Selected Values of Properties of Hydrocarbons & Related Compounds; K. R. Hall, TRC, 1981) 由美国得克萨斯农工大学系热力学研究中心编辑出版。它汇编了石油中碳氢化合物和含硫化合物的物理性质和热力学性质的数据。全书分 9 卷, 第 1～7 卷是有关烃类化合物性质的数据, 第 8～9 卷为各种化合物的分类参考文献。

《有机化合物的蒸气压》(Vapor Pressure of Organic Compounds; T. E. Jordan, Interscience, 1954) 收集了 1942 个有机化合物, 按 10 类排列。每类化合物分别列出, 包括主表(含编号、名称、分子式、蒸气压计算公式和适用温度范围等), 个别化合物在不同温度下的蒸气压, 参考文献, 温度与蒸气压的关系图。书后附化合物索引。

《无机和有机化合物的溶解度》(Solubilities of Inorganic & Compounds; H. Stephen, H. L. Silcock, Pergamon, 1963～1979) 收集了元素、无机化合物、金属有机化合物与有机化合物在二元系、三元系和多元组分体系中的溶解度数据。全书分 3 卷, 第一卷为二元系, 分两册, 涉及水和非水溶液中的无机和有机化合物的溶解度表; 第二卷为三元系和多组分体系, 分两册, 内容为无机和有机化合物在三元系和多组分体系中的溶解度数据; 第三卷为无机物的三元系和多组分体系, 分三册, 内容为无机物在三元系和多组分体系中的溶解度表。

六、光谱、波谱图谱集

目前在化合物的结构分析中使用最普遍, 也是最有效的方法仍然是紫外-可见光谱(UV-VIS)、红外光谱(IR)、核磁共振谱(NMR)和质谱(MS), 简称为波谱分析法。因此, 近二十多年来出现了一系列光谱图谱和数据手册, 供分析工作者使用。

《萨特勒标准光谱图集》(Sadtler Standard Spectra Collection) 是美国费城萨特勒研究实验室 (Sadtler Research Laboratories) 连续出版的大型综合性图谱集。该图集收集的谱图数量庞大, 品种繁多, 是当今世界上最完备的光谱文献。可通过网站 http://www.sadtler.com 进行检索

萨特勒标准光谱按类型分集出版, 主要有标准红外棱镜光谱、标准红外光栅光谱、标准紫外光谱、标准核磁共振波谱、标准 ^{13}C 核磁共振波谱、标准红外蒸汽相光谱、标准荧光光谱、标准喇曼光谱等。另外, 还出版了若干篇幅较小的专业性光谱, 供工业和实验室使用, 如商业红外棱镜光谱、商业红外光栅光谱、商业 ^{13}C 核磁共振波谱、喇曼参考光谱、荧光参考光谱等。下面是其出版的 5 种主要图谱集。

① Standard Infrared Spectra (标准红外棱镜光谱), 69000 张, 1985 年。

② Standard Infrared Grating Spectra (标准红外光栅光谱), 59000 张, 1980 年。近年来又补充增加了 FTIR Spectra (傅里叶变换红外光谱图)。

③ Standard NMR Spectra（标准核磁共振氢谱）42000，1985 年。

④ Standard ^{13}C NMR Spectra（标准 ^{13}C 核磁共振谱），20000 张，1985 年。到 1989 年已有 28000 张 ^{13}C 核磁图谱完成了数字化形式，可与化学物质检索体系进行联机检索。

⑤ Standard Ultra Violet Spectra（标准紫外光谱），36805 张，1985 年。

上述图谱集对每个所列化合物都注明了编号、化学名称、分子式、结构式、熔点、沸点等内容。

为了便于上述谱图的检索，出版了下述几种索引。

① 总光谱索引，包括 4 部分内容，Alphabetical Index（英文字母顺序索引）；Serial Number Index（光谱图连续号索引）；Molecular Formula Index（分子式索引），按 Hill 系统编号分子式，提供化合物名称及其可能具有的 5 种图谱的编号；Chemical Class Index（化学分类索引），按官能团编号顺序排列，使用前须先参考本索引介绍中列出的"官能团编号一览表"。

② Infrared Spectra-Finder Index（红外光谱谱线索引），按最强红外吸收峰的波数（cm^{-1}）大小顺序排列。

③ UV Spectra Locator Index（紫外谱线位置索引），按 λ_{max} 值的次序编排。

④ NMR Chemical Shift Index（核磁共振化学位移索引），分 ^{1}H NMR 和 ^{13}C NMR 两种索引，按化学位移 δ 值由大到小排列，给出化合物的名称和图谱号。

上述四种索引是 1980 年出版，后来又出版了 1981~1988 年的补编本。

Sadtler 研究实验室还出版了三种普及版的图谱集，供学生和一般研究工作使用，检索比较方便。

① Sadtler Handbook of Infrared Spectra（Sadtler 红外光谱手册），含常见化合物 3000 种，1978 年版本。

② Sadtler Handbook of Proton NMR Spectra（Sadtler 核磁共振图谱手册），含常见化合物 3000 种，1978 年版本。

③ Sadtler Handbook of UV Spectra（Sadtler 紫外光谱手册），含常见化合物 2000 种。

近年来 Sadtler PC Spectral Search Libraries（Sadtler PC 机光谱检索图书馆）已提供可在 IBM PC/AT 计算机上使用的 Sadtler's PC Search 软件，可对红外和 ^{13}C 核磁谱等进行检索。

美国 Aldrich 化学试剂公司编纂出版的光谱手册

① The Aldrich Library of Infared Spectra Ed Ⅲ，1981 年版，收集了 12000 个无机和有机化合物的红外图谱。

② The Aldrich Library of FT-IR Spectra Ed Ⅱ，1997 年版，收集了 18000 个化合物的傅里叶变换红外光谱。

③ The Aldrich Library of NMR Spectra Ed Ⅱ，1983 年版，收集了 8500 个有机化合物的 ^{1}H 核磁共振图谱。

④ The Aldrich Library of ^{13}C and ^{1}H FT-NMR Spectra，1992 年版，收集了 12000 个化合物的高分辨 300MHz 的氢谱和 75Hz 的 ^{13}C FT-NMR 图谱。

《有机化合物光谱数据及物理常数汇集》(Atlas of Spectral Data and Physical Constants for Organic Compounds；J. G. Grasselli，CRC Press，2nd ed.，1975) 1973 年出版第一版，全书收集了将近 8000 种有机化合物的物理常数及光谱数据（包括红外、紫外、核磁共振及质谱），分为光谱、主要数据及索引 3 个部分。主要数据表包括化合物名称、经验式、结构式、CSA 登记号、Wiswessor 线式（WLN）、物理常数（包括熔点、沸点、折射率等数据）、光谱数据及参考文献等。1975 年该书出版第二版，版面安排大致与第一版相同，但内容大大增加，有机物增加到 21000 种，卷数由原来的单卷变为 6 卷。第 1 卷包括化合物名称/同义名称录，结构图，光谱辅助数据（红外光谱、喇曼光谱、紫外光谱、核磁共振谱、质谱），红外-核磁共振谱交叉相关表。第 2、3、4 卷的内容分别为按字母顺序排列的化合物 A～B、化合物 C～O、化合物 P～Z 数据表，并收编了与之相对应的有机化合物的各种光谱数据和物理常数。第 5 卷为索引卷，内容包括分子式索引、分子量索引、物理常数索引、化学结构和亚结构索引（Wiswessor 线式，WLN 索引）、质谱索引。第 6 卷为光谱数据索引，内容包括红外、喇曼、紫外、^{1}H 核磁共振、^{13}C 核磁共振 5 个部分。

《有机分子的红外和喇曼特征频率手册》（The Handbook of Infrared and Raman Characteristic Frequencies of Organic Molecules；D. Lin-Vien，Academic Press，1991）着重讨论了 16 种有机分子的红外和喇曼基团频率，并给出了具体数据和谱图。

《Sprouse 红外光谱汇编》（Sprouse Collection of Infrared Spectra；D. L. Hansen，Sprouse Scientific Systems，1987～1988）共分 3 册。第 1 册是聚合物，收集了 415 种聚合物的标准红外光谱图及其分子式、CAS 登记号、物理性质等重要数据；第 2 册是有机溶剂，收集了 350 种常用有机溶剂的红外光谱图；第 3 册是表面活性剂，收集了 4 种类型 700 种表面活性剂的红外光谱图。

《有机化合物的喇曼/红外光谱图集》（Raman/Infrared Atlas of Organic Compounds；B. Schrader，VCH，2nd ed.；1989）收集了在精确控制的实验条件下测出的 1044 种有机化合物的喇曼和红外光谱图。每页谱图包括同一种化合物的红外、喇曼谱图、英德文名称、结构式和记录条件。

《波谱数据表-有机化合物的结构解析》（Structure Determination of Organic Compounds Tables of Spectral Data；E. Pretsch，P. Bühlmann，C. Affolter；荣国斌译，上海：华东理工大学出版社，2002）是作者将各类有机化合物在 ^{13}C NMR、^{1}H NMR、IR、MS 和 UV-VIS 波谱中的图式数据分布予以归类总结而编纂成的一本手册类工具书，因其提供的各种数据和图式详实完整、编排合理、查阅方便而深受世界各国有机化学工作者和大学师生的欢迎，先后出版了英、德、西班牙、俄、日等语种版本。作为一本工具类手册，完全能够满足各类有机化合物结构解析工作的需要。

《碳-13 核磁共振谱化学位移范围数据集》（Chemical Shift Ranges in Carbon-13 NMR Spectroscopy；W. Bremser，Verlag Chime，1982）收集了 2 万多个化合物的 ^{13}C 谱，对于每个碳都用"亚结构"符号来表达其化学环境。

质谱集

《NBS/EPA/MSDC Data Base》（美国国家标准局/美国环境保护局/质谱数据中心数据库）该数据库原来的名称是 EPA/NIH Mass Spectral Data Base（美国环保局/美国卫生研究所质谱数据库），主编是 S. Heller 和 G. Milne，1978 年版本含有 25556 张质谱图，按化合物分子量大小分成四卷：1 卷 M_W 30～186，2 卷 M_W 186～273，3 卷 M_W 273～381，4 卷 M_W 381～1674。1980 年出版第 1 补编补充收入 8807 张质谱图。每个化合物的质谱图均附有 CAS 登记号、分子式、分子量和结构式。后来英国 Nottingham 的 Mass Spectrometry Date Center（MSDC）加入进来，形成目前的 NIST/EPA/MSDC 质谱数据库，据 1988 年 11 月统计，该数据库共收集储存了 50000 张化合物的质谱图。

《质谱数据登录》（Registry of Mass Spectral Data；E. Stenhagen，S. Abrahamsson，

F. W. Mclafferty, 1974) 本书分 4 卷, 共收集了 18806 种化合物的质谱数据, 并以图谱形式列出, 每幅图谱内容包括: 化合物名称、分子量、相对丰度、分子式、各峰的质荷比 (m/z) 及资料来源。资料来源以代号形式列出, 代号首英文字母代表资料名称, 其全称可在第 1 卷第 XIII 页中找到。例如, R7-932-3, R 为杂志代号, 7 为卷号, 932 为页号, 3 为光谱图。

《Wiley Registry of Mass Spectral Date》(Wiley 质谱数据登记集) 主编是美国康乃尔大学的 P. McLafferty, 收集了 108173 个化合物的 123704 张质谱图。目前 J. Wiley and Sons 出版公司已出版该质谱数据集的计算机用磁带版或光盘 (CD-ROM)。可通过鉴定号、CAS 登记号、化合物名称、分子式、分子量和 10 个主峰的丰度值进行检索。

《质谱八峰值索引》(Eight Peak Index of Mass Spectra; 3rd ed. ; 1983) 是英国质谱数据中心和帝国化学工业公司共同编辑出版的, 共 3 卷 7 册, 收集了 6 万多张质谱图, 取其中最强的 8 个离子峰列表, 包括 8 个最强峰的质荷比、相对分子质量、强度、分子式、名称、参考文献、编号等。

第二节 网络化学信息资源

随着 Internet 技术的发展和普及, 使原来以印刷型信息源为主体, 手工检索为主要检索方法的检索体系逐渐被以网络化为运行环境的联机检索、光盘检索和网络检索的全新检索体系所取代。目前化学化工信息资源的 Internet 检索工具主要分为两类: 一类是搜索引擎, 另一类是针对化学领域或与化学有关的某个主题进行收集整理而形成的资源导航系统, 并由资源导航系统逐步发展成为化学工作者共同参与交流的化学化工虚拟社区。目前, 网上的搜索引擎层出不穷, 其中既有大型综合性搜索引擎如比较有影响力的 Google、Yahoo、百度等, 也有在某一特定领域内发挥作用的专业性搜索引擎, 针对化学领域的有: 美国化工网 (Chemindusty)、Chemfinder、Chemcompass 及中国化工网等。本节简要介绍与化学相关的国内外主要的互联网信息资源。

一、化学化工专业搜索引擎

综合型搜索引擎无法提供优质精确的专业信息检索结果, 要想实现快速、准确的专业信息的检索, 最好采用专业搜索引擎。目前化学领域资源的搜索引擎还不多见, 这里将其中几个具有特色的搜索引擎做简要介绍。

1. 美国化学工业网 (ChemIndustry. com)

ChemIndustry. com 是一个内容非常全面的化学化工综合性搜索引擎, 英文网址: http://www.chemindustry.com; 中文网址: http://www.chemindustry.com/china/。有中文、法文、英文、德文 4 种语种版本的检索界面, 该网站为专业人员提供的信息几乎涉及化工及相关工业的所有方面, 如农业化学品、生物化学和生物技术、涂料和油漆、精细和特种化工产品、原料、石油化工、医药、塑料和高分子等。截止 2004 年 4 月, ChemIndustry. com 拥有 45000 页的信息量, 该网站的访问量也达到每月 250 万人次。

ChemIndustry. com 将所收录的化学化工资源按内容分为 8 个大类, 包括 Chemical Suppliers (化学提供商)、Industry Services (行业服务)、Resources (化学资源)、Industrial Equipment (工艺设备)、Lab & Scientific Equipment (实验室与仪器)、Software (软件)、Organizations (化学组织)、Academic Institutes (高校与研究所)。ChemIndustry. com 是依靠专家进行分类编辑, 因此所提供的信息更具知识性和准确性, 保证用户利用 ChemIndustry. com 得到化学相关性强而且精确的搜索结果。可以通过分类目录逐级点击进行浏览, 也可以在主页上所提供的关键词搜索功能中进行搜索，搜索时可以对信息类型（info type）、国家（country）和目录类型（category）进行选择和限定。

2. ChemFinder

该搜索引擎创建于1995年，主要用于化学物质的性质搜索，网址：http://www.chemfinder.com。在搜索框内输入化学物质的名称（chemical name）、CAS登记号（CAS number）、分子式（molecular formula）或分子量（molecular weight）均可以查到该物质的性质。

例如，需要了解苯酚的性质，在搜索框中输入它的英文名称"Phenol"，检索结果提供苯酚的别名、分子式、CAS登记号、ACX号、分子量、密度、闪点等基本数据，以及分子结构图和数据的原始文献，而且与网上的一些数据库相连，通过链接可以获得该化合物的其他信息，如Biochemistry、Health、Misc、MSDS、Pesticides/Herbicides、Physical Properties、Regulations、Trading、Usage等。另外，如果需要购买某种化合物的试剂，可以点击"BUY AT CHEMACX.COM"，进行网上订购。

3. ChemCompass

ChemCompass是由德国化工协会（VCI）和德国化工商贸协会（VCH）共同维护的化工指南站点，网址：http://www.chemcompass.com/。包括化工产品、化工公司以及化工服务的数据库，提供2500个化工公司和28000种化工产品以及商标的检索查询，为化工公司和用户之间搭建起进行信息交流与电子商务的平台。ChemCompass的访问量很大，据统计，2003年一年突破300万索引页面，平均一天搜索超过1万索引页，非常引人注目。

ChemCompass的主页以英文为主，同时也提供德语界面。

点击其中的Company、Product、Category、Brand进入相应的检索区域，通过公司名称、产品名称、产品类别以及商标名称四种不同的途径进行检索。

4. 中国化工网

中国化工网是由杭州世信信息技术有限公司开发维护的化工信息网站，网址：http://www.chemnet.com.cn。该网站还同时提供英文版本（网址：http://www.chemnet.com）。

中国化工网的主页提供了多个大型的化工数据库供用户免费检索，这些数据库包括：产品大全、企业大全、原料大全、产品供求信息、技术市场、化工会议、市场行情、化工人才库等。其中，产品大全和企业大全这两个数据库信息量很大，目前拥有国内外50000多家化工企业20多万个产品，是国内公认最大的化工产品数据库，日均查询量10万人次以上，而且，这两个数据库都可以实现模糊和精确两种检索方式。

中国化工网的化工站点栏目是一个化工资源的导航目录，同时支持关键词检索。它的一级类目包括：生产厂家、贸易公司、化学工程、会议与商展、新闻媒体、政府部门、组织机构、国家和地区、行业商务网站、化学软件、信息与咨询、大中专院校、科研院所等。每一大类一般都有两层子目录，但各子目录下信息分布差异很大。

二、典型的化学化工信息导航站

介绍几个具有代表性的综合性Internet化学资源导航系统，如ChemInfo、ChemDex、Links for Chemists以及ChIN等。

1. 印第安纳大学的ChemInfo

ChenInfo全称为Chemical Information Sources，是美国印第安纳大学化学信息综合网站，网址：http://www.indiana.edu/~cheminfo/。

该网站由Gary Wiggins主持，Gary Wiggins在化学与Internet相关领域以及化学信息学教育做出突出贡献，并获得了美国化学会化学信息专业委员会1998年的化学信息奖

(The Herman Skolnik Award)。这个站点的内容来源于印第安纳大学的化学信息课程和 Internet 化学资源目录。其中作为资源导航的部分称为 SIRCh (Selected Internet Resources for Chemistry),是化学领域中最经典和最广为人知的资源导航系统。

Gary Wiggins 长期从事化学文献检索和化学信息学研究,并在印第安纳大学开设有关化学信息课程,他对 Internet 化学资源 SIRCh 中内容的分类是以其教学专题为主线,把传统的主要化学信息源与相关的 Internet 化学资源有机地组织到讲义中。ChemInfo 独特的分类和组织方法非常适合需要学习化学信息学的人使用,收录的内容也比较经典和权威,但不足之处是资源的覆盖面相对较窄,对资源提供的介绍较简单。

该资源导航系统的目录结构,共分 5 个大类,5 大类名称及其包含的二级目录见表 7-1。

表 7-1 ChemInfo 的分类导航结构表

一 级 类 别	二 级 类 别
Communication in Chemistry (化学通信)	Molecular Visualization Tools and Sites(分子可视化工具和站点) Chemistry Newsgroups and Discussion Lists(化学新闻组和讨论组) Science Writing Aids(撰写科学论文的辅助工具) The Publication Process;Selected Chemical Information Sources,Publications,and Databases(精选的化学信息、出版物以及数据库等) Chemical Informatics(化学信息学)
How and Where to Start (如何开始,从何处着手)	Guides to Chemical Information Sources and Databases(化学信息源和数据库指南) General Information on Computer Searching(计算机检索的相关信息总括) Current Awareness,Reviews,Background Reading(Dictionaries,Encyclopedias,Treatises,etc.),and Document Delivery Sources(最新动态、综述、背景资料、字典、百科全书、论文以及文献传递信息源等)
How and Where to Search;General (网络信息检索的一般方法)	Searching for Chemical Information by Author or Corporate Name(STN 的作者名/团体名称检索方法) Chemical Subject Searching(美国化学文摘 CA 的主题检索) Chemical Patent Searching(化学专利的检索) Chemical Name and Formula Searching(利用化合物名称及分子式检索) Chemical Structure Searching(利用化合物的结构式检索)
How and Where to Search;Specialized (检索的专业方法)	Analytical Chemistry(Constitutional Chemistry)(分析化学) Physical Property Information(物性数据) Chemical Synthesis or Reaction Information(化学反应及合成信息) Chemical Safety or Toxicology Information(化学物质安全及毒性信息)
Miscellaneous (其他)	Chemical History,Biography,Directories,and Industry Sources(化学史、传记、通讯录、化工产品供应商) Teaching and Study of Chemistry(化学教育资源) Chemistry Courses on the Internet(网络化学课程)

2. 英国 Sheffield 大学的 ChemDex 和 WebElements

英国 Sheffield 大学化学系的 Mark J. Winter 博士在 Internet 上的化学化工资源和化学信息教育方面做出了重要贡献,他因创建并维护了 ChemDex 化学资源导航系统和基于 Web 的化学周期表于 1998 年获得了英国皇家化学会的 HE 教学奖。网址:http://www.chemdex.org;http://www.webelements.com。

(1) ChemDex 化学资源导航系统 ChemDex 化学资源导航系统创建于 1993 年,是 WWW 上的第一批化学专业化站点。

该网站收录了大量的化学化工资源,更新很快,至 2004 年 3 月止已经收录了 7192 个链接，其中的一部分链接已经给出了简短说明。用户可以对 ChemDex 资源进行等级评价（rate it），也可以发表具体的评论（review）。ChemDex 在资源分类方面比较系统，它将所链接的化学资源分为 13 大类（表 7-2）。

表 7-2 ChemDex 的分类导航结构

一级类别	二级类别
Chemistry（化学学科）	1. Analytical；2. Biological；3. Bioinorganic；4. Software；5. Computational；6. Catalysis；7. Education；8. Engineering；9. Crystallography；10. Databases；11. Environmental；12. General；13. Theoretical；14. Spectroscopy；15. Spectrometry；16. Physical Chemistry；17. Organometallic；18. Organic；19. Materials；20. Laboratory；21. Inorganic；22. History；23. Geological
Chemistry Communication（化学通信）	1. Conferences；2. Journals；3. ListServ Discussion Groups；4. News Groups；5. The Media
Companies（公司）	1. Chemical Suppliers；2. Equipment and Instrument Suppliers；3. Multi Facet Companies；4. Publishers；5. Separation Technologies；6. Services；7. Software Suppliers
Compounds, Molecules（化合物，分子）	1. Compounds Databases；2. Inorganic Molecules；3. Organic Molecules
Elements（元素）	包括 118 种元素
Government Agencies and Laboratories（政府机构和实验室）	1. Canada；2. Denmark；3. Germany；4. India；5. International；6. Italy；7. Japan；8. Russia；9. Spain；10. Taiwan；；11. UK；12. Spain
Learned Societies（学术组织）	包括 29 个国家的研究型社团
Miscellaneous Sites（其他站点）	1. Computers and Networking；2. General Purpose Search Engines；3. Jobs；4. School/College Sites in the UK；5. map Sites
People（化学家）	1. Autobiographies；2. Biographies；3. Personal Sites（按字母顺序 A,B,C…）
Portals, Link Sites and Clubs（化学门户网站以及俱乐部）	1. Clubs；2. General Purpose Hyper Indices；3. Link Collections；4. Link Collections(Geographically Focused)；5. Portal Sites
The Periodic Table（元素周期表）	1. General Purpose Sites；2. History of the Periodic Table；3. Java Periodic Table；4. JavaScript Periodic Table；5. Minor Sites；6. Non-English Periodic Table；7. Periodic Table Software；8. Periodic Table for Children；9. Specialist Periodic Table；10. WAP Periodic Table
University Departments（大学化学系）	1. Africa；2. Asia；3. Biological Sciences Departments Worldwide；4. Chemical Engineering Departments Worldwide；5. Environmental Sciences Departments Worldwide；6. Earth Sciences Departments Worldwide；7. Europe；8. North America；9. Oceania；10. Physics；11. Research Groups and Institutes Worldwide；12. South America
WWW Software and Standards（软件与 WWW 标准）	1. Articles and lectures；2. Browser Plugiins；3. Browser(Clients)；4. Chemistry WWW Standards；5. Metadata；6. VRML

ChemDex 除了提供分类浏览的检索方式以外，主页上还提供了搜索功能（Search），用户可以通过关键词搜索这些链接。对关键词检索，ChemDex 有基本检索和高级检索（Advanced Search）两种形式，默认方式是基本检索方式。在关键词检索框中键入关键词（Keyword），通过下拉框选取检索范围（所有链接，或者是当前目录项/子目录下的链接，或者是目录本身），点击"Search"按钮，即可返回检索结果。

（2）基于 Web 的化学周期表 WebElements Mark Winter 所建立的基于 Web 的化学元素周期表 WebElements 是 WWW 上第一个元素周期表（图 7-1），它以周期表图形形式为导航界面，提供与元素有关的多种数据和信息。

比如，想要了解元素 Cs 的数据，只需点击元素周期表中第 55 号元素 Cs 的图标，就可以看到关于 Cs 的信息，除了原子量、CAS 登记号、所属族和周期等基本数据以外，还给出

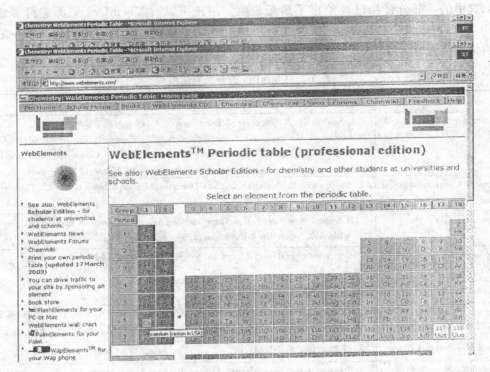

图 7-1 WebElements 主页

该元素的基本描述（常温存在的状态、颜色等物理性质，化学性质等），该元素被发现的历史，分离的方法以及该元素的化合物等，还配有与 Cs 元素相关的生动图片。

目前 WebElements 有 Professional 和 Scholar 两个版本，其中 Scholar 版适用对象是高校化学系的师生。WebElements 从 1993 年创建至今已有 10 多年历史，是 Internet 上具有广泛影响的化学资源，日访问量超过 35000 人，并荣获多项殊荣：WebElements 被 Scientific American.com 网站授予 2002 年度 Sci/Tech Web 奖；WebElements 入选 Britannica.com 网站的 Best of the Web 排行榜；2001 年 WebElements 被美国图书馆委员会的机检参考部（MARS）评为最佳免费参考网站之一等。

3. 英国利物浦大学的 "Links for Chemists"

"Links for Chemists" 是由英国利物浦大学化学系于 1995 年创建并维护的 Internet 化学资源导航系统，网址：http://www.liv.ac.uk/Chemistry/Links/links.html，也作为 "www Virtual Library"（WWW 虚拟图书馆）中的化学学科资源链接站点，得到了英国皇家化学会和 Advanced Chemistry Development.Inc 的支持。该站点整理收录的化学资源可能是世界上最多和最全面的，截至 2003 年，所链接的站点数达 10000 个，页面月访问量也达到了一百万人次。这个站点同时提供英语、德语和法语三种版本。

"Links for Chemists" 导航系统将所收录的化学资源分为 7 大类，各个大类又做了细致划分，表 7-3 列举了它主要的二级结构。页面左侧是分类索引的结构图，包括第一、二层目录。用户通过逐级浏览各级类目，找到自己感兴趣的类目，用鼠标点击一下，相关链接就会在右侧展现出来。"Links for Chemists" 的不足之处在于该导航系统一般只提供链接，并不做相应的介绍，各子目录下信息分布差别也很大。

Links for Chemists 还设立了专门化学资源的 "Dead Links" 的更新通告（Whatever Happend to），其中列举了许多已经变化或者是已经消失的链接，并提供了新的地址。化学资源搜索者经常浏览这些"Dead Links"的更新说明,对及时发现资源的变化很有帮助。另外,用户可以通过 Comment/Add 网址接口,对 Links for Chemists 已有的资源发表评论,并为其提供新资源。关于用户使用过程中经常遇到的问题可以在"FAQs"中找到答案。

表 7-3 Links for Chemists 的分类体系

一级分类	二级分类
University Chem. Depts（高校化学系）	1. Full Listing by Country; 2. Canada; 3. France; 4. Germany; 5. Japan; 6. United Kingdom; 7. United States
Companies/Industry（化学工商业）	1. Chemicals A-F|G-M|N-S|T-Z; 2. Chemical; 3. Services; 4. Electronics; 5. Instruments A-J|K-Z; 6. Laboratory Supplies; 7. Life Sciences; 8. Oil & Petrochemicals; 9. Pharmaceuticals; 10. Publishing Houses; 11. Research Labs; 12. Software Houses; 13. Web Services
Chemical Literature（化学文献）	1. Chemistry Journals; 2. Lists of Journals; 3. Chemistry Magazines; 4. Publishing Houses
Chemical Information（化学信息）	1. Conferences & Events; 2. Databases; 3. Dictionaries & Encyclopedia; 4. Fundamental Constants; 5. Information Services; 6. Libraries; 7. Mailing Lists; 8. MSDS/Safety; 9. Newsgroups; 10. Patents; 11. Periodic Tables
Organizations（化学组织与机构）	1. Gov. Research Labs; 2. National Chem. Socs.; 3. Specialist Chem. Socs.; 4. Related Organizations; 5. Funding Bodies
Topics（化学学科主题）	1. Analytical; 2. Biographies; 3. Careers & Jobs; 4. Chemicals; 5. Chemical Browser Plugins; 6. Cobwebs; 7. Educational; 8. Electrochemistry; 9. Entertainment; 10. Environmental; 11. History of Chemistry; 12. Linux4 Chemistry; 13. Molecule of the Month; 14. Metal Extraction; 15. Molecular Modelling; 16. Organic Reactions; 17. Organic Resources; 18. Radioactivity; 19. Self-Assembly; 20. Surface Science; 21. Miscellaneous
Other Links Sites（其他相关站点）	1. Search Engines; 2. General Chemistry; 3. Specialist Chemistry; 4. Non-Chemistry; 5. Whatever Happened to

4. 国内重要的化学化工资源导航系统 ChIN

（1）化学信息网 ChIN（The Chemical Information Network,网址:http://chemport.ipe.ac.cn）是在联合国教科文组织 UNESCO 和国家自然科学基金委员会的支持下由中国科学院工程研究所从 1996 年开始建立起来的综合性化学资源导航系统,并于 2000 年进行了全新改版。最新版本的 ChIN 有中、英文两个版本。

ChIN 以对 Internet 化学化工资源进行系统研究为基础,注重对资源的评价和精选,并采用积累信息源知识的方法为资源建立了反应资源概貌和特征的简介页,并建立了资源简介页直接的链接。ChIN 所索引的主要内容目前包括与化学化工有关的数据库、软件、期刊与杂志、文章精选、专利信息、图书、图书馆、新闻、会议信息、讨论组和新闻组、公司、产品目录及电子商务、学会与组织、院系和研究所、教学资源、主要参考工具、化学化工通讯录和专家库、如何查找物性数据、针对一个具体问题的文献查询方法、其他资源导航站点精选、资源搜索引擎、用户留言等。

除了导航系统通用的浏览模式外,可通过 ChIN 站点的全文检索功能来定位自己感兴趣的内容。ChIN 还提供基于数据库检索的最新内容查询功能,可以随时了解 ChIN 中最新增加或最新更新的信息。这对于那些经常访问 ChIN 的用户特别有用。新版 ChIN 还提高了易用性和开放性功能,例如基于订阅的 ChIN 简报推送、用户提交资源线索和提交专门信息的接口、用户对某个资源进行打分和进行评论的接口等。随着 ChIN 的不断发展和完善,它在内容、与用户的交互功能等方面有所扩展,并逐步向提供全方位化学化工信息服务和交流平台的化学化工虚拟社区方向发展。

(2) 化学在线　网址：http://www.chemonline.net/。化学在线网站由华南师范大学化学系建立。化学在线主页包括网站搜索、化学之门、化学村、化学软件、化教论坛、文献检索、化学会议、化学专著、个人博客九个方面的内容，资源非常丰富。其中，化学之门子网页将 Internet 化学化工资源按学科和资源性质分类。化学软件子网页收集整理很多化学专业软件，按学科和应用领域分类，主要是免费软件。化学村子网页是一个化学虚拟社区，是化学化工工作者的理想乐园，在这里你可以交友、讨论所有化学化工相关问题、寻求合作以及得到最新信息等。

三、具有虚拟社区性质的国外综合性化学站点介绍

随着化学、化工领域的 Internet 信息服务向更深层次发展，旨在提供全方位化学化工信息服务的化学化工虚拟社区正悄然兴起，并引起国内外的普遍关注。化学化工虚拟社区是一个基于会员制的 Web 站点，通过 Internet 集中提供化学、化工领域的综合性资源，并为那些对这些资源感兴趣的人们提供相互交流的环境，并希望每个会员为这个站点的建设都有所贡献。与传统的基于 Web 的信息服务系统（搜索引擎和信息导航系统）相比，虚拟社区更注重信息资源的自主性、权威性、综合性，以及用户（会员）的参与性，它更能为用户提供真正能解决实际问题的手段。化学化工虚拟社区具有如下特征：

1. ChemWeb.com

ChemWeb.com 站点于 1997 年 4 月开始启用，网址 http://www.ChemWeb.com，现在已经成为世界上最大的在线虚拟化学社区。ChemWeb.com 提供了包括化学研究、化学工业以及其他相关学科在内的大量信息资源。目前可以免费注册成为该站点会员，享受 ChemWeb.com 提供的各种免费资源和服务。

ChemWeb Subjects 提供了信息资源分类功能，将所有信息分为 Analytical Chemistry、Biochemistry、Catalysis、Chemical Engineering、Electrochemistry、Fuel & Petrochemistry、Inorganic Chemistry、Materials Chemistry、Organic Chemistry、Pharmaceutical Science、Physical Chemistry 和 Polymer 12 类，会员可以按分类导航找到相应主题的杂志、书和会议信息，以及最新的新闻和热点话题。

用户可以在 ChemWeb.com 主页的标题栏找到 Journals（期刊）、Databases（数据库）、Tools（工具）、Books（图书）、News（新闻）、Careers（职位）、Links（链接）和 Conferences（会议）等几个功能区，为会员提供分类资源和服务。

2. 英国皇家化学会的 ChemSoc

ChemSoc 是英国皇家化学会（RSC）主办的网络化学虚拟社区，网址：http://www.ChemSoc.org。目前世界上约有 30 个国家的化学会在 ChemSoc 上为化学家提供不同层次的信息服务。用户无需注册就可以免费访问 ChemSoc 提供的资源和服务，但是如果注册成为会员后，就可以定期受到 ChemSoc 网站发送的网站资源更新快报（Email Updates），用户可以从中了解到 ChemSoc 的最新资源、服务和网站更新变化情况。另外，注册会员还可以获得仅限会员的服务和信息。ChemSoc 的主页界面设计风格独特，各个功能区都配以精美的卡通图片，极具个性化。点击 ChemSoc 首页界面左侧小图标，用户可以获得该站点的各种帮助信息，还包括站内搜索、用户注册、商业广告等一些常用功能。界面中央的大图标则分别代表该站的八个主功能区，包括 Networks & Societies（网络和学会）、Conferences & Events（会议和事件）、Careers & Job Center（求职就业中心）、Learning Resources（学习资源）、Chembytes Infozone（化学信息区）、ChemSoc Timeline（化学简史）、Web Links（网络链接）和 Visual Elements Periodic Table（可视化元素周期表）。

3. 美国化学会站点 Chemistry.Org

美国化学会（American Chemical Society，ACS）成立于1876年，目前是世界上最大的科学团体，拥有159000多名从事化学、化工及相关学科工作的会员。Chemistry.Org 是由美国化学会建立的具有虚拟社区性质的 WWW 站点，网址：http://www.chemistry.org/。通过 Internet 向其会员及公众提供丰富的化学、化工资源及全方位的信息服务。

Chemistry.Org 的主页界面分为三个区域。

左侧有会员登录区（Login）、搜索（Search）和快速查找链接（Quick Find）三个功能块。

主页中间部分包括 Molecule of the Week（本周分子）、Memben Center（会员中心）、Action & Reactions（动作和反应）、News & Resources（新闻与资源）、Mark your calendar（在你的日历上做标记）等特色专栏。

主页上方是标题栏，相当于网站的资源导航，由 Professionals（专业信息区）、ACS members（ACS 会员）、Educators and Students（教与学）、Policy Makers（政策的制定者）、Enthusiasts（热爱化学）五个部分组成；按照标题栏的导航分类目录，用户可以进入 Chemistry.Org 所提供的五个不同的功能分区。

从上面的介绍可以看出，美国化学会的门户网站 Chemistry.org 提供了极其丰富的化学及相关学科的信息资源，如化学期刊、出版物、会议信息、化学新闻、产品目录、就业信息以及化学教育资源等，而且资源的更新相当频繁，这些庞大的资源，需要读者去充分地发掘和利用。

下篇 实验部分

第八章 无机及分析化学实验部分

第一节 基本操作及基本技能训练实验

实验一 玻璃仪器的认领和洗涤

一、实验目的
1. 认识化学实验常用仪器的名称、规格、功能，了解其使用注意事项。
2. 学习和练习常用玻璃仪器的洗涤和干燥方法。
3. 掌握电热恒温干燥箱的使用。

二、实验步骤
1. 认领仪器

按照仪器清单，并参照第二章第三节的介绍，领取和认识化学实验常用玻璃仪器，若有破损和数量与清单不符应立即向实验室管理人员提出更换或补足。

2. 玻璃仪器的洗涤

参照第四章第一节介绍玻璃仪器的一般洗涤方法，将领取的玻璃仪器洗涤干净，并请相互检查。

3. 玻璃仪器的干燥

教师讲解和示范电热恒温干燥箱的使用。

学生将洗涤好的仪器存放于实验柜内晾干备用。

实验二 玻璃管加工

一、实验目的
1. 了解酒精喷灯的使用方法。
2. 初步学会玻璃管的截断，拉毛细管、弯管、烧圆等基本加工操作。
3. 制作玻璃弯管（75°、90°）、玻璃钉、滴管、毛细管各一个。

二、实验内容

领取直径为7mm、长1.4m的玻璃管两根；直径为5mm、长30cm的玻璃棒一根，按基本操作中的玻璃管的加工（第四章第二节）完成下列工作。

练习拉玻璃管及制作滴管：

当拉玻璃管熟练后，将直径7mm的玻璃管制成总长为18cm的滴管一根（细端内径为1.5~2mm、长约4cm）。细端口必须在小火中熔光滑，粗端口在火中烧软后在瓷板上按一下，使其外缘突出，冷却后装上橡皮滴头即可使用。

制作玻璃弯管：

制作75°和90°角的玻璃弯管各一支，一端长约8cm，另一端长约9cm，两端口烧圆。

制作玻璃钉及搅棒：

截取直径为 5mm，长 5~6cm 的玻璃棒 1 根，一端烧圆，另一端在火中烧软后在瓷板上按成一大玻璃钉，作为挤压或研细少量晶体时使用。

取直径 5mm，长约 25cm 的玻璃棒 1 根，两端烧圆，作为搅棒使用。

实验三　固体和液体物质的称量

一、实验目的

1. 了解单盘电光天平和电子天平的构造和称量原理。
2. 熟记分析天平的使用规则，掌握两种天平的直接称量法和递减称量法。

实验前要求预习第四章第五节分析天平和称量操作。

二、实验仪器及其他用品

1. 分析天平：DT-100 型单盘电光天平和电子天平，分度值为 0.1mg。
2. 粗台秤：分度值为 0.1g。
3. 小表面皿：每人两块，在天平箱内。
4. 称量瓶 1 个、锥形瓶 3 个、培养皿一块。
5. 细纱白手套一副，学生自己准备。
6. 试样，供称量练习用，由实验室提供。

三、实验内容

1. 按直接称量法操作步骤，称出两块小表面皿的各自质量，并把称得的结果与实验室提供的参考值对照；若相差甚大，应请教师帮助查找原因，重新称量；最后记录称得的结果。

2. 按递减称量法操作步骤，称取 3 份固体试样，分别放置于 3 个已编号的锥形瓶中，每份试样的质量在 0.2~0.3g 范围内。

3. 按递减称量法操作步骤，称取 3 份固体试样，分别放置于 3 个已编号的锥形瓶中，每份试样的质量在 0.11~0.16g 范围内。

四、实验报告要求

1. 写出实验名称、实验日期、实验室温度、湿度。
2. 写明使用的分析天平号码。
3. 按表面皿编号分别写出称得的质量。
4. 按递减称量法称得固体试样的质量，并进行记录和计算。
5. 按照分析天平使用规则检查自己在称量中存在的错误操作，并回答教师布置的思考题等。

五、思考题

1. 使用电光天平称量前为什么要测定和调节天平的零点？怎么样调节天平的零点？
2. 为了保护电光天平的玛瑙刀口不受损坏，在称量操作中应注意哪些问题？
3. 单盘、双盘电光天平加减砝码的原则是什么？应用此原则加减砝码有什么优点？
4. 单盘、双盘电光天平在称量时，各以什么标志来判断天平梁的倾斜方向及程度，从而来决定应加码还是减码？
5. 以下各种错误操作会给天平和称量结果带来什么影响？
（1）称量时天平未处于水平位置；
（2）全开天平时加减砝码或放、取称量物；
（3）读数时天平两侧门未关；

(4) 开关天平时，旋钮转动过快过猛；
(5) 未全开天平即读数；
(6) 转动指数盘和减码手钮时过快过猛；
(7) 检查完称量后零点，不关天平即盖上护罩。

实验四 酸碱溶液浓度的比较

一、实验目的
1. 学会滴定管的洗涤、涂油、试漏和气泡排除方法。
2. 练习滴定操作技术，学会正确使用酸式、碱式滴定管和读数方法。
3. 学会正确判断酚酞、甲基橙两种酸碱指示剂的滴定终点（即变色点）。
4. 学会分析数据的正确记录和计算方法。
实验前要求预习第四章第六节一滴定管。

二、实验试剂
1. 浓度为 $c_{NaOH}=0.1mol/L$ NaOH 溶液（要求不含碳酸根离子）。
2. 浓度为 $c_{HCl}=0.1mol/L$ HCl 溶液。
3. 0.1%酚酞指示剂。
4. 0.1%甲基橙指示剂。

三、实验内容
1. 实验仪器的准备
(1) 酸式、碱式滴定管各一支，洗涤至内壁不挂水珠。然后涂油、试漏，最后用5～10mL 去离子水润洗三次备用。
(2) 锥形瓶三个、称量瓶两个，用自来水洗至不挂水珠，再用少量去离子水润洗三次，备用。称量瓶洗净后倒扣在干净的表面皿或滤纸上，令其自然干燥，以备下次实验用。
2. 酸碱溶液浓度的比较
(1) 将洗好的酸碱滴定管分别用 $c_{HCl}=0.1mol/L$ 的 HCl 溶液和 $c_{NaOH}=0.1mol/L$ NaOH 溶液 5～10mL 润洗滴定管内壁和尖嘴3次，然后将 HCl 和 NaOH 溶液分别装入酸、碱滴定管，并把液面刻度调到近"0"处，静置1min再调至刻度"0"处，记录初始读数。
(2) 由碱式滴定管放出 25.00mL，浓度 $c_{NaOH}=0.1mol/L$ NaOH 溶液于锥形瓶中，加 20mL 去离子水和 1～2 滴 0.1%甲基橙指示剂，用浓度 $c_{HCl}=0.1mol/L$ HCl 溶液滴定，溶液由黄变橙即为滴定终点，记录最终读数。
按此方法重复滴定几次，计算酸、碱溶液的浓度比 c_{NaOH}/c_{HCl}。
若滴过终点还可从碱滴定管加几滴 NaOH 溶液，再用 $c_{HCl}=0.1mol/L$ HCl 溶液滴定至由黄变橙为止。由最终读数计算浓度比。
(3) 由酸式滴定管放出 25.00mL 浓度 $c_{HCl}=0.1mol/L$ HCl 溶液于锥形瓶中，加 20mL 去离子水和 1～2 滴 0.1%酚酞指示剂，用浓度 $c_{NaOH}=0.1mol/L$ NaOH 溶液滴定，溶液呈微红色保持 30s 不褪即为终点，记录最终读数。
依此方法重复滴定几次，计算酸碱溶液浓度比 c_{NaOH}/c_{HCl}。若滴定过了终点，也可以从酸式滴定管加几滴 HCl 溶液，使溶液变为无色，再用 $c_{NaOH}=0.1mol/L$ NaOH 溶液滴定到微红色，根据最终读数计算浓度比。

四、思考题
1. 在装入标准溶液之前，滴定管为什么要用标准溶液润洗3次？滴定中使用的锥形瓶是否需要用试液润洗 3 次？

2. 用碱标准溶液滴定酸时，酚酞为指示剂滴定到微红色终点后放置一段时间为什么微红色会褪去？是否需要再滴定？

3. 滴定时在锥形瓶中加入少量去离子水，是否影响终点读数？为什么？

五、实验记录表格和数据处理（表 8-1）（供参考）

1. 用甲基橙作为指示剂。
2. 用酚酞作为指示剂（格式同表 8-1）。

表 8-1　酸碱溶液浓度比较实验记录和数据处理

记录项目	1	2	3
NaOH 最终读数/mL			
NaOH 初始读数/mL			
V_{NaOH}/mL			
HCl 最终读数/mL			
HCl 初始读数/mL			
V_{HCl}/mL			
c_{NaOH}/c_{HCl}			
浓度比平均值			
个别偏差			
平均偏差			

实验五　氢氧化钠标准溶液的标定和工业乙酸含量测定

氢氧化钠标准溶液的标定

一、实验目的

1. 掌握氢氧化钠标准溶液的标定原理和方法。
2. 学会正确使用分析天平，用递减称量法称量基准物。
3. 学会正确使用容量瓶、移液管的基本操作方法。
4. 进一步熟悉滴定管的基本操作。

实验前要求预习第四章第六节"二、容量瓶"和"三、移液管和吸量管"。

二、标定原理

标定 NaOH 标准溶液的基准物有邻苯二甲酸氢钾（$KHC_8H_4O_4$）和草酸（$H_2C_2O_4 \cdot 2H_2O$）。邻苯二甲酸氢钾作为基准物的优点是：①易于获得纯品；②易于干燥不吸湿；③摩尔质量大称样多，可降低称量相对误差。但它的价格较高，本实验采用草酸作为基准物，标定反应为：

$$H_2C_2O_4 + 2NaOH \longrightarrow Na_2C_2O_4 + 2H_2O$$

产物为 $Na_2C_2O_4$，是个二元碱，化学计量点的 pH 值为 8.45，因此选用酚酞作为指示剂。

三、实验试剂

1. 固体氢氧化钠试剂：三级品即可。
2. 固体草酸试剂：作为基准物使用，必须是一级品。
3. 0.1%酚酞指示剂。

四、实验内容

1. 玻璃仪器的洗涤

（1）洗净50mL碱式滴定管、250mL容量瓶和25mL移液管各1支，要求洗至内壁不挂水珠。

（2）洗净250mL锥形瓶3个，100mL小烧杯及100mL量筒各1支，1000mL带橡皮塞的试剂瓶1个，滴管1支。

2. 配制800mL $c_{NaOH}=0.1mol/L$ NaOH溶液：用清洁干燥的表面皿于粗台秤上迅速称取固体NaOH试剂3g，置于100mL小烧杯中，加50mL去离子水溶解，倒入1000mL试剂瓶中，再加700mL去离子水稀释至750mL，盖好橡皮塞并充分摇匀。

3. 草酸标准溶液的配制：在分析天平上准确称取草酸____g（称准至0.2mg）于100mL小烧杯中，加去离子水50mL，用玻璃棒轻轻搅拌溶解，绝对不得溅出来。然后将溶液毫无损失地转移到250mL容量瓶中，用少量去离子水洗涤烧杯3～4次，洗涤液也移入容量瓶。最后用去离子水稀释至标线，盖好瓶塞、摇匀。

4. 氢氧化钠溶液的标定：洗净的移液管用草酸标准溶液润洗3次，然后移取25.00mL草酸标准溶液于锥形瓶中，加1～2滴酚酞指示剂，用$c_{NaOH}=0.1mol/L$ NaOH标准溶液滴定至微红色，在30s不褪色即为终点。记下滴定所消耗的NaOH溶液体积。

重复标定几次，取其中3个极差小于0.05mL的数据计算标定结果。标定好的NaOH标准溶液应贴上标签、写明浓度和标定日期，备下次实验用。

五、思考题

1. 用固体NaOH试剂能否直接配制标准溶液？为什么？
2. 本实验草酸称量范围是多少？称量过多或过少有什么不好？
3. 容量瓶中的草酸标准溶液未充分摇匀会造成什么后果？
4. 不用待移取的溶液润洗移液管移取溶液时给分析结果带来什么样的误差？
5. 以草酸为基准物标定NaOH标准溶液，为什么要选用酚酞作为指示剂？
6. 如何正确地使用移液管和容量瓶？

六、实验记录和数据处理（表8-2）（示范表格）

表8-2 滴定分析实验记录和数据处理

天平号		零点	称量前 称量后		变动性	（小格）
称量瓶＋草酸质量/g						
倒出草酸后称量瓶质量/g						
倒出草酸的质量/g						
标定次数		1		2		3
NaOH最终体积/mL						
NaOH初始体积/mL						
NaOH消耗体积/mL						
计算公式						
c_{NaOH}/(mol/L)						
$\bar{c}_{NaOH}$/(mol/L)						
个别标定偏差						
绝对平均偏差						
相对平均偏差						

工业乙酸含量的测定

一、实验目的
1. 进一步熟悉滴定管、容量瓶和移液管的基本操作。
2. 掌握强碱滴定弱酸的基本原理、指示剂的选择和测定结果计算。

二、测定原理
乙酸的 $pK_a = 4.74$，用 NaOH 标准溶液滴定 HAc 的滴定反应为：
$$HAc + NaOH \longrightarrow NaAc + H_2O$$
滴定到化学计量点时为 NaAc 的水溶液，pH 值为 8.7，故应选用酚酞作为指示剂，终点由无色变为微红色，30s 内不褪为止。

三、实验试剂
1. $c_{NaOH} = 0.1 mol/L$ NaOH 标准溶液（已标定过的）。
2. 0.1% 酚酞指示剂。
3. 含 HAc 试液。

四、测定方法
1. 试液的稀释　用移液管吸取乙酸试液 10.00mL，放入 250mL 容量瓶中，加去离子水稀释至标线，盖好塞子，充分摇匀。
2. 滴定　用移液管从容量瓶中吸取 25.00mL 稀释后的乙酸溶液，放入锥形瓶中，加 1～2 滴酚酞指示剂，用 $c_{NaOH} = 0.1 mol/L$ NaOH 标准溶液滴定至微红色，30s 内不褪为止，记下消耗 NaOH 标准溶液的体积。

按以上方法重复测定几次，选择其中 3 个数据，要求极差在 0.05mL 之内，计算测定结果和相对平均偏差。

五、思考题
1. 用 NaOH 标准溶液测定 HAc 溶液中乙酸的含量属于哪一类滴定？为什么必须用酚酞指示剂？
2. 在储存过程中 NaOH 标准溶液吸收了空气中的 CO_2，对测定结果有无影响？
3. 本实验滴定终点怎样掌握？为什么滴定到终点放置一段时间后酚酞的微红色会逐渐消失？

六、实验记录及数据处理（表 8-3）（示范表格）

表 8-3　乙酸含量测定实验记录及数据处理

取原 HAc 试液体积/mL		10.00	
HAc 试液稀释后体积/mL		250.0	
移取稀释后试液体积/mL		25.00	
测定次序	1	2	3
NaOH 最终读数/mL			
NaOH 初始读数/mL			
消耗 NaOH 体积/mL			
计算公式			
测定结果/(g/L)			
平均值/(g/L)			

个别测定偏差			
绝对平均偏差			
相对平均偏差			

实验六 电离平衡和沉淀反应

一、实验目的

1. 加深理解弱酸与弱碱的电离平衡及其移动。认真领会共轭酸碱对组成的溶液其缓冲作用原理。学习正确配制缓冲溶液并能应用其性质控制溶液的 pH 值。进一步认识盐类水解反应及其水解平衡的移动。

2. 加深理解难溶电解质的沉淀生成与溶解的平衡及其移动。掌握溶度积规则的运用,正确分析沉淀生成、溶解、转化和先后次序以及混合离子的分离。学会离心试管和电动离心机的使用。

3. 引导学生准确观察实验现象,勤于思考,善于分析,提高实验效果。着重训练学生书写实验报告的能力,培养正确叙述、归纳、综合和提炼等思维能力。

二、实验原理

1. 弱电解质在溶液中的电离平衡及其移动

若 AB 是弱酸或弱碱,则在水溶液中的单相离子平衡为:

$$AB(aq) \rightleftharpoons A^+(aq) + B^-(aq)$$

其电离常数 $K_i^\ominus = \dfrac{c(A^+)/c^\ominus \cdot c(B^-)/c^\ominus}{c(AB)/c^\ominus}$

电离度 $\alpha = \dfrac{\text{电离平衡时已电离的弱电解质的浓度}}{\text{弱电解质溶液的初始浓度}} \times 100\%$

在此平衡体系中,若加入含相同离子的强电解质,由于平衡向生成 AB 分子的方向移动,使 AB 的电离度降低,这表明增加同种离子的浓度,产生了抑制 AB 离解的效应,这种效应叫做同离子效应。

弱酸及其盐(如 HAc 与 NaAc)或弱碱及其盐(如 $NH_3 \cdot H_2O$ 与 NH_4Ac)组成的混合溶液,形成了共轭酸碱对体系,产生了同离子效应,在该体系中存在着更多量的弱酸(或弱碱)分子与弱酸根离子(或弱碱根离子),它们具有抵消外增的 H^+ 或 OH^- 的能力,一定程度上对外来的酸或碱起缓冲作用,即当另外加入少量的酸或碱或稀释溶液时,该混合溶液的 pH 值基本不变,这种溶液叫缓冲溶液。

缓冲溶液的 pH 值计算公式为:

$$pH = pK_a^\ominus + \lg \dfrac{c(\text{弱酸盐})/c^\ominus}{c(\text{弱酸})/c^\ominus}$$

式中,$pK_a^\ominus$ 为 $-\lg K_a^\ominus$。

缓冲溶液的缓冲能力和组成缓冲溶液的组分及浓度有关。当 $c(\text{弱酸盐}):c(\text{弱酸})=1$ 时,$pH = pK_a^\ominus$,即当配制的缓冲溶液的 pH 值接近 $pK_a^\ominus$ 时,缓冲组分比值近似 1:1,有较大的缓冲能力,若缓冲组分的比值离 1:1 愈远,缓冲能力就愈小,甚至丧失缓冲能力。对于任何缓冲体系的有效缓冲范围大致在 $pK_a^\ominus$ 或 $pK_b^\ominus$ 值增减各一个 pH 值单位之内:

弱酸及其共轭碱体系：$pH = pK_a^\ominus \pm 1$

弱碱及其共轭酸体系：$pH = 14 - (pK_b^\ominus \pm 1)$

例如 HAc 的 $pK_a^\ominus = -\lg K_a^\ominus = 4.75$，所以用 HAc 和 NH_4Ac 适宜于配制 pH 值为 3.75~5.75 的缓冲溶液，在这个范围内有较好的缓冲作用，当配制 pH=4.75 的缓冲溶液时缓冲能力最大，此时 $c_{NH_4Ac} : c_{HAc} = 1$。

配制一定 pH 值的缓冲溶液时，首先选定一个弱酸或弱碱，它的 $pK_a^\ominus$ 或 $pK_b^\ominus$ 尽可能接近所需配制缓冲溶液的 pH 值或 pOH 值，然后计算酸与碱的浓度比，根据此浓度比按一定操作规则和要求，便可配制所需的缓冲溶液（从有关化学手册可查得配制方法），当然，所选定的缓冲体系与被控制的体系之间应当不发生破坏或干扰作用。

2. 盐类水解

某些盐溶于水时，盐的离子与水发生反应，彼此发生质子转移，这种水对盐的作用称为水解。它可以看成酸碱中和的逆反应。由于中和反应是放热反应，所以水解反应是吸热反应。根据平衡移动原理，升温有利于水解反应进行。

盐类水解后的溶液的酸碱度取决于盐的类型：弱酸强碱盐水解的溶液呈碱性 pH>7；弱碱强酸盐水解的溶液呈酸性 pH<7；弱酸弱碱盐的水溶液酸碱性决定于弱酸弱碱的电离常数数值的相对大小：$K_a^\ominus \geqslant K_b^\ominus$，相应的水溶液的 $pH \leqslant 7$；$K_a^\ominus < K_b^\ominus$，相应的水溶液的 pH>7。

盐的水解程度可用水解度 h 表示：

$$h = \frac{\text{盐的水解部分的浓度}}{\text{盐的初始浓度}} \times 100\%$$

盐的水解平衡体系是一个多重平衡的体系：由多重平衡规则可导出水解常数

$$K_h^\ominus = K_b^\ominus(Ac^-) = \frac{K_w^\ominus}{K_a^\ominus(HAc)}$$

$$\text{水解度 } h = \sqrt{\frac{K_h^\ominus}{c(\text{盐})/c^\ominus}} = \sqrt{\frac{K_w^\ominus}{K_a^\ominus \cdot c(\text{盐})/c^\ominus}}$$

由上式知弱酸强碱盐的水解度 h 与 $c(\text{盐})$ 和 $K_a^\ominus$ 有关，$c(\text{盐})$ 愈小，$K_a^\ominus$ 值愈小（酸愈弱），水解度愈大。

由于

$$c(OH^-) = c(\text{盐}) \cdot h = \sqrt{\frac{K_w^\ominus}{K_a^\ominus} \cdot c(\text{盐})/c^\ominus}$$

$$\frac{c(H^+)}{c^\ominus} = \frac{K_w^\ominus}{c(\text{盐}) \cdot h/c^\ominus} = \sqrt{\frac{K_w^\ominus \cdot K_a^\ominus}{c(\text{盐})/c^\ominus}}$$

$$pH = -\lg \frac{c(H^+)}{c^\ominus} = \frac{1}{2}pK_w^\ominus + \frac{1}{2}pK_a^\ominus + \frac{1}{2}\lg c(\text{盐})/c^\ominus$$

按上面的思路，同样可以导出弱碱强酸盐的 $K_h^\ominus$、h 和 pH 值的计算公式。

对于弱酸弱碱盐，应用多重平衡规则，由电荷平衡和质量平衡加以分析，就可以导出：

$$K_h^\ominus = \frac{K_w^\ominus}{K_a^\ominus K_b^\ominus}$$

$$\frac{h}{1-h} = \sqrt{\frac{K_w^\ominus}{K_a^\ominus K_b^\ominus}}$$

$$\frac{c(H^+)}{c^\ominus} = \sqrt{\frac{K_w^\ominus K_a^\ominus}{K_b^\ominus}}$$

说明弱酸弱碱盐的水解度与盐的浓度无关，而水解常数一般都很大，水解较剧烈。

酸式盐的水溶液，水解平衡和电离平衡可以共存，溶液的酸碱性比较复杂，定量计算公式也可从多重平衡体系导出，不再陈述。一般认为，水解趋势大于电离趋势时为碱性，小于电离趋势时为酸性。

倘若盐的水解产物溶解度很小，水解时在溶液中会生成沉淀。例如：

$$BiCl_3 + H_2O \rightleftharpoons BiOCl\downarrow + 2H^+ + 2Cl^-$$
$$\rightleftharpoons BiO^+ + Cl^-$$

如果加入强酸（如 HCl）因同离子效应，平衡向左移动、抑制了 $BiCl_3$ 水解，使沉淀 BiOCl 溶解，因此配制 $BiCl_3$ 溶液时，为防止水解时生成沉淀，预先应加入一定量的盐酸。

如果易水解的弱酸盐与弱碱盐的水溶液相互混合时，由于彼此促进对方的水解反应，从而使两种水解反应进行到底，例如 $Al_2(SO_4)_3$ 与 $NaHCO_3$ 的水溶液混合时，由于互促水解，使反应彻底进行。

3. 难溶电解质的沉淀生成和溶解，多相离子平衡及其移动

在难溶电解质的饱和溶液中，未溶解的固体与溶液中相应离子之间建立了多相离子平衡，例如：

$$PbI_2(s) \rightleftharpoons Pb^{2+}(aq) + 2I^-(aq)$$

定温下标准平衡常数表达式为：

$$K_{sp}^{\ominus}(PbI_2) = [c(Pb^{2+})/c^{\ominus}] \cdot [c(I^-)/c^{\ominus}]^2$$

称 $K_{sp}^{\ominus}(PbI_2)$ 为碘化铅的溶度积常数。

根据溶度积规则，可以判断沉淀的生成和溶解。将溶液中的实际相对浓度 $[c(Pb^{2+})/c^{\ominus}]$ 和 $[c(I^-)/c^{\ominus}]^2$ 的乘积称为离子积，用 $Q_i^{\ominus}$ 表示与 $K_{sp}^{\ominus}(PbI_2)$ 值相比较，当：

$Q_i^{\ominus} > K_{sp}^{\ominus}$ 溶液过饱和，处于不稳定状态，可能析出沉淀；

$Q_i^{\ominus} = K_{sp}^{\ominus}$ 溶液饱和状态，多相离子平衡处于动态平衡；

$Q_i^{\ominus} < K_{sp}^{\ominus}$ 溶液未饱和状态，无沉淀析出，若初始有沉淀则会溶解。

倘若在难溶电解质饱和溶液中，加入同离子的沉淀剂，此时，因同离子效应使离子浓度幂的乘积 $Q_i^{\ominus} > K_{sp}^{\ominus}$，平衡向生成沉淀方向移动，从而使难溶电解质的溶解度减小，被沉淀的离子浓度减小，沉淀更加完全。当然沉淀剂的用量必须适量，否则，不能忽略盐效应，因为盐效应对难溶电解质的溶解度起着增大作用。

如果溶液中同时含有数种可以被同一种沉淀剂沉淀的离子，当逐步滴加共同沉淀的沉淀剂时，可以应用溶度积规则来判断沉淀反应的先后顺序。离子浓度幂的乘积首先达到其溶度积的那种离子首先沉淀，随着沉淀剂浓度增加会使第二、第三种离子的浓度幂乘积先后达到它们各自的溶度积而与第一种离子共同沉淀，这种按先后次序的沉淀现象叫分步沉淀。例如，$Cu^{2+}[K_{sp}^{\ominus}(CuS) = 6.30 \times 10^{-36}]$ 与 $Zn^{2+}[K_{sp}^{\ominus}(ZnS) = 1.60 \times 10^{-24}]$ 的混合溶液，若它们的离子浓度相近，可以通过沉淀剂 Na_2S 的浓度调节，使 Cu^{2+} 沉淀为 CuS，而 Zn^{2+} 不沉淀，如果当 CuS 沉淀完全时 [溶液中 $c(Cu^{2+}) \leq 10^{-5}$ mol/L]，而 Zn^{2+} 仍未开始沉淀，就可以实现两种离子的分离（读者可以通过计算说明同浓度的 Cu^{2+} 与 Zn^{2+} 分离条件，如何控制 S^{2-} 浓度）。

两种沉淀之间可以相互转化，例如

$$BaCO_3(s) + SO_4^{2-}(aq) \rightleftharpoons BaSO_4(s) + CO_3^{2-}(aq)$$

$$K^{\ominus} = \frac{c(CO_3^{2-})/c^{\ominus}}{c(SO_4^{2-})/c^{\ominus}} = \frac{K_{sp}^{\ominus}(BaCO_3)}{K_{sp}^{\ominus}(BaSO_4)} = \frac{5.10 \times 10^{-9}}{1.10 \times 10^{-10}} = 46.36$$

$K^\ominus > 1$，$BaCO_3$ 更易转化为 $BaSO_4$，但是如果使 CO_3^{2-} 浓度超过 SO_4^{2-} 浓度 46.40 倍，反复进行转化与分离操作，也可使 $BaSO_4$ 全部转化为 $BaCO_3$。又如：

$$Ag_2CrO_4(s)(A_2B \text{型}) + 2Cl^-(aq) \rightleftharpoons 2AgCl(s)(AB \text{型}) + CrO_4^{2-}(aq)$$

$$K^\ominus = \frac{K_{sp}^\ominus(Ag_2CrO_4)}{K_{sp}^{\ominus 2}(AgCl)} = 3.40 \times 10^7$$

在纯水中溶解度 $S(Ag_2CrO_4) = \sqrt[3]{\frac{K_{sp}^\ominus(Ag_2CrO_4)}{4}} = 6.50 \times 10^{-5}$ mol/L，比 $S(AgCl) = \sqrt{K_{sp}^\ominus(AgCl)} = 1.34 \times 10^{-5}$ mol/L 大，且上述反应达到平衡时 $K^\ominus$ 值很大，砖红色 Ag_2CrO_4 沉淀极易转化为白色 $AgCl$ 沉淀，而要使 $AgCl$ 转化为 Ag_2CrO_4 是极难的，除非采用其他途径来解决。

沉淀溶解的方法有多种，例如：

$$Zn(OH)_2(s) + 2H^+ \rightleftharpoons Zn^{2+} + 2H_2O(\text{难电离物质})$$
$$ZnS(s) + 2H^+ \rightleftharpoons Zn^{2+} + H_2S(\text{弱酸})$$
$$ZnCO_3(s) + 2H^+ \rightleftharpoons Zn^{2+} + H_2O + CO_2(\text{气体})$$
$$Zn(OH)_2(s) + 2OH^- \rightleftharpoons [Zn(OH)_4]^{2-}(\text{配离子})$$
$$3CuS(s) + 8H^+ + 2NO_3^- \rightleftharpoons 3Cu^{2+} + 3S\downarrow + 2NO\uparrow + 4H_2O(\text{氧化-还原})$$

上述反应均是因为所生成的物质，促使难溶电解质饱和溶液中的阴离子或阳离子浓度降低，结果使 $Q_i^\ominus < K_{sp}^\ominus$，而使平衡向着溶解方向不断移动，沉淀就不断溶解。

4. 应用溶液中离子平衡原理

可以广泛应用于化学分析，物质的分离和制备。例如，在鉴定 Mg^{2+} 时，可以在 $NH_3 \cdot H_2O$-NH_4Cl 缓冲溶液中加入 Mg^{2+} 时，同时加入 HPO_4^{2-} 而不会生成 $Mg(OH)_2$ 沉淀，发生以下反应：$Mg^{2+} + HPO_4^{2-} + NH_3 \cdot H_2O \rightleftharpoons MgNH_4PO_4 \downarrow (\text{白}) + H_2O$。又如调节 pH=4 时，可以在溶液中分离 Fe^{3+} 和 Zn^{2+}，在 pH 值为 4 的条件下，Fe^{3+} 以 $Fe(OH)_3$ 形式沉淀完全，而 Zn^{2+} 尚未开始沉淀，仍留在溶液中。再如 $SbCl_3$ 在含乙醇的弱碱性水溶液中水解可制得纯净的 Sb_2O_3。

三、仪器与试剂

仪器：常规试管；离心试管；电动离心机。

试剂（浓度单位均为 mol/L 用数字表示在化学式后面括号中）：HCl(0.10、2、浓)；HAc(0.10、2)；H_2SO_4(0.10、2)；HNO_3(2、6)；H_2O_2(5%)；NaOH(0.1、2)；$NH_3 \cdot H_2O$(0.1、2、6)；$AgNO_3$(0.1)；$Al_2(SO_4)_3$(1)；$BaCl_2$(0.1)；$BiCl_3$(0.1)；$CaCl_2$(0.5)；$CdSO_4$(0.1)；$Ca(NO_3)_2$(0.1)；$CuSO_4$(0.1)；$FeCl_3$(0.5)；$Fe(NO_3)_3$(0.1)；KSCN(0.1)；KNO_3(0.1)；K_2CrO_4(0.1)；KI(0.1)；$MgCl_2$(0.1)；$MnSO_4$(0.1)；NaCl(0.1、饱和)；NaAc(0.1、1)；$NaHCO_3$(1)；Na_2CO_3(1)；NaH_2PO_4(0.1)；Na_2HPO_4(0.1)；NH_4Cl(0.1、1)；Na_2SiO_3(0.5)；Na_2S(0.1)；$Pb(NO_3)_2$(0.2)；$ZnSO_4$(0.1)；$Al(NO_3)_3$(0.1)。

固体：Na_2CO_3；$Al_2(SO_4)_3$；NH_4Ac；$NaHCO_3$；NaAc；锌粒。

指示剂：pH 试纸；甲基橙；酚酞；百里酚蓝。

四、实验步骤

1. 单相离子平衡及其移动

(1) 对比强酸与弱酸电离差异 取 2 支试管分别加入 2mL 0.10mol/L 的 HAc 和 HCl，用 pH 试纸试验 pH 值大小。分别在试管中加入 1 粒锌粒并滴入 1 滴 $CuSO_4$ 溶液。对比反应现象，加以分析说明。

(2) 同离子效应　取 2 支试管分别加 2mL 0.10mol/L 的 HAc 和 $NH_3 \cdot H_2O$，在盛 HAc 试管中加入 3 滴甲基橙，在盛 $NH_3 \cdot H_2O$ 试管中加入 3 滴酚酞，然后，分别在每支试管中加入少量 NH_4Ac 固体，观察溶液色变，加以解释。

(3) 缓冲溶液　取 2 支试管，分别加入 0.10mol/L HAc 与 NaAc 各 3mL，均加入百里酚蓝指示剂数滴，观察每支试管中溶液色变，将两支试管溶液混合，配成缓冲溶液，观察溶液色变，再将此混合液分盛 4 支试管中，在其中 3 支试管中分别加入 5 滴 0.10mol/L 的 HCl、NaOH 以及 2mL 去离子水，与原配制的缓冲溶液的颜色加以比较，颜色是否起变化？在加 HCl 与 NaOH 的两支试管中，继续分别加入过量的 HCl 与 NaOH，观察色变情况。另取 2 支试管分别加入 2mL 去离子水，再加百里酚蓝指示剂数滴，并分别加入 0.10mol/L 的 HCl 和 NaOH 各 1 滴，观察去离子水色变。

根据上述实验现象总结缓冲溶液的性质。

用浓度均为 0.10mol/L 的 Na_2HPO_4 和 NaH_2PO_4 代替 HAc 和 NaAc 混合溶液，按上述步骤进行操作，观察有关实验现象，加以解释。

2. 盐类的水解

(1) 各类盐的水解　取 4 支洁净试管，分别放入固体 $NaHCO_3$、Na_2CO_3、NH_4Ac、$Al_2(SO_4)_3$ 各 1 小匙，并加入 2mL 去离子水，配成四种盐溶液，用 pH 试纸检验它们各自的酸碱性，记录 pH 值，写出水解反应方程式，解释溶液呈酸碱性的原因。

(2) 温度对水解平衡的影响　取 2 支洁净试管，分别加入 1 小匙 NaAc 固体与 3mL 0.50mol/L $FeCl_3$ 溶液，在含 NaAc 固体试管中加入 3mL 去离子水，溶解为透明溶液并加入数滴酚酞，分别将 2 支试管微热直至沸腾，观察每支试管颜色与浊度变化，解释现象，写出有关反应式。

(3) 酸度对水解平衡的影响　取 1 支试管，加入 2mL 去离子水，加入 0.10mol/L 的 $BiCl_3$ 2 滴，观察 $BiCl_3$ 溶液冲稀后的沉淀现象，滴加 6mol/L 的 HCl，观察沉淀是否溶解，写出有关反应式，解释上述现象。

(4) 互促水解反应　取 2 支洁净试管，分别加入 0.50mol/L 的 $Al_2(SO_4)_3$ 溶液和 0.50mol/L Na_2SiO_3 溶液 2mL，在 $Al_2(SO_4)_3$ 的试管中加 1.0mol/L $NaHCO_3$ 溶液 1mL，在 Na_2SiO_3 的试管中加 1mol/L 的 NH_4Cl 溶液 1mL，观察现象，若现象不明显时，可以微微加热或稍待片刻，用水解平衡移动原理分析互促水解反应，写出有关反应式。

若用 $CuSO_4$ 和 Na_2CO_3 溶液代替 $Al_2(SO_4)_3$ 与 $NaHCO_3$ 溶液进行互促水解反应实验，观察现象，写出有关离子反应式。

3. 多相离子平衡及其移动

(1) 沉淀生成　取 1 支洁净离心试管，加入 0.20mol/L $Pb(NO_3)_2$ 溶液 0.50mL，滴加 2 滴饱和 NaCl 溶液，观察现象，沉淀沉降后，倾斜试管，沿管壁轻缓滴饱和 NaCl 溶液，滴至上层清液不再产生沉淀为止。用洁净滴管吸出上层清液（含 Pb^{2+} 吗？）转移到另一洁净试管中，加入 0.10mol/L 的 KI 溶液数滴，观察现象，根据同类型（AB_2 型：$PbCl_2$、PbI_2）难溶电解质的 $K_{sp}^{\ominus}$ 值大小解释有关现象。

取 4 支试管，用本实验提供的试剂，制取少量 AgCl、Ag_2CrO_4、$PbCrO_4$、PbS 沉淀，观察色态，放置，留做下面实验用（见 (4) 沉淀的转化）。

(2) 沉淀的溶解　在 4 支试管编号后，分别在①、②、③、④试管中各加入 0.10mol/L $MnSO_4$①、$ZnSO_4$②、$CdSO_4$③和 $CuSO_4$④溶液 2 滴，再加入 0.10mol/L Na_2S 2 滴，依编

号顺序分别加入稀 HAc、稀 HCl、浓 HCl 和 HNO$_3$ 各 2mL，振荡每支试管，如沉淀未全溶解，可微微加热。归纳难溶硫化物溶解情况。

取 1 支试管加入 0.10mol/L MgCl$_2$ 溶液 1mL 滴加 2mol/L NH$_3$·H$_2$O 0.5mL，再加入 1mol/L NH$_4$Cl 溶液 1mL，观察沉淀是否溶解，应用溶度积规则，加以解释。如在试管中继续加入 0.10mol/L Na$_2$HPO$_4$ 溶液 0.50mL，又有何种现象。写出有关反应式。

（3）分步沉淀　取 1 支洁净离心试管，滴加 0.10mol/L 的 NaCl 和 K$_2$CrO$_4$ 各 5 滴，稀释到 2mL，在此混合溶液中滴加 5 滴 0.10mol/L 的 AgNO$_3$，用玻璃棒轻缓搅拌均匀，用离心机沉降，观察沉淀色态，用洁净滴管吸取上层清液到另一试管中，再加数滴 0.10mol/L AgNO$_3$ 溶液，观察沉淀色态。

取 1 支离心试管，滴入 0.10mol/L CuSO$_4$ 溶液 3 滴与 CdSO$_4$ 溶液 6 滴，混合均匀，稀释到 3mL，加入 0.10mol/L Na$_2$S 溶液 3～4 滴，离心沉降，观察沉淀色态，吸取清液转移到另一试管中，再加数滴 0.10mol/L Na$_2$S 溶液，观察沉淀色态。

用溶度积理论解释上述分步沉淀现象。理论计算与沉淀先后次序的实验现象是否相符合？

（4）沉淀的转化　将（1）中实验制得的 Ag$_2$CrO$_4$ 沉淀，滴加 0.10mol/L NaCl 溶液，边滴边振荡试管，直到砖红色沉淀全部转化为白色沉淀为止。$K_{sp}^{\ominus}(AgCl) > K_{sp}^{\ominus}(Ag_2CrO_4)$，为何 Ag$_2CrO_4$ 沉淀容易转化为白色 AgCl 沉淀？

将（1）中实验制得的 PbS 沉淀，用氧化剂 H$_2$O$_2$ 协同转化。在 PbS 沉淀的试管中，滴加 5% H$_2$O$_2$ 溶液 1mL，振荡试管，观察黑色沉淀转化为白色沉淀，如仍未全部转化，可再加 1mL H$_2$O$_2$。

取 1 支试管，加入 0.10mol/L CaCl$_2$ 溶液 0.5mL，再加入 0.5mL 稀 H$_2$SO$_4$，用水冲稀到 3mL，待沉淀沉降后，吸取清液弃去，观察沉淀性状，再加入 0.10mol/L Na$_2$CO$_3$ 溶液 1mL，观察沉淀性状，再加水冲稀到 3mL，待沉淀沉降后，弃去清液，当加入 0.5mL 稀 H$_2$SO$_4$ 时，沉淀是否溶解。CaSO$_4$ 转化为 CaCO$_3$ 的实验有何实际意义。

用溶度积理论，解释上述实验结果。

（5）沉淀法分离混合离子

① Pb^{2+}、Ca^{2+}、K$^+$ 的混合溶液的沉淀分离：取 1 支离心试管，滴入 0.10mol/L 的 Pb(NO$_3$)$_2$、Ca(NO$_3$)$_2$、KNO$_3$ 溶液各 5 滴，混合摇匀后，滴加 0.10mol/L KI 溶液数滴，离心沉降后，在清液中再加 2 滴 0.1mol/L KI 溶液，如无沉淀生成，说明 Pb^{2+} 已沉淀完全。再用洁净滴管将清液转移到另一支离心试管中，在此清液中滴入 0.10mol/L Na$_2$CO$_3$ 溶液，直到 Ca^{2+} 完全沉淀、离心分离，在清液中只剩下 K$^+$。分离过程如下：

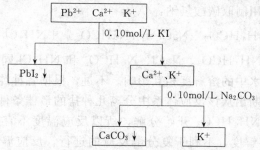

② Ag$^+$、Al^{3+}、Fe^{3+} 的混合溶液的沉淀分离：用 0.10mol/L AgNO$_3$、Al(NO$_3$)$_3$、Fe(NO$_3$)$_3$ 配成混合溶液，用本实验提供的试剂，将 Ag$^+$、Al^{3+}、Fe^{3+} 分离（用分离示意图设计分离过程）。

五、思考题

1. 能否用酚酞指示剂验证 HAc-NaAc 的同离子效应而用甲基橙指示剂来验证 $NH_3 \cdot H_2O$-NH_4Cl 的同离子效应？为什么？

2. 缓冲溶液为何有抗酸和抗碱能力？这种能力是否是无限制的？NaH_2PO_4、Na_2HPO_4 的混合液可以组成缓冲溶液吗？试加以分析说明。

3. 你认为能用 $NH_3 \cdot H_2O$-NH_4Cl 缓冲溶液来控制溶液的 pH 值达到分离 Fe^{3+} 与 Mg^{2+} 的目的吗？试述原因。

4. 如何配制 $Bi(NO_3)_3$、Na_2S 和 $SnCl_2$ 水溶液？

5. 总结沉淀生成、溶解及转化的各种方法。

6. 比较 $K_{sp}^{\ominus}(AgCl)$ 与 $K_{sp}^{\ominus}(Ag_2CrO_4)$ 的数值大小，为何在同浓度的 CrO_4^{2-}、Cl^- 混合溶液中，滴加 $AgNO_3$，先生成 AgCl 沉淀，后生成 Ag_2CrO_4 沉淀，实验结果与理论分析相符合吗？分析原因。

7. 如何正确洗涤和使用离心试管，遇到水洗洗涤洗不掉的碱性沉淀物如何办？如何正确并安全使用电动离心机？

实验七 碳酸钠的制备及其总碱量的测定

一、实验目的

1. 应用联合制碱法原理和各种盐类溶解度的差异性，通过复分解反应制备碳酸钠。
2. 掌握恒温条件控制及高温灼烧基本操作。
3. 掌握盐酸标准溶液的标定原理和方法，学会用 Q 检验法决定测定结果的取舍。
4. 掌握混合碱测定原理及测定结果的计算，学会用双指示剂滴定法，正确判断两个滴定终点。

二、实验原理

1. **碳酸钠的制备**

碳酸钠（工业上称为纯碱）的工业制法——联合制碱法，是将二氧化碳和氨气通入氯化钠溶液中，先生成碳酸氢钠，再经过高温灼烧，使它失去部分二氧化碳和水，转化为碳酸钠：

$$NH_3 + CO_2 + H_2O + NaCl = NaHCO_3 \downarrow + NH_4Cl$$

$$2NaHCO_3 \xrightarrow{\triangle} Na_2CO_3 + CO_2 \uparrow + H_2O$$

上述第一个反应实质上是碳酸氢铵与氯化钠在水溶液中的复分解反应，因此本实验直接采用碳酸氢铵与氯化钠作用制取碳酸氢钠：

$$NH_4HCO_3 + NaCl = NaHCO_3 \downarrow + NH_4Cl$$

在这个反应体系中，NH_4HCO_3、NaCl、$NaHCO_3$ 和 NH_4Cl 同时存在于水溶液中，构成一个多元体系，它们在水中的溶解度相互影响。不过，根据各种纯净盐在不同温度下的溶解度比较，便可以粗略判断出从该反应体系中分离几种盐的最佳条件和适宜步骤。

当温度超过35℃时，NH_4HCO_3 开始分解，所以反应温度不宜超过35℃。但温度太低又会影响 NH_4HCO_3 的溶解度，不利于复分解反应的进行，反应温度不宜低于30℃。从表 8-4 给出的溶解度数据看，在 30~35℃ 温度范围内，$NaHCO_3$ 的溶解度在四种盐中是最低的。所以，控制这一温度条件，将研细的固体 NH_4HCO_3 溶于较浓的 NaCl 溶液中，充分搅拌下就可析出 $NaHCO_3$ 晶体。NaCl 溶液密度与浓度对照表见表 8-5。

表 8-4 四种盐在不同温度下的溶解度①   g/100g

溶解度＼温度＼盐	0℃	10℃	20℃	30℃	40℃	50℃	60℃	70℃
NaCl	35.7	35.8	36.0	36.3	36.6	37.0	37.3	37.8
NH_4HCO_3	11.9	15.8	21.0	27.0	—	—	—	—
$NaHCO_3$	6.9	8.2	9.6	11.1	12.7	14.5	16.4	—
NH_4Cl	29.4	33.3	37.2	41.4	45.8	50.4	55.2	60.2

① 在100g水中的溶解度。

表 8-5 NaCl 溶液密度（kg/L）与浓度对照表（25℃）

$X/\%$	密度/(kg/L)	$\rho/(g/L)$	$c/(mol/L)$
20	1.148	229.5	3.927
22	1.164	256.0	4.380
24	1.180	283.2	4.846
26	1.197	311.2	5.325

2. 碳酸钠中总碱（混合碱）量的测定

混合碱是指 Na_2CO_3 和未分解的 $NaHCO_3$ 的混合物，可用"双指示剂法"测定。

用 HCl 标准溶液做滴定剂，由于 HCl 易挥发，不能配制成准确浓度的标准溶液，通常配制成 0.1～0.5mol/L 的标准溶液后用基准物进行标定，得出 HCl 的准确浓度。

标定 HCl 标准溶液的基准物有无水 Na_2CO_3 和硼砂。无水 Na_2CO_3 纯度高，价格便宜，但摩尔质量小，有强烈的吸湿性，使用前应在 270～300℃烘 1h 后，放置在干燥器中备用。

标定反应为

$$Na_2CO_3 + 2HCl =\!=\!= CO_2 + H_2O + 2NaCl$$

化学计量点时 pH 为 3.89，因此选用甲基橙作为指示剂。

双指示剂法：指以 HCl 作为标准溶液，酚酞为第一滴定终点的指示剂，甲基橙为第二终点的指示剂的滴定方法。当 HCl 滴定至第一终点（即酚酞变色）时，Na_2CO_3 被中和一半，而 $NaHCO_3$ 未被中和。设所消耗 HCl 溶液的体积为 V_1：

$$Na_2CO_3 + HCl =\!=\!= NaHCO_3 + NaCl$$

从完成第一终点到达第二终点时，原有的 $NaHCO_3$ 与新生成的 $NaHCO_3$ 均被中和为 CO_2 和 H_2O。设第二步所消耗 HCl 溶液的体积为 V_2：

$$NaHCO_3 + HCl =\!=\!= NaCl + CO_2 + H_2O$$

由此可见，两个滴定终点消耗 HCl 溶液的体积 $V_1 < V_2$，而且 Na_2CO_3 消耗 HCl 溶液的体积为两倍的 V_1，$NaHCO_3$ 消耗 HCl 溶液体积为 $(V_2 - V_1)$。根据 HCl 溶液的浓度及所消耗的体积，便可计算出 Na_2CO_3、$NaHCO_3$ 及总碱量 Na_2O 的质量分数。

三、仪器与试剂

1. Na_2CO_3 制备

（1）仪器与材料　恒温水浴加热器；烧杯；搅棒；蒸发皿；表面皿；研钵；减压过滤装置；剪刀；滤纸；台秤；称量纸；坩埚钳；铁三脚架；石棉网；比重计。

（2）试剂　NaCl（粗食盐水溶液，25%左右，备比重计测其密度）；NaOH（3mol/L）；Na_2CO_3（1.5mol/L）；HCl（3mol/L）；NH_4HCO_3(s)；pH 试纸；比色卡。

2. Na₂CO₃（制备产品）中总碱量测定

（1）仪器　台秤；分析天平；称量纸；移液管（25mL）；锥形瓶（每人3个）；滴定台架；酸式滴定管；铁三脚架；石棉网。

（2）试剂　HCl；甲基橙；酚酞。

四、实验内容和步骤

1. 碳酸钠的制备

（1）粗食盐水溶液的精制与调配　量取粗食盐水 NaCl（25％左右）25mL 放入一小烧杯中，用 3mol/L NaOH 和 1.5mol/L Na₂CO₃ 组成的等体积混合碱液（学生自己配制，几毫升即可）调节食盐水溶液的 pH 值至 11 左右，溶液中有明显沉淀物（一般为碱式碳酸镁和碳酸钙）生成，小火煮沸后用减压过滤法分离弃去沉淀，将滤液倒入洁净的小烧杯中，用 3mol/L HCl 调节其 pH=7，供下一步反应用。

说明：如果所用的食盐水溶液是由纯净的试剂 NaCl 配制而成，则可以省去以上的精制与调配步骤，量取 25mL NaCl 溶液后直接进行下一步复分解反应即可。

（2）复分解反应制中间产物 NaHCO₃　将盛有精制 NaCl 溶液的小烧杯放在水浴上加热，温度控制在 30～35℃。称取 NH₄HCO₃ 固体（可酌情加以研磨）细粉末 10g，在不断搅拌下分几次加入到上述溶液中。加料完毕后继续充分搅拌并保持反应要求温度 20min 左右。静置几分钟后减压过滤，便得到了 NaHCO₃ 晶体。可用少量水（不能多！思考为什么？）淋洗晶体以除去黏附的铵盐，再尽量抽干母液。将布氏漏斗中洁白、蓬松的 NaHCO₃ 晶体取出，在台秤上称其湿重并记录数据：中间产物 W_{NaHCO_3}(g)。

（3）灼烧制备 Na₂CO₃　将上面制得的中间产物 NaHCO₃ 放到蒸发皿中，放至石棉网上加热，同时必须用玻璃棒不停地翻搅，使固体均匀受热并防止结块。开始加热灼烧时可适当采用温火，几分钟后就要改用强火，大约灼烧 0.5h 左右，即可制得干燥的白色细粉状 Na₂CO₃ 产品。冷却到室温后，在台秤上称其质量并记录下最终产品 Na₂CO₃ 的质量数据 $m_{Na_2CO_3}$(g)。

（4）产品产率的计算　根据反应物间的相关性和实验中有关反应物的实际用量，确定产品产率计算基准，然后计算出理论产量 $m_{理论}$(g)，进而计算出产品产率：

$$产率(\%) = \frac{m_{实际}}{m_{理论}} \times 100\%$$

如果实验中所用原料 NaCl 为粗食盐，按其纯度为 90％ 计算 NaCl 的投料量；如果用精食盐为原料，则按其纯度为 100％ 计算。

2. 碳酸钠（产品）中总碱量的测定

（1）0.1mol/L HCl 标准溶液的配制　取 1mol/L HCl（实验室准备）40mL 倒入 500mL 试剂瓶中，加 350mL 去离子水稀释至 400mL，盖好玻璃塞充分摇匀备用。

（2）基准物无水 Na₂CO₃ 的配制　在分析天平上准确称取无水 Na₂CO₃ ＿＿＿ g 于 100mL 烧杯中，加去离子水 50mL，用玻璃棒轻轻搅拌溶解并转移至 250.0mL 容量瓶中。用少量去离子水洗涤烧杯 3～4 次，洗涤液也移入容量瓶中，最后用去离子水稀释至刻线，盖好瓶塞，摇匀备用。

（3）0.1mol/L HCl 的标定　用 25.00mL 移液管移取 Na₂CO₃ 标准溶液置于锥形瓶中，加 1～2 滴甲基橙指示剂，用 0.1mol/L HCl 标准溶液滴定至由黄变为橙色，记下滴定所消耗的 HCl 溶液体积，平行滴定三份，极差小于 0.05mL。

（4）样品溶液的配制　在分析天平上称取自制产品碳酸钠 1.2500g，放于 250.0mL 容量瓶中，用去离子水溶解并稀释至 250.0mL 刻度线，摇匀待测。

（5）用标准酸滴定确定混合碱含量　用移液管吸取上面配好的待测样品溶液 25.00mL，放到洁净的 250mL 锥形瓶中，加 10 滴酚酞指示剂，用标定好的 HCl 标准溶液（0.1mol/L 左右）滴定至很浅的粉色（可与参比液对照），此时为第一个滴定终点，记录下所消耗 HCl 溶液的体积 V_1；然后加入 2 滴甲基橙指示剂（此时溶液呈黄色），继续用标准 HCl 溶液滴定至溶液变为橙色。将溶液放到石棉网上加热煮沸 1~2min，冷却后溶液又变为黄色，再继续补滴 HCl 至溶液再变为橙色（30s 不褪色）为止。此时为第二个滴定终点，记录下所耗 HCl 的体积 V_2。

再以同样的方法重复取样滴定几次，要求取三个平行数据，消耗 HCl 的总体积（V_1+V_2）的极差不大于 0.05mL。

（6）样品中两碱百分含量的计算

两个终点所消耗的 HCl 体积采用连续计量，即到达第一终点时所消耗 HCl 体积为 V_1，继续滴定，到达第二终点时所耗 HCl 的总体积记为 $V_总$。则在两步滴定所用 HCl 的总量中，样品所含 Na_2CO_3 消耗 HCl 体积为 $2V_1$，样品中所含 $NaHCO_3$ 消耗 HCl 的体积为（$V_总-2V_1$）。

所以，根据 V_1 和 $V_总$ 的数量大小，可以计算出样品中两个组分 Na_2CO_3 与 $NaHCO_3$ 的质量分数（w），进而可以计算出样品中总碱量（Na_2O）。

实验数据归纳于表 8-6 中。

表 8-6　混合碱分析数据记录及结果计算

样品号	样品量/g	标准 HCl 溶液浓度/(mol/L)	HCl 用量/mL		$w(Na_2CO_3)/\%$	$w(NaHCO_3)/\%$	$w(Na_2O)/\%$
			V_1	V_2			
1							
2							
3							

五、思考题

1. 在制备 Na_2CO_3 的过程中，粗食盐水溶液精制的目的何在？在精制与调配过程中，先后两次调节溶液的 pH 值分别为 11 和 7，各自的目的是什么？

2. 在产品纯度分析测定中，用标准 HCl 溶液滴定到达第二个终点时，为什么要将溶液加热煮沸？不然将对实验数据带来什么影响？

3. 在滴定过程中，两个滴定终点的指示剂为什么要选择不同的两种？各自的特征是什么？

4. 影响产品产量高低的主要因素有哪些？影响产品纯度，即 Na_2CO_3、$NaHCO_3$ 及其他杂质含量的主要因素有哪些？

第二节　基础化学实验部分

实验八　元素及化合物性质（一）

Ⅰ.卤素及其化合物的性质与离子鉴定

一、实验目的

1. 掌握卤素单质的歧化反应及歧化反应的逆反应。

2. 比较卤素单质的氧化性和卤负离子的还原性。
3. 掌握卤化氢的制备原理，比较卤化氢还原性的相对强弱。
4. 掌握卤素含氧酸盐的氧化性。
5. 学会分离和鉴定 Cl^-、Br^-、I^- 的方法。
6. 学会使用离心机进行固液分离的操作技术。

二、实验原理

1. 卤素单质及其化合物的氧化还原性

为了说明卤素单质的歧化反应、卤素单质的氧化性、卤离子的还原性，以及卤素含氧酸的氧化性，下面列出氯的标准电极电势图和溴、碘的部分标准电极电势图：

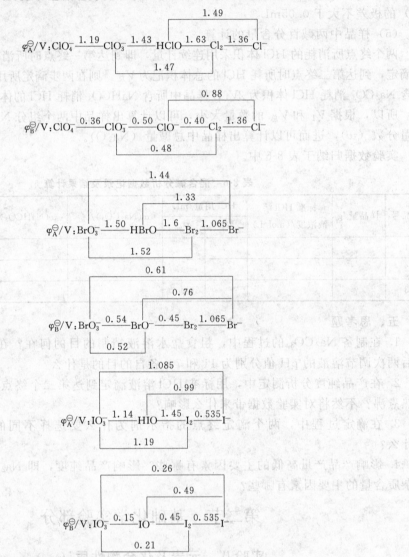

从以上标准电极电势图可以看出：

(1) 卤素单质的氧化性：$F_2 > Cl_2 > Br_2 > I_2$

卤负离子的还原性：$I^- > Br^- > Cl^- > F^-$

单质作为氧化剂，前面的卤素可以把后面的卤素从它们的卤化物中置换出来。故 Cl_2 可以氧化 Br^-、I^- 卤离子，而且过量的 Cl_2 可将 I_2 进一步氧化为无色的 IO_3^-：

$$I_2 + 5Cl_2 + 6H_2O \longrightarrow 2IO_3^- + 10Cl^- + 12H^+$$

请结合标准电极电势考虑 Br_2 与氯水能否发生类似反应，为什么？

(2) Cl_2、Br_2、I_2 单质在碱性介质中可发生歧化反应，再加酸则发生歧化反应的逆反应：

$$X_2 + 2OH^- \longrightarrow X^- + XO^- + H_2O \quad (X_2 = Cl_2, Br_2)$$

Cl_2 在 75℃ 以下发生以上反应；Br_2 在 0℃ 以下才可得到 BrO^-；I_2 在碱性介质中可以说不歧化为 IO^-。

$$3X_2 + 6OH^- \longrightarrow 5X^- + XO_3^- + 3H_2O \quad (X_2 = Cl_2, Br_2, I_2)$$

Cl_2 在 75℃ 以上发生上面歧化；Br_2 在 50℃ 以上歧化产物几乎全是 BrO_3^-；可以说 I_2 在任何温度均发生以上歧化。而在酸性介质中发生歧化反应的逆反应：

$$X^- + XO^- + 2H^+ \longrightarrow X_2 + H_2O$$
$$5X^- + XO_3^- + 6H^+ \longrightarrow 3X_2 + 3H_2O$$

(3) 卤素的含氧酸盐是常见的氧化剂，但是它们在中性、碱性介质中比在酸性中氧化性弱。以 $KClO_3$ 为例，它在中性介质中氧化能力较弱，以至于不能氧化 I^- 为 I_2。但是在酸性介质中，不仅能氧化 I^- 为 I_2，而且还可以进一步氧化 I_2 为 IO_3^-：

$$ClO_3^- + 6I^- + 6H^+ \longrightarrow 3I_2 + Cl^- + 3H_2O$$
$$ClO_3^- + 5Cl^- + 6H^+ \longrightarrow 3Cl_2 + 3H_2O$$

对照上面两个反应，你可以得出什么结论？

$$2ClO_3^- + I_2 \longrightarrow 2IO_3^- + Cl_2$$

2. 卤化银的颜色和溶解性

卤化银，除 AgF 为离子型化合物外，$AgCl$、$AgBr$、AgI 均为共价型化合物，随着卤素负离子半径增大，X^- 的变形性增大，Ag^+ 对 X^- 极化作用增强，因而以 $AgCl$、$AgBr$、AgI 的顺序离子的相互极化作用增大，故其卤化银颜色依次加深，所以，$AgCl$ 颜色最浅为白色，$AgBr$ 为浅黄色，而 AgI 颜色最深为黄色；同时随极化作用增大，溶解性依次降低，$AgCl$、$AgBr$、AgI 均不溶于水，也不溶于稀 HNO_3。AgF 为离子型化合物，易溶于水。

卤化银在氨水中的溶解情况是：$AgCl$ 沉淀可溶解于氨水或 $(NH_4)_2CO_3$ 水溶液中，形成 $[Ag(NH_3)_2]^+$，若在此配离子的溶液中，加入稀 HNO_3，则 $AgCl$ 白色沉淀又复出，运用这一特征现象可以确定或鉴定 Ag^+ 和 Cl^-：

$$AgCl(s) + 2NH_3 \longrightarrow [Ag(NH_3)_2]^+ + Cl^-$$
$$[Ag(NH_3)_2]^+ + Cl^- + 2H^+ \xrightarrow{HNO_3} AgCl\downarrow + 2NH_4^+$$

溴化银 $AgBr$ 在氨水中只能部分溶解，而 AgI 则不能溶解在氨水中（可用不同浓度的 $Na_2S_2O_3$ 溶解 $AgBr$ 和 AgI）。

3. 卤化银的氧化性

$AgBr$ 和 AgI 可以被强还原剂如锌粉或镁粉还原（从标准电极电势的角度解释为什么？如何求 $\varphi_{AgCl/Ag}^{\ominus}$、$\varphi_{AgBr/Ag}^{\ominus}$、$\varphi_{AgI/Ag}^{\ominus}$？$\varphi_{Zn^{2+}/Zn}^{\ominus} = -0.763V$，$\varphi_{Mg^{2+}/Mg}^{\ominus} = -2.37V$），在 HAc 介质中，$AgBr$、AgI 中的 Ag^+ 被锌粉或镁粉还原为 Ag，同时会使 Br^- 和 I^- 转入溶液中，Br^- 和 I^- 遇氯水则被氧化为 Br_2 和 I_2，过量的氯水可将 I_2 进一步氧化为无色的 IO_3^-，而过量的氯水则不能氧化 Br_2 为 BrO_3^-（想想为什么？）。

4. 卤素单质的溶解性及溶液颜色

Cl_2、Br_2、I_2 在水中溶解度不大，它们的水溶液分别称为氯水（黄绿色）、溴水（橙红色或橙黄色）、碘水（黄褐色）。Cl_2、Br_2、I_2 在极性的无机溶剂水中和极性的有机溶剂醇、醚、酯中发生溶剂化（即在极性分子作用下，产生诱导偶极，如同极性分子一样，Cl_2、Br_2、I_2 也产生了两个极）；I_2 在非极性溶剂中（如 CCl_4 和苯中）溶解度增大，且呈现它的蒸气的紫红色（不产生诱导偶极，颜色不变深）。Br_2、I_2 为非极性分子，在非极性溶剂中溶解度比在水中大（相似者相溶），利用这种性质，用 CCl_4 或苯从水溶液中萃取或富集卤素单质，以便从水中将它们分离出来。

5. 卤化氢的制备及 HX 的还原性

关于卤化氢的制备，只有 HF 和 HCl 可以用相应的盐和浓 H_2SO_4 反应来制备，而 HBr 和 HI 则不能用相应的盐和浓 H_2SO_4 的反应来制备。这是由于浓 H_2SO_4 有氧化性，而 HBr 和 HI 具有还原性，且由于卤化氢的还原性依 HF、HCl、HBr、HI 次序依次增大，故浓 H_2SO_4 不被 HF、HCl 还原；而 HBr 将浓 H_2SO_4 还原成 SO_2；HI 将浓 H_2SO_4 还原为 H_2S。根据以上叙述你能否写出 CaF_2、NaCl 在常温时和浓 H_2SO_4 的反应？能否写出 NaBr、KI 和浓 H_2SO_4 的反应（后两者分两步写，先生成 HX，再 HBr、HI 还原浓 H_2SO_4）。

三、仪器与试剂

1. 仪器 离心机；离心试管；普通试管。
2. 试剂 所列溶液浓度单位均为 mol/L，为了方便只标浓度的数据。

氯水；溴水；碘水；品红溶液；淀粉溶液；CCl_4；锌粉；pH 试纸；$Pb(Ac)_2$ 试纸；淀粉 KI 试纸。

酸：H_2SO_4(2、6、浓)；HNO_3(6)；HAc(6)；HCl(2)。

碱：NaOH(2)；$NH_3 \cdot H_2O$(浓、2)。

盐：KBr（固、0.1）；KI（固、0.1）；NaCl（固、0.1）；$Na_2S_2O_3$（0.1）；$KClO_3$（饱和）；$AgNO_3$（0.1）。

四、实验步骤

1. 卤素单质的歧化反应和逆反应

(1) 在溴水（观察水溶液颜色）中滴加 2mol/L NaOH 溶液，有何变化？再加数滴 2mol/L H_2SO_4，又有什么现象？

(2) 用碘水代替溴水进行实验（可加淀粉指示剂）。

(3) 用氯水代替溴水进行实验。

写出上列各步反应式。用 $\varphi^\ominus$ 说明反应为什么可发生。

2. 卤素单质的氧化性

(1) 试管中加 3 滴 0.10mol/L KBr 溶液，5 滴 CCl_4，再滴加氯水，振荡，观察现象。滴加过量氯水，有无变化？

(2) 试管中加 1 滴 0.10mol/L KI 溶液，5 滴 CCl_4，再滴加适量氯水振荡，观察现象；滴加过量氯水振荡，观察现象。

(3) 试管中加 3 滴 0.1mol/L KI 溶液，5 滴 CCl_4，再滴加适量溴水，振荡，观察现象。再滴加过量溴水并振荡，CCl_4 层中是否变化？为什么？

(4) 试管中加 3 滴 0.1mol/L NaCl 溶液，5 滴 CCl_4，再加溴水并振荡，观察现象。说明是否有反应？

(5) 用碘水代替（4）中的溴水进行实验，观察现象，并说明是否有反应。

根据以上实验结果，总结氯、溴、碘单质氧化性的相对大小，写出各步反应式。

(6) 在(5)的试管中加 10 滴 0.1mol/L $Na_2S_2O_3$ 溶液,观察现象,写出反应式。

3. 卤化氢的还原性

(1) 在1支干燥的试管中加入黄豆粒大小的 NaCl 固体,再在抽风口下加入 3 滴浓 H_2SO_4,用玻璃棒蘸取一点浓氨水,靠近试管口,检验生成的气体。

(2) 在1支干燥的试管中加入黄豆粒大小的 NaBr 固体,再在抽风口下加入 3 滴浓 H_2SO_4,用打湿的淀粉碘化钾试纸检验生成的 Br_2 蒸气(或用打湿的 pH 试纸检验生成的 SO_2 气体),观察试管中产物颜色。

(3) 在1支干燥的试管中加入黄豆粒大小的 KI 固体,再在抽风口下加入 3 滴浓 H_2SO_4,用打湿的 $Pb(Ac)_2$ 试纸检验生成的气体 H_2S [注意观察 $Pb(Ac)_2$ 试纸上除了变黑外,有时还有发黄现象,想想为什么?],观察试管中产物的颜色。

写出上述有关反应式,比较 HCl、HBr、HI 还原性的相对强弱(说明浓 H_2SO_4 是否被还原,产物是什么?)。

4. 次氯酸钠的氧化性和漂白性

在 1 支试管中加入约 3mL 氯水,滴加 2~3 滴 2mol/L NaOH,用 pH 试纸检验溶液呈弱碱性即可(碱性千万不能过强,否则滴加 KI 的实验现象不明显)。将溶液分成 3 份于 3 支试管 A、B、C 中。

(1) 在试管 A 中加入 10 滴 2mol/L HCl,用湿润的淀粉 KI 试纸检验逸出的气体。

(2) 在试管 B 中加入 1 滴淀粉试液,再加入 10 滴 0.1mol/L 的 KI 溶液,注意观察现象。若现象不明显说明 ClO^- 溶液碱性太强,以至于 I_2 歧化为 IO_3^- 和 I^-,可以再加入 2mol/L H_2SO_4,使 I_2 再现的方法证实。然后重新制备 ClO^-,使 ClO^- 和 I^- 反应。

(3) 在试管 C 中,加入 1~2 滴品红溶液,观察其褪色情况(若现象不明显可用蒸馏水加品红做对照)。

解释现象并写出有关反应式。

5. 氯酸盐的氧化性

(1) 在试管中加入 2~3 滴 0.1mol/L 的 KI 溶液,再加入 1mL 饱和 $KClO_3$ 溶液,加入 1 滴淀粉溶液,并微热,观察现象。说明有无反应,为什么?

(2) 在(1)溶液中,再加入 10 滴 6mol/L 的 H_2SO_4 溶液,振荡试管,观察现象,若淀粉碘溶液的蓝色不褪色,再微热直至褪色。这里发生了几步反应,写出各步反应式。

对比(1)和(2)说明 ClO_3^-(其他含氧酸根亦如此)氧化性与酸碱介质的关系如何?

6. Cl^-、Br^-、I^- 混合离子的分离与鉴定

(1) AgX 沉淀的制取 在 1 支离心试管中同时加入浓度均为 0.1mol/L 的 NaCl、NaBr、KI 溶液各 2 滴,再加入 2~3 滴 6mol/L HNO_3 酸化,然后加入 0.1mol/L $AgNO_3$ 溶液至卤化银完全沉淀(一定要确保!为什么?如何确保?),离心分离,弃去上层清液,用去离子水洗涤两次,再次离心后留沉淀。

(2) Cl^-(或 Ag^+)的分离与鉴定 在(1)的沉淀中加入 2mol/L 的 $NH_3·H_2O$ 1~2mL,充分搅拌,使 AgCl 沉淀转化为 $[Ag(NH_3)_2]^+$,而 AgBr 和 AgI 仍为沉淀(为什么?),离心后保留沉淀并将清液转移至另 1 支试管中,加入 6mol/L HNO_3 至有白色沉淀产生。

(3) 锌粉还原 AgBr 和 AgI,使 Br^-、I^- 重新进入水溶液中。

在(2)所保留的 AgBr、AgI 混合沉淀中,加水洗涤离心分离两次,弃去洗涤水,在沉淀中加 10 滴水和少量锌粉,再加 1mL 6mol/L HAc 溶液,水浴中加热并充分搅拌(为什

么?),离心后将含有 Br^- 和 I^- 的清液转移到另 1 支试管中。

(4) Br^-、I^- 的分离与鉴定 向(3)的清液中加入 0.5mL CCl_4,再逐滴加入饱和氯水,边加边振荡,观察 CCl_4 层从紫红色→橙黄色,表示有 I^- 和 Br^- 存在和二者的分离过程,最后碘以无色的 IO_3^- 存在于水溶液中,而 Br_2 则富集在 CCl_4 层中(为什么?)。

写出以上各步反应式,并简要解释。

五、思考题

1. 如何用 0.1mol/L $AgNO_3$、2mol/L $NH_3 \cdot H_2O$ 和 6mol/L HNO_3 溶液鉴定 Cl^-(或 Ag^+)?

2. $AgCl$、$AgBr$、AgI 在氨水中的溶解性如何?你能通过计算说明 1L 多大浓度的氨水才可溶解 0.10mol 的 $AgCl$、$AgBr$、AgI? 0.10mol 的 $AgBr$ 和 AgI 能溶在 1L 多少浓度(mol/L)的 $Na_2S_2O_3$ 中?

3. 向一未知液中加入 Cl^-,没有白色沉淀,能否说明此未知液中从没含有过 Ag^+? 如何证明?

4. 氯水、溴水和碘水在常温时与碱 NaOH 都能发生歧化反应,生成次卤酸根和卤离子的反应为一类歧化反应,生成卤酸根和卤离子的反应为二类歧化反应,讨论 Cl_2、Br_2、I_2 在常温时与碱发生歧化反应的类型相同吗? Br_2 在 0~50℃ 发生哪类歧化?

5. 在酸性介质中 Cl^- 和 I^- 均能还原 ClO_3^-,ClO_3^- 被 Cl^- 和 I^- 还原的产物有什么不同? 说明什么问题?

6. 向含有 Cl^-、Br^-、I^- 等离子(等浓度)的溶液中,加入 $AgNO_3$,如何保证沉淀完全,若沉淀不完全,会对后续实验有何影响(即可能丢哪种离子)?

7. 向 $AgBr$ 和 AgI 混合沉淀中加入 Zn 粉,若不充分搅拌会丢掉什么离子? 说明为什么?

8. Cl^-、Br^-、I^- 混合离子的分离与鉴定中,若最后只能检出 I^-(CCl_4 层为紫红色),而不能检出 Br^-(过量氯水使 CCl_4 层的紫红色褪色后,CCl_4 层中无色),请讨论哪一步有可能丢 Br^-?

Ⅱ. 氧、硫、氮、磷、锑、铋实验

一、实验目的

1. 了解硫、氮、磷、锑、铋所组成盐的水溶性以及水溶性盐和氧化物的水合物的酸碱性。

2. 掌握氧、硫、氮、磷、锑、铋化合物的氧化还原性。

3. 学会有关氧、硫、氮、磷元素所形成离子及化合物的鉴定。

二、实验原理

1. 盐的水溶性、水解性以及含氧酸和氢氧化物的酸碱性。

(1) 盐的水溶性 盐的水溶性除和温度有关外,主要取决于盐的本性:金属离子的半径、电荷、离子的构型;酸根离子的种类(属于强酸还是弱酸酸根离子)、负电荷多少等。一般金属离子的半径大、电荷少、离子构型为 8 电子构型者,其盐易溶于水:例如 Na^+、K^+、Rb^+、Cs^+ 很少有不溶性盐(它们和大的阴离子如 ClO_4^-、BiO_3^-、$[PtCl_6]^{2-}$ 形成的盐是比较难溶的)。相反,金属离子半径小、电荷高、离子构型为 9~17、18 或 18+2 电子构型者,其盐不易溶于水,尤其是和负电荷高、半径大的弱酸酸根离子如 CO_3^{2-}、PO_4^{3-}、S^{2-}、HPO_4^{2-} 等形成的盐难溶,如 $Ca_3(PO_4)_2$、$Ca(HPO_4)$、$MgCO_3$、$CaCO_3$、ZnS、CuS、Ag_2S、HgS、Sb_2S_3、Bi_2S_3 等均为不溶性盐。

(2) 水溶性盐的酸碱性　盐水溶液的酸碱性取决于盐的水解。多元弱酸强碱盐水溶液的酸碱性取决于第一步水解。例如 Na_3PO_4 水溶液中，水解以第一步 $PO_4^{3-} + H_2O \rightleftharpoons HPO_4^{2-} + OH^-$ 为主，故 $c(OH^-) = \sqrt{\dfrac{K_w^\ominus}{K_{a_3}^\ominus} c(PO_4^{3-})}$。

而对于多元弱酸酸式强碱盐，其水溶液的酸碱性，取决于水解和电离的综合结果，基本上与酸式盐酸根离子浓度无关，而与弱酸的各级电离常数 $K_{a_1}^\ominus$、$K_{a_2}^\ominus$、$K_{a_3}^\ominus$ 有关。

对于 NaH_2PO_4、$NaHCO_3$ 水溶液：

$$c(H^+) = \sqrt{K_{a_1}^\ominus \cdot K_{a_2}^\ominus}$$

对于 Na_2HPO_4 水溶液：

$$c(H^+) = \sqrt{K_{a_2}^\ominus \cdot K_{a_3}^\ominus}$$

(3) 含氧酸和氢氧化物的酸碱性　含氧酸和氢氧化物均可简单地用 R—O—H 通式表示，其酸碱性取决于 R—O—H 电离时是从 Ⅰ 处还是从 Ⅱ 处断裂（即取决于 R^{n+} 和 O^{2-} 以及 O^{2-} 和 H^+ 之间静电引力的相对大小）：

$$\underset{\text{碱式电离}}{R\overset{\text{Ⅰ}}{-\!\!\!|\!\!\!-}O-H} \qquad \underset{\text{酸式电离}}{R-O\overset{\text{Ⅱ}}{-\!\!\!|\!\!\!-}H}$$

一般随 R^{n+} 半径减小、电荷增高，静电引力 $F_{R^{n+}, O^{2-}} > F_{O^{2-}, H^+}$，R—O—H 从 Ⅱ 处断裂，进行酸式电离，且 R^{n+} 半径越小，电荷越高，酸性越强；反之则 $F_{R^{n+}, O^{2-}} < F_{O^{2-}, H^+}$ 则 R—O—H 从 Ⅰ 处断裂，进行碱式电离，且 R^{n+} 半径越大，电荷越低，碱性越强；当 $F_{R^{n+}, O^{2-}} \approx F_{O^{2-}, H^+}$ 时，则两种可能性均有，R—O—H 为两性物质：

H_3AsO_3	$Sb(OH)_3$	$Bi(OH)_3$
两性偏酸	两性	弱碱性

酸性 $H_2SO_4 > H_2SO_3$；$HNO_3 > HNO_2$。

2. 化合物的氧化还原性

同一元素所组成的不同氧化值的物质：低氧化值者具有还原性，如 H_2S、HI 等；中间氧化值者既具有氧化性，又具有还原性，如 H_2O_2、$Na_2S_2O_3$、Na_2SO_3、$NaNO_2$ 等；而最高氧化值者具有氧化性，如浓 HNO_3、浓 H_2SO_4 等。

H_2O_2、NO_2^-、SO_3^{2-} 既能被强氧化剂氧化，又能被还原剂还原：

$$2MnO_4^- + 5H_2O_2 + 6H^+ \longrightarrow 2Mn^{2+} + 5O_2\uparrow + 8H_2O$$

$$H_2O_2 + 2H^+ + 2I^- \longrightarrow 2H_2O + I_2$$

$$5NO_2^- + 2MnO_4^- + 6H^+ \longrightarrow 5NO_3^- + 2Mn^{2+} + 3H_2O$$

$$2NO_2^- + 2I^- + 4H^+ \longrightarrow 2NO + I_2 + 2H_2O$$

$$3SO_3^{2-} + Cr_2O_7^{2-} + 8H^+ \longrightarrow 3SO_4^{2-} + 2Cr^{3+} + 4H_2O$$

$$SO_3^{2-} + 2H_2S + 2H^+ \longrightarrow 3S\downarrow + 3H_2O$$

还有一类氧化还原反应属于歧化反应：

$$S_2O_3^{2-} + 2H^+ \longrightarrow SO_2\uparrow + S\downarrow + H_2O$$

$$2H_2O_2 \longrightarrow 2H_2O + O_2\uparrow$$

H_2O_2 作为氧化剂时，常见有气泡放出，就是发生了上述分解反应。

$$\varphi_A^\ominus/V: \qquad H_2SO_3 \xrightarrow{0.40} H_2S_2O_3 \xrightarrow{0.50} S$$

$$\varphi_A^\ominus/V: \qquad O_2 \xrightarrow{0.69} H_2O_2 \xrightarrow{1.77} H_2O$$

上述歧化反应之所以发生,均是由于 $\varphi_{右}^{\ominus}>\varphi_{左}^{\ominus}$。

3. 氧、硫、氮、磷的有关离子及化合物的鉴定

(1) H_2O_2 的鉴定　在含有 $Cr_2O_7^{2-}$ 的酸性溶液中,加入 H_2O_2 水溶液,生成深蓝色的过氧化铬 $CrO(O_2)_2$

$$Cr_2O_7^{2-}+4H_2O_2+2H^+\longrightarrow 2CrO(O_2)_2+5H_2O$$

$CrO(O_2)_2$ 极不稳定,易分解放出氧气,

$$4CrO(O_2)_2+12H^+\longrightarrow 4Cr^{3+}+7O_2\uparrow+6H_2O$$

为了提高 $CrO(O_2)_2$ 的稳定性,此反应常在冷的乙醚或戊醇溶液中进行。常用此反应鉴定 H_2O_2 或 $Cr(Ⅵ)$。

(2) S^{2-}、SO_3^{2-} 和 $S_2O_3^{2-}$ 的鉴定

① 最常用的方法是向其盐中加入稀 HCl:

$$S^{2-}+2H^+\longrightarrow H_2S\uparrow$$
$$SO_3^{2-}+2H^+\longrightarrow SO_2\uparrow+H_2O$$
$$S_2O_3^{2-}+2H^+\longrightarrow SO_2\uparrow+H_2O+S\downarrow$$

② S^{2-} 还可以用其金属硫化物的特征颜色及硫化物的溶解性,例如:

ZnS	MnS	CdS	PbS	CuS	Ag₂S	HgS
白↓	肉色↓	黄↓	黑↓	黑↓	黑↓	黑↓
溶于稀 HCl		溶于浓 HCl		溶于浓 HCl		溶于王水

③ 鉴定 $S_2O_3^{2-}$ 还可用 $AgNO_3$:

$$S_2O_3^{2-}+2Ag^+(过量)\longrightarrow Ag_2S_2O_3\downarrow(白色)$$

沉淀的颜色变化很特征:白──→浅黄──→黄──→浅棕──→棕──→深棕──→黑。一般简述为白──→黄──→棕──→黑。

$$2Ag^++S_2O_3^{2-}\longrightarrow \underset{白}{Ag_2S_2O_3\downarrow}$$

$$Ag_2S_2O_3+H_2O\longrightarrow H_2SO_4+\underset{黑}{Ag_2S\downarrow}$$

(3) 鉴定 NO_3^- 和 NO_2^- 的方法

① 棕色环法鉴定 NO_3^-:

$$3Fe^{2+}+NO_3^-+4H^+\longrightarrow 3Fe^{3+}+2H_2O+NO$$
$$NO+FeSO_4\xrightarrow{浓\ H_2SO_4}\underset{棕色配合物}{[Fe(NO)]SO_4}$$

② NO_2^- 的鉴定:NO_2^- 的鉴定也可用棕色环法。HAc 作为介质也可鉴定 NO_2^-(棕色环法),但形成棕色溶液,不成环:

$$NO_2^-+2Fe^{2+}+2HAc\longrightarrow [Fe(NO)]^{2+}+Fe^{3+}+2Ac^-+H_2O$$

鉴定 NO_2^- 可用加 NH_4^+ 盐共热放氮气的方法:

$$NO_2^-+NH_4^+\xrightarrow{\triangle} N_2\uparrow+2H_2O$$

(4) 鉴定 NH_4^+ 的方法

① NH_4^+ 与 OH^- 共热,生成使湿的红色石蕊试纸变蓝的气体的方法:

$$NH_4^++OH^-\xrightarrow{\triangle} NH_3\uparrow+H_2O$$

② 奈斯勒试剂（$K_2[HgI_4]$ 的碱性溶液）法：

$$NH_4^+ + 2[HgI_4]^{2-} + 4OH^- \longrightarrow \left[O\begin{array}{c}Hg\\ \\Hg\end{array}NH_2\right]I\downarrow + 7I^- + 3H_2O$$

无色　　　　　　　　　　　　　　　红棕色

(5) 鉴定 PO_4^{3-} 的方法　利用 PO_4^{3-} 与钼酸铵在酸性介质中作用，生成难溶于水的黄色沉淀的方法：

$$PO_4^{3-} + 3NH_4^+ + 12MoO_4^{2-} + 24H^+ \longrightarrow (NH_4)_3PO_4 \cdot 12MoO_3 \cdot 6H_2O\downarrow + 6H_2O$$

　　　　　　　　　　　　　　　　　　　　　　　　黄色

三、仪器与试剂

1. 仪器
试管若干；白色点滴板。

2. 试剂
各液体试剂浓度单位均为 mol/L，以下略。

酸：HCl(2,6)；H_2SO_4(2,6,浓)；H_2S(饱和液)；HNO_3(6)。

碱：NaOH(2,6)。

盐：Na_2SO_3（固）；$NaBiO_3$（固）；$FeSO_4$（固）；$NaNO_2$（固）；$KMnO_4$（0.01）；$(NH_4)_2MoO_4$（饱和）；$Pb(NO_3)_2$（0.2）。以下各盐浓度均为 0.1mol/L：Na_3PO_4；Na_2HPO_4；NaH_2PO_4；$CaCl_2$；$SbCl_3$；$BiCl_3$；KI；$NaNO_3$；$NaNO_2$；$K_2Cr_2O_7$；$FeCl_3$；$MnSO_4$；$Na_2S_2O_3$；$AgNO_3$；NH_4Cl。

其他：pH 试纸；蓝石蕊试纸；3% H_2O_2；戊醇；奈斯勒试剂。

四、实验步骤

1. 盐的溶解性和酸碱性以及氢氧化物的酸碱性

(1) Na_3PO_4、Na_2HPO_4、NaH_2PO_4 溶液的酸碱性　用 pH 试纸分别测试 0.1mol/L 的 Na_3PO_4、Na_2HPO_4、NaH_2PO_4 溶液的 pH 值，写出相关反应式，计算各自 pH 的理论值。

(2) 多元弱酸盐的溶解性　在 3 支试管中，分别加入 1mL 0.1mol/L 的 Na_3PO_4、Na_2HPO_4、NaH_2PO_4，再各加入 0.5mL 0.1 mol/L 的 $CaCl_2$ 溶液，观察各试管中现象的差别，说明这三种钙盐的水溶性。

向上述 3 个试管中：① 先各加几滴 2mol/L 的 NaOH；② 再各加几滴 2mol/L HCl，观察各自现象并解释。

(3) $Sb(OH)_3$、$Bi(OH)_3$ 的酸碱性　用本实验提供的药品设计方案实验和验证 $Sb(OH)_3$、$Bi(OH)_3$ 的酸碱性，写出有关反应式。

2. 化合物的氧化还原性

(1) H_2O_2 的氧化还原性

① 在试管中加几滴 0.1mol/L KI 溶液和几滴 2mol/L H_2SO_4 酸化，然后再加几滴 3% H_2O_2 水溶液，观察现象，写出反应式，用标准电极电势 $\varphi^{\ominus}$ 解释反应为什么可以发生。

② 在试管中加入 0.01mol/L $KMnO_4$ 几滴，用稀 H_2SO_4 酸化，然后滴加 3% 的 H_2O_2，观察现象，写出反应式，用 $\varphi^{\ominus}$ 解释。

③ 在试管中，加入几滴 0.2mol/L $Pb(NO_3)_2$，再向其中加入饱和 H_2S 水溶液至产生黑色沉淀，再加入数滴 3% H_2O_2，充分振荡并微热，观察沉淀颜色的变化，写出有关反应式，估计 $\varphi^{\ominus}_{PbSO_4/PbS}$ 相对大小，说明 H_2O_2 为什么可氧化 PbS 为 $PbSO_4$。

(2) H_2SO_3 的生成及氧化还原性

① H_2SO_3 的生成 在1支试管中加入少量 Na_2SO_3 固体，加入 2mL 2mol/L H_2SO_4，用湿的蓝色石蕊试纸检验生成的气体。写出有关反应式。

将试液分成两份，进行②、③实验。

② 在上述的1支试管中，加入几滴 0.1mol/L $K_2Cr_2O_7$，观察现象。

③ 在另1支试管中，加入饱和 H_2S 水溶液，观察现象。

通过②、③实验总结 H_2SO_3 及其盐的性质，写出有关反应式。

(3) NO_2^- 及 HNO_2 的氧化还原性

① 在2支试管中，分别加入黄豆粒大小的 $NaNO_2$ 固体，然后滴加 6mol/L H_2SO_4（注意在抽风口下进行），观察液相和气相中的颜色（提示：HNO_2 和 N_2O_3 均不稳定，N_2O_3 在水溶液中呈淡蓝色）。

② 在1支试管中，加入 0.1mol/L KI 溶液。

③ 在另1支试管中，滴加几滴 0.01mol/L $KMnO_4$。

观察②、③现象，总结 NO_2^- 及 HNO_2 性质，写出有关反应式。

(4) H_2S 的还原性

① 在1支试管中，加入10滴 0.01mol/L 的 $KMnO_4$ 溶液，加约 1mL 2mol/L H_2SO_4 酸化，再滴加饱和 H_2S 水溶液至溶液为无色透明（若有白色浑浊，可能是 $KMnO_4$ 量不够，而且酸化不充分，可重新做至溶液无色透明），写出反应式。

② 在另1支试管中，加入10滴 0.1mol/L $FeCl_3$ 溶液，滴加 H_2S 饱和液至有白色浑浊，写出反应式。

根据②、③总结 H_2S 遇不同强度的氧化剂，氧化产物有何不同。

(5) $NaBiO_3$ 的氧化性 在1支试管中，先加入2滴 0.1mol/L $MnSO_4$，加约 1mL 6mol/L HNO_3 酸化，再加少许 $NaBiO_3$ 固体粉末（观察 $NaBiO_3$ 粉末的颜色及溶解性），充分振荡或微微加热，观察溶液颜色变化，写出反应式。说明 $NaBiO_3$ 和 $KMnO_4$ 氧化性相对强弱。

3. 有关离子及化合物的特征鉴定反应

(1) H_2O_2 的鉴定 在1支试管中，加入3%的 H_2O_2 和戊醇各10滴，加5滴 2mol/L H_2SO_4，再加 1~2 滴 0.1mol/L $K_2Cr_2O_7$，振荡试管，观察现象，写出鉴定反应式。

(2) $S_2O_3^{2-}$ 的鉴定 在1支试管中，先加入 0.1mol/L 的 $Na_2S_2O_3$ 约 0.5mL，滴加 0.1mol/L $AgNO_3$ 溶液至产生白色沉淀，注意观察沉淀颜色的变化，写出有关鉴定反应式。

注意：$AgNO_3$ 和 $Na_2S_2O_3$ 的加入量，若 $Na_2S_2O_3$ 过量，现象如何？用实验证明。

(3) NH_4^+ 的鉴定（奈氏法） 在白色的点滴板上，加1滴铵盐溶液，再加2滴奈斯勒试剂（$K_2[HgI_4]$ 的碱性溶液）即产生红褐色的碘化氨基氧汞沉淀（NH_4^+ 极少量时生成棕色或黄色溶液）。写出鉴定反应式。

(4) NO_3^- 的鉴定 在试管中，加入约 1mL 0.1mol/L $NaNO_3$ 溶液，加少量 $FeSO_4$ 晶体，摇匀，一定使 $FeSO_4$ 晶体完全溶解，左手斜持试管，右手用滴管将约 1mL 浓 H_2SO_4 沿试管壁慢慢滴下，勿使试管振动，由于浓 H_2SO_4 密度较大，浓 H_2SO_4 流入试管底部，形成具有椭圆界面的两层，这时就会看到界面上慢慢形成一个棕色环。试用反应式表示鉴定反应。

(5) PO_4^{3-} 的鉴定 在1支试管中，加入约 0.5mL 0.1mol/L Na_3PO_4，再加入约 0.5mL 6mol/L HNO_3，然后再加约 3mL 饱和 $(NH_4)_2MoO_4$ 溶液，观察黄色沉淀的形成，必要

时可微热。写出鉴定反应式。

注意：生成的黄色沉淀溶于过量的碱金属磷酸盐，形成可溶性配合物，所以要加入过量的钼酸铵。沉淀也溶于碱中，所以鉴定反应要加 6mol/L HNO₃，以防沉淀溶解而见不到黄色沉淀。

五、思考题

1. 为什么一般情况下 K^+、Na^+、NH_4^+、NO_3^- 盐易溶，而磷酸的 3 种酸根离子与 Ca^{2+}、Mg^{2+} 形成的盐溶解性不同，试从离子间的静电引力大小，讨论这些盐的溶解性。

2. 试对 PO_4^{3-} 鉴定中，有时不出黄色沉淀的原因进行讨论。

3. 酸式盐水溶液一定显酸性吗？举本实验中的实例说明。

4. 假定有 5 瓶失去标签的白色固体，它们分别是 $NaNO_3$、$NaNO_2$、Na_2S、Na_2SO_3、$Na_2S_2O_3$，你能设计一个实验方案只需一步就将它们区分开吗？

Ⅲ．碳、硅、锡、铅、硼实验

一、实验目的

1. 实验 Na_2CO_3、$NaHCO_3$ 水溶液的酸碱性，掌握金属离子与 CO_3^{2-} 生成沉淀的三种不同形式，实验说明某些碳酸盐热稳定性差。

2. 了解 Na_2SiO_3 的水解和硅酸凝胶的形成、吸附性，观察难溶性硅酸盐的形成及特征颜色。

3. 实验锡、铅氢氧化物的酸碱性，掌握锡（Ⅱ）的还原性和 Pb(Ⅳ) 的氧化性，了解铅盐的难溶性。

4. 实验 H_3BO_3 的溶解性、酸性，了解 H_3BO_3 的鉴定方法，会用硼砂珠实验鉴定特定金属离子。

二、实验原理

1. 碳酸盐的性质

（1）Na_2CO_3、$NaHCO_3$ 水溶液的酸碱性　Na_2CO_3 水溶液的酸碱性取决于 CO_3^{2-} 的第一步水解：

$$c(OH^-) = \sqrt{\frac{K_w^\ominus}{K_{a_2}^\ominus} \cdot c(CO_3^{2-})}$$

$NaHCO_3$ 水溶液的酸碱性，与 $c(HCO_3^-)$ 基本无关，只与 $K_{a_1}^\ominus$、$K_{a_2}^\ominus$ 有关

$$c(H^+) = \sqrt{K_{a_1}^\ominus \cdot K_{a_2}^\ominus}$$

（2）金属离子与 CO_3^{2-} 作用，生成三种不同形式的沉淀

① Al^{3+}、Fe^{3+}、Cr^{3+} 与 CO_3^{2-} 反应，生成氢氧化物 M(OH)₃ 沉淀（$S_{氢氧化物} < S_{碳酸盐}$，S 表示用物质的量浓度表示的溶解度）

$$2Al^{3+} + 3CO_3^{2-} + 3H_2O \longrightarrow 2Al(OH)_3 \downarrow + 3CO_2 \uparrow$$
$$2Fe^{3+} + 3CO_3^{2-} + 3H_2O \longrightarrow 2Fe(OH)_3 \downarrow + 3CO_2 \uparrow$$
$$2Cr^{3+} + 3CO_3^{2-} + 3H_2O \longrightarrow 2Cr(OH)_3 \downarrow + 3CO_2 \uparrow$$

② Cu^{2+}、Mg^{2+}、Pb^{2+}、Bi^{3+} 等与 CO_3^{2-} 反应，生成碱式盐沉淀（$S_{氢氧化物} \approx S_{碳酸盐}$）：

$$2Cu^{2+} + 2CO_3^{2-} + H_2O \longrightarrow Cu_2(OH)_2CO_3 \downarrow + CO_2 \uparrow$$

③ Ca^{2+}、Sr^{2+}、Ba^{2+}、Cd^{2+}、Mn^{2+}、Ag^+ 与 CO_3^{2-} 反应，生成碳酸盐（$S_{碳酸盐} < S_{氢氧化物}$）：

$$Ba^{2+} + CO_3^{2-} \longrightarrow BaCO_3 \downarrow \qquad 2Ag^+ + CO_3^{2-} \longrightarrow Ag_2CO_3 \downarrow$$

(3) 碳酸盐的热稳定性 碳酸盐的热稳定性，除碱金属盐外一般较差。且随阳离子电荷增高、半径减小，即随阳离子极化力增强，热稳定性减弱，尤其是极化力较强的 9～17、18、18＋2 电子构型的阳离子碳酸盐；热稳定性更差，例如：

$$Ag_2CO_3 \xrightarrow{\triangle} Ag_2O + CO_2 \uparrow$$

其他碳酸盐热稳定性变化规律如下：

同一主族以 ⅡA 碳酸盐为例，热稳定性：$MgCO_3 < CaCO_3 < SrCO_3 < BaCO_3$

同一周期元素的碳酸盐，热稳定性：$K_2CO_3 > CaCO_3 > ZnCO_3 > (NH_4)_2CO_3$

碳酸、酸式盐、碳酸盐，热稳定性：$H_2CO_3 < NaHCO_3 < Na_2CO_3$

2. 硅酸和硅酸盐的性质

(1) 硅酸凝胶的形成和硅胶的性质 硅酸为二元弱酸，常以最简式 H_2SiO_3 表示。向 Na_2SiO_3 溶液中，滴加 HCl 并微热后放置，就会得到无色透明、含水丰富、富有弹性的硅酸凝胶：

$$SiO_3^{2-} + 2H^+ \longrightarrow H_2SiO_3 \downarrow$$

硅酸刚形成时并不一定立即沉淀，这是因为开始生成的是可溶于水的单分子 H_2SiO_3，放置后逐渐缩合成硅酸溶胶。

(2) 硅胶的形成和硅胶的性质 将硅酸凝胶中大部分水脱去，则得硅酸干胶——硅胶。硅胶是稍透明的无色固体。硅胶内有很多微小的孔隙，内表面积很大，每克硅胶内表面可达 $800 \sim 900 m^2$，因而硅胶吸附性很强，可作为吸附剂、催化剂载体、干燥剂（精密仪器用的变色硅胶，是用 $CoCl_2$ 水溶液浸泡又烘干后制得的，利用 $CoCl_2 \cdot 6H_2O$ 为粉红色，无水 $CoCl_2$ 为蓝色来显示硅胶的吸湿情况）。

(3) 难溶硅酸盐的形成——"水中花园" 在 20% Na_2SiO_3 的透明溶液中，分别加入不同颜色的重金属的可溶性盐，静置几分钟，可以看到各种颜色的重金属硅酸盐犹如"树"、"花"、"草"一样不断生长，形成美丽的"水中花园"。这种现象的发生，是由于金属盐类与硅酸钠作用时，会在可溶性金属盐的表面上生成各种颜色的难溶性金属硅酸盐薄膜，而把可溶性金属盐的晶体包在里面，这种薄膜具有半渗透性，水分子可以不断透过薄膜，使薄膜膨胀，当膜内达到一定压力后，薄膜即破裂，膜内的金属盐溶液从裂口处溢出，再与膜外的硅酸钠作用，又生成了一层难溶的硅酸盐薄膜，这一过程不断地重复，使硅酸盐在溶液中逐渐长大。

3. 锡铅化合物的性质

(1) Sn(Ⅱ) 的还原性和 Pb(Ⅳ) 的氧化性 同 ⅤA 族元素一样，ⅣA 族元素也存在着"惰性电子对"效应，即同族元素，从上至下低氧化态稳定性增加，高氧化态稳定性减小。故 $SnCl_2$ 表现出较强的还原性，而 PbO_2 同 $NaBiO_3$ 一样表现出较强的氧化性，即 6s 电子不易参加成键，变得"惰性"了。

$$5Sn^{2+} + 2MnO_4^- + 16H^+ \longrightarrow 5Sn^{4+} + 2Mn^{2+} + 8H_2O$$
$$PbO_2 + 4HCl(浓) \longrightarrow PbCl_2 + Cl_2 \uparrow + 2H_2O$$
$$2Mn^{2+} + 5PbO_2 + 4H^+ \longrightarrow 2MnO_4^- + 5Pb^{2+} + 2H_2O$$

(2) $Sn(OH)_2$、$Sn(OH)_4$ 和 $Pb(OH)_2$、$Pb(OH)_4$ 的酸碱性 锡、铅的氧化物和氢氧化物都具有两性，而且根据 R—O—H 规则可以判断，高氧化态以酸性为主，低氧化态以碱性为主；同一氧化态的随 R^{n+} 半径增大，碱性增强，故

碱性：$Sn(OH)_2 > Sn(OH)_4$

两性偏碱　　两性偏酸

碱性：$Pb(OH)_2 > Pb(OH)_4$

碱性：$Sn(OH)_2 < Pb(OH)_2$

碱性：$Sn(OH)_4 < Pb(OH)_4$

(3) 铅盐的难溶性 铅盐中除了 $Pb(NO_3)_2$ 和 $Pb(Ac)_2$ 易溶 [$Pb(Ac)_2$ 为易溶的弱电解质] 外, 大多数铅盐难溶于水, 如:

物质　　$PbCl_2$　PbI_2　$PbSO_4$　PbS　$PbCrO_4$

沉淀颜色　白色　金黄色　白色　黑色　黄色

$PbCl_2$、PbI_2 虽在冷水中溶解度小, 但可溶在沸水中; 也能分别溶在浓 HCl 和 KI 溶液中

$$PbCl_2 + 2HCl(浓) \longrightarrow H_2[PbCl_4]$$

$$PbI_2 + 2KI \longrightarrow K_2[PbI_4]$$

$PbSO_4$ 难溶于水, 但易溶于浓 H_2SO_4 和饱和的 NH_4Ac 溶液中

$$PbSO_4 + H_2SO_4(浓) \longrightarrow Pb(HSO_4)_2$$

$$PbSO_4 + 2Ac^- \longrightarrow Pb(Ac)_2 + SO_4^{2-}$$

4. H_3BO_3 及其硼酸盐的性质

(1) H_3BO_3 的性质

① H_3BO_3 的溶解性和酸性: H_3BO_3 为固体酸, 晶体呈片状结构, 且存在着氢键, 故 H_3BO_3 微溶于冷水, 在热水中由于氢键断裂溶解度明显增大。由于 H_3BO_3 是缺电子化合物, 它的酸性不是 H_3BO_3 在水溶液中电离而引起的, 而是 H_3BO_3 加合 H_2O 中的 OH^- 而引起的, 故它为一元弱酸

$$H_3BO_3 + H_2O \rightleftharpoons [B(OH)_4]^- + H^+$$

② H_3BO_3 的鉴定: 硼酸和乙醇 (或甲醇) 在浓 H_2SO_4 存在的条件下, 生成挥发性的硼酸酯, 点燃时发出绿色火焰, 此特征的焰色反应可以鉴别 H_3BO_3。

$$H_3BO_3 + 3C_2H_5OH \xrightarrow[\text{点燃}]{\text{浓 } H_2SO_4} B(OC_2H_5)_3 \uparrow + 3H_2O$$

(2) 硼砂珠实验 硼砂 $Na_2B_4O_7 \cdot 10H_2O$ [或写作 $Na_2B_4O_5(OH)_4 \cdot 8H_2O$] 受热到 1151K 时, 熔融为玻璃状物质, 可以熔进某些金属氧化物, 形成颜色不同的共熔物, 这些颜色不同的共熔物, 冷却后成为透明的玻璃状物质, 故称此实验为硼砂珠实验, 并根据颜色特征鉴定特定金属离子, 例如:

$$Na_2B_4O_7 + CoO \longrightarrow Co(BO_2)_2 \cdot 2NaBO_2$$
(蓝色)

$$Na_2B_4O_7 + MnO \longrightarrow Mn(BO_2)_2 \cdot 2NaBO_2$$
(绿色)

三、仪器和药品

1. 仪器　50mL 小烧杯; 蒸发皿; 镍丝; 试管若干; 试管夹。

2. 试剂　溶液浓度单位均为 mol/L, 为方便只标数值。

pH 试纸; 硅胶 (无色); PbO_2 (固); 乙醇 (95%)。

酸　HCl (2, 6, 浓); H_2SO_4 (2, 浓); HNO_3 (6)。

碱　NaOH (2); $NH_3 \cdot H_2O$ (6)。

盐　固体: $CaCl_2$; $CuSO_4 \cdot 5H_2O$; $ZnSO_4$; $Fe_2(SO_4)_3$; PbO_2; $Co(NO_3)_2$; $NiSO_4$; H_3BO_3; $Na_2B_4O_7 \cdot 10H_2O$。溶液: $KMnO_4$ (0.01); Na_2SiO_3 (20%); $Pb(NO_3)_2$

（0.2）；Na_2SO_4（0.5）；NH_4Ac（6）；NaCl（0.5）。

以下盐溶液浓度均为 0.1mol/L： Na_2CO_3；$NaHCO_3$；$Al_2(SO_4)_3$；$CuSO_4$；$CaCl_2$；$AgNO_3$；Na_2SiO_3；$SnCl_2$；$MnSO_4$。

四、实验步骤

1. 碳酸盐的性质

（1）Na_2CO_3 和 $NaHCO_3$ 水溶液的酸碱性 用 pH 试纸分别测出 0.1mol/L 的 Na_2CO_3 和 $NaHCO_3$ 水溶液的 pH 值，并分别计算 pH 值的理论值。

（2）金属离子与 Na_2CO_3 水溶液的反应 在 3 支试管中，分别加入 0.1mol/L 的 $CaCl_2$、$Al_2(SO_4)_3$、$CuSO_4$ 溶液各约 0.5mL，再分别向 3 支试管中加入约 0.5mL 的 0.1mol/L 的 Na_2CO_3 溶液，观察沉淀的形成和颜色，写出反应式。你能否想法证明 $Al_2(SO_4)_3$ 和 Na_2CO_3 反应形成的沉淀是 $Al(OH)_3$？而 $CaCl_2$ 和 Na_2CO_3 反应形成的沉淀是 $CaCO_3$？

（3）碳酸盐的热稳定性 在 1 支试管中，加入约 0.5mL 0.1mol/L 的 $AgNO_3$，逐滴加入 0.1mol/L 的 Na_2CO_3 至沉淀生成，观察沉淀的颜色，加热沉淀物，观察固体颜色变化。写出上面各步反应式，并简述 Ag_2CO_3 不稳定的原因。

2. 硅酸盐的性质

（1）硅酸钠的水解和硅酸凝胶的形成，硅胶的吸附性

① 硅酸钠的水解：在 1 支试管中加入约 0.5mL 0.1mol/L 的 Na_2SiO_3，用玻璃棒蘸取后点到 pH 试纸上，测 pH 值。

② 硅酸凝胶的形成：向①中的试管中加入约 1mL 6mol/L HCl，微热并放置一会儿，观察试管中的变化。写出反应式。

③ 硅胶的吸附性：在 1 支试管中，加入 2mL 铜氨溶液（用 0.1mol/L $CuSO_4$ 和 6mol/L 氨水自己配制），加入 2~3 粒硅胶，充分振荡，观察溶液及硅胶（原来无色的）的颜色有何变化。

（2）微溶性硅酸盐的生成——"水中花园"（本实验可提前先做，4 人合做 1 份） 在 50 mL 的小烧杯中，加入约 30mL 20% 的 Na_2SiO_3，然后在不同部位分散加入固体：$CaCl_2$、$CuSO_4 \cdot 5H_2O$、$ZnSO_4$、$Fe_2(SO_4)_3$、$Co(NO_3)_2$ 和 $NiSO_4$ 各一小粒（最好加入颗粒状的），放置片刻，观察现象，再过半小时后，又有什么变化？记录这些难溶硅酸盐的颜色。

3. 锡铅化合物的性质

（1）锡和铅氢氧化物的酸碱性

① 在 2 支试管中各加入 3 滴 0.1mol/L 的 $SnCl_2$ 溶液，逐滴加入 2mol/L 的 NaOH 溶液和 2mol/L 的 HCl 溶液，沉淀是否溶解，写出有关离子反应式。

② 用 $Pb(NO_3)_2$ 溶液（0.2mol/L）代替 $SnCl_2$ 溶液，重复上述实验，并比较 $Sn(OH)_2$ 和 $Pb(OH)_2$ 的酸碱性。

（2）$SnCl_2$ 的还原性 在 1 支试管中，加入约 0.5mL 0.01mol/L 的 $KMnO_4$ 溶液，加 5~6 滴 2mol/L H_2SO_4 酸化，再逐滴加入 0.1mol/L $SnCl_2$ 至 $KMnO_4$ 溶液褪色，写出反应式，用标准电极电势解释反应为什么能发生。

（3）PbO_2 的氧化性 在 2mL 6mol/L 的 HNO_3 中，加入 2 滴 0.1mol/L 的 $KMnO_4$ 溶液，加入少量 PbO_2 固体，充分振荡或微热之，观察溶液颜色的变化，写出反应式，说明为什么 PbO_2 可氧化 Mn^{2+} 为 MnO_4^-（为什么以上实验不可用 HCl 或 H_2SO_4 作为介质？）？

（4）铅盐的难溶性

① 在 1 支试管中，加入约 0.5mL 0.2mol/L 的 $Pb(NO_3)_2$，逐滴加入 0.5mol/L NaCl 溶液，至有白色 $PbCl_2$ 沉淀生成。加热，沉淀是否溶解？溶液冷后又有什么变化？说明 $PbCl_2$ 溶解度与温度的关系。将 $PbCl_2$ 上面的溶液弃去，向 $PbCl_2$ 沉淀中加入浓 HCl 至沉淀消失，写出以上各反应式。

② 在 1 支试管中，加入约 0.5mL 0.2mol/L 的 $Pb(NO_3)_2$，逐滴加入 0.5mol/L 的 Na_2SO_4 溶液，至有白色的 $PbSO_4$ 生成，弃去沉淀上面的清液，向其中逐滴加入 6mol/L 的 NH_4Ac 并振荡，直至沉淀消失。写出以上各步反应式。

4. 硼酸及其硼酸盐的性质

(1) 硼酸的性质

① H_3BO_3 的溶解性和酸性：在试管中，加入约 0.5g H_3BO_3 晶体和 3mL 去离子水，观察溶解情况，微热使固体全部溶解冷却后，用 pH 试纸测溶液的 pH 值并说明 H_3BO_3 溶解性受温度影响的原因。

② 硼的焰色反应——H_3BO_3 及含硼化合物的鉴定：在蒸发皿内放入少量硼酸固体（黄豆粒大小即可），加几滴浓 H_2SO_4 和约 1mL 乙醇（95%），用玻璃棒将混合物搅匀后点燃之，火焰由于生成的硼酸三乙酯蒸气燃烧，而呈现特征的绿色，写出此鉴定反应式。

(2) 硼砂珠实验

① 制硼砂珠（2 人合做 1 份）：将固定在玻棒一端的镍丝弯成小圈，在浓 HCl 中浸洗后放到氧化焰上烧至无色（若不行，就反复几次）。趁热蘸些细小的硼砂晶体，在氧化焰中灼烧，如此蘸取，灼烧，反复几次，直到得到足够大的透明圆珠。

② 用硼砂珠鉴别钴盐：用烧红的硼砂珠蘸取 $Co(NO_3)_2$ 溶液[用 $Co(NO_3)_2$ 固体自己配制]，在氧化焰中熔融之。将煤气灯稍倾斜，用蒸发皿承接烧熔后震落的有色硼砂珠。根据冷却后的特征颜色，可鉴别金属阳离子。写出鉴定反应式。

五、思考题

1. 碳酸钠溶液与金属离子可生成几种不同形式的沉淀？为什么？
2. 硼酸的溶解性如何？为什么是一元酸？什么是缺电子化合物？
3. 有四瓶无色的溶液，它们可能是 Ag^+、Sn^{2+}、Pb^{2+} 和 NH_4^+ 的盐，你如何把它们区分开来？
4. 有几瓶白色固体，它们是 H_3BO_3、$NaNO_3$、Na_3PO_4、Na_2SO_3、$Na_2S_2O_3$、Na_2SiO_3，你如何把它们一一区分开来？

实验九　元素及其化合物性质（二）

一、实验目的

1. 了解 d 区、ds 区氢氧化物或氧化物的生成与性质。
2. 掌握 $K_2Cr_2O_7$、$KMnO_4$、$CoCl_2$ 等化合物的重要性质。
3. 掌握 d 区、ds 区重要配合物的性质及一些离子的鉴定方法。
4. 了解 Cu(Ⅰ) 与 Cu(Ⅱ)、Hg(Ⅰ) 与 Hg(Ⅱ) 重要化合物的性质及其相互转化条件。
5. 加深对三废污染环境危害的认识，提高环保意识。

二、实验原理

1. 氢氧化物

在 Cr^{3+}、Mn^{2+}、Fe^{2+} 等盐溶液中，分别加入适量的 NaOH 溶液，生成的氢氧化物或氧化物均难溶于水。产物见表 8-7。

表 8-7 d 区、ds 区重要化合物的氢氧化物或氧化物

盐溶液	Cr^{3+}	Mn^{2+}	Fe^{2+}	Fe^{3+}	Co^{2+}	Ni^{2+}	Cu^{2+}	Ag^+	Zn^{2+}	Cd^{2+}	Hg^{2+}	Hg_2^{2+}
加适量 NaOH 的产物	$Cr(OH)_3$	$Mn(OH)_2$	$Fe(OH)_2$	$Fe(OH)_3$	$Co(OH)_2$	$Ni(OH)_2$	$Cu(OH)_2$	Ag_2O	$Zn(OH)_2$	$Cd(OH)_2$	HgO	$HgO+Hg$
颜色	灰绿	白	白	棕红	粉红	绿	蓝	棕黑	白	白	黄	黄黑

$Cr(OH)_3$ 呈两性，既溶于酸又溶于碱。

$$Cr(OH)_3 + OH^- \rightleftharpoons [Cr(OH)_4]^-$$
亮绿色

$[Cr(OH)_4]^-$ 具有还原性，可将 H_2O_2 还原。

$$2[Cr(OH)_4]^- + 3H_2O_2 + 2OH^- \xrightarrow{\Delta} 2CrO_4^{2-} + 8H_2O$$
亮绿色　　　　　　　　　　　　　　　　黄色

$Mn(OH)_2$、$Fe(OH)_2$ 在空气中非常不稳定，易被氧化，分别发生下列反应：

$$4Mn(OH)_2 + O_2 \longrightarrow 4MnO(OH)\downarrow + 2H_2O$$
$$4MnO(OH) + O_2 + 2H_2O \longrightarrow 4MnO(OH)_2\downarrow$$
$$4Fe(OH)_2 + O_2 + 2H_2O \longrightarrow 4Fe(OH)_3\downarrow$$

$Fe(OH)_2$ 很快被空气氧化，在氧化过程中可以生成绿色到黑色的各种中间产物。
$Co(OH)_2$ 在空气中缓慢氧化，$Ni(OH)_2$ 在空气中稳定。

$$4Co(OH)_2 + O_2 \longrightarrow 4CoO(OH) + 2H_2O$$
褐色

从在空气中的稳定性可以看出，它们的还原能力是：$Fe(OH)_2 > Co(OH)_2 > Ni(OH)_2$。
$Fe(OH)_2$、$Co(OH)_2$、$Ni(OH)_2$ 均可以被溴水氧化，发生如下反应：

$$M(OH)_2 + \frac{1}{2}Br_2 + OH^- \longrightarrow MO(OH)\downarrow + Br^- + H_2O$$
(M=Fe、Co、Ni)

$CoO(OH)$、$NiO(OH)$（黑色）氧化性很强，可将 HCl 氧化，而 $Fe(OH)_3$ 则不能。

$$2MO(OH) + 6H^+ + 2Cl^- \longrightarrow Cl_2\uparrow + 2M^{2+} + 4H_2O$$
(M=Co、Ni)

氧化性：$Fe(OH)_3 < CoO(OH) < NiO(OH)$。

$Zn(OH)_2$ 呈两性。$Cu(OH)_2$ 两性偏碱，溶于浓度较大的碱。而 $Cd(OH)_2$ 几乎不溶于碱，呈碱性。

$$M(OH)_2 + 2OH^- \longrightarrow [M(OH)_4]^{2-} \qquad (M=Zn、Cu)$$

$Zn(OH)_2$、$Cu(OH)_2$、$Cd(OH)_2$ 均溶于氨水，形成配离子：

$$M(OH)_2 + 4NH_3 \longrightarrow [M(NH_3)_4]^{2+} + 2OH^-$$

$[Zn(NH_3)_4]^{2+}$、$[Cd(NH_3)_4]^{2+}$ 均无色，$[Cu(NH_3)_4]^{2+}$ 为深蓝色。$Co(OH)_2$、$Ni(OH)_2$ 溶于氨水，可发生下列反应：

$$M(OH)_2 + 6NH_3 \longrightarrow [M(NH_3)_6]^{2+} + 2OH^-$$
(M=Co、Ni)

$[Co(NH_3)_6]^{2+}$ 不稳定，易被空气氧化。

$$4[Co(NH_3)_6]^{2+} + O_2 + 2H_2O \longrightarrow 4[Co(NH_3)_6]^{3+} + 4OH^-$$
土黄色　　　　　　　　　　　　　　　红棕色

$[Ni(NH_3)_6]^{2+}$ 为紫色,在空气中稳定。

$Fe(OH)_2$、$Fe(OH)_3$ 不溶于氨水。

银和汞的氢氧化物极不稳定,易脱水,所以在银盐、汞盐、亚汞盐溶液中加入碱时,得不到氢氧化物,而生成相应的氧化物。亚汞盐溶液中加入碱,Hg(Ⅰ)发生歧化,生成 HgO 和 Hg。

2. $K_2Cr_2O_7$、$KMnO_4$ 等化合物的重要性质

$K_2Cr_2O_7$ 是橙红色的晶体,在酸性溶液中有较强的氧化性,可被还原为 Cr^{3+}。例如,

$$Cr_2O_7^{2-} + 6Fe^{2+} + 14H^+ \longrightarrow 2Cr^{3+} + 6Fe^{3+} + 7H_2O$$

$$Cr_2O_7^{2-} + 3H_2O_2 + 8H^+ \longrightarrow 2Cr^{3+} + 3O_2\uparrow + 7H_2O$$

在铬酸盐或重铬酸盐溶液中,存在下列平衡:

$$2CrO_4^{2-} + 2H^+ \rightleftharpoons Cr_2O_7^{2-} + H_2O$$
$$\text{黄色} \qquad\qquad\qquad \text{橙色}$$

因此在不同的介质中,$Cr_2O_7^{2-}$ 与 CrO_4^{2-} 可以相互转化。

铬酸盐的溶解度一般比重铬酸盐的小。在重铬酸盐溶液中加入 Ba^{2+}、Pb^{2+}、Ag^+ 等沉淀剂时,将生成铬酸盐沉淀。

$$2Ba^{2+} + Cr_2O_7^{2-} + H_2O \longrightarrow 2BaCrO_4\downarrow + 2H^+$$
$$\text{黄色}$$

$$2Pb^{2+} + Cr_2O_7^{2-} + H_2O \longrightarrow 2PbCrO_4\downarrow + 2H^+$$
$$\text{黄色}$$

$$4Ag^+ + Cr_2O_7^{2-} + H_2O \longrightarrow 2Ag_2CrO_4\downarrow + 2H^+$$
$$\text{砖红色}$$

$KMnO_4$ 是紫红色晶体,是常用的氧化剂,在酸性溶液中氧化性更强。其还原产物因介质不同而异。酸性条件下 MnO_4^- 还原为 Mn^{2+},强碱性介质还原为 MnO_4^{2-},在中性或近中性溶液中还原为 MnO_2。例如,$KMnO_4$ 与 Na_2SO_3 在不同介质中的反应为:

$$2MnO_4^- + 5SO_3^{2-} + 6H^+ \longrightarrow 2Mn^{2+} + 5SO_4^{2-} + 3H_2O$$

$$2MnO_4^- + 3SO_3^{2-} + H_2O \longrightarrow 2MnO_2\downarrow + 3SO_4^{2-} + 2OH^-$$

$$2MnO_4^- + SO_3^{2-} + 2OH^- \longrightarrow 2MnO_4^{2-} + SO_4^{2-} + H_2O$$
$$\text{绿色}$$

Mn^{2+} 水合离子为浅粉色,稀时无色。在酸性介质中能稳定存在。只有在强酸性介质中才能被强氧化剂($NaBiO_3$、$K_2S_2O_8$ 等)氧化。

$$5NaBiO_3(s) + 2Mn^{2+} + 14H^+ \longrightarrow 2MnO_4^- + 5Bi^{3+} + 5Na^+ + 7H_2O$$
$$\text{紫红色}$$

此反应会引起颜色显著变化,特效性好,故通常利用此反应鉴定 Mn^{2+}。

二氯化钴由于含结晶水数目不同而呈现不同的颜色。它们相互转变的温度及特征颜色如下:

$$CoCl_2\cdot 6H_2O \xrightleftharpoons{325.3K} CoCl_2\cdot 2H_2O \xrightleftharpoons{363K} CoCl_2\cdot H_2O \xrightleftharpoons{393K} CoCl_2$$
$$\text{粉红色} \qquad\qquad \text{紫红色} \qquad\qquad \text{蓝紫色} \qquad \text{蓝色}$$

蓝色无水 $CoCl_2$ 溶于水呈粉红色。做干燥剂用的硅胶常含有 $CoCl_2$,利用它吸水和脱水时而发生的颜色变化,来表示硅胶的吸湿情况。

3. Cu(Ⅰ)与 Cu(Ⅱ)、Hg(Ⅰ)与 Hg(Ⅱ)的相互转化

Cu^+ 在溶液中极不稳定,易发生歧化反应。

$$2Cu^+ \rightleftharpoons Cu^{2+} + Cu \qquad K^{\ominus} = 1.48 \times 10^6$$

Cu(Ⅰ) 的化合物在酸性溶液中,即发生歧化反应。例如

$$Cu_2O + 2H^+ \longrightarrow Cu + Cu^{2+} + H_2O$$

降低溶液中 Cu$^+$ 的浓度,可使 Cu(Ⅱ) 转变为 Cu(Ⅰ)。例如反应

$$2Cu^{2+} + 4I^- \longrightarrow 2CuI\downarrow + I_2$$
白色

反应 $\qquad Hg^{2+} + Hg \rightleftharpoons Hg_2^{2+} \qquad K^{\ominus} = 70$

从平衡常数看,Hg(Ⅱ) 转化为 Hg(Ⅰ) 较容易,但是降低溶液中 Hg^{2+} 的浓度,也可以使 Hg(Ⅰ) 转化为 Hg(Ⅱ)。

$$2HgCl_2 + Sn^{2+} + 4Cl^- \longrightarrow Hg_2Cl_2\downarrow + [SnCl_6]^{2-}$$
白色

$$Hg_2Cl_2 + Sn^{2+} + 4Cl^- \longrightarrow 2Hg\downarrow + [SnCl_6]^{2-}$$
黑色

上述第一个反应是 Hg(Ⅱ) 转变为 Hg(Ⅰ) 的反应。这两个反应是鉴定 Hg^{2+} 或 Sn^{2+} 的反应。

下面两个反应是 Hg(Ⅰ) 转变为 Hg(Ⅱ) 的反应。

$$Hg_2^{2+} + 2OH^- \longrightarrow HgO\downarrow + Hg\downarrow + H_2O$$

$$Hg_2I_2 + 2I^- \longrightarrow [HgI_4]^{2-} + Hg$$

4. Fe(Ⅲ)、Co(Ⅱ)、Ni(Ⅱ) 等的重要配合物

Fe^{3+} 与 KSCN 在酸性溶液中发生下列反应:

$$Fe^{3+} + nSCN^- \rightleftharpoons [Fe(NCS)_n]^{3-n} \qquad (n=1\sim 6)$$
血红色

此反应非常灵敏,常用于鉴定 Fe^{3+}。

Co^{2+} 与 KSCN 反应生成蓝宝石色 [Co(NCS)$_4$]$^{2-}$ 配离子。

$$Co^{2+} + 4SCN^- \xrightarrow{\text{丙酮}} [Co(NCS)_4]^{2-}$$

[Co(NCS)$_4$]$^{2-}$ 在水溶液中不稳定,易解离。但易溶于丙酮、戊醇等有机溶剂中,使蓝色更显著,利用这一反应可鉴定 Co^{2+}。

Fe^{2+}、Fe^{3+} 与 KCN 可形成配合物 K$_4$[Fe(CN)$_6$](黄血盐)、K$_3$[Fe(CN)$_6$](赤血盐)。在 Fe^{2+} 盐溶液中加入赤血盐,或在 Fe^{3+} 盐溶液中加入黄血盐,均生成蓝色沉淀。

$$K^+ + Fe^{2+} + [Fe(CN)_6]^{3-} \longrightarrow KFe[Fe(CN)_6]\downarrow$$

$$K^+ + Fe^{3+} + [Fe(CN)_6]^{4-} \longrightarrow KFe[Fe(CN)_6]\downarrow$$

这两个反应常用来分别鉴定 Fe^{2+} 和 Fe^{3+}。

在中性或酸性条件下,Cu^{2+} 与黄血盐反应生成红褐色沉淀,发生下列反应:

$$2Cu^{2+} + [Fe(CN)_6]^{4-} \longrightarrow Cu_2[Fe(CN)_6]\downarrow$$

这是鉴定 Cu^{2+} 的反应。

Ni^{2+} 在氨性溶液中与丁二肟反应生成鲜红色沉淀,利用这一反应可鉴定 Ni^{2+}。

$$2\begin{array}{c}CH_3-C=N-OH\\CH_3-C=N-OH\end{array} + Ni^{2+} \longrightarrow \begin{array}{c}\text{(二丁二肟镍配合物结构)}\end{array} + 2H^+$$

二(丁二肟)镍

Hg^{2+} 与 KI 作用，生成橘红色 HgI_2 沉淀，HgI_2 溶于过量的 KI 溶液，生成无色 $[HgI_4]^{2-}$ 配离子。

$$Hg^{2+} + 2I^- \longrightarrow HgI_2 \downarrow$$
$$\text{橘红}$$
$$HgI_2 + 2I^- \longrightarrow [HgI_4]^{2-}$$

Hg_2^{2+} 与 KI 反应生成草绿色 Hg_2I_2 沉淀，Hg_2I_2 在过量的 KI 溶液中发生歧化反应。

$$Hg_2^{2+} + 2I^- \longrightarrow Hg_2I_2 \downarrow$$
$$Hg_2I_2 + 2I^- \longrightarrow [HgI_4]^{2-} + Hg \downarrow$$

三、试剂

H_2SO_4（2mol/L）；HNO_3（6mol/L）；HCl（浓，6mol/L）；NaOH（6mol/L，2mol/L）；$NH_3 \cdot H_2O$（6mol/L）。

以下盐溶液或配合物浓度均为 0.1mol/L。

$K_2Cr_2O_7$；$KMnO_4$；KI；K_2CrO_4；$K_3[Fe(CN)_6]$；KSCN；$K_4[Fe(CN)_6]$；$CrCl_3$；$MnSO_4$；$(NH_4)_2Fe(SO_4)_2 \cdot 6H_2O$；$FeCl_3$；$CoCl_2$；$NiSO_4$；$CuSO_4$；$AgNO_3$；$ZnSO_4$；$CdCl_2$；$Hg(NO_3)_2$；$Hg_2(NO_3)_2$；$Na_2SO_3$；$Na_2S_2O_3$；$SnCl_2$；$Na_2S$；葡萄糖（10%）；$H_2O_2$（3%）；溴水；丁二肟（1%）。

固体试剂：$NaBiO_3$。

其他：淀粉 KI 试纸；乙醚；丙酮。

四、实验步骤

1. 氢氧化物或氧化物的生成与性质

在 Cr^{3+}、Mn^{2+}、Fe^{2+}、Fe^{3+}、Co^{2+}、Ni^{2+}、Cu^{2+}、Ag^+、Zn^{2+}、Cd^{2+}、Hg^{2+}、Hg_2^{2+} 的盐溶液中分别加入适量的稀 NaOH 溶液，观察沉淀的颜色并试验氢氧化物的以下性质。

注意：$Fe(OH)_2$ 因为极易被空气氧化，制备时需要除氧，可按下列方法制取。

在 1 支试管中加入 1mL 去离子水和 2 滴稀 H_2SO_4，煮沸后赶尽空气。待其冷却后，再加入少量 $(NH_4)_2Fe(SO_4)_2 \cdot 6H_2O$ 晶体。在另 1 支试管中加入 1mL 6mol/L NaOH，煮沸赶尽氧气，冷却后，用一滴管吸取 NaOH 溶液，插入硫酸亚铁铵溶液底部，慢慢放出，观察现象。

(1) $Mn(OH)_2$、$Fe(OH)_2$、$Co(OH)_2$、$Ni(OH)_2$ 在空气中的稳定性。

(2) $Cr(OH)_3$、$Zn(OH)_2$、$Cu(OH)_2$ 的两性。

(3) $Fe(OH)_3$、CoO(OH)、NiO(OH) 的氧化性。在已制取的 $Co(OH)_2$、$Ni(OH)_2$ 悬浊液中，分别加入溴水，观察沉淀颜色的变化，然后分别加入浓 HCl，用淀粉 KI 试纸检验是否有氯气生成。在 $Fe(OH)_3$ 沉淀中加入浓 HCl，检验有否氯气生成。

(4) 在 $[Cr(OH)_4]^-$ 溶液中加入 H_2O_2 溶液，加热观察溶液颜色的变化。

(5) 在 $[Cu(OH)_4]^{2-}$ 溶液中加入少量葡萄糖溶液，加热，观察沉淀的颜色。

(6) 在 Zn^{2+}、Cu^{2+}、Cd^{2+}、Ni^{2+}、Co^{2+} 盐溶液中分别加入少量氨水，观察沉淀的颜色。然后再分别加入过量的氨水，观察沉淀溶解、溶液的颜色。

(7) 将含 $Cu(OH)_2$ 悬浊液加热，观察沉淀颜色的变化。

2. $K_2Cr_2O_7$、$KMnO_4$ 等重要化合物性质

(1) 分别以 Fe^{2+}、H_2O_2 为还原剂，试验 $K_2Cr_2O_7$ 的氧化性。

(2) 在 $K_2Cr_2O_7$ 溶液中加入 NaOH 溶液，再加入稀 HCl 溶液，观察溶液颜色的变化。

(3) 在试管中加入几滴 0.1mol/L $K_2Cr_2O_7$ 溶液，加入去离子水稀释至 1mL 左右，再滴加 $AgNO_3$ 溶液，观察沉淀的颜色。

在几滴 K_2CrO_4 溶液中，滴入 $AgNO_3$ 溶液。比较两次沉淀的颜色。

(4) $KMnO_4$ 的氧化性　以 Na_2SO_3 为还原剂，试验介质对 $KMnO_4$ 还原产物的影响。在 $KMnO_4$ 溶液中，滴加 $MnSO_4$ 溶液，观察沉淀的颜色。

(5) $CoCl_2$ 水合离子的颜色　用玻璃棒蘸取 $CoCl_2$ 溶液在白纸上写字，晾干后放在火焰上小心烘烤，观察字迹颜色的变化。

(6) $Cu(Ⅱ)$ 与 $Cu(Ⅰ)$ 的相互转变　在 $CuSO_4$ 溶液中滴加 KI 溶液，观察溶液的颜色，再加入少量的 $Na_2S_2O_3$ 溶液，观察沉淀的颜色。

3. 重要配合物及离子鉴定

(1) $Cr(Ⅵ)$ 的鉴定　取 3 滴 $K_2Cr_2O_7$ 用 HNO_3 酸化后，加入数滴乙醚和 3‰ H_2O_2，有何现象。

(2) Mn^{2+} 的鉴定　在几滴 $MnSO_4$ 溶液中，加入数滴 HNO_3 溶液，再加入少量 $NaBiO_3$ 固体，摇动试管，静置，观察上层清液的颜色。

(3) Fe^{2+} 的鉴定　在 Fe^{2+} 溶液中加入 $K_3[Fe(CN)_6]$ 溶液，观察沉淀的颜色。

(4) Fe^{3+} 的鉴定　在 Fe^{3+} 的溶液中，分别加入 KSCN 和 $K_4[Fe(CN)_6]$ 溶液，观察有何现象。

(5) Co^{2+} 的鉴定　在 $CoCl_2$ 溶液中加入丙酮，再加入 KSCN 溶液，摇动试管，观察溶液颜色的变化。

(6) Ni^{2+} 的鉴定　在少量 $NiSO_4$ 溶液中，滴加 $NH_3·H_2O$ 溶液，使生成的沉淀刚好溶解为止，再加入 2 滴丁二肟，观察鲜红色沉淀的产生。

(7) Cu^{2+} 的鉴定　在少量 $CuSO_4$ 溶液中，滴加 $K_4[Fe(CN)_6]$ 溶液，观察有何现象。

(8) $Hg(Ⅱ)$ 的配合物及鉴定　在 $Hg(NO_3)_2$ 溶液中加入少量的 KI 溶液，观察沉淀的颜色。再继续加入 KI 溶液，至沉淀溶解为止。观察溶液的颜色。

① Hg^{2+} 的鉴定：将一滴 $Hg(NO_3)_2$ 溶液稀释至 1mL，然后逐滴加入 $SnCl_2$ 溶液，观察白色沉淀的产生。继续加入 $SnCl_2$ 溶液，观察沉淀颜色的变化。

② Hg_2^{2+} 与 KI 的反应：在一滴 $Hg_2(NO_3)_2$ 的溶液中，逐滴加入 KI 溶液，观察沉淀的颜色。继续加入 KI 溶液，观察沉淀颜色的变化。

4. 选做实验（均利用本实验提供的药品）

(1) 通过实验比较 $KMnO_4$、$K_2Cr_2O_7$、H_2O_2 氧化能力的相对大小。

(2) 设计合理方案，试验下列物质之间的转变。

$Cr_2O_7^{2-} \rightarrow Cr^{3+} \rightarrow Cr(OH)_3 \rightarrow [Cr(OH)_4]^- \rightarrow CrO_4^{2-} \rightarrow Ag_2CrO_4 \rightarrow AgCl \rightarrow [Ag(NH_3)_2]^+ \rightarrow Ag_2S \rightarrow S$

(3) 用 KSCN 溶液鉴定 Co^{2+}，Fe^{3+} 混合液中的 Co^{2+}（不必分离）。

(4) 分离并检出 Fe^{3+}，Cr^{3+}，Ni^{2+} 混合液中各离子。

五、思考题

1. $Cr(Ⅲ)$，$Cr(Ⅵ)$ 在酸性和碱性介质中各以何种形式存在？$Cr(Ⅲ)$ 中何者还原性较强？$Cr(Ⅵ)$ 中何者氧化能力强？

2. $KMnO_4$ 在不同介质中还原产物各是什么？

3. 验证 $K_2Cr_2O_7$ 的氧化性时，能否用 HCl 酸化？为什么？

4. 本实验中如何证明 $Fe(OH)_2$，$Co(OH)_2$，$Ni(OH)_2$ 还原性依次减弱？又是如何验证 FeO(OH)，CoO(OH)，NiO(OH) 氧化性逐渐增强？用标准电极电势解释上述规律。

5. 制取 $Fe(OH)_2$ 所用的去离子水和 NaOH 溶液都需煮沸，为什么？

6. 烘干硅胶时用什么温度好？

7. $FeCl_3$ 水溶液与什么物质作用时，会呈现下列现象：

①棕红色沉淀；②血红色溶液；③无色溶液；④深蓝色沉淀。

8. 总结 Cu^{2+}、Ag^+、Zn^{2+}、Cd^{2+}、Hg^{2+}、Co^{2+}、Ni^{2+} 等离子与氨水作用的情况。

9. 总结 Cu^{2+}、Fe^{3+}、Ag^+、Hg^{2+}、Hg_2^{2+} 等离子与 KI 反应的情况。

10. 总结 Cr^{3+}、Mn^{2+}、Fe^{2+}、Fe^{3+}、Co^{2+}、Ni^{2+}、Cu^{2+}、Ag^+、Zn^{2+}、Cd^{2+}、Hg^{2+}、Hg_2^{2+} 等离子与 NaOH 作用的情况。

实验十　配位化合物的形成和性质

一、实验目的

1. 加深了解几种不同类型配离子的形式及其形成过程的特征。认识简单离子与配离子的区别。

2. 从配离子解离平衡及其移动，认识 $K_d^\ominus$ 和 $K_f^\ominus$ 的意义，加深理解配离子解离平衡与酸-碱平衡、沉-溶平衡、氧化-还原平衡之间的关系。

3. 初步了解螯合物的形成和特性，应用螯合物鉴定几种离子的方法。

4. 初步了解配合物的异构现象，拓宽知识领域。

二、实验原理

1. 配合物和配离子的形成

由一个简单的正离子作为形成体与几个中性分子或它种负离子作为配位体形成的复杂离子，叫做配离子。带正电荷的配离子叫正配离子，带负电荷的配离子叫负配离子，含配离子的化合物就是配合物。

当然，有些配离子的形成有着特殊反应，例如：

$$H_3BO_3 + 2\begin{array}{c}CH_2OH\\|\\CHOH\\|\\CH_2OH\end{array} \rightleftharpoons \left[\begin{array}{c}H_2CO\quad OCH_2\\ \diagdown\ \ \diagup\\ B\\ \diagup\ \ \diagdown\\ HCO\quad OCH\\ |\quad\quad\quad |\\ HOCH_2\ \ H_2COH\end{array}\right]^- + H^+ + 3H_2O$$

缺电子性质　　丙三醇　　　　　　　二(丙三醇)硼(Ⅲ)配离子

含配离子的配合物与简单离子组成的复盐的性质是有区别的。例如 $NH_4Fe(SO_4)_2$ 是复盐，在水溶液中是以 NH_4^+、Fe^{3+}、SO_4^{2-} 形式存在，而配合物 $(NH_4)_3[Fe(C_2O_4)_3]$（绿色或亮绿色）则以 NH_4^+ 与配离子 $[Fe(C_2O_4)_3]^{3-}$ 形式存在。在化学性质方面就有许多差异，Fe^{3+} 与 $[Fe(C_2O_4)_3]^{3-}$ 性质不同，可以通过某些反应加以说明。

配合物的形成或参加化学反应时，常常呈现以下特征：颜色变化、酸碱性变化，沉淀生成或溶解，氧化性或还原性的改变。通过本次实验加以证实。

2. 配离子的解离平衡及其移动

例如，四氨合铜（Ⅱ）配离子的多重分步解离平衡的总平衡为：

$$[Cu(NH_3)_4]^{2+} \underset{配合}{\overset{解离}{\rightleftharpoons}} Cu^{2+} + 4NH_3$$

水合离子

$$K_d^\ominus = \frac{[c(Cu^{2+})/c^\ominus][c(NH_3)/c^\ominus]^4}{[c([Cu(NH_3)_4]^{2+})/c^\ominus]} = \frac{1}{K_f^\ominus}$$

$K_d^\ominus$ 表示配离子离解成简单水合离子趋势大小,表明有关配离子的不稳定程度,叫做配离子的不稳定常数。配合是解离的逆过程,$K_d^\ominus$ 与 $K_f^\ominus$ 应该互为倒数。$K_f^\ominus$ 表示配离子稳定程度,叫配离子的稳定常数。$K_f^\ominus$ 值越大,则配离子的化学性质越稳定。

解离与配合是一个动态平衡。一定条件下可以发生平衡移动。在相互关联的配离子之间、沉淀物与配离子之间、酸碱与配离子之间、氧化剂或还原剂与配离子之间,在一定条件下彼此可以相互转化。例如,血红色的 $[Fe(CNS)_n]^{3-n}$ 不如 $[FeF_6]^{3-}$ 稳定,在 $[Fe(CNS)_n]^{3-n}$ 的溶液中加入 F^-,则反应向着生成稳定性更大的配离子 $[FeF_6]^{3-}$ 方向移动:

$$[Fe(CNS)_n]^{3-n} + 6F^- \rightleftharpoons [FeF_6]^{3-} + nCNS^-$$
　　血红色　　　　　　　　　　无色

$$K^\ominus = \frac{K_f^\ominus([FeF_6]^{3-})}{K_f^\ominus([Fe(CNS)_n]^{3-n})} \gg 1$$

于是,有色配离子 $[Fe(CNS)_n]^{3-n}$ 的血红色被掩蔽起来,转化为无色的 $[FeF_6]^{3-}$。

3. 螯合物的形成

螯合物是具有中心离子与多齿配位体形成的环状结构的配合物。如螯合剂乙二胺(en)与乙二胺四乙酸根($EDTA^{4-}$)等多齿配体,与许多金属离子形成稳定的螯合物。它们具有特征颜色,难溶于水而易溶于有机溶剂中,常常有着特殊的化学性质。如多齿配体:二乙酰二肟,在弱碱条件下与 Ni^{2+} 形成鲜红的二(丁二肟)镍(Ⅱ),是难溶于水的螯合物,这一反应可用于鉴定 Ni^{2+} 的特征反应:

二(丁二肟)镍

螯合物还广泛存在于生物体内。如植物绿叶中的叶绿素 b 是 Mg^{2+} 的螯合物,提炼之后,是无毒的着色剂。动物血液中的血红蛋白是 Fe^{2+} 的螯合物,血蓝蛋白是 Cu^+ 的螯合物,是软体动物血液中的氧气载体。

4. 金属配合物中存在着异构现象

① 几何异构体:如 $[CrCl_2(NH_3)_4]^+$ 的顺式结构为紫色,而反式结构为绿色:

顺二氯四氨合铬(Ⅲ)　　　　　　反二氯四氨合铬(Ⅲ)
　　紫色　　　　　　　　　　　　　绿色

又如 $[Co(NO_2)_2en]^+$ 顺式结构为金黄色而反式结构为暗黄色。再如,顺-$[Pt(NH_3)_2Cl_2]$ 为抗癌药物,而反-$[Pt(NH_3)_2Cl_2]$ 对癌细胞无杀伤作用。

② 旋光异构体:配离子之间可以发生电子传递反应,如:

$$[Co(EDTA)]^{2-} + [Fe(CN)_6]^{3-} \longrightarrow [Co(EDTA)]^- + [Fe(CN)_6]^{4-}$$
　粉红色　　　　　浅棕色　　　　　紫罗兰色　　　　浅黄色

反应产物 $[Co(EDTA)]^-$ 为紫罗兰色,与酒石酸铵钠一样具有旋光异构现象(类似人体左右手一样的异构现象)。具有右旋(d)与左旋(l)异构体,它们分别单独存在时,其水溶液分别使偏振光平面右旋与左旋一定角度。当它们同时存在于水溶液中，则失去了旋光活性，不显示旋光现象。

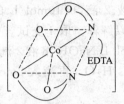
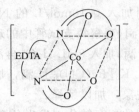

右旋[d-EDTA 钴(Ⅲ)配离子]　　　　左旋[l-EDTA 钴(Ⅲ)配离子]

③ 水合异构体：如在稀的水溶液中[$Cr(H_2O)_6$]Cl_3 是紫色的，在稀的 HCl 溶液中[$CrCl_2(H_2O)_4$]Cl 是绿色的，在较浓的 HCl 溶液中是暗绿色的。水合异构在配合物溶于水的过程中处于不同的介质中，常常会遇到。

④ 其他的异构，还有配位异构，如{[$Co(NH_3)_6$][$Cr(C_2O_4)_3$]}与{[$Cr(NH_3)_6$][$Co(C_2O_4)_3$]}；键合异构如[$(NH_3)_5Co-NO_2$]Cl_2 与[$(NH_3)_5Co-ONO$]Cl_2 等。

三、仪器与试剂

仪器：离心试管；电动离心机。

试剂：浓度单位均为 mol/L，用数字表示在化学式后面括号中。

H_2SO_4(0.1、2)；HCl(0.1、2、6)；H_3BO_3(固)；NaOH(0.1、2、6)；$NH_3 \cdot H_2O$(2、6)；$AgNO_3$(0.1)；$CrCl_3$(0.1)；$CuSO_4$(0.1)；$MgSO_4$(0.1)；$CoCl_2$(0.1)；$BaCl_2$(0.1)；KCNS(0.1)；$K_3[Fe(CN)_6]$(0.1)；$FeCl_3$(0.1、1)；NH_4F(1)；$NH_4Fe(SO_4)_2$(0.1)；KI(0.1)；KBr(0.1)；NaCl(0.1)；$Na_2S_2O_3$(0.1、饱和)；$NiSO_4$(0.1)；EDTA 钠盐(0.1、饱和)；Na_2CO_3(0.1)；NH_4Cl(0.1)；$K_2C_2O_4$(饱和)；Na_2S(0.1)；$SnCl_2$(0.1)。

固体：NaCl；$K_2C_2O_4$；$H_2C_2O_4$；NH_4F；H_3BO_3。

其他：丙三醇；乙醇；苯；1% 二乙酰二肟。

指示剂：pH 试纸；0.05% 铬黑 T。

四、实验步骤

1. 配合物的形成

(1) 含正配离子的配合物　取 1 支洁净试管，加入 0.10mol/L $CuSO_4$ 溶液 1mL，逐滴加入 2mol/L $NH_3 \cdot H_2O$，直到最初生成的沉淀 $Cu_2(OH)_2SO_4$ 溶解为止，然后加入 2mL 乙醇，振荡试管，观察现象，写出有关反应式。放置，用作下面实验[见本实验步骤 3.(1) 配离子的解离]。

(2) 含负配离子的配合物　取 1 支洁净试管，加入 0.50mL 的 1mol/L $FeCl_3$ 溶液，再加入 1mL 2mol/L $NH_3 \cdot H_2O$，再加入饱和 $K_2C_2O_4$ 溶液 2mL 及足量 $H_2C_2O_4$ 固体，加 2mL 乙醇，振荡试管，观察现象。放置。产物 $K_3[Fe(C_2O_4)_3]$ 用作下面实验。

(3) 在一支洁净试管中加少许 H_3BO_3(固)，加 2mL 去离子水，试验溶液 pH 值；加入 1mL 丙三醇后试验溶液的 pH 值。解释其变化原因。

2. 配合物与复盐及简单盐的区别

取 3 支洁净试管，分别加入 0.10mol/L 的 $FeCl_3$ 与 $NH_4Fe(SO_4)_2$ 以及由实验 1 中(2) 制得的 $K_3[Fe(C_2O_4)_3]$ 各 0.5mL，均加入 2 滴 0.10mol/L 的 KCNS 溶液，观察色变情况。如用 KI 和萃取剂苯代替 KCNS 溶液，能否区别 Fe^{3+} 与 $[Fe(C_2O_4)_3]^{3-}$ 两种离子？可以重复上述操作，验证分析之。

3. 配离子的解离平衡及其移动

(1) 配离子的解离　在实验步骤 1 中制得的 $[Cu(NH_3)_4]SO_4$ 的试管中加入 3mL H_2O，分成 3 支试管，分别加入 0.10mol/L 的 Na_2S 溶液 2 滴，0.10mol/L 的 NaOH 溶液 2 滴，2mol/L 的 H_2SO_4 5 滴，观察每支试管中的现象，加以解释。取 1 支试管中加入 0.10mol/L 的 $FeCl_3$ 与 KCNS 各 4 滴，加入 2mL H_2O，再滴加 2mol/L NaOH 溶液 2 滴观察现象。取另 1 支试管加入 0.10mol/L $K_3[Fe(CN)_6]$ 4 滴，加入 2mL H_2O，再滴入 2mol/L NaOH 溶液 2 滴对比两支试管中的现象，加以解释。

(2) 配离子之间的相互转化（发生色变）　取 1 支洁净试管，加入 2 滴 $FeCl_3$ 溶液，加水稀释到几乎无色，加 2 滴 0.10mol/L KCNS 溶液，再加 0.10mol/L 的 NH_4F 溶液数滴，观察现象，解释之。取 1 支洁净试管加入 0.10mol/L $CoCl_2$ 溶液 1mL，加入 1mL 浓 HCl 及少量固体 NaCl，观察色变，解释之。

(3) 配位平衡和氧化还原平衡之间的关系　取 2 支洁净试管，分别加入 0.10mol/L $FeCl_3$ 溶液数滴，其中 1 支试管中再加入少量固体 NH_4F。然后，在每支试管中滴加 0.10mol/L 的 KI 溶液数滴并加 5 滴苯，振荡试管，观察每支试管中苯层色变。写出有关反应式。配离子之间也可以发生电子传递反应。取 1 支洁净试管，加入 0.10mol/L $CoCl_2$ 溶液 5 滴，再滴加 10 滴 0.10mol/L 的 EDTA 钠盐溶液，最后滴入 5 滴 0.10mol/L 的 $K_3[Fe(CN)_6]$ 溶液，观察溶液色变（反应式见本实验原理部分）。

(4) 配位平衡与沉淀-溶解平衡之间的关系

注意：本实验过程中要求沉淀生成量尽量少，以刚刚生成沉淀为宜，若离心试管中溶液太多时，可离心沉降沉淀，吸出并弃去上层清液。

取 1 支洁净离心试管，加入 5 滴 0.10mol/L 的 $AgNO_3$ 溶液，依次进行下面实验系列操作：

① 滴加 0.10mol/L Na_2CO_3 溶液，使其生成沉淀；
② 滴加 2mol/L $NH_3 \cdot H_2O$ 到沉淀刚刚溶解；
③ 滴加 0.10mol/L NaCl 溶液数滴至沉淀生成；
④ 滴加 6mol/L $NH_3 \cdot H_2O$ 至沉淀刚刚溶解；
⑤ 滴加 0.10mol/L KBr 溶液至沉淀刚刚生成；
⑥ 滴加 1mol/L $Na_2S_2O_3$ 溶液至沉淀刚刚溶解；
⑦ 滴加 2 滴 0.10mol/L 的 KI 溶液至沉淀刚刚生成；
⑧ 滴加饱和 $Na_2S_2O_3$ 溶液至沉淀刚刚溶解；
⑨ 滴加 2 滴 0.10mol/L 的 Na_2S 溶液至沉淀生成。

通过上述系列实验归纳 Ag^+ 反应序列，认识配离子与难溶电解质之间的相互转化条件。

4. 配离子的水合异构

观察 0.10mol/L 的 $CrCl_3$ 溶液的颜色。取 2 支洁净试管分别加入 0.10mol/L $CrCl_3$ 溶液各 1mL，在 1 支试管中加入 2~4mL H_2O，观察色变。在另一支试管中逐滴加入浓 HCl 或加热，观察每加 1 滴 HCl 之后的色变，直到溶液变成暗绿色为止。

5. 螯合物的形成和 Ni^{2+}，Mg^{2+} 的鉴定

在 1 支洁净试管中加入 2 滴 0.10mol/L $NiSO_4$ 溶液，再加 2 滴 2mol/L $NH_3 \cdot H_2O$，然后加 1 滴 1%的二乙酰二肟，观察现象，写出有关反应式。

在 1 支洁净试管中加入 0.10mol/L 的 $MgSO_4$ 溶液 5 滴，加入 1mL $NH_3 \cdot H_2O$-NH_4Cl 缓冲溶液（pH≈10），加入 0.05%的铬黑 T 溶液 3 滴，观察色变，再滴 5 滴 0.10mol/L

的 EDTA 钠盐溶液，观察色变（注）。

注：铬黑 T 属于偶氮染料，是二元弱酸；$NaO_3S-\text{[结构式]}-N=N-\text{[结构式]}$ （用 H_2In 表示）学名 1-(1-羟基-2-萘偶氮)-6-硝基-2-萘酚，简称 EBT。在 pH=10 的缓冲溶液中，以铬黑 T 为金属指示剂，用 EDTA 滴定，可以测定水中钙、镁含量。由于稳定性 $[Ca(EDTA)]^{2-} > [Mg(EDTA)]^{2-} > MgIn > CaIn$，这样，如铬黑 T 先与 Mg^{2+} 配位时生成 MgIn 为酒红色，当加入 EDTA 时则 $EDTA^{4-}$ 与 Mg^{2+} 配位能力较大，夺取 MgIn 中的 Mg^{2+}，使铬黑 T 游离出来，溶液由酒红色变为天蓝色（铬黑 T 本身的颜色），如应用于容量分析，可以确定滴定终点，当然也可以使用此法鉴定 Mg^{2+}。

五、思考题

1. 举例说明配离子与简单离子（水合离子）在性质方面的区别。
2. 举例总结配合物形成过程中，反应过程中可能呈现的特征现象。
3. 根据实验，总结影响配离子解离与配位平衡的因素。
4. 能否用 NaOH 标准溶液来滴定 H_3BO_3 溶液？如何才能实现此酸碱滴定？
5. 衣服上玷污了铁锈或血迹，怎样才能除去？应用本实验知识加以说明。

实验十一　混合离子的分离与鉴定

一、实验目的

1. 熟悉有关离子及其化合物的性质。
2. 了解混合离子分离与检出的方法和操作。
3. 分离并检出混合离子溶液中 Ba^{2+}、Fe^{3+}、Co^{2+}、Ni^{2+}、Cr^{3+}、Al^{3+}、Zn^{2+} 7 种离子。

二、实验提要

离子鉴定（检出）就是确定某种元素或其离子是否存在。离子鉴定反应大都是在水溶液中进行的离子反应。选择那些变化迅速而明显的反应。如颜色的改变，沉淀的生成与溶解，气体的产生等。还要考虑反应的灵敏性和选择性。

所谓灵敏性，就是待测离子的量很小时就能发生显著的反应，则这种反应就是灵敏反应。反之若需要检出的离子的量很大，才能发生可觉察的反应，那么就是灵敏性不好的反应。例如，在一定条件下，用生成 AgCl 沉淀的反应来检出溶液中的 Ag^+，待检出 Ag^+ 的量很少时，就可以检出。反应

$$Ag^+ + Cl^- \longrightarrow \underset{白}{AgCl\downarrow}$$

就是一个灵敏性很好的反应。若用生成 Ag_2SO_4 沉淀的反应来检出溶液中的 Ag^+，待检出的 Ag^+ 的量比较大时，才能有 Ag_2SO_4 白色沉淀。那么反应

$$2Ag^+ + SO_4^{2-} \longrightarrow \underset{白}{Ag_2SO_4\downarrow}$$

就是一个灵敏性很差的反应。离子鉴定要选择灵敏性好的反应。

所谓反应的选择性是指与一种试剂作用的离子种类而言的。能与加入的试剂起反应的离子种类越少，此反应的选择性就越高。若只与一种离子起反应，该反应称为此离子的特效反应。例如，阳离子中只有 NH_4^+ 与强碱作用，发生反应

$$NH_4^+ + OH^- \xrightarrow{\triangle} NH_3\uparrow + H_2O$$

根据 NH_3 的气味可知 NH_4^+ 的存在。溶液中其他阳离子对 NH_4^+ 的检出并不干扰，这个反应就是特效反应。

实际上特效反应并不多，共存的离子往往彼此干扰测定，需要将组分一一分离或用掩蔽剂来掩蔽干扰离子。掩蔽剂一般是指能与干扰离子形成稳定配合物的试剂。例如鉴定 Co^{2+} 时，通常利用 KSCN 溶液与 Co^{2+} 反应生成蓝色 $[Co(SCN)_4]^{2-}$ 配离子。

$$Co^{2+} + 4SCN^- \xrightarrow{\text{丙酮}} \underset{\text{蓝色}}{[Co(SCN)_4]^{2-}}$$

但若溶液中含有 Fe^{3+}，它也与 KSCN 反应生成血红色 $[Fe(SCN)_n]^{3-n}$ 配离子，结果看不到蓝色溶液的形成。Fe^{3+} 干扰了 Co^{2+} 的鉴定。但若先在待测溶液中加入 NaF，因生成了稳定的无色 $[FeF_6]^{3-}$ 配离子，Fe^{3+} 被掩蔽起来，不再干扰 Co^{2+} 的鉴定。NaF 就是 Fe^{3+} 的掩蔽剂。

混合离子分离常用的方法是沉淀分离法。此方法主要是根据溶度积规则，利用沉淀反应，达到分离目的。

用于分离与检出的反应，只有在一定的条件下才能进行。这里的条件主要指溶液的酸度、反应物的浓度、反应温度、能促进或妨碍此反应的物质是否存在等。为了使反应朝着我们期望的方向进行，就必须选择适当的反应条件。为此除了熟悉有关离子及其化合物的性质外，还要会运用离子平衡（酸碱、沉淀、氧化还原、配合等平衡）的规律控制反应条件，所以了解离子分离条件和检出条件的选择与确定，既有利于熟悉离子及其化合物的性质，又有利于加深对于各离子平衡的理解。

因此在本实验中我们安排了 Ba^{2+}、Fe^{3+}、Co^{2+}、Ni^{2+}、Al^{3+}、Cr^{3+}、Zn^{2+} 7种离子的分离与检出。

首先利用 $BaSO_4$ 的难溶性将 Ba^{2+} 与其他离子分离。

利用 Al^{3+}、Cr^{3+}、Zn^{2+} 氢氧化物的两性，加入碱使溶液呈强碱性（pH>10），Zn^{2+}、Cr^{3+}、变为 $[Zn(OH)_4]^{2-}$、$[Cr(OH)_4]^-$、$[Al(OH)_4]^-$ 进入溶液，同时加入 H_2O_2，使某些元素氧化成高氧化态

$$2Co(OH)_2 + HO_2^- \longrightarrow 2CoO(OH)\downarrow + OH^- + H_2O$$
$$2[Cr(OH)_4]^- + 3HO_2^- \longrightarrow 2CrO_4^{2-} + OH^- + 5H_2O$$
$$H_2O + 2Fe(OH)_2 + HO_2^- \longrightarrow 2Fe(OH)_3\downarrow + OH^-$$

（混合离子溶液中有可能存在 Fe^{2+}）

这样做的目的是为了使分离彻底，因为 Fe、Co 元素高氧化态的氢氧化物比低氧化态的更难溶。

氢氧化物	$K_{sp}^{\ominus}$
$Co(OH)_2$	1.6×10^{-15}
$CoO(OH)^-$	1.6×10^{-44}
$Fe(OH)_3$	3.8×10^{-38}
$Fe(OH)_2$	8×10^{-16}

过量的 H_2O_2 要加热至完全分解掉，否则酸化时，H_2O_2 将 $Cr_2O_7^{2-}$ 还原为 Cr^{3+}

$$Cr_2O_7^{2-} + 3H_2O_2 + 8H^+ \longrightarrow 2Cr^{3+} + 3O_2\uparrow + 7H_2O$$

将沉淀与溶液离心分离。沉淀中含有 $Fe(OH)_3$、$CoO(OH)$、$Ni(OH)_2$，溶液中含有 $[Al(OH)_4]^-$、CrO_4^{2-}、$[Zn(OH)_4]^{2-}$ 等离子。在沉淀中加入 H_2SO_4，使沉淀溶解

$$Fe(OH)_3 + 3H^+ \longrightarrow Fe^{3+} + 3H_2O$$
$$4CoO(OH) + 8H^+ \longrightarrow 4Co^{2+} + O_2\uparrow + 6H_2O$$
$$Ni(OH)_2 + 2H^+ \longrightarrow Ni^{2+} + 2H_2O$$

然后利用 Fe^{3+}、Co^{2+}、Ni^{2+} 与氨水配位作用的不同，将 Fe^{3+} 与 Co^{2+}、Ni^{2+} 分离并进行鉴定。

在溶液部分，利用 $[Al(OH)_4]^-$ 与 NH_4Cl 作用能生成 $Al(OH)_3$ 沉淀的特性，将 $[Al(OH)_4]^-$、$[Zn(OH)_4]^{2-}$、CrO_4^{2-} 分离并鉴定。

$$[Zn(OH)_4]^{2-} + 4NH_4^+ \longrightarrow [Zn(NH_3)_4]^{2+} + 4H_2O$$
$$[Al(OH)_4]^- + NH_4^+ \longrightarrow \underset{\text{白色}}{Al(OH)_3\downarrow} + NH_3\uparrow + H_2O$$

为了证实白色沉淀是 $Al(OH)_3$，将其用 HAc 溶解，加 NH_4Cl 调节酸度，控制 pH=4～5，加入铝试剂并微热之，有鲜红色絮状沉淀生成，证明 Al^{3+} 的存在。

在除去 $Al(OH)_3$ 沉淀的清液中，含有 CrO_4^{2-} 和 $[Zn(NH_3)_4]^{2+}$。在此清液中加入 $BaCl_2$，生成 $BaCrO_4$ 黄色沉淀，使 CrO_4^{2-} 与 $[Zn(NH_3)_4]^{2+}$ 分离并鉴定。

三、仪器与试剂

1. 仪器

离心机；离心试管。

2. 试剂

化学式后面括号中的数字是该试剂的浓度，单位为 mol/L。

$H_2SO_4(2)$；$HNO_3(2)$；$HAc(6)$；$NaOH(6)$；$NH_3 \cdot H_2O(6)$；$BaCl_2(0.1)$；KSCN(10%)；H_2O_2(3%)。

混合离子溶液：$FeCl_3$；$BaCl_2$；$CrCl_3$；$ZnCl_2$；$NiSO_4$；$CoCl_2$；$AlCl_3$；各溶液浓度均为 0.1mol/L，按体积比 1:1:2:2:2:2:4 混合。

固体试剂：NaF；NH_4Cl。

其他试剂：铝试剂；丁二肟（1%）；丙酮；pH 试纸。

四、实验步骤

将 Ba^{2+}、Fe^{3+}、Co^{2+}、Ni^{2+}、Zn^{2+}、Cr^{3+}、Al^{3+} 试液按体积比 1:1:2:2:2:2:4 取出，混合均匀（此混合液由实验室准备）。按以下线路图进行分离与检出。

1. Ba^{2+} 与其他离子的分离与检出

在 2mL 混合离子溶液中加入 H_2SO_4 至 Ba^{2+} 沉淀完全。然后离心分离，用稀 H_2SO_4 洗涤二次沉淀，洗涤液并入离心液中。

在沉淀中加入 HNO_3，仍为白色沉淀，表示混合液中有 Ba^{2+}。

2. Fe^{3+}、Co^{2+}、Ni^{2+} 与其他离子的分离和检出

在离心液中加入 NaOH 溶液至 pH≥10，加入 H_2O_2，加热至不冒气泡为止。然后离心分离。

离心液中含有 $[Zn(OH)_4]^{2-}$、$[Al(OH)_4]^-$、CrO_4^{2-}（留做 3 用）。沉淀中含有 $Fe(OH)_3$、CoO(OH)、$Ni(OH)_2$。

将沉淀用水洗两遍，洗涤水放入离心液中。在沉淀中加入 H_2SO_4，再加入过量的 $NH_3 \cdot H_2O$，然后离心分离。

沉淀中加入 H_2SO_4、KSCN 溶液，有血红色出现，证明有 Fe^{3+}。

离心液分成两份，一份加入 H_2SO_4、NaF（固）、丙酮、KSCN 溶液，溶液变蓝色，证

明有 Co^{2+}。另一份加入丁二肟，有鲜红色沉淀，证明有 Ni^{2+}。

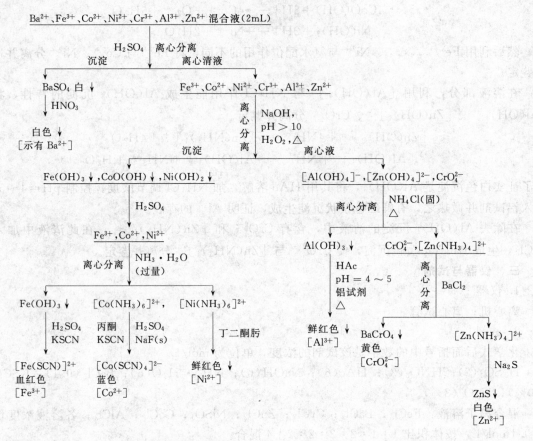

3. Al^{3+}、Cr^{3+} 与 Zn^{2+} 的分离与检出

在含 $[Zn(OH)_4]^{2-}$、$[Al(OH)_4]^-$、CrO_4^{2-} 清液中，加入固体 NH_4Cl，加热后离心分离（离心液留做 4 用）。

沉淀用 HAc 溶解并调 pH＝4～5 后，加入铝试剂，加热，此时产生鲜红色沉淀，证明有 Al^{3+}。

4. Cr^{3+} 与 Zn^{2+} 的分离与检出

在 3 中的离心液中，加入 $BaCl_2$ 溶液至不出现沉淀为止，振荡试管，然后离心分离。出现黄色沉淀，表示溶液中含有 CrO_4^{2-}，从而证明 Cr^{3+} 的存在。

在离心液中加入 Na_2S 溶液，有白色 ZnS 沉淀产生，说明有 Zn^{2+} 存在。

五、思考题

1. 在分离 Fe^{3+}、Co^{2+}、Ni^{2+}、Ba^{2+}、Zn^{2+}、Cr^{3+}、Al^{3+} 时，为什么要加入过量的碱？此时加入 H_2O_2 的目的是什么？反应完全后，过量的 H_2O_2 为什么要加热分解掉？

2. 检出 Co^{2+} 时，加入 NaF 的目的是什么？

3. 通过计算说明反应
$$[Zn(NH_3)_4]^{2+} + S^{2-} \rightleftharpoons ZnS\downarrow + 4NH_3$$
能够向右进行。

4. 通过计算说明反应
$$[Fe(NCS)_n]^{3-n} + 6F^- \rightleftharpoons [FeF_6]^{3-} + nSCN^-$$

向右进行的程度如何？

实验十二 硫代硫酸钠的制备

一、实验目的
1. 了解无机化合物的制备方法，掌握硫代硫酸钠的合成方法。
2. 掌握相关仪器设备装配及正确操作。
3. 了解 SO_3^{2-}、SO_4^{2-} 的半定量比浊分析法。

二、实验原理
五水合硫代硫酸钠是无色单斜系结晶，密度 $1.71g/cm^3$，熔点 $48.2℃$，结晶在空气中稳定，但在水溶液中不稳定，会吸收空气中的 CO_2 而发生分解，析出硫黄。如晶体中夹杂亚硫酸氢钠，因呈弱酸性也较稳定。

五水合硫代硫酸钠在 $48.2℃$ 熔融分解脱水，在 $220℃$ 下分解。在常温下从溶液中结晶出来的硫代硫酸钠为 $Na_2S_2O_3 \cdot 5H_2O$，如要烘干，则只能采用真空低温干燥，干燥温度不应超过 $48.2℃$。若要获得无水 $Na_2S_2O_3$，则可在较高温度下进行干燥。

根据元素硫在 pH=7 时的电极电势

$$2SO_3^{2-} + 3H_2O + 4e^- \rightleftharpoons S_2O_3^{2-} + 6OH^- \qquad \varphi = +0.04V$$
$$S_2O_3^{2-} + 3H_2O + 4e^- \rightleftharpoons 2S + 6OH^- \qquad \varphi = -0.12V$$

因此，可以用 SO_3^{2-} 作为氧化剂氧化单质硫以制备 $Na_2S_2O_3$。具体制备方程式为：

$$Na_2SO_3 + S \rightleftharpoons Na_2S_2O_3$$

对 $Na_2S_2O_3$ 中所含 SO_3^{2-} 和 SO_4^{2-} 的杂质的分析时，可先用 I_2 将 SO_3^{2-} 和 $S_2O_3^{2-}$ 分别氧化为 SO_4^{2-} 和 $S_4O_6^{2-}$，然后让微量的 SO_4^{2-} 与 $BaCl_2$ 溶液作用，生成难溶的 $BaSO_4$，使溶液变浑浊。显然溶液的浑浊度与试样中的 SO_3^{2-} 和 SO_4^{2-} 的含量成正比。因此可用比浊度的方法来半定量地分析样品中的 SO_3^{2-} 和 SO_4^{2-} 总量。

硫代硫酸钠是一种常用的化工原料和试剂，在分析化学中常被用来定量测定碘。在纺织和造纸工业中作为脱氯剂；在摄影业中作为定影剂；在医药中用作急救解毒剂。

三、仪器和试剂
1. 仪器

100mL 烧杯；10mL 量筒；100mL 量筒；抽滤瓶；布氏漏斗；100mL 容量瓶；1mL 吸量管；5mL 吸量管；25mL 比色管。

2. 试剂

硫粉；Na_2SO_3；乙醇；0.05mol/L 碘溶液；0.1mol/L HCl；25% $BaCl_2$；100mg/L SO_4^{2-} 溶液。

四、实验步骤
1. $Na_2S_2O_3$ 的制备

（1）称取 2g 硫粉，研磨后置于 100mL 烧杯中，加 1mL 乙醇使其润湿，再加入 6g Na_2SO_3 固体和 30mL 水。

（2）加热此混合物并不断搅拌，待溶液沸腾后改用小火加热并继续保持微沸状态不少于 40min，直至仅剩下少许硫粉悬浮在溶液中（此时溶液体积应大于 20mL，如溶液体积太少可在反应过程中适当补加些水，以保持溶液体积不少于 20mL）。

（3）趁热过滤。将滤液转移至蒸发皿中，水浴加热蒸发，将滤液蒸发至呈微黄色浑浊为止，冷却至室温（若用冰水浴冷却，则效果更好）即有大量晶体析出。如经较长时间冷却而无晶体析出，可搅拌或投入一粒 $Na_2S_2O_3$ 晶体作为晶种以使晶体易于析出。

（4）将所析出晶体用减压过滤，并用少量乙醇洗涤晶体，抽干后，再用滤纸将水吸干后进行称量，计算产率。

2. 硫酸盐和亚硫酸盐的半定量分析

（1）样品溶液的配制 称取 1g 产品，溶于 25mL 水中，先加 30mL 0.05mol/L 碘，继续滴加碘至溶液呈浅黄色。然后转移至 100mL 容量瓶中，用水稀释至标线，从中吸取 10.00mL 至 25mL 比色管中，稀释至 25mL。再加入 1mL 0.1mol/L HCl 及 3mL 25% 的 $BaCl_2$ 溶液，摇匀，放置 10min 后，加 1 滴 0.05mol/L $Na_2S_2O_3$ 溶液，摇匀，立即与 SO_4^{2-} 标准系列溶液进行比浊。根据浊度确定产品等级。

（2）SO_4^{2-} 标准系列溶液的配制 用吸量管吸取 100mg/L SO_4^{2-} 的溶液 0.20mL、0.50mL、1.00mL 分别置于 3 支 25mL 的比色管中，稀释至 25.00mL，再分别加入 1mL 0.1mol/L HCl 和 25% $BaCl_2$ 溶液，摇匀。这三支比色管中 SO_4^{2-} 的含量分别相当于一级（优级纯）、二级（分析纯）和三级（化学纯）试剂 $Na_2S_2O_3 \cdot 5H_2O$ 中的 SO_4^{2-} 含量允许值。

五、思考题

1. 要提高产品 $Na_2S_2O_3$ 的纯度，实验中需注意哪些问题？
2. 所得产品 $Na_2S_2O_3 \cdot 5H_2O$ 晶体一般只能在 40~50℃ 烘干，温度高了会发生什么现象？
3. 产品为何不用水洗而用乙醇洗涤？
4. 对硫酸盐和亚硫酸盐的半定量分析的结果，你的产品达到了什么等级？实验成败的关键在何处？

实验十三 络合滴定法测定水的硬度

Ⅰ. EDTA 标准溶液的标定

一、实验目的

1. 掌握以氧化锌为基准物，标定 EDTA 标准溶液的方法原理和标定操作条件。
2. 学会正确判断二甲酚橙金属指示剂的滴定终点、掌握反应条件及变色原理。

二、标定原理

以氧化锌为基准物标定 EDTA 标准溶液的条件是用二甲酚橙作为指示剂，在 pH=5~6 的六亚甲基四胺缓冲溶液中进行。

$$Zn^{2+} + H_2Y^{2-} = ZnY^{2-} + 2H^+$$

在此条件下，二甲酚橙呈黄色，它与 Zn^{2+} 的络合物呈紫红色。因 EDTA 与 Zn^{2+} 形成的络合物更稳定，当用 EDTA 标准溶液滴定 Zn^{2+} 达到化学计量点时，二甲酚橙被置换出，溶液由紫红色变为黄色，即为终点。

三、试剂

分析纯 EDTA 二钠盐；0.5% 二甲酚橙溶液；20% 六亚甲基四胺水溶液；6mol/L HCl 溶液；分析纯 ZnO 固体试剂，在 800~900℃ 马弗炉中烘 2~3h，保存在干燥器内。

四、标定步骤

1. 浓度 $c=0.01$mol/L EDTA 标准溶液的配制：称取 EDTA 二钠盐 1.9g，溶于 150~200mL 温热的去离子水中，冷却后倒入试剂瓶，稀释至 500mL，摇匀。

或量取浓度 $c(EDTA)=0.1mol/L$ EDTA 二钠盐溶液 50mL，于试剂瓶中加水稀释到 500mL，摇匀。

2. 锌标准溶液的配制：准确称取＿＿＿g 的分析纯 ZnO 固体试剂，置于 100mL 小烧杯中，先用少量去离子水润湿，然后加 2mL 6mol/L HCl 溶液，用玻璃棒轻轻搅拌使其溶解。将溶液定量转移到 250mL 容量瓶中，用去离子水稀释至标线，摇匀。根据称取 ZnO 的质量计算 Zn^{2+} 标准溶液的浓度。

3. EDTA 标准溶液的标定：用移液管吸取 25.00mL Zn^{2+} 标准溶液，于 250mL 锥形瓶中，加入 1~2 滴 0.5% 二甲酚橙指示剂，滴加 20% 六亚甲基四胺溶液至溶液呈稳定的紫红色后再加 2mL；然后用 $c(EDTA)=0.01mol/L$ EDTA 标准溶液滴定至溶液由紫红色变为亮黄色即为终点，并记录所消耗的 EDTA 溶液的体积。

按照以上方法重复测定 3 次，要求极差小于 0.05mL，根据标定时消耗 EDTA 标准溶液的体积，计算它的准确浓度。

五、注意事项

1. 络合滴定速度不能太快，特别是近终点时要逐滴加入，并充分摇动。因为络合反应速率较中和反应要慢一些。

2. 在络合滴定中加入金属指示剂的量是否合适对终点观察十分重要，应在实践中细心体会。

3. 滴定至亮黄色时过一会儿又变为红色，仍需再滴定到稳定的亮黄色才为终点。

4. 络合滴定法对去离子水质量的要求较高，不能含有 Fe^{3+}、Al^{3+}、Cu^{2+}、Mg^{2+} 等离子。

六、思考题

1. 以 ZnO 为基准物标定 EDTA 溶液为什么要以二甲酚橙为指示剂？加入六亚甲基四胺的作用是什么？

2. 标定条件为什么选择 pH 值在 5~6 的范围？

<h3 style="text-align:center">Ⅱ. 水的硬度测定</h3>

一、实验目的

1. 掌握 EDTA 法测定钙镁的原理及方法。

2. 了解金属指示剂的特点，掌握铬黑 T 和钙指示剂的应用。

二、实验原理

EDTA 络合滴定法测定水中钙、镁是测定水的硬度最广泛应用的标准方法。水的硬度是指水中含钙盐和镁盐的量。

（1）总硬（钙镁合量）的测定 在 pH=10 氨性缓冲溶液中，以铬黑 T 为指示剂，用 EDTA 滴定钙镁合量。EDTA 首先与 Ca^{2+} 络合，而后与 Mg^{2+} 络合：

$$H_2Y^{2-}+Ca^{2+}\Longrightarrow 2H^++CaY^{2-} \qquad (pK=10.59)$$
$$H_2Y^{2-}+Mg^{2+}\Longrightarrow MgY^{2-}+2H^+ \qquad (pK=8.69)$$

终点时：

$$MgIn^-+H_2Y^{2-}\Longrightarrow MgY^{2-}+HIn^{2-}+H^+$$
酒红色   纯蓝色

由于铬黑 T 与 Mg^{2+} 显色的灵敏度高，与 Ca^{2+} 显色的灵敏度低（$lgK_{CaIn}=5.40$，$lgK_{MgIn}=7.00$），所以当水样中 Mg^{2+} 的含量较低时，用铬黑 T 作为指示剂往往得不到敏锐的终点。这时可在 EDTA 标准溶液中加入适量 Mg^{2+}（标定前加入 Mg^{2+}，对测定结果有无影响？）或在缓冲溶液中加入一定量的 Mg-EDTA 盐，利用置换滴定法的原理来提高终点变色的敏锐性。加入的 MgY 发生下列置换反应：
$$MgY^{2-} + Ca^{2+} = CaY^{2-} + Mg^{2+}$$

Mg 与铬黑 T 显很深的红色。滴定到终点时 EDTA 夺取 Mg^{2+} 铬黑 T 中的 Mg^{2+}，又形成 MgY^{2-}，游离出指示剂，颜色变化明显。

(2) 钙硬的测定 在 pH＞12.5 时，Mg^{2+} 生成 $Mg(OH)_2$ 沉淀，在用沉淀掩蔽 Mg^{2+} 后，用 EDTA 单独滴定 Ca^{2+}。钙指示剂与 Ca^{2+} 显红色，灵敏度高，在 pH=12～13 滴定 Ca^{2+} 时，终点呈指示剂自身的蓝色。

终点时反应为
$$CaIn^- + H_2Y^{2-} = CaY^{2-} + HIn^{2-} + H^+$$
　　桃色　　　　　　　　　　　纯蓝

镁硬为总硬与钙硬之差。

水的硬度的表示方法有以下几种：
① 以每升水中含 10mgCaO 为一度或一个德国度。
② 以 $CaCO_3$ 的量的 mg/L 来表示。
③ 以 mmol/L 为单位来表示。

三、试剂

EDTA 二钠盐（AR）；pH=10 的氨缓冲溶液；铬黑 T 指示剂；ZnO（AR）；6mol/L HCl；1:1 $NH_3·H_2O$；钙指示剂；Mg-EDTA 溶液；2mol/L NaOH。

四、实验步骤

1. 水的总硬度的测定

用移液管移取 50.00mL 水样于 250mL 锥形瓶中，加入 5mL 氨缓冲溶液，10 滴 Mg-EDTA 溶液，3～4 滴铬黑 T 指示剂，用 0.01mol/L EDTA 标准溶液滴定至溶液由酒红色变为纯蓝色为终点。

2. 水中钙硬度的测定

用移液管移取 50.00mL 水样于锥形瓶中，加入 2mol/L NaOH 8～10mL，充分振摇，放置数分钟，加 8 滴钙指示剂，用 0.01mol/L EDTA 标准溶液滴定至溶液由酒红色变成纯蓝色为终点。

计算出水的总硬度（以 $CaCO_3$ 的量表示 mg/L）。

五、思考题

1. 络合滴定中为什么需要采用缓冲溶液？
2. 铬黑 T 指示剂最适用的 pH 范围是什么？
3. 用 EDTA 法测水的硬度，哪些离子有干扰？如何除去？

实验十四　铅铋混合液中 Bi^{3+}、Pb^{2+} 的连续测定

一、实验目的要求

1. 掌握利用控制酸度进行连续滴定两种金属离子的方法原理。
2. 学会利用缓冲作用调节溶液 pH 值的方法。

二、测定原理

Bi^{3+}、Pb^{2+} 均能与 EDTA 形成稳定的 1:1 络合物，它们的 lgK_{MY} 值分别为 27.94 和 18.04，两者的差别较大，故可利用控制酸度进行连续测定。

由酸效应曲线查得，滴定 Bi^{3+} 的最低 pH 值为 0.7，滴定 Pb^{2+} 的最低 pH 值为 3.3。在

实际测定时，通常是在 pH=1 的 HNO₃ 介质中滴定 Bi^{3+}，在 pH=5～6 的缓冲介质中滴定 Pb^{2+}。

在测定时均以二甲酚橙为指示剂，先调 pH=1，用 EDTA 标准溶液滴定 Bi^{3+}，溶液由紫红色刚好变为亮黄色即滴定 Bi^{3+} 的终点，然后用六亚甲基四胺溶液调 pH=5～6，再用 EDTA 标准溶液滴定 Pb^{2+}，溶液由紫红色刚好变为亮黄色即为滴定 Pb^{2+} 的终点。

二甲酚橙四钠盐易溶于水，在水溶液中发生离解：

$$H_3In^{4-} \xrightarrow{pK_{a_5}=6.3} H^+ + H_2In^{5-}$$
　　　黄色　　　　　　　　　　红色

故二甲酚橙作为金属指示剂只能在 pH<6 的酸性溶液中使用。

二甲酚橙与 Bi^{3+}、Pb^{2+} 形成的络合物，其稳定性比 EDTA 的 Bi^{3+}、Pb^{2+} 络合物稳定性要差一些，故二甲酚橙可作为连续滴定 Bi^{3+}、Pb^{2+} 的金属指示剂。

三、所用试剂

浓度 $c(EDTA)=0.01mol/L$ EDTA 标准溶液，上次实验已标定；20%六亚甲基四胺水溶液；$c(HNO_3)=0.1mol/L$ HNO₃ 溶液；含 Bi^{3+}、Pb^{2+} 的混合液；0.5%二甲酚橙指示剂水溶液。

四、实验内容

1. 样品溶液的配制：用移液管准确吸取 Bi^{3+}、Pb^{2+} 混合液 10.00mL 于 250mL 容量瓶中，加去离子水稀释至标线摇匀。

2. EDTA 的配制和标定见实验十三。

3. Bi^{3+}、Pb^{2+} 混合液的连续滴定：

准确移取已稀释的 Bi^{3+}、Pb^{2+} 混合液 25.00mL 于 250mL 的锥形瓶中，加入 10mL $c(HNO_3)=0.1mol/L$ HNO₃ 溶液（此时溶液 pH 值约为 1），加 1～2 滴 0.5%二甲酚橙指示剂，用 $c(EDTA)=0.01mol/L$ EDTA 标准溶液滴定至溶液由紫红色刚好变为亮黄色即为 Bi^{3+} 的滴定终点，记下消耗 EDTA 溶液的体积 V_1。

在滴定 Bi^{3+} 后的溶液中，滴加 20%六亚甲基四胺溶液，使溶液呈稳定的紫红色后，再过量 2mL，此时溶液 pH 值约为 5～6；再用 $c(EDTA)=0.01mol/L$ EDTA 标准溶液滴定至溶液由紫红色刚好变为亮黄色即为 Pb^{2+} 的滴定终点；记下所消耗的 EDTA 溶液的体积 $V_总$，则 $V_2=V_总-V_1$。

重复以上测定数次，至少保留三对合格的数据，要求极差小于 0.05mL。

4. 测定结果计算：

根据连续滴定两个终点所消耗的 EDTA 溶液体积 V_1 和 V_2 计算混合液中 Bi^{3+}、Pb^{2+} 的含量，以 g/L 表示。

五、思考题

1. 本实验能否先在 pH=5～6 的溶液中用 EDTA 滴定 Pb^{2+}，而后再调 pH=1 用 EDTA 滴定 Bi^{3+}？

2. 在滴定 Pb^{2+} 之前为什么要调溶液 pH=5～6？加入六亚甲基四胺溶液呈稳定的紫红色后为什么还要过量 2mL？

实验十五　高锰酸钾法测定 H_2O_2 的含量

一、实验目的

1. 掌握 $KMnO_4$ 标准溶液的配制方法及标定的条件和原理。

2. 了解 $KMnO_4$ 法直接测定 H_2O_2 方法原理和条件。

二、实验原理

由于 $KMnO_4$ 常含有杂质，氧化能力强，易与水中的有机物、空气中的尘埃、氨等还原性物质作用。此外还能自行分解，生成 MnO_2 和 O_2 等，在有 Mn^{2+} 存在的条件下，分解速度加快，特别是见光分解更快。所以配好的 $KMnO_4$ 溶液浓度容易改变。因此，必须注意掌握正确的配制方法和保存条件，以延长其稳定期。但是长期使用仍需定期标定。

实验室中所用的 $KMnO_4$ 标准溶液的标定。常用的基准物有：$Na_2C_2O_4$、$H_2C_2O_4 \cdot 2H_2O$、As_2O_3、$(NH_4)_2SO_4 \cdot FeSO_4 \cdot 6H_2O$ 以及纯铁丝等。其中：$Na_2C_2O_4$ 因不含结晶水，没有吸湿性，受热稳定，易于精制，所以最常用。

标定反应：
$$2MnO_4^- + 5C_2O_4^{2-} + 16H^+ = 2Mn^{2+} + 10CO_2\uparrow + 8H_2O$$

此反应在室温条件下速度很慢，为了加速反应，需将 $Na_2C_2O_4$ 溶液预先加热至 80℃ 左右，并在滴定过程中保持溶液温度不低于 60℃，但温度不得高于 90℃，以防 $H_2C_2O_4$ 发生分解。

此反应的酸度条件要保证适当的强度，以 1mol/L 为宜。酸度过低，MnO_4^- 会部分被还原成 MnO_2，酸度过高，会促使 $H_2C_2O_4$ 分解。该酸性条件应以 H_2SO_4 为介质。HNO_3 因其氧化性，HCl 能发生诱导氧化 Cl^- 的反应，所以这两种酸不能作为此反应的介质。

滴定速度开始不能太快，以保证滴入的 $KMnO_4$ 与 $C_2O_4^{2-}$ 充分反应，不然也可能造成来不及反应的 $KMnO_4$ 发生分解。在此反应中，生成的 Mn^{2+} 可以加速反应的进行，这种现象称为自动催化作用，所以有时在反应开始前，也可以加少量 Mn^{2+} 作为催化剂，以加速反应进行。

在稀 H_2SO_4 溶液中，H_2O_2 在室温条件能定量被 $KMnO_4$ 氧化，因此可用 $KMnO_4$ 法测定 H_2O_2 含量

反应式为：
$$5H_2O_2 + 2MnO_4^- + 6H^+ = 2Mn^{2+} + 5O_2\uparrow + 8H_2O$$

$$M\left(\frac{1}{2}H_2O_2\right) = 17.01 \text{g/mol}$$

滴入第一滴 $KMnO_4$ 溶液后，溶液由浅粉色变成无色后再加入第二滴，由于 Mn^{2+} 不断生成，有自动催化作用，加快反应速率。

当溶液呈现稳定的微红色半分钟不褪时，即达到终点。

三、试剂

草酸钠固体，二级；$KMnO_4$ 固体，三级；3mol/L H_2SO_4 溶液；H_2O_2 样品。

四、实验步骤

1. $KMnO_4$（约 0.02mol/L）溶液的配制

(1) 在台秤上称取 16g $KMnO_4$ 固体试剂，置于 800mL 烧杯中，加 500mL 去离子水溶解，盖上表面皿，加热至沸并保持微沸状态 1h。冷却后用微孔玻璃漏斗过滤，所得溶液置于棕色试剂瓶中，暗处保存。此溶液 $KMnO_4$ 浓度 $c\left(\frac{1}{5}KMnO_4\right)$ 约为 1mol/L（由实验室给出）。

(2) 量取上述 $KMnO_4$ 溶液 10.00mL，置于棕色瓶中。用刚煮沸并已冷却的去离子水稀释至 500mL，摇匀待标定出准确浓度。

2. $KMnO_4$ 标准溶液的标定

(1) 基准物 $Na_2C_2O_4$ 溶液的配制 用递减法准确称取基准物 $Na_2C_2O_4$ ____g（准确至 0.0001g），置于 100mL 小烧杯中，用 50mL 去离子水溶解，定量地转移到 250.0mL 容量瓶中，加去离子水稀释到标线，摇匀备用。

(2) 用 $KMnO_4$ 溶液滴定 $Na_2C_2O_4$ 溶液 移取上述 $Na_2C_2O_4$ 溶液 25.00mL，放入 250mL 烧杯中，加 3mol/L H_2SO_4 溶液 10mL。将烧杯置于水浴中加热到 70~80℃，在保温情况下用浓度 $c\left(\frac{1}{5}KMnO_4\right)$ 约为 0.02mol/L 的 $KMnO_4$ 溶液滴定。

滴定开始加入第一滴 $KMnO_4$ 溶液后，要用玻璃棒轻轻搅动，待红色褪去后再加第二滴。随着溶液中 Mn^{2+} 的生成，反应速率也逐渐加快，此时滴加速度可适当加快一些。在接近滴定终点时（红色褪去很慢），应放慢滴定速度；当溶液出现浅粉色并保持 1min 不消失时，即为滴定终点。在整个滴定过程中，溶液温度应始终保持在 60℃ 以上。记录所消耗的 $KMnO_4$ 溶液的体积 $V(KMnO_4)$。

按上述方法再标定数次，保留 3 个平行数据；要求极差小于 0.05mL。

(3) 标定结果计算 根据标定时消耗的 $KMnO_4$ 溶液和体积和称取 $Na_2C_2O_4$ 基准物质的用量，用等物质的量规则，计算 $KMnO_4$ 标准溶液的浓度 $c\left(\frac{1}{5}KMnO_4\right)$，并求出平均浓度和标定结果的绝对平均偏差（$d$）和相对平均偏差（$Rd$）。

3. H_2O_2 样品含量的测定

移取 H_2O_2 样品 25.00mL 于 250mL 容量瓶中，加水稀释至刻度摇匀。移取 25.00mL 溶液于 250mL 锥形瓶中，加 50mL 水，3mL 3mol/L H_2SO_4，用 $KMnO_4$ 溶液滴定至微红色半分钟内不褪色即为终点。根据 $c(KMnO_4)$、$V(KMnO_4)$ 计算试样中 H_2O_2 的含量。

五、思考题

1. 标定 $KMnO_4$ 浓度的条件有哪些？酸度过高、过低、温度过高或过低对标定结果有何影响？

2. 用 $Na_2C_2O_4$ 标定 $KMnO_4$ 时，为什么开始时 $KMnO_4$ 褪色很慢，滴定速度要慢？随着滴定的进行，为什么反应速率加快了？

3. 配制 $KMnO_4$ 溶液时，为什么要加热煮沸并保持微沸状态 1h 后冷却过滤再标定？

实验十六 氯化物中氯含量的测定（莫尔法）

一、实验目的

1. 学习 $AgNO_3$ 标准溶液的配制和标定方法。
2. 掌握以 K_2CrO_4 为指示剂，测定氯离子的方法原理。

二、实验原理

某些可溶性氯化物中氯含量的测定，常采用莫尔法，即以 K_2CrO_4 为指示剂，用 $AgNO_3$ 标准溶液进行滴定，由于 AgCl 溶解度小于 Ag_2CrO_4 的溶解度，所以当加入 $AgNO_3$ 溶液时，首先析出 AgCl 沉淀，化学计量点后稍过量的 Ag^+ 与 CrO_4^{2-} 生成砖红色的 Ag_2CrO_4 沉淀指示终点。滴定需在中性或弱碱性溶液中进行，最佳 pH 值范围为 6.5~10.5。

$$Ag^+ + Cl^- \Longrightarrow AgCl \downarrow$$
白色

$$2Ag^+ + CrO_4^{2-} \Longrightarrow Ag_2CrO_4 \downarrow$$
砖红色

三、试剂

NaCl 基准物质；$AgNO_3$ 固体；5‰ K_2CrO_4 溶液。

四、实验步骤

1. 0.05mol/L $AgNO_3$ 溶液的配制

在台秤上称取 4.4g $AgNO_3$ 溶解于 500mL 不含 Cl^- 的去离子水中，将溶液转移至棕色试剂瓶中，置于暗处避光保存。

2. 0.05mol/L $AgNO_3$ 溶液的标定

准确称取＿＿＿＿＿＿g NaCl 基准物质于 100mL 小烧杯中，加水溶解，转移至 250mL 容量瓶中，加水稀释至标线，摇匀。

移取 25.00mL NaCl 标准溶液于 250mL 锥形瓶中，加 25mL 水，1mL 5‰ K_2CrO_4 溶液，在不断摇动下用 $AgNO_3$ 溶液滴定至白色沉淀中出现砖红色，即为终点，平行滴定 3 份，极差小于 0.05mL，计算 $AgNO_3$ 标准溶液的浓度。

3. 样品中氯的测定

准确称取粗食盐 1g 左右，置于 250mL 烧杯中，加水溶解转移至 250mL 容量瓶中，加水稀释至标线摇匀。

准确移取 25.00mL 试液于 250mL 锥形瓶中，加 25mL 水及 1mL 5‰ K_2CrO_4 溶液，在不断摇动下，用 $AgNO_3$ 标准溶液滴定至白色沉淀中呈现砖红色即为终点。平行测定三次，极差小于 0.05mL，计算样品中氯的含量。

五、思考题

1. 莫尔法测定 Cl^- 时，适宜的 pH 范围是多少？为什么？
2. K_2CrO_4 指示剂的浓度太小或太大对测定有何影响？

实验十七　定 pH 滴定法测定甲酸、乙酸混合酸中各组分含量

一、实验目的

1. 通过实验了解 pH 滴定法测定二元混酸的基本原理，拓宽有关酸碱滴定实际应用的知识面。
2. 掌握 pH 计的使用及其在酸碱测定中的应用。
3. 提高用计算机处理分析数据的能力。

二、实验原理

在二元混合酸的滴定过程中，存在下面的质子条件：

$$[H^+]-[OH^-]+\frac{bV_t}{V_0+V_t}-\sum_{i=1}^{2}\frac{V_0}{V_0+V_t}c_iQ_i=0$$

式中，V_0 为被滴定溶液的初始体积；V_t 为加入的滴定剂体积；c_i 为被测组分浓度；b 为滴定剂浓度；$[H^+]$ 和 $[OH^-]$ 是加入滴定剂后所测溶液的氢离子和氢氧根离子浓度；Q_i 表示酸的浓度分数之和，其值为：

$$Q_i=\frac{\frac{K_{1i}^a}{[H^+]}+\frac{2K_{1i}^aK_{2i}^a}{[H^+]^2}+\cdots}{1+\frac{K_{1i}^a}{[H^+]}+\frac{K_{1i}^aK_{2i}^a}{[H^+]^2}+\cdots}$$

式中，K^a 为弱酸的离解常数。

将质子条件式改写成如下形式：

$$\sum_{i=1}^{2} c_i Q_i = \frac{V_0 + V_t}{V_0}\left([H^+] - [OH^-] + \frac{bV_t}{V_0 + V_t}\right)$$

令

$$\frac{V_0 + V_t}{V_0}\left([H^+] - [OH^-] + \frac{bV_t}{V_0 + V_t}\right) = B$$

则上式可改写成: $\qquad c_1 Q_1 + c_2 Q_2 = B$

由 Q 的表达式可知 Q_i 仅由 K^a 和 $[H^+]$ 确定,因此,若对样品中所含的两酸标准溶液,用相同的标准碱溶液滴定至与样品相同的 pH 值,则必存在如下关系:

$$c_{标1} \cdot Q_1 = B_{标1}$$
$$c_{标2} \cdot Q_2 = B_{标2}$$

式中, $c_{标1}$、$c_{标2}$ 分别为被测组分标准溶液浓度; $B_{标1}$、$B_{标2}$ 分别为滴定至与样品相同 pH 值时,由 B 的表达式计算所得 B 值。将上两式代入 $c_1 Q_1 + c_2 Q_2 = B$ 得:

$$c_1 \frac{B_{标1}}{c_{标1}} + c_2 \frac{B_{标2}}{c_{标2}} = B$$

重排上式,得:

$$\frac{B}{B_{标1}} = \frac{c_1}{c_{标1}} + \left(\frac{c_2}{c_{标2}}\right) \cdot \left(\frac{B_{标2}}{B_{标1}}\right)$$

当滴定至不同的 pH 值处时,以 $B/B_{标1}$ 作为 $B_{标2}/B_{标1}$ 的函数作图,可得一直线,由该直线的斜率和截距可分别计算出样品中两组分含量。

三、仪器及试剂

1. 仪器: pH 计;电磁搅拌器;玻璃电极;甘汞电极;滴定管;移液管;计算机 (PC-586)。

2. 试剂: NaOH 标准溶液;乙酸标准溶液;甲酸标准溶液;标准缓冲溶液;1.0mol/L KCl 溶液。

四、实验步骤

1. 滴定标准酸溶液

准确移取 5.00mL 标准酸 (乙酸或甲酸) 溶液于 250mL 烧杯中,加入 10.00mL 1.0mol/L KCl 溶液,用滴定管加入 85mL 去离子水,稀释至 100.00mL,插入电极,在搅拌下用 0.1mol/L NaOH 标准溶液滴定至指定 pH 值 (3.80, 4.10, 4.40, 4.70, 5.00, 5.30, 5.60),并记下相应的滴定体积。

2. 样品的测定

准确移取 10.00mL 样品于 250mL 烧杯中,加入 10.00mL 1.0mol/L KCl 溶液,用滴定管加入 80mL 去离子水稀释至 100.00mL,插入电极,在搅拌下用 0.1mol/L NaOH 标准溶液滴定至上述相同 pH 值处,记下相应的滴定体积。

(以上滴定均需插入温度计,若温度有变化,应做补偿)

五、计算

上机操作步骤: 在 A＞键入 GWBASIC 进入 GWBASIC,在 OK 提示符键入 LOAD "PHT2" 将程序进入内存,键入 List,显示程序;修改 DATA 语句中数值,改完后键入 RUN 显示 $N=7$,显示 T_B=标准 NaOH 浓度,显示 c_1=标准乙酸浓度,显示 c_2=标准甲酸浓度,显示 $V_0=100$,最后显示出计算结果。

六、测定注意事项

1. 滴定标准酸溶液与样品溶液必须都滴定至相同的 pH 值,否则会带来较大的误差,因此滴定速度要慢一些,在快到指定 pH 值时,需半滴甚至 1/4 滴加入。

2. 温度有较大变化时，必须对 pH 计做温度补偿。
3. 用滴定管加入 85mL 去离子水时，若滴加速度太快，必须等待一段时间再读数。

七、思考题
1. 实验所用的酸度计的读数是否需进行校正？为什么？如何校正？
2. 测定混合酸时出现两个突跃，说明何种物质与 NaOH 发生反应？生成何种产物？

实验十八　氟离子选择性电极测定水中氟含量

一、实验目的
1. 了解用直接电位法测定水中微量氟的原理与方法。
2. 学会离子计的使用方法。

二、实验原理

以氟离子选择性电极为指示电极，饱和甘汞电极为参比电极，插入待测溶液组成的电化学电池可表示为：

$$\text{Hg} | \text{Hg}_2\text{Cl}_2, \text{KCl(饱和)} | \text{试液} | \text{LaF}_3 \text{单晶膜} | \text{NaF}, \text{NaCl}, \text{AgCl} | \text{Ag}$$

|←——甘汞电极——→|　　|←————氟电极————→|

整个电池的电动势为：

$$E_{电池} = E_{氟} - E_{甘汞}$$

甘汞电极电位在测定中保持不变，氟电极电位在测定中随溶液中氟离子活度而改变。加入 TISAB 后

$$E_{氟} = K - (2.303RT/F)\lg c_{氟}$$

代入上式，并将常数项合并，可得：

$$E_{电池} = K' - (2.303RT/F)\lg c_{氟}$$

式中，K' 为常数；R 为摩尔气体常数 [8.314J/(mol·K)]；T 为热力学温度；F 为法拉第常数 (96485C/mol)。

由上式可见，在一定条件下，电池电动势与试液中的氟离子浓度的对数呈线性关系。因此，只要测量电池的电动势，采用标准曲线和标准加入等方法，即可测定水中氟的浓度。

测定氟含量时，温度、pH 值、离子强度、共存离子均要影响测定的准确度。因此为了保证测定准确度，需向标准溶液和待测试样中加入等量的总离子强度调节剂（TISAB），加入 TISAB，可以使溶液中离子平均活度系数保持定值，并可控制溶液的 pH 值和消除共存离子的干扰。

1. 标准曲线法

标准曲线法是直接电位法中最常用的定量方法之一，它与一般的标准曲线法相同。首先，用待测离子的纯物质配制一系列浓度不同的标准溶液，其离子强度用 TISAB 进行调节，用选定的指示电极和参比电极按浓度从低到高的顺序分别测定各标准溶液的电池电动势 E，以 E 为纵坐标 $\lg c_{氟}$ 为横坐标绘制标准曲线，在一定范围内它是一条直线。然后，在相同的测试条件下，测定未知试样的电动势，再从标准曲线查出被测离子的浓度。

2. 标准加入法

标准曲线法只适用于测定组成简单的试样及游离离子的浓度。如果试样组成复杂，或溶液中存在络合剂时，若要测定待测离子的总浓度（包括游离的与络合的），则可采用标准加入法，即将标准溶液加入到样品溶液中进行测定。

在一个较复杂的体系，欲测 F^- 的浓度，采用此法是十分方便有效的。标准加入法不需

要知道溶液的离子强度，也不需要知道所存在的络合剂类型和含量。所以，一般不经过预处理可直接测定。标准加入法的基本原理如下：

先测定样品溶液的电动势为 E_1，然后加入浓度为 c_s、体积为 V_s 的标准溶液（V_s 约为样品溶液体积 V_x 的 1/100），测得其电动势为 E_2。

又
$$E_{电池}=K'\pm(2.303RT/F)\lg\gamma c_x$$

式中，c_x 为待测试样的 F^- 浓度；γ 为离子活度系数。

若
$$S=2.303RT/F$$

则
$$E_1=K'\pm S\lg\gamma c_x$$

$$E_2=K'\pm S\lg\gamma'(c_x+\Delta c)$$

式中，$\Delta c=\dfrac{c_s V_s}{V_x+V_s}$，因为 V_s 远远小于 V_x，所以 $\Delta c=\dfrac{c_s V_s}{V_x}$；$\gamma'$ 为加入标准溶液后，溶液的离子活度系数。

将 E_1-E_2 得：

$$\Delta E=E_2-E_1=\pm S\lg\dfrac{\gamma'(c_x+\Delta c)}{\gamma c_x}$$

因为加入体积很少，不会影响总离子强度的改变，所以 $\gamma=\gamma'$，上式可写成

$$\Delta E=\pm S\lg\dfrac{c_x+\Delta c}{c_x}$$

由此可求出：

$$c_x=\Delta c(10^{\Delta E/\pm S}-1)^{-1}$$

这样根据加入标准溶液前后所测得的电动势之差 ΔE，即可计算 c_x，其中 S 值仍需由标准曲线来计算。

三、仪器与试剂

1. 仪器

PHX-3B 型数字式离子计		1台
氟离子选择性电极		1支
饱和甘汞电极		1支
磁搅拌子		7个
电磁搅拌器		1台
容量瓶	100mL	1个
容量瓶	50mL	5个
烧杯	50mL	6个
烧杯	100mL	1个
移液管	10mL	1支
移液管	5mL	1支
移液管	1mL	1支

2. 试剂

0.5000mol/L 氟标准溶液：准确称取于 120℃烘干 2h 并冷却至室温的 NaF 2.099g，用去离子水溶解，转入 100mL 容量瓶中，稀释至刻度，摇匀，保存于聚乙烯瓶中。

总离子强度调节剂（TISAB）：于 1000mL 烧杯中加入 58g 氯化钠、100g 柠檬酸钠、57mL 冰醋酸和 600mL 去离子水，搅拌至溶解，在 pH 计上用 5mol/L NaOH 溶液调节溶液的 pH 值在 5.0～5.5 之间，冷却至室温，转入 1000mL 容量瓶中，用去离子水稀释至刻度、

摇匀。

四、实验内容与步骤

1. 溶液的配制

（1）$10^{-5} \sim 10^{-1}$ mol/L 氟标准溶液：用移液管吸取 0.5000mol/L 氟标准溶液 10.00mL 于 50mL 容量瓶中，用量筒加入 10mL TISAB，用去离子水稀释至刻度，摇匀，得浓度为 10^{-1} mol/L 氟标准溶液。用移液管吸取 10^{-1} mol/L 氟标准溶液 5.00mL 于 50mL 容量瓶中，用量筒加入 10mL TISAB，用去离子水稀释至刻度，摇匀，得浓度为 10^{-2} mol/L 氟标准溶液。$10^{-3} \sim 10^{-5}$ mol/L 氟标准溶液如此逐级稀释配制。每次移液前要用去离子水清洗移液管内外，再用待测液润洗移液管。

（2）未知水样溶液的配制：准确吸取 10.00mL 未知水样于 100mL 容量瓶中，加入 20mL TISAB，用去离子水稀释至刻度，摇匀。

2. 氟电极的准备

氟电极在使用前需在 0.001mol/L NaF 溶液中浸泡 1～2h，进行活化，再用去离子水清洗电极至空白电位，即氟电极在去离子水中的电位大于 200mV（此值各支电极不一样）。

3. 仪器的准备使用

预热仪器约 20min。置离子计于 mV 挡，接入氟电极与饱和甘汞电极。开机后电极不可长时间悬空，所以更换溶液要尽量快。

4. 水中氟含量的测定

本实验采用标准曲线法与标准加入法测定水中氟含量，具体做法如下：

（1）将配制好的标准溶液分别放入 5 个洗净并用待测液润洗过的 50mL 烧杯中，放入洁净的磁搅拌子，将洗净并擦干的电极插入试液中，在电磁搅拌下，依次由低浓度至高浓度测定标准溶液的电位值（低浓度标准溶液平衡时间较长，约 15～30 min），可在更换溶液时只用滤纸擦干电极，不清洗电极，这样做可使电极平衡时间缩短。将测得的数据记于实验数据表中。将电极用去离子水清洗，再将电极泡入去离子水中，使其电位回到 10^{-4} mol/L 以上。如电位回复较慢可更换去离子水。

以测得的 mV 数为纵坐标，以 F^- 浓度的对数为横坐标绘制标准曲线。从标准曲线上得出标准曲线斜率 S 值。

（2）用移液管准确吸取 50.00mL 未知水样溶液于干燥的（用滤纸擦干）100mL 烧杯中，在电磁搅拌下，测其电动势 E_1 再用移液管准确加入自配的 10^{-1} mol/L F^- 标准溶液 0.50mL，搅匀，测其电动势 E_2。

（3）将所测 E_1 从标准曲线上查出与 E_1 对应的 F^- 浓度 c_x，此 c_x 是标准曲线法得出的未知水样中的 F^- 浓度 mol/L（μg/mL）。

（4）将所测 E_1、E_2 值及 S 值代入 $c_x = \Delta c (10^{\Delta E / \pm S} - 1)^{-1}$ 中，求出 c_x，并计算出未知水样中的 F^- 浓度 mol/L（μg/mL）。

（5）检察磁搅拌子个数。倾倒溶液时，不要把磁搅拌子随溶液倒入池中。

5. 清洗电极

测定结束后，用去离子水清洗电极至电位值与起始空白电位值相近。

五、注意事项

1. 电极电位会受环境因素干扰，测定过程中应保持环境状态一致。

2. 保持桌面清洁。容量瓶按溶液浓度大小顺序排放，烧杯应与容量瓶对应排放。做完实验，数据无误后，再倾倒溶液，清洗器皿。

六、思考题

1. 氟电极在使用前应怎样处理？需达到什么要求？
2. 用氟电极测得的电位是 F^- 的浓度还是活度的响应值？在什么条件下才能测得 F^- 浓度？
3. 总离子强度调节剂是由哪些组分组成的，各组分的作用是什么？
4. 若只采用标准曲线法测定水中氟含量，应如何操作？

七、实验数据

实验数据表

标准溶液浓度/(mol/L)	10^{-1}	10^{-2}	10^{-3}	10^{-4}	10^{-5}	10^{-6}
标准溶液测定电位/mV						
水样测定电位/mV						
水样 F^- 浓度/(mol/L)						

实验十九 邻二氮菲吸光光度法测铁

一、实验目的

1. 学会正确调试、使用 721 型分光光度计。
2. 掌握邻二氮菲分光光度法测微量铁含量的基本原理和进行的条件。
3. 掌握摩尔比法测定络合比的原理和操作方法。

要求预习有关"722 型分光光度计的使用"部分。

二、实验原理

邻二氮菲是分光光度法测定微量铁的一种较好的显色剂，在 pH＝2～9 的溶液中，邻二氮菲与 Fe^{2+} 形成稳定的红色络合物，反应如下：

$$Fe^{2+} + 3 \text{（邻二氮菲）} \longrightarrow [\text{Fe（邻二氮菲）}_3]^{2+}$$

此有色络合物的稳定常数 $\lg K = 21.3$ (20℃)，摩尔吸光系数 $\varepsilon = 1.1 \times 10^4 \text{ L/(cm·mol)}$，最大吸收波长 $\lambda = 510\text{nm}$，颜色保持长时间稳定不变。

邻二氮菲与 Fe^{3+} 也生成 3∶1 的络合物，呈淡蓝色，其稳定常数 $\lg K = 14.1$，所以，在显色之前需要用抗坏血酸或盐酸羟胺将全部的 Fe^{3+} 还原为 Fe^{2+}。

$$2Fe^{3+} + 2NH_2OH \Longrightarrow 2Fe^{2+} + N_2\uparrow + 2H_2O + 2H^+$$

此方法选择性很高，相当于铁含量 40 倍的 Sn^{2+}、Al^{3+}、Ca^{2+}、Zn^{2+}、SiO_3^{2-}，20 倍的 Cr^{3+}、Mn^{2+}、$V(V)$、PO_4^{3-} 和 5 倍的 Co^{2+}、Cu^{2+} 等均不干扰测定。

三、试剂

1. 1×10^{-3} mol/L Fe^{3+} 标准溶液的配制

准确称取 0.1206g $NH_4Fe(SO_4)_2 \cdot 12H_2O$ 试剂，置于烧杯中，加入 20mL 6mol/L HCl 溶液和少量去离子水溶解，转移到 250mL 容量瓶中并稀释至标线，摇匀。

2. 100μg/mL Fe^{3+} 标准溶液的配制

准确称取 0.8634g $NH_4Fe(SO_4)_2 \cdot 12H_2O$ 试剂，置于烧杯中，加入 20mL 6mol/L HCl 溶液和少量去离子水溶解，转移到 1000mL 容量瓶中，并稀释至标线，摇匀。

3. 1×10^{-3} mol/L 邻二氮菲水溶液的配制

准确称取 0.1982g 邻二氮菲试剂，置于 100mL 小烧杯中，加入 50mL 去离子水溶解，转移到 1000mL 容量瓶中并稀释至标线，摇匀。

4. 0.15% 邻二氮菲水溶液的配制

称取 0.15g 邻二氮菲试剂，加少量去离子水溶解，并稀释至 100mL。

5. 10% 盐酸羟胺水溶液的配制

称取 10g 盐酸羟胺（$NH_2OH \cdot HCl$）试剂，溶于 100mL 去离子水中。

6. 1mol/L NaAc 水溶液的配制

称取 8.2g 乙酸钠固体试剂，溶于 100mL 去离子水中。

7. 6mol/L HCl 溶液

取浓盐酸试剂与等体积的去离子水混合。

四、实验步骤

1. 标准系列的配制

在已编号的 6 支 50mL 容量瓶中用吸量管分别加入 0.00、0.20、0.40、0.60、0.80 和 1.00（mL）铁标准溶液（含铁 100μg/mL），然后再分别加入 1mL 10% 盐酸羟胺溶液、2mL 0.15% 邻二氮菲溶液和 5mL 1mol/L NaAc 溶液，以去离子水稀释至标线，摇匀。

2. 吸收曲线的绘制

取上述已配好的试剂空白作为参比溶液，用 721 型分光光度计测定标准系列中的 4 号显色溶液在不同波长下的吸光度。用 1cm 比色皿，波长 460~560nm，每隔 10nm 测定一次，但在 510nm 附近每隔 5nm 测定一次。

特别要注意的是：每改变一次波长都必须先将试剂空白溶液推入光路，用"100%"电位器重新调节电表指针在吸光度"0"线位置；然后再将显色溶液拉回光路测其吸光度。

最后，以吸光度（A）为纵坐标，波长（λ）为横坐标在普通坐标纸上绘制出吸收曲线，并找出此有色络合物的最大吸收波长 λ_{max}。

3. 工作曲线的绘制

在最大吸收波长下，用 1cm 比色皿，以试剂空白为参比溶液测定标准系列各显色溶液的吸光度。

以吸光度（A）为纵坐标、铁标准溶液毫升数为横坐标在普通坐标纸上绘制工作曲线，此曲线服从朗伯-比尔定律，应为一条直线。

4. 水样中铁含量的测定

用吸量管吸取水样 5.00mL，置于 50mL 容量瓶中，按绘制工作曲线时的同样条件和方法加入试剂（该项操作可与配制标准系列同时进行），然后测其吸光度。从工作曲线上找出相当于铁标准溶液的毫升数，按下式计算水样中铁含量。

$$Fe(mg/L)=\frac{相当于铁标准溶液的量(mL)\times 100}{V_{样}(mL)}$$

5. 络合比的测定——摩尔比法

取 9 支已编号的 50mL 容量瓶，各加入 1mL 10^{-3}mol/L Fe^{3+} 标准溶液，1mL 10% 盐酸羟胺溶液，摇匀。然后依次加入 10^{-3}mol/L 邻二氮菲水溶液 0.0、1.0、1.5、2.0、2.5、3.0、3.5、4.0 和 5.0（mL），最后各加 5mL 1mol/L NaAc 溶液，用去离子水稀释至标线，摇匀。

在最大吸收波长 λ_{max}，用 1cm 比色皿，以试剂空白为参比溶液，测定各溶液的吸光度

（A）。然后以吸光度（A）为纵坐标，以 c_R/c_M 为横坐标在普通坐标纸上绘图，可得到如图 8-1 所示的一条曲线。

根据曲线上前后两部分延长线的交点所对应的横坐标确定邻二氮菲-亚铁络合物的络合比。

注：c_R/c_M 为邻二氮菲与 Fe^{2+} 的物质的量浓度之比。

五、思考题

1. 吸光度（A）为 0.25 时，百分透光率（$T\%$）为多少？
2. 510nm 的单色光是什么颜色？它与邻二氮菲亚铁络合物的橙红色存在什么关系？
3. 在测定溶液的吸光度时为什么改变波长要重新校正空白溶液的吸光度为零？
4. 如果水样中铁含量很高或很低时，应如何进行测定试液的吸光度？若要求分别测定 Fe^{2+} 和 Fe^{3+} 的含量又如何进行？
5. 此实验各种试剂的加入量，哪些要求比较准确？哪些试剂则不必？为什么？

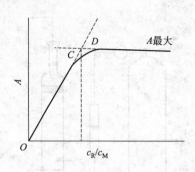

图 8-1　摩尔比法的 $A \sim c_R/c_M$ 曲线

实验二十　溶剂浮选吸光光度法测定痕量铜

一、实验目的

1. 了解溶剂浮选吸光光度法的基本原理。
2. 掌握光度分析法的基本操作。
3. 理解富集、分离技术在微量、痕量分析中的作用。
4. 学习用计算机处理数据。用线性回归法计算回归方程及回归系数，对方程进行显著性检验，并求出摩尔吸光系数。

二、实验原理

溶剂浮选吸光光度法是近 20 年发展起来的一种新型分离分析技术，它是将一层有机溶剂加在待浮选的试液表面，当某种惰性气体通过试液时，利用溶液中存在表面活性差异的各组分在气-液界面的吸附能力不同而将其进行分离，分离后的组分在有机层得到富集，而后用光度法测定有机相中被捕集的成分，它是集富集、分离、分析于一身的高灵敏、高选择性的分析测试技术。

溶剂浮选法与溶剂萃取法，虽有某些相似之处，但比萃取法更有效，其突出优点为：溶剂浮选由于不涉及萃取的分配比问题，所以比溶剂萃取的有机溶剂用量少，分离量大，选择性好，灵敏度高，可测定 ng/mL 级的痕量组分，回收率在 90% 以上；另外，不存在萃取的乳化问题，有机溶剂在水相的溶解损失较溶剂萃取小，这是由溶剂在水相的非平衡溶解所致；设备简单，操作方便，富集倍数大，分离效果好，适用于极稀溶液中痕量及微量组分的分析测试。

本实验是以二乙基二硫代氨基甲酸钠（Na-DDTC）为捕收剂，正辛醇为浮选溶剂，在 pH 6.0～6.4 的条件下，试液中的 Cu^{2+} 与 DDTC 发生下述反应

$$2\ \underset{C_2H_5}{\overset{C_2H_5}{}}\!\!N\!-\!\!C\!\!\overset{S}{\underset{S^-}{}} + Cu^{2+} \longrightarrow \underset{C_2H_5}{\overset{C_2H_5}{}}\!\!N\!-\!\!C\!\!\overset{S\ \ \ \ S}{\underset{S\ \ \ \ S}{}}\!\!Cu\!\!\overset{}{}C\!-\!N\!\overset{C_2H_5}{\underset{C_2H_5}{}}$$

生成的二乙基二硫代氨基甲酸铜配合物是黄色的，具有疏水亲气性，可吸附在气泡表面，并随气泡上升，进入正辛醇层后，随气泡破裂脱落并溶解于正辛醇中，形成黄色溶液，可直接用于比色测定。根据测得的吸光度值，可由 Beer 定律计算出溶液中的 Cu^{2+} 浓度。

三、仪器与试剂

1. 1mg/mL 的铜标准溶液：准确称取 3.9280g 分析纯 $CuSO_4 \cdot 5H_2O$，溶于含有 1mL 浓 H_2SO_4 的水中，于 1000mL 容量瓶中，用去离子水稀释至刻度，摇匀；用时稀释至 $4\mu g/mL$ 的标准使用液。

2. 0.13% Na-DDTC 溶液：称取 0.13g Na-DDTC，溶于 100mL 去离子水中，用氨水调至 pH 值约为 8.5，保存于棕色瓶中，可用两周。

3. 20%酒石酸钾钠溶液

4. 0.1mol/L EDTA 溶液

5. 0.5mol/L 氨水溶液

6. 0.05mol/L H_2SO_4 溶液

7. 722 型分光光度计

8. 溶剂浮选装置（如图 8-2 所示）

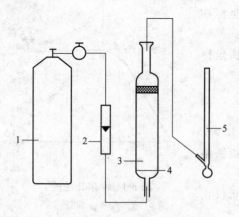

图 8-2 溶剂浮选装置图
1—氮气钢瓶；2—转子流量计；3—溶剂浮选器；
4—G_4 玻砂滤板；5—皂膜流量计

在溶剂浮选过程中，流速由转子流量计读出，其测定值由皂膜流量计校准；浮选柱上方的狭长出口，便于浮选结束后上层有机相的取出。

四、实验方法与步骤

1. 工作曲线测定

吸取 $4\mu g/mL$ 的铜标准使用液 0.00mL、0.40mL、0.80mL、1.00mL、1.20mL、1.60mL 和 2.00mL，分别放入 1~7 号干净的 300mL 烧杯中，各加入 160mL 去离子水，在搅拌下，加入 20%的酒石酸钾钠 5mL，0.1mol/L EDTA 5mL，用 0.5mol/L 氨水和 0.05mol/L H_2SO_4 调节 pH 值为 6.0~6.4，再加入 0.13% Na-DDTC 5mL，继续搅拌 5min，转入浮选池，加入 10mL 异戊醇，通入 N_2，流速为 30mL/min，浮选 15min，停止通气后，用干净的滴管将正辛醇溶液吸入 1cm 比色皿，以异戊醇为参比，于 430nm 处测定吸光度，记录测定结果。

2. 未知液的测定

准确吸取一定体积的试液于 300mL 烧杯中，在搅拌下，加入 20%的酒石酸钾钠 5mL，0.1mol/L EDTA 5mL，用 0.5mol/L 氨水和 0.05mol/L H_2SO_4 调节 pH 值为 6.0~6.4，再加入 0.13% Na-DDTC 5mL，继续搅拌 5min，转入浮选管，加入 10mL 异戊醇，通入 N_2，流速为 30mL/min，浮选 15min，停止通气后，用干净的滴管将异戊醇溶液吸入 1cm 比色皿，以异戊醇为参比，于 430nm 处测定吸光度，记录测定结果。

试样号	1	2	3	4	5	6	7	未知液
Cu^{2+} 浓度								
吸光度								

五、数据处理

用 Cu^{2+} 浓度对吸光度作图，制作工作曲线。用计算机处理数据，用线性回归法计算回归方程及回归系数，对方程进行显著性检验，并求出摩尔吸光系数。由工作曲线或回归方程求出未知液中的 Cu^{2+} 浓度。

六、思考题

1. 分析溶剂浮选与溶剂萃取的异同点。

2. 如何使用吸量管？

3. 如何选择光度法的最大吸收波长？最大吸收波长在分析测试中具有何意义？

4. 设计一个用溶剂浮选光度法测定其他离子（如 Cd^{2+}、Pb^{2+}、Zn^{2+}、Ni^{2+}、Pd^{2+} 等）浓度的实验方案。

5. 影响溶剂浮选的主要因素有哪些？

6. 在试液中为什么要加入 20％的酒石酸钾钠和 0.1mol/L EDTA 各 5mL？

实验二十一　原子吸收分光光度法测定水的硬度

一、实验目的

1. 了解原子吸收分光光度法的基本原理。
2. 了解原子吸收分光光度计的结构和使用方法。
3. 掌握用标准曲线法测定自来水中钙、镁的含量。

二、实验原理

原子吸收分光光度法是由待测元素空心阴极灯发射出一定强度和一定波长的特征谱线的光，当它通过含有待测元素基态原子蒸气的火焰时，部分特征谱线的光被吸收，而未被吸收的光经单色器，照射至光电检测器上，通过检测得到特征谱线光强被吸收的大小，即可得到试样中待测元素的含量。

特征谱线被吸收的程度可用朗伯-比尔定律表示：

$$A=K'c$$

式中，K' 在一定实验条件下是一常数，即吸光度（A）与浓度（c）成正比。

标准曲线法是原子吸收分光光度分析中一种常用的定量方法，首先配制一系列标准溶液用原子吸收分光光度计测定各标准溶液的吸光度（A），得到 $A\sim c$ 的标准曲线，然后测定试液的吸光度，通过 $A\sim c$ 的标准曲线得到待测组分的含量。

三、仪器与试剂

1. 仪器

原子吸收分光光度计；钙、镁空心阴极灯；空气压缩机；乙炔钢瓶。

2. 试剂

碳酸镁或金属镁；无水碳酸钙；浓盐酸。

钙标准储备液（1000μg/mL）的配制：

准确称取已在 110℃下烘干 2h 的无水碳酸钙 0.6250g 于 100mL 小烧杯中，用少量去离子水润湿，滴加 1mol/L 盐酸溶液，直至碳酸钙完全溶解，然后转移至 250mL 容量瓶中，用水稀释至刻度，摇匀备用。

钙标准使用液（100μg/mL）：

准确移取 10mL 上述钙标准储备液于 100mL 容量瓶中，用去离子水稀释至刻度，摇匀备用。

镁标准储备液（1000μg/mL）的配制：

准确称取金属镁 0.2500g 于 100mL 小烧杯中，滴加 5mL 1mol/L 盐酸溶液使之溶解，然后将其转移至 250mL 容量瓶中，用去离子水稀释至刻度，摇匀备用。

镁标准使用液（50μg/mL）：

准确移取 5mL 上述镁标准储备液于 100mL 容量瓶中，用去离子水稀释至刻度，摇匀备用。

四、实验步骤

1. 配制钙标准溶液系列

准确移取 2.00mL、4.00mL、6.00mL、8.00mL、10.0mL 上述钙标准使用液,分别置于 25mL 容量瓶中,用去离子水稀释至刻度,摇匀备用。

2. 配制镁标准溶液系列

准确移取 1.00mL、2.00mL、3.00mL、4.00mL、5.00mL 上述镁标准使用液,分别置于 25mL 容量瓶中,用去离子水稀释至刻度,摇匀备用。

3. 配制自来水试样

准确移取 5.00mL 自来水置于 25mL 容量瓶中,用水稀释至刻度,摇匀备用。

4. 分别测定钙、镁标准溶液系列及自来水试样的吸光度

通过钙、镁标准工作曲线求得自来水中钙、镁的含量。

五、思考题

1. 如何选择最佳的实验条件?
2. 为何要用待测元素的空心阴极灯作为光源?

实验二十二 水中铜和锰的火焰原子吸收测定

一、实验目的

1. 了解原子吸收分光光度计的原理、构造及使用方法。
2. 掌握标准曲线法测定元素含量的操作。

二、实验原理

原子吸收分光光度法是根据物质产生的原子蒸气对特定波长光的吸收作用来进行定量分析的。

与原子发射光谱相反,元素的基态原子可以吸收与其发射线波长相同的特征谱线。当光源发射的某一特征波长的光通过原子蒸气时,原子中的外层电子将选择性地吸收该元素所能发射的特征波长的谱线,这时,透过原子蒸气的入射光将减弱,其减弱的程度与蒸气中该元素的浓度成正比,吸光度符合吸收定律。

$$A = \lg \frac{I_0}{I} = KcL$$

根据这一关系可以用工作曲线法或标准加入法来测定未知溶液中某元素的含量。

三、仪器与试剂

1. 仪器

Z—8000 型偏振塞曼原子吸收分光光度计

容量瓶	100mL	2个
具塞比色管	10mL	10支
移液管	1mL	1支
移液管	5mL	1支
移液管	10mL	1支
烧杯	25mL	2个

2. 试剂

$100\mu g/mL$ 铜标准溶液:称取 0.1000g 金属铜(光谱纯),加入 20mL(1+1)硝酸,于砂浴上加热,蒸至近干,冷却后,用 3% 硝酸溶解,移入 1000mL 容量瓶中,稀释至刻度,摇匀。

$100\mu g/mL$ 锰标准溶液:称取于 400~500℃ 灼烧至恒重的硫酸锰 0.2749g,溶于去离子

水中，移入 1000mL 容量瓶中，稀释至刻度，摇匀。

未知试样：水。

四、实验内容与步骤

1. 在教师指导下学会仪器的操作。
2. 仪器工作条件的选定

项 目	铜的测定	锰的测定	项 目	铜的测定	锰的测定
波长/nm	324.8	279.5	燃烧器高度/mm	8～10	8～10
狭缝/mm	0.1	0.1	空气流量/(L/min)	8～9	8～9
灯电流/mA	4～8	8～12	乙炔气流量/(L/min)	1～2	1～2

3. 绘制标准曲线及测定水中的铜和锰

(1) 分别移取 100μg/mL 铜、锰标准溶液 10.00mL 于 100mL 容量瓶中，用去离子水稀释至刻度，摇匀。得浓度为 10μg/mL 的铜、锰标准溶液。

(2) 在 10 支 10mL 具塞比色管中，分别取 10μg/mL 铜标准溶液和 10μg/mL 锰标准溶液配制成下表所示的浓度，并摇匀待用。使用该标准溶液，估计铜和锰的吸光度在 0.1～0.5 范围内。

比色管编号	铜的浓度/(μg/mL)	锰的浓度/(μg/mL)	比色管编号	铜的浓度/(μg/mL)	锰的浓度/(μg/mL)
1	1	0.5	4	4	2.0
2	2	1.0	5	5	2.5
3	3	1.5			

(3) 按照仪器操作说明打开仪器，并根据所选定的仪器条件设定好各项参数，待火焰稳定后，喷入空白溶剂，进行仪器零点和满度值的调节。将配制好的标准溶液由低浓度至高浓度依次进行测试并读出吸光度数值。再次用空白溶剂清洗、调零，然后进行未知水样的测定，记录吸光度数值。

若待测试样的吸光度超出所配标准溶液的最大吸光度时，可用溶剂对试样进行稀释。若待测试样的吸光度低于标准溶液的最小吸光度时，可以在被测元素的线性范围内，重新配制标准溶液，减小其浓度，使未知水样的吸光度值位于标准溶液的吸光度值之间。

绘制工作曲线以及未知水样测定，一般需进行多次平行实验。平行实验一般是先将火焰关闭，按照仪器测定参数重新进行调节，然后再次点燃火焰，进行标准样品和未知水样的测定。分别根据其测定数据绘制标准曲线，并求出未知水样中铜和锰的浓度（μg/mL），最后将几次测定的结果进行平均。

铜含量测定			锰含量测定		
标准浓度 /(μg/mL)	吸光度		标准浓度 /(μg/mL)	吸光度	
	第一次	第二次		第一次	第二次
1			0.5		
2			1.0		
3			1.5		
4			2.0		
5			2.5		
水样			水样		

测定结果：

铜含量：

锰含量：

五、注意事项

1. 乙炔为易燃、易爆气体，必须严格按照操作步骤进行。在点燃乙炔火焰之前，应先开空气，然后开乙炔气；结束或暂停实验时，应先关乙炔气，再关空气。必须切记以保障安全。

2. 乙炔气钢瓶为左旋开启，开瓶时，出口处不准有人，要慢慢开启，不能过猛，否则冲击气流会使温度过高，易引起燃烧或爆炸。开瓶时，阀门不要充分打开，旋开不应超过1.5转。

3. 请注意节约乙炔气，不测定时随时关闭乙炔气。

实验二十三　电感耦合等离子体发射光谱定性分析

一、实验目的

1. 初步掌握电感耦合等离子体发射光谱仪的使用方法。
2. 学会用电感耦合等离子体发射光谱法定性判断试样中所含未知元素的分析方法。
3. 学会用电感耦合等离子体发射光谱法测定试样中元素含量的方法。

二、实验原理

原子发射光谱法是根据处于激发态的待测元素的原子回到基态时发射的特征谱线对待测元素进行分析的方法。各种元素因其原子结构不同，而具有不同的光谱。因此，每一种元素的原子激发后，只能辐射出特定波长的光谱线，它代表了元素的特征，这是发射光谱定性分析的依据。

电感耦合等离子体发射光谱仪是以场致电离的方法形成大体积的 ICP 火焰，其温度可达 10000K，试样溶液以气溶胶态进入 ICP 火焰中，待测元素原子或离子即与等离子体中的高能电子、离子发生碰撞吸收能量处于激发态，激发态的原子或离子返回基态时发射出相应的原子谱线或离子谱线，通过对某元素原子谱线或离子谱线的测定，可以对元素进行定性或定量分析。ICP 光源具有 ng/mL 级的高检测能力；元素间干扰小；分析含量范围宽；高的精度和重现性等特点，在多元素同时分析上表现出极大的优越性，广泛应用于液体试样（包括经化学处理能转变成溶液的固体试样）中金属元素和部分非金属元素（约 73 种）的定性和定量分析。

三、仪器与试样

仪器：ICPS-7500 电感耦合等离子体发射光谱仪。

试样：未知水样品。

四、实验内容

1. 每五位同学准备一水样品进行定性分析，熟悉测试软件的基本操作，了解光谱和数据结果的含义。

2. 观摩定量分析操作，学会分析标准曲线的好坏，掌握操作要点和测试结果的含义。

五、实验步骤

1. 样品处理

（1）自带澄清水溶液 20mL，要求无有机物，不含腐蚀性酸、碱，溶液透明澄清无悬浮物，离子浓度小于 $100\mu g/mL$。

（2）将待测液倒入试管。

2. 谱线扫描

（1）参照"ICPS-7500 型电感耦合等离子体发射光谱仪的使用"，并在教师指导下学会电感耦合等离子体发射光谱的操作。

(2) 打开电脑软件，设置测量参数，选择待测元素，准备测量。本仪器可测元素如图 8-3 所示。

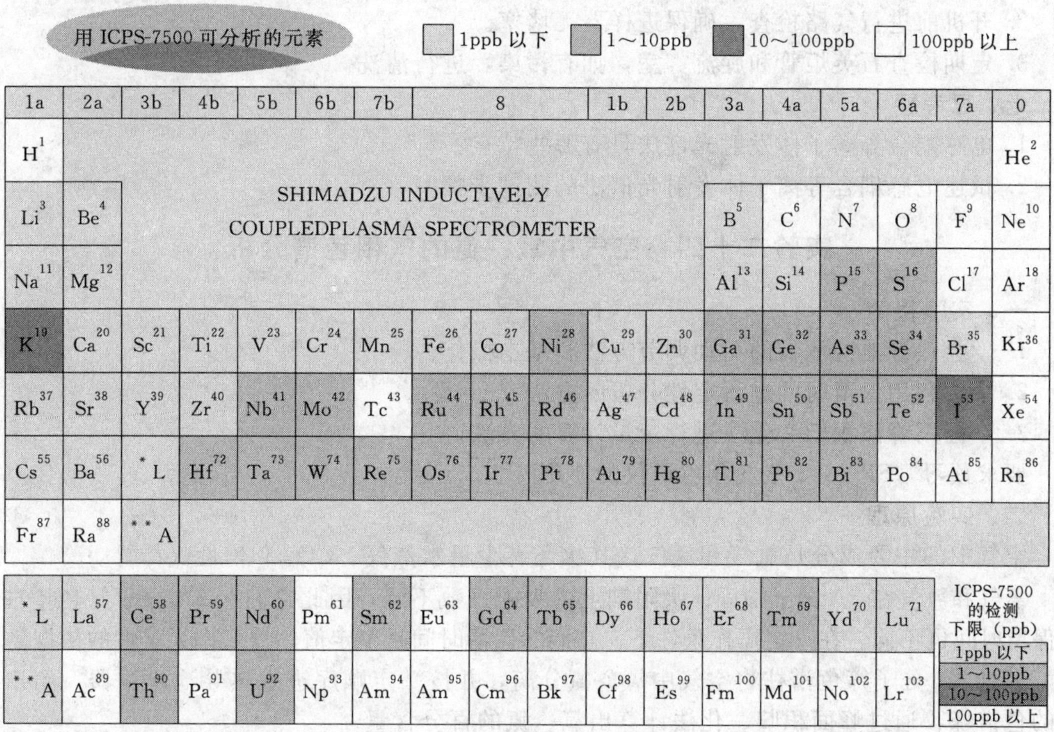

图 8-3 ICPS-7500 可分析的元素

(3) 按下述条件测试

狭缝：入口狭缝　20μm

　　　出口狭缝　30μm

光栅刻线数：3600 条/mm　160～850nm

波长范围：1800 条/mm　458～850nm

波长扫描：最小步进波长　0.0002nm

　　　　　最大速度　50nm/s（3600 条）

振荡器：晶体振荡器

高频电源频率：27.120MHz±0.05%

(4) 保存和打印测试结果。

3. 结果分析

某矿泉水微量元素定性分析　　　　　　　　　　　　　　　mg/L

元素	波长	浓度范围	结果分析

4. 实验报告要求

记录测试条件和测试结果，并对测试结果进行分析。

六、注意事项

1. 光谱仪为贵重光学仪器，操作时动作要轻，以防损坏。
2. 开机前进行气路检查，确保进样器无堵塞。
3. 定期检查石英炬管和旋流雾室，如有污染，进行清洗。

七、思考题

1. 电感耦合等离子体发射光谱法具有哪些特点？
2. 试述电感耦合等离子体发射光谱法的测试步骤？

实验二十四　空气中氧、氮的气相色谱分析

一、实验目的

1. 学会热导池检测器的启动调节方法和基本操作。
2. 学会利用保留时间进行定性分析的方法。
3. 掌握用峰面积归一化法进行定量计算的方法。

要求预习"SP-2305 型气相色谱仪的使用"。

二、实验原理

空气中的主要成分是氧气和氮气，其次还有少量水蒸气、CO_2 和惰性气体等。

氧气和氮气在 5A 分子筛固体吸附剂上的吸附系数不同，因此它们在 5A 分子筛色谱柱内的保留时间也不同。在一定操作条件下，它们的保留时间是个定值，故可作为定性的依据。

通过 5A 分子筛色谱柱将空气中氧、氮分离，并按一定顺序进入热导池检测器，给出它们的色谱峰，通过峰面积归一化法计算出氧、氮的百分含量。

$$A = h \cdot y\left(\frac{1}{2}\right)$$

$$O_2 \text{ 含量} = \frac{A_{O_2}}{A_{O_2} + A_{N_2}} \times 100\%$$

$$N_2 \text{ 含量} = \frac{A_{N_2}}{A_{O_2} + A_{N_2}} \times 100\%$$

由于 5A 分子筛在室温下吸附水和 CO_2 是不可逆的，故必须预先将其活化。方法是将 5A 分子筛置于马弗炉内，在 350℃下加热 2～3h，取出后在保干器内冷却至室温，然后装柱。

三、仪器与试剂

气相色谱仪；热导检测器；1mL 注射器；纯氧气球胆和纯氮气球胆；5A 分子筛（60～80 目）；秒表和刻度放大镜。

四、色谱条件

1. 色谱柱：5A 分子筛固体吸附剂。
2. 载气及其流速：H_2，90mL/min。
3. 色谱柱恒温箱温度，室温。
4. 汽化室温度：室温。
5. 桥电流：180mA。
6. 衰减："1"挡。

五、基本操作

1. 载气流量的测定

用橡胶管将皂膜流量计与热导检测器出口相连接，用手指轻轻捏住皂膜流量计下端的橡

皮头，使皂液液面上升至载气出口，使皂液产生皂膜并沿刻度管不断上升。气流速度恰好等于皂膜上升的速度。

用秒表记下皂膜通过刻度管一定体积所需的时间，即可求出载气的流量，以 mL/min 为单位表示。

2. 保留时间的测定

（1）洗注射器　用 1mL 注射器抽取少量气样，再排出去，如此重复 3~4 次，以便将注射器洗净。

（2）取样　洗净注射器应立即抽取气样，多抽取一些，将多余部分排出，保留所需要的体积。

（3）进样　取样后应马上进样，将注射器针头水平地插入进样口橡胶垫，并迅速将活塞推到底，同时启动秒表，进样动作要快，注入后应立即将注射器针头拔出。

当记录仪笔头划出色谱峰的峰尖时，休止秒表，秒表走过的时间即为该组分的保留时间。

六、实验内容

1. 转子高度与流量关系曲线的绘制

转子流量计内的转子上升高度与气体流量不成直线关系，而且转子上升高度相同，不同转子流量计所代表的气体流量也不相同。因此每个转子流量计都必须绘制出它的转子高度与流量的关系曲线。绘制方法如下：

打开氢气钢瓶的总压和分压阀，调分压使压力为 0.245MPa（2.5kgf/cm^2）左右打开室内氢气总开关调节仪器上载气压力调节阀使柱前压力表为 0.245MPa（2kgf/cm^2）。

将载气出口排气管取下，用弹簧夹夹住，载气出口换上皂膜流量计入气口橡胶管。打开转子流量计调节阀，调节转子高度分别为 10mm、15mm、20mm、25mm、30mm、35mm 等。每改变一次转子高度测量一次载气流量。当测定的流量达到 120mL/min 时即可停止测定。

按照上述方法分别测定两个转子流量计的转子高度与流量的关系。测定结束后，应摘下皂膜流量计的橡皮管，接上两个通往室外的橡皮管。

根据测得的数据，以转子高度为纵坐标，载气流量为横坐标，在普通坐标纸上画出转子高度-流量关系曲线。

2. 色谱条件的调节

（1）调载气流量　参照转子高度-流量关系曲线，调节转子高度使其所对应的载气流量恰好为 90mL/min。

（2）调桥电流　打开热导检测电器单元的电源开关（指示灯亮），用"电流调节"旋钮调桥电流为 180mA，稳定 10min 再调一次。

（3）调记录仪　待桥电流稳定后，打开记录仪电源开关，将"选择旋钮"旋到"热导调零"位置，分别用"调零"的粗、中、细旋钮调节，使记录仪指针指在"0"处。

将选择旋钮转到"记录调零"位置，调"记录调零"旋钮使记录仪指针指至所需要的位置（即基线位置，一般在 0.5mV 处）。打开记录纸开关，调纸速为慢挡或 300mm/h 处，并将记录笔按下。待基线走直后，可根据进样口的位置（有两个）将选择旋钮再转至"测量"挡（也有两个，要与进样口一致），即可进行测定氧、氮保留时间。

3. 氧、氮保留时间的测定

用 1mL 注射器从纯氧球胆出口的乳胶管处取样 0.1mL，进样后记录保留时间。重复测定3~4次，取平均值作为氧在5A分子筛柱上的保留时间。

以同样方法从纯氮气球胆中取0.3mL，进样记录保留时间，重复测定3~4次，取平均值作为氮在5A分子筛柱上的保留时间。要求同一组分几次测得的保留时间彼此相关不得超过2s。

必须注意：柱内压力较大，进样时应一手夹住针管及针头，另一手按住玻璃活塞，防止将活塞顶出来掉在地上摔碎。

4. 空气中氧、氮含量的测定

将记录仪纸速改为快速挡或调至3000mm/h，用1mL注射器取0.4mL空气，注入进样口，记录各组分的保留时间，并与氧、氮保留时间对照，判断两个色谱峰所代表的组分，即哪个是氧峰，哪个是氮峰。

用刻度放大镜和直尺测量氧、氮两个组分的峰高和半峰宽，并计算出它们各自的含量。

5. 关仪器

抬起记录笔，关记录纸和电源开关；再将桥电流调至最小后，关闭热导检测电器单元的电源；待电源器温度降到室温（即用载气吹一定时间）关掉仪器中载气入口的压力调节阀，使压力表指针回零后再将转子流量计的针形阀关好，最后关钢瓶减压阀和实验室内总气路开关，拉下电源总闸。

注：由于氧、氮的校正因子彼此接近，计算公式中已经约去；空气中其它组分含量很少，可忽略不计，故可用峰面积归一化法计算氧、氮含量。

七、实验注意事项

1. 氢气是易燃易爆气体，为了保证安全，实验室内不准动明火，不能穿带钉子的鞋，除用皂膜流量计测流量外，热导检测器出口氢气必须用橡胶管导出室外，并保持室内空气流通。

2. 在未通载气之前，绝对不准打开热导检测电器单元的电源开关，给桥路供电。

八、思考题

1. 色谱归一化法定量有何特点？使用该方法应具备什么条件？
2. 为什么可以利用色谱峰的保留值进行色谱定性分析？

第三节　综合实验部分

综合实验的开设是为了进一步巩固和加强化学实验基础和技能的训练，拓宽学生的知识面，培养学生综合运用化学实验技能去解决实际问题的能力，查阅文献资料的能力，操作使用现代仪器的能力和深入处理实验数据的能力，使其实验素养达到一个更高的层次，为自己设计实验和从事科学研究工作打下良好的基础。

实验二十五　硫酸亚铁铵的制备及其 Fe^{2+} 含量的测定

一、实验目的

1. 掌握无机物制备的基本操作。
2. 练习目视比色半定量分析方法。
3. 掌握 $KMnO_4$ 法测定 Fe^{2+} 的原理和方法。
4. 熟练掌握 $KMnO_4$ 的配制和标定。

二、实验原理

（一）硫酸亚铁铵的制备

硫酸亚铁铵俗称摩尔盐，为浅绿色单斜晶体。它在空气中比一般亚铁盐稳定，不易被氧化，因此在分析化学中有时被用作氧化还原滴定法的基准物。

根据硫酸铵、硫酸亚铁和硫酸亚铁铵在水中的溶解度数据可知，硫酸亚铁铵的溶解度较小，所以很容易从浓的 $FeSO_4$ 和 $(NH_4)_2SO_4$ 混合液中制得结晶的摩尔盐 $FeSO_4 \cdot (NH_4)_2SO_4 \cdot 6H_2O$。

本实验首先以金属铁屑与稀硫酸作用，制得硫酸亚铁溶液：
$$Fe + H_2SO_4 = FeSO_4 + H_2$$
然后加入适量的硫酸铵，制成两种盐的混合液。通过加热浓缩再冷却至室温，便可得到以上两种盐等摩尔作用生成的、溶解度较小的硫酸亚铁铵复盐晶体：
$$FeSO_4 + (NH_4)_2SO_4 + 6H_2O = FeSO_4 \cdot (NH_4)_2SO_4 \cdot 6H_2O$$

（二）$KMnO_4$ 法测定 Fe^{2+} 的含量

在稀硫酸溶液中，$KMnO_4$ 能定量地把亚铁氧化成三价铁，因此可以用 $KMnO_4$ 法测定相关化合物中亚铁的含量。滴定反应为：
$$5Fe^{2+} + MnO_4^- + 8H^+ = Mn^{2+} + 5Fe^{3+} + 4H_2O$$

滴定到化学计量点时，微过量的 $KMnO_4$ 即可使溶液呈现微红色，从而指示滴定终点，不需另外再加其他指示剂。

在对硫酸亚铁铵中 Fe^{2+} 的定量测定实验中，$KMnO_4$ 滴定法是最常用的方法之一。滴定用 $KMnO_4$ 标准溶液的浓度，必须预先进行标定（见实验十五）。

三、实验步骤

（一）硫酸亚铁铵的制备

1. 铁屑的净化（除去油污）

称取铁屑 2g，放在锥形瓶中，加入 15mL 10% Na_2CO_3 溶液，放在石棉网上小火加热，煮沸几分钟，用倾析法除去碱液，然后用去离子水冲洗几遍（洗至中性），倾掉洗涤水。

说明：用碱水洗油污，是针对从机械加工过程中取得的铁屑而言。如果所用原料是纯净的铁屑或铁粉，则可省去净化步骤。

2. 硫酸亚铁的制备

在盛有处理过的铁屑的锥形瓶中，加入 3mol/L H_2SO_4 15~20mL，在水浴中加热，注意控制 Fe 与 H_2SO_4 的反应不要过于剧烈，在加热过程中应经常取出锥形瓶摇荡，并根据需要适当补充蒸发的水分，以防 $FeSO_4$ 结晶析出。待反应速率明显减慢（气泡很少）时，停止加热并立即进行减压过滤。如果发现滤纸上有晶体析出，可用少量去离子水冲洗溶解之。将滤液转移到蒸发皿中，注意溶液酸度应控制在 pH 值 1~2，如果酸度不够，要适当补加少量的 H_2SO_4 来调节。将未反应完的铁屑或残渣全部收集起来，用滤纸吸干后称量。根据已参加反应的铁量，计算出生成 $FeSO_4$ 的理论产量。

此步骤中说明两点：(1) Fe 与 H_2SO_4 反应应在通风橱中进行，或放于排风口处，以减少酸雾的毒害；(2) 如果考虑收集反应残渣有困难，可以在减压过滤时加双层滤纸，抽干溶液后，残渣黏附于上层，只要称出两张滤纸的质量差，即可知渣重。

3. 硫酸亚铁铵晶体的制备

根据 $FeSO_4$ 的理论产量，按 $FeSO_4$ 与 $(NH_4)_2SO_4$ 质量比为 1:0.8 的比例，称取固体 $(NH_4)_2SO_4$ 若干克，并将其配成饱和溶液（学生自己查阅有关资料，按常温下的溶解度配制）后，加入到已调节好酸度的 $FeSO_4$ 溶液中，混合均匀。将蒸发皿置于水浴上加热蒸发，至溶液表面出现晶体膜时停止加热。静置，使其自然冷却至室温，析出浅绿色结晶。减压过滤除去母液，将漏斗中的晶体取出，放在表面皿上晾干或者用滤纸吸干水分，然后称量实

产品 $FeSO_4 \cdot (NH_4)_2SO_4 \cdot 6H_2O$ 的质量。

4. 产品检验——目视比色 Fe^{3+} 含量分析

称取 1.00g 产品，放入 25mL 比色管中，用少量（10～15mL）不含 O_2 的蒸馏水（将去离子水事先用小火煮沸 10min，除去所溶解的 O_2，盖好表面皿，冷却后备用）溶解之，再加入 3mol/L H_2SO_4 和 1mol/L KSCN 各 1.00mL，然后继续加入不含 O_2 的去离子水至 25mL 刻度，摇匀。与标准溶液进行比较，根据比色结果，确定产品中 Fe^{3+} 含量所对应的级别。

比色铁标准系列溶液称为色阶（由实验室给出）。其配制方法是依次取浓度为 0.1mg/mL 的 Fe^{3+} 标准溶液 0.50mL、1.00mL、2.00mL，分别加入 25mL 比色管中，再各加入 3mol/L H_2SO_4 和 1mol/L KSCN 溶液各 1.00mL，最后都用去离子水稀释至 25mL 刻度线，摇匀。按级别顺序排放于比色架上。

不同等级的 $FeSO_4 \cdot (NH_4)_2SO_4 \cdot 6H_2O$ 中的 Fe^{3+} 含量分别是：

一级品 0.05mg；

二级品 0.1mg；

三级品 0.2mg。

5. 实验结果与数据处理

(1) 根据制备实验中的投料量和化学反应中物质的相关量，对下列几个数据进行计算：

① $FeSO_4$ 的理论产量；

② $(NH_4)_2SO_4$ 的加入量；

③ $FeSO_4 \cdot (NH_4)_2SO_4 \cdot 6H_2O$ 的理论产量。

(2) 将下列实验数据汇集成表：

① 铁屑的加入量 $W_{Fe(投料)}$，g；② 实际反应掉的铁屑量 $W_{Fe(反应)}$，g；③ 硫酸亚铁理论产量 W_{FeSO_4}，g；④ 硫酸铵的加入量 $W_{(NH_4)_2SO_4}$，g；⑤ 产品 $FeSO_4 \cdot (NH_4)_2SO_4 \cdot 6H_2O$ 的实验产量 $W_{产品(实验)}$，g；⑥ 产品的理论产量 $W_{产品(理论)}$，g；⑦ 产品产率，%；⑧ 产品的级别。

（二） $KMnO_4$ 法测定 Fe^{2+} 的含量

1. $KMnO_4$（约 0.02mol/L）溶液的配制和标定（见实验十五）。

2. $KMnO_4$ 法测定硫酸亚铁铵中的 Fe^{2+} 含量

(1) 待测用品的称量　在分析天平上用递减法准确称量 0.2g 左右自制的硫酸亚铁铵试样 6 份，分别放入洁净干燥的锥形瓶中。

(2) 用 $KMnO_4$ 标准溶液滴定　取一份称好的硫酸亚铁铵试样，加入 3mol/L H_2SO_4 溶液 5mL，去离子水 20mL，使试样完全溶解，立即用 $KMnO_4$ 标准溶液滴定至浅粉色，且保持 1min 不消失即为滴定终点，记录所消耗 $KMnO_4$ 溶液的体积。另外 5 份硫酸亚铁铵试样，依照上述同样的方法步骤，进行滴定，并分别记录各自消耗 $KMnO_4$ 溶液的体积。

(3) 测定结果的计算　计算试样中铁（Ⅱ）的质量分数，通过 Q 检验决定应该舍弃的数据，求平均值和测定结果的绝对平均偏差（d）和相对平均偏差（Rd）。根据以上结果评价自制的硫酸亚铁铵产品的质量情况。

四、思考题

1. 本实验中前后两次都采用水浴加热，目的有何不同？在制备 $FeSO_4$ 的过程中为什么强调溶液必须保证强酸性？

2. 在产品检验时，配制溶液为什么要用不含氧的去离子水？除氧方法是怎样的？

3. 在计算硫酸亚铁的理论产量和产品硫酸亚铁铵晶体的理论产量时，各以什么物质的用量为标准？为什么？

4. 请举出类似的用氧化还原滴定法测定亚铁的实例，并说明其与 $KMnO_4$ 法的异同。

实验二十六 硫酸铜的提纯及组成分析

一、实验目的

1. 巩固化学实验的基本操作：溶解、搅拌、加热、过滤、蒸发、结晶、抽滤等。
2. 掌握可溶性物质的重结晶提纯方法。
3. 学会 $Na_2S_2O_3$ 标准溶液的配制及标定。
4. 掌握间接碘量法测定 $CuSO_4$ 的基本原理、操作条件和误差来源。
5. 初步学会 722 型分光光度计的使用。
6. 学会用标准曲线法进行试样中铁杂质含量测定的方法。
7. 了解差热分析研究 $CuSO_4 \cdot 5H_2O$ 受热脱水的原理和方法。

二、实验原理

（一）硫酸铜的提纯

利用不同物质在同一种溶剂中的溶解度不同的性质，可将含有不溶性杂质和可溶性杂质的物质提纯。粗硫酸铜（胆矾 $CuSO_4 \cdot 5H_2O$）中含有不溶性杂质和可溶性杂质，其中可溶性杂质中以 Fe^{2+}，Fe^{3+} ［如 $FeSO_4$，$Fe_2(SO_4)_3$ 等］对硫酸铜的品质影响较大，并且含量也较高。

提纯操作中，先将粗 $CuSO_4 \cdot 5H_2O$ 溶于热水中，用氧化剂 H_2O_2 将 Fe^{2+} 氧化为 Fe^{3+} 后，调节溶液的 pH 值至 4，使 Fe^{3+} 水解为 $Fe(OH)_3$ 沉淀，趁热过滤，以除去不溶性杂质。然后，蒸发浓缩所得的滤液，使 $CuSO_4 \cdot 5H_2O$ 结晶出来。其他微量可溶性杂质在硫酸铜结晶时，因为量比较少，尚处于未饱和状态，故仍留在母液中，当将其抽滤时，就可以得到较纯的硫酸铜晶体。

上面这种物质的提纯方法叫重结晶法，此法适合提纯在某一溶剂中不同温度下溶解度变化较大的物质。欲得更纯的晶体可以多次重结晶。

本实验采用沉淀分离法和重结晶法结合，将硫酸铜提纯。有关分离部分的反应式为：

$$2FeSO_4 + H_2O_2 + H_2SO_4 \longrightarrow Fe_2(SO_4)_3 + 2H_2O$$

$$Fe^{3+} + 3H_2O \longrightarrow Fe(OH)_3 + 3H^+$$

控制 pH 值约为 4 的原因如下：由于溶液中的 Fe^{3+}，Fe^{2+}，Cu^{2+} 水解时均可生成氢氧化物沉淀，但这些氢氧化物 [$Fe(OH)_2$，$Fe(OH)_3$，$Cu(OH)_2$] 的沉淀条件是不同的。根据沉淀理论，它们产生沉淀和完全沉淀所需要的 OH^- 浓度（即 pH 值）是不同的。当 pH=4 时，Fe^{2+}，Cu^{2+} 均不发生沉淀，而 Fe^{3+} 已完全沉淀。为了使 Fe^{2+} 也被除去，可以将其氧化成 Fe^{3+}。

（二）碘量法测铜含量

间接碘量法使用的滴定剂是 $Na_2S_2O_3$ 标准溶液，而 $Na_2S_2O_3$ 固体试剂都含有少量杂质，而且 $Na_2S_2O_3$ 易风化、潮解，因此不能直接配制其标准溶液，只能先配制成接近需要的浓度的标准溶液，然后再进一步标定出其准确浓度。

标定 $Na_2S_2O_3$ 标准溶液的基准物有 $K_2Cr_2O_7$、KIO_3 和 $KBrO_3$ 等，这些基准物在酸性溶液中均能与 KI 作用析出碘，如 $K_2Cr_2O_7$ 与 KI 的反应：

$$Cr_2O_7^{2-} + 6I^- + 14H^+ \Longrightarrow 2Cr^{3+} + 3I_2 + 7H_2O$$

析出的 I_2 可用 $Na_2S_2O_3$ 标准溶液滴定：

$$I_2 + 2S_2O_3^{2-} = 2I^- + S_4O_6^{2-}$$

标定时应注意控制的条件是：

1. 开始滴定的酸度以 0.8~1.0mol/L HCl 为宜，酸度高可提高反应速率，但太高 I^- 易被空气氧化，造成较大的标定误差。

2. 由于 $K_2Cr_2O_7$ 与 KI 的反应速率较慢，故应在暗处放置一定时间，再用 $Na_2S_2O_3$ 标准溶液滴定。若以 KIO_3 为基准物标定 $Na_2S_2O_3$ 溶液则不必。

3. 标定时以淀粉溶液作为指示剂，但加入不宜过早，应先用 $Na_2S_2O_3$ 溶液滴定至溶液呈淡黄色时，再加入淀粉溶液，用 $Na_2S_2O_3$ 溶液继续滴定到蓝色恰好消失，即为终点。淀粉指示剂加入太早，大量的 I_2 与淀粉结合成蓝色物质，这部分碘不易与 $Na_2S_2O_3$ 反应。

将提纯后的硫酸铜试样溶解于水中，加入 H_2SO_4 和过量的 KI 溶液，铜离子与过量 KI 作用，释出等量的碘，用 $Na_2S_2O_3$ 标准溶液滴定释出的碘，即可求出铜含量。反应式为：

$$2Cu^{2+} + 4I^- = 2CuI\downarrow + I_2$$
$$I_2 + 2S_2O_3^{2-} = 2I^- + S_4O_6^{2-}$$

加入过量 KI，Cu^{2+} 的还原趋于完全。由于 CuI 沉淀强烈地吸附 I_2，使测定结果偏低，故在滴定近终点时，加入适量 KCNS，使 CuI（$K_{sp}=1.1\times10^{-12}$）转化为溶解度更小的 CuSCN（$K_{sp}=4.8\times10^{-15}$），释放出被吸附的 I_2，反应生成的 I^- 又可利用，可以使用较少的 KI 而使反应进行得更完全。

$$CuI + SCN^- = CuSCN\downarrow + I^-$$

SCN^- 只能在近终点时加入，否则有可能直接还原二价铜离子，使结果偏低：

$$6Cu^{2+} + 7SCN^- + 4H_2O = 6CuSCN + SO_4^{2-} + HCN + 7H^+$$

也可避免有少量的 I_2 被 CNS^- 还原。

溶液的 pH 值应控制在 3.3~4.0 范围内，若 pH 值高于 4，二价铜离子发生水解，使反应不完全，结果偏低，而且反应速率慢，终点拖长；酸度过高，则 I^- 被空气中的氧氧化为 I_2（Cu^{2+} 催化此反应），使结果偏高。

Fe^{3+} 能氧化 I^- 析出 I_2，可用 NH_4HF_2 掩蔽，NH_4HF_2 又是缓冲剂，使溶液 pH 值保持在 3.3~4.0。

（三）分光光度法测定硫酸铜中铁含量

在稀酸性溶液中，Fe^{3+} 与 CNS^- 生成红色配合物溶液：

$$Fe^{3+} + nCNS^- \longrightarrow [Fe(CNS)_n]^{3-n}$$
血红色

Fe^{3+} 浓度越大，红色越深。

当一束波长一定的单色光通过有色溶液时，被吸收的分光和溶液的浓度，溶液的厚度及入射光的强度等因素有关。

设 c 为溶液的浓度；b 为溶液的厚度；I_0 为入射光的强度；I 为透过溶液后光的强度。

根据实验证明：有色溶液对光的吸收程度与溶液中有色物质的浓度和液层厚度的乘积成正比，这就是朗伯-比尔定律，其数学表达式为：

$$\lg(I_0/I) = \varepsilon bc$$

式中，$\lg(I_0/I)$ 表示光线通过溶液时被吸收的程度，称为"吸光度"，也叫"光密度"或"消光度"；ε 是一个常量，称为吸光系数。如将 $\lg(I_0/I)$ 用 A 表示，则上式可以写成：

$$A = \varepsilon bc$$

因此，当 b 一定时，吸光度 A 和溶液浓度 c 呈直线关系。

根据这种关系，用分光光度计来定量测定 $CuSO_4 \cdot 5H_2O$ 中杂质 Fe^{3+} 的量。

下面介绍一种测定试样中某成分含量的方法——标准曲线法。

配制系列标准溶液：

标准溶液的浓度分别为：c_1，c_2，c_3，c_4，c_5，c_6；

测得相应的吸光度为：A_1，A_2，A_3，A_4，A_5，A_6。

以溶液浓度 c 为横坐标，吸光度 A 为纵坐标，绘制工作曲线。

若测得试样的吸光度为 A_x，就可通过工作曲线在横坐标上找到对应的 c 值（即待测样品中的浓度 c_x）。

一般配制的标准溶液 1mL 中含 1mg 或 0.1mg 的待测物质，因而浓度 c 亦可用标准溶液的体积毫升数来代表。

（四）硫酸铜的差热分析

用差热分析仪对 $CuSO_4 \cdot 5H_2O$ 进行差热分析，研究 $CuSO_4 \cdot 5H_2O$ 受热脱水的历程。

许多物质在加热或冷却过程中会发生相变化学反应、吸附或脱附、晶型转变等变化，这些变化都会伴随有热效应，其表现为该物质与环境之间有温度差。选择一种热稳定性良好的物质作为参比物（本实验为 Al_2O_3），将其与被测物一起置于可按设定速率升温的电炉中，分别记录参比物的温度以及被测物与参比物间的温度差。温度与温度差对时间作图（两图像合并在一个坐标系中）或温度差对温度作图，称为差热谱图。概括地说，差热分析就是在程序控制温度条件下（本实验为线性升温）测定被测物与参比物之间的温度差与温度关系的一种技术。从差热谱图可以获得有关热力学和热动力学方面的诸多信息。图 8-4 是理想的差热谱图。如果参比物和被测试样的热容大致相同，当试样在某段温度无热效应，则二者的温度基本相同，此时得到的是一条平滑的直线，如图中 ab、de、gh 等段，称为基线。一旦试样发生变化，产生热效应，在差热曲线上就会有峰出现如 bcd、efg 即是。热效应越大，峰的面积也越大。我们规定（仪器已调整好）峰顶向上为放热峰，试样温度高于参比物；峰顶向下为吸热峰，试样温度低于参比物。

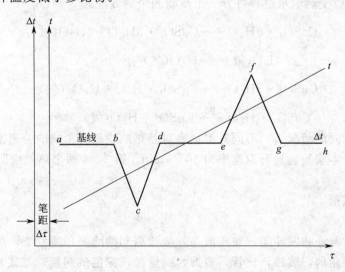

图 8-4 理想的差热图

一个热效应所对应的峰位置和方向反映了物质变化的本质和规律，但其密度、高度、对称性、起始温度、峰顶温度等也取决于样品变化过程各种动力学因素，如变温速率、样品量、粒度大小以及时间坐标（走纸速率）、温度量程与差热量程等。实验表明，峰的外延起

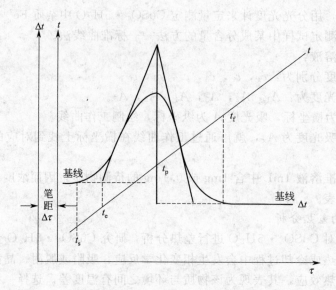

图 8-5 差热图的温度显示
t_s—起始温度；t_e—外延起始温度；
t_p—峰顶温度；t_f—终止温度

始温度 t_e（见图 8-5）比峰顶温度 t_p 所受外界的影响要小得多，因此国际上决定以 t_e 作为反应的起始温度并可用以表征某一特定物质的本性，t_e 的确定方法亦如图。

由各图可见实际差热图谱与理想的并不完全一样。这是由于样品及其中间产物与参比物的物理性质不尽相同，再加上样品在测定过程中可能发生的体积改变、热容改变等，往往使基线及峰的形状发生漂移和变化，有时峰前后的基线并不在一直线上。在这种情况下确定 t_e 更需细心。

$CuSO_4 \cdot 5H_2O$ 受热脱水过程可分三个步骤四个热效应。

(1) $\qquad CuSO_4 \cdot 5H_2O \xrightarrow{t_1} CuSO_4 \cdot 3H_2O + 2H_2O(液)$

(2) $\qquad\qquad\qquad H_2O(液) \xrightarrow{t_2} H_2O(气)$

(3) $\qquad CuSO_4 \cdot 3H_2O \xrightarrow{t_3} CuSO_4 \cdot H_2O + H_2O(气)$

(4) $\qquad CuSO_4 \cdot H_2O \xrightarrow{t_4} CuSO_4 + H_2O(气)$

在其他条件相同的情况下，不同升温速率对差热曲线是有影响的。通常，低升温速率有利于改善分辨率。本实验选择升温速率为 10℃/min，第 2、3 两个热效应所出现的峰可能发生重叠。

三、仪器与试剂

1. 仪器

研钵，台秤，漏斗和漏斗架，布氏漏斗，吸滤瓶和抽滤泵，蒸发皿，烧杯，滴管，铁三脚架，石棉网，牛角匙，玻棒，试管，剪刀，碘量瓶，棕色试剂瓶，碱式滴定管，722 型分光光度计，移液管，吸量管，容量瓶，漏斗，滤纸，差热分析仪，记录仪。

2. 药品

2mol/L H_2SO_4，1mol/L NaOH，6mol/L $NH_3 \cdot H_2O$，1mol/L KCNS，3% H_2O_2，称量纸，滤纸，pH 试纸，重铬酸钾固体基准物或一、二级品；$Na_2S_2O_3 \cdot 5H_2O$（固体）；20%

KI溶液，0.5%淀粉溶液；Na_2CO_3（固体），20% NH_4HF_2 溶液，10% KCNS 溶液，1：1 硝酸，20% KCNS，α-Al_2O_3。

铁标准溶液：

称取 0.8634g $NH_4Fe(SO_4)_2$，置于烧杯中加 1：1 HNO_3 20mL，加少许去离子水，将溶液转移到 1000mL 容量瓶中，用去离子水稀释到刻度，每毫升此溶液含铁 0.1mg。

四、实验步骤

1. 硫酸铜的提纯

(1) 称量和溶解

将粗硫酸铜用研钵研细，用台秤称取 6g 已研细的粗硫酸铜，放入已洗涤清洁的 100mL 烧杯中。用量筒量取 10mL 去离子水，将水加入上述烧杯中，然后把烧杯放在石棉网上小火加热，并用玻棒搅拌。当硫酸铜完全溶解时，立即停止加热。

(2) 沉淀

往溶液中加入几滴稀 H_2SO_4 酸化，再加入 2mL 左右 3% H_2O_2 溶液，微微加热，使其充分反应。然后逐滴加入 1mol/L NaOH 溶液，开始时可以快加，快到 pH 值等于 4 时，应边加边检验 pH 值，直到 pH＝4。

可用常压和减压两种方法之一进行过滤。

① 常压过滤　将折好的滤纸放入漏斗中，用滴管滴加少量的去离子水润湿滤纸，使之紧贴在漏斗壁上。将漏斗放在漏斗架上，将步骤(2)中调好 pH 值的硫酸铜溶液加热并趁热过滤。滤液承接在清洁的蒸发皿中，用滴管以少量的去离子水淋洗烧杯和玻璃棒，洗涤水也必须全部滤入蒸发皿中。

② 减压过滤　将布氏漏斗和抽滤瓶都用水洗净，并用去离子水淋洗 2～3 遍，剪好滤纸放入布氏漏斗中，用少量去离子水润湿滤纸，抽气使滤纸紧贴布氏漏斗，加热步骤(2)中调好 pH 值的硫酸铜溶液趁热过滤，滤完后以少量水洗涤沉淀，将滤液移至蒸发皿中备用。

(3) 蒸发和结晶

在滤液中加 1～2 滴稀 H_2SO_4 使溶液酸化，然后在石棉网上加热，蒸发、浓缩（勿加热过猛，以免液体飞溅损失）至溶液表面刚出现薄层结晶时，立即停止加热（注意不可蒸干！为什么?）；待蒸发皿冷却至室温或稍冷却片刻后将蒸发皿放在盛有冷水的烧杯上冷却，使 $CuSO_4 \cdot 5H_2O$ 晶体大量析出。

(4) 抽滤分离

将蒸发皿内 $CuSO_4 \cdot 5H_2O$ 晶体和母液全部转移到布氏漏斗中，减压过滤，尽量抽干，并用干净的玻璃棒轻压布氏漏斗内的晶体，以尽可能除去晶体间夹带的母液，停止抽气过滤，取出晶体，把它摊在两张滤纸之间，轻压滤纸吸干产品，将产品包好，留待质量检验用。

母液倒入公用台上 $CuSO_4$ 母液回收瓶。用台秤称量产品，计算产率。

2. 碘量法测定铜的含量

(1) 0.1mol/L $Na_2S_2O_3$ 标准溶液的配制

称取 10g $Na_2S_2O_3 \cdot 5H_2O$ 溶于 400mL 新煮沸而冷却的去离子水中，待溶解后，加入 0.1g Na_2CO_3 搅匀，存于棕色有塞瓶中，放置 8～14 天后，标定其浓度。

(2) $Na_2S_2O_3$ 标准溶液的标定

准确称取已烘干的 ＿＿＿＿ g 重铬酸钾固体六份分别于 250mL 碘量瓶中，用约 20mL 水溶解，加入 20% KI 溶液 10mL，6mol/L H_2SO_4 5mL，混匀后，盖好磨口玻璃并向瓶塞周围吹入少量去离子水以密封，放于暗处 5min，然后用 50mL 水稀释，用 0.1mol/L $Na_2S_2O_3$ 标准溶液滴定，当溶液由棕色转变为黄绿色时，加入 0.5%淀粉溶液 3mL，继续滴定至溶液蓝紫色褪去呈 Cr^{3+} 的绿色为止。

（3）铜含量的测定

准确称取_____g 左右试样三份置于 250mL 锥形瓶中，加入 60mL 水溶解，加入 5mL H_2SO_4、5mL NH_4HF_2 溶液，10mL 20% KI（3 份不要同时加入），用 0.1mol/L $Na_2S_2O_3$ 滴定至浅黄色，再加入 3mL 0.5%淀粉溶液，继续滴定至浅蓝色，然后加入 10mL KCNS 溶液，摇匀后溶液蓝色转深，继续慢慢滴定至蓝色恰好消失即为终点。

3. 分光光度法测定硫酸铜中铁的含量

（1）铁标准系列溶液的配制

取 50mL 容量瓶 7 个，洗净并编号。

在 1#～6# 容量瓶中用吸量管分别移入 2.00mL 1:1 HNO_3、5.00mL 20% KCNS，然后用洗瓶将容量瓶上口内侧冲洗一下（注意不要流出），再分别移入 0.00mL、0.50mL、1.00mL、1.50mL、2.00mL 和 2.50mL 铁标准溶液，用去离子水稀释至刻度，充分摇匀，放置 10min，即可使用。

容量瓶号	1#	2#	3#	4#	5#	6#
1:1 HNO_3/mL	2.00	2.00	2.00	2.00	2.00	2.00
20% KCNS/mL	5.00	5.00	5.00	5.00	5.00	5.00
铁标准溶液/mL	0.00	0.50	1.00	1.50	2.00	2.50

（2）吸收曲线的绘制

取上述已配好的试剂空白作为参比溶液（1#），用 722 型分光光度计测定标准系列中的 4# 显色溶液在不同波长下的吸光度。用 1cm 比色皿，波长 430～530nm，每隔 10nm 测定一次，但在 480nm 附近每隔 5nm 测定一次。

特别要注意的是：每改变一次波长都必须先将试剂空白溶液推入光路，重新调节 0% 和 100% 透光率，然后将显色溶液拉回光路测其吸光度值。

最后，以波长（λ）为横坐标，吸光度（A）为纵坐标在普通坐标纸上绘制出吸收曲线，并找出此有色物质的最大吸收波长 λ_{max}。

（3）工作曲线的绘制

在最大吸收波长处，用 1cm 比色皿，以试剂空白为参比溶液分别测定铁标准系列中各显色溶液的吸光度，记录于下表：

容量瓶号	1#	2#	3#	4#	5#	6#
铁标液/mL						
吸光度 A						

以标准铁溶液的毫升数为横坐标，以吸光度（A）为纵坐标，在普通坐标纸上绘制出工作曲线，此曲线服从朗伯-比尔定律应为一条直线。

在图的右下角注明标准铁溶液的浓度，比色皿厚度，λ_{max} 和绘图日期。

（4）产品 $CuSO_4 \cdot 5H_2O$ 中铁的测定

因 Cu^{2+} 在水溶液中会影响铁的测定，所以测定之前应先将 Cu^{2+} 分离出去。

用台秤称取提纯 $CuSO_4 \cdot 5H_2O$ 1.00g，放入 100mL 烧杯中，用 20mL 去离子水溶解，

加 1mL 2mol/L H_2SO_4 酸化，再加 2mL 3% H_2O_2 煮沸片刻，待溶液冷却后，滴加 6mol/L 氨水，直到最初生成的沉淀完全溶解且呈深蓝色溶液为止；过滤（做出水柱，可加快过滤速度），并用 2mol/L 氨水均匀冲洗滤纸上的蓝色部分，直到蓝色基本冲净为止，最后再用去离子水冲洗，弃去溶液。

用滴管将 2mol/L HNO_3（约 3mL）滴在滤纸上，尽量使 $Fe(OH)_3$ 沉淀全部溶解，滤液直接流入 7# 洁净的 50mL 容量瓶中，在 7# 容量瓶中，用吸量管加入 2.00mL 1∶1 HNO_3、5.00mL 20% KCNS，用去离子水稀释至刻度，充分摇匀，放置 10min，即可使用。测定其吸光度。利用工作曲线计算 $CuSO_4 \cdot 5H_2O$ 中含铁量。

4．硫酸铜的差热分析

(1) 样品的准备　试样一般加工为 100～300 目的粉末，聚合物试样可切成碎片或薄片，纤维试样可截成小段或绕成小球，金属试样可加工成圆片或小块。

参比物选择在实验温区内对热高度稳定的物质，且热容、导热性最好与试样接近。如果参比物为粉末状，其粒度为 100～300 目。常用参比物为 Al_2O_3 粉末，金属试样也可用纯铜、不锈钢等作为参比物；试样热容极小时也可不用参比物。

选择坩埚；坩埚为实验时装样品的容器，材料有铝、陶瓷、铂三种。铝坩埚仅适用于 500℃ 以下的测试。每次测试选择材料、大小相同的两只坩埚，预先高温焙烧。

本实验将提纯后的 $CuSO_4 \cdot 5H_2O$ 研成细粉，用样品匙将样品装入陶瓷的样品坩埚，样品量不超过坩埚容积的 2/3，在清洁的台面上轻墩数次，使样品松紧适度；同理将参比物 Al_2O_3 粉末（实验室已准备）装入参比坩埚。

升起炉子，使样品座充分暴露。注意炉子升降时，一手托住托盘的左半部分，另一手托住托盘的右半部分，平稳升降。升起炉子时，当托盘升至长导柱顶端、脱开副导柱时，可逆时针旋转 90°～160°，使炉子停在上部，样品支架全部暴露出来，然后将样品坩埚和参比物坩埚放到各自的热偶板上，坩埚底面与热偶板面保持平稳接触良好，降下炉子，盖好盖子。

(2) 设定实验条件

升温速率 10℃/min；差热 ±100μV；温度量程 0.25mV/cm（温度数值是以室温为基准量出长度，从温度量程求得 mV 数，查热电偶 t-mV 表得温度值）；差热量程 0.5mV/cm。

(3) 选择记录仪参数

① 开机：电源开关置于 ON，信号灯亮，开机预热 30min。

② 设定差热、温度基线：旋转各通道（笔1，笔2）的位置旋钮，调节零点（输入开关置于 ZERO），对于差热基线，应根据试样可能发生的反应是吸热还是放热，来确定差热笔的起始位置，当试样只产生吸热反应时，将差热笔设定在纸的左侧，当试样只产生放热反应时，将差热笔设定在纸的右侧，当试样既有吸热又有放热反应时，差热基线应设定在纸的中间，对于未知试样，差热基线也设定在纸的中间位置。若在一幅差热图上同时画出温度线 t 与差热线 Δt，为不使画笔（红、蓝二色）不相干扰，安排二笔错开一定距离。表现在差热图上，t 线与 Δt 线的时间坐标就有一个间隔 $\Delta \tau$，t 线在前，Δt 线在后。Δt 经上某点相应的温度，在 t 线上加一个时间间隔 $\Delta \tau$。

③ 选择走纸速度 20cm/h。

④ 将记录笔升起柄倒向 DOWN 一侧，把记录纸传送开关置于 START，则记录纸就以设定的速度传送。停止传送记录纸时，把记录纸传送开关置于 STOP。

(4) 接通冷却水。

(5) 加热开关操作　按下电源键，当按下/键偏差表指针位于零线左侧附近时，可按下电炉键,使加热主回路接通。过一会儿,偏差表指针逐渐向右侧移动,并大致稳定在零线右侧附近,输出表指针也开始移动,炉子将以选定速度升温。若按下/键,偏差表指针位于零线右侧(正偏差),说明给定值高于炉温,此时切不可按下电炉键,以免电流过大,烧坏炉子,此时应按 \ 键,偏差表指针将左移,当移到左侧时,按下/键,若偏感表指针仍位于零线左侧,即可按下电炉键开始加热。

(6) 实验结束 抬起记录笔,关记录仪电源(STOP);按下程序功能 O 键,关加热开关;关电源开关;升起炉子,取出样品,切断电源,切断水源。

(7) 根据 $CuSO_4 \cdot 5H_2O$ 脱水差热图并从图中求取 t_1、t_2、t_3、t_4。

五、思考题

1. 在除去 Fe^{3+} 杂质时,为什么要控制 pH=4?
2. 能否加热时调节 pH 值? 为什么?
3. 蒸发浓缩时,过早或过晚停火各有什么不利?
4. 如果硫酸铜提纯的产率过高,可能原因是什么?
5. 抽气(减压)过滤操作应注意什么?
6. 硫酸铜提纯过程中哪些因素将导致产品质量下降? 应如何避免?
7. $K_2Cr_2O_7$ 与 KI 反应为什么要在暗处放置 5min? 放置时间过长或过短有什么不好?
8. 测铜时 $Na_2S_2O_3$ 必须滴定至溶液呈淡黄色才能加入淀粉指示剂,开始滴定就加入有何不好? 为什么?
9. 测铜时 $Na_2S_2O_3$ 滴定开始的速度要适当快些,而不要剧烈摇动,为什么?
10. 碘量法测铜含量往试液中加入 KI 为什么必须过量? KI 在反应中起什么作用?
11. 测铜时滴定到近终点时加入 KSCN 溶液的作用是什么? 若加入 KSCN 溶液过早有什么不好?
12. 测铜时为什么要控制溶液的酸度? 溶液的酸度过低或过高有什么害处?
13. 影响 $CuSO_4 \cdot 5H_2O$ 差热分析结果的主要因素有哪些?

实验二十七 三草酸合铁(Ⅲ)酸钾的合成及 $C_2O_4^{2-}$ 含量的测定

一、实验目的

1. 通过学习三草酸合铁(Ⅲ)酸钾的合成方法,掌握无机制备的一般方法。
2. 掌握确定化合物组成的基本原理和方法。
3. 巩固无机合成、滴定分析和重量分析的基本操作。

二、实验原理

三草酸合铁(Ⅲ)酸钾 $K_3[Fe(C_2O_4)_3] \cdot 3H_2O$ 为绿色单斜晶体,易溶于水,难溶于乙醇、丙酮等有机溶剂。110℃下可失去结晶水,230℃时即分解。光照下易分解,为光敏物质。

用硫酸亚铁铵与草酸反应制备草酸亚铁晶体,在过量草酸根存在下,用过氧化氢氧化草酸亚铁即可制得三草酸合铁(Ⅲ)酸钾配合物。反应如下:

$$(NH_4)_2Fe(SO_4)_2 + H_2C_2O_4 =\!=\!= FeC_2O_4\downarrow + (NH_4)_2SO_4 + H_2SO_4$$

$$6FeC_2O_4 + 3H_2O_2 + 6K_2C_2O_4 =\!=\!= 4K_3[Fe(C_2O_4)_3] + 2Fe(OH)_3\downarrow$$

$$2Fe(OH)_3 + 3H_2C_2O_4 + 3K_2C_2O_4 =\!=\!= 2K_3[Fe(C_2O_4)_3] + 6H_2O$$

采用重量分析法和高锰酸钾法测定结晶水和草酸根含量。

$$2MnO_4^- + 5C_2O_4^{2-} + 16H^+ =\!=\!= 2Mn^{2+} + 10CO_2 + 8H_2O$$

三、试剂

硫酸亚铁铵（s）、6mol/L H_2SO_4、草酸（s）、$K_2C_2O_4$（s）、5% H_2O_2、95%乙醇、$KMnO_4$（s）、$Na_2C_2O_4$（s）。

四、实验内容

1. 三草酸合铁（Ⅲ）酸钾的合成

（1）将 5g$(NH_4)_2Fe(SO_4)_2·6H_2O$（s）溶于 20mL 水中，加入 5 滴 6mol/L H_2SO_4 酸化，加热溶解，搅拌下加入 25mL 饱和 $H_2C_2O_4$ 溶液，加热至沸，静置，待黄色的 FeC_2O_4 沉淀完全沉降后，倾去上层清液，倾析法洗涤沉淀 2～3 次，每次用水约 15mL。

（2）向沉淀中加入 10mL 饱和 $K_2C_2O_4$ 溶液，水浴加热至 40℃，用滴管缓慢滴加 12mL 5% 的 H_2O_2。边加边搅并维持在 40℃ 左右，溶液中有棕色氢氧化铁沉淀产生。加毕，加热至沸，分两批共加入 8mL 饱和 $H_2C_2O_4$（先加入 5mL，再慢慢滴加 3mL），此时体系应变为亮绿色透明溶液，若体系浑浊可趁热过滤。

（3）向滤液中加入 10mL 95% 的乙醇，这时如果滤液浑浊可微热使其变清，放置暗处冷却，结晶完全后，抽滤，用少量 95% 的乙醇洗涤晶体两次。抽干，在空气中干燥片刻，称量，计算产率。产物避光保存。

2. $C_2O_4^{2-}$ 含量的测定

（1）$KMnO_4$ 标准溶液的配制和标定（见实验十五）。

（2）用分析天平准确称取 0.35～0.50g（准确至 0.0001g）三草酸合铁（Ⅲ）酸钾产品，配制 250mL 溶液并用 $KMnO_4$ 滴定，方法同上，根据滴定体积计算样品中 $C_2O_4^{2-}$ 的含量。

五、注意事项

1. 氧化 $FeC_2O_4·2H_2O$ 时，氧化温度不能太高（保持在 40℃），以免 H_2O_2 分解，同时需不断搅拌，使 Fe^{2+} 充分被氧化。
2. 配位过程中，$H_2C_2O_4$ 应逐滴加入，并保持在沸点附近，使过量草酸分解。
3. 若析出产品太少或无产品析出，可向母液中多加一些乙醇或将溶液用冰水冷却。
4. 用 $KMnO_4$ 滴定时，升温以加快滴定反应速率，但温度不能超过 85℃，否则草酸易分解。
5. 注意高锰酸钾深色溶液读数方法。

六、思考题

1. 制备该化合物时加完 H_2O_2 后，为什么要煮沸溶液？
2. 在合成的最后一步，加入 95% 乙醇的作用是什么？能否用蒸干溶液的办法来提高产量？为什么？
3. 根据三草酸合铁（Ⅲ）酸钾的性质，应如何保存该化合物？

实验二十八 三氯化六氨合钴的制备及其组成的测定

一、实验目的

1. 学习掌握一种配位化合物的合成方法。
2. 加深认识配位化合物对三价钴稳定性的影响。
3. 学习水蒸气蒸馏、水浴加热、恒温、制冷以及真空干燥等基本方法操作技能。

二、实验原理

Co(Ⅲ) 的氨合物除 $[Co(NH_3)_6]Cl_3$ 外还有多种，如 $[Co(NH_3)_5Cl]Cl_2$，红色晶体，难溶于水；$[Co(NH_3)_5H_2O]Cl_3$，砖红色晶体，可溶于水；$[Co(NH_3)_4H_2O]Cl_3$，洋红色晶

体沉淀。

其中，$[Co(NH_3)_6]Cl_3$ 在10℃时的溶解度为 5.9mol/L，在46.5℃的溶解度为 12.34mol/L，可溶于盐酸中。

根据标准电极电势

$$Co^{3+} + e^- = Co^{2+} \qquad \varphi^{\ominus} = +1.84V$$

$$[Co(NH_3)_6]^{3+} + e^- = [Co(NH_3)_6]^{2+} \qquad \varphi^{\ominus} = +0.1V$$

可知，在通常情况下，二价钴盐较三价钴盐稳定得多。而在它们的配合状态下却正好相反，三价钴比二价钴来得稳定。因此制备三价钴的配合物，一般采用氧化剂（O_2、H_2O_2 或 $KMnO_4$）在一定的介质中氧化钴的简单盐而制得。

本实验制备 $[Co(NH_3)_6]Cl_3$ 采用氧化剂 H_2O_2 在 NH_3 和 NH_4Cl 存在条件下，以活性炭作为催化剂，氧化 $CoCl_2$ 溶液而制得，其反应式为：

$$2CoCl_2 + 10NH_3 + 2NH_4Cl + H_2O_2 = 2[Co(NH_3)_6]Cl_3 + 2H_2O$$

在常压下若无催化剂只能制得 $[Co(NH_3)_5Cl]Cl_2$ 配合物。制得的 $[Co(NH_3)_6]Cl_3$ 的颜色决定于晶体的大小，由紫红色至棕橙色。在20℃时在水中的溶解度为 0.26mol/L。$[Co(NH_3)_6]Cl_3$ 在通常情况下稳定，加热至215℃时转变为 $[Co(NH_3)_5Cl]Cl_2$，继续加热至高于250℃则还原为 $CoCl_2$。在水溶液中存在如下平衡：

$$[Co(NH_3)_6]^{3+} = Co^{3+} + 6NH_3 \qquad K_{不} = 2.2 \times 10^{-34}$$

在强碱及沸热条件下可使之分解：

$$2[Co(NH_3)_6]Cl_3 + 6NaOH = 2Co(OH)_3 + 12NH_3 + 6NaCl$$

三、仪器和试剂

1. 仪器

（1）制备用　台秤；恒温水浴槽抽滤装置；剪刀。

（2）组成测定用　天平；三颈烧瓶；分液漏斗；锥形瓶；橡皮塞；打孔器；碱式滴定管；酸式滴定管；500mL 烧杯。

2. 试剂

（1）制备用　HCl（浓）；$CoCl_2 \cdot 6H_2O(s)$；$NH_3 \cdot H_2O$；$NH_4Cl(s)$；H_2O_2（30%）；活性炭（粉状）；乙醇；冰。

（2）组成测定用　HCl（0.5mol/L 标准溶液、6mol/L）；K_2CrO_4（0.5%）；NaOH（0.5mol/L 标准溶液、10%、20%）；淀粉溶液（0.1%）；$AgNO_3$（0.1mol/L 标准溶液）；KI(s)；甲基红（0.1%）；$Na_2S_2O_3$（0.05mol/L 标准溶液）。

四、实验步骤

1. 三氯化六氨合钴(Ⅲ)的制备

（1）称取研细的 $CoCl_2 \cdot 6H_2O$ 粉末 10g、NH_4Cl 5g 置于 100mL 烧杯中，加水 15mL 搅拌使之全部溶解。

（2）加入粉状活性炭 0.5g，浓氨水 25mL，逐滴加入 30% H_2O_2 5mL。

（3）将溶液置于水浴上加热至60℃，恒温 20min。

（4）将溶液置于冰水中冷却，待结晶充分析出后抽滤。

（5）将沉淀溶于含 3mL 浓 HCl 的 80mL 沸水中，趁热过滤，除去活性炭等不溶物。

（6）滤液加浓 HCl 10mL，置冰水中冷却，待结晶全部析出。

（7）抽滤，用少量乙醇洗涤晶体，并尽量吸干后，置真空干燥器中干燥或在105℃下烘干之，称重、备用。

2. 三氯化六氨合钴(Ⅲ)组成测定

（1）**氨的测定** 精确称取所制产品0.2g左右，用少量水溶解，注入图8-6所示的反应瓶1中，然后逐滴加入5mL 20% NaOH溶液，通入蒸汽，蒸出游离的氨。用20mL 0.5mol/L 标准HCl溶液吸收。通蒸汽1h左右（若逸出蒸汽的速度太慢，可适当加热盛放样品的烧瓶）。取下接收瓶，并用0.5mol/L，0.1mol/L标准碱滴定过量的HCl（用0.1%甲基红乙醇溶液为指示剂）。计算氨的百分含量，与理论值比较。

（2）**钴的测定** 精确称取0.2g左右的产品于250mL烧杯中，加水溶解。加入10% NaOH溶液10mL，将烧杯放在水浴上加热。待氨全部被赶走后（如何检查？）冷却，加入1g KI固体及10mL 6mol/L HCl溶液，于暗处放置5min左右。用0.05mol/L的$Na_2S_2O_3$标准溶液滴定到浅黄色，加入5mL新配的0.1%的淀粉溶液后，再滴定至蓝色消失，计算钴的百分含量，与理论值比较。

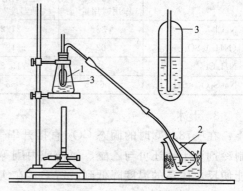

图8-6 测定氨的装置
1—反应瓶；2—接收瓶；3—碱封管

（3）**氯的测定**

① 用天平精确称取所制产品0.1700g左右于锥形瓶中，加入20mL的水溶解。

② 用0.1mol/L $AgNO_3$标准溶液滴定样品中的氯含量。

③ 测定时，以5% K_2CrO_4溶液为指示剂（每次用1mL），用0.1mol/L $AgNO_3$标准溶液滴定至出现淡红棕色不再消失为终点。

④ 按照滴定的数据，计算氯的百分含量。

由以上分析钴、氨、氯的结果，写出产品的实验式。

五、思考题

1. 在制备过程中，为什么在溶液中加入了过氧化氢以后要在60℃恒温一段时间？为什么要在滤液中加入10mL浓盐酸？为什么要用乙醇或稀盐酸洗涤产品？
2. 要使三氯化六氨合钴(Ⅲ)合成产率高，你认为哪些步骤是比较关键的？为什么？
3. 若钴的分析结果偏低，估计一下产生结果偏低的可能因素有哪些？
4. 在制备过程中，加热和冷却等条件的目的是什么？
5. 为什么三价钴的氨配位化合物可由二价钴盐制得？
6. 在钴的测定过程中发生了哪些化学反应？为什么要使KI过量？

六、附录：制冷方法

在无机化学实验中，有时需要进行低温反应，实验室中常用的获取低温的简单制冷方法有如下几种：

1. 冰-水混合体系

将冰块投入水中，可使水温降至室温以下。当冰融化时要吸收大量的热（在冰点时每摩尔冰融化成同温度的水约需吸收5.95kJ的热量），利用冰的这种性质可用冰作为吸热降温的介质对反应体系进行冷却。

2. 冰-盐溶液体系

冰盐混合时，盐会溶解在其中的少量水中且有吸热作用，同时又由于盐溶于水中使水的冰点下降，从而使冰融化产生吸热，可以达到降低温度并起到制冷目的。

常用的冰盐合剂见表 8-8。

表 8-8 常用的冰盐合剂

盐 类	与100g冰作用时用量/g	能达到的最低温度/℃	盐 类	与100g冰作用时用量/g	能达到的最低温度/℃
NaCl	33	−21.2	NH$_4$Cl	40	−30
(NH$_4$)$_2$SO$_4$	62	−19	NaCl	20	
NH$_4$Cl	25	−15.8	CaCl$_2$·6H$_2$O	143	−55
Na$_2$S$_2$O$_3$·5H$_2$O	67.5	−55			

3. 干冰

在 −78.5℃ 时的固态 CO_2 直接升华气压为 101325Pa，同时吸热，因此固体 CO_2 可作为制冷剂。干冰还可与乙醚、氯仿或丙酮等有机溶剂组成冻膏，可增加制冷介质的传热效率，能使反应体系的温度降低到 −77℃，在实验工作中用于低温冷浴。

4. 电冰箱

电冰箱是利用氟里昂（如 CCl_2F_2）等制冷剂在压缩机中受到压缩成为液态并升温，当此液态氟里昂在经过散热器时将热量散发至环境，同时本身温度降低，最后使此液态制冷剂在箱体内的蒸发器中蒸发而吸收箱内的热量，并将此热量带至箱外，从而使箱内温度降低。压缩放热，蒸发吸热的往复循环，使冰箱可以得到摄氏零下几度至几十度的低温。

实验二十九　环境友好产品的制备

Ⅰ. 过氧化钙的合成及含量分析

一、实验目的

1. 学会在温和条件下制备 CaO_2 的原理和方法。
2. 认识 CaO_2 的性质和应用。
3. 学会 CaO_2 含量的测定的化学分析方法。
4. 巩固无机制备及化学分析的基本操作。

二、实验原理

在元素周期表中ⅠA和ⅡA以及 Ag 与 Zn 等元素均可形成化学稳定性各异的简单过氧化物。它们是氧化剂，对生态环境是友好的，生产过程中一般不排放污染物。可以实现污染的"零排放"。

$CaO_2·8H_2O$ 是白色结晶粉末，50℃转化为 $CaO_2·2H_2O$，110~150℃可以脱水，转化为 CaO_2，室温下较为稳定，加热到270℃时分解为 CaO 和 O_2。

$$CaO_2 \xrightarrow{270℃} CaO + \frac{1}{2}O_2 \qquad \Delta_r H_m^\ominus = 22.70 \text{kJ/mol}$$

CaO_2 难溶于水，不溶于乙醇与丙酮，在潮湿的空气中也会缓慢分解，它与稀酸反应生成 H_2O_2，若放入微量 KI 作为催化剂，可作为应急氧气源。

CaO_2 广泛用作杀菌剂、防腐剂、解酸剂和油类漂白剂，CaO_2 也是种子及谷物的消毒剂，例如将 CaO_2 用于稻谷种子拌种，不易发生秧苗烂根。CaO_2 是口香糖、牙膏、化妆品的添加剂。若在面包烤制中添加一定量的 CaO_2，能引发酵母增长，增加面包的可塑性。用聚乙烯醇等微溶于水的聚合物包裹 CaO_2 微粒，可以制成寿命长，活性大的氧化剂。据有关资料报道，CaO_2 可代替活性污泥处理城市污水，降低 COD 和 BOD（即化学需氧量 chemical oxygen demand 和生化需氧量 biochemical oxygen demand）。

制备 CaO_2 的原料可以是 $CaCl_2 \cdot 6H_2O$、H_2O_2 及 $NH_3 \cdot H_2O$，也可以是 $Ca(OH)_2$、H_2O_2 及 NH_4Cl。在较低温度下，通过原料物质之间的反应，在水溶液中生成 $CaO_2 \cdot 8H_2O$，在 110℃ 条件下真空干燥，得到白色或淡黄色粉末固体 CaO_2。产品要放在封闭容器中置于低温干燥处保存。在反应过程中加入微量 $Ca_3(PO_4)_2$ 及少量乙醇，可以增加 CaO_2 的化学稳定性，有利于提高产率。有关化学反应如下：

$$CaCl_2 + 2NH_3 \cdot H_2O \rightleftharpoons 2NH_4Cl + Ca(OH)_2$$

$$Ca(OH)_2 + H_2O_2 + 6H_2O \rightleftharpoons CaO_2 \cdot 8H_2O$$

$$CaCl_2 \cdot 6H_2O + H_2O_2 + 2NH_3 \cdot H_2O \xrightleftharpoons[]{0℃} CaO_2 \cdot 8H_2O + 2NH_4Cl$$

分离出的 $CaO_2 \cdot 8H_2O$ 的母液可以循环使用。

过氧化钙的含量测定，可以在酸性条件下，过氧化钙与稀酸反应生成过氧化氢，用标准 $KMnO_4$ 溶液滴定来确定其含量。为加快反应可加入微量 $MnSO_4$。

$$5CaO_2 + 2MnO_4^- + 16H^+ \rightleftharpoons 5Ca^{2+} + 2Mn^{2+} + 5O_2\uparrow + 8H_2O$$

$$w(CaO_2) = \frac{\frac{5}{2}c(KMnO_4) \cdot V(KMnO_4) \cdot M(CaO_2)}{m(产品\ CaO_2)} \times 100\%$$

式中 $c(KMnO_4)$——$KMnO_4$ 的浓度，mol/L；

$V(KMnO_4)$——滴定时消耗的 $KMnO_4$ 溶液的体积，L；

$M(CaO_2)$——CaO_2 的摩尔质量，72.08g/mol；

$m(产品\ CaO_2)$——产品 CaO_2 的精称质量，g。

三、仪器与试剂

1. 仪器

小型磁力加热搅拌器每组（2~4人）1台（带磁性转子）；冰柜2台（每台容纳4组实验），无冰柜可用冰代替低温环境；带砂芯漏斗的减压抽滤泵（因 CaO_2 与滤纸反应）8~16套；250mL 锥形瓶每组3个，250mL 烧杯每组2个；分析天平，酸式滴定管（有滴定台），称量瓶每组1个；低温温度计（-10~100℃）每组1支；台秤每组1台；常规玻璃仪器应满足实验需要。

2. 试剂

$CaCl_2 \cdot 6H_2O$（固体）；$Ca(OH)_2$（固体）；NH_4Cl（固体）；浓 $NH_3 \cdot H_2O$；HCl（2mol/L）；H_2SO_4（2mol/L）；$KMnO_4$ 标准溶液（0.02mol/L）；$MnSO_4$（0.10mol/L）；$Ca_3(PO_4)_2$（固体）。

四、实验步骤

1. 过氧化钙的制备

方法一：称取 10g $CaCl_2 \cdot 6H_2O$，用 10mL 去离子水溶解，加入 0.1~0.2g $Ca_3(PO_4)_2$，转入 250mL 烧杯中，放入磁转子，在电磁搅拌器上搅拌烧杯中的溶液，置于冰柜中（0℃），滴加 30% H_2O_2 溶液 30mL，不停地进行电磁搅拌，加入 1mL 乙醇，边搅拌边滴加 5mL 左右浓 $NH_3 \cdot H_2O$，最后加入 25mL 冰水，置于冰柜（0℃）中冷却 30min，用带砂芯漏斗的抽滤泵减压抽滤。用少量冰水洗涤晶体粉末 2~3 次，抽干后，在 110℃ 的烘箱中真空干燥 0.5~1h，称重，计算产率，回收母液。

方法二：在 250mL 烧杯中加入 10g $Ca(OH)_2$ 固体和 15g NH_4Cl 固体，加入 30mL 去离子水和微量 $Ca_3(PO_4)_2$ 固体，放入磁转子，在冰柜中冷却到 0℃ 左右，在电磁搅拌下，滴加 25mL 左右 30% H_2O_2，温度保持在 0℃ 并不断电磁搅拌，反应 30min，静置 15min。用带砂芯漏斗的抽滤泵减压抽滤。用少量冰水洗涤粉末晶体 2~3 次，抽干，在 110℃ 的烘箱内真空干燥 0.5~1h，冷却、称重、计算产率。回收母液。

2. 试验 CaO_2 的漂白性

取未经处理的天然植物油 2mL 于试管中，加入 1g CaO_2，1 滴 $MnSO_4$ 溶液，振荡 10min，静置 10min，与天然植物油对比色泽。

3. CaO_2 含量的测定

准确称取 0.15g 左右产品 CaO_2 3 份，分别置于 250mL 锥形瓶中，各加入 50mL 去离子水和 15mL 2mol/L 的稀 HCl，使其溶解，再加入几滴 0.10mol/L $MnSO_4$ 溶液，用 0.02mol/L $KMnO_4$ 标准溶液滴定至溶液呈微红色，30s 内不褪色即为终点，计算 CaO_2 的质量分数，若测定值相对平均偏差大于 0.2% 需再测一份。

五、思考题

1. 实验前预先自学"无机化学"中关于过氧化物的性质，认识 CaO_2 的应用。
2. 本次实验中所得 CaO_2 中会含有哪些主要杂质？如何提高产品的纯度？
3. 在本实验测定 CaO_2 含量时，为何不用稀 H_2SO_4 而用稀 HCl，这样对测定结果有无影响？如何证实。
4. 查阅有关资料，设计一个实验，制备 MgO_2 或 BaO_2。

六、参考文献

[1] 吕希伦. 无机过氧化合物化学. 北京：科学出版社，1987.
[2] 天津化工研究院. 无机盐工业手册. 北京：化学工业出版社，1981.
[3] 南京大学. 无机及分析化学实验. 第三版. 北京：高等教育出版社，1988.

Ⅱ. 过碳酸钠的合成和活性氧的化学分析

一、实验目的

1. 了解过氧键的性质，认识 H_2O_2 溶液固化的原理，学习低温下合成过碳酸钠的方法。
2. 认识过碳酸钠的洗涤性和漂白性以及热稳定性（如有条件，可用差热分析法，确定热分解差热曲线）。
3. 测定过碳酸钠的活性氧含量（由 H_2O_2 含量确定）。

二、实验原理

过碳酸钠是 Na_2CO_3 与 H_2O_2 的加合物 $Na_2CO_3 \cdot 1.5H_2O_2 \cdot H_2O$ 是一种固体放氧剂，可作为纺织、造纸等工业的漂白剂、精细化学品生产中作为消毒剂与洗涤剂的添加剂、金属表面处理剂的添加剂等。外观为白色结晶粉末，理论上活性氧的含量约为 14% 左右，相当于 30% 的 H_2O_2 溶液。比过硼酸钠（$NaBO_2 \cdot H_2O_2 \cdot 3H_2O$）活性氧含量 11% 要多 3%。且合成过碳酸钠的原料易得而无毒性。

20℃ 时过碳酸钠在水中的溶解度约为 14g。自动缓慢地放出氧气，在重金属离子催化作用下，加速放出氧气。在 110℃ 左右分解：

$$2Na_2CO_3 \cdot 1.5H_2O_2 \cdot H_2O \xrightarrow{110℃} 2Na_2CO_3 + 2.5H_2O + 0.75O_2$$

用 Na_2CO_3 或 $Na_2CO_3 \cdot 10H_2O$ 以及 H_2O_2 为原料，在一定条件下可以合成 $Na_2CO_3 \cdot nH_2O_2 \cdot mH_2O$（一般 $n=1.5$，$m=1$）。合成方法有干法、喷雾法、溶剂法以及湿法（低温结晶法）等多种。本实验采用低温结晶法。反应过程如下：

Na_2CO_3 水解　　$CO_3^{2-} + H_2O \rightleftharpoons HCO_3^- + OH^-$

酸碱中和　　　　$H_2O_2 + OH^- \rightleftharpoons HO_2^- + H_2O$

过氧键转移　　　$HCO_3^- + HO_2^- \rightleftharpoons HCO_4^- + OH^-$

低温下析出结晶：
$$2NaHCO_4 \cdot H_2O \longrightarrow Na_2CO_3 \cdot 1.5H_2O_2 + CO_2 + 1.5H_2O + 0.25O_2 \uparrow$$

−4℃左右析出 $Na_2CO_3 \cdot 1.5H_2O_2 \cdot H_2O$ 晶体。

为了提高 $Na_2CO_3 \cdot 1.5H_2O_2$ 的产量和析出速率，可以采用盐析法。由于 NaCl 溶解度基本不随温度降低而减小，在合成反应完成之后，加入适量的 NaCl 固体，即盐析法促进过碳酸钠晶体大量析出。母液可循环使用，实现污染"零排放"。

由于 $Na_2CO_3 \cdot 1.5H_2O_2$ 易与有机物反应，因此它的晶体与母液不能通过滤纸加以分离，要用砂芯漏斗抽滤或离心分离法分离。

为了增加过碳酸钠的稳定性，在合成过程中应加入微量稳定剂如 $MgSO_4$、Na_2SiO_3、$Na_4P_2O_7$ 等，也可以加入 EDTA 钠盐或柠檬酸钠盐作为配合剂，以掩蔽重金属离子，使它们失去催化 H_2O_2 分解的能力。同时对产品应尽量除去非结晶水。

关于 H_2O_2 含量测定原理分散于实验步骤之中介绍。

三、仪器和试剂（每 2~4 人一组）

1. 仪器（每组一个）

台秤；分析天平；温度计（−10~100℃）；分液漏斗（50mL）；称量瓶；250mL 的碘量瓶（4 个）；烧杯 100mL、250mL、400mL；锥形瓶（4 个）250mL；量气管及大试管检测 H_2O_2 反应器 1 套；铁架台（含铁夹、铁圈、石棉网）；含滴定台的酸碱滴定管各 1 支；量筒 100mL、10mL 各 1 个。

常规玻璃仪器应满足实验要求。

2. 试剂

工业碳酸钠固体（含结晶水）；H_2O_2 30％、NaCl 固体（不含 I^- 或事先用 H_2O_2 处理过）；$MgSO_4$ 固体（二级）；Na_2SiO_3 固体（二级）；EDTA 钠盐固体柠檬酸钠固体；无水乙醇；pH 试纸；澄清石灰水；H_3PO_4（二级）2mol/L；$K_2Cr_2O_7$（基准物质）；KI 固体（二级）；淀粉（二级）0.5％。

四、实验步骤

1. 过碳酸钠的合成

称取碳酸钠 50g，在盛有 200mL 去离子水的 250mL 烧杯中加热溶解、澄清、过滤，在冰柜中冷却到 0℃。待用。

量取 75mL 30％ H_2O_2 倒入 400mL 烧杯中，在冰柜中冷却到 0℃，在该烧杯中加入 0.10g 固体 EDTA 钠盐、0.25g 固体 $MgSO_4$、1g 固体 $Na_2SiO_3 \cdot 9H_2O$，搅拌均匀，放入磁转子，将 Na_2CO_3 溶液通过分液漏斗滴入盛 H_2O_2 的烧杯中，边滴边电磁搅拌，约 15min 之后滴加完毕，温度不超过 5℃，在冰柜中冷却到 −5℃左右，边搅拌边缓缓加入固体 NaCl（约用 5min 时间加完）20g，此时大量晶体析出（盐析法），20min 之后，从冰柜中取出 400mL 烧杯，用砂芯漏斗的减压抽滤设备，抽滤分离，用澄清石灰水洗涤固体 2 次，用少量无水乙醇洗涤一次，抽干，得到晶状粉末 $Na_2CO_3 \cdot 1.5H_2O_2 \cdot H_2O$。母液可回收。

将产品 $Na_2CO_3 \cdot 1.5H_2O_2 \cdot H_2O$ 固体，置于表面皿上，在低于 50℃的真空干燥器中烘干，得到白色粉末结晶，称量产品质量。

工业生产上，母液可以回收，循环使用。

注意：在反应中切莫引入重金属离子，否则产品的稳定性降低。烘干冷却之后，密闭放置于干燥处，受潮也会影响热稳定性。

2. 过碳酸钠中 Na_2CO_3 含量与 H_2O_2 含量（活性氧）的测定

碳酸钠含量的测定符合混合碱测定原理,见实验"碳酸钠的制备及其总碱量的测定"。不再叙写。

过氧化氢含量的测定介绍两种方法。

方法一：量气管粗测体积法

按图 8-7 中装置,在干燥大试管中（试管可夹在铁支架的蝴蝶夹上）内装精称产品过碳酸钠 1.0000g,放入用滤纸包好的微量催化剂 MnO_2,并与量气管构成不漏气的密闭系统。将吸满水的滴管中的水,挤入大试管之中,反应立即进行：

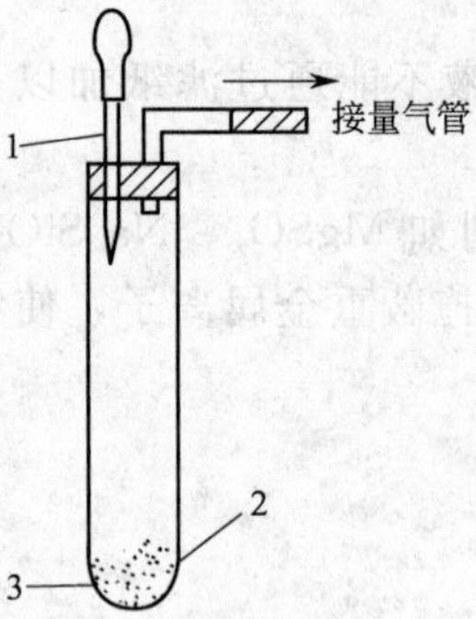

$$4Na_2CO_3 \cdot 6H_2O_2 \cdot 4H_2O \xrightarrow{MnO_2} 4Na_2CO_3 + 10H_2O + 3O_2 \uparrow$$

反应完毕,待量气管液面达到平衡之后,记录读数,即为反应放出的氧气体积,即可近似估计产品中 H_2O_2 的含量,理论值约为 30%,实际测定低于理论值,一般为 20% 左右。

$$w(H_2O_2) = \frac{V(O_2) \cdot M(H_2O_2)}{22.4 \cdot m(产品)}$$

$$w(活性氧) = w(H_2O_2) \times \frac{16}{34}$$

图 8-7 量气管法测 H_2O_2 含量装置
1—吸满水的滴管；
2—滤纸包好的 MnO_2（微量）；
3—产品 1.0000g

式中 $V(O_2)$——量气管中氧气体积[换算成升,以升(L)计量]；

22.4——室温下 1mol O_2 占有的近似体积,L/mol；

$M(H_2O_2)$——过氧化氢的摩尔质量(34.015g/mol)；

m——产品质量,g。

注：利用量气管,还可以观测产品的稳定性,确定产品的有效使用期。在干燥试管中加入固体产品 5g 与量气管构成密闭系统,经过天、周、月、年的时间,记录量气管液面变化情况,可粗略断定产品有效使用期限。一般有效期为 6 个月,才能作为产品使用。

方法二：间接碘量法

(1) $c(Na_2S_2O_3) = 0.10\text{mol/L}$ 标准溶液的制备和标定 称取 26g $Na_2S_2O_3 \cdot 5H_2O$（或 16g 无水 $Na_2S_2O_3$）溶于 1000mL 纯水中,缓缓煮沸 10min,冷却,放置两周,过滤,备用。

准确称取 0.15g 基准物 $K_2Cr_2O_7$（准确到 0.0002g）,需在 120℃烘干到恒重时称量。置于碘量瓶中,加 25mL 纯水,2g KI 及 20mL 2mol/L H_3PO_4 溶液,摇匀之后,于暗处放置 10min,加 150mL 蒸馏水,用 0.10mol/L 的 $Na_2S_2O_3$ 溶液滴定。接近滴定终点时（溶液变成浅绿黄色）加 3mL 0.5% 淀粉指示液,继续滴定到溶液由蓝色变成亮绿色,就是滴定终点。记录读数,即为 $Na_2S_2O_3$ 的消耗体积量（L）,同时进行空白试验,记录消耗 $Na_2S_2O_3$ 的体积量（L）。

用同样的方法平行测定另外 2 份：

$$Cr_2O_7^{2-} + 6I^- + 14H^+ \longrightarrow 2Cr^{3+} + 3I_2 + 7H_2O$$

$$3I_2 + 6S_2O_3^{2-} \longrightarrow 6I^- + 3S_4O_6^{2-}$$

$$n(K_2Cr_2O_7) = 6n(Na_2S_2O_3)$$

$$c(Na_2S_2O_3) = \frac{m(K_2Cr_2O_7)}{(V - V_0) \cdot 49.03}$$

式中 m——精称 $K_2Cr_2O_7$ 质量,g；

49.03——$M\left(\frac{1}{6}K_2Cr_2O_7\right)$ 的摩尔质量,g/mol；

V——滴定消耗 $Na_2S_2O_3$ 溶液体积用量，L；

V_0——空白试验消耗 $Na_2S_2O_3$ 溶液体积用量，L。

(2) 产品中 H_2O_2 含量测定　用减量法准确称取产品过碳酸钠 0.20～0.30g（准确到 0.0002g）4 份，分别放入碘量瓶中，取其中 1 份加入纯水 100ml（立即加入 2mol/L H_3PO_4 6mL），再加入 2g KI 摇匀，置于暗处反应 10min，用 0.1000mol/L $Na_2S_2O_3$ 标准溶液滴定到浅黄色，加入 3mL 淀粉指示剂，继续滴定到蓝色消失为止，如 30s 内不恢复蓝色，说明已达终点。记录 $Na_2S_2O_3$ 用量（体积 L）并做空白试验，记录 $Na_2S_2O_3$ 的用量（体积 L）。

用同样方法，平行测定另外三份产品试样。相对偏差值小于 2%（此法，由于 H_2O_2 与 I^- 的反应伴有副反应 $H_2O_2 \xrightarrow{I^-} H_2O + \frac{1}{2}O_2$，故测定值偏低）。

$$H_2O_2 + 2H^+ + 2I^- \longrightarrow I_2 + 2H_2O$$

$$I_2 + 2S_2O_3^{2-} \longrightarrow S_4O_6^{2-} + 2I^-$$

反应不可在碱性条件下进行，否则 I_2 易发生歧化，由于产品 $Na_2CO_3 \cdot 1.5H_2O_2 \cdot H_2O$ 是碱性的，故要加入一定量 H_3PO_4，适当增加酸性介质，以阻止 I_2 的歧化反应。

$$w(H_2O_2) = \frac{c(S_2O_3^{2-}) \cdot [V(Na_2S_2O_3) - V_0(Na_2S_2O_3)] \cdot M(\frac{1}{2}H_2O_2)}{m(\text{产品})}$$

$$w(\text{活性氧}) = w(H_2O_2) \cdot \frac{16}{34}$$

式中　$c(S_2O_3^{2-})$——$Na_2S_2O_3$ 标准溶液浓度，mol/L；

V——滴定消耗 $Na_2S_2O_3$ 体积用量，L；

V_0——空白试验消耗 $Na_2S_2O_3$ 体积用量，L；

$M(\frac{1}{2}H_2O_2)$——$\frac{1}{2}H_2O_2$ 的摩尔质量（17.01g/mol）；

m(产品)——精称的产品质量，g。

3. $Na_2CO_3 \cdot 1.5H_2O_2 \cdot H_2O$ 漂白消毒洗涤性能

在小烧杯中放入沾有油污的天然次等棉花，放入 1g 产品，加入 5mL H_2O，振荡或搅拌反应体系 10min，与天然次等棉花对比色泽。

$Na_2CO_3 \cdot 1.5H_2O_2 \cdot H_2O$ 是一种无磷无毒漂白洗涤剂配方中的添加剂。

五、思考题

1. 根据分子轨道理论计算 O_2^+、O_2、O_2^{2-} 的键级。结合氧元素的电极电势图，认识 H_2O_2 的性质。

2. 根据实验原理，在制备 $Na_2CO_3 \cdot 1.5H_2O_2 \cdot H_2O$ 过程中，应注意掌握好哪些操作条件？

3. 试分析 $Na_2CO_3 \cdot 1.5H_2O_2 \cdot H_2O$ 具有洗涤、漂白与消毒作用的原因。

4. 如何正确掌握测定 $Na_2CO_3 \cdot 1.5H_2O_2 \cdot H_2O$ 中 H_2O_2 的含量。分析测定结果成败的原因。

5. 为何不能像测定 CaO_2 含量那样，用 $KMnO_4$ 标准溶液来确定？

六、参考文献

[1] 吕希伦. 无机过氧化合物化学. 北京：科学出版社，1987.

[2] 天津化工研究院. 无机盐工业手册（下）. 北京：化学工业出版社，1981.

[3] [英]R. B. 赫斯洛普，K. 琼斯. 高等无机化学（中）. 北京：人民教育出版社，1981.

实验三十　高岭土中杂质铁的去除与增白

一、实验目的
1. 学习固相矿物中杂质的去除方法。
2. 掌握利用调节溶液酸度控制物质氧化还原的方法。
3. 掌握用光度分析法测定铁。
4. 了解粉末材料白度的测定方法。

二、实验原理
1. 杂质铁的去除原理

天然高岭土由于含有少量铁、锰等杂质而使其白度降低，影响其使用。高岭土的增白通常有两种方法：

（1）氧化法　即将 Fe、Mn 等杂质氧化为高价而形成可溶性的含氧酸盐进入溶液而除去。

（2）还原法　在酸性条件下，二价的铁、锰等杂质的溶解性比高氧化态时都大，因此可以将其还原为低氧化态，增加其溶解性。本实验采用还原法，以连二亚硫酸钠为还原剂。在酸性介质中，其还原反应为：

$$2SO_4^{2-} + 8H^+ + 6e^- \rightleftharpoons S_2O_4^{2-} + 4H_2O$$

其电极电势为：

$$\varphi(SO_4^{2-}/S_2O_4^{2-}) = \varphi^{\ominus}(SO_4^{2-}/S_2O_4^{2-}) + \frac{RT}{nF}\ln\frac{c^2(SO_4^{2-}) \cdot c^8(H^+)}{c(S_2O_4^{2-})}$$

若设 $c(SO_4^{2-}) = c(S_2O_4^{2-}) = 1\,\text{mol/L}$，$T = 298°K$ 时，则上式为：

$$\varphi(SO_4^{2-}/S_2O_4^{2-}) = 0.2 - 0.0934\,\text{pH}$$

由此可知 $SO_4^{2-}/S_2O_4^{2-}$ 电对的电极电势随溶液的 pH 值降低而升高。

当溶液的酸度足够高时，电对 Fe^{3+}/Fe^{2+} 的电极电势与 pH 值无关：

$$\varphi[Fe(Ⅲ)/Fe(Ⅱ)] = 0.771\,\text{V}$$

但是当溶液 pH 值逐渐升高时，由于 Fe^{3+} 将发生水解，此时的铁电对转为 $Fe(OH)_3/Fe^{2+}$，其 $\varphi[Fe(Ⅲ)/Fe(Ⅱ)]$ 为：

$$\varphi[Fe(Ⅲ)/Fe(Ⅱ)] = \varphi^{\ominus}(Fe^{3+}/Fe^{2+}) + \frac{RT}{nF}\ln\frac{K_{sp}^{\ominus}[Fe(OH)_3]}{c(Fe^{2+}) \cdot c^3(OH^-)}$$

当 $c(Fe^{2+}) = 1\,\text{mol/L}$ 时，则此时：

$$\varphi[Fe(Ⅲ)/Fe(Ⅱ)] = 1.04 - 0.177\,\text{pH}$$

如溶液 pH 值再进一步升高到 Fe^{2+} 也发生水解，此时：

$$\varphi[Fe(Ⅲ)/Fe(Ⅱ)] = \varphi^{\ominus}(Fe^{3+}/Fe^{2+}) + 0.0592\lg\frac{K_{sp}^{\ominus}[Fe(OH)_3]}{K_{sp}^{\ominus}[Fe(OH)_2]} - 0.0592\,\text{pH}$$

$$= 0.28 - 0.0592\,\text{pH}$$

由以上公式可以得到电极电势与溶液 pH 值关系曲线。

由电极电势与溶液 pH 值的关系可看出 $Fe(Ⅲ)/Fe(Ⅱ)$ 电对与 $SO_4^{2-}/S_2O_4^{2-}$ 电对的电极电势差值并不是固定的。pH=1.53 时达最大值。pH=6.45 时，最小；当 pH 值大于 6.45 时，由于铁的还原产物为 $Fe(OH)_2$，因此无法进行过滤除去。所以，当用连二亚硫酸盐作为还原剂时，反应介质酸度应在 pH=1.53～6.45。酸度过小，两者电极电势差小，反应速率慢且进行不完全。酸度过大，消耗酸量大并降低了连二亚硫酸盐的稳定性，易分解放出

SO_2，溶液 pH 值控制在 3 左右为宜。

2. 高岭土除铁量的测定原理

高岭土中铁含量较高，所以选择了灵敏度较低的 NH_4SCN 作为显色剂来测定铁。

在酸性条件下，Fe^{3+} 与一定过量的 SCN^- 反应，生成血红色的 $Fe(SCN)_3$ 络合物，在波长 480nm 测定吸光度，通过标准曲线即可求算出铁的含量。

三、仪器与试剂

1. 仪器

电热恒温水浴；电动搅拌器；722 型分光光度计；ZBD 白度仪。

2. 试剂

高岭土原料；连二亚硫酸钠（三级）；1mol/L 和 20% 硫酸；1mol/L 磷酸；15% 硫氰化铵；3% H_2O_2；1∶1 硝酸；4.0g/L 葡萄糖溶液；铁标准溶液 0.1mg/mL。

四、实验步骤

1. 高岭土除铁增白

称取 20g 高岭土原粉，置于 250mL 烧杯中，加 80mL 水，5mL 1mol/L 硫酸，2.5mL 1mol/L 磷酸，5mL 4.0g/L 葡萄糖溶液，搅拌，水浴加热至80℃。

称取 0.8g 连二亚硫酸钠，溶于 20mL 水中，缓慢滴加到上述高岭土悬浮液中（滴加时间为 15min）。继续保温、搅拌 45min，抽滤，并用少量水洗涤滤饼，滤饼置于烘箱中于 120～130℃烘干，过滤母液及洗涤液冷却后转移至 250mL 容量瓶中，定容备用。

2. 高岭土溶出铁总量测定

（1）工作曲线的绘制　分别取 0.0mL、0.5mL、1.0mL、1.5mL、2.0mL、2.5mL 的 Fe^{3+} 标准溶液于 6 个 50mL 的容量瓶中，然后在每个容量瓶中再分别加入 1mL 1∶1 HNO_3，1mL 20% H_2SO_4 和 10mL 15% NH_4SCN 溶液，用蒸馏水稀释至刻度，摇匀。放置 10min 后用 1cm 比色皿，以空白溶液作为参比，在 480nm 处测量吸光度并以标准铁溶液的毫升数为横坐标，以吸光度为纵坐标绘制工作曲线。

（2）高岭土中除铁量的测定　吸取滤液 1.00mL 于 100mL 烧杯中，加入 2mL 3% H_2O_2，2mL 1∶1 HNO_3，在电炉上加热 2～3min（使 Fe^{2+} 氧化成 Fe^{3+} 并除去过量 H_2O_2），冷却后，定量转入 50mL 容量瓶中，再加入 1mL 20% H_2SO_4 和 10mL 15% NH_4SCN 溶液，用纯水稀释至刻度，摇匀，放置 10min 后，以空白溶液作为参比，在 480nm 处测量吸光度。利用工作曲线计算出每克高岭土的除 Fe 量。

$$除 Fe 量(mg)/每克高岭土 = \frac{相当于铁标准溶液毫升数 \times 铁标准溶液浓度(mg/mL) \times 250.0}{高岭土总重(g)}$$

3. 高岭土白度的测定

（1）ZBD白度仪的调节　打开白度仪和检流计电源开关，预热 20min。将标准白度板放置于样品测试台上，调节白度旋钮使其示值与标准白度板一致，按下测量按钮，按粗、细、精顺序调节光电流旋钮至检流计示值为零，关闭测量按钮。

（2）样品白度测定　将烘干的样品在研钵中研细后放入样品盒中，并用玻璃片将样品压紧、压平，将此样品盒放在测试台上，按下测量按钮，调节白度旋钮使检流计示值为零，此时白度旋钮的示值即为样品白度值。

用上述同样的方法，测量高岭土原粉的白度值，比较增白效果。

五、思考题

1. 还原法除去高岭土中铁杂质时，说明溶液的 pH 值控制在此范围的原因。pH 值能否大于 6.45？

2. 用 NH_4SCN 光度法测铁时，为什么要加入 H_2O_2？

3. 测定高岭土白度时，为何样品要研细、压平？

六、参考文献

[1] Veglio F, Pagliarim A, Toro L. Int. J. Miner. Process, 1993, 39 (1~2): 87.

[2] Z 马钦科著. 元素的分光光度测定. 北京：地质出版社，1983.

实验三十一　洁厕灵中酸的定性及定量分析

洁厕灵是由多种表面活性剂和保护表面瓷面的助剂配制而成的酸性产品，能强力高效、迅速清洁黏附在马桶、厕盘、尿槽、墙壁及地面瓷砖上的污垢、脏物及积渍等，尤其对水锈、尿碱、黄斑等有明显的清洁效果。

一、实验目的

1. 进一步了解无机阴离子的鉴定。
2. 掌握用酸碱滴定法定量溶液的总酸度。

二、实验原理

将尿碱中不溶性无机盐变为可溶性的盐酸盐等可溶性盐类。

三、试剂

0.1mol/L $AgNO_3$，6mol/L HNO_3，6mol/L 氨水，浓 HNO_3，$(NH_4)_2MoO_4$，$FeSO_4 \cdot 7H_2O$，0.1mol/L $BaCl_2$，6mol/L HCl，NaOH 固体，草酸固体，酚酞指示剂。

四、实验步骤

（一）用 pH 试纸测定洁厕灵 pH 值

（二）洁厕灵的定性分析

1. 鉴别 Cl^-

取 2 滴洁厕灵于试管中，加入 1mL 去离子水，加入 1 滴 0.1mol/L $AgNO_3$，生成白色沉淀，并且加入 2 滴 6mol/L 的 HNO_3，白色沉淀不消失；再在沉淀中加入 6mol/L 氨水至白色沉淀消失，在此溶液中再加入 6mol/L 的 HNO_3 至重新产生白色沉淀。

若出现上述现象，则溶液中存在 Cl^-。

2. 鉴别 PO_4^{3-}

取 2 滴洁厕灵于试管中，加入 5 滴浓 HNO_3，加入 4mL $(NH_4)_2MoO_4$ 振荡均匀混合，加热至 40~500℃，慢慢析出黄色沉淀。

若出现上述现象，则溶液中存在 PO_4^{3-}。

3. 鉴别 NO_3^-

取 3 滴洁厕灵于试管中，加入 1mL 去离子水，加入数粒蓝色 $FeSO_4 \cdot 7H_2O$ 晶体，振荡溶解后，沿试管壁滴加浓硫酸，不可摇动，若出现棕色环，则溶液中存在 NO_3^-。

4. 鉴别 SO_4^{2-}

取 3 滴洁厕灵于试管中，加入 1mL 去离子水，加入 1 滴 0.1mol/L $BaCl_2$，生成白色沉淀，并且加入 2 滴 6mol/L 的 HCl，白色沉淀不消失。

若出现上述现象，则溶液中存在 SO_4^{2-}。

（三）洁厕灵中酸的定量分析

1. 配制 0.1mol/L NaOH 500mL：粗称 2g NaOH 固体，置于 500mL 试剂瓶中，稀释至 500mL，摇匀。

2. 用减量法精确称取 0.13~0.19g 草酸于锥形瓶中,加入 25mL 去离子水溶解后,加入 1 滴酚酞,用 0.1mol/L NaOH 滴定至微红色,30s 不褪色,记录数据,计算 NaOH 浓度。

3. 用 25mL 移液管移取已稀释的洁厕灵于锥形瓶中,加入 1 滴酚酞,用标定了的 NaOH 溶液滴定至微红色,30s 不褪色,记录数据,计算洁厕灵的总酸量。

实验三十二 配位化合物的配位数及稳定常数的测定

Ⅰ. 容量法测定银氨配离子的配位数

一、实验目的

应用已学过的配离子离解平衡和难溶强电解质溶度积规则等知识,测定银氨配离子 $[Ag(NH_3)_n]^+$ 的配位数 n。

二、实验原理

近代配合物理论表明,任何配位数大于 1 的配离子都是逐级离解的。然而,在配体浓度远大于中心离子浓度的条件下,只要配离子的稳定常数不太小,则溶液中将主要存在配位数最大的那种配离子。

本实验即在满足上述条件下进行测定。首先,在硝酸银溶液中加入过量氨水,生成稳定银氨配离子 $[Ag(NH_3)_n]^+$。然后,往溶液中加入 KBr 溶液,直到刚刚开始有 AgBr 沉淀产生,即观察到溶液出现极轻微浑浊。此时溶液中同时存在着离解平衡和沉淀平衡:

$$Ag^+ + nNH_3 \rightleftharpoons [Ag(NH_3)_n]^+ \qquad K_{稳} = \frac{c([Ag(NH_3)_n]^+)}{c(Ag^+) \cdot c^n(NH_3)}$$

$$Ag^+ + Br^- \rightleftharpoons AgBr\downarrow \qquad K_{SP} = c(Ag^+) \cdot c(Br^-)$$

则总平衡常数 $K_{总} = K_{稳} \cdot K_{SP} = \dfrac{c([Ag(NH_3)_n]^+) \cdot c(Br^-)}{c^n(NH_3)}$

故 $$c(Br^-) = \frac{K_{SP} \cdot K_{稳} \cdot c^n(NH_3)}{c([Ag(NH_3)_n]^+)}$$

式中,$c(Br^-)$,$c(NH_3)$,$c([Ag(NH_3)_n]^+)$ 均指平衡时的浓度。这些平衡浓度可以近似计算如下:设每份混合溶液最初取用浓度为 $c(Ag^+)_0$ 的硝酸银溶液的体积为 $V(Ag^+)$;每份加入浓度为 $c(NH_3)_0$ 的氨水的体积为 $V(NH_3)$(大大过量);每份加入浓度为 $c(Br^-)_0$ 溴化钾溶液的体积为 $V(Br^-)$;设混合溶液的总体积为 $V_{总}$,则混合溶液达到平衡时,有

$$c(Br^-) \doteq c(Br^-)_0 \times \frac{V(Br^-)}{V_{总}} \quad \text{(因为仅生成微量 AgBr 沉淀)}$$

$$c([Ag(NH_3)_n]^+) \doteq c(Ag^+)_0 + \frac{V(Ag^+)}{V_{总}} \quad \text{(因为 AgBr 的溶度积很小,只要有痕量的 } Ag^+ \text{ 存在即可生成沉淀)}$$

$$c(NH_3) \doteq c(NH_3)_0 \times \frac{V(NH_3)}{V_{总}} \quad \text{(因为氨水是大大过量的)}$$

将以上三式代入总平衡常数式,整理后得:

$$V(Br^-) = \frac{V^n(NH_3) \cdot K_{SP} \cdot K_{稳} \cdot \left[\dfrac{c(NH_3)_0}{V_{总}}\right]^n}{\dfrac{c(Br^-)_0}{V_{总}} \cdot \dfrac{c(Ag^+)_0 \cdot V(Ag^+)}{V_{总}}}$$

上式右端各项除 $V^n(NH_3)$ 之外均为常数,将两边取对数,可得直线方程:

$$\lg V(Br^-) = n\lg V(NH_3) + \lg K'$$

其中 $K' = \dfrac{K_{SP} \cdot K_{稳} \cdot \left[\dfrac{c(NH_3)_0}{V_{总}}\right]^n}{V(Br^-)_0 \cdot c(Ag^+)_0 \cdot \left[\dfrac{V(Ag^+)}{V_{总}^2}\right]}$

以 $\lg V(Br^-)$ 为纵坐标、$\lg V(NH_3)$ 为横坐标作图，可得一直线，其斜率即为配离子 $[Ag(NH_3)_n]^+$ 的配位数 n。

三、仪器与试剂

1. 仪器：每组六只 250mL 锥形瓶；滴定管 1 支（酸式或碱式均可）；量筒。

2. 试剂：$AgNO_3$（0.01mol/L）；KBr（0.01mol/L）；$NH_3 \cdot H_2O$（2mol/L）；它们的浓度要准确到 2 位有效数字。

四、实验步骤

1. 将 0.01mol/L KBr 溶液装入滴定管中，记下刻度。取 6 只 250mL 锥形瓶，编号 1～6。

2. 用量筒准确量取 20.0mL 的 0.01mol/L $AgNO_3$ 溶液转入 1 号锥形瓶中，再用量筒取 35.0mL 2mol/L 氨水和 45.0mL 去离子水加入 1 号锥形瓶中，摇匀。然后在不断振荡下从滴定管中滴入 KBr 溶液，直至由于产生 AgBr 沉淀而出现轻度浑浊，且经振荡浑浊不再消失为止。记下所加入的 KBr 溶液的体积 $V(Br^-)$ 和溶液的总体积 $V_{总}$。

3. 在 2、3、4、5、6 号锥形瓶中各准确加入 20.0mL 0.01mol/L $AgNO_3$ 溶液，再按表中所列数据，分别加入不同体积的 2mol/L 氨水和去离子水，摇匀。然后，依次在不断振荡下从滴定管中滴加 KBr 溶液。在滴加过程中，当接近终点（溶液出现轻微浑浊，但经充分摇动可消失）时，补充适量的去离子水，使溶液的总体积与 1 号锥形瓶的总体积 $V_{总}$ 相等。最后滴定至终点，记下所用的 KBr 溶液的体积 $V(Br^-)$。

五、数据记录与结果处理

1. 数据记录：见表 8-9。

表 8-9 容量法测定银氨配离子的配位数数据记录与结果处理

编 号	1	2	3	4	5	6
$V(Ag^+)$/mL	20.0	20.0	20.0	20.0	20.0	20.0
$V(NH_3)$/mL	35.0	30.0	25.0	20.0	15.0	10.0
$V(H_2O)$/mL	45.0	50.0	55.0	60.0	65.0	70.0
$V(Br^-)$/mL						
补加水体积/mL	0					
$\lg V(Br^-)$						
$\lg V(NH_3)$						

2. 作图：以 $\lg V(Br^-)$ 为纵坐标，$\lg V(NH_3)$ 为横坐标作图，求出直线斜率 n，取其最接近的整数，即为 $[Ag(NH_3)_n]^+$ 的配位数。

六、思考题

1. 简述本实验的实验原理，了解各步简化的条件。
2. 如果不用 KBr，而用 KCl，你认为测定结果会好一些还是坏一些？

Ⅱ. 分光光度法测定磺基水杨酸铁(Ⅲ) 配合物的组成及其稳定常数

一、实验目的

1. 学习了解分光光度法测定配位化合物组成及其稳定常数的原理和方法。
2. 学习掌握 722 型分光光度计的使用方法。

二、实验原理

磺基水杨酸与 Fe^{3+} 可形成稳定的配位化合物。形成配位化合物时,其组成因 pH 值不同而改变:在 pH 值为 2~3 时,生成紫红色的配位化合物(有一个配位体);pH 值为 4~9 时,生成红色配位化合物(有两个配位体);pH 值为 9~11.5 时,生成黄色的配位化合物(有三个配位体);pH>12 时,有色配位化合物被破坏而生成 $Fe(OH)_3$ 沉淀。本实验是在 pH=2.0 时测定磺基水杨酸铁配位化合物的组成和稳定常数。

实验用等物质的量数连续变化法(或称浓比递变法)。所谓等物质的量数连续变化法,就是保持溶液中金属离子的浓度(c_M)与配位体的浓度(c_L)之和不变(即总物质的量数不变)的前提下,改变 c_M 与 c_L 的相对量,配制一系列溶液。只有形成体 M 和配体 L 的摩尔比与配离子的组成一致时,配离子的浓度才最大。因此,在吸光度-组成图上,吸光度最大值对应的溶液组成就是配离子的组成。具体操作时,取用物质的量浓度相等的 Fe^{3+} 溶液和磺基水杨酸溶液,按照不同的体积比(即摩尔比)配制一系列溶液,测定其吸光度。若以吸光度 A 为纵坐标,以配位体的体积分数 F(摩尔分数)为横坐标作图,得一曲线(图 8-8),将曲线两边的直线部分

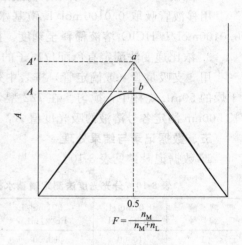

图 8-8 吸光度-组成图

延长,相交于 a 点,a 点对应的吸光度为 A'。由 a 点的横坐标可得到配离子中 M 与(M+L)的摩尔比 F,由此可求出配位数 n 值。例如,图中所示 F=0.5,则有 $\frac{n_M}{n_M+n_L}=0.5$,$\frac{n_L}{n_M+n_L}=0.5$,所以 $\frac{n_L}{n_M}=1$,即该配位离子的组成为 ML 型。由于配合物有一部分离解,实际曲线的最大吸收处 b 点对应的吸光度 A 小于 a 点对应的吸光度 A',而配合物的离解度 $\alpha=\frac{A'-A}{A'}$。配合物的表观稳定常数 K 可由以下平衡关系导出:

$$ML \rightleftharpoons M+L$$

起始浓度 c 0   0

平衡浓度 $c-c\alpha$ $c\alpha$ $c\alpha$

$$K_{稳(表观)}=\frac{c(ML)}{c(M)\cdot c(L)}=\frac{1-\alpha}{c\cdot\alpha^2}$$

式中,c 表示 b 点时中心离子的浓度。$K_{稳(表观)}$ 是一个没有考虑溶液中 Fe^{3+} 的水解平衡和磺基水杨酸的电离平衡的常数。如果考虑磺基水杨酸的电离平衡,则对表观稳定常数要加以校正,校正后即可得 $K_稳$。校正公式为:$\lg K_稳 = \lg K_{稳(表观)} + \lg \alpha$,在 pH=2.0 时,$\lg \alpha = 10.297$,即 $K_稳 = K_{稳(表观)} \cdot 10^{10.297}$。

三、仪器与试剂

1. 仪器

722 型分光光度计;50mL 烧杯;80mL 烧杯;100.0mL 容量瓶;10.00mL 移液管;洗耳球。

2. 试剂

高氯酸 $HClO_4$(0.010mol/L,pH 2.0);磺基水杨酸(0.0100mol/L);硫酸高铁铵

$Fe(NH_4)(SO_4)_3$（0.0100mol/L）。

四、实验步骤

1. 配制 0.0010mol/L Fe^{3+} 溶液

用移液管吸取 0.0100mol/L Fe^{3+} 溶液 10.00mL，注入 100.0mL 容量瓶中，用 0.0100mol/L $HClO_4$ 溶液稀释至刻度，摇匀备用。

2. 配制 0.0010mol/L 磺基水杨酸溶液

用移液管吸取 0.0100mol/L 磺基水杨酸溶液 10.00mL，注入 100.0mL 容量瓶中，用 0.0100mol/L $HClO_4$ 溶液稀释至刻度，摇匀备用。

3. 浓比递变法测定有色配位离子的吸光度

用 3 支吸量管（或滴定管）按表中列出数量量取各溶液，分别注入已编号的 11 只洁净干燥的 50mL 烧杯中，搅匀。在 722 型分光光度计上，以 1 号或 11 号作为参比溶液，在波长 500nm 测定各号溶液的吸光度值 A，记录在表中。

五、数据记录与结果处理

1. 数据记录：见表 8-10。

表 8-10 分光光度法测定磺基水杨酸铁（Ⅲ）配合物的组成及稳定常数数据记录

溶液编号	0.01mol/L $HClO_4$/mL	0.001mol/L Fe^{3+}/mL	0.001mol/L 磺基水杨酸/mL	磺基水杨酸所占摩尔分数	混合液吸光度值 A
1	10.00	10.00	0.00	0.0	
2	10.00	9.00	1.00	0.1	
3	10.00	8.00	2.00	0.2	
4	10.00	7.00	3.00	0.3	
5	10.00	6.00	4.00	0.4	
6	10.00	5.00	5.00	0.5	
7	10.00	4.00	6.00	0.6	
8	10.00	3.00	7.00	0.7	
9	10.00	2.00	8.00	0.8	
10	10.00	1.00	9.00	0.9	
11	10.00	0.00	10.00	1.0	

2. 作图：以吸光度 A 为纵坐标，磺基水杨酸的摩尔分数或体积分数为横坐标作图。从图中找出实际最大的吸光度 A 值，并延长曲线两边直线部分相交得最大吸光度 A' 值，算出磺基水杨酸铁配位离子的组成，表观稳定常数及稳定常数。

六、思考题

1. 在测定吸光度时，如果温度有较大变化对测定的稳定常数有何影响？
2. 实验中，每个溶液的 pH 值是否一样？如不一样对结果有何影响？

第四节 设计实验部分

本节为设计实验部分，要求根据本节所列实验内容的简要介绍，查阅有关参考资料自行设计实验方案并独立完成实验，实验设计方案要求包括：实验目的；实验原理；实验步骤；实验仪器与药品及对已有实验方案的改进等。以上方案经教师审阅同意后可进行实验，实验结束后按论文的书写格式写出实验报告。论文书写格式一般包括：1. 前言、2. 原理、3. 方法、4. 结论、5. 讨论。

实验三十三 水处理絮凝剂——聚碱式氯化铝的制备

一、提示

聚碱式氯化铝又称聚氯化铝或聚合铝,化学通式为 $[Al_m(OH)_n(H_2O)_x]·Cl_{3m-n}$ ($m=2\sim13$, $n\leqslant 3m$)。其中铝的存在形态包含具有八面体结构的单核离子 $[Al(H_2O)_6]^{3+}$、多核离子 $[Al_2(OH)_2]^{4+}$ 和 $[Al_{13}O_4(OH)_{24}(H_2O)_{12}]^{7+}$(简写为 Al_{13})。聚合铝(特别是 Al_{13})具有较高的正电荷,在水中有强的吸附能力,很高的絮凝效果和很快的沉降速度,能有效除去水中的颗粒及胶体污染物,是国内外广泛采用的水处理絮凝剂。

聚碱式氯化铝可以用高岭土或矾土(铝土矿)制备。通常矿物中含有 30%~40% 的 Al_2O_3,50% 左右的 SiO_2,少于 3% 的 Fe_2O_3 和少量的 K,Na,Ca,Mg 等元素。

制备聚碱式氯化铝首先应当将 Al_2O_3 和 SiO_2 分离开。虽然矿物中还含有一定量铁,但由于聚合铁也是水处理剂,因此少量铁的存在不影响产品使用效果。

聚碱式氯化铝是 $AlCl_3$ 的水解产物。单核水解产物 $[Al(H_2O)_6]^{3+}$ 容易形成,多核离子 $[Al_2(OH)_2]^{4+}$ 生成速度则比较慢,而 $[Al_2(OH)_2]^{4+}$ 转化为 Al_{13} 的速度更慢,因此反应混合物要保温,聚合反应较长时间以获得较多的 Al_{13}。

研究表明中和比 $R=\dfrac{n(OH)}{n(Al)}$ 小于 2.3 时,Al_{13} 在溶液中是稳定的;R 在 2.3~2.5 时,溶液中的 Al_{13} 组分占优势;大于 2.6 时,溶液经凝胶转变为沉淀,生成不定形以至晶体的 $Al_2O_3·xH_2O$ 沉淀。因此控制溶液一定的中和比,是保证合成产物具有较大活性,即具有较多 Al_{13} 的关键。取一半 $AlCl_3$ 溶液加入氨水使之转变成 $Al(OH)_3$,再用剩余的 $AlCl_3$ 溶液溶解 $Al(OH)_3$,可保证溶液具有合适的中和比。

二、实验要求

1. 设计制备聚碱式氯化铝的实验方案,并列出所需试剂及仪器设备清单。
2. 设计检测产品净水效果的实验。
3. 完成实验,写出实验报告。

三、参考文献

[1] Bottero J Y, Axelos M, et al. J Colloid Interface Sci. 1987, 117 (10): 47.
[2] 王静秋,黄世炎等. 武汉大学学报(自然科学版),1993,3:82.

实验三十四 化学沉淀法制备高纯 α-Al_2O_3 纳米粉末

一、提示

α-Al_2O_3(俗称刚玉)具有高强度、高硬度、抗腐蚀及耐高温等优异性能,已被广泛用作结构陶瓷、功能陶瓷及生物陶瓷等材料。纳米级 α-Al_2O_3 粒度介于 1~100nm 之间,由于粒度很小,表面积很大,具有特殊的表面效应与体积效应,用它制取烧结材料时烧结温度低,烧结速度快,烧结体致密度高。从而使产品在力学、光学、加工精度等方面均远远优于由微米级 α-Al_2O_3 制成的陶瓷。因此近年来人们很重视纳米 α-Al_2O_3 粒子制备的研究。

制备纳米 α-Al_2O_3 粒子的方法有多种,如化学沉淀法、溶胶-凝胶法、微乳液法等,这些方法各有优缺点。其中化学沉淀法人们开发研究较早,并且成本低,操作简便。该方法涉及到的主要反应为:

$$(NH_4)_2Al_2(SO_4)_4 + 8NH_4HCO_3 = 2NH_4Al(OH)_2CO_3\downarrow + 4(NH_4)_2SO_4 + 6CO_2\uparrow + 2H_2O$$

$$2NH_4Al(OH)_2CO_3 = Al_2O_3 + 2NH_3 + 3H_2O + 2CO_2$$

二、实验要求
1. 设计采用化学沉淀法制备 α-Al_2O_3 纳米粉末的实验方案。
2. 设计对产物的结构、粒度及纯度进行分析测试的方法。
3. 完成实验，写出实验报告。

三、参考文献
[1] Gu Yanfang, et al. Engineering Chemistry & Metallurgy. 1993, 14 (1): 14.
[2] 周恩绚等. 化学通报, 1997, 4: 38.

实验三十五　胃舒平药片中铝和镁含量的测定

一、提示
用于治疗胃病的常用药胃舒平药片的主要成分为氢氧化铝、三硅酸镁（$Mg_2SiO_3 \cdot 5H_2O$）、少量颠茄流浸膏及成形剂糊精等辅料，可用络合滴定法测定药片中铝和镁的含量，辅料不干扰测定、铝和镁与 EDTA 形成的络合物的稳定常数相差较大（$\lg K_{AlY}=16.1$、$\lg K_{MgY}=8.69$），可用控制溶液酸度的方法进行分别滴定、Al^{3+} 和 EDTA 反应速率慢，需采用返滴定方式。

二、实验要求
1. 可设计出多种实验方案，比较各种方案的实验结果，最终确定切实可行的实验方法。
2. 通过实验掌握如何考察所设计方法准确度的常用方法。
3. 完成实验，写出方法研究论文。

三、参考文献
[1] 杨德俊. 络合滴定的理论和应用. 北京：国防工业出版社，1985.
[2] 国家药典委员会编. 中华人民共和国药典. 二部（1985年版）. 北京：化学工业出版社，人民卫生出版社，1985：290.

实验三十六　多组分光度计算分析
——同时测定高含量铜、镍、钴、铁

一、提示
在光度分析中首先要根据被测元素及其含量选择合适的显色剂，已经指出样品中所测元素含量较高，所以选择的显色剂不一定要求有高的灵敏度，由于要求同时测定，所以在一定的波长范围内，显色剂与上述几种元素要都能显色，但其 λ_{max} 要有一定的差异，利用 EDTA 作为显色剂对高含量的铜、镍、钴、铁和铬进行光度分析已有报道。

计量学吸光光度法是指应用化学计量学中的一些计算方法对吸光光度法测定数据进行数学处理后，同时得出所有组分各自的含量（或浓度）的一种计算吸光光度法，目前常用的一些计算方法包括最小二乘法、改进矩阵法、因子分析法、主成分回归、偏最小二乘法、岭回归、卡尔曼滤波、线性规划法、人工神经网络等。在设计该方案时可以选择以上各种方法中的一种或多种方法进行计算。

基于 Beer 定律和加和性原理，多组分光度分析的数学模型为：

$$A_i = \sum_{j=1}^{n} a_{ij} c_j \quad (i=1,2,\cdots,l)$$

式中，a_{ij} 为组分 j 在波长 i 上的吸光系数；c_j 为组分 j 的浓度；n 为组分数；l 为波长点数；A_i 为混合物样品在波长 i 上的吸光度。

二、实验要求

1. 确定实验方案,包括显色条件、混合标准样组数和测量波长范围及测量波长点数。
2. 至少选择两种计算方法对实验结果进行处理,并比较计算结果。
3. 完成实验,写出方法研究论文。

三、参考文献

[1] 潘教麦等. 显色剂及其在冶金分析中的应用. 上海:上海科学技术出版社,1981.
[2] 蒲希比 R. EDTA 及同类化合物的分析应用. 北京:地质出版社,1982.
[3] 罗国安,邱家学等. 可见紫外定量分析及微机应用. 上海:上海科学技术文献出版社,1988.
[4] 柯以侃,俞世音等. 分析试验室,1988,7,(8):5.

实验三十七　废含钼催化剂中钼的化学回收

一、提示

随着石油和化学工业的迅速发展,每年国内要消耗近千吨的含钼催化剂(催化剂化学组成通常为 $Mo-Ni/Al_2O_3$,钼含量为 9%~14%),因此对含钼催化剂进行回收利用,具有很高的社会效益和经济效益。

目前国外采用的较成熟的回收钼的方法有氨浸法,高温焙烧水浸法等,但这些方法存在设备复杂,能耗大等缺点。相对而言,采用化学方法回收具有投资少,成本低及回收率高等优点。

废催化剂常常吸附有较多的炭和有机物,并且钼多以硫化钼形态存在,因此一般先将废催化剂焙烧,将炭及有机物除去,并将硫化钼转变为氧化物,有利于后续操作。

MoO_3 为两性氧化物,而 NiO 为碱性氧化物,可以通过选择合适溶液浸取钼。对于浸出的钼,可以用经典方法制成钼酸铵。

二、实验要求

1. 设计用化学方法从废含钼催化剂中制取钼酸铵的实验方案。
2. 设计测定钼含量的实验方法,并计算钼的回收率。
3. 完成实验,写出实验报告。

三、参考文献

[1] 陈寿春. 重要无机化学反应. 第二版. 上海:上海科学技术出版社,1982.
[2] 刘润静. 无机盐工业,1992,(2):34-36.

除以上设计实验外,我们还给学生提供以下实验题目,学生可以自行设计方案,经教师审核通过,按要求预约实施实验方案。

设计实验题目:

1. 食醋中总酸度的测定
2. 氢氧化铜的制备及组分分析
3. 维生素 C 药片中抗坏血酸含量的测定
4. 鸡蛋壳中钙含量的测定(至少用两种方法进行比较分析)
5. 豆浆中蛋白质含量的测定(勿用蛋白质标准品)
6. 水泥中 Fe^{3+}、Al^{3+}、Ca^{2+}、Mg^{2+} 各组分含量的测定
7. 碘盐的制备及含碘量的测定
8. 葡萄糖含量的测定

9. NaOH-Na$_3$PO$_4$ 溶液中二组分浓度的测定
10. 漂白粉中有效氯含量的测定
11. 茶叶中微量组分的定性和定量分析
12. 洗衣液中磷含量的测定
13. 从紫菜和海带中提取碘
14. 酱油中氨基酸总量的测定
15. HCl＋NH$_4$Cl 溶液中二组分浓度的测定
16. 雪碧饮料中防腐剂——苯甲酸含量的测定
17. 废铝制备明矾并测定铝的含量
18. Al^{3+}-Fe^{3+} 溶液中各组分浓度的测定

第九章 有机化学实验部分

第一节 基本操作及基本技能训练实验

实验一 有机物的萃取和重结晶

一、实验目的

1. 掌握通过萃取分离混合物的方法。
2. 熟悉由混合物分离出的粗产品用重结晶法精制的步骤。

二、实验试剂

3mol/L NaOH 溶液，CH_2Cl_2，Na_2SO_4，粗萘，50%乙醇，乙酰苯胺和苯甲酸混合物（1∶1）。

三、实验内容

1. 萃取分离

称混合物约 2g，将混合物溶解在 15mL CH_2Cl_2 中（可能会有少许不溶物出现），分两次用 1.5 倍于计算量的 3mol/L NaOH 溶液进行萃取；为避免生成乳化液，不要急剧振荡分液漏斗，注意要及时让漏斗口朝上放气，CH_2Cl_2 层处于下层待静置后分层。

将两次的萃取液合并，再分两次各用 5mL CH_2Cl_2 进行萃取，以除去水中悬浮或溶解的任何中性物质。

合并上几步操作中的 CH_2Cl_2 层，加大约 0.5g 无水 Na_2SO_4 轻轻振荡 1~2min，倒入圆底烧瓶中，用几毫升 CH_2Cl_2 冲洗，一并倒入烧瓶，蒸发溶剂。

2. 乙酰苯胺的重结晶

在锥形瓶中往蒸发掉溶剂的粗产物中分次慢加 15mL 热水，最后再加几毫升热水（每克乙酰苯胺大约在 20mL 95℃水中完全溶解）趁热过滤，让滤液慢慢冷却，而后抽滤干燥。

3. 苯甲酸的分离和重结晶

水浴中，往萃取分离后的苯甲酸钠水溶液中慢加浓 HCl（浓 HCl 的用量按其为 12mol/L 计算），用 pH 试纸检验是否显酸性，而后抽滤，用几毫升冷水冲洗烧杯。

重结晶苯甲酸的过程与前面的乙酰苯胺类似，每克苯甲酸大约需 15mL 95℃热水，而后抽滤、干燥。

4. 萘的重结晶

称粗萘 1g 加入 30~50mL 50%乙醇水溶液，因溶剂为易挥发的有机溶剂，故要采用回流装置，加热煮沸之后，其余步骤同上。

实验二 熔点、沸点的测定及温度计校正

一、实验目的

1. 学会用毛细管法测定有机化合物的熔点和沸点。
2. 利用纯有机化合物的熔点来校正温度计。
3. 了解测定熔点和沸点的意义。

二、实验内容

1. 熔点测定及温度计校正

按熔点测定及温度计校正一节的要求。正确测定下面化合物的熔点：

(1) 冰-水　　　　　　　　　0℃
(2) 二苯胺（分析纯）　　　　54～55℃
(3) 萘（分析纯）　　　　　　80.55℃
(4) 乙酰苯胺（分析纯）　　　114.3℃
(5) 苯甲酸（分析纯）　　　　122.4℃
(6) 尿素（分析纯）　　　　　135℃
(7) 水杨酸（分析纯）　　　　159℃
(8) 丁二酸（分析纯）　　　　185℃

测熔点时每个样品至少测定两次，两次数值应一致。

记录初熔前的现象，例如是否有萎缩、软化、放出气体、分解或变色等现象。记录测得的熔点数据，并在方格纸上作图，以测得熔点作为纵坐标，以测得熔点与应有熔点的差数作为横坐标，画出温度计校正曲线图。在任一温度时的校正值可以直接从曲线中读出。

2. 沸点的测定

按第四章第七节介绍的装置将无水乙醇用干净的滴管滴入外管1～2滴，将内管插入，用小橡皮圈把外管固定在温度计上（位置与测熔点相同），将带有沸点管的温度计放入熔点管中，其位置高低与测定熔点相同。

装置完毕后，用小火慢慢加热熔点管，使温度均匀地上升，这时就有小气泡从内管口断续地逸出。在到达该液体的沸点时，将有一连串的小气泡快速地逸出。此时停止加热，使浴液自行冷却，气泡逸出的速度就渐渐的减慢。在气泡不再冒出，而液体刚要进入内管的瞬间（即最后一个气泡刚要缩回到内管中时），记下此时温度计的读数。这个温度就是无水乙醇的沸点。为校正起见，等温度降下几度后再非常缓慢地加热，记下刚出现大量气泡时的温度。两次温度计读数相差不超过1℃。同一沸点管可以重复测定，直到两次沸点的读数不超过1℃为止。

实验三　普通蒸馏

一、实验目的

1. 了解并学会蒸馏液体的操作方法及沸点测定方法。

2. 掌握普通蒸馏的基本原理及应用。

3. 学会一些基本操作，如：仪器的选择、安装、拆卸等。

二、试剂

无水乙醇、环己酮。

三、实验内容

1. 乙醇的蒸馏

按图9-1安装仪器。

在50mL的圆底烧瓶中放入20mL乙醇，加料时用玻璃漏斗将蒸馏液体倒入，注意勿使液体从支管流出。加入2～3粒沸石，装好

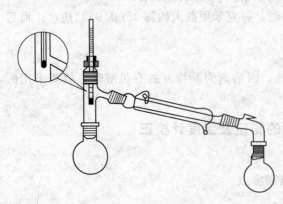

图9-1　蒸馏装置

温度计，通入冷凝水，用电热套加热，开始加热速度可稍快些，并注意蒸馏瓶中的现象和温度计读数的变化。当瓶内液体开始沸腾时，蒸气前沿逐渐上升，待达到温度计时，温度计读数急剧上升。这时应适当控制蒸馏速度以 1~2 滴/秒为宜，当温度计读数上升至 77℃ 时，换一个已称量过的干燥的锥形瓶作为接收器，收集 77~79℃ 的馏分。称量所收集馏分的重量或量其体积，并计算回收率。

2. 环己酮的蒸馏

在 50mL 的圆底烧瓶中放入 20mL 环己酮，采用空气冷凝管，其余操作步骤同上。

四、注意事项

1. 温度计安装位置不正确，测出的沸点就会有误差。水银球位置过高，沸点偏低；水银球位置过低，沸点偏高。

2. 在开始加热前必须加入沸石（表面疏松多孔），这对蒸馏来说非常重要。因为绝大多数液体在加热时经常发生过热现象（温度超过沸点也不沸腾），如继续加热，液体就会产生暴沸现象而冲溢出瓶外。沸石的微孔中由于吸附了一些空气，在加热时就可以形成液体分子气化的中心，从而保证液体及时沸腾而避免暴沸。如果加热前忘了加沸石，补加时应停止加热，待液体冷至沸点以下后方可加入。若蒸馏在中途停止过，重新蒸馏时应加入新的沸石。沸石加 2~3 粒即可，如果加得太多，会吸附一部分液体，影响产品产率。

3. 避免加热温度过高，产生过热现象。

4. 要求学生做详细记录，必须记录现象，第一滴馏出温度，实际收集馏分的温度及各馏分的体积。

5. 教师必须检查仪器合格后才能开始蒸馏。

6. 如果用自来水作为冷却水，水不能开得太大，只要保持流通即可。拆卸冷凝管时，必须先关水或水泵，然后将进水口向上，拔去进水管即可，否则易造成跑水现象。

7. 蒸馏完毕，不能将沸石倒在水池里，以免造成下水道堵塞。要倒在垃圾桶里。

五、思考题

1. 在什么情况下采用普通蒸馏装置？

2. 什么叫沸点？液体的沸点和大气压有什么关系？文献里记载的某物质的沸点是否即为你们那里的沸点温度？

3. 蒸馏时加入沸石的作用是什么？如果蒸馏前忘记加沸石，能否立即将沸石加至将近沸腾的液体中？当重新蒸馏时，用过的沸石能否继续使用？

4. 为什么蒸馏时最好控制馏出液的速度为 1~2 滴/s？

5. 如果液体具有恒定的沸点，那么能否认为它是单纯物质？

第二节　合成与制备实验及有机分析

实验四　环己烯的制备

一、实验目的

1. 通过环己烯的制备，了解醇在酸催化下分子内脱水制备烯烃的原理和方法。
2. 了解并学会实验中遇到的各种基本操作。

二、实验原理

在强酸如浓硫酸、浓磷酸的催化作用下使醇进行分子内脱水制备烯烃，本实验用浓磷酸作为催化剂，由环己醇脱水制备环己烯，反应如下：

$$\text{C}_6\text{H}_{11}\text{OH} \xrightarrow[\triangle]{85\% \text{ H}_3\text{PO}_4} \text{C}_6\text{H}_{10} + \text{H}_2\text{O}$$

三、试剂

环己醇；85%磷酸；10% Na_2CO_3 溶液；饱和食盐水；无水氯化钙。

四、实验步骤

在50mL干燥的圆底烧瓶中加入10.5mL环己醇和5mL 85%磷酸，充分摇匀，放入2～3粒沸石，按图9-2安装分馏装置，用25mL锥形瓶作为接收器。接收器置于冷水浴或冰水浴中。

慢慢加热混合物至沸腾，控制分馏柱顶部温度不超过90℃，慢慢地蒸出生成的环己烯，当反应瓶中只剩下很少量的残液并出现白雾时，停止加热。

将蒸出物经过玻璃漏斗倒入分液漏斗中，静置、分离并弃去下层（水层）。加入5mL 10% Na_2CO_3 溶液洗涤，振摇后静置，待两层液体分层清晰后，分出并弃去碳酸钠溶液层（下层），再用5mL饱和食盐水洗涤一次，振摇，静置，分出并弃去水层。

将环己烯从分液漏斗上口倒入一个干燥的小锥形瓶中，加入少量无水氯化钙干燥、塞紧塞子、间歇振摇。放置10～15min，直至产物清亮而不浑浊。

安装一套普通蒸馏装置，所用仪器都必须干燥。将干燥后的粗产物，通过放有棉花的玻璃漏斗（注意要干燥）滤入50mL干燥的蒸馏烧瓶中，加入几粒沸石，用水浴加热进行蒸馏，收集沸点80～85℃馏分，称量。交回产品。

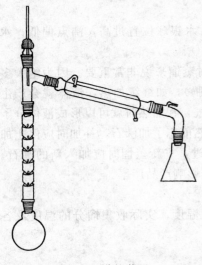

图9-2 分馏装置

物理常数：环己烯为无色透明液体，沸点83℃，相对密度 d_4^{20} 0.8102，折射率 n_D^{20} 1.4465。

附注：

① 环己醇在常温下是黏稠液体（熔点24℃），若用量筒量取时应注意转移完全。

② 最好用油浴或电热套加热，使反应瓶受热均匀。由于反应中环己烯与水形成共沸物（沸点70.8℃、含水10%），环己醇与水形成共沸物（沸点97.8℃、含水80%），所以，在加热时温度不能过高，蒸馏速度不宜太快，以减少未反应的环己醇蒸出。

③ 反应结束后剩下的残液倒入指定回收瓶中。

五、思考题

1. 用磷酸做脱水剂比用浓硫酸做脱水剂有什么优点？
2. 环己醇用磷酸脱水合成环己烯时，在所得的粗产品中可能含有哪些杂质？在精制过程中如何除去？
3. 如果你的实验产率太低，试分析主要是在哪些操作步骤中造成损失。

实验五 1-溴丁烷的制备

一、实验目的

1. 了解醇与溴化钠-硫酸反应制备溴代烷的方法。
2. 了解并学会本实验中所遇到的各种操作，如回流、气体吸收装置、折射率的测定。

二、实验原理

醇与溴化钠-硫酸或氢溴酸-硫酸或三溴化磷反应生成溴代烷是实验室中制备溴代烷最重

要的方法之一。本实验是用正丁醇与过量的溴化钠-硫酸反应来制备1-溴丁烷。

主反应 $\quad NaBr + H_2SO_4 \longrightarrow HBr + NaHSO_4$

$CH_3CH_2CH_2CH_2OH + HBr \longrightarrow CH_3CH_2CH_2CH_2Br + H_2O$

副反应 $\quad CH_3CH_2CH_2CH_2OH \xrightarrow[\triangle]{H_2SO_4} CH_3CH_2CH=CH_2 + H_2O$

$2CH_3CH_2CH_2CH_2OH \xrightarrow[\triangle]{H_2SO_4} CH_3CH_2CH_2CH_2OCH_2CH_2CH_2CH_3 + H_2O$

三、仪器和药品
1. 仪器：100mL圆底烧瓶；回流冷凝管；直型冷凝管；锥形瓶。
2. 药品：正丁醇；溴化钠（无水）；浓硫酸（密度1.84g/mL）；无水氯化钙。

四、实验步骤
在100mL圆底烧瓶中，加入15.5g研细的无水溴化钠，12.3mL正丁醇和2～3粒沸石，装上回流冷凝管，在锥形瓶中放入15mL水，一边摇荡，一边慢慢加入20mL浓H_2SO_4，并用冷水浴冷却，将稀释后的硫酸分四次从冷凝管上口加入烧瓶，每加入一次，充分振荡，使反应物混合均匀。在冷凝管上口接一个吸收溴化氢气体的装置，将烧瓶用电热套温和加热至沸，保持回流30min，间歇摇动烧瓶。烧瓶冷却后，拆下回流冷凝管，改为蒸馏装置，加入2～3粒沸石，蒸馏至馏出液不再有油滴为止。分出1-溴丁烷，用15mL水洗涤，将粗1-溴丁烷放入干燥的分液漏斗中，用15mL浓H_2SO_4洗涤，然后依次用15mL水，15mL 10%碳酸钠溶液，15mL水洗涤。分出1-溴丁烷，用2～3g无水氯化钙干燥。安装蒸馏装置，蒸馏1-溴丁烷，收集99～103℃馏分。

五、思考题
蒸馏液中除1-溴丁烷外还可能有什么杂质？据此，考虑如何精制1-溴丁烷。

实验六　7,7-二氯双环[4.1.0]庚烷的合成（常量）

一、实验目的
1. 了解相转移催化由二氯碳烯与环己烯反应制备7,7-二氯双环[4.1.0]庚烷的方法。
2. 熟练使用机械搅拌操作。

二、实验原理
碳烯[又称卡宾(carbene)]是一种二价碳的活性中间体，其通式为R_2C：。碳烯存在的时间很短，一般是在反应过程中产生，然后立即进行下一步反应。碳烯是缺电子的，可以与不饱和键发生亲电加成反应。

二氯碳烯Cl_2C：是一种卤代碳烯，制备二氯碳烯可通过下列途径：

$$\begin{matrix} HCCl_3 + t\text{-}BuOK \\ CCl_3COONa \\ C_6H_5HgCCl_3 \end{matrix} \longrightarrow Cl_2C: \quad \xrightarrow{C=C} $$

生成的二氯碳烯和碳烯的性质相似，是个不稳定的高度活性中间体，很容易与烯烃加成。通常二氯碳烯与烯烃的反应，不是需要相当严格的条件（例如无水、隔绝空气、极强的碱、高温或复杂的仪器），就是需要使用剧毒的化学药品，所以它们的应用受到一定的限制。

假如反应在相转移催化剂（如季铵盐）存在下进行，则可使反应在水相与有机相同时存在下进行，不但操作简单，且产率较高。本实验就是应用相转移法制备7,7-二氯双环[4.1.0]庚烷。反应式如下：

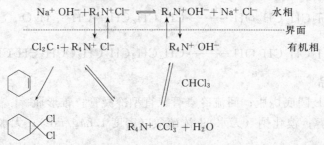

相转移催化剂 $R_4N^+Cl^-$ 的作用，大致可由下面相转移平衡来说明：

$$Na^+OH^- + R_4N^+Cl^- \rightleftharpoons R_4N^+OH^- + Na^+Cl^- \quad 水相$$

---------- 界面

$$Cl_2C: + R_4N^+Cl^- \quad\quad R_4N^+OH^- \quad\quad 有机相$$

（环己烯 + CHCl₃ → 产物；$R_4N^+CCl_3^- + H_2O$）

季铵盐 $R_4N^+Cl^-$ 先与 OH^- 作用生成季铵碱 $R_4N^+OH^-$，此碱可溶于有机层中，它与氯仿作用生成三氯甲基负离子和水，三氯甲基负离子分解生成二氯碳烯和氯离子，二氯碳烯与环己烯作用生成 7,7-二氯双环[4.1.0]庚烷，而氯离子与季铵正离子结合成季铵盐回到水层，重新进行反应。

三、试剂

环己烯；氯仿；50% NaOH；氯化苄基三乙基铵；乙醚；无水硫酸镁。

四、实验步骤

在一个 100mL 三口烧瓶上，装配机械搅拌、回流冷凝管和 100℃ 温度计，将 10.1mL 新蒸馏过的环己烯、24mL 氯仿❶、0.2g 氯化苄基三乙基铵❷加入烧瓶中。开动搅拌，在强烈搅拌下约于 10min 内从冷凝管上口分 4~5 次加入 50% NaOH 溶液，并于 30min 左右，反应混合物温度缓慢地自行上升到 50~60℃❸，保持此温度 1h。待其自然冷却至室温，加入 50mL 水后停止搅拌。反应混合物转移至分液漏斗中，分出有机相，水相用 20mL 乙醚分两次萃取。合并有机层和乙醚萃取液，用 20mL 水洗涤，用无水 $MgSO_4$ 干燥有机相，使其由浑浊变为澄清透明为止。过滤，滤液滤入 50mL 圆底烧瓶中，在水浴上蒸去乙醚，回收。然后用石棉网小火加热，蒸至 100℃❹，再改为空气冷凝管，用电热套温和加热蒸出产品，收集 195~200℃ 馏分。

纯 7,7-二氯双环[4.1.0]庚烷为无色液体，沸点 197~198℃，$n_D^{23} = 1.5014$。

五、思考题

1. 相转移催化的原理是什么？
2. 为什么要用无乙醇的氯仿？
3. 为什么本实验在水存在下，二氯碳烯仍可与烯烃发生加成反应？

实验七　碘苯的制备（微量）

一、实验目的

1. 了解通过重氮化反应制备碘苯的方法。

---

❶ 应当使用无乙醇的氯仿。普通氯仿为防止分解产生有毒的光气，一般加入少量乙醇作为稳定剂，在使用时必须除去。除去乙醇的方法：用等体积的水洗涤氯仿 2~3 次，用无水氯化钙干燥，蒸馏，收集 61~64℃ 馏分。存放氯仿的瓶子要用黑色纸包裹。

❷ 也可用其他相转移催化剂，如 $(C_2H_5)_4N^+Cl^-$，$(C_2H_5)_4N^+Br^-$ 等。

❸ 此反应为放热反应。当反应温度接近 60℃ 时，需用冷水浴冷却，控制反应温度在 50~60℃。

❹ 除蒸出乙醚外，还蒸出少量未反应完的原料环己烯和氯仿，所以蒸到 90℃ 后，温度就直线上升了。

2. 了解制备小量液体有机化合物的一些简单操作。

二、实验原理

本实验是由苯胺经重氮化生成氯化重氮苯，后者再与碘化钾作用，生成碘苯。反应如下：

$$C_6H_5-NH_2 \xrightarrow[0\sim5℃]{NaNO_2\ HCl} C_6H_5-N_2^+ + Cl^-$$

$$C_6H_5-N_2^+ + Cl^- + KI \xrightarrow{\Delta} C_6H_5-I + N_2\uparrow + KCl$$

重氮盐在酸性水蒸馏中受热时，发生下列副反应：

$$C_6H_5-N_2^+Cl^- + H_2O \xrightarrow[\Delta]{H^+} C_6H_5-OH + N_2\uparrow + HCl$$

所以反应终了后，加入 NaOH 使呈碱性后，再进行水蒸气蒸馏，碘苯随水蒸气蒸出，而酚钠则留存在瓶内。

三、试剂

苯胺；浓盐酸（密度 1.18g/mL）；亚硝酸钠；碘化钾。

四、实验步骤

在 100mL 烧杯中，混合浓盐酸与水各 5.5mL，加入 2g 新蒸馏过的苯胺，搅拌，溶解后用冰浴冷却至 0～5℃。

将 1.6g $NaNO_2$ 溶于 8mL 水中，将此溶液用滴管慢慢滴入苯胺的盐酸溶液中，不断搅拌，控制反应温度不超过 5℃。

当 $NaNO_2$ 溶液剩下 2～3mL 时，就要按下述方法及时检查反应终点：每加入 1mL 左右的亚硝酸钠后，搅拌约 3～4min，取出一滴反应液，滴到用蒸馏水浸湿过的一小片淀粉试纸上，若蓝色迅速出现，表示重氮化作用已经完成。

将 3.6g KI 溶于 4mL 水中，在搅拌下慢慢倒入上述重氮盐溶液内。在室温放置半小时，然后在 50℃ 水浴上加热至无氮气放出。冷却，倾去上层水，加入 5% NaOH 至呈碱性，进行蒸馏（相当于水蒸气蒸馏）。

从蒸馏液中分出碘苯，必要时用少量 $NaHSO_3$ 洗涤，使碘苯变成淡黄色。用 0.2g 无水 $CaCl_2$（或无水 $MgSO_4$）干燥，在蒸馏器中进行蒸馏收集沸点 185～190℃ 的馏分，产品约 2g。

物理常数：

碘苯为无色液体，沸点为 188.6℃，相对密度 d_4^{20} 为 1.832，溶解度 30℃ 时为 0.034g/100mL 水，折射率 n_D^{20} 为 1.62000。

附注：

（1）当重氮化反应完成，溶液中剩有稍过量的 HNO_2 时，HNO_2 即氧化 KI，析出碘，碘遇淀粉就显蓝色。

$$2HNO_2 + 2KI + 2HCl \longrightarrow I_2 + 2NO + 2H_2O + 2KCl$$

（2）当 KI 溶液加入重氮盐溶液时，剧烈的反应立刻出现，此时有氮气放出，液面有泡沫状物。为了不使泡沫溢出，故需慢慢加入 KI，并不断搅拌。

五、思考题

1. 什么叫直接重氮化反应？
2. 重氮化反应，温度过高会有什么副反应？
3. 蒸出碘苯颜色为深暗色，说明有什么物质存在？如何除去？

实验八 2-甲基-2-己醇的制备（微量和常量）

一、实验目的
1. 学习由普通乙醚制备无水乙醚的原理和方法。
2. 了解格氏（Grignard）试剂的制备和应用。
3. 掌握由格氏试剂反应来制备结构复杂的醇的原理和方法。

二、实验原理
在实验室中，结构复杂的醇主要由格氏反应来制备。本实验通过在无水乙醚中，卤代烷与金属镁作用，生成烷基卤化镁（RMgX）即格氏试剂。

$$RX + Mg \xrightarrow{\text{无水乙醚}} RMgX$$

格氏试剂必须在无水和无氧条件下进行反应。因为格氏试剂能与水、氧气、二氧化碳反应，所以微量水分和氧的存在，不但阻碍卤代烷和镁之间的反应，同时还会破坏格氏试剂。

$$RMgX + H_2O \longrightarrow RH + Mg(OH)X$$

$$RMgX \xrightarrow{[O]} R-O-MgX \xrightarrow{H_2O, H^+} ROH + Mg(OH)X$$

格氏试剂与醛、酮、羧酸、酯等进行加成反应，用稀酸水解即得醇。如对于遇酸极易脱水的醇，可用氯化铵溶液。

在格氏反应中，有热量放出，所以滴加卤代烷的速度不宜过快，必要时，反应瓶需用冷水冷却。

反应方程式如下：

$$n\text{-}C_4H_9Br + Mg \xrightarrow{\text{无水乙醚}} n\text{-}C_4H_9MgBr$$

$$n\text{-}C_4H_9MgBr + CH_3\overset{\underset{\displaystyle\|}{O}}{C}CH_3 \xrightarrow{\text{无水乙醚}} n\text{-}C_4H_9C(CH_3)_2$$
$$\qquad\qquad\qquad\qquad\qquad\qquad\qquad\qquad |$$
$$\qquad\qquad\qquad\qquad\qquad\qquad\qquad\qquad OMgBr$$

$$\xrightarrow{H_2O}{H^+} n\text{-}C_4H_9C(CH_3)_2$$
$$\qquad\qquad\qquad |$$
$$\qquad\qquad\qquad OH$$

三、仪器和试剂
1. 仪器

20mL 两口圆底烧瓶，多功能梨形漏斗，球形冷凝管，H 形分馏头，温度计，10mL 茄形瓶，10mL 量筒，干燥管；20mL 圆底烧瓶，移液管，20mL 和 5mL 锥形瓶，分液漏斗。

2. 试剂

乙醚（三级）；三级浓硫酸；金属钠；2% KI 溶液；（1∶1）稀 HCl；30% $FeSO_4$ 溶液；2%淀粉溶液；镁条；1-溴丁烷；无水乙醚；三级普通乙醚；三级丙酮；10% H_2SO_4 溶液；5% Na_2CO_3 溶液；三级无水 Na_2CO_3 少量。

四、实验步骤
1. 无水乙醚的制备

将单口圆底烧瓶置于电磁加热搅拌器上，在烧瓶中加入 15mL 除去过氧化物的普通乙醚❶。

---

❶ 取少量乙醚与等体积2%的 KI 溶液，加入几滴稀盐酸，摇动，若使2%淀粉溶液变为蓝紫色，证明有过氧化物存在，过氧化物可用 $FeSO_4$ 溶液除去。$FeSO_4$ 溶液配制：在 11mL 水中加入 0.6mL 浓 H_2SO_4，再加入 6g $FeSO_4$。除过氧化物时，在分液漏斗中加入普通乙醚和相当于乙醚体积1/5的 $FeSO_4$ 溶液，剧烈振荡，分去水层。

装球形冷凝管，接通冷凝水，其上加加料漏斗，由漏斗放入 2.4mL 浓硫酸，打开电磁搅拌，在搅拌下将浓硫酸慢慢滴入乙醚中，乙醚会自行沸腾。

当停止沸腾后，换上蒸馏装置，并在 H 形分馏头的支管处连一氯化钙干燥管，通过干燥管把乙醚尾气导入下水道。用电热套缓缓加热蒸馏，当收集约 9mL 乙醚且蒸馏速度显著变慢时，可停止蒸馏。瓶内残液倒入指定回收瓶内，切不可将水加入残液中。

在蒸馏收集的乙醚中，用切钠刀把钠切成细丝加入，然后用一软木塞塞住，软木塞中插一末端拉成毛细管的玻璃管❶，放置 24h 以上，至无气泡放出。如金属钠表面已全部发生作用，需重新加入钠丝。制好的无水乙醚存储备用。

2. 2-甲基-2-己醇的制备

在电磁加热搅拌器上放置 10mL 两口圆底烧瓶，瓶中加搅拌磁子，一口装滴液漏斗，另一口装球形冷凝管，其上端装无水氯化钙干燥管。

在烧瓶内加入 0.62g（0.0248mol）镁❷和 3mL 无水乙醚，在滴液漏斗中加入 2.6mL（1.64g，0.012mol）1-溴丁烷和 2mL 无水乙醚，混匀。先向双口瓶中滴入 5~6 滴混合液引发反应，片刻，微沸，乙醚会自行回流。若不反应，可用水浴温热。反应平缓后（约 7~8min），加入 2mL 无水乙醚，开动电磁搅拌，滴入其余 1-溴丁烷和乙醚溶液，控制滴加速度，保持乙醚溶液呈微沸状态。加完后，水浴温热回流 15min，使镁粉作用完全。在冰水浴冷却下从滴液漏斗加入 1.9mL（0.7g，0.012mol）无水丙酮和 1mL 无水乙醚混合液，控制滴加速度维持乙醚微沸。室温下搅拌 15min，瓶中有灰白色黏稠状物析出。

在冷水浴冷却下，自漏斗逐渐滴加 10mL 10%硫酸，待产物完全分解后，将反应混合物转入分液漏斗，分出有机层，水层用 3mL 乙醚萃取两次，合并有机层。再用 3mL 5%碳酸钠溶液洗涤一次，分出油层，用无水碳酸钠干燥。

将粗产物转移到干燥的 20mL 圆底烧瓶中，蒸出乙醚，剩余液体倒入 10mL 蒸馏烧瓶中，收集 137~141℃的馏分。

纯的 2-甲基-2-己醇沸点 143℃，d_4^{20} 为 0.8119，折射率 n_D^{20} 为 1.4175。

五、思考题

蒸馏易挥发，易燃溶剂时应注意哪些事项？

附：常量操作过程

制备 2-甲基-2-己醇

在 250mL 三口瓶中，分别装搅拌器，球形冷凝管和平衡加料管。平衡加料管上口用塞子密封，球形冷凝管上口装氯化钙干燥管。三口瓶内放入 3.1g 镁条和 15mL 无水乙醚。在平衡加料管中加入 13.5mL 1-溴丁烷和 15mL 无水乙醚，混合均匀。先在三口瓶中滴入上述混合液，数分钟后若不微沸，用 50~60℃温水温热。反应开始后，开动电动搅拌器，并慢慢加入其余 1-溴丁烷乙醚溶液，保持反应物正常沸腾与回流。如果反应过于剧烈，则暂停滴加并用冷水浴冷却。加完后，用温水加热回流，直到镁条作用完全（约 15min）。

三口瓶在冷水冷却下，从平衡加料管中缓缓滴加 9.5mL 无水丙酮和 10mL 无水乙醚的混合液。控制滴加速度，维持反应液呈微沸状态。加完后，在室温下继续搅拌 15min，得灰白色浑浊液体。

---

❶ 这样装置既可防潮气侵入，又可使产生的气体逸出。

❷ 镁条如长期放置，表面会覆盖一层氧化膜，使用前应除掉，方法如下：取 2g 镁条，用 2% HCl 处理 1~2min，抽滤去酸，用 100mL 水洗，然后依次用 10mL 乙醇，10mL 无水乙醚洗，放在布氏漏斗中抽干备用。

将三口瓶用冷水冷却，继续搅拌。自平衡加料管中小心滴加 100mL 10％硫酸，使产物分解（开始滴入速度宜慢，以后渐快）。待水解完后，将溶液倒入分液漏斗，分出醚层。水层用 20mL 乙醚萃取两次，合并醚层。用 20mL 10％碳酸钠溶液洗涤一次，用 3～5g 无水碳酸钾干燥。

将干燥的乙醚溶液滤入蒸馏烧瓶中，先在热水浴上蒸出乙醚（倒入乙醚回收瓶）。温度升至 70～80℃ 以上时，改用电热套加热，收集 137～143℃ 馏分。称量，约 7～8g。

物理常数如下：

	$T_{b.p.}$	d_4^{20}	n_D^{20}
乙醚	34.6℃	0.71925	1.3555
1-溴丁烷	101.6℃	1.299	1.4401
丙酮	56.5℃	0.7898	1.3588
2-甲基-2-己醇	143℃	0.8119	1.4175

实验九　乙醚的制备

一、实验目的

1. 了解由醇制醚的主反应和副反应。
2. 掌握低沸点、易燃有机化合物的蒸馏操作方法。
3. 了解控制反应条件对合成反应的影响及严格控制反应条件的重要性。

二、实验原理

主反应：

$$2CH_3CH_2OH \xrightarrow{H_2SO_4, 140℃} CH_3CH_2OCH_2CH_3$$

副反应：

$$CH_3CH_2OH \xrightarrow{H_2SO_4, >160℃} CH_2=CH_2 + H_2O$$

$$CH_3CH_2OH + H_2SO_4 \longrightarrow CH_3-\overset{O}{\underset{}{C}}-H + SO_2 + 2H_2O$$

$$CH_3\overset{O}{\underset{}{C}}-H + H_2SO_4 \longrightarrow CH_3\overset{O}{\underset{}{C}}-OH + SO_2 + H_2O$$

三、试剂

乙醇（95％）；浓硫酸（密度 1.84kg/L）；5％ NaOH 溶液；饱和 $CaCl_2$ 溶液；饱和食盐水；无水氯化钙。

四、实验步骤

在一干燥的 250mL 三口烧瓶中，分别装上温度计、滴液漏斗和 75°弯管，温度计的水银球和滴液漏斗的末端均应浸入液面以下，距瓶底约 0.5～1cm 处。弯管连接冷凝管和接收装置，接引管的支管连接皮管通入下水道。仪器装置必须严密不漏气❶。

在三口烧瓶中放入 10mL 95％乙醇，在冷水浴冷却下边摇动边缓慢加入 10mL 浓硫酸，使混合均匀，并加入几粒沸石。

在滴液漏斗中加入 20mL 95％乙醇，然后开始在电热套上小心加热，当反应温度升到 140℃时，开始由滴液漏斗慢慢滴入 95％乙醇，控制滴加速度和馏出速度大致相等（约每秒

---

❶ 乙醚是低沸点易燃液体，若装置不严密，漏气，有着火危险。乙醚与空气混合到一定比例时，遇火要爆炸，漏气当然也影响产量。

1滴)❶，并保持温度在135～140℃。待乙醇加完（约需45min），继续小心加热10min，直到温度上升到160℃为止。移去热源，停止反应。

将馏出物倒入分液漏斗中❷，依次用等体积的5%氢氧化钠溶液、5mL饱和食盐洗涤❸，最后再用等体积的饱和氯化钙溶液洗涤一次❹，充分静置后将下层氯化钙溶液分出，从分液漏斗上口把乙醚倒入干燥的50mL锥形瓶中，用3g块状无水氯化钙干燥。待乙醚干燥后，通过长颈漏斗把乙醚滤入干燥的蒸馏烧瓶中，投入2～3粒沸石，装好蒸馏装置，在热水浴上加热蒸馏❺，收集33～38℃的馏分。

物理常数：

乙醚为无色易挥发的液体，沸点为34.5℃，相对密度 d_4^{20} 为0.7137，折射率 n_D^{20} 为1.3526。

实验十 正丁醚的制备（微量）

一、实验目的
1. 了解这种制备方法的主反应和副反应。
2. 了解控制反应条件对合成反应的影响及严格控制反应条件的重要性。

二、实验原理

脂肪族低级单醚通常由两分子醇在酸性脱水剂的存在下共热来制备。在制备沸点较高的醚时，可利用一特殊的分水器将生成的水不断从反应物中除去。但是醇类在较高温度下还能被浓硫酸脱水生成烯烃，为了减少这个副反应，在操作时必须特别控制好反应温度。用浓硫酸作为脱水剂时，由于它有氧化作用，往往生成少量氧化产物和二氧化硫，为了避免氧化反应，有时用芳香族磺酸作为脱水剂。

主反应：

$$2CH_3CH_2CH_2CH_2OH \xrightarrow[135℃]{浓 H_2SO_4} (CH_3CH_2CH_2CH_2)_2O + H_2O$$

副反应：

$$CH_3CH_2CH_2CH_2OH \xrightarrow{浓 H_2SO_4} CH_3CH_2CH=CH_2 + H_2O$$

三、仪器与试剂

1. 仪器

两颈圆底烧瓶；分水器；温度计；分液漏斗。

2. 试剂

正丁醇；浓 H_2SO_4；无水氯化钙。

四、实验步骤

在25mL两颈瓶中，加入5.2mL（0.13mol）正丁醇和0.73mL（0.0274mol）浓硫酸；

---

❶ 在140℃时有乙醚馏出。这时滴入乙醇的速度宜与乙醚馏出速度大致相等。若滴加过快，不仅乙醇未作用就被蒸出，且使反应液温度骤然下降，减少乙醚的生成。

❷ 在所得的馏出液中，除乙醚外，还有乙醇、水、亚硫酸等。

❸ 用饱和食盐水洗去残留在粗乙醚中的碱及部分乙醇，以免在用饱和氯化钙溶液洗涤时析出氢氧化钙沉淀。用饱和食盐水洗涤，可以降低乙醚在水中的溶解度。

❹ 乙醇能和氯化钙生成醇络合物而被除去。

$$CaCl_2 + 4CH_3CH_2OH \longrightarrow CaCl_2 \cdot 4CH_3CH_2OH$$

洗涤时要充分振荡，才能把乙醇洗去。

❺ 在使用乙醚的实验台附近严禁点火，水浴中的热水应在别处加热。

混匀,加入两粒沸石,在两颈瓶的右口装温度计,左口装上分水器,分水器上端连一回流冷凝管,先在分水器中加入一定体积的水。加热,使瓶内液体微沸,开始回流,反应过程中分水器液面增加,相对密度较水轻的正丁醇浮于水面回流至反应瓶中,反应温度达到 134~135℃,生成的水为 1mL 左右时,停止加热,如果加热时间过长,溶液会变黑并有大量副产物丁烯生成。

冷却后,将混合物倒入分液漏斗中,充分振摇,分去水层。用无水氯化钙干燥。干燥后的粗产物滤入 10mL 蒸馏烧瓶中,进行蒸馏,收集 139~142℃ 馏分。

纯正丁醚为无色液体,沸点 142.4℃,d_4^{15} 0.773,n_D^{20} 1.3992。

五、思考题

1. 计算理论上分出的水量,如果你分出的水层超过理论数值,试探讨其原因。
2. 如果最后蒸馏前的粗产品中含有丁醇,能否用分馏的方法将它除去?这样做好不好?

实验十一　苯亚甲基丙酮的制备

一、实验目的

1. 通过本实验了解克莱森-施密特(Claisen-Schmidt)反应来制备芳香族 α、β-不饱和醛酮的方法。
2. 掌握电动搅拌、减压蒸馏等操作。

二、实验原理

苯甲醛与含 α-H 的醛或酮在碱催化作用下起加成反应,生成羟醛或羟酮,羟醛或羟酮容易失水生成 α、β-不饱和醛或酮。这个反应称克莱森-施密特(Claisen-Schmidt)反应。

本实验是苯甲醛和丙酮在碱作用下缩合去水生成苯亚甲基丙酮,反应如下:

$$C_6H_5CHO + CH_3COCH_3 \xrightarrow[25\sim30℃]{10\% NaOH} C_6H_5CH=CHCOCH_3 + H_2O$$

三、试剂

苯甲醛;丙酮;10% NaOH;苯。

四、实验步骤

在装有搅拌器、滴液漏斗和温度计的 250mL 三颈瓶中(温度计塞子切一缺口,以防系统密闭),放入 20mL 苯甲醛❶(21g,0.2mol)和 40mL 丙酮(32g,0.54mol)。在搅拌下,由滴液漏斗慢慢滴入 5ml 10% NaOH 溶液。以冷水浴冷却,使反应温度维持在 25~30℃❷。滴加完毕,在室温下继续搅拌 2h。

加 1:1 稀盐酸使反应液呈酸性。分出有机层,水层用 10mL 苯萃取❸。合并有机层与苯萃取液,用 10mL 水洗涤后,以无水 $MgSO_4$ 干燥。先在热水浴上蒸去苯。然后进行减压蒸馏;收集 150~160℃/25mmHg,133~143℃/16mmHg 或 120~130℃/7mmHg 的馏分。产物冷却后固化,熔点 38~39℃,产量约 18g。如需进一步纯化,可用轻石油醚重结晶❹。

苯亚甲基丙酮的熔点为 42℃。

---

❶ 本实验中使用的苯甲醛需要精制。用 10% Na_2CO_3(aq)把苯甲醛洗至无 CO_2 放出,然后用水洗涤,再用无水 $MgSO_4$ 干燥,干燥时加入 1% 对苯二酚以防氧化。减压蒸馏,收集 79℃/3.33kPa(25mmHg),69℃/2.00kPa(15mmHg)或 62℃/1.33kPa(10mmHg)馏分,沸程 2℃。储存时加入 0.5% 的对苯二酚以防苯甲醛氧化。

❷ 温度要小心控制,必要时可用冰水浴进行冷却。

❸ 不要振摇太厉害,否则难分层。

❹ 熔点为 38~39℃ 的产物通常不需要精制。若需要再进一步精制时,除用重结晶法外,还可用减压蒸馏。

实验十二 己二酸的制备

一、实验目的
1. 掌握采用氧化法制备己二酸的原理。
2. 掌握固体有机物的精制方法。

二、实验原理
氧化反应是制备羧酸的常用方法，由环己醇或环己酮氧化制备己二酸，氧化剧烈时还产生一些碳数较少的二元羧酸。制备羧酸采取的都是比较强烈的氧化条件，而氧化反应一般都是放热反应，所以控制反应条件是非常重要的。如果反应失控，不但要破坏产物，使产率降低，有时还会发生爆炸。

$$\text{环己醇} \xrightarrow{[O]} \text{环己酮} \xrightarrow{[O]} HOOC-(CH_2)_4-COOH$$

三、仪器与试剂
1. 仪器

25mL 两口圆底烧瓶；微型回流冷凝管；100℃温度计；吸量管；毛细滴管；玻璃钉漏斗；微型抽滤瓶；洗耳球。

2. 试剂

环己醇（三级）0.26mL；50%硝酸（三级）；10%氢氧化钠；钒酸铵。

四、实验步骤
在 25mL 两口圆底烧瓶中加入 0.83mL 50% HNO_3 及 1mg 钒酸铵（催化剂），水浴预热至50℃，移去水浴，滴加 2~3 滴环己醇，安装回流冷凝管同时振荡，当烧瓶中出现棕色气体时说明反应开始，继续滴加剩余环己醇，不断振荡，反应过程中保持烧瓶内温度在 50~60℃，若温度偏高用冷水冷却，反之则用温水浴加热。滴完环己醇后（约 15min），在 80~90℃水浴加热 10min，直到无棕色气体生成为止，将反应物趁热倒入小烧杯，用冰水冷却析出的己二酸晶体，用洗耳球吸去微型抽滤瓶内空气，减压抽滤，用 3mL 水洗涤产品。用水重结晶，烘干，得纯净白色棱状己二酸晶体。

五、结果与讨论
纯己二酸是无色单斜晶体，熔点 153℃。将合成己二酸的红外谱图与标准样的红外谱图相对比，如果两者谱图一致，则可确定产物为己二酸。

六、思考题
1. 本实验中必须严格控制滴加环己醇的速度和反应的温度，为什么？
2. 写出用硝酸氧化环己醇成为己二酸的平衡方程式，根据平衡方程式计算己二酸的理论产量（假定硝酸的分解产物完全是二氧化氮）。

实验十三 肉桂酸的制备（半微量）

一、实验目的
1. 了解柏琴反应制备芳基取代的 α、β-不饱和酸的方法。
2. 了解水蒸气蒸馏的原理，初步学会水蒸气蒸馏的操作。
3. 学会无水操作。

二、实验原理
芳醛与脂肪族酸酐在相应酸的碱金属盐存在下共热，发生缩合反应，称为 Perkin 反应。

当酸酐包含两个 α-H 原子时，通常生成 α、β 不饱和酸。这是制备 α、β 不饱和酸的一种方法。

本反应就是一例：

$$PhCHO + (CH_3CO)_2O \xrightarrow[\triangle]{CH_3COOK} PhCH=CHCOOH + CH_3COOH$$
$$\qquad\qquad\qquad\qquad\qquad\qquad\quad\; β\text{-苯丙烯酸（肉桂酸）}$$

此反应是碱催化缩合反应，其中羧酸（钠或钾）盐作为碱起催化剂作用。在某些情况下，三乙胺或 K_2CO_3 也可作为碱性催化剂使用。脂肪醛通常不发生 Perkin 反应。

可能的机理如下：

$$CH_3-\underset{O}{\overset{O}{C}}-O-\underset{O}{\overset{O}{C}}-CH_3 + CH_3COO^- \xrightarrow{-CH_3COOH} {}^-CH_2-\underset{O}{\overset{O}{C}}-O-\underset{O}{\overset{O}{C}}-CH_3 \xrightleftharpoons{PhCHO}$$

$$Ph-\underset{O^-}{\overset{}{C}H}-CH_2-\underset{O}{\overset{O}{C}}-O-\underset{O}{\overset{O}{C}}-CH_3 \xrightleftharpoons{CH_3COOH} Ph-\underset{OH}{\overset{}{C}H}-CH_2-\underset{O}{\overset{O}{C}}-O-\underset{O}{\overset{O}{C}}-CH_3 + CH_3COO^- \xrightarrow{-H_2O}$$

$$Ph-CH=CH-\underset{O}{\overset{O}{C}}-O-\underset{O}{\overset{O}{C}}-CH_3 \xrightarrow{H_2O} Ph-CH=CH-\underset{O}{\overset{O}{C}}-OH + CH_3COOH$$

三、试剂

苯甲醛；无水乙酸钾；乙酐；饱和碳酸钠溶液；浓盐酸；pH 试纸；活性炭。

四、实验步骤

在干燥的 50mL 圆底烧瓶中❶，加入 3g 研细的，新熔融过的无水乙酸钾粉末❷、3mL 新蒸馏过的苯甲醛❸和 5.5mL 乙酐，振荡使三者混合。烧瓶口装一个 Y 形管，正口装一支 360℃的温度计，其水银球插入反应混合物液面下，但不要碰到瓶底，侧口装上空气冷凝管。在电热套上加热回流使反应液温度升至 150℃左右，保持 0.5h，然后升温至 160～170℃，保持 1h。

将反应混合物趁热（100℃左右）倒入盛有 25mL 水的 250mL 圆底瓶内。原烧瓶用 20mL 纯水分两次洗涤，洗涤液合并入 250mL 圆底瓶内。一边充分摇动烧瓶，一边慢慢加入饱和碳酸钠溶液直至反应混合物用 pH 试纸检验呈弱碱性，然后进行水蒸气蒸馏至馏出物无油珠为止，此步是为了蒸出未作用的苯甲醛（倒入指定的回收瓶中）。

残留液中加入少许活性炭，加热煮沸 10min，趁热抽滤，滤液用浓盐酸小心酸化，使呈明显酸性，放入冷水浴中冷却。待肉桂酸完全析出后，抽滤，产物用少量水洗涤，挤压去水分，在 100℃以下干燥。产品可在热水中重结晶。

纯肉桂酸有顺反异构体，通常以反式形式存在，为无色晶体，熔点 135.6℃。

注：此处不能用氢氧化钠代替碳酸钠，因未反应的苯甲醛在此情况下可能起康尼扎罗反应，生成苯甲酸难以分离掉。

---

❶ 本实验所用的仪器必须是干燥的。
❷ 无水乙酸钾的熔融处理方法：将含结晶水的乙酸钾放在蒸发皿中加热，乙酸钾先溶在结晶水中（约 58℃）；继续加热，并不断搅拌，水分失去后又复凝固（约 120℃）。加大火焰，继续加热直至乙酸钾再次熔融。停止加热，放置稍冷趁温热用研钵研碎，装入瓶中，密封（防止水分侵入）备用。
市售的无水乙酸钾也需进行熔融处理。
❸ 所用苯甲醛必须不含苯甲酸，因后处理时难以与肉桂酸分离。

五、思考题
1. 用什么方法可检验水蒸气蒸馏是否完全？
2. 用水蒸气蒸馏除去什么？能否不用水蒸气蒸馏？

实验十四　邻苯甲酰苯甲酸的制备

一、实验目的
1. 了解应用付列德尔-克拉夫茨（Friedel-Crafts）酰基化反应制备芳酮的方法。
2. 初步学习有机合成中的无水操作。
3. 了解制备小量固体有机化合物的一些简单操作。

二、实验原理
付列德尔-克拉夫茨酰基化反应是制备芳酮的一个方法。在路易斯酸（例如无水 $AlCl_3$ 等）催化下，芳烃与酰氯、酐等发生付克酰基化反应生成芳酮。本实验的反应是：

酰基化反应所用催化剂无水 $AlCl_3$ 的量比烷基化反应多得多。当用酸酐作为酰基化试剂时，所需催化剂无水氯化铝的量一般是多于 2mol。

由于无水 $AlCl_3$ 遇温水或水汽会水解失效，故在操作时必须注意干燥，反应所用仪器和试剂都应干燥无水。付克反应是放热反应，但有一个诱导期，所以操作要注意温度的变化。反应一般在溶剂中进行，需用的溶剂有作为反应物的芳烃，以及二硫化碳、硝基苯等。

三、试剂
邻苯二甲酸酐；无水苯；无水 $AlCl_3$；浓 HCl；10% Na_2CO_3；1∶1 稀盐酸；活性炭。

四、操作步骤
在 100mL 反应管中，放置 3g 邻苯二甲酸酐和 15mL 无水苯。反应管下放一小烧杯，内放冰水，如反应太剧烈，可将烧杯提高，以降低温度。另外在一干燥试管中，迅速称取 6g 无水 $AlCl_3$，立即塞好橡皮塞，暂时微启反应管上的塞子，加入 $AlCl_3$ 的 1/4 量。待反应开始后，将其余部分的 $AlCl_3$ 分三次加入，约 10min 一次，经常振摇反应管。放置 5～10min 待反应缓和后，在热水浴中回流加热 1h。待反应稍冷，慢慢加入 10g 冰和 2mL 浓 HCl 的混合液。最好在开始时，先加入数滴，稍加振荡，使分解作用不致过分剧烈。用水蒸气蒸馏蒸出苯，从馏出液中，分出来进行回收。将反应管中的剩余物冷却，并用玻璃棒搅动管的内壁，使结成固体。倾去水（固体仍留在试管中）。加 5mL 水洗涤，搅拌后倾去水如前。加入 15mL 10% Na_2CO_3 和几粒沸石，微热回流 15～20min，固体成钠盐而溶解，遗留少量 $Al(OH)_3$ 悬浮在水溶液中。停止加热，稍冷加入 0.2g 活性炭脱色，加热 5min 进行热过滤，用5mL热水洗涤滤渣后,将滤液倒入小烧杯中。充分冷却后,小心加入1∶1盐酸,使呈酸性,再冷却到约10℃,15min后,抽滤,用少量水洗涤,晶体进行自然干燥。如晶体有颜色,可溶于稀NaOH中,再加少量活性炭脱色,加热过滤,将滤液再行酸化如前,抽滤,洗涤,晶体自然干燥。晶体通常含1分子水,熔点为94.5℃。

五、思考题
1. 酰基化反应,为什么催化剂无水$AlCl_3$的量一般要多于2mol?
2. 酰基化反应步骤为什么要无水操作?

实验十五 乙酸异丁酯的制备(常量)

一、实验目的
1. 通过乙酸异丁酯的制备,了解酯化反应的基本原理。
2. 了解和学会水分分离器的工作原理和使用方法。
3. 进一步掌握液体有机物的精制方法。

二、实验原理
1. 在酸催化下,羧酸与醇反应生成酯和水,这个反应叫做酯化。羧酸与醇在酸催化下直接酯化是工业上制备酯的一种最重要的方法。

酯化是个可逆反应:

$$R-\underset{O}{\overset{O}{C}}-OH + R'OH \underset{}{\overset{H^+}{\rightleftharpoons}} R-\underset{O}{\overset{O}{C}}-OR' + H_2O$$

升高温度和使用催化剂(如H_2SO_4),可以提高酯化的反应速率,使反应在较短的时间内达到平衡。但一旦反应达到平衡后,酯的生成量就不再增加。为了提高酯的产量,可以采用下列措施以破坏平衡:

① 使用过量的醇(或酸);
② 使生成的酯与水或者两者之一及时蒸出。

本实验是在浓硫酸的催化下,使乙酸和异丁醇直接反应生成乙酸异丁酯;并采用过量的异丁醇和及时除去反应中生成的水的方法使平衡向生成产物的方向移动,从而提高产量。

2. 主反应

$$CH_3COOH + (CH_3)_2CHCH_2OH \xrightarrow[\triangle]{硫酸} CH_3COOCH_2CH(CH_3)_2 + H_2O$$

3. 副反应

$$2(CH_3)_2CHCH_2OH \xrightarrow[\triangle]{硫酸} (CH_3)_2CHCH_2OCH_2CH(CH_3)_2 + H_2O$$

$$(CH_3)_2CHCH_2OH \xrightarrow[\triangle]{硫酸} (CH_3)_2C=CH_2 + H_2O$$

三、仪器与试剂
1. 仪器

圆底烧瓶150mL 1个;分水器1个;球形冷凝管1支。

2. 试剂

冰醋酸;异丁醇;浓硫酸(密度1.84kg/L);碳酸钠溶液(10%);无水硫酸镁。

四、实验步骤
在150mL圆底烧瓶中加入26mL异丁醇和14.3mL冰醋酸,于冷却下小心地加入0.7mL浓硫酸,边加边摇匀。加入几粒沸石,装上水分分离器和球形冷凝管。装置如图9-3

所示。

在电热套上温和加热圆底烧瓶,保持回流液成滴状,直至分出大约 4.5mL 水时,反应即告完成(为了观察分出的水量,实验开始前应该预先在分水器下端做个记号)。回流时间均 35min。在此期间,反应液的温度由 95℃逐渐升至 117℃。

反应完毕后,将分水器上层酯液用分液漏斗分出,并将冷却后的反应液一并加入分液漏斗,用 10mL 水洗涤,分出水层,酯层用 10% 碳酸钠溶液洗涤(每次用 10mL),直至酯层不使蓝色石蕊试纸变红为止。最后,酯层用 10mL 水洗涤。静置 10min,分去水层,酯层从分液漏斗上口倒入 100mL 干燥锥形瓶,用约 2~3g 无水 MgSO$_4$ 干燥。待酯液干燥后,过滤,进行蒸馏。收集 110℃以前馏分,称重,倒入回收瓶中,然后收集 110~113℃馏分的乙酸异丁酯粗产品,产量约 20g。并测定其折射率。

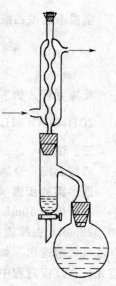

图 9-3 乙酸异丁酯
制备实验装置图

五、思考题
1. 本实验是根据什么原理来提高乙酸异丁酯的产率的?
2. 计算反应完全时应分出多少水?

实验十六 乙酰乙酸乙酯的制备(微量和常量)

一、实验目的
1. 了解克莱森酯缩合反应机理。
2. 掌握乙酰乙酸乙酯的制备方法。
3. 学会无水操作及少量液体的减压蒸馏操作。

二、实验原理
含有 α 活泼氢的酯在碱性催化剂存在下,能和另一分子的酯发生 Claisen 酯缩合反应,生成 β-羰基酸酯。本实验采用无水乙酸乙酯和金属钠为原料,通过这个反应制备乙酰乙酸乙酯,其历程如下:

金属钠与乙酸乙酯中的少量乙醇作用生成乙醇钠。
$$2C_2H_5OH + 2Na \longrightarrow 2C_2H_5ONa + H_2\uparrow$$

在乙醇钠的作用下,两分子乙酸乙酯缩合,生成乙酰乙酸乙酯。
$$C_2H_5ONa \rightleftharpoons C_2H_5O^- + Na^+$$
$$CH_3COOC_2H_5 + {}^-OC_2H_5 \rightleftharpoons {}^-CH_2COOC_2H_5 + CH_3CH_2OH$$

$$CH_3\overset{O}{\underset{\|}{C}}C_2H_5 + {}^-CH_2COOC_2H_5 \rightleftharpoons CH_3-\overset{O^-}{\underset{|}{\underset{OC_2H_5}{C}}}-CH_2-\overset{O}{\underset{\|}{C}}-OC_2H_5$$

$$\rightleftharpoons CH_3\overset{O}{\underset{\|}{C}}CH_2\overset{O}{\underset{\|}{C}}OC_2H_5 + {}^-OC_2H_5$$

由于生成的乙酰乙酸乙酯分子中亚甲基上的氢非常活泼,能与醇钠作用生成稳定的钠化合物——烯醇式钠盐。
$$CH_3COCH_2COOC_2H_5 + NaOC_2H_5 \rightleftharpoons Na^+[CH_3COCHCOOC_2H_5]^- + C_2H_5OH$$

将生成的乙酰乙酸乙酯的钠化合物经乙酸酸化即得乙酰乙酸乙酯。
$$Na^+[CH_3COCHCOOC_2H_5]^- + CH_3COOH \longrightarrow CH_3\overset{O}{\underset{\|}{C}}CH_2\overset{O}{\underset{\|}{C}}OC_2H_5 + CH_3COONa$$

室温下乙酰乙酸乙酯以酮式和烯醇式平衡混合物方式存在

$$CH_3COCH_2COC_2H_5 \rightleftharpoons CH_3C(OH)=CHCOC_2H_5$$
酮式 92.5%　　　　　　　烯醇式 7.5%

反应方程式如下：

$$2CH_3COOC_2H_5 \xrightarrow{C_2H_5ONa} [CH_3COCHCOOC_2H_5]^-Na^+ \xrightarrow{H^+} CH_3COCH_2COOC_2H_5$$

三、试剂

乙酸乙酯；金属钠；50%乙酸；饱和食盐水。

四、实验步骤（微量）

在干燥的 10mL 圆底烧瓶中，加入 4.5mL（0.045mol）经过处理的乙酸乙酯❶和 0.5g（0.022mol）去掉表皮的金属钠❷，装上带有氯化钙干燥管的回流冷凝管，反应立即发生，有氢气气泡逸出。如不反应或反应很慢，应热水浴加热，保持微沸状态，直至金属钠全部反应完，在反应过程中要不断振荡反应瓶。生成的乙酰乙酸乙酯钠盐为橘红色透明液体（有时有少量黄白色沉淀物）❸。

把反应物冷却，振荡下小心加入 50%的乙酸❹至呈微酸性❺。将反应液移入 25mL 分液漏斗中，加入等体积饱和食盐水，分出酯层并用无水乙酸钠（或无水硫酸钠）干燥。将经过干燥的溶液滤入 10mL 蒸馏烧瓶中，以少量乙酸乙酯洗涤干燥剂，所得液体加入蒸馏烧瓶中，用水浴蒸馏出 95℃以前的馏分（未反应的乙酸乙酯）。将剩余液体减压蒸馏，收集乙酰乙酸乙酯，约 1.0~1.5g。纯乙酰乙酸乙酯为无色液体，折射率 n_D^{20} 1.4192，沸点 180℃，d_4^{20} 1.025。

乙酰乙酸乙酯在不同压力下的沸点如下：

压力/mmHg	760	80	60	40	30	20	18	15	12
沸点/℃	180	100	97	92	88	82	78	73	71

注：1mmHg=133.3Pa。

收集时在一定真空度下取其沸点前后 2~3℃的馏分。

五、思考题

1. 加入 50%乙酸和饱和 NaCl 溶液的目的何在？

---

❶ 乙酸乙酯需要精制，在分液漏斗中将普通乙酸乙酯与等体积饱和 $CaCl_2$ 溶液混合并用力振荡，洗去其中的部分乙醇，洗涤 2~3 次后酯层用无水 K_2CO_3 干燥，蒸馏收集 70~76℃馏分（含醇量 1%~3%）即达到要求。

❷ 金属钠遇水即燃烧，使用时严格防止与水接触，切碎与称量应当迅速，金属钠应称准。

❸ 固体为饱和析出的乙酰乙酸乙酯钠盐。

❹ 由等体积冰醋酸和水混合而成。

❺ 可用石蕊试纸检验酸性，当溶液已成弱酸性，而尚有少量固体未完全溶解，可加入少量水使其溶解，要注意避免加入过量的乙酸，否则会增加酯在水层中的溶解度而降低产率。另外，酸度过高会促进副产物"去水乙酸"的生成，因而降低产率。

"去水乙酸"通常溶解在酯层内，经过减压蒸馏后以棕黄色固体形式析出。

2. 用什么实验可以证明乙酰乙酸乙酯的酮式和烯醇式互变异构体同时存在？

附：常量操作的药品及操作步骤

试剂：

乙酸乙酯（化学纯）；金属钠；50％乙酸；5％ Na_2CO_3，无水 $CaCl_2$，饱和食盐水。

操作步骤：

本实验所用的药品必须是无水的，所用的仪器必须是干燥的。

在 100mL 圆底烧瓶中，放入 19.5mL 无水乙酸乙酯和 2.0g 切细的金属钠。迅速装上球形冷凝管，其上口连接一个氯化钙干燥管。若反应不立即开始，可用水浴加热，反应开始后即移去热源；若反应过于剧烈则用冷水冷却。保持缓和回流，直到金属钠完全作用完毕（约 2.5h）。反应结束时整个体系为一棕红色透明溶液（有时析出黄白色沉淀）。冷却至室温，卸下球形冷凝管，将烧瓶浸入冷水浴中，然后边振荡边不断加入 50％的乙酸，直至反应液呈中性或弱酸性为止（约 12mL），这时所有固体物质都溶解。将反应液移入分液漏斗中，加入等体积饱和食盐水，使酯析出，分出酯层，用 5~10mL 乙酸乙酯萃取水层中的酯，合并酯层，用 5％ Na_2CO_3 洗至中性，分出酯层，用无水硫酸镁干燥。

实验十七　乙酰水杨酸的合成

一、实验目的

1. 学习以酚类化合物作为原料制备酯的原理和实验方法。
2. 熟悉并掌握相关的结晶、重结晶、水浴控温等基本操作。

二、实验原理

本实验用乙酸酐对水杨酸的酚羟基进行酰基化制备乙酰水杨酸，在生成乙酰水杨酸的同时，水杨酸分子间可以发生缩合反应，生成少量聚合物，因此反应温度不易过高以减少聚合物的生成。

主反应

$$\text{邻-HOC}_6\text{H}_4\text{COOH} + (CH_3CO)_2O \xrightarrow{H_2SO_4} \text{邻-CH}_3\text{COOC}_6\text{H}_4\text{COOH} + CH_3COOH$$

副反应

$$n\,\text{邻-HOC}_6\text{H}_4\text{COOH} \xrightarrow{H_2SO_4} [\text{聚酯}]_m + (n-1)H_2O$$

乙酰水杨酸能与碳酸钠反应生成水溶性盐，而副产物聚合物不溶于碳酸钠溶液，利用这种性质上的差异，可把聚合物从乙酰水杨酸中除去。

粗产品中还有杂质水杨酸，这是由于乙酰化反应不完全或由于在分离步骤中发生水解造成的。它可以在各步纯化过程和产物的重结晶过程中被除去。与大多数酚类化合物一样，水杨酸可与三氯化铁形成深色络合物，而乙酰水杨酸因酚羟基已被酰化，不与三氯化铁显色，因此，产品中残余的水杨酸很容易被检验出来。

由于分子内氢键的作用，水杨酸与乙酸酐直接反应需在 150~160℃ 才能生成乙酰水杨酸。加入酸的目的主要是破坏氢键的存在，使反应在较低的温度下（90℃）就可以进行，而且可以大大减少副产物，因此实验中要注意控制好温度。

本实验中要注意控制好温度（水温<90℃），否则将增加副产物的生成，如水杨酰水杨酸、乙酰水杨酰水杨酸、乙酰水杨酸酐等。

三、试剂

水杨酸（化学纯），乙酸酐（化学纯），浓硫酸（化学纯），饱和碳酸氢钠溶液，1‰三氯化铁溶液。

四、实验步骤

1. 在125mL锥形瓶中加入2g水杨酸、5mL乙酸酐和5滴浓硫酸，旋摇锥形瓶使水杨酸全部溶解后，在水浴上加热5～10min，控制浴温在85～90℃。

2. 冷至室温，即有乙酰水杨酸结晶析出。如不结晶，可用玻棒摩擦瓶壁并将反应物置于冰水中冷却使结晶产生。加入50mL水，将混合物继续在冰水浴中冷却使结晶完全。

3. 减压过滤，用滤液反复淋洗锥形瓶，直至所有晶体被收集到布氏漏斗中。每次用少量冷水洗涤结晶3次。

4. 将粗产物转移至150mL烧杯中，在搅拌下加入25mL饱和碳酸氢钠溶液，加完后继续搅拌几分钟，直至无二氧化碳气泡产生。

5. 抽气过滤，副产物聚合物应被滤出，用5～10mL水冲洗漏斗，合并滤液，倒入预先盛有4～5mL浓盐酸和10mL水配成溶液的烧杯中，搅拌均匀，即有乙酰水杨酸沉淀析出。将烧杯置于冰浴中冷却，使结晶完全。减压过滤，用洁净的玻塞挤压滤饼，尽量抽去滤液，再用冷水洗涤2～3次，抽干水分。

6. 将结晶移至表面皿上，干燥后测熔点。测熔点135～136℃。

7. 取几粒结晶加入盛有5mL水的试管中，加入1～2滴1‰三氯化铁溶液，观察有无颜色反应。

五、注意事项

1. 仪器要全部干燥，药品也要经干燥处理，乙酸酐要使用新蒸馏的，收集139～140℃的馏分。

2. 要按照书上的顺序加样。如果先加水杨酸和浓硫酸，水杨酸就会被氧化。

3. 本实验的几次结晶都比较困难，要有耐心。在冰水冷却下，用玻棒充分摩擦器皿壁，才能结晶出来。

4. 由于产品微溶于水，所以水洗时，要用少量冷水洗涤，用水不能太多。

5. 乙酰水杨酸受热后易发生分解，分解温度为126～135℃，因此在烘干、重结晶、熔点测定时均不宜长时间加热。

六、思考题

1. 反应容器为什么要干燥无水？
2. 何谓酰化反应？常用的酰化剂有哪些？
3. 通过什么样的简便方法可以鉴定出阿斯匹林是否变质？
4. 本实验中可产生什么副产物？

实验十八　从茶叶中提取咖啡因（常量）

一、实验目的

1. 了解通过连续萃取从茶叶中提取咖啡因的方法。
2. 初步掌握脂肪提取器的使用方法。
3. 学习用简单的升华操作提纯固体有机化合物。

二、实验原理

茶叶中含有多种生物碱；咖啡因的含量为2%～4%，另外还含有11%～12%的丹宁酸（鞣酸）、类黄酮色素、叶绿素、蛋白质等。

咖啡因是杂环化合物嘌呤的衍生物，它的化学名称是 2,6-二氧-3,7-二甲基嘌呤。

嘌呤　　　　　咖啡因

咖啡因为无色针状晶体，味苦，能溶于水(2%)、乙醇(2%)、氯仿(12.5%)等。含结晶水的咖啡因加热到 100℃ 即失去结晶水，并开始升华，120℃ 时升华显著，178℃ 升华很快。无水咖啡因的熔点为 234.5℃。

在此实验中用 95% 乙醇在脂肪提取器中连续抽提茶叶中的咖啡因，将不溶于乙醇的纤维素和蛋白质等分离，所得萃取液中除了咖啡因外，还含有叶绿素、丹宁及其水解物等，蒸去溶剂，在粗咖啡因中拌入石灰，与丹宁等酸性物质反应生成钙盐，游离的咖啡因就可通过升华纯化。工业上，咖啡因主要通过人工合成制得，它具有刺激心脏、兴奋大脑神经和利尿等作用。因此可作为中枢神经兴奋药，它也是复方阿司匹林(APC)等药物的组分之一。

三、仪器与试剂

1. 仪器

脂肪提取器；蒸发皿；沙浴。

2. 试剂

95% 乙醇；茶叶；生石灰。

四、实验步骤

1. 从茶叶中提取咖啡因

称取 10g 茶叶末，放入折叠好的滤纸套筒❶中，再将滤纸套筒放入脂肪提取器中。在圆底烧瓶内加入 80mL 95% 乙醇，用水浴加热，连续提取到提取液颜色很浅为止，约需 2~3h。待冷凝液刚刚虹吸下去时，立即停止加热，稍冷后，改成蒸馏装置，把提取液中的大部分乙醇蒸出❷，趁热把瓶中残液倒入蒸发皿中，拌入 2~4g 生石灰粉，在蒸汽浴上蒸干，使水分全部除去❸，冷却，擦去粘在边上的粉末，以免在升华时污染产物。

2. 升华提纯

取一只合适的玻璃漏斗，罩在隔以刺有许多小孔的滤纸的蒸发皿上，用沙浴小心加热升华❹。当纸上出现白色毛状结晶时，暂停加热，冷至 100℃ 左右。揭开漏斗和滤纸，仔细地把附在纸上及器皿周围的咖啡因用小刀刮下，残渣经拌和后再加热片刻，使升华完全。合并两次收集的咖啡因，称量约 0.2g，并测其熔点(235~236℃)。

五、思考题

1. 在此实验中，加入生石灰的作用是什么？
2. 用纯咖啡因计算它在茶叶中的含量，与咖啡因在茶叶中的实际含量有何区别？为什么？
3. 试说出索氏提取器的使用原理。

---

❶ 滤纸套筒大小要适中，既要紧贴器壁，又能方便取放，其高度不得超过虹吸管，滤纸包茶叶末时应严紧，防止漏出堵塞虹吸管，纸套上面折成凹形以保证回流液均匀浸润被萃取物。

❷ 瓶中乙醇不可蒸得太干，否则残液很黏，不易倒出，损失较大。

❸ 焙炒时，火不可太大，否则咖啡因将会损失。

❹ 升华操作的好坏是本实验成败的关键，在整个升华过程中，都必须用小火间接加热，温度太高会使产品发黄。

实验十九 紫外光谱法定性分析实验

一、实验目的
1. 了解 U 3010 紫外可见分光光度计的构造、原理及使用方法。
2. 了解紫外光谱法在定性分析中的应用。
3. 掌握查阅紫外标准谱图的方法。

二、仪器与试剂
仪器：U 3010 紫外可见分光光度计
　　　1cm 石英吸收池

试剂：苯；
　　　环己烷；
　　　0.016mol/L 丙酮正己烷溶液；
　　　0.021mol/L 丙酮甲醇溶液；
　　　0.025mol/L 丙酮水溶液；
　　　5.0×10^{-5} mol/L 苯酚甲醇溶液；
　　　4.9×10^{-5} mol/L 对溴苯胺甲醇溶液；
　　　7.3×10^{-5} mol/L C_4H_6O 甲醇溶液（K 带）；
　　　0.015mol/L C_4H_6O 甲醇溶液（R 带）；
　　　0.1mol/L NaOH 溶液；
　　　0.1mol/L HCl 溶液。

三、实验内容
1. 检查仪器波长及分辨率。
2. 环己烷的纯度检验。
3. 氢键强度测定。
4. 溶液酸碱性对紫外光谱的影响。
5. 鉴定有机化合物结构。

四、实验原理及步骤
1. 检查仪器波长及分辨率

(1) 基本原理　紫外可见分光光度计在使用前或使用一定时间后，需对光度计的波长标尺进行必要的检查与校正，以保证测试结果的准确可靠。利用苯蒸气紫外光谱的 B 吸收带进行波长校正和分辨率检查，是实验室中常用的一种简便可行的方法。

苯蒸气在 230~270nm 间的 B 吸收带为苯的特征谱带，它以中等强度吸收和明显的振动精细结构为特征。将实验测得的苯蒸气的紫外光谱与苯蒸气的标准紫外光谱图相对照，据此可判断所用仪器的波长精度及分辨率。

(2) 实验步骤

① 于干燥洁净的 1cm 石英吸收池中，滴入一滴液态苯，盖上池盖，稍停片刻，待苯蒸气在吸收池中饱和后，放入样品光路，参比光路放入空吸收池，测定苯蒸气在 200~350nm 间的吸收光谱。

② 将测得的苯蒸气的紫外吸收光谱与苯蒸气的标准紫外光谱图相对照，以检验所用仪器的波长精度及分辨率。

2. 己烷的纯度检验

(1) 基本原理 检验某一化合物中是否有杂质的主要依据是根据其光谱特征的不同来判断。可分为下述两种情况：

① 如果某一化合物在一定波长范围内无吸收，而杂质在该波长范围具有特征吸收，则可根据杂质吸收带的特征，即吸收峰的形状、波长及摩尔吸光系数等来检查该化合物中是否含有该杂质。

② 如果某一化合物与杂质在某一波长范围内均产生吸收，则可根据它们各自吸收光谱特征的不同以及该化合物吸收光谱曲线是否改变而确定杂质的有无。

(2) 实验步骤

① 于1cm石英吸收池中，加入约2/3高度的分析纯环己烷，以空气为参比，测其在200～350nm间的紫外吸收光谱。

② 根据所测吸收光谱的特征，判断出环己烷中可能存在的杂质。

注：石英吸收池在使用前，需先用甲醇或乙醇清洗3次，然后再用待测试液清洗3次。

3. 氢键强度测定

(1) 基本原理 当溶质分子和溶剂分子缔合生成氢键时，溶质的吸收光谱特征将有明显改变。例如，羰基化合物 $n \rightarrow \pi^*$ 跃迁所产生R带的 λ_{max} 在很大程度上取决于所使用的溶剂。对于同一含羰基的化合物，它在极性溶剂和非极性溶剂中R带的 λ_{max} 值是有所区别的。在极性溶剂中，溶剂和羰基氧原子的n电子形成氢键，使n轨道能级降低而趋向稳定化。当n电子实现 $n \rightarrow \pi^*$ 跃迁时，需要增加一定的能量来克服氢键的键能。而在非极性溶剂中，由于未形成氢键，也就无须破坏氢键，因而实现 $n \rightarrow \pi^*$ 跃迁需要较少的能量。两者跃迁的能量差正好与氢键的键能相当，也就是与氢键的强度相当，据此，可用下式计算出溶质在极性溶剂中所形成的氢键强度。

$$E_H = E_p - E_n = Nhc\left(\frac{1}{\lambda_p} - \frac{1}{\lambda_n}\right)$$

式中，E_H 为氢键强度 (J/mol)；E_p、λ_p 为在极性溶剂中跃迁的能量 (J) 及波长 (cm)；E_n、λ_n 为在非极性溶剂中跃迁的能量 (J) 及波长 (cm)；N 为阿佛加德罗常数 (6.02×10^{23})；h 为普朗克常数 (6.62×10^{-34} J·s)；c 为光速 (3×10^{10} cm/s)。

(2) 实验步骤

① 测定丙酮在正己烷、甲醇和水中的紫外吸收光谱 于1cm石英吸收池中，加入约2/3高度的 0.016mol/L 丙酮正己烷溶液，以空气为参比，记录其在200～350nm间的紫外吸收光谱，并测出R带的 λ_{max}，即 λ_n；然后用同样的方法，分别测出 0.021mol/L 丙酮甲醇溶液和 0.025mol/L 丙酮水溶液中R带的 $\lambda_{max(甲醇)}$ 和 $\lambda_{max(水)}$，即 λ_p 和 λ_p'。

② 数据处理 将所测数据 λ_n、λ_p 和 λ_p' 分别代入上式中，计算出丙酮在甲醇和在水中生成的氢键强度。

4. 溶液酸碱性对紫外光谱的影响

(1) 基本原理 在测定酸性、碱性或两性物质时，溶液的酸碱性对其紫外光谱的影响很大。因此，在紫外光谱分析中，有时可利用不同pH条件下光谱变化的规律，测定分子结构中的酸性或碱性基团。例如，苯酚在碱性介质中，可转化为酚盐负离子，即

$$\text{C}_6\text{H}_5\text{OH} + \text{OH}^- \longrightarrow \text{C}_6\text{H}_5\text{O}^- + \text{H}_2\text{O}$$

苯酚分子中OH基团上的氧原子含有两对孤对电子，与苯环π电子形成p-π共轭。当形成

酚盐负离子时，氧原子上的孤对电子增加到三对，使 p—π 共轭作用进一步增强，因而导致吸收带红移，吸收强度增加，若再加入酸，吸收峰又回到原处，苯酚—苯酚盐的相互转化可用以确定化合物中是否有羟基与苯环相连。

又如，苯胺在酸性介质中可转化为苯铵盐正离子，即：

$$\text{C}_6\text{H}_5\text{NH}_2 + \text{H}^+ \longrightarrow \text{C}_6\text{H}_5\text{NH}_3^+$$

苯胺形成盐后，氮原子上的孤对电子消失，不再与苯环上的 π 电子共轭，因此苯铵盐的吸收带蓝移至与苯相同的位置，若再加入碱，谱图又可复原。据此，可以很方便地判断化合物中是否有 NH_2 基团与苯环相连。

(2) 实验步骤

① 将 5.0×10^{-5} mol/L 的苯酚甲醇溶液加入 1cm 石英吸收池中，以甲醇（或空气）为参比，测定其在 200~350nm 间的紫外吸收光谱，然后取出盛有试液的吸收池，加入 3 滴 0.1mol/L 的 NaOH，稍许摇晃，在同一张图上再记录其在 200~350nm 间的吸收光谱，根据 λ_{max} 的移动情况，判断出该化合物的类型；最后，根据所给分子式查阅萨特勒分子式索引，再根据此分子式所对应的 UV 图号查找紫外标准谱图，将实验测得的紫外吸收光谱与相同分子式的紫外标准谱图相对照，以确定出该化合物的可能结构。

② 将 4.9×10^{-5} mol/L 的对溴苯胺甲醇溶液加入 1cm 石英吸收池中，以甲醇（或空气）为参比，于 200~350nm 间测其紫外吸收光谱，然后取出盛有试液的吸收池，加入 3 滴 0.1mol/L 的 HCl，稍许摇晃，再测其紫外吸收光谱，观察其 λ_{max} 的移动情况，判断出该化合物的类型；最后，根据所给分子式查阅萨特勒紫外标准谱图，以确定出该化合物的可能结构。

5. 鉴定有机化合物结构

(1) 基本原理　利用紫外光谱对有机化合物进行定性鉴定和结构分析的主要依据是这些化合物的吸收光谱特征，即吸收曲线的形状，吸收峰数目以及各吸收峰的波长位置和相应的摩尔吸光系数等。其中，最大吸收峰波长 λ_{max} 及 ε_{max} 是有机化合物定性鉴定的主要参数。用紫外光谱法对有机化合物进行定性和结构鉴定的方法一般有两种。

第一种方法是在相同的测量条件下（溶剂、pH 等），测定未知物的紫外吸收光谱与所推断化合物的标准物的吸收光谱直接比较，或与萨特勒紫外标准谱图对照，如果两者吸收光谱的特征完全相同，则可初步认为两者为同一化合物，或者是具有相同的分子骨架和发色团。因为物质的紫外吸收光谱基本上是分子中发色团和助色团的特征，而不是整个分子的特征。因此，仅靠紫外光谱来确定整个分子的结构是困难的，还须配合红外光谱、核磁共振波谱和质谱，方可做出该化合物定性鉴定和结构分析的可靠结论。

第二种方法适用于没有紫外标准谱图或标准样品，不能用第一种方法（即对比法）进行鉴定的情况。此时，可根据有机化合物吸收波长的经验规则计算 λ_{max}，然后与实测值进行比较，以确认物质的结构。例如，Woodward 等 Scott 根据大量实验结果总结了计算共轭烯烃、共轭烯酮类化合物 π—π* 跃迁最大吸收波长和计算芳香族羰基衍生物 E_2 带的吸收波长的经验规则，如表 9-1~表 9-4 所示。该规则是以某一类化合物的基本吸收波长为基础，加入各种取代基对吸收波长所做的贡献，就是该化合物 π—π* 跃迁的最大吸收波长 λ_{max}。

表 9-1　共轭烯烃 π→π* 跃迁 λ_{max} 的计算方法

项目	λ_{max}/nm	项目	λ_{max}/nm
直链共轭二烯基本值	217	烷氧基取代—OR	6
同环二烯基本值	253	含硫基团取代—SR	30
异环二烯基本值	214	氨基取代—NR_2	60
增加一个共轭双键	30	卤素取代	5
环外双键	5	酰基取代—OCOR	0
烷基或环残余取代	5		

表 9-2　ArCOR 衍生物 E_2 带的波长计算

ArCOR 发色团母体	λ/nm
R=烷基或环残基(R)	246
R=氢(H)	250
R=羟基或烷氧基 (OH 或 OR)	230

表 9-3　苯环上邻、间、对位被取代基取代的 λ 增值 $\Delta\lambda$　　　　　　nm

取代基	邻位	间位	对位	取代基	邻位	间位	对位
R(烷基)	3	3	10	Br	2	2	15
OH,OR	7	7	25	NH_2	13	13	58
O	11	20	78	NHAc	20	20	45
Cl	0	0	10	NR_2	20	20	85

表 9-4　不饱和羰基化合物 π→π* 跃迁 λ_{max} 的计算方法

$\underset{X}{-\overset{\delta}{C}=\overset{\gamma}{C}-\overset{\beta}{C}=\overset{\alpha}{C}-C=O}$	λ/nm	$\underset{X}{-\overset{\delta}{C}=\overset{\gamma}{C}-\overset{\beta}{C}=\overset{\alpha}{C}-C=O}$ 烯基上取代				
α、β不饱和羰基化合物（无环、六元环或较大的环酮）基本值	215	烷基　　　　—R	α 10	β 12	γ 18	δ 18
α、β键在五元环内	-13	烷氧基　　　—OR	35	30	17	31
当 X 为 H 时	-6	羟基　　　　—OH	35	30	50	50
当 X 为 OH 或 OR 时	-22	酰基　　　　—OCOR	6	6	6	6
增加一个共轭双键	30	—Cl	15	12	12	12
增加同环二烯	39	—Br	25	30	25	25
环外双键、五元环及七元环内双键	5	—SR		80		
		—NR_2		95		

（2）实验步骤

① 分别将 7.3×10^{-5} mol/L 和 0.015mol/L 的 C_4H_6O 甲醇溶液加入 1cm 石英吸收池中，以甲醇为参比，测其在 200~350nm 间的紫外吸收光谱（每个浓度测一次，共需测两次）。

② 根据所给分子式，查阅萨特勒紫外标准谱图，确定出该化合物的可能结构。

③ 根据 Woodward 或 Scott 经验规则计算出所确定结构 K 带（或 E_2 带）的 λ_{max}，然后与实验测得的 K 带（或 E_2 带）的 λ_{max} 值相比较，以进一步验证所确定结构的正确性。

实验二十　红外光谱法定性分析

一、实验目的
1. 学会红外光谱仪的操作规程。
2. 掌握红外光谱分析中各种制样的方法。
3. 了解通过查阅文献用红外光谱进行化合物的定性分析方法。

二、实验原理
红外光谱是研究分子振动和转动信息的分子光谱，它反映了分子化学键的特征吸收频率，可用于化合物的结构分析和定量测定。

根据实验技术和应用的不同，一般将红外光区划分为三个区域：近红外区（13158~4000cm^{-1}），中红外区（4000~400cm^{-1}）和远红外区（400~10cm^{-1}），一般的红外光谱在中红外区进行检测。

红外光谱对化合物定性分析常用方法有已知物对照法和标准谱图查对法。

傅里叶变换红外光谱仪主要由红外光源、迈克尔逊（Michelson）干涉仪、检测器、计算机等系统组成。光源发散的红外光经干涉仪处理后照射到样品上，透射过样品的光信号被检测器检测到后以干涉信号的形式传送到计算机，由计算机进行傅里叶变换的数学处理后得到样品红外光谱图。

三、仪器与试剂
1. 仪器

BRUKER Vector 22 型红外光谱仪、手压式压片机、压片模具、液体池、KBr 盐片、红外灯、玛瑙研钵。

2. 试剂

苯甲酸（AR）、乙酸乙酯（AR）、KBr（GR）。

四、制样方法
不同的样品状态（固态、液态、气态及黏稠样品）需要相应的制样方法，制样方法的选择和制样技术的好坏直接影响谱带的频率、数目及强度。

(1) 固态样品

① 压片法：取干燥 KBr 粉末约 100mg 及样品 1~2mg，在玛瑙研钵中研匀（可在红外灯下进行），装入压片模具，将模具放入压片机中，边抽气边加压，至压力为 100kgf/cm^2 左右，并维持压力 5min，卸掉压力，则得厚约 1mm 的透明 KBr 样品片。

② 薄膜法：该法最适于高聚物样品，将固体样品溶于挥发性溶剂中，涂于空白 NaCl 或 KBr 片上，待溶剂挥发后，样品遗留于窗片上成薄膜，或将溶液倒入干净的玻璃片上，待溶剂挥发后，揭下在玻璃片上形成的薄膜。

(2) 液态样品

① 夹片法：适用于挥发性不大的液态样品，于一片 NaCl 或 KBr 片上滴加 1~2 滴液态样品，再盖上另一片，放在池架中夹紧。

② 涂片法：适用于黏度大的液态样品，用清洁干燥的玻璃棒蘸取少量样品均匀地涂在一片 NaCl 或 KBr 片上，放在池架中夹紧。

③ 液体池法：对于挥发性较大的液态样品可采用密封的液体吸收池，用注射器吸取少量样品注入具有 NaCl 或 KBr 窗片的液体池中。

(3) 对于某些高聚物样品可以进行裂解，再取裂解后的液体样品作图将少量样品放入试管中,在酒精灯或煤气灯上加热裂解,取裂解后凝聚在试管前端管壁上的液体作图。

五、实验步骤

1. 固体样品苯甲酸的红外光谱的测绘(KBr压片法)

(1) 取干燥的苯甲酸试样约1mg于干净的玛瑙研钵中,在红外灯下研磨成细粉,再加入约150mg干燥的KBr一起研磨至二者完全混合均匀,颗粒粒度约为$2\mu m$以下。

(2) 取适量的混合样品于干净的压片模具中,堆积均匀,用手压式压片机用力加压,制成透明试样薄片。

(3) 将试样薄片装在磁性样品架上,放入Avatar360 FT—IR红外光谱仪的样品室中,先测空白背景,再将样品置于光路中,测量样品红外光谱图。

(4) 扫谱结束后,取出样品架,取下薄片,将压片模具、试样架等擦洗干净,置于干燥器中保存好。

2. 液体试样乙酸乙酯的红外光谱的测绘(液膜法)

用滴管取少量液体样品乙酸乙酯,滴到液体池的一块盐片上,盖上另一块盐片,使样品在两盐片间形成一层透明薄液膜。固定液体池后将其置于红外光谱仪的样品室中,测定样品红外光谱图。

3. 数据处理

(1) 对所测谱图进行基线校正及适当平滑处理,标出主要吸收峰的波数值,储存数据后,打印谱图。

(2) 用计算机进行图谱检索,并判别各主要吸收峰的归属。

4. 未知样品鉴定

每组学生在教师处领取若干个未知样品。根据所给样品,选用适当的制样方法制样,于红外光谱仪上测绘红外光谱,进行谱图解析,对照标准光谱图确定未知物结构。

所用的标准谱图有:

(1) 萨特勒(Sadtler)红外光谱图集;

(2) Aldrich Library of Infrared Spectra;

(3) Hummel D O, Scholl P. Infrared Analysis of Polymers, Resins and additives;

(4) Nygiust R A et al. Infrared Spectra of Inorganic Compounds。

六、注意事项

1. KBr应干燥无水,固体试样研磨和放置均应在红外灯下,防止吸水变潮;KBr和样品的质量比约在(100~200):1。

2. 可拆式液体池的盐片应保持干燥透明,切不可用手触摸盐片表面;每次测定前后均应在红外灯下反复用无水乙醇及滑石粉抛光,用镜头纸擦拭干净,在红外灯下烘干后,置于干燥器中备用。盐片不能用水冲洗。

七、思考题

1. 固体样品有哪几种制样方法,它们各适用于哪一种情况?
2. 为什么做红外分析时样品需不含水分?
3. 在研磨操作过程中为什么需在红外灯下操作?
4. 测定低沸点样品的红外光谱,为什么要采用液体池法?
5. 对于很难研磨成细小颗粒的高聚物材料,采用什么制样方法比较好?
6. 区分饱和烃和不饱和烃的主要标志是什么?

7. 羰基化合物谱图的主要特征是什么？
8. 芳香烃的特征吸收在什么位置？

实验二十一　核磁共振实验

一、实验目的
1. 初步了解 AV 600MHz 傅里叶变换核磁共振波谱仪的构造及动能。
2. 初步掌握 ^{1}H NMR 谱图的一般操作程序与技术。
3. 通过对给定未知物 ^{1}H NMR 谱图的测定，加深对化学位移、偶合裂分、偶合常数、一级谱、积分高度及其影响因素等基本概念的理解，并掌握运用这些概念分析谱图，推定分子结构的一般过程。
4. 掌握查阅 Sadtler 标准谱图的方法。

二、实验原理
1. 推测未知物分子结构的依据

一张 ^{1}H 谱给出的主要参数是：化学位移、偶合情况和偶合常数、积分高度。从这些参数可以判断有机化合物分子中各种 ^{1}H 核所处的化学环境、数目及相互作用情况，据此可推出未知物分子结构，同时还可以与标准谱图对照加以验证。

2. 自旋偶合和去偶

在核磁共振谱中，如果 A 核与 B 核相互偶合，即 B 核的磁矩在 A 核处产生一个局部磁场，从而使 A 核感受到的磁场发生微小变化，A 核信号分裂成多重峰。这时若用一个干扰场（或射频）干扰 B 核，使 B 核饱和，则 B 核产生的局部磁场的平均值等于零，等于去掉了 B 核对 A 核作用，则 A 核信号成为单峰，这就是自旋去偶。

自旋去偶是简化谱图的一种常用技术，通过自旋去偶可以找出各组氢核的邻接关系，从而帮助确定分子中碳链的连接方式以确定分子结构。

3. 活泼氢交换

在 NMR 测定中，—OH、—NH$_2$、—COOH 等的质子在加入 D$_2$O 时，可与 D$_2$O 发生交换反应，即 R—OH + D$_2$O ⟶ R—OD + HDO。在谱图上表现为原来的 —OH 信号峰消失，而出现 HDO 信号，约在 δ 3～5 处，这就是活泼氢交换实验，由此可以帮助确定 —OH、—NH$_2$、—COOH 等活泼氢的存在。

三、仪器与试剂
仪器：AV 600MHz 傅里叶变换核磁共振波谱仪

直径 5mm 的样品管

0.5mL 注射器

试剂：TMS 内标液

无水乙醇

苯甲酸

四氯化碳（经无水蒸馏）

重水（优级纯）

未知样品

四、碳谱的模拟实验（实验步骤略）

五、氢谱的实验内容与步骤
1. AV 600MHz 傅里叶变换核磁共振波谱仪演示实验（由教师操作）

(1) 启动空气压缩泵,按下 SPIN RATE 转速自动开关。
(2) 用氯仿-氘丙酮标准找场,锁场和匀场。
(3) 用氯仿-氘丙酮标准调节信号线型和旋转边带。
(4) 用 1% 乙苯调节信号灵敏度。
(5) 用 15% 邻氯乙苯调节信号分辨率。
(6) 换上无水乙醇样品管做谱图记录和积分记录演示。
(7) 用无水乙醇样品做自旋去偶演示。
(8) 用苯甲酸做活泼氢交换演示实验。

2. 未知物定性实验

任选一准备好的未知样品,固态取样 20～50mg,液态取样 0.2～0.4mL,放入直径 5mm 样品管,加入 CCl_4 或其他指定溶剂,使溶液体积为 0.50mL 左右,滴入 7 滴 50% TMS 内标液,盖上样品管帽,用棉花及鹿皮擦净样品管,按操作规程进行测试。

3. 确定未知物分子结构

测得谱图后,先自行解析,做出初步判断,然后查阅 Sadtler 标准 NMR 谱图与所推断结构进行对照验证,以确定出未知化合物的正确分子结构,标明各峰的归属,标出 Sadtler 标准谱图号。

4. Sadtler 标准谱图的查阅方法

本实验室备有 Sadtler 标准 ^{1}H NMR 谱图集。在查阅标准谱图时,可根据所测样品的某些已知信息,如分子式、分子量等,先查阅有关索引。Sadtler 标准 ^{1}H NMR 谱的索引有多种,如分子式索引,按 C、H 数多少由低往高顺序排列,同时给出含 Br、Cl、F、O、P、I 等其他原子的情况。只要将样品的分子式与索引所列相对照,即可查得有关的标准谱图号,再按谱图号查找谱图集中的谱图。其他索引有分子量索引、化学分类索引、化合物名称索引、化学位移索引等,可根据具体情况选用。

标准谱图集中的标准谱图不仅给出化合物的来源、名称、分子式、结构式、核磁共振谱图(包括积分曲线),而且还对谱图中的信号峰的归属做了认证。一般来说,如果所测样品的谱图与标准谱图对照完全一致,即可确定其结构与谱图所示结构一致。

六、实验中的注意事项

核磁共振波谱法的灵敏度相对较低,要得到一张满意的谱图,并由此确定未知物的结构,实验中需注意下述事项。

1. 样品准备

由于本仪器是液体高分辨 NMR 谱仪,故首先需将样品配成合适的溶液(液体样品也可以直接测定)。测定 ^{1}H 谱,一般用直径 5mm 样品管,试样用量为 25～50mg,加入 0.4～0.5mL 溶剂,配成含量为 5%～10% 的溶液,即可测得较满意的谱图。如果用脉冲傅里叶变换谱仪,使用累加功能,则样品用量可减少。但若是测定 ^{13}C 谱,则样品量还需加大,且需用直径 10mm 样品管。这是因为 ^{13}C 核的天然丰度只有 1.1%,因而其测定时的灵敏度约为 ^{1}H 的 1/6000。

2. 溶剂选择

进行 NMR 测定时,所用溶剂应对样品有较强的溶解能力,本身不产生干扰信号、化学惰性、即不与样品发生反应或缔合作用,沸点低、便于回收样品,价格便宜,毒性小。一般使用较多的是 CCl_4 和 CS_2,氯仿和丙酮也常用,但须考虑其本身的信号对样品有无干扰,必要时可用市售的专供 NMR 测试用的氘化试剂,如氘化氯仿($CDCl_3$)、氘化丙酮

（CD_3COCD_3）、重水（D_2O）等。由于用重氢D（氘）代替了试剂中的H，故排除了溶剂的干扰信号，只是氘化试剂价格较贵，另外它还有残余质子的信号出现，这是应当考虑的。

3. 标准物质

标准物应满足下述条件：易溶于所选用的溶剂，不与样品作用，易挥发、便于回收样品，其信号为单峰且易与样品信号区别。常用的标准物是四甲基硅烷，简称TMS。一般谱图均以TMS信号的化学位移为0，另一种常用的标准物是六甲基二硅醚$(CH_3)_3SiOSi(CH_3)_3$，简称HMDS，其化学位移为0.07。（相对于TMS）。

通常是把标准物配成5%的CCl_4溶液，测试前于样品管中滴加几滴，这叫做内标。有时，标准物不溶于所选用的溶剂，则可将其封装于毛细管中，测试时将毛细管放入样品管，这叫外标。

用D_2O作为溶剂时，由于TMS不溶于D_2O，可选用4,4-二甲基-4-硅代戊磺酸钠（sodium-4,4-dimethyl-4-silapentane sulfonate）作为内标，简称DSS。

4. 旋转边峰和卫星峰

为了提高分辨率，测试时使样品管在磁场中竖直旋转，因而在谱图中会出现所谓旋转边峰。旋转边峰一般只出现在强单峰的对称两侧，其与主峰的间距随样品管的旋转速度不同而改变，因而可以用改变转速的方法加以识别。由于^{13}C核可以与^1H核偶合，在谱图中也会产生所谓卫星峰，其特点是在主峰两侧对称位置出现强度相等的两个峰，其位置不随转速改变，故可识别。

七、思考题

1. 除^1H NMR谱外，在有机分析中常用的还有哪些核的NMR谱？
2. 什么是旋转边峰？什么是卫星峰？如何识别？

实验二十二 气相色谱法测定混合物中乙醇的含量

一、实验目的

1. 了解气相色谱分析的基本原理和应用。
2. 学会气相色谱仪的操作规程。
3. 学会用色谱工作站进行气相色谱分析。

二、实验原理

色谱法的分离原理：色谱法是分离、提纯和鉴定有机化合物的重要方法，在有机化学、生物化学和医学等领域中已得到广泛的应用。色谱法的基本原理是建筑在相分配原理的基础上，混合物的各组分随着流动的液体或气体（称为流动相），通过另一种固定的固体或液体（称为固定相），利用各组分在两相中的分配、吸附或其他亲和性能的不同，经过反复作用，最终达到分开各组分的目的，所以色谱法是一种物理分离方法。气相色谱中的气-液色谱法属于分配色谱，是利用混合物中各组分在固定相与流动相之间分配情况不同，从而达到分离的目的。

三、仪器与试剂

1. 仪器

GC112A型气相色谱仪、微量进样器。

2. 试剂

无水乙醇（分析纯）。

四、实验步骤

1. 测定乙醇标准样的保留时间

(1) 设定仪器操作条件：柱温 180℃，检测室温度 180℃，气化室温度 180℃，载气氢气流量 30mL/min。

(2) 仪器稳定后，用微量进样器分别迅速注入 $0.5\mu L$ 标准无水乙醇溶液，在工作站上可得到色谱峰。得到记录各色谱峰保留时间及峰面积等分析结果。重复操作 3 次。

2. 测定混合物中乙醇的含量

在与步骤 1 完全相同的条件下，用微量进样器分别迅速注入未知混合物溶液，在工作站上可得到色谱峰。得到各色谱峰保留时间及峰面积等分析结果。

重复操作 3 次。

五、注意事项

进样量应控制在柱容量允许范围及检测器线性检测范围之内。

进样要求动作快、时间短。

六、思考题

1. 色谱仪的工作原理是什么？
2. 影响分离度的因素有哪些？提高分离度的途径有哪些？
3. 色谱分析是根据什么定性、定量的？

实验二十三　色谱-质谱联用实验

一、实验目的

1. 了解质谱仪的构造及各主要部件的结构原理。
2. 了解气质联用仪及液质联用仪的组成及应用，分析条件的设置，分析的一般过程及主要操作。
3. 通过对 EI 源的谱图解析，加深对有机化合物断裂机理的理解并初步掌握谱图解析方法。
4. 通过采用不同电离方式对样品进行分析，初步掌握液相色谱-质谱联用的不同电离源的应用及谱图识别方法。
5. 通过混合样品的液质联用分析，了解仪器联用技术的优势及在痕量分析中的应用。

二、实验原理

混合物样品经 GC 或 LC 分离成一个一个单一组分，并进入离子源（或样品直接进入离子源）。在离子源中样品分子被电离成离子，离子经过质量分析器之后即按 m/z 顺序排列成谱，经检测器检测后得到质谱。计算机采集并储存质谱，经过适当处理便可得到样品的总离子流色谱图和质谱图。经计算机检索后可得到化合物的定性结果，由总离子流色谱图可以进行各组分的定量分析。

三、仪器与试剂

仪器：HP5890 气相色谱-质谱联用仪，液相色谱-质谱联用仪。

样品：有机混合物样品，单组分有机化合物（纯品）。

四、实验内容与步骤

1. 气相色谱-质谱联用分析

(1) 质谱仪的调整　质谱仪开机到正常工作需要一系列的调整，否则，不能进行正常工作。这些调整工作包括：

① 抽真空　质谱仪需在真空下工作，要达到必要的真空度需要由机械真空泵和扩散泵（或分子涡轮泵）抽真空。如果采用扩散泵，从开机到正常工作需要 2h 左右；若采用分子涡

轮泵，则只需 20min 左右。如果仪器上装有真空仪表，真空指示需 <10^{-4} Pa 或在更高的真空下才能正常工作。

② 分析条件的设置　根据仪器操作说明和样品情况，设置 GC 条件（气化温度、升温程序、载气流量等）和 MS 条件（质量范围、扫描速度、电子能量、扫描方式、倍增器电压等）。

上述操作完成之后，GC-MS 即进入正常工作状态。

(2) 样品测试步骤

① 样品制备　有机混合物样品：进行 GC-MS 分析的样品其沸程应该不大于 300℃，样品中应避免大量水存在。对于不满足要求的样品需进行预处理，经常采用的样品处理方法有萃取、浓缩、衍生化等。用 1μL 微量注射器进样，进样量不大于 0.1μL。

单组分有机化合物（纯品）：液体和固体的单组分有机化合物可采用直接进样法进样。具体操作为：首先用针蘸取少量样品，置于毛细管中，然后通过进样杆把样品直接送入离子源。

② 采集数据　将数据系统与主机联机，进样信号被接受。

③ 采集数据结束之后，色谱降温，关闭质谱仪高压，然后进行数据处理。

④ 显示并打印总离子流色谱图，显示并打印每个组分的质谱图，对每个未知谱进行计算机检索。

2. 液相色谱-质谱联用分析

(1) ESI 电离方式测定样品

① 进样方式：直接进样，通过改变实验参数观察化合物谱图的变化。

② 仪器实验条件：根据样品结构选择合适电离方式。

(2) APCI 电离方式测定样品

① 进样方式：直接进样，通过改变实验参数观察化合物谱图的变化。

② 仪器实验条件：根据样品结构选择合适电离方式。

(3) 液质联用分析复杂基质中痕量物质的实验

五、思考题

1. 质谱仪为什么要在真空下工作？
2. 如果把电子能量由 70eV 变成 20eV，质谱图可能发生什么变化？
3. 如果检索结果可信度差，还可用什么办法进行辅助定性分析？
4. 拿到一张质谱图如何识别化合物的分子离子峰？如何判断分子量？如果没有分子量，可用什么办法得到分子量？

第三节　综合实验部分

实验二十四　1-溴丁烷和 1-氯丁烷的竞争反应（常量）

一、实验目的

脂肪族化合物的亲核取代反应是有机化学中的一个重要部分。本实验要求应用亲核取代的反应机理解释由正丁醇转变为溴丁烷和氯丁烷的反应过程，比较溴离子、氯离子对正丁醇相对亲核性的大小。学习使用多种技术分析两种 1-卤丁烷的相对含量。

二、实验原理

醇的亲核取代反应：

醇是不容易发生亲核取代反应的，因为亲核试剂取代羟基这种强碱性基因，能量上很不利，反应也很难完成。

$$ROH + X^- \longrightarrow H-X + OH^-$$

醇与氢卤酸反应，醇羟基质子化生成𨦊离子，然后卤离子进攻 α 碳原子生成卤代烷，离去集团是一个水分子。这在能量上非常有利，故反应容易实现，卤代烷的产率也高。

$$n\text{-}C_4H_8-OH + H^+ \rightleftharpoons n\text{-}C_4H_9-\overset{+}{\underset{H}{O}}{\diagdown}H$$

$$X^- + n\text{-}C_3H_7-CH_2-\overset{H}{\underset{H}{O}}{\diagdown} \rightleftharpoons n\text{-}C_4H_9-X + H_2O$$

当 $X = Cl^-$，Br^- 时，不同卤离子的反应速率分别为：

反应速率$_{Cl} = K_{Cl} \cdot [Cl^-] \cdot [ROH]$

反应速率$_{Br} = K_{Br} \cdot [Br^-] \cdot [ROH]$

调整反应中酸量，并保证反应在过量的相同物质的量（mol）的氯离子和溴离子存在下进行，近似地认为卤素离子浓度无明显变化。

$$K_{Cl} = \frac{[Cl^-][ROH]}{[RCl]} \qquad K_{Br} = \frac{[Br^-][ROH]}{[RBr]}$$

因此 $\dfrac{K_{Cl}}{K_{Br}} = \dfrac{[RCl]}{[RBr]}$

这样，分别测定生成卤代烷的量就可以测定反应相对速率。在水和醇溶剂中卤离子的反应速率应为 $I^- > Br^- > Cl^-$。

三、仪器与试剂

1. 仪器

三口瓶，冷凝管，滴液漏斗，酸气吸收装置。

2. 试剂

NH_4Cl，NH_4Br，正丁醇，浓硫酸，$NaHCO_3$，无水氯化钙。

四、实验步骤

将 20mL 浓硫酸在冷却搅拌下慢慢倒入盛有 25mL 水的烧杯中，冷却后转入三口瓶中，加入 5.4g 氯化铵和 10.4g 的溴化铵，混合均匀后加入两粒沸石，装上回流冷凝管和滴液漏斗，并在冷凝管上口接一酸气吸收装置（可用水或稀氢氧化钠溶液做吸收剂）。小火加热使固体全部溶解（其间不断振荡以加速溶解）。在微沸下慢慢滴加 7.5mL 正丁醇，滴加完毕，继续回流 1h（注意不要加热过猛，以防氯化氢、溴化氢、气体和正丁醇从冷凝管上跑掉），回流完毕后，将混合液先用水冷却至室温，再进一步用冰水冷却，有固体析出。把混合液小心地倾入分液漏斗中，弃去最下层的水相，有机相用等体积水洗一次，继而用 4mL 浓硫酸分两次洗，再用等体积水洗一次，用 5%的碳酸氢钠 20mL 洗 2 次，再用 10mL 水洗一次，用无水氯化钙干燥，待干燥后，蒸馏收集 90～100℃，倾入 1 个锥形瓶中，塞好塞子，以防卤代烷挥发，称重后做组成分析。

用下列方法测定产物的相对含量：

（1）用测定混合液的折射率确定混合液的组成

此法是基于两种或多种液体的混合物的各个组分的沸点相近，结构相似，极性较小时，混合液的折射率常常近似地和它们的摩尔组成呈线性关系。

首先绘制摩尔组成与折射率的工作曲线，用纯的正氯丁烷和正溴丁烷配成各种不同摩尔组成的混合液,在20℃时分别测出纯样品和各种混合样品的折射率(表9-5),然后依表中数据绘工作曲线见图9-4。

表 9-5　正氯丁烷-正溴丁烷混合液的折射率

n-C_4H_9Cl 的摩尔分数	n_D^{20}	n-C_4H_9Cl 的摩尔分数	n_D^{20}
1.000	1.4015	0.051	1.4385
0.498	1.4220	0.019	1.4398
0.252	1.4310	0.000	1.4402
0.181	1.4331		

若测得混合液的折射率为 $n_D^{20}=1.4348$,那么从工作曲线上查得正氯丁烷的摩尔分数为 0.142,即混合物中含 14.2% 的正氯丁烷。

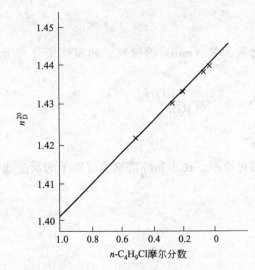

图 9-4　n-C_4H_9Cl 在混合物中的摩尔分数

(2) 用气相色谱法测定混合液的组成

采用不锈钢填充柱,内径 3mm,长 2m。

固定液为邻苯二甲酸二壬酯,载体牌号为 102,液载比 15%。

柱温 78℃,氮气作为载气,流速 40~50mL/min。

热导池桥流 110mA、检测器温度 78℃,气化温度 145℃。

当仪器稳定后,先用标样进行定性分析,出峰次序依次为:1-氯丁烷,1-溴丁烷,注入 1μL 样品,记录谱图,测量 1-氯丁烷、1-溴丁烷的峰面积(或峰高)。最好在相同条件下进样 2~3 次,取其平均值。

实验采用计算峰面积的方法。$S = h \times \frac{1}{2}W$ (h 为峰高,W 为峰底宽),比较两个峰的峰面积就可确定混合液的组成。用以上两种分析方法确定的混合液的摩尔组成进行比较。实验统计结果表明正氯丁烷的相对摩尔分数一般在 13%~15%。

五、思考题

1. 加料次序改变为氯化铵,溴化铵与浓硫酸混合后,再加入水与正丁醇,是否合适?为什么?
2. 该反应有些什么副产物,酸洗、水洗、碱洗的作用何在?
3. 比较氯离子、溴离子亲核性的强弱。
4. 反应物中加浓硫酸的作用是什么?能否用 NaBr,NaCl 代替相应的铵盐。
5. 要求反应时,控制小火加热回流,能否采取升高温度,缩短反应时间的方法来完成 1-卤丁烷的合成。
6. 若用叔丁醇代替正丁醇进行上述反应,在分离提纯过程中用 5% 的碳酸氢钠洗涤三级卤丁烷时,会产生大量 CO_2,请解释并说明此时叔丁基氯和叔丁基溴之比有何变化?
7. 该反应有什么副产物?

六、参考文献

[1] 北京大学化学系有机教研室编. 有机化学实验. 北京:北京大学出版社,1990.

实验二十五 绿色植物中色素的提取和色谱分离（常量）

一、实验目的
1. 学习从植物中提取色素的方法。
2. 掌握用柱色谱分离叶绿素及 TLC 分析的操作。

二、实验原理

绿色植物的茎、叶中含有胡萝卜素、叶黄素和叶绿素等色素。植物色素中的胡萝卜素 $C_{40}H_{56}$ 有三种异构体，即 α-、β- 和 γ- 胡萝卜素，其中 β- 体含量较多，也最重要。β- 体具有维生素 A 的生理活性，其结构是两分子的维生素 A 在链端失去两分子水结合而成的，在生物体内 β- 体受酶催化氧化即形成维生素 A。目前 β- 体亦工业生产，可作为维生素 A 使用，同时也作为食品工业中的色素。叶黄素 $C_{40}H_{56}O_2$ 最早从蛋黄中析离，叶绿素有两个异构体，叶绿素 a，$C_{55}H_{72}MgN_2O_5$，叶绿素 b，$C_{55}H_{70}MgN_4O_6$，它们都是吡咯衍生物与金属镁的络合物，是植物光合作用所必需的催化剂。

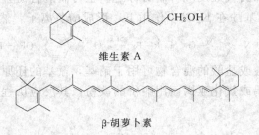

维生素 A

β- 胡萝卜素

三、仪器与试剂
1. 仪器

25mL 酸式滴定管。

2. 试剂

绿色植物叶；95% 乙醇；石油醚（60~90℃）；丙酮；正丁醇；苯；中性氧化铝；1% 羧甲基纤维素钠水溶液。

四、实验步骤
1. 植物色素的提取

取 5g 新鲜的绿色植物叶子于研钵中捣烂，用 30mL（2:1）的石油醚-乙醇分几次浸取。把浸取液过滤，滤液转移到分液漏斗中，加等体积的水洗一次，洗涤时要轻轻振荡，以防止乳化，弃去下层的水-乙醇层，石油醚层再用等体积的水洗 2 次，以除去乙醇和其他水溶性物质，有机相用无水硫酸钠干燥后转移到另一锥形瓶中保存。取一半做柱色谱分离，其余留做薄层分析。

2. 植物色素的分离

(1) 柱色谱分离 用 25mL 酸式滴定管，20g 中性氧化铝装柱。先用 9:1 的石油醚-丙酮洗脱，当第 1 个橙黄色色带流出时，换一接收瓶接收，它是胡萝卜素，约用洗脱剂 50mL。换用 7:3 的石油醚-丙酮洗脱，当第 2 个棕黄色色带流出时，换一接收瓶接收，它是叶黄素，约用洗脱剂 200mL。再换用 3:1:1 的正丁醇-乙醇-水洗脱，分别接收叶绿素 a（蓝绿色）和叶绿素 b（黄绿色），约用洗脱剂 30mL。

(2) TLC 分析 在 10cm×4cm 的硅胶板上，用分离后的胡萝卜素点样，9:1 的石油醚-丙酮展开，一般可呈现 1~4 个点，取 4 块板，一边点色素提取液样点，另一边分别点柱色谱分离后的 4 个试液，用 8∶2 的苯-丙酮展开，或用石油醚展开，观察斑点的位置并排列出胡萝卜素、叶绿素和叶黄素的 R_f 值大小次序。

实验二十六　对正十二烷氧基苯胺的合成及含量分析

一、实验目的
1. 学习芳醚类化合物的合成方法。
2. 学习芳香族氨基化合物的合成方法。
3. 了解液相色谱法测定组分含量的一般原理。

二、实验原理
反应方程式如下：

$$n\text{-}C_{12}H_{25}Br + HO-\!\!\!\!\bigcirc\!\!\!\!-NO_2 \xrightarrow{K_2CO_3} n\text{-}C_{12}H_{25}O-\!\!\!\!\bigcirc\!\!\!\!-NO_2 + HBr$$

$$n\text{-}C_{12}H_{25}O-\!\!\!\!\bigcirc\!\!\!\!-NO_2 \xrightarrow{SnCl_2} n\text{-}C_{12}H_{25}O-\!\!\!\!\bigcirc\!\!\!\!-NH_2$$

（1）醇钠（酚钠）和卤代烃反应可制对称醚，也可制混合醚，该反应为双分子亲核取代反应（S_N2）首先，对硝基酚在 K_2CO_3 作用下，形成酚负离子，然后发生 S_N2 反应：

$$O_2N-\!\!\!\!\bigcirc\!\!\!\!-O^- + R-Br \xrightarrow{S_N2} O_2N-\!\!\!\!\bigcirc\!\!\!\!-OR + Br^-$$

（2）氯化亚锡与乙酸或盐酸的混合物可用于硝基，氰基的还原，产物为胺，是实验室常用的方法，工业上不用锡或氯化亚锡而用廉价的铁粉，其反应历程基本类似，以硝基苯为例可表示如下：

反应所需要的电子由 Fe，Sn^{2+}，Fe^{2+} 提供。

当芳环上有拉电子基团时，由于硝基上氮原子的电子云密度下降，容易接受 Sn^{2+}，Fe 等释放出的电子，因而较易发生还原，反应温度亦较低。反之，当其环上有推电子基团时，则还原较难进行，反应温度较高。

三、仪器和试剂
常压合成装置 1 套；真空系统 1 套；加热装置 1 套；冰箱；旋转蒸发器；熔点测定仪。岛津 LC-8A 液相色谱仪、紫外检测器、CR4-A 积分仪；ODS 柱（4.6mm×250mm）。

对硝基酚；十二烷基溴；环己酮；无水碳酸钾；氯化亚锡；甲醇；乙醇；乙醚。

四、实验步骤
1. 对正十二烷氧基苯胺的合成

（1）$n\text{-}C_{12}H_{25}O-\!\!\!\!\bigcirc\!\!\!\!-NO_2$ 的合成　称取 13.9g（0.1mol）对硝基酚溶于 100mL 环己酮中，在搅拌下加入 55g（0.4mol）K_2CO_3，再加入 37g（0.15mol）溴代十二烷，剧烈搅拌

回流 3h。反应完毕后，减压下用旋转蒸发仪蒸去环己酮，加入 50mL 甲苯使产物溶解，用水洗三次，以除去 K_2CO_3、对硝基酚及其盐。蒸去甲苯，加入甲醇重结晶，然后用石油醚（60～90℃）重结晶（重结晶时应在冰箱中操作）。最后过滤、干燥、称量计算收率。测定熔点（$T_m=52.5～53.5℃$）。

(2) $n\text{-}C_{12}H_{25}O\text{-}\bigcirc\text{-}NH_2$ 的合成　在 250mL 三口瓶上装回流冷凝管和恒压滴液漏斗，瓶中装入 36.2g（0.16mol）$SnCl_2\cdot 2H_2O$ 和 35mL 浓盐酸，通过滴液漏斗滴入 15.4g（0.05mol）对正十二烷基硝基苯的 150mL 的乙醇溶液，滴加过程中保持反应温度为 70～75℃，约 1h 滴完，加热回流 2.5h。将 2/3 的乙醇蒸去后，反应液倾入 50g NaOH+500mL H_2O 的冰水中，搅拌后用 80mL 乙醚提取上层产物，分出乙醚层，水洗，蒸去乙醚，用石油醚（60～90℃）重结晶，最后过滤、干燥，称量计算收率，测其熔点（$T_m=40～41℃$）。

2. 液相色谱法测产物含量

准确称取约 0.1g 对正十二烷氧基苯胺，用甲醇-水（体积比=8：2）溶液定容于 100mL 的容量瓶中。于岛津 LC-8A 液相色谱仪上进行定量分析。色谱条件如下：

流量=0.9mL/min；流动相，甲醇-水（体积比=8：2）；UV 波长=254nm；色谱柱，ODS（ϕ4.6mm×25cm）；温度，室温；进样量，20μL。

利用 CR4A 积分仪求得色谱图中对正十二烷氧基苯胺的面积积分值，对照标准工作曲线，求得对正十二烷氧基苯胺的含量。

五、实验说明

（1）制备过程中，水洗是为了除去能溶于水的杂质，但水对产物有一定的溶解度，水洗次数过多会影响最终收率，以 2～3 次（每次 50mL）为宜。

（2）液相色谱法测含量时，色谱条件对测定结果的准确度影响极大、标准工作曲线宜在同一台仪器上确立（若有多台仪器，应分别对应各自的标准工作曲线）。

六、思考题

1. 水洗过程中，若发生乳化现象，溶液难以分层或分层不明显，应采取哪些补救措施？
2. 所得产品其熔点低于文献值，原因何在，如何处理。
3. 如何确定色谱图中对正十二烷氧基苯胺的色谱峰。若流动相改为甲醇：水=75：25，对色谱图有何影响。

七、参考文献

[1] Dyron D J. Mol. Cryst. Liq. Cryst. 1980, 58：179.
[2] 王俊德等编. 高效液相色谱法. 北京：中国石化出版社, 1992.
[3] 王跃生等著. 高速液体色谱法. 北京：兵器工业出版社, 1990.

实验二十七　1,2,3-苯并三唑的合成及结构表征

一、实验目的

1. 学习重氮化反应及三唑类杂环化合成的合成方法。
2. 熟悉重结晶及减压蒸馏的操作方法。
3. 利用现代物理方法确定化合物的结构。

二、实验原理

杂环的形成可通过成环缩合反应，环加成反应以及从现有的杂环化合物转化等多种方法来完成。其中成环缩合指的是通过碳杂键的形成变为环状化合物，反应过程中往往有小分子（如水、醇、胺）等伴随产生。1,2,3-苯并三唑作为重要的化学试剂主要用作分析试剂、金

属抗蚀剂、感光试剂和有机合成中间体。它是由邻苯二胺重氮化,再经缩合成环而制得的,反应方程式可表示如下:

$$\text{邻苯二胺} \xrightarrow[\text{CH}_3\text{COOH}]{\text{NaNO}_2} [\text{中间体}] \xrightarrow{-\text{H}_2\text{O}} \text{1,2,3-苯并三唑}$$

三、仪器及试剂

邻苯二胺;冰醋酸;亚硝酸钠;苯;$CDCl_3$;TMS。

常规合成仪器1套;加热装置1套;真空系统-蒸馏装置1套。

1106型元素分析仪;5D×红外分光光度计;EM-360L核磁共振仪。

四、实验步骤

1. 合成

将邻苯二胺54g(0.5mol),冰醋酸20.7g(0.34mol)和55mL水加入250mL的三口瓶中,搅拌均匀、冷至5℃。边搅拌边通过滴液漏斗加入0.55mL的$NaNO_2$溶液(38g $NaNO_2$/30mL水)反应液变为暗绿色。温度迅速升至70~80℃,溶液变为橘红色。室温放置1h,再用冰水冷却,油状物逐渐固化。滤出结晶,冰水洗涤,抽干,于40~50℃干燥过夜。将所得粗品减压蒸馏收集200~204℃/1999Pa馏分。然后,将馏出液倒入苯中,搅拌下析出结晶、冷冻、过滤、干燥,得精品,测熔点(T_m=96~97℃)。

2. 结构测定

(1) 红外光谱 KBr压片制样,记录IR光谱图,指认 苯环, —N=N—, —N—H 的谱峰位置及其振动类型。

(2) ^1H NMR谱 用$CDCl_3$作为溶剂、TMS作为参比,于核磁共振仪上摄谱,指认各峰对应的氢原子。

(3) 元素分析,按常规方法分析C、H、N的含量,并与理论值对比,计算误差。

五、实验说明

1. 产品熔点低于96℃时,应反复进行重结晶,以保证产品的纯度。

2. 重氢氯仿($CDCl_3$)可用氘代二甲基亚砜(DMSO)代替。

六、思考题

1. 滴加$NaNO_2$的水溶液时,为什么要控制反应温度<5℃,若温度过高,会有何现象。

2. 用$CDCl_3$作为溶剂时,其H NMR谱图在$\delta \approx 7.7$处有一尖而高的峰,原因何在。

七、参考文献

[1] Horning E C. Org. Syn. Coll. Vol3. University of Missuri, U S A. 106.

[2] 陈金龙. 精细有机合成原理与工艺. 北京:中国轻工业出版社,1996.

实验二十八 二茂铁衍生物的合成、分离及结构鉴定

一、实验目的

1. 了解二茂铁的性质和反应。

2. 了解酰化反应在二茂铁衍生物制备中的应用。

3. 掌握乙酰基二茂铁的分离提纯和结构鉴定。

二、实验原理

自 1951 年制得二茂铁 $Fe(C_5H_5)_2$ 以来,大量的研究证明,茂基环上能发生多种取代反应,在 Friedel-Crafs 催化剂存在下的酰化作用就是这样一种亲电子取代反应。

$$\text{Fe}(C_5H_5)_2 + CH_3COCl \xrightarrow{AlCl_3} \text{单乙酰基二茂铁} + \text{双乙酰基二茂铁}$$

推测路易斯酸 $AlCl_3$ 的作用是参与生成亲电子试剂 $CH_3C\equiv O^+$。生成物是单乙酰还是双乙酰由反应物数量和反应条件确定。

本实验是合成单乙酰产物。反应为:

$$\text{Fe}(C_5H_5)_2 + (CH_3CO)_2O \xrightarrow{H_3PO_4} \text{乙酰基二茂铁} + CH_3COOH$$

亲电子试剂 $CH_3C\equiv O^+$ 由下述反应产生:

$$(CH_3CO)_2O + H_3PO_4 \rightleftharpoons CH_3C\equiv \overset{+}{O} + CH_3COOH + H_2PO_4^-$$

与 CH_3COCl 和 $AlCl_3$ 的反应相比,生成的 $CH_3C\equiv \overset{+}{O}$ 浓度相对较低,因此,只有少量的单乙酰产物转化成双取代化合物。

三、仪器与试剂

三口烧瓶;球形冷凝管;滴液漏斗;载玻片(7.5cm×2.5cm);展开室;色谱柱;红外光谱仪;核磁共振仪。

二茂铁;乙酸酐;85%磷酸;$NaHCO_3$;正己烷;硅胶 G;柱色谱硅胶;石油醚;苯;乙醚;10%乙酸乙酯和 90%石油醚(体积计);乙酸乙酯。

四、实验步骤

1. 乙酰基二茂铁的合成

在 50mL 的三口烧瓶中分别加入 1g 二茂铁和 10mL 乙酸酐,开动电磁搅拌,混合均匀后缓慢滴加 85%的磷酸 15 滴(约 1mL),开始加热,控制反应温度 80~90℃,反应 15min。反应后将混合物倒入一个盛有 25g 碎冰的烧杯中,再用 10mL 的冷水洗涤烧瓶,合并入烧杯中。向反应液中缓慢加入饱和的 $NaHCO_3$ 溶液中和生成的乙酸,注意防止 CO_2 气泡大量涌出,中和后,将混合液放在冰水中冷却 30min,待固体物质析出后,减压过滤,并用水洗涤滤出物呈橙黄色,空气干燥。产物主要为 $Fe(C_5H_5)(C_5H_4COCH_3)$,还含有 $Fe(C_5H_5)_2$ 及其他杂质。

2. 薄层色谱分离与鉴定

(1) 硅胶板的制备 在 50mL 的小烧杯中加入 5g 硅胶和 10mL 0.8%的 CMC(羧甲基

纤维素）的水溶液，调成均匀的糊状，将此糊状物涂于洁净的载玻片上（可涂 8～10 块），用食指和拇指拿住玻片，做振动和摆动，使硅胶均匀地铺在玻片上（也可以用涂布器涂布）。室温下水平放置 0.5h，放入烘箱，缓慢升温至 110℃，恒温 0.5h。取出，稍冷后置于干燥器中备用。

（2）点样　取少些合成产物（几毫克）溶于约 1mL 苯中，供 TLC 实验分离用。在制备好的硅胶板一端约 1cm 处，用铅笔轻轻画一直线，取管口平整的毛细管插入样品溶液中，于铅笔画线处轻轻点样，使得到的斑点直径在 2～3mm，待苯蒸发后，可在原位再点样一次。

（3）展开　将点好样的硅胶板放入盛有展开剂（约 2mL）的展开室中，点样一端浸入展开剂内约 0.5cm。盖好展开室盖，当展开剂前沿上升至离板上端 1cm 处取出。待展开剂挥发后，将硅胶板放在装有少量碘晶体的密闭容器中，挥发的碘将吸附到硅胶板上化合物的定位处显色，由此可计算出各组分的 R_f 值。

选择以下 5 种溶剂作为展开剂：
① 石油醚，60～70℃ 馏分；
② 苯；
③ 乙醚；
④ 10% 乙酸乙酯和 90% 石油醚（按体积计）；
⑤ 乙酸乙酯。

根据在五种展开剂中的分离情况，以确定何种溶剂能得到良好的分离。

为了认定在板上哪个斑点是二茂铁或是乙酰基二茂铁，另取一块 TLC 板，首先在板上点上样品苯溶液，然后在相邻位置点上纯二茂铁和纯乙酰基二茂铁的苯溶液，选择分离良好的一种溶剂作为展开剂，通过与已知二茂铁或乙酰基二茂铁斑点的 R_f 值做比较。认定混合物中各斑点的组成。

3. 产物的光谱鉴定

乙酰基二茂铁的红外光谱谱图见图 9-5。

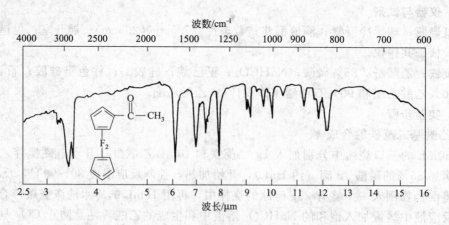

图 9-5　乙酰基二茂铁红外光谱

做产物的红外光谱，与图 9-5 谱图对照，以进一步确认其结构。

五、思考题

1. 为避免双乙酰基二茂铁的生成，在合成时要注意哪些问题？
2. 在薄层色谱中如何正确选择展开剂？

3. 对乙酰基二茂铁的红外光谱中的主要吸收谱带进行归属。

实验二十九　乙酸乙酯的制备、结构表征及其含量测定

一、实验目的
1. 了解羧酸酯常用的制备方法。
2. 学习酯化反应的原理和操作。
3. 进一步掌握红外光谱仪的使用。
4. 进一步熟悉气相色谱仪的使用。

二、实验原理
乙酸乙酯一般是由乙酸和乙醇在少量浓硫酸催化下反应制得，主要反应式为：

$$CH_3COOH + C_2H_5OH \xrightleftharpoons[110\sim120℃]{浓 H_2SO_4} CH_3COC_2H_5 + H_2O$$

酯化反应是一个可逆反应，若用等物质的量的乙酸和乙醇反应，达到平衡时，其转化率仅为 66.6%。

为了提高酯的产量，可以增加乙酸或乙醇的浓度及不断把反应中生成的酯和水蒸出去，使平衡向生成酯的方向移动。为了加快反应速率，在加热的条件下，用浓硫酸作为催化剂，同时也可以吸收反应中所生成的水。

本实验中存在的副反应为：

$$2CH_3CH_2OH \xrightarrow[140℃]{H_2SO_4} CH_3CH_2OCH_2CH_3 + H_2O$$

$$CH_3CH_2OH \xrightarrow[170℃]{H_2SO_4} CH_2=CH_2 + H_2O$$

三、仪器与试剂
1. 仪器

50mL 圆底烧瓶；球形冷凝管，直形冷凝管，蒸馏头，75°弯管；温度计，温度计套管，电热套，接液管，100mL 锥形瓶，量筒，分液漏斗，滴液漏斗，沸石，pH 试纸。

2. 试剂

无水乙醇（三级）；冰醋酸（三级）；浓硫酸（三级）；饱和 Na_2CO_3；饱和食盐水；饱和 $CaCl_2$；无水 $MgSO_4$。

四、实验步骤
1. 乙酸乙酯的合成

在 50mL 圆底烧瓶中加入 9.5mL 无水乙醇和 6mL 冰醋酸，再小心加入 2.5mL 浓 H_2SO_4，混匀后，开动搅拌或加入沸石，装上球形冷凝管。小心加热反应瓶，缓慢回流半小时，冷却反应物，将回流改成蒸馏装置，接收瓶用冷水冷却，蒸出生成的乙酸乙酯，直到馏出液约为反应物总体积的 1/2 为止。

在馏出液中慢慢加入饱和 Na_2CO_3，振荡，至不再有 CO_2 气体产生为止。将混合液转入分液漏斗，分去水溶液，有机层用 5mL 饱和食盐水洗涤，再用 5mL 饱和 $CaCl_2$ 洗涤，最后用水洗涤一次，分去下层液体。有机层倒入干燥锥形瓶中，用无水 $MgSO_4$ 干燥。

蒸馏收集 72~78℃馏分。称重，计算产率。

纯乙酸乙酯是具有果香味的无色液体，沸点 77.2℃。

2. 含量测定

将合成的乙酸乙酯通过气相色谱分析仪分析确定产物中乙酸乙酯的含量。

3. 结构表征

将合成的乙酸乙酯通过红外光谱仪获得红外光谱图，与标准样的红外光谱图对比，如两者一致，则可确定产物为乙酸乙酯。

制样方法：液膜法。

五、注意事项

1. 加浓硫酸时，必须慢慢加入并充分振荡烧瓶，使其与乙醇均匀混合。
2. 实验装置中涉及接收乙酸乙酯的部分，要用冷水冷却，防止乙酸乙酯的挥发。
3. 产品精制部分要迅速，防止乙酸乙酯的挥发。
4. 回流温度要适宜，回流时间不宜太短。
5. 用饱和 $CaCl_2$ 溶液洗涤之前，一定要先用饱和食盐水溶液洗，否则会产生沉淀，给分液带来困难。
6. 洗涤时注意放气，有机层用饱和食盐水洗涤后，尽量将水相分干净。

六、思考题

1. 酯化反应有什么特点？在实验中如何创造条件促使酯化反应尽量向生成物方向进行？
2. 能否用氢氧化钠代替饱和碳酸钠溶液洗涤蒸馏液？
3. 蒸出的粗乙酸乙酯中主要有哪些杂质？如何除去？

实验三十 1,1′-联-2-萘酚（BINOL）的合成及拆分

手性是构成生命世界的重要基础，许多手性医药、农药、香料、液晶等已成为有功能价值的物质，因此手性合成已经成为当前有机化学研究中的热点和前沿领域之一。在各种手性合成方法中，不对称催化是获得光学物质最有效的手段之一，因为使用很少量的光学纯催化剂就可以产生大量的所需要的手性物质，并且可以避免无用对映异构体的生成，因此它又符合绿色化学的要求。在众多类型的手性催化剂中，以光学纯 1,1′-联-2-萘酚（BINOL）及其衍生物为配体的金属络合物是应用最为广泛和成功的一例。但是商品化的光学纯 BINOL 价格昂贵，随着分子识别原理的发展与应用，通过较简单的合成方法就可以获得光学纯的 BINOL。

一、实验目的

1. 了解氧化偶联的实验原理。
2. 了解分子识别原理及其在手性拆分中的应用。
3. 掌握实验中涉及到的基本操作重结晶。
4. 制备光学纯 (R)-BINOL 和 (S)-BINOL。

二、实验原理

1. (±)-BINOL 的合成

外消旋 BINOL 的合成主要通过 2-萘酚的氧化偶联获得，利用 $FeCl_3·6H_2O$ 作为氧化剂，使 2-萘酚固体粉末悬浮在盛有 Fe^{3+} 水溶液的锥形瓶中，在 50~60℃下搅拌 2h，收率可达 90% 以上。

（±）-BINOL，1

2. (±)-BINOL 的拆分

从 BINOL 的分子结构分析，由于 8,8'位氢的位阻作用，使得 1,1'之间 C—C 键的旋转受阻，因而分子中两个萘环不是处于同一平面上，而是存在一定夹角（通常在 80°～90°之间），所以分子中没有对称面，在垂直于 1,1' C—C 键有一 C_2 对称轴，因此 BINOL 是具有 C_2 对称性的手性分子。本实验利用容易制备的 N-苄基氯化辛可宁（**2**）作为拆分试剂（host），通过分子识别的方法对映选择性地与（±）-BINOL 中的（R）-对映异构体形成稳定的主-客体（或超分子）络合物晶体，而（S）-BINOL 则被留在母液中，从而实现（±）-BINOL 的光学拆分。

$$rac\text{-BINOL} + 2 \longrightarrow (R)\text{-}(+)\text{-BINOL} \cdot 2 + (S)\text{-}(-)\text{-BINOL}$$

分子晶体　　　母液中
↓　　　　　　↓
(R)-BINOL　　(S)-BINOL

N-苄基氯化辛可宁与（R）-BINOL 的分子识别模式如下所示，二者间主要通过分子间氢键作用以及氯负离子与季铵正离子的静电作用结合，一个（R）-BINOL 分子的羟基氢与氯负离子间以及临近的另一个（R）-BINOL 分子的羟基氢与氯负离子间的氢键作用，氯负离子在两个（R）-BINOL 分子间起桥梁作用，同时氯负离子与 N-苄基辛可宁正离子的静电作用以及 N-苄基辛可宁分子中羟基氢与（R）-BINOL 分子中的一个羟基氧间的氢键作用，使 BINOL 部分与 N-苄基辛可宁部分结合起来。

(R)-BINOL　　　N-苄基氯化辛可宁，**2**

三、实验用品

$FeCl_3 \cdot 6H_2O$，2-萘酚，甲苯，乙腈，N-苄基氯化辛可宁（自制），乙酸乙酯 50mL，稀盐酸（1mol/L），饱和食盐水，无水硫酸镁，旋光仪。

四、实验操作

1. (±)-BINOL 的合成

在 50mL 锥形瓶中，将 3.8g $FeCl_3 \cdot 6H_2O$（14mmol）溶解于 20mL 水中，然后加入 1.0g 粉末状的 2-萘酚（7mmol），加热悬浮液至 50～60℃，并在此温度下搅拌 1h。冷却至室温后过滤得到粗产品，用蒸馏水洗涤。用 10mL 甲苯重结晶，得到白色针状晶体 0.95g，收率 95%，熔点 216～218℃。

2. (±)-BINOL 的拆分

在一装有回流冷凝管的 50mL 圆底烧瓶中，加入（±）-BINOL（1.0g，3.5mmol）和 N-苄基氯化辛可宁（0.884g，2.1mmol）以及 20mL 乙腈。加热回流 2h，然后冷却至室温，过滤析出的白色固体并用乙腈洗涤 3 次（3×5mL）。固体是 (R)-(+)-BINOL。与 N-苄基氯化辛可宁形成的 1∶1 分子络合物,熔点 248℃（分解）。母液保留,用于回收 (S)-(−)-BINOL。

将白色固体悬浮于由 40mL 乙酸乙酯和稀盐酸水溶液（1mol/L 30mL+H_2O 30mL）组成的混合体系中,室温下搅拌 30min,直至白色固体消失。分出有机相,水相用 10mL 乙酸乙酯再萃取一次,合并有机相,并用饱和食盐水洗涤,无水 $MgSO_4$ 干燥。蒸去有机溶剂,残余物用苯重结晶,得到 0.3~0.4g 无色柱状晶体,即 (R)-(+)-BINOL,收率 60%~80%,熔点 208~210℃,$[\alpha]_D^{27}$ +32.1（c=1.0mol/L,THF）。将母液蒸干,所得固体重新溶于乙酸乙酯（40mL）中,并用 10mL 稀盐酸（1mol/L）和 10mL 饱和食盐水各洗涤一次,有机层用无水 $MgSO_4$ 干燥。以下操作同上,得到 0.3~0.4g (S)-(−)-BINOL,收率 60%~80%,熔点 208~210℃,$[\alpha]_D^{27}$ −33.5（c=1.0mol/L,THF）。上述萃取后的盐酸层（水相）合并后用固体 Na_2CO_3 中和至无气泡放出,得到白色沉淀,过滤,固体用甲醇-水混合溶剂重结晶,得到 N-苄基氯化辛可宁,回收率＞90%,可重新用来拆分且不降低效率。

五、实验结果和讨论

1. 2-萘酚不溶于水,反应可能通过固-液过程发生在 2-萘酚的晶体表面上。2-萘酚被水溶液中的 Fe^{3+} 氧化为自由基后与其另一中性分子形成新的 C—C 键,然后消去一个 H·恢复芳环结构,H·可被氧化为 H^+。由于水中的 Fe^{3+} 可以充分接触高浓度的 2-萘酚的晶体表面,所以在水中反应比在均相溶液中效率更高、速度更快。

2. 外消旋 BINOL 与光学纯 BINOL 的熔点有明显区别,晶体外形也明显不同,外消旋 BINOL 为针状晶体,而光学纯 BINOL 容易形成较大的块状晶体。

六、思考题

1. 外消旋体的拆分主要有哪几种方法？
2. 本实验采用的外消旋体的拆分方法,其拆分原理是什么？
3. 怎样判断反应是否发生？

七、参考文献

[1] 林国强,陈耀全,陈新滋等. 手性合成——不对称反应及其应用. 北京：科学出版社,2000.
[2] Ding K, Wang Y, Zhang L, et al, Tetrahedron, 1996, 52 (3)：1005.
[3] Wang Y, Sun J, Ding K. Tetrahedron, 2000, 56：4447.

第四节　设计实验部分

实验三十一　昆虫驱逐剂——OFF 的合成

一、提示

近年,新型昆虫驱逐剂不断推出,它与其他相关科学相关联,在实际中得到广泛应用。驱逐剂"OFF"是其中一种,它的全名是 N,N-二乙基间甲苯甲酰胺,其结构式如下：

蚊子通过空气中二氧化碳浓度的增加而密切注意着寄主的存在,并且沿着这股暖湿气流向寄主飞去,"OFF"能阻扰蚊虫对寄主的定位,而达到驱逐剂的作用。

在"OFF"的合成方法中大都以间甲苯甲酸为原料,通过两步反应实现。
二、实验要求
1. 详细查阅文献,选择合理的合成路线。
2. 设计反应、精制及鉴定方案。
3. 设计并独立完成操作过程并写好实验报告。
4. 合成出产品并用物理或化学分析手册进行鉴别。
三、参考文献
[1] 米勒 J A,诺齐尔 E F 著. 现代有机化学实验. 上海:上海翻译出版公司,1987.
[2] Wacg J S. J. Chem. Ed. 1974.51:631.

实验三十二 聚合物尼龙 66 的制备
一、提示
尼龙 66 是聚酰胺的一种主要品种,其合成过程较简单且合成方法较多,其中包括界面缩聚法等。常用原料为己二胺和己二酸或其衍生物。
二、实验要求
1. 选择一种合理的实验方案并制备尼龙 66。
2. 认真观察现象,做好实验记录,写出实验报告。
3. 试对高聚物和一般有机化合物的差异及合成上的差异做简要讨论。
三、参考文献
[1] 哈特 H 等. 有机化学实验简编. 北京:化学工业出版社,1983.

实验三十三 染料甲基橙的制备及鉴定
一、提示
甲基橙学名为对二甲氨基偶氮苯磺酸钠,橙黄色粉末,溶于热水,微溶于冷水。其制备方法已有悠久的历史,合成方法及路线较多,大多用对氨基苯磺酸钠经重氮化反应制备。
二、实验要求
1. 查阅文献了解甲基橙生产的改进情况,提出两条合成方法。
2. 用两种方法合成并比较反应条件及产品收率情况。
3. 对反应进行必要的讨论。
4. 鉴定甲基橙(用化学分析法)。
三、参考文献
[1] 黄涛主编. 有机化学实验. 北京:高等教育出版社,1983.
[2] 李中林等. 有机试剂合成与应用. 长沙:湖南省科学技术出版社,1986.
[3] 刘建国等. 化学试剂,1997,19(6):374.

除以上设计实验外,给学生提供的设计实验题目还有:
1. 昆虫信息素 4-甲基-3-庚酮的合成
2. 蔗糖脂肪酸酯的合成与性能
3. 微波条件下合成马来海松酸
4. 氧化海藻酸钠的制备及性能研究
5. 聚天冬氨酸的合成及阻垢性能
6. 从虾壳中提取虾青素

7. 对羟基肉桂酸的合成及表征
8. 5-羟甲基糠醛的制备及应用
9. 百里香酚的合成
10. 2-取代苯并咪唑的合成
11. 茉莉醛的合成及应用
12. 胡椒基丁醚的制备及应用
13. 盐酸美金刚胺的合成
14. 对亚硝基酚的合成
15. 苯甲酸、甲基苯胺混合物的分离
16. 乙酸乙烯酯的乳液聚合及涂料性能测试
17. 手性化合物扁桃酸的合成与光学异构体拆分

第十章 物理化学实验部分

第一节 基本操作及基本技能训练实验

实验一 恒温槽的安装、灵敏度测定以及不同温度下液体黏度等的测定

一、实验目的

1. 了解恒温槽的原理、构造和各部件的功用，学会调节恒温槽。
2. 绘制恒温槽灵敏度曲线，求算灵敏度，分析恒温槽性能。
3. 了解液体黏度的意义及测定黏度的原理和方法。用乌氏黏度计测定无水乙醇在不同温度下的黏度，求算无水乙醇的流动活化能。
4. 了解电解质溶液电导和电导率的意义，用 DDS-11C 型电导率仪测定标准 KCl 溶液的电导，求不同温度下该溶液的电导率。

黏度测定与电导测定选做一种。

二、实验原理

1. 恒温技术

温度是物质的重要状态性质，物质的许多物理化学性质如液体的饱和蒸气压、电解质溶液的电导率和化学反应的速率常数等，都与温度有关。物理化学实验多半是在恒温条件下进行的。掌握恒温技术，学会安装和使用恒温槽，对于物理化学实验有非常重要的意义。

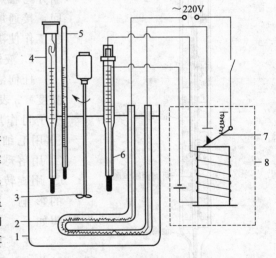

图 10-1 恒温水浴装置示意图
1—浴槽；2—加热器；3—搅拌器；
4—贝克曼温度计；5—温度计；
6—接触温度计；7—弹簧片；8—继电器

实验室普遍使用的恒温槽是一种常用的控温装置。恒温槽由浴槽、温度控制器、继电器、加热器、搅拌器和温度计组成。图 10-1 是控温原理和装置示意图。控温的基本原理是：当浴槽的温度低于设定温度时，温度控制器通过继电器的作用使加热器加热；浴槽温度达到设定的温度时，自动停止加热。因此浴槽温度在一微小区间内波动。被研究的体系放在恒温槽中或在恒温水的包围接触中就被限制在所需的温度上下的微小区间内波动。现将恒温槽各部件介绍如下：

(1) 温度计 观察恒温槽的温度可选用分度值为 0.1℃ 的水银温度计，而测量恒温槽的灵敏度则需用更精密的温度测量装置，如贝克曼温度计、微机智能测温系统等。温度计的安装位置应尽量靠近被恒温的体系，温度计读数应予校正。

(2) 搅拌器 搅拌器以小型电动机带动，功率可选 40W 左右，用变速器或变压器调节搅拌速率，搅拌器应安装在加热器附近，热量可迅速传递，使槽内各部位温度均匀。

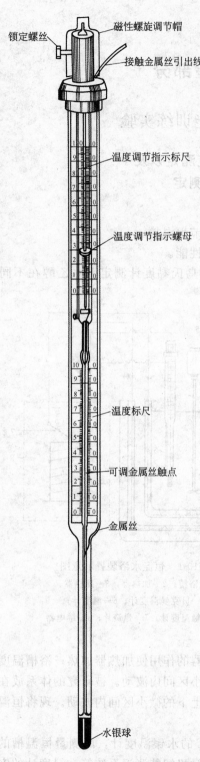

图 10-2 水银接触温度计示意图

(3) 加热器 在要求设定温度比室温高的情况下,必须不断供给热量以补偿浴槽向环境散失的热量。电加热器的选择原则是热容量小、导热性能好、功率适当。如果浴槽的容积为 20L,要求在 20~30℃ 之间某一温度恒温,应选用 200~300W 的电加热器。

(4) 接触温度计 接触温度计又称水银导电表(以下简称导电表),其结构如图 10-2 所示。水银球上部焊有金属丝,导电表上半部有另一金属丝,二者通过引出线接到继电器的信号反馈端。导电表的顶部有一磁性螺旋调节帽,用来调节金属丝触点的高低。同时,从导电表调节指示螺母在标尺上的位置可以大致估读出温度值。浴槽温度升高时,水银膨胀并上升至触点,继电器内线圈通过电流产生磁场,加热线路弹簧片 K 跳开,加热器停止加热。随后浴槽向外散热,温度下降,水银收缩并与触点脱离,继电器的电磁效应消失,弹簧片 K 弹回,接通加热器回路,浴槽温度又上升。导电表如此反复工作使浴槽温度得以控制。

2. 液体黏度的测定

任何液体都有黏滞性,其量值可用黏滞系数(简称黏度)η 表示。η 与组成该液体的分子的大小、形状、分子间作用力等有关。测定黏度的方法主要有 3 种:① 用毛细管黏度计测定液体经毛细管的流出时间;② 用落球式黏度计测定圆球在液体中的下落速率;③ 用旋转式黏度计测定液体对同心轴圆柱体相向转动的影响。本实验用毛细管流出法测定黏度,说明如下:

在某温度下,令液体在毛细管内流动,可根据泊肃叶公式计算黏度

$$\eta = \frac{\pi r^4 pt}{8Vl} \tag{10-1}$$

式中,V 是在 t 时间内流过毛细管的液体体积;r 是毛细管半径;p 是毛细管两端的压力差;l 是毛细管长度。

黏度的国际制单位为 Pa·s,它与厘米克秒制单位泊的关系为 1P=0.1Pa·s。

测黏度时一般不用直接测量泊肃叶公式中的各物理量,而是用同一黏度计在相同条件下分别测定待测液体和标准液体(本实验为纯水)流过毛细管的时间,用泊肃叶公式做比较,算出待测液体的黏度。对于两种液体

$$\eta_1 = \frac{\pi r^4 p_1 t_1}{8Vl} \tag{10-2}$$

$$\eta_2 = \frac{\pi r^4 p_2 t_2}{8Vl} \tag{10-3}$$

两式相除得：

$$\frac{\eta_1}{\eta_2} = \frac{p_1 t_1}{p_2 t_2} \tag{10-4}$$

式中，η 为黏度；t 为流动时间；p 为毛细管两端的压力差。

对于乌氏黏度计 $p = \rho g h$，式中，ρ 为液体密度，g 为重力加速度，h 为液面与毛细管末端的距离。在 t 时间内液面是逐渐下降的，因此 h 应为在 t 时间内液面与毛细管末端的"平均"距离（此处"平均"，确切地说是微积分所述之"中值"），对于不同的液体 h 大体相同。式(10-4) 变成：

$$\frac{\eta_1}{\eta_2} = \frac{\rho_1 t_1}{\rho_2 t_2} \tag{10-5}$$

某温度下标准液体的 η 和 ρ 是已知的（例如纯水 35℃ 时 $\eta_1 = 0.0741\text{Pa}\cdot\text{s}$，$\rho_1 = 994.1\text{kg/m}^3$），测得 t_1 和 t_2 并查得待测液体的密度 ρ_2，就可算出

$$\eta_2 = \eta_1 \cdot \frac{\rho_2 t_2}{\rho_1 t_1} \tag{10-6}$$

温度变化使分子间作用力发生改变，黏度也有变化，黏度与温度的关系为：

$$\eta = A\exp\left(\frac{E_{\text{vis}}}{RT}\right) \tag{10-7}$$

或

$$\ln\eta = \ln A + \frac{E_{\text{vis}}}{RT} \tag{10-8}$$

式中，E_{vis} 称为液体的流动活化能，以 $\ln\eta$ 对 $\frac{1}{T}$ 作图得一直线，斜率 $S = \frac{E_{\text{vis}}}{R}$，所以

$$E_{\text{vis}} = RS \tag{10-9}$$

毛细管黏度计有多种型式，如乌氏黏度计、奥氏黏度计等。本实验使用乌氏黏度计，操作方法见实验步骤。

3. 电解质溶液电导的测定

与所有导体一样，电解质溶液的导电能力可根据欧姆定律来定义：

$$G = \frac{1}{R} = \frac{I}{E} \tag{10-10}$$

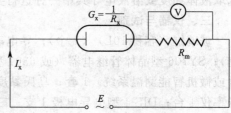

图 10-3 电导仪原理图

式中，G 为电导；E 为所加的电压；R 是溶液电阻；I 为通过的电流，可知电导与电阻互为倒数。电导的单位为西门子，简称西，以 S 表示。

电导仪原理图见图 10-3。

为避免电极极化和电极反应（电解）影响电导的测定，电导仪通常采用稳压交变电源。交变电流通过待测溶液（电阻 R_x）和标准电阻（电阻 R_m），据欧姆定律 $I_x = \frac{E}{R_x + R_m}$，因 $R_m \ll R_x$ 故可近似为 $I_x = \frac{E}{R_x} = EG_x$。标准电阻 R_m 两端的电压为 $I_x R_m$，用伏特计量得为 V，算得：

$$G_x = \frac{V}{R_m E} \tag{10-11}$$

这样测得的电导不但与溶液的性质有关，还与测电导所用的电极有关。电导电极由两片面积相等且有一定距离的铂片封在玻璃框架内组成，所测电导与铂片的面积 A 成正比，与两铂片的距离 l 成反比。单位面积 $1m^2$ 和单位距离 $1m$ 的电极所测得的电导称为电导率，以 k 表示。

$$G = k \frac{A}{l}$$

$$k = G \frac{l}{A} = KG \tag{10-12}$$

$K = \frac{l}{A}$ 称为电导池常数，单位为米$^{-1}$（m^{-1}），故电导率单位为西门子/米（S/m）。确切地说，电导率才是溶液导电能力的量度。它仅与溶液的性质（溶剂与溶质的品种）、浓度和温度有关。如果用同一电导电极（电导池常数 K 确定），则对于不同的溶液或同一溶液不同温度，所测得的电导是与它们的电导率成正比的。

$$\frac{k_1}{k_2} = \frac{G_1}{G_2} \tag{10-13}$$

如果已知 k_2 则

$$k_1 = k_2 \frac{G_1}{G_2}$$

本实验以 $0.01mol/L$ KCl 水溶液为待测溶液，以 25℃下的该 KCl 溶液为标准溶液，已知25℃时 $k_{25} = 0.1413S/m$，则

电导池常数 $\qquad K = \dfrac{k_{25}}{G_{25}}$，所以，$k_t = KG_t \qquad (10\text{-}14)$

用同一电导池测得 G_t 和 G_{25}，则可得到各温度下溶液的电导率。

以上叙述测定和计算不同温度下液体黏度或溶液电导率的方法，目的在于一方面学会这些测量技术，另一方面可以检验操作恒温槽，调节温度的熟练程度。根据实验设备及学时可选取液体黏度或溶液电导其中一种进行实验。

三、仪器与试剂

玻璃缸（容积10L）（1个）；导电表（1个）；加热器（250W 电热丝封在铜管内）（1套）；SY706型晶体管继电器（或6301型电子管继电器）（1台）；精密测温仪（贝克曼温度计或微机智能测温系统）1套；乌氏黏度计1支；洗耳球1个；秒表1块；DDS-11A 数显电导率仪1台；DJS-1型电导电极1支；三角烧杯1个；无水乙醇（二级）；标准 KCl 水溶液，$0.01mol/L$。

四、实验步骤

1. 恒温槽的安装、使用及灵敏度测定

（1）安装　恒温槽各部件要合理放置。加热器放在恒温槽下部，导电表和温度计尽量靠近使用区，搅拌器应使整个溶液上下搅动。

（2）调节　接通继电器电源，逆时针转动导电表的调节帽使金属丝与汞面接触，此时继电器亮绿灯，加热器断路不加热；接着顺时针转动调节帽至亮红灯，此时加热使槽温上升，汞面也上升，因金属丝与汞面的间隙不大，加热一会儿待二者接触即停止加热。重复以上操作，槽温逐步升至设定温度。例如，设定温度为25℃，应调节至24.90℃并让继电器亮绿灯。用螺丝锁住调节帽。此时槽温会继续上升至最高点，然后下降至最低点，再自动加热……。在此过程中，用导电表继续调节使槽温在 24.90～25.10℃ 之间波动，波动范围越小越好，

并在25.00℃上下大致对称。注意：①导电表内扁螺母所表示的温度不准，应随时察看精密温度计或通用的水银温度计；②顺时针转动导电表调节帽待亮红灯后立即停止转动，保证每次加热时间不长，防止超过设定温度；③逆时针转动调节帽待亮绿灯后也不要继续转动，防止扁螺母继续下降至与螺杆脱扣而损坏导电表。

（3）恒温槽灵敏度的测定　普通恒温槽采用间歇加热方式，故其温度不可能保持绝对恒定，而是在一定温度范围内波动。现定义 $T_f = \pm \dfrac{t_1 - t_2}{2}$ 为恒温槽灵敏度，式中 t_1 和 t_2 分别为恒温槽最高温度的平均值和最低温度的平均值。测定方法为（以25℃时的灵敏度为例），每隔1min用贝克曼温度计测一次温度，共20min，将数据整理成表，画出温度-时间曲线，从图中得 t_1 和 t_2 算出 T_f。贝克曼温度计是一种用来精密测量体系始态和终态温度变化的水银温度计，刻度间隔为0.01℃，用放大镜可估读至0.002℃。因价格昂贵等原因，教学实验室很少使用贝克曼温度计。本实验用微机智能测温系统测温，可估读至0.01℃，得到的温度-时间曲线没有用贝克曼温度计那样精确，但仍能估算出恒温槽灵敏度。

2. 无水乙醇的黏度测定

（1）调节恒温槽温度至(25.0±0.1)℃，此处"±0.1"指明恒温25℃时的灵敏度。

（2）测定25℃时无水乙醇流经乌氏黏度计毛细管的时间。取乌氏黏度计1支（图10-4），在B、C管上端套上乳胶管，从A管注入无水乙醇至D球下方，使乙醇接近支管C的下口（但不堵死下口）。浸入恒温槽中竖直固定，恒温5～7min后进行测定。用夹子夹紧C管上的乳胶管，用洗耳球从B管之乳胶管吸气，将乙醇从D球、毛细管、E球抽至G球。夹紧B管之乳胶管，解去C管夹子，此时D球内部分乙醇流回F球，D球经C管与大气相通，毛细管末端即通大气。解去B管夹子，B管内乙醇下落，当液面流经刻度 a 时启动秒表计时，当液面降到刻度 b 时计时终止，这段时间就是 ab 间体积 V 的乙醇流经毛细管的时间 t_2。重复操作2～3次，每次相差不超过0.5s，取平均值。

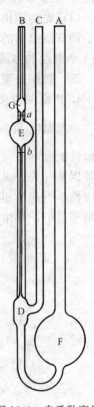

图10-4　乌氏黏度计

（3）升高温度3～4℃，例如28℃，同步骤（2），测定该温度下乙醇流经毛细管的时间。如此测得4～5个数据，要求最后一个温度为35℃。

（4）将黏度计中的乙醇倒入回收瓶中，滴干，然后在烘箱中烘干。在同一黏度计中装入纯水，放入(35.0±0.1)℃恒温槽中，同前法测定水流经毛细管的时间 t_1。

操作注意事项：

（1）实验时黏度计必须铅直放置。

（2）用洗耳球吸取液体时，液体中不得混入气泡，否则应待气泡排尽才能实验。

（3）操作时如果要接触B管或C管应特别小心。因B管或C管有较长之力臂，用力虽小但形成的力矩较大，易在管间接口处折断。

3. 电解质溶液电导的测定

（1）恒温槽温度调至(25.0±0.1)℃。

（2）熟悉DDS-11C电导率仪的板面。"常数"置于1.0，电导率仪作为电导仪使用，测得的是溶液的电导。"温度"置于25℃，在调节到各种温度时，"温度"旋钮一直不变，这样温度未做补偿，在某温度下测得的就是该温度的电导值。电导电极插头插入"电导池"孔内，用纯水冲洗铂片，用滤纸吸干水分，放入标准 KCl 溶液中浸没铂片，"量程"置于 $\times 10^3$ 红挡。

（3）开启电源（此后直至测定终了不要关闭），稳定 10min 后使用。选择开关置"校正"，转动"调正"旋钮使指针指向满度，然后将开关拨向"测量"，读指针在红字标度之数值，估读两位小数，单位为毫西（mS）。此为用该电极测得之 25℃时标准 KCl 溶液的电导 G_{25}。注意：刻度盘原标为 μS/cm（微西每厘米）是指电导率，现已做了换算。

（4）先后调出高于 25℃的几个温度，具体温度同学自定，但要求调出整数度，以此检验同学调节恒温槽的能力。用（3）中同一电极测定各温度下溶液电导值 G_t。视实验时间测 3~4 个温度的溶液电导。

五、数据处理

1. 作恒温槽灵敏度曲线，求灵敏度 T_f

根据温度-时间的数据作图，得 t_1 和 t_2。从公式 $T_f = \pm \dfrac{t_1 - t_2}{2}$ 求得 T_f，T_f 值愈小表示恒温槽性能愈好。灵敏度与所采用的工作介质、感温元件、搅拌速率、加热器功率、继电器性能等因素有关。灵敏度曲线一般有图 10-5 所示的几种情况。曲线 1 是由于加热器功率过大、热惰性小引起的超调量；曲线 2 是加热器功率适中，但热惰性大引起的超调量；曲线 3 加热器功率适中，热惰性小，温度波动小，即恒温槽灵敏度较高。

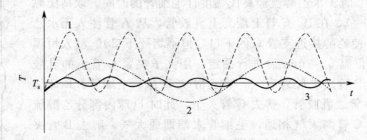

图 10-5 恒温浴灵敏度曲线的几种形式

2. 计算无水乙醇的流动活化能

（1）根据式(10-6)计算无水乙醇在不同温度下的黏度 η。

（2）作 $\eta - \dfrac{1}{T}$ 图，求直线斜率，根据式(10-8)计算无水乙醇的流动活化能，与文献值 13.40kJ/mol 比较求相对误差。

（3）计算不同温度下 0.01mol/L KCl 溶液的电导率。先计算电导池常数 $K = \dfrac{k_{25}}{G_{25}}$，然后根据式(10-14)计算各温度下 0.01mol/L KCl 溶液的电导率 k_t，与文献值比较求相对误差。

实验二 物质摩尔质量的测定

Ⅰ．蒸气密度法测挥发性物质的摩尔质量（Victor-Meyer 法）

一、实验目的

1. 会用理想气体状态方程进行物质摩尔质量的计算。
2. 学会使用量气管、气压计和温度计测量气体体积、压力和温度的技术。

二、实验原理

物质的摩尔质量 M 是化学研究中一个十分重要的数据,在几乎所有有关气体的计算中都要用到它。

低压气体摩尔质量的表达式可由理想气体状态方程近似得出:

$$pV = nRT = \frac{m}{M}RT \tag{10-15}$$

$$M = \frac{mRT}{pV} \tag{10-16}$$

如果测得了在给定温度(T)和压力(p)下,m(g)气体所占的体积 V,则可用该方程式计算气体的摩尔质量 M。

蒸气密度法是将已知质量的物质气化来置换量气管中相应体积的空气,在水或汞上面收集这些空气,并在已知温度和大气压下测量它的体积。

三、仪器与试剂

1. 仪器(图 10-6)

气体体积测量管 1 套;薄壁小玻球;称量瓶;煤气灯。

2. 试剂

三氯甲烷;四氯化碳。

四、实验步骤

1. 称取试样

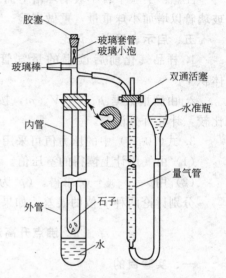

图 10-6 蒸气密度法测挥发性物质的摩尔质量装置示意图

选取一个薄壁小玻球,从内管上口试放于玻璃棒上,切去过长的毛细管,使能塞上木塞。然后准确称其质量,在火焰上微火加热小玻球(使球内空气热膨胀排出一部分),并立即将玻璃球毛细管插入被测液体试样中(事先取被测试样三氯甲烷或四氯化碳 1~2mL 于称量瓶中),由于玻球内空气冷缩,压力降低,试样便被吸入球内约 0.3~0.4g,若吸入样品过多,可倒置小玻球,上下振动使试液滴出一部分。最后用火焰熔闭毛细管口,并准确称其质量。

2. 清除残留样品蒸气

将一橡皮球连一段橡皮管和尖嘴玻璃管插入内管底部打气,使前次测量残留的样品蒸气排除干净。

3. 装置内管

在夹套管中装水约 5cm 高,将内管插入,使管底距水面约 4~5cm。将装好试样并熔闭了毛细管口的玻璃球放入内管上部的玻璃棒上,用木塞密闭内管上口,接上量气管。

4. 漏气检查

旋转量气管上部的活塞,使量气管与测定内管相通,降低水准瓶至较低的位置不动,观察量气管中水面下降情况,如果水面下降至一定位置后不再下降,则系统是不漏气的,如果水面一直下降至与水准瓶液面相平,则系统是漏气的,必须查出漏气之处并加以密闭。

5. 气化试样和气体体积的测量

检查系统不漏气后,升高水准瓶至原来位置(放于支架上),用煤气灯加热套管中的水,并使之沸腾,直至套管上部全部充满蒸气,同时观察量气管中液面下降情况,若液面下降较多可打开量气管上的活塞,将气体排走一部分。当液面不再下降后,降低水准瓶使两液面水平，记下量气管中液面的读数，记取量气管的环境温度（由挂在量气管附近的温度计测量）。此后将测量内管上支持小玻璃球的玻璃棒轻向外拉，使玻璃球落入内管底部跌破，玻璃球内试样完全气化，保持水准瓶液面与量气管液面相平，观察量气管中液面下降情况，至液面不再下降时，关闭活塞，关闭煤气灯，在量气管环境温度与最初记取液面读数时的温度相同时使两液面相水平，记取量气管液面读数。同时由气压计读取此时的室内大气压。

最后，倒出内管中的碎玻璃球，复原仪器至实验前的状态。

本实验最少要重复做两次以上。

注意：实验中若小玻璃球落下而未跌破，可小心取出小球在其毛细管上套装一小段厚壁玻璃管以增加小球重量，重做实验。

五、启示、思考、讨论

1. 样品气化前后读得的量气管体积差值就是在大气压和观测温度下排出气体的体积 V。

2. 由测量数据 p、T、V、m，按式(10-16)计算试样的摩尔质量，将所得值与理论值比较，计算百分误差。

3. 式(10-16)中的压力值可采用：

(1) 由气压计上读得的室压值。

(2) 用 $p = p_{室压} - p^*$ 求得。（p^* 为实验温度下水的饱和蒸气压）。

分别讨论两种 p 值的误差，如果是更准确的测定，还需要测量什么数据？

Ⅱ. 沸点升高法测定非挥发性物质的摩尔质量

一、实验目的

1. 学会用沸点升高法测定非挥发性溶质的摩尔质量，加深对稀溶液理论的理解。
2. 掌握沸点仪、贝克曼温度计的使用方法。

二、实验原理

由稀溶液的依数性知，由于非挥发性溶质的加入，稀溶液中溶剂的沸点升高符合如下方程：

$$\Delta T_b = \left(\frac{RT_b^{*2} M_1}{\Delta H_v}\right) b_B \tag{10-17}$$

式中，ΔT_b 为沸点升高值；b_B 是溶质的质量摩尔浓度；ΔH_v 是溶剂的摩尔汽化热；M_1 是溶剂的摩尔质量；R 是气体常数；T_b^* 是纯溶剂的沸点。

因为括号内的所有项只是涉及到溶剂而与温度无关，故方程式(10-17)可写为：

$$\Delta T_b = K_b b_B \tag{10-18}$$

式中，K_b 称为沸点升高常数。

方程式(10-17)还可写为：

$$\Delta T_b = \frac{K_b m_2 \times 1000}{m_1 M_2} \tag{10-19}$$

式中，m_2 是摩尔质量为 M_2 的溶质溶解在 m_1 溶剂中的克数（g），由式(10-19)可得：

$$M_2 = \frac{K_b m_2 \times 1000}{m_1 \Delta T_b} \tag{10-20}$$

这就是用沸点升高法测定溶质摩尔质量的计算公式。

三、仪器与试剂

1. 仪器

沸点仪1套；贝克曼温度计；煤气灯；放大镜；铁架台；压片器。

2. 试剂

丙酮；苯；萘；苯甲酸或其他溶质。

四、实验步骤

1. 压片

将萘或苯甲酸及未知样品于压片器上压片，切割成0.3～0.4g的小片并在分析天平上准确称量。每个样品称2份。

2. 测纯溶剂的沸点

移取25mL纯溶剂（丙酮或苯）到沸点仪中，照图10-7将调好的贝克曼温度计（贝克曼温度计的调法见第五章）装入沸点仪。用带罩的小火焰煤气灯加热沸点仪，当管里溶剂沸腾后，每30s读取1次温度数据，至少读4次，所得数据彼此相差在±0.005℃以内。

3. 测已知溶液的沸点

将准确称重的已知样品（萘或苯甲酸，0.3～0.4g）由冷凝管上口投入，然后加热沸点仪，到溶液平稳沸腾时，读取温度值。再加入第二片同种样品，重复上述步骤。

4. 测未知溶液的沸点

关掉煤气灯，拆下装置，倒掉里面溶液，彻底清洗仪器。重新装好仪器，移取25mL与前步相同的纯溶剂于沸点仪中，加热并核对纯溶剂的沸点。

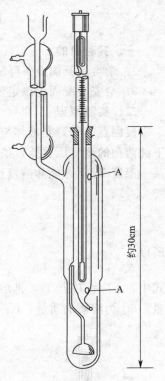

图10-7 改进的科特里尔沸点仪
A—开孔

与加入已知样品的过程一样，依次加入2片准确称量的未知固体，读取沸腾温度。若加样前后的 ΔT_b 值小于0.25℃，所得结果误差较大。

注意：

① 因沸点随大气压的波动稍有变化，所以在实验期间，要经常读取大气压，并记录读数。若有较大的气压波动，则纯溶剂的沸点需重新测定。

② 所选未知物在该溶剂中不发生缔合。

五、启示、思考、讨论

1. 将已知样品的摩尔质量 M_2、第一片样品质量 m_2、溶剂质量 m_1（$m_1 = \rho \cdot V$）以及加样前后的沸点升高值 ΔT_b，用公式(10-20)求出溶剂在实验条件下的 K_b 值。

2. 将两次合在一起的已知样品质量和两次合在一起的 ΔT_b 值重复计算实验的 K_b 值，两次的 K_b 值彼此相差不超过5%，与文献值相对误差不超过20%。

文献值：K_b(丙酮)=1.71K·kg/mol

K_b(苯)=2.53K·kg/mol

3. 用平均实验 K_b 值和未知样品的数据计算未知物的摩尔质量，两次结果彼此相差在5%以内。

4. 请对你的实验结果做全面的不确定度误差分析。

5. 用实验测得的 K_b 值与直接采用文献 K_b 值哪个更合理，为什么？

Ⅲ. 凝固点下降法测定溶质的摩尔质量

一、实验目的
1. 学会用凝固点下降法测定溶质的摩尔质量，加深对稀溶液理论的理解。
2. 会安装凝固点测定仪。

二、实验原理

凝固点（T_f）是液体与其结晶固相成平衡的温度。溶液中溶剂的蒸气分压比相同温度下纯溶剂的蒸气压要低，如果结晶固相为纯溶剂，则它必须在比纯溶剂的凝固点 T_f^* 更低的某一温度 T_f 下才能和溶液达成平衡。若液相为稀溶液，则有

$$\Delta T_f = K_f \cdot b_B = K_f \frac{m_2 \times 1000}{m_1 \times M_2} \tag{10-21}$$

所以

$$M_2 = K_f \frac{1000 \times m_2}{\Delta T_f \times m_1} \tag{10-22}$$

式中，$\Delta T_f = T_f^* - T_f$，即溶剂的凝固点降低值；b_B 为溶质的质量摩尔浓度；m_1 为溶剂的质量；m_2 为溶质的质量；K_f 为凝固点下降常数。

测定 m_1、m_2 及溶液的 ΔT_f，即可根据式(10-22)计算溶质的摩尔质量 M_2。

三、仪器与试剂

1. 仪器

玻璃缸；套管；冰点管；贝克曼温度计；普通温度计；放大镜；称量瓶；移液管（20mL）。

2. 试剂

纯苯；纯萘。

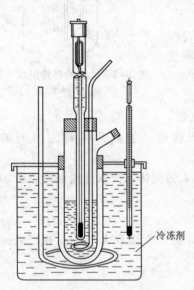

图10-8 凝固点测定仪装置图

四、实验步骤

1. 准备工作

(1) 按凝固点下降的要求调节好贝克曼温度计备用。

(2) 按图10-8安装好测定装置，并在玻璃缸中放入适量碎冰和水，并调节温度在2～3℃之间。

(3) 用分析天平准确称取一定量的萘2份〔其质量可以按公式(10-22)预先大约计算好，其中1份的质量能使 T_f^* 下降 0.2～0.3℃，2份的总质量能使 T_f^* 下降0.5℃〕。

2. 测定苯的近似凝固点

在冰点管内准确移入 20mL 纯苯，记下室温。插入调节好的贝克曼温度计，使水银球全部浸没在苯中，但不要接触管底和管壁。上下搅动冰点管内的搅拌器时，和温度计无摩擦。将冰点管直接放入冰水浴中，温度很快下降，当有固体出现时，温度下降逐渐缓慢。仔细观察此时温度变化情况，可将此时温度视为苯的近似凝固点。

3. 测定苯的凝固点

取出冰点管擦干，用手微热，使晶体完全熔化，但不要使温度升高超过1℃以上，最好为0.5℃左右。如超过1℃可放入冷冻剂冷却到0.5℃左右，迅速取出冰点管擦干（此时无晶

体析出），插入空气套管内，搅动液体。当温度降到接近近似冰点时缓缓搅动并从冰点管的支管投入极少量固体苯作为引种，此时急速搅动冰水浴，用放大镜仔细观察温度计水银柱的下降情况，并注意温度的回升，记下最高点，即为苯的凝固点。

如此测定数次，直至连续三次相互差值不超过±0.005℃为止。取其平均值作为苯的凝固点。

4. 测定溶液的凝固点

使固体苯完全熔化后，加入称量好的第一份萘，使之溶解，并照前法测定溶液的凝固点。然后再加入第二份称好的萘，测其凝固点。

实验完毕后，清洗仪器并恢复原状，洗净后的冰点管放入烘箱。

五、结果与讨论

按表10-1记录实验数据。

表 10-1　苯的凝固点测定数据记录

纯苯体积_____　　温度_____
纯苯密度_____　　苯质量 m_1_____

编　号	加萘量	凝固点 T_f/℃				ΔT_f/℃
		(1)	(2)	(3)	平均值	
纯苯	0					
溶液1						
溶液2						

1. 按公式(10-22)计算萘的摩尔质量 M。
2. 求出平均摩尔质量与按化学式的计算值进行比较，一般相对误差不超过5%。

注：纯苯 $T_f^* = 5.4$℃，$K_f = 5.1$。

本实验的主要问题是如何准确地测定溶液的浓度和其对应的凝固点。

用贝克曼温度计测定 T_f，精确度可达 0.001℃，但要得到高的准确度，必须准确地确定与该温度对应的平衡浓度，平衡浓度是 T_f 时与固相溶剂成平衡的溶液的浓度。但由于固相溶剂的析出，平衡浓度就会大于溶液的起始浓度（配制浓度），所以在此情况下，随着纯溶剂固相的不断析出，溶液的平衡浓度和与之对应的 T_f 值也在不断变化。对于实验所用的稀溶液，当纯溶剂固相刚有极少量析出时（越少越好，但一定要有），此刻溶液的平衡浓度可以认为就是原来的起始浓度，体系的平衡温度可以认为就是起始浓度的溶液的凝固点。所以，实验做准的关键在于结晶刚刚析出的那一瞬间快速准确地测温，但是，实际上溶液结晶之前一般出现过冷现象，这时则以过冷后回升的温度作为凝固点。

六、思考题

1. 定性讨论，当溶质在溶液中有离解、缔合等现象，将会对分子量测定引起何种误差？
2. 杂质对本实验的影响如何？
3. 为什么要加入晶种？从加入晶种的量估算所引入的误差。

实验三　燃烧热的测定

一、实验目的

1. 用氧弹式热量计测定萘的燃烧热。
2. 了解量热法的基本原理，掌握用量热法测定燃烧热的实验方法。

3. 了解氧气钢瓶的操作规程。

二、实验原理

燃烧热是指在 1atm（101.325kPa）和一定温度下 1mol 可燃烧物质完全燃烧时放出的热量。测定燃烧热一般使用量热法，其基本原理是样品燃烧所放出的热量 Q 全部由量热体系（图 10-9 中内筒以内的部分，主要是一定数量的水）所吸收，$Q=C\Delta T$。式中，ΔT 是体系吸热后的温度升高；C 为体系的热容，由燃烧一定量的标准物质来标定。标准物质（一般采用苯甲酸，下标记为"1"）完全燃烧后放出的热量 Q_1 是已知的，测定 ΔT_1 可算得 $C=\dfrac{Q_1}{\Delta T_1}$，在相同实验条件下测定一定量的待测物质（本实验为萘，记为"2"）完全燃烧后体系温度的升高 ΔT_2，可算得放出的热量为 $Q_2=C\Delta T_2=Q_1\dfrac{\Delta T_2}{\Delta T_1}$。因燃烧反应是在氧弹中恒容下进行的（图 10-10），所以测得的热是恒容热。将待测物质的量归一成 1mol（乘上因子 $\dfrac{M}{m_2}$，m_2 为待测物质的质量，M 为摩尔质量）就是摩尔恒容热。根据下式换算为摩尔恒压热，就是所求之燃烧热。

$$\Delta H_m=(Q_2)_p=(Q_2)_v+\Delta(pV)=(Q_2)_v+RT\Delta n$$

设反应中的气体为理想气体并忽略固体或液体的体积，Δn 为 1mol 待测物质完全燃烧后气体组分物质的量的增量。对于萘的燃烧反应 $\Delta n=-2$。

由上述原理可知，要准确测定样品的燃烧热，必须做到：
① 准确称量样品并防止损失；
② 样品完全燃烧；
③ 减少量热体系与环境的热交换；
④ 准确测定量热体系的温度变化。

三、仪器和试剂

WHR-15 智能型氧弹式热量计 1 套；压片机 4 台（公用）；氧气钢瓶与充氧机 1 套（公用）；燃烧丝；苯甲酸（二级品）；萘（二级品）。

四、实验步骤

1. 熟悉热量计的构造

整套仪器如图 10-9 所示。内筒以内的部分为量热体系，主要是一定数量的水和燃烧用的氧弹。内筒外面有一空气绝热层，内筒由绝热垫片 4 架起，上方有绝热胶板 5 覆盖，减少传热与水分蒸发。同时，仪器的外套 1 内可灌入与体系温度相近的水。为使量热体系温度很快达到均匀，装有搅拌杆 10，由发动机 6 带动。为防止通过搅拌棒传热，金属搅拌棒上端用绝热良好的塑料与发动机传动装置连接。体系的温度变化是用贝克曼温度计测量的，本实验用微机智能测温系统代替贝克曼温度计，测温精度 0.01℃ 能满足一般实验的要求。样品的燃烧点火由控制台的电点火装置施行。图 10-10 是氧弹的构造。氧弹是用不锈钢制成的，主要部分有厚壁圆筒 1，弹盖 2 和螺帽 3 紧密相连；在弹盖 2 上装有用来充入氧气的进气孔 4、排气孔 5 和电极 6，电极直通弹体内部，同时作为燃烧皿 7 的支架；为了将火焰反射向下而使弹体温度均匀，在另一电极 8（同时也是进气管）的上方还装有火焰遮板 9。

2. 按顺序正确启动在线监控程序和多功能控制箱。

3. 测定量热体系的热容

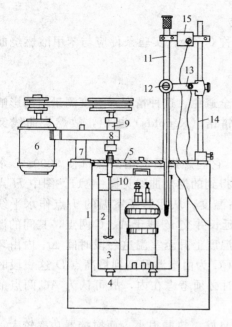
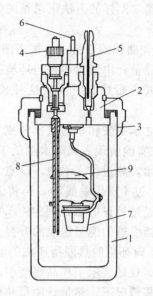

图 10-9　氧弹式量热计
1—量热计外套（套内中空可以盛水）；2，3—搅拌器隔套；
4—绝热垫片；5—绝热胶板；6—电机；7—电机支撑杆；
8—搅拌器支架；9—搅拌器；10—搅拌杆；11—贝克
曼温度计（或其他温度传感器）；12—读数放大镜；
13—温度计夹具；14—温度计安置杆；
15—振动器（为避免贝克曼温度计内水银在内壁黏滞）

图 10-10　氧弹的构造
1—厚壁圆筒；2—弹盖；3—螺帽；4—氧气进气孔；
5—排气孔；6—电极；7—燃烧皿；
8—另一个电极（同时作为进气管）；9—火焰遮板

记录标准样品苯甲酸的燃烧曲线。

（1）压片　粗称约1g的标准样品苯甲酸，在压模中慢慢倒入样品粉末用力压成圆片。刷去片上和边缘的浮粉，用分析天平准称至0.0001g。

（2）装样　旋开氧弹的弹盖放在支架上，把燃烧丝一端穿入电极6的小孔内缠紧，另一端缠在电极8的小螺杆上。样品悬于燃烧皿的上方，燃烧丝不要绷紧以免电极8和6接触形成短路（见图10-10）。用万用表检查两电极是否通路，如不通路或接触不良需调整至通路为止。将弹盖与弹筒旋紧，充以1500～2000kPa（15～20atm）的氧气，试漏（将整个氧弹浸没水中看有无气泡逸出）。将氧弹放入内筒，倒入比室温低1℃的3000mL自来水，确认在线监控程序和多功能控制箱已经正确启动后，将点火插头插入电极，盖好胶板5（图10-9），将控温探头插入内桶的水中。注意测温探头和搅拌器均不得接触氧弹和内筒。

（3）标准样品的燃烧　开动搅拌电机，测定水温，此后每隔1min记录一次温度，可见温度缓慢上升。5min后启动点火开关通电点火（点火后数秒钟关掉点火开关），正常情况下燃烧丝通电受热引燃棉线并使样品燃烧，在控制台上可见指示灯一亮即灭，过一两分钟后水温迅速上升，表示样品已燃烧。若灯亮后不灭，表示燃烧丝没有烧断，未引燃棉线和样品，可加大电流引发燃烧。如果无效或指示灯一开始就不亮，则应打开氧弹检查。可能是电极短路、燃烧丝与电极接触不良或燃烧丝断开等原因，应根据具体情况排除故障，继续实验。自点火后，温度改为每隔0.5min记录一次，直至两次读数差值小于0.02℃，然后读数间隔恢复1min，继续10min左右，实验终止。

（4）关闭控制台总电源开关，拆卸仪器，打开氧弹，观察样品是否燃烧完全，测量燃烧丝剩余长度。

4. 测定样品燃烧热记录待测样品萘的燃烧曲线

按步骤 3 同样的方法记录萘的燃烧曲线。萘粗称 0.75g。实验条件应与苯甲酸燃烧曲线尽量一致。

5. 燃烧曲线的分析——雷诺图说明

由于热量计中量热体系与环境的热交换无法完全避免，这种情况对温度测量值的影响可从燃烧曲线进行校正。由于这种校正方法最先由雷诺（Renolds）提出，故燃烧曲线又称雷诺图。

上述之苯甲酸和萘的质量分别为 1g 和 0.75g，它们燃烧后放出的热量使 3000mL 水升温约 2℃。实验前预先调节水温低于室温 1℃，实验得到的燃烧曲线见图 10-11。图中 H 点表示燃烧开始，热量传入水中，D 点为观测到的最高温度。从相当于室温的 J 点作水平线交曲线于 I，过 I 点作垂线 ab，再将 FH 线和 CD 线延长并交 ab 线于 A、C 两点，其间的温度差值即为经过校正的 ΔT。图中 AA' 为开始燃烧到温度上升至室温这一段时间 Δt_1 内由环境辐射和搅拌引进的能量造成的升温，故应予扣除；CC' 为由室温升高到最高点 D 这一段时间 Δt_2 内体系向环境的热漏所造成的温度降低，计算时必须考虑在内，故可认为 AC 两点的温度差值较客观地表示了样品燃烧引起的升温数值。

在某些情况下，热量计中量热体系的绝热性能良好，热漏很小，而搅拌器功率较大，不断引进的能量使得曲线不出现极高温度点，如图 10-12 所示。校正方法相似。

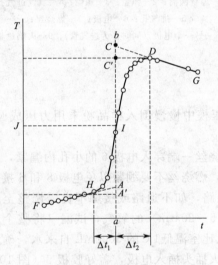 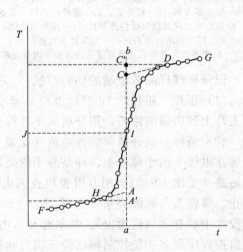

图 10-11 雷诺温度校正图 　　　　图 10-12 绝热良好情况下的雷诺校正图

五、数据处理

1. 从燃烧曲线的雷诺温度校正图求出苯甲酸和萘的 ΔT_1 和 ΔT_2 并列出数据表（表 10-2）。

表 10-2 苯甲酸和萘的燃烧热测定数据记录

序　号	样　品	质量 m/g	ΔT/℃	燃 烧 丝 长 度	
				剩余 L/cm	消耗 $10-L$/cm
1	苯甲酸				
2	萘				

2. 计算 m_2(g) 萘燃烧放出的恒容热 $(Q_2)_v$。

$$\frac{(Q_1)_v + Q_{丝1}}{(Q_2)_v + Q_{丝2}} = \frac{\Delta T_1}{\Delta T_2}$$

得
$$(Q_2)_v = \frac{\Delta T_2}{\Delta T_1}[(Q_1)_v + Q_{丝1}] - Q_{丝2}$$
$$= \frac{\Delta T_2}{\Delta T_1}[-26.48 m_1 - 6.69 \times 10^{-3}(10 - L_1)] + 6.69 \times 10^{-3}(10 - L_2)$$

式中，数据 -26.48 (kJ) 为每克苯甲酸的恒容燃烧热；-6.69×10^{-3} (kJ) 为每 1cm 燃烧丝放出的热量。

3. 计算萘的燃烧热

萘的燃烧反应为：
$$C_{10}H_8(固) + 12O_2(气) \longrightarrow 10CO_2(气) + 4H_2O(液)$$

可知 $\Delta n(气) = -2$

摩尔恒容热为 $Q_{m,v} = (Q_2)_v \cdot \dfrac{M}{m_2}$，式中 m_2 为萘的质量，M 为萘的摩尔质量 128.06 g/mol。

萘的燃烧热为：
$$\Delta_r H_m = Q_{mp} = Q_{m,v} - 2RT$$

萘燃烧热文献值为 -5154 kJ/mol。

六、启示、思考、讨论

1. 氧弹式热量计是一种精密的量热仪器，广泛用于测定可燃物质的热值。一般的量热测定都是用苯甲酸来标定仪器的热容。中国计量科学院规定它是我国的二等量热标准物质。

本装置可测定绝大部分固态可燃物质，对一般的训练操作最好采用萘、蒽、蔗糖、葡萄糖、淀粉等。液态可燃物也可用热量计测定热值。沸点高的油类可直接置于燃烧皿中用引燃物（如棉线）引燃测定；沸点低的有机物可用药用胶囊作为样品管，再用内径比胶囊外径大 0.5～1.0mm 的薄壁玻璃管套住，如图 10-13 胶囊的平均燃烧热值应预先标定，处理数据时扣除。

2. 在精密量热测定中需对氧弹中所含的氮气的燃烧热值做校正。为此可预先在氧弹中加入 5mL 蒸馏水，燃烧后将生成的稀 HNO_3 溶液全部转移到 150mL 锥形瓶中煮沸片刻，用 0.1mol/L 的 NaOH 标准溶液标定，每 1mL NaOH 标准溶液相当于 5.98J 的热值。这部分热值应从总的燃烧热中扣除。

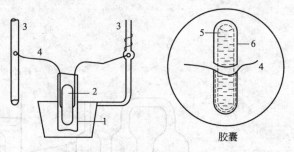

图 10-13　胶囊套玻璃管装样示意图
1—玻璃管；2—胶囊；3—点火电极；
4—引燃铁丝；5—胶囊内套；6—胶囊外套

3. 测量温度上升最精密的仪器是贝克曼温度计。贝克曼温度计刻度间隔为 0.01℃，用放大镜可估读至 0.002℃。本实验用微机智能测温系统，测量精度 0.01℃。也可用镍铬-镍铝或铜-康铜热电偶代替贝克曼温度计。用 15 对热电偶串联，温差 1～2℃时热电势可达 0.5～0.8mV，参考点置于装有水的保温瓶中，水的温度与量热体系水的初温相近，热电偶另一接点放入体系水中，用 1mV 自动平衡记录仪自动记录温度及其变化情况。

4. 有一种绝热式热量计，在相当于图 10-9 内外筒之间的空气层装有适当浓度的电解质溶液（例如 KCl 溶液）并安置板栅电极，根据体系与溶液的温差自动控制加热电流使溶液温度随时逼近体系温度。以此达到绝热，效果较好。

实验四　静态法测定液体的饱和蒸气压

一、实验目的

1. 明确气液两相平衡的概念及纯液体的沸点和饱和蒸气压的意义。
2. 学会用静态法测定无水乙醇的饱和蒸气压，初步掌握真空实验技术，理解等压计的原理并熟练运用。
3. 了解饱和蒸气压同温度的关系——克劳修斯-克拉贝龙方程，并应用它求算实验温度范围内的平均摩尔气化焓。

二、实验原理

在一定温度下，纯液体与其蒸气达到平衡，这时的蒸气压力称为该温度下的饱和蒸气压，此温度就是该压力下的沸点。所谓达到平衡可以理解为蒸气凝结成液体的速率等于液体气化成蒸气的速率，即动态平衡。此时气相中蒸气呈饱和状态，故蒸气压力称为饱和蒸气压。

本实验用静态法测定无水乙醇（下简称乙醇）的饱和蒸气压。方法依据是，当纯液体温度达到沸点时饱和蒸气压与外压相等。因此测得不同外压下液体的沸点，也就得到了该温度（沸点）下的饱和蒸气压。本实验的主要仪器是等压计，它由 A、B、C 三管组成，三管都装有一些乙醇，A、B 管上方构成蒸气的密闭容器，B、C 管底部相通构成压力计（图 10-14）。当 B、C 管的液面上的蒸气压力 p 等于 C 管上的压力 p_s（真空系统中的压力），此时乙醇的温度 T 即为沸点。由此得到一组相应的 p-T 数据。

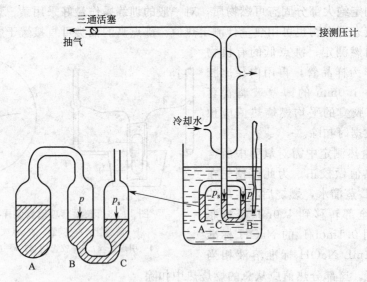

图 10-14　等压计

饱和蒸气压同温度有确定的关系，克劳修斯和克拉贝龙从理论上得出如下微分方程。方程及其解通称为克-克方程。

$$\frac{\mathrm{d}p}{\mathrm{d}T}=\frac{\Delta_{\mathrm{vap}}H_{\mathrm{m}}}{T(V_{\mathrm{g,m}}-V_{\mathrm{l,m}})} \tag{10-23}$$

式中，$\Delta_{\mathrm{vap}}H_{\mathrm{m}}$ 为摩尔气化焓；$V_{\mathrm{g,m}}$ 与 $V_{\mathrm{l,m}}$ 分别为气体和液体的摩尔体积。做了一些近似后式 (10-23) 化简为：

$$\frac{\mathrm{d}\ln p}{\mathrm{d}T}=\frac{\Delta_{\mathrm{vap}}H_{\mathrm{m}}}{RT^2} \tag{10-24}$$

解得

$$\ln p=-\frac{\Delta_{\mathrm{vap}}H_{\mathrm{m}}}{RT}+C \tag{10-25}$$

本实验测得的一系列沸点和饱和蒸气压数据用作图法求得乙醇的摩尔气化焓。

三、仪器与试剂

真空泵 1 台；真空系统 1 套；测温测压计 1 台；等压计 1 个；烧杯（800mL）1 个；无水乙醇（二级品）。

四、实验步骤

1. 熟悉真空系统各个部件的功用

图 10-15 活塞 5 右侧部分为真空系统。有控制地抽出其中空气使压力降低。启动步骤如下：关闭活塞 3 和三通活塞 5，转动三通活塞 2 使真空泵与大气相通。开动真空泵（实验过程不停泵），待运转稳定后（1min 左右）调节活塞 2 使真空泵与瓶 4 相通，瓶 4 中空气被抽出，压力迅速降低。几分钟后将活塞 5 旋至瓶 4 与系统相通，瓶 4 向系统抽气（瓶 4 故名"抽气瓶"），抽气量由活塞 5 控制。这样二级抽气方式可使抽气平缓。

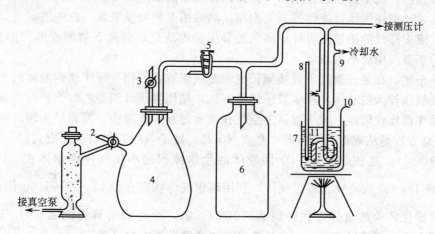

图 10-15 真空系统

1—干燥塔；2，5—三通活塞；3—二通活塞；4—抽气瓶；6—缓冲瓶；
7—烧杯（盛水作为水浴）；8—温度计；9—冷凝管；
10—搅拌器；11—等压计

2. 试漏

转动活塞 5 使抽气瓶与系统相通，系统中空气被抽出，压力降低。抽气至 $p_s < 50\mathrm{kPa}$ 时关闭活塞 5，观察 5min。如果 p_s 固定不变，表明系统不漏气，否则应分段检查漏气原因，直至不漏气为止。

3. 测定室压下乙醇的沸点

转动活塞 5 使系统与大气相通。在大烧杯内灌注蒸馏水至淹没等压计。开启冷却水流。加热水浴。A 管内液体被加热至沸腾并有气泡从 C 管逸出，至水浴温度近 80℃ 停止加热。此时 A、B 管液面上方的空气及溶于乙醇中的空气被赶尽。搅拌水浴使温度逐渐下降，注意 B、C 管的液面变化，当二液面相平时记下温度值，就是室压下乙醇的沸点。此时抽气，活塞 5 转向使系统与抽气瓶相通，开启活塞时动作要迅速，但活塞孔开得要小，避免抽气量太大使等压计里的液体向上冲出。在操作活塞5时应时刻注视测压计，切不要盯着活塞5而忽略测压计 p_s 值的变化。如果空气从C管返入AB管上方的蒸气中，实验失败需重做。抽气量由活塞5控制。第一次抽气使测压计显示约降低10kPa，准确记录 p_s 值。此时乙醇剧烈气化，蒸气在冷凝管中遇冷液化流回C管。随着水浴温度降低，B、C管液面又趋于相平，相平时读水浴温度，此时体系的压力就是此温度乙醇的饱和蒸气压。

4. 同法继续测定不同温度下乙醇的饱和蒸气压。每次压力降低约10kPa，准确记录 p_s。共测5~6个数据，至水浴温度降至60℃左右（此时测压计示值 p_s 约50kPa）。在测定过程中要明确"先确定外压，再测定沸点"这个原则。

五、数据处理

1. 列出实验数据记录表，正确记录全套原始数据并填入演算结果。

2. 作 $\ln p$- $\frac{1}{T}$ 图，由直线斜率算出乙醇在实验温度范围内的平均摩尔气化焓。与标准值42.11kJ/mol比较，求相对误差。

六、启示、思考、讨论

1. 测定液体饱和蒸气压的方法主要有两种，动态法和静态法。

（1）动态法，其中常用的有饱和气流法。在一定的温度和外压下，将干燥的惰性气体通过被测液体，让惰性气体被液体的蒸气饱和，然后用某种物质吸收气流中的蒸气，知道了一定体积的气流中蒸气的质量便可计算蒸气的分压，也就是该温度下被测液体的饱和蒸气压。动态法适用于蒸气压较小的液体。

（2）静态法，在某一温度下直接测量饱和蒸气压或在不同外压下测定液体的沸点。静态法适用于蒸气压较大的液体。本实验采用静态法，使用等压计测量乙醇饱和蒸气压，其优点是仪器和操作都比较简便，溶于液体的空气在实验过程中被除去，所得结果较准确。

2. 克-克方程是从理论上导出的，对式(10-23)做了一些近似后简化成式(10-24)，然后积分得式(10-25)。这些近似是：① 因液体的摩尔体积远小于气体摩尔体积，$V_{lm} \ll V_{gm}$，V_{lm} 可忽略不计；② 视蒸气为理想气体，利用理想气体状态方程 $V_{lm} = \frac{RT}{p}$；③ 假设 $\Delta_{vap} H_m$ 不随温度而变化，求解微分方程得到式(10-25)。第一个近似对算得的 $\Delta_{vap} H_m$ 影响很小，第二和第三个近似使算得之 $\Delta_{vap} H_m$ 明显偏大。请思考其中的道理。

3. 讨论上述第三个近似。温度对摩尔气化焓是有影响的，温度高时 $\Delta_{vap} H_m$ 小，温度低时 $\Delta_{vap} H_m$ 大。在积分式(10-24)时做了 $\Delta_{vap} H_m$ 不随温度变化的假设显然会给结果带来误差。由式(10-25)作图求得之 $\Delta_{vap} H_m$ 应比正常沸点时大，比最低实验温度时小（正常沸点，是指1atm下的沸点）。习惯上称所得的 $\Delta_{vap} H_m$ 为"平均摩尔气化焓"。确切地说是实验温度范围内某个温度的摩尔气化焓，但这个温度的具体数值从式(10-25)和图中是无法知道的。如果直接从式(10-20)出发，可以求得实验温度范围内各个温度时的 $\Delta_{vap} H_m$。详细讨论见下段。

4. 根据式(10-24) $\frac{d\ln p}{dT} = \frac{\Delta_{vap} H_m}{RT^2}$ 可求算实验温度范围内某个温度的 $\Delta_{vap} H_m$。具体方法是，作 $\ln p$-T 图，得单调上升并且凸向上的曲线。过曲线上相应于某个温度的点作切线，并求出这条切线的斜率 $\frac{d\ln p}{dT}$，再乘以 RT^2，即得该温度的 $\Delta_{vap} H_m$。可知 $\Delta_{vap} H_m$ 随温度增高而减小。过曲线上相应于正常沸点78.4℃的点（或曲线外推到这一点）作曲线求 $\Delta_{vap} H_m$，与文献值 40.48kJ/mol 比较。

5. 明确真空系统各部件（见图 10-15，这些部件有真空泵、干燥塔、抽气瓶、缓冲瓶、各种活塞）的功用。在实验步骤中已讨论过抽气瓶，现在考察一下缓冲瓶的情况。瓶 6 与等压计并联，抽气时气体分流，抽气量由二者分担且与本身的容积成正比。因瓶 6 容积（约 3.5L）比等压计 C 管上方管道的容积（约 40mL）大 80 多倍，抽气时气体主要从瓶 6 抽出，而等压计 C 管上方抽出气体很少，这样就便于实验操作。瓶 6 起着缓和抽气冲击的作用，故名缓冲瓶。

第二节　常数与物性测定

实验五　电离平衡常数的测定

Ⅰ. pH 法测定乙酸的电离平衡常数

一、实验目的

1. 学习了解 pH 法测电离常数的原理与方法。
2. 学会 pH 计的使用方法及注意事项。
3. 加强有效数字概念在数据处理上的正确运用，学会实验误差原因分析。
4. 训练实验报告表格化处理方法。

二、实验原理

乙酸是常见的一元弱酸，分子式为 CH_3COOH（习惯上以 HAc 表示 CH_3COOH，以 Ac^- 表示 CH_3COO^-）。假设乙酸的初始浓度为 c_0，并假设乙酸的电离常数足够大，可以忽略水的电离平衡的影响，则对乙酸在水中的离解做物料平衡如下：

$$HAc \rightleftharpoons H^+ + Ac^-$$

初始浓度　　　　　　　　　　　　c_0　　　　—　　　　—

平衡浓度　　　　　　　　　　c_0-x　　　x　　　x

即：乙酸的电离平衡常数 $K_i = \dfrac{[H^+] \cdot [Ac^-]}{[HAc]} = \dfrac{x \cdot x}{c_0 - x}$，其中 c_0 为乙酸溶液的初始浓度，x 为平衡时乙酸溶液中 H^+ 的浓度 $c(H^+)$。

我们知道，在一定温度下利用酸度计（pH 计）可以测定某溶液的 pH 值，而溶液的 pH 值与溶液中 H^+ 浓度 $c(H^+)$ 之间存在着如下关系：

$$pH = -lg[H^+] \quad 或 \quad [H^+] = 10^{-pH}$$

因此，如果我们已知乙酸溶液的初始浓度 c_0，并且利用酸度计测定了该溶液的 pH 值，通过计算就可求出乙酸的电离平衡常数 K_i 值。

值得注意的是，参数方程 $K_i = \dfrac{x^2}{c_0 - x}$ 成立的前提条件是认为乙酸的电离常数足够大而忽略了水本身的电离平衡。乙酸的浓度越稀，越不能忽略水的电离，因此，在实验中应尽量使乙酸的浓度大一些。另外，由于乙酸的电离平衡常数的测定最终归结为乙酸溶液的 pH 值测量，所以本实验的精确度将最终取决于 pH 值测定的精确度。为保证实验测定值的精确度，本实验中的 pH 值要求读到小数点后第二位。

三、仪器与试剂

1. 仪器

pH S-2C 型酸度计 1 套；50mL 酸式滴定管 1 支；50mL 碱式滴定管 1 支；滴定管架；

滴定管夹；100mL 烧杯 5 只；玻璃搅拌棒 5 根；温度计（实验室公用）1 支。

2. 试剂

浓度在 0.1mol/L 左右的乙酸溶液，准确浓度由实验室给出。

四、实验步骤

1. 配制不同浓度的乙酸溶液：取干燥、洁净的 100mL 烧杯 5 只，编号 1~5。在酸式滴定管中加入已知浓度的乙酸溶液，在碱式滴定管中加入去离子水。依次向 1~5 号烧杯中加入一定体积的乙酸溶液和去离子水（所加体积见表 10-3）。

2. 测定所配乙酸溶液的 pH 值：利用 pH 计依次测定所配乙酸溶液的 pH 值，要求读到小数点后第二位，并记录在表中。

五、数据记录与结果处理（表 10-3）

表 10-3　pH 法测定乙酸电离平衡常数、数据记录与处理

室温：_____ ℃

实验室配制的乙酸溶液的浓度：_____ mol/L

编号	量取乙酸溶液体积/mL	量取去离子水体积/mL	混合后乙酸浓度计算值/(mol/L)	混合后溶液pH测定值	混合后溶液H^+浓度计算值/(mol/L)	乙酸电离常数K_i计算值
1	3.00	47.00				
2	6.00	44.00				
3	9.00	41.00				
4	12.00	38.00				
5	15.00	35.00				

取实验中 5 个数值的平均值，即为本实验测得乙酸电离常数 K_i 值。

六、思考题

1. 本实验中测定乙酸电离常数的依据是什么？当乙酸浓度很稀时，能用此法吗？

2. 本实验中乙酸电离常数的测定最终归到乙酸溶液中 H^+ 浓度的测定，能否利用酸碱滴定法来测定溶液中的 H^+ 浓度？

3. 仿照测定弱酸电离常数的办法，你能设计一个实验方案来测定弱碱（如 $NH_3 \cdot H_2O$）的电离常数吗？

Ⅱ. 电导法测定弱电解质的电离平衡常数

一、实验目的

1. 了解电解质溶液导电的基本概念。
2. 了解测定溶液电导的方法，学会和掌握电导仪的使用方法。
3. 用电导法测定乙酸的电离常数。

二、实验原理

电导是电解质溶液导电能力的大小，与电流流经溶液的长度成反比，与面积成正比：

$$G=\kappa \cdot \left(\frac{a}{l}\right)=\frac{\kappa}{K}$$

式中，G 为电导，单位为西门子，简称西（S）；a 为面积（m²）；l 为长度（m）；κ 为电导率（S/m），电导率的意义是单位面积、单位长度所构成的导体单元的电导；$K=l/a$ 为电导电极常数，也称电导池常数（m⁻¹）；

为测定电导电极常数,一般的方法是配制标准溶液,如 KCl 水溶液。已知 25℃ 时 0.01mol/L KCl 的电导率为 0.1413S/m；0.001mol/L KCl 的电导率为 0.01469S/m。用电导池测定上述溶液的电导,由下式计算电导池常数:

$$K = \frac{\kappa}{G}$$

为了研究电解质溶液的电导性能,还应定义摩尔电导率:

$$\Lambda_m = \kappa \frac{10^{-3}}{c}$$

式中,c 为浓度(mol/L)。摩尔电导率是指把含有 1mol 电解质的溶液置于相距 1m 的两个电极之间的电导。它可以量度 1mol 电解质的导电能力。当溶液趋向于无限稀时称为极限摩尔电导率,以 Λ_m^∞ 表示。在一定温度下,Λ_m^∞ 只与组成该电解质(此时完全电离)的离子的特征有关。强电解质的 Λ_m^∞ 可用外推法得到。各离子的极限摩尔电导率可以根据离子独立移动定律求得。

弱电解质的电离度 $\alpha = \dfrac{\Lambda_m}{\Lambda_m^\infty}$(推导从略)。一元弱酸或弱碱的电离平衡常数又与弱酸或弱碱在溶液中的电离度存在着一定关系。以乙酸溶液为例:

$$CH_3COOH(aq) \rightleftharpoons H^+(aq) + CH_3COO^-(aq)$$

起始时浓度　　　　　c　　　　　　0　　　　0
平衡时浓度　　　　$c(1-\alpha)$　　　　$c\alpha$　　　$c\alpha$
平衡常数

$$K_c = \frac{c\alpha^2}{1-\alpha} = \frac{c\Lambda_m^2}{\Lambda_m^\infty(\Lambda_m^\infty - \Lambda_m)}$$

式中 25℃ CH_3COOH 的 $\Lambda_m^\infty = 3.907 \times 10^{-2} S \cdot m^2/mol$。

测定溶液电导的方法有交流电桥法与电导仪法,本实验使用 DDS-11A 数显电导率仪,其线路方框图见图 10-16。

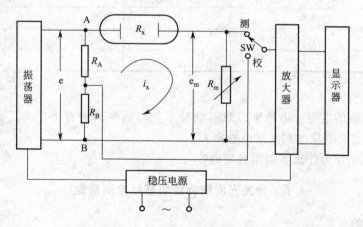

图 10-16　电导率仪原理图

三、仪器与试剂

恒温槽(一套);DDS-11A 数显电导率仪(一台);电导电极(一支);100mL 锥形瓶(3个);25.00mL 移液管(3支);50.00 移液管(1支);0.001mol/L KCl 溶液(公用);HAc 溶液(公用);去离子水。

四、实验步骤

1. 恒温槽恒温至 (25.0 ± 0.1)℃；
2. 测定电导电极常数 K

取适量 0.001mol/L 的 KCl 标准溶液于 100mL 干燥的锥形瓶中，放入恒温槽恒温。将电导电极用蒸馏水小心冲洗后用滤纸吸干，放入锥形瓶中，使电导电极（铂片）完全浸没在溶液中。恒温 5min 后，测其电导值，重复三次取平均值，然后将电导电极小心取出用蒸馏水冲洗并用滤纸吸干备用。

3. 测定乙酸溶液的电导

（1）用移液管准确吸取 25.00mL HAc 溶液移入 100mL 干燥的锥形瓶中，放入恒温槽恒温。将电导电极放入锥形瓶恒温 5min 测其电导，重复三次取平均值；

（2）准确移取 25.00mL 蒸馏水于（1）的锥形瓶内，恒温 5min 后测其电导，重复三次取平均值；

（3）再准确移取 50.00mL 蒸馏水于（2）的锥形瓶内，恒温 5min 后测其电导，重复三次取平均值；

五、数据处理

1. 计算电导电极常数（温度 25℃）

电导率 κ/(S/m)	电导 G/S	电导池常数 K/m^{-1}

2. 计算 HAc 的电离常数。已知 25℃时 K_c 的文献值为 1.76×10^{-5}，$\Lambda_{m,HAc}^{\infty}$ 为 3.907×10^{-2} S·m^2/mol，计算相对误差。

HAc 浓度 c/(mol/L)	电导 G/S	电导率 κ/(S/m)	摩尔电导率 Λ_m/(S·m^2/mol)	电离度 α	电离常数 K_c	相对误差

六、思考题

1. 电解质溶液的电导、电导率、摩尔电导率各与哪些因素有关？为了研究溶液的导电性质为什么必须定义电导率和摩尔电导率？
2. 测定溶液电导为什么不能用直流电？

Ⅲ. 分光光度法测定甲基红电离常数

一、实验目的

1. 熟悉和正确使用分光光度计。
2. 进一步熟练用对消法测定电池电动势，学会用醌氢醌电极测定溶液 pH 值。
3. 理解分光光度法测定甲基红电离常数的原理并准确测定之。

二、实验原理

甲基红是一种有机弱酸，结构式为：

可简写为 HMR。它微溶于水，在水溶液中电离，电离平衡表示为：

$$HMR \rightleftharpoons H^+ + MR^-$$

电离平衡常数为：

$$K_c = \frac{c_{H^+} \cdot c_{MR^-}}{c_{HMR}} \tag{10-26}$$

或取对数，写成：

$$pK_c = pH - \lg \frac{c_{MR^-}}{c_{HMR}} \tag{10-27}$$

我们称 HMR 为酸式甲基红，MR^- 为碱式甲基红。因溶液很稀，可将浓度看成是活度，故 $pK_c = pK_a$。

测定电离常数的依据是甲基红在不同酸度的介质中有不同的显色效应。甲基红本身就是一种酸碱指示剂，变色范围自 pH 6.2（黄）至 pH 4.4（红）。配制酸度各不相同的几种甲基红稀水溶液，其 pH 值在 4～6 之间，可采用 HAc-NaAc 缓冲溶液，HAc 或 NaAc 的用量不同，pH 值也就不同。用分光光度计测定溶液的吸光度进而计算 $\frac{c_{MR^-}}{c_{HMR}}$，用酸度计测定溶液 pH 值，根据式（10-27）算得 pK_c。溶液酸度不同，但测得的 pK_c 应当是相同的。从电离平衡式与公式知，当增加酸度时，第一项 pH 值是减小的；由于平衡位置向左移动，$\frac{c_{MR^-}}{c_{HMR}}$ 减小，$\lg \frac{c_{MR^-}}{c_{HMR}}$ 也减小，二项之差应是恒定。反之亦然。

酸式甲基红 HMR 和碱式甲基红 MR^- 在可见光谱范围内都有强吸收峰，如图 10-17 所示，分别在 $\lambda_1 = 520\text{nm}$ 与 $\lambda_2 = 430\text{nm}$ 处出峰。此处测得的吸光度对该物质十分灵敏，其他物质的干扰吸收则很小。

根据朗伯-比尔（Lambert-Beer）定律，溶液对某单色光的吸光度 A、溶液浓度 c、吸收池厚度 b 等服从如下关系：

$$A = \lg \frac{I_0}{I} = kcb = Kc \tag{10-28}$$

式中，I_0 与 I 分别为该波长单色光的入射强度与透射强度，$\frac{I}{I_0}$ 称为透光度，以 T 表

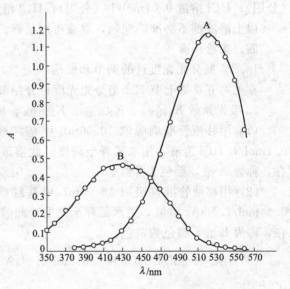

图 10-17 酸式甲基红（A）与碱式甲基红（B）吸光度与波长的关系图

示。当吸收池厚度 b 一定时吸光度与溶液浓度成正比。K 称为吸光系数，它与光波波长、吸光物质有关。吸光度有加和性，当溶液中含有多种组分时，总吸光度等于各组分吸光度之和。现溶液中 HMR 和 MR^- 的浓度分别为 c_{HMR} 和 c_{MR^-}，A_1 和 A_2 为在 λ_1 和 λ_2 波长下测得的总吸光度，则

$$A_1 = K_{1,\text{HMR}} c_{\text{HMR}} + K_{1,\text{MR}^-} c_{\text{MR}^-}$$
$$A_2 = K_{2,\text{HMR}} c_{\text{HMR}} + K_{2,\text{MR}^-} c_{\text{MR}^-}$$

解联立方程得

$$\frac{c_{\text{MR}^-}}{c_{\text{HMR}}} = \frac{A_2 K_{1,\text{HMR}} - A_1 K_{2,\text{HMR}}}{A_1 K_{2,\text{MR}^-} - A_2 K_{1,\text{MR}^-}} \tag{10-29}$$

算出 $\dfrac{c_{\text{MR}^-}}{c_{\text{HMR}}}$ 并测得 pH 值,由式(10-27)可得 pK_c。

吸光系数 K 的确定。因 K 与吸光物质和光的波长有关,故确定吸光系数应固定波长(通常选择出现吸收峰时的波长)和采用纯净的被测物质。例如测 HMR 的吸光系数,溶液的酸度应为 pH=2,此时几乎全是 HMR;而 pH=8 时溶液中几乎全是 MR^-。具体测定方法是配制不同浓度的被测物质溶液,在确定的波长下测吸光度,作吸光度-浓度曲线,应为直线,斜率即为吸光系数。

因 pK_c 随温度变化很小,故本实验可在室温下进行。

三、仪器和试剂

722 型分光光度计(1台);S-2C 型酸度计(1台);100.0mL 容量瓶(7只);50mL 烧杯(6只);10.00mL 移液管(4支);50mL 量筒(4个);甲基红溶液(公用)。

(1) 储备溶液——1g 甲基红晶体溶于 300mL 95% 乙醇中,过滤,用纯水稀释至 500mL。

(2) 标准溶液——取 4mL 储备液加 50mL 95% 乙醇,用纯水稀释至 100mL。

NaAc 溶液 0.04mol/L(公用);NaAc 溶液 0.01mol/L(公用);HAc 溶液 0.02mol/L(公用);HCl 溶液 0.01mol/L(公用);HCl 溶液 0.1mol/L(公用)。

以上溶液都不必准确配制,取液可用量筒。

四、实验步骤

1. 722 型分光光度计的调节和使用

参见第五章第七节 722 型分光光度计介绍部分。

2. 吸光系数 $K_{1,\text{HMR}}$、K_{1,MR^-}、$K_{2,\text{HMR}}$、K_{2,MR^-} 的确定

(1) 用移液管准确吸取 10.00mL 甲基红标准液移入 100.0mL 容量瓶中,加入 10mL 0.1mol/L HCl 溶液,用水稀释至刻度。此溶液 pH 值约为 2,甲基红绝大部分以 HMR 存在,称为 A 液,颜色为深红。

(2) 用移液管准确吸取 10.00mL 甲基红标准液移入 100.0mL 容量瓶中,加入 25mL 0.04mol/L NaAc 溶液,用水稀释至刻度。此溶液 pH 值约为 8,甲基红绝大部分以 MR^- 存在,称为 B 液,颜色为黄色。

(3) 用 0.01mol/L HCl 和 0.01mol/L NaAc 分别准确稀释 A 液和 B 液至原浓度的 $\dfrac{3}{4}$、$\dfrac{1}{2}$ 和 $\dfrac{1}{4}$。如此配制 6 份待测液。设 A 液、B 液的浓度为 c_0(二者相等),则稀释后的浓度 c 分别为 $\dfrac{3}{4} c_0$、$\dfrac{1}{2} c_0$、$\dfrac{1}{4} c_0$。

(4) 以纯水为空白,以 $\lambda_1 = 520$nm、$\lambda_2 = 430$nm 单色光分别测定以上 6 份待测液和 A、B 液的吸光度 A。

作吸光度 A 对溶液浓度 c 的曲线,包括原点($c=0$,$A=0$)和 A、B 原液的数据。曲线为直线,从直线斜率可求吸光系数 K。由于 A、B 原液的浓度 c_0 的确切值并不知道,故

横坐标采用相对浓度 $\frac{c}{c_0}$，求得的吸光系数 K 中包含有 c_0 的因子，在利用式(10-29) 计算 $\frac{c_{MR^-}}{c_{HMR}}$ 时，c_0 被消去，所以对计算结果没有影响。

3. 配制四种不同酸度的甲基红溶液并测吸光度。各取 10mL 甲基红标准液和 25mL 0.04mol/L NaAc 溶液，随后分别加入 50、25、10、5（mL）0.02mol/L HAc，加纯水稀释至约 100mL。配制待测样品时所用各种试剂的量不必很准，但配好后浓度不能再变动。

测定上述 4 种溶液在波长 λ_1 和 λ_2 的单色光下的吸光度。

4. 用酸度计测定上述 4 种溶液的 pH 值。

五、数据处理

1. 作吸光度对浓度 A-c 图像，求直线斜率和各个吸光系数 $K_{1,HMR}$、$K_{2,HMR}$、K_{1,MR^-}、K_{2,MR^-}，据公式算出 $\frac{c_{MR^-}}{c_{HMR}}$。

2. 将各数据及计算结果填入表 10-4。

表 10-4　分光光度法测定甲基红电离常数数据记录及计算结果

溶液	1	2	3	4
A_1				
A_2				
$\lg \frac{c_{MR^-}}{c_{HMR}}$				
pH				
pK_c				

25℃ pK_c 文献值为 495，求各测定值的相对误差。

实验六　难溶强电解质溶度积常数的测定

Ⅰ. 离子交换法测定 $PbCl_2$ 的溶度积常数

一、实验目的

1. 学习了解离子交换法测定难溶强电解质溶度积的原理和方法。
2. 学会离子交换柱的装配及处理方法。
3. 训练酸碱滴定的基本操作。

二、实验原理

在一定温度下，将难溶强电解质 $PbCl_2$ 放入水中时，在溶液中即建立起一个溶解与沉淀之间的多相离子平衡，简称溶解平衡。根据平衡原理，平衡时溶液中难溶物组分离子浓度幂的乘积为常数，即为多相离子平衡的平衡常数，称为溶度积常数（简称溶度积，以 $K_{sp}^{\ominus}$ 表示）。严格来说，$K_{sp}^{\ominus}$ 应为相应各离子活度的乘积，因为溶液中离子间有相互牵制作用。但考虑到难溶电解质饱和溶液中离子强度很小，可近似地用浓度代替活度。

$$PbCl_2 \rightleftharpoons Pb^{2+} + 2Cl^-$$

$$K_{sp,PbCl_2}^{\ominus} = c(Pb^{2+}) \cdot c^2(Cl^-) \tag{10-30}$$

在无外来同离子效应的影响下，难溶强电解质 $PbCl_2$ 饱和溶液中各组分离子浓度满足下列关系式：

$$2c(Pb^{2+}) = c(Cl^-) \tag{10-31}$$

式(10-31)代入式(10-30),有

$$K_{sp,PbCl_2}^{\ominus} = 4c^3(Pb^{2+}) = \frac{1}{2}c^3(Cl^-) \tag{10-32}$$

因此,只要测得饱和溶液中一种组分离子的浓度,代入式(10-32)就可求得该难溶电解质的溶度积 $K_{sp}^{\ominus}$ 值。

本实验用强酸性阳离子交换树脂来测定饱和氯化铅溶液中 Pb^{2+} 的浓度。离子交换树脂是一种高分子化合物,其分子中含有能与其他物质的离子进行交换的活性基团。强酸性阳离子交换树脂的 H^+ 可以与其他物质的阳离子进行交换,例如:当饱和氯化铅溶液流经装有强酸性阳离子交换树脂的交换柱时,每个 Pb^{2+} 和阳离子交换树脂上的两个 H^+ 发生交换:Pb^{2+} 留在树脂上,而 H^+ 进入流出液中。这时,流出液中的 H^+ 浓度与原氯化铅饱和溶液相比有所增加,而 H^+ 浓度的增加量与原氯化铅饱和溶液中 Pb^{2+} 浓度之间存在着定量关系。

本实验采用标准 NaOH 溶液滴定法确定流出液中的 H^+ 浓度,并假定饱和氯化铅溶液呈中性,即 pH=7.0。这样,根据滴定终点 pH=7.0 时所消耗的标准 NaOH 溶液的体积,可以算出 H^+ 浓度;进而算出 Pb^{2+} 浓度,则根据式(10-32)氯化铅的溶度积 $K_{sp}^{\ominus}$ 值可求。

三、仪器与试剂

1. 仪器

25mL 移液管 1 支;50mL 碱式滴定管 1 支;离子交换柱 1 根;铁架;铁夹;滴定管夹;螺旋夹;洗耳球;100mL 和 250mL 锥形瓶各 1 个;温度计(0~100℃)1 支。

2. 试剂

NaOH 标准溶液(0.0500mol/L 左右,准确浓度由实验室给出);强酸型离子交换树脂(约 50 目);盐酸溶液(1.0mol/L);HNO_3 溶液(0.1mol/L);溴百里酚蓝溶液(0.1%的溴百里酚蓝溶于 20%乙醇中);pH 试纸;$PbCl_2$ 饱和溶液。

四、实验步骤

1. 装柱:在离子交换柱的底部填入少量玻璃纤维,然后将已用去离子水泡好的钠型(—RNa)离子交换树脂用去离子水调成糊状,注入离子交换柱内。如果水太多,可打开螺旋夹让水慢慢流出;但要保证在装柱过程中柱内水面始终高于树脂,这样可防止树脂中进入气泡。

2. 转型:即将钠型树脂完全转变为氢型树脂,以保证 $PbCl_2$ 饱和溶液中的 Pb^{2+} 完全被 H^+ 代替。用 20mL 盐酸溶液以每分钟 40 滴的流速流过离子交换树脂,然后用去离子水淋洗树脂,直到流出液呈中性(用 pH 试纸检验)。

3. 交换和洗涤:测量并记录 $PbCl_2$ 饱和溶液的温度。用移液管准确量取 25mL $PbCl_2$ 饱和溶液注入离子交换柱中,控制交换柱流出液的速度为每分钟 20~25 滴,不宜太快。用洁净的锥形瓶承接流出液,待 $PbCl_2$ 饱和溶液的液面接近树脂柱的上界面时,用约 50mL 去离子水分批洗净离子交换树脂,以保证所有被交换下来的 H^+ 都被淋洗出来。流出液一并承接在锥形瓶中,直至流出液呈中性。在整个淋洗过程中应注意勿使流出液损失。

4. 滴定:在所得的全部流出液中加入 2~3 滴溴百里酚蓝指示剂,用标定过的 NaOH 溶液滴定至终点(溶液由黄色转为蓝色,pH 变色范围是 6.2~7.6),准确记录滴定前后滴定管中 NaOH 标准溶液的体积读数。

5. 再生:用 20mL 不含 Cl^- 的 0.1mol/L HNO_3 溶液浸泡离子交换树脂,可使之再生(可由实验室统一处理)。

五、数据与结果

室温：_____ ℃

$PbCl_2$ 饱和溶液用量：V_{PbCl_2} = _____ mL

NaOH 标准溶液浓度：$c(NaOH)$ = _____ mol/L

滴定前滴定管中 NaOH 溶液的体积数：V_0 = _____ mL

滴定后滴定管中 NaOH 溶液的体积数：V_1 = _____ mL

NaOH 标准溶液的用量：$V_1 - V_0$ = _____ mL

流出液中 H^+ 的物质的量 = _____ mmol

$PbCl_2$ 饱和溶液中 Pb^{2+} 的物质的量 = _____ mmol

$PbCl_2$ 饱和溶液中 Pb^{2+} 浓度：$c(Pb^{2+})$ = _____ mol/L

$PbCl_2$ 饱和溶液中 Cl^- 浓度：$c(Cl^-)$ = _____ mol/L

$PbCl_2$ 的溶度积常数 $K_{sp,PbCl_2} = c(Pb^{2+}) \cdot c^2(Cl^-)$ = _____

六、思考题

1. 本实验中离子交换树脂的根本作用是什么？
2. 为什么要将淋洗流出液合并在 $PbCl_2$ 交换流出液的锥形瓶中？为何要除去水中 CO_2？
3. 为什么要精确量取 $PbCl_2$ 饱和溶液的体积，准确计算标准 NaOH 溶液的消耗体积，而流出液的准确体积不做测量？

附录：

1. $PbCl_2$ 溶解度参考数据（表 10-5）

表 10-5 $PbCl_2$ 溶解度参考数据

温度/℃	溶解度/(mol/L)	温度/℃	溶解度/(mol/L)
0	2.42×10^{-2}	25	3.74×10^{-2}
15	3.26×10^{-2}	35	4.73×10^{-2}

2. $PbCl_2$ 饱和溶液的制备

将过量 $PbCl_2$（分析纯）溶于煮沸除去 CO_2 的去离子水中，经过充分搅动并放置，使溶解达到平衡。使用前记录饱和溶液的温度，并用干燥的定量滤纸过滤，滤液接收在干燥容器中。

Ⅱ. 电动势法测定 $Cu(IO_3)_2$ 的溶度积常数

一、实验目的

1. 学习了解电动势法测定难溶强电解质溶度积的原理和方法。
2. 学会电位差计的使用方法。

二、实验原理

在难溶电解质的饱和溶液中存在着多相离子平衡，其中溶液中的离子浓度幂的乘积为一常数，称为溶度积。例如，在 $Cu(IO_3)_2$ 的饱和溶液中有：

$$Cu(IO_3)_2(s) \rightleftharpoons Cu^{2+} + 2IO_3^-$$

其溶度积为：
$$K_{sp,Cu(IO_3)_2} = c(Cu^{2+}) \cdot c^2(IO_3^-) \tag{10-33}$$

若测出难溶电解质饱和溶液中相应的离子浓度，就可以计算其溶度积。溶液中的离子与其相对应电对可以组成一个电极。电极的电势与离子的浓度存在一定的关系，它们可以用能斯特方程表示。例如，25℃时金属铜与铜离子组成的电极的电极电势（$E_{Cu^{2+}/Cu}$）为：

$$E_{Cu^{2+}/Cu}=E^{\ominus}_{Cu^{2+}/Cu}+\frac{0.059}{2}\lg[c(Cu^{2+})] \qquad (10\text{-}34)$$

可见，溶液中的离子浓度可以通过对其相应电极的电极电势或相应电池的电动势的测定来确定。

根据以上关系，将难溶电解质饱和溶液组成相应的电池，待难溶电解质的溶解与电极反应都达到平衡后，测定电池的电动势，这样就可以计算难溶电解质的溶度积。例如，测定 $Cu(IO_3)_2$ 的溶度积时可组成如下电池：

$$(-) \; Cu, Cu(IO_3)_2(s)|IO_3^- \parallel Cu^{2+}|Cu(+)$$

电极反应为：

正极　　　$Cu^{2+}+2e^- =\!=\!= Cu$

负极　　　$Cu(s)+2IO_3^- =\!=\!= Cu(IO_3)_2(s)+2e^-$　　或 $Cu(s) =\!=\!= Cu^{2+}+2e^-$

25℃时的电极电势为：

正极　　　$$E_{Cu^{2+}/Cu}=E^{\ominus}_{Cu^{2+}/Cu}+\frac{0.059}{2}\lg[c(Cu^{2+})]_+ \qquad (10\text{-}35)$$

负极　　　$$E_{Cu(IO_3)_2/Cu}=E^{\ominus}_{Cu^{2+}/Cu}+\frac{0.059}{2}\lg[c(Cu^{2+})]_- \qquad (10\text{-}36)$$

由式(10-33) 得 $c(Cu^{2+})=\dfrac{K_{sp,Cu(IO_3)_2}}{c^2(IO_3^-)}$，代入式(10-36) 得：

$$E_{Cu(IO_3)_2/Cu}=E^{\ominus}_{Cu^{2+}/Cu}+\lg\frac{K_{sp,Cu(IO_3)_2}}{c^2(IO_3^-)} \qquad (10\text{-}37)$$

式(10-35) 减去式(10-37)

$$E_{Cu^{2+}/Cu}-E_{Cu(IO_3)_2/Cu}=\frac{0.059}{2}\left\{\lg[c(Cu^{2+})]_+-\lg\frac{K_{sp,Cu(IO_3)_2}}{c^2(IO)_3^-}\right\}$$

$$=\frac{0.059}{2}\{\lg[c(Cu^{2+})]_++2\lg[c(IO_3^-)]-\lg K_{sp,Cu(IO_3)_2}\} \qquad (10\text{-}38)$$

式(10-38) 中等号的左端 $E_{Cu^{2+}/Cu}-E_{Cu(IO_3)_2/Cu}$ 为上述电池的电动势 E。若电池中 $c(Cu^{2+})=0.1000\text{mol/L}$，$c(IO_3^-)=0.1000\text{mol/L}$，则由式(10-38) 可得：

$$\lg K_{sp,Cu(IO_3)_2}=-\left(\frac{2E}{0.059}+3\right)$$

三、仪器与药品

1. 仪器

电位差计及附件；干燥洁净的 100mL 烧杯数个；纯铜箔一片；量筒。

2. 药品

$CuSO_4 \cdot 5H_2O$（固体）；KIO_3（固体）；$CuSO_4$ 溶液（0.1000mol/L）；KIO_3 溶液（0.1000mol/L）；饱和氯化钾盐桥。

四、实验步骤

1. 称取 KIO_3 5.4g，$CuSO_4 \cdot 5H_2O$ 3.1g，分别置于 100mL 烧杯中，各加去离子水 50mL，加热溶解。然后，将两溶液混合，搅拌至 $Cu(IO_3)_2$ 沉淀生成，继续搅拌 1～2min 至沉淀全部析出，加热煮沸，冷至室温，过滤，用少量去离子水洗涤沉淀 2～3 次，备用。

2. 用量筒量取 0.1000mol/L $CuSO_4$ 溶液和 0.1000mol/L KIO_3 溶液各 30mL 于干燥洁净的烧杯中，在 KIO_3 溶液中加入上述制得的全部 $Cu(IO_3)_2$ 沉淀，加热，充分搅拌，使溶解达到平衡。

3. 待沉淀沉降冷却至 25℃后，在上述两烧杯中分别插入用稀盐酸处理过的、光亮无锈、洗净擦干的纯铜箔一片，并用氯化钾盐桥将两烧杯连接组成原电池。用电位差计测定电池的电动势，并计算 $Cu(IO_3)_2$ 的溶度积。

数据与结果：

室温：_____℃

实验测定的原电池电动势：$E=$_____ V

$\lg K_{sp,Cu(IO_3)_2} = -\left(\dfrac{2E}{0.059} + 3\right) =$_____

$K_{sp,Cu(IO_3)_2} =$_____

五、思考题

试推导出本实验中利用电动势求得溶度积常数的参数方程

$$\lg K_{sp,Cu(IO_3)_2} = -\left(\dfrac{2E}{0.059} + 3\right)$$

备注：

$Cu(IO_3)_2 \cdot H_2O$ 为白色或蓝色的粉状物，大颗粒呈淡蓝色。为确保 $Cu(IO_3)_2$ 饱和溶液中 $2c(Cu^{2+}) = c(IO_3^-)$，实验中采用新制的 $Cu(IO_3)_2$ 沉淀。

Ⅲ. 电导法测定难溶电解质的溶度积

一、实验目的

1. 了解电解质溶液导电的基本概念。
2. 了解测定溶液电导的方法，学会和掌握电导仪的使用方法。
3. 用电导法测定硫酸钡的溶度积。

二、实验原理

电导是电解质溶液导电能力的大小，与电流流经溶液的长度成反比，与面积成正比：

$$G = \kappa \cdot \left(\dfrac{a}{l}\right) = \dfrac{\kappa}{K}$$

式中，G 为电导，单位为西门子，简称西（S）；a 为面积（m^2）；l 为长度（m）；κ 为电导率（S/m），电导率的意义是单位面积、单位长度所构成的导体单元的电导；$K = l/a$ 为电导电极常数，也称电导池常数（m^{-1}）。

为测定电导电极常数，一般的方法是配制标准溶液，如 KCl 水溶液。已知 25℃时 0.01mol/L KCl 的电导率为 0.1413S/m；0.001mol/L KCl 的电导率为 0.01469S/m。用电导池测定上述溶液的电导，由下式计算电导池常数：

$$K = \dfrac{\kappa}{G}$$

定义摩尔电导率：

$$\Lambda_m = \kappa \dfrac{10^{-3}}{c}$$

式中，c 为浓度（mol/L）。摩尔电导率是指把含有 1mol 电解质的溶液置于相距 1m 的两个电极之间的电导。它可以量度 1mol 电解质的导电能力。当溶液趋向于无限稀时称为极限摩尔电导率，以 Λ_m^∞ 表示。在一定温度下，Λ_m^∞ 只与组成该电解质（此时完全电离）的离子的特征有关。强电解质的 Λ_m^∞ 可用外推法得到。各离子的极限摩尔电导率可以根据离子独立移动定律求得。

难溶盐在水中的溶解度很小，其浓度不能用普通的滴定方法测得，但可用电导法求得，知道了溶解度即可算出溶度积。例如求 $BaSO_4$ 的溶度积，可测定 $BaSO_4$ 饱和溶液的电导率 κ_{sol}，由于溶液电导很小，κ_{BaSO_4} 应是 κ_{sol} 减去溶剂水的电导率 κ_{H_2O}。

$$\kappa_{BaSO_4} = \kappa_{sol} - \kappa_{H_2O}$$

从摩尔电导率的定义式 $\Lambda_{m,BaSO_4} = \kappa_{BaSO_4} \dfrac{10^{-3}}{c}$ 得

$$c = \kappa_{BaSO_4} \cdot \dfrac{10^{-3}}{\kappa_{m,BaSO_4}}$$

式中，c 是 $BaSO_4$ 的溶解度（mol/L）；$\kappa_{m,BaSO_4}$ 是 $BaSO_4$ 饱和溶液的摩尔电导率，由于溶液极稀，可用 $\Lambda_{m,BaSO_4}^{\infty}$ 代替（$\Lambda_{m,BaSO_4}^{\infty}$ 25℃时为 $2.87 \times 10^{-2} S \cdot m^2/mol$）。

测定溶液电导的方法有交流电桥法与电导仪法，本实验使用 DDS-11A 数显电导率仪，其线路方框图见图 10-16。

三、仪器与试剂

恒温槽（一套）；DDS-11A 数显电导率仪（一台）；电导电极（一支）；100mL 锥形瓶（3支）；25mL 移液管（3支）；50mL 移液管（1支）；0.001mol/L KCl 溶液（公用）；饱和硫酸钡溶液（公用）；去离子水。

四、实验步骤

1. 恒温槽恒温至 (25.0±0.1)℃
2. 测定电导电极常数 K

取适量 0.001mol/L 的 KCl 标准溶液于 100mL 干燥的锥形瓶中，放入恒温槽恒温。将电导电极用蒸馏水小心冲洗拍用滤纸吸干，放入锥形瓶中，使电导电极（铂片）完全浸没在溶液中。恒温 5min 后，测其电导值，重复三次取平均值，然后将电导电极小心取出用蒸馏水冲洗并用滤纸吸干备用。

3. 测定 $BaSO_4$ 饱和溶液的电导

（1）将适量的 $BaSO_4$ 饱和溶液置于 100mL 锥形瓶中，将电导电极浸没于溶液中，恒温 5min 测其电导，重复三次取平均值，计算溶液电导率 κ_{sol}。

（2）将适量蒸馏水置于锥形瓶内，恒温 5min 测其电导，重复三次取平均值，计算水的电导率 κ_{H_2O}。

五、数据处理

1. 计算电导电极常数（温度 25℃）

电导率 $\kappa/(S/m)$	电导 G/S	电导池常数 K/m^{-1}

2. 计算 $BaSO_4$ 的溶度积。已知 25℃时 K_{sp} 文献值为 1.1×10^{-10}，$\Lambda_{m,BaSO_4}^{\infty}$ 为 $2.87 \times 10^{-2} S \cdot m^2/mol$。要求测得的 K_{sp} 与文献值同数量级（$5 \times 10^{-11} \sim 5 \times 10^{-10}$）。

电导 G/S		$BaSO_4$ 饱和溶液电导率 $\kappa/(S/m)$	$BaSO_4$ 溶解度 $c/(mol/L)$	$BaSO_4$ 溶度积 K_{sp}

六、思考题

1. 电解质溶液的电导、电导率、摩尔电导率各与哪些因素有关？为了研究溶液的导电性质为什么必须定义电导率和摩尔电导率？
2. 测定溶液电导为什么不能用直流电？

实验七 分解反应平衡常数的测定

一、实验目的

1. 用静态法测定一定温度下氨基甲酸铵的分解压力，求算该反应的平衡常数。
2. 了解温度对反应平衡常数的影响，由不同温度下平衡常数的数据，计算反应焓变。
3. 进一步掌握真空实验技术和恒温槽的调节使用。

二、实验原理

氨基甲酸铵的分解反应为：

$$NH_2COONH_4（固） \rightleftharpoons 2NH_3（气）+ CO_2（气）$$

纯固态物质的活度为1，在压力不太大时气体的逸度系数近似为1，故反应平衡常数 K_p 为：

$$K_p = p_{NH_3}^2 \cdot p_{CO_2} \tag{10-39}$$

式中，p_{NH_3}、p_{CO_2} 分别为平衡时 NH_3 和 CO_2 的分压，又因固体氨基甲酸铵的蒸气压可忽略不计，故体系的总压 $p_总$ 为：

$$p_总 = p_{NH_3} + p_{CO_2}$$

称为反应的分解压力，从反应的计量关系知

$$p_{NH_3} = 2p_{CO_2}$$

则有

$$p_{NH_3} = \frac{2}{3} p_总 \text{ 和 } p_{CO_2} = \frac{1}{3} p_总 \tag{10-40}$$

$$K_p = \left(\frac{2}{3} p_总\right)^2 \cdot \left(\frac{1}{3} p_总\right) = \frac{4}{27} p_总^3 \tag{10-41}$$

可见当体系达平衡后，测得平衡总压后就可求算实验温度的平衡常数 K_p。

式(10-39)定义的平衡常数称为经验平衡常数。为将平衡常数与热力学函数联系起来，我们再定义标准平衡常数 $K_p^{\ominus}$。化学热力学规定温度为 T 压力为 100kPa 的理想气体为标准态，100kPa 称为标准态压力。式(10-40)，式(10-41) 中 p_{NH_3}、p_{CO_2} 或 $p_总$ 除以 100kPa 就得标准平衡常数。

$$K_p^{\ominus} = \left(\frac{2}{3} \frac{p_总}{p^{\ominus}}\right)^2 \cdot \left(\frac{1}{3} \frac{p_总}{p^{\ominus}}\right) = \frac{4}{27}\left(\frac{p_总}{p^{\ominus}}\right)^3 = \frac{4}{27 \times 10^6} p_总^3 \tag{10-42}$$

温度对标准平衡常数的影响可用下式表示：

$$\frac{d \ln K_p^{\ominus}}{dT} = \frac{\Delta_r H_m}{RT^2} \tag{10-43}$$

式中，$\Delta_r H_m$ 为等压下反应的摩尔焓变即摩尔热效应，在温度范围不大时 $\Delta_r H_m$ 可视为常数，由式(10-43)积分得：

$$\ln K_p^{\ominus} = -\frac{\Delta_r H_m}{RT} + C \tag{10-44}$$

作 $\ln K_p^{\ominus} - \frac{1}{T}$ 图应得一直线，斜率 $S = -\frac{\Delta_r H_m}{R}$，由此算得 $\Delta_r H_m = -RS$。氨基甲酸铵分解反应是吸热反应，25℃时 $\Delta_r H_m = 159.32$ kJ/mol，温度对平衡常数影响较大，实验时必须控制好恒温槽的温度使灵敏度在 ±0.1℃ 之内。

三、仪器和试剂

真空泵（1台）；真空系统（1套）；测温测压计（1台）；恒温槽（1套）；氨基甲酸铵（实验室自制）。

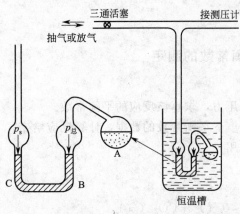

图 10-18 氨基甲酸铵分解反应
平衡常数测定装置示意图

四、实验步骤

1. 等压计 A 管中装入氨基甲酸铵（约占 A 管一半），将等压计接入真空系统。见图 10-18。

2. 试漏

试漏方法与实验四"静态法测定液体的饱和蒸气压"实验相同。因本实验所需真空度较高，试漏时要抽气至真空系统压力 $p_s<8.5\text{kPa}$。

3. 确认不漏气后，在 $p_s<8.5\text{kPa}$ 下继续抽气并调节恒温槽温度为 $(30.0\pm0.1)\,℃$。20min 后 AB 管上方空间与氨基甲酸铵固体所吸附的空气已被排尽。将三通活塞的一个通道缓缓放入空气（真空系统接通空气的接口套有橡皮管，并用夹子夹住，松紧程度要调节适当），使空气有控制地进入真空系统。系统压力 p_s 逐渐增加，等压计 C 管液面下降，B 管液面上升，至两液面暂时相平。此项操作要重复多次才能使 BC 管液面最终持平，反应达到平衡。判断反应平衡需 BC 液面持平保持 2min 以上。记录 p_s 值，30℃时应为 $(17.0\pm0.5)\,\text{kPa}$。如果超出误差范围，偏大表明空气未排尽，偏小表明未达平衡。切实做好这一步，后续步骤才能正确。

4. 将恒温槽逐渐升温，调出 33℃或 34℃（为练习调节恒温槽，我们规定调到整数摄氏温度）。在升温过程中边升温边缓缓放入空气使等压计 BC 两液面随时接近齐平，不让分解气体从 C 管逸出，更不能放进空气过多过快使空气进入 B 管（否则要重新抽气）。待调到所需温度后，BC 液面持平保持 2min 以上，反应再次达到平衡，记录 p_s 值，计算 $p_总$。

5. 同法再测定 3~4 个温度的分解压力 $p_总$。温度间隔 3~4℃。

五、数据处理

1. 列出实验数据记录表，正确记录全套数据并填入计算结果。

2. 作 $\ln K_p$-$\dfrac{1}{T}$ 图，由直线斜率计算实验温度范围内的平均摩尔反应焓 $\Delta_r H_m$，$\Delta_r H_m$ 的文献值为 159.32kJ/mol。

六、启示、思考、讨论

1. 等压计的工作液体曾用过汞或液体石蜡。因汞的密度较大，对 B、C 两侧微小的压力变化显示不出来；液体石蜡本身有明显的蒸气压，会影响测定结果，故本实验采用蒸气压极小、密度较小且不与 CO_2 或 NH_3 作用的硅油。

2. 由 $\Delta_r H_m$ 的数值可知，温度对平衡常数影响较大，实验时必须控制好恒温槽温度，准确至 $\pm0.1\,℃$，温度越高，温度波动对分解压测量的影响越大，因此实验的最高温度不要超过 45℃。

3. 用真空泵对系统抽气时，因 NH_3 有腐蚀性，NH_3 与 CO_2 同时吸入泵内将会生成氨基甲酸铵固体，以致损坏泵及泵油，所以在真空泵前设置吸附浓硫酸的硅酸干燥塔，用来吸收 NH_3。

实验八　二组分体系气液相图

一、实验目的

1. 根据实验数据绘制恒压下二组分体系的气液相图，理解相图中点、线、面的意义，理解组分、相和自由度的概念。
2. 了解和掌握折射仪的原理和使用方法。

二、实验原理

乙醇和环己烷完全互溶，溶液性质与理想溶液相差甚远。相图如图 10-19 所示，纵坐标为温度，横坐标为环己烷的摩尔分数。标准大气压（101.325kPa）下纯乙醇（横坐标为零）和环己烷（横坐标 100%）的沸点分别为 78.6℃ 与 81.5℃。气相线上方为气态，液相线下方为液态，气相线和液相线之间为气液平衡，二线之交点为最低恒沸点混合物，标准大气压下共沸物的沸点和组成是 64.8℃、57%（环己烷摩尔分数）。

二组分气液相图作法如下：用沸点仪（图 10-20）测定乙醇-环己烷各种组成的沸点，用折射仪测定沸点时气相冷凝液和液相的折射率并将其换算成 25℃ 下的 n_D^{25}，根据折射率-组成 25℃ 条件下的标准曲线（图 10-21）用内插法求出气相组成和液相组成。这样，一个纵坐标（沸点值）对应两个横坐标（气相和液相组成），如图 10-19 中的 $x\cdots\cdots x$，连接各点画出气相线和液相线，以纯乙醇、纯环己烷和共沸物为端点连成封闭曲线。

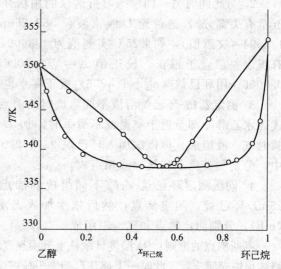

图 10-19　环己烷-乙醇体系的温度-组成相图

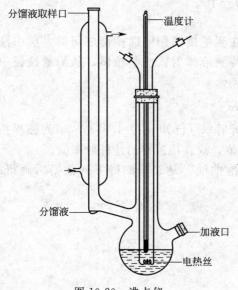

图 10-20　沸点仪

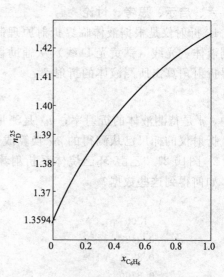

图 10-21　乙醇-环己烷体系折射率-组成标准曲线图

三、仪器与试剂

沸点仪1套；2kV·A 0~250V自耦调压变压器1台；温度计1支；WAY-2S数字阿贝折射仪1台；试管与滴管；无水乙醇（二级品）；环己烷（二级品）。

四、实验步骤

1. 测定纯液体（以乙醇为例）的沸点：自沸点仪支管加入20mL无水乙醇。塞紧瓶塞，将加热丝浸没在液体中，调节温度计水银球一半浸在液体里，一半露于蒸气中。开启冷凝水，接通电源，调节变压器电压自零开始缓缓增大（不要超过20V），液体受热升温，加热丝附近气泡逐渐增多，温度计汞柱上升至稳定值，就是沸点，读准至0.1℃。

2. 与此同时另一同学练习折射仪的用法并测定折射仪零点差（折射仪的具体操作见第五章有关部分）。钠黄光D线（波长589.26nm）通过25℃的无水乙醇，折射率应为$n_D=1.3594$（文献值），如果25℃实测值为1.3600，则1.3600－1.3594＝0.0006表明标尺零点有正误差，应予校正，校正值$\Delta=-0.0006$，实验中每次测定应加上Δ，此例为减去0.0006。用环己烷（$n_D^{25}=1.4236$）校正零点也是同样。

3. 测定乙醇-环己烷溶液不同组成时的沸点及此时（气液平衡）气、液相的组成。待上述无水乙醇冷却至近于室温或不烫手时，加1.5mL环己烷至无水乙醇中，测定沸点并测沸腾时气、液组成。再依次加入环己烷2.0、2.0、8.0、10.0、10.0、10.0（mL）至无水乙醇中，分别测其沸点和气、液相组成。

4. 同法测定环己烷-乙醇不同组成的沸点及其相应的气液组成。在沸点仪中先加入25mL环己烷，测定沸点，然后依次加入无水乙醇0.5、0.5、0.5、1.0、1.0、2.0、5.0（mL），分别测定沸点和气、液组成。

判断沸点的准则：① 温度计汞柱上升明显变缓；② 液体发生大量气泡；③ 蒸气冷凝得到的液体很快充满支管。此时一手握住台架一手扶好台架底座，倾斜沸点仪将支管中冷凝液倒回液体中（此步骤简称"回流"），立即读温度计示值，反复回流数次待温度计示值稳定，就是沸点。

五、数据处理

根据以上的沸点数据以及从折射率-组成曲线内插得到的气液组成数据画出乙醇-环己烷气液相图。如果实验时间不够，每组可画出相图的一半。

六、启示、思考、讨论

1. 折射仪是根据液体临界折射原理制成的，在测量棱镜和辅助棱镜之间的夹层中注满待测液体。光线（钠黄光D线）从辅助棱镜通过待测液体射入测量棱镜，从测量棱镜中的临界折射角算出所测液体的折射率：

$$n=n_M\sin\beta_M$$

式中，n是待测液体的折射率；n_M是测量棱镜的折射率（已知$n_M=1.85$）；β_M为临界折射角。折射仪的标尺已从测得的β_M换算成$n_M\sin\beta_M$值，故直接读得的是折射率值。

2. 图10-21 "乙醇-环己烷体系折射率-组成标准曲线"是25℃测得下列数据后画得的。问：如何得到这些数据？

$x_{乙醇}$	$x_{环己烷}$	n_D^{25}
1.00	0.00	1.3594
0.9427	0.0573	1.3645
0.8834	0.1166	1.3699
0.8700	0.1300	1.3713
0.8336	0.1664	1.3738

$x_{乙醇}$	$x_{环己烷}$	n_D^{25}
0.7892	0.2108	1.3775
0.7417	0.2583	1.3808
0.6484	0.3516	1.3889
0.4682	0.5318	1.3991
0.3804	0.6196	1.4049
0.3248	0.6752	1.4080
0.00	1.00	1.4236

实验九　原电池电动势的测定

一、实验目的

1. 明确理解电极、电池、电极电势、电池电势、可逆电池电动势等的意义。
2. 掌握补偿法（对消法）测定可逆电池电动势的原理和操作方法。

二、实验原理

1. 电池和电极

概括地说，电化学是研究电池的科学。电池是使化学能与电能互相转化的装置，通常分为自发电池（又称原电池）和电解电池两大类。电池的主要组成部分是电极，电极是由金属（电子导体）及与它紧密接触的电解质（离子导体）构成，如铜电极 Cu/Cu^{2+}，锌电极 Zn/Zn^{2+} 等。电极结构中金属对于电解质的电位递降值 $\Delta\varphi=\varphi_{金属}-\varphi_{电解质}$ 称为电极电势。因 $\Delta\varphi$ 不能直接测量，故电极电势的绝对数值无法确定，现选用标准氢电极的电势为基准来衡量比较各电极的电势，得到的相对数值称为氢标电极电势，"氢标"二字通常省略不写。

两个不同的电极组成电池，二电极电势之差称为电池电势（也就是电压）。联结二电极的金属端使电池形成回路，产生电流。此时电极界面上必有荷电粒子（离子或电子）做跨越界面的传递，从而发生氧化还原反应——电极反应。二电极反应的总效果为电池反应。

2. 可逆电极、可逆电池与可逆电池电动势

可逆电极是指电极反应为可逆的电极。具体地说，电极界面通过正向微电流所产生的效应在逆向微电流通过时能完全消除，电极反应随时处于平衡状态。此时的电极电势称为平衡电势。同样，可逆电池内发生的所有过程都应是可逆的，随时处于平衡状态。因此，构成可逆电池的条件是：①电极必须是可逆的；②电池内部应当不存在液体接界；③通过电池的电流应无限小。可逆电池电势习惯上称为电动势。可逆电极和可逆电池的电势可用能斯特公式计算。

本实验所研究的丹聂尔电池常被引用为可逆电池的实际例子，它由铜、锌两个可逆电极组成，电池反应 $Zn+CuSO_4 \rightleftharpoons ZnSO_4+Cu$ 可逆进行，但电池内部存在液体接界 $CuSO_4/ZnSO_4$，界面的电荷迁移不可逆：正向反应时主要是 Zn^{2+} 迁移到 $CuSO_4$ 溶液，逆向反应时主要是 Cu^{2+} 迁移到 $ZnSO_4$ 溶液。所以只能把丹聂尔电池近似地看成可逆。真正可逆电池的典型例子可举出哈纳德电池，它是由氢电极同某种可逆电极组成的无液体接界电池，例如：

$$(-)\ Pt\ |\ H_2(g)\ |\ HCl(aq)\ |\ AgCl(s)\ |\ Ag\ (+)$$

它在电解质溶液理论和电化学热力学的研究中有广泛的应用。我们将在另一实验中加以研究。

3. 补偿法（对消法）测定电动势的原理

可逆电池的一个必要条件是通过电池的电流无限小。测定电动势时不应有电流通过。电位差计能满足这个要求。电位差计的原理如图 10-22 所示。图的上部是工作回路，E 为工作

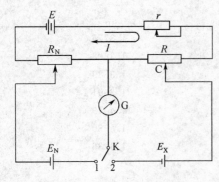

图 10-22 电位差计原理图

电源，r 是调节工作电流 I 的变阻器，工作电流通过 R 和 R_N 产生电位降做补偿（对消）用。图的左下部是标准回路，E_N 是标准电池，其电势十分稳定

$$E_N = 1.01859 - 4.06 \times 10^{-5}(T-20)\ \text{V}$$

T 为环境温度；G 为灵敏检流计，用来指示电流零点；R_N 为标准电池的补偿电阻，它与工作电流之乘积 IR_N 恰等于标准电池电动势 E_N。因 UJ-25 型电位差计的工作电流规定为 0.0001A，故 R_N 应确定在 $\dfrac{E_N}{0.0001}\ \Omega$ 处。

将选择开关合在位置 "1"，调节 r 使 G 指零，IR_N 与 E_N 对消，此时 I 必为 0.0001A。图的右下部是测量回路，E_X 是被测电池电动势，R 是被测电池的补偿电阻，由已知电阻值的各进位盘组成，将选择开关合在位置 "2"，旋转 R 各进位盘，调到 C 点使 G 指零，IR_C 与 E_X 对消。这样有关系式：

$$E_N = IR_N$$

$$I = \frac{E_N}{R_N}$$

$$E_X = IR_C = \frac{R_C}{R_N} E_N = KE_N$$

可知电位差计是一种比例仪器，将已知电势 E_N 乘上一个比例系数 K 来补偿未知电动势 $E_X = KE_N$，所以用电位差计测量电动势的方法称为补偿法或对消法。

三、仪器与试剂

UJ-25 型电位差计 1 台；直流复射式检流计 1 台；锌锰干电池 2 支；甘汞电极（饱和）1 支；铜电极、锌电极、铂电极各 1 支；盐桥 1 支。

醌-氢醌（二级）；硫酸铜（二级）；硫酸锌（二级）；邻苯二甲酸氢钾（二级）；硝酸（二级）。

四、实验步骤

1. 电极的制作

（1）醌-氢醌（Q-HQ）电极　取一支铂电极，用 6mol/L 的硝酸浸泡 5min，用水冲洗，去离子水洗涤，用滤纸吸干。在小烧杯中放入约 15mL 待测 pH 的溶液（0.05mol/L 邻苯二甲酸氢钾水溶液或酒石酸氢钾饱和水溶液），用小匙取少量醌-氢醌固体放入溶液中，搅拌溶解制成饱和溶液，呈深褐色，并有不溶解的剩余醌-氢醌固体。插入铂电极。醌-氢醌是醌与氢醌的等分子化合物，溶解后成为氧化（醌）还原（氢醌）电极，是一种氢离子指示电极。

（2）锌电极和铜电极　将锌（或铜）棒用砂纸擦亮，用水和去离子水冲洗，用滤纸吸干。

（3）甘汞电极（饱和）　浸在饱和 KCl 溶液中。

2. 电池的制作

电池（1）：Hg|Hg$_2$Cl$_2$|KCl(饱和水溶液) ‖ H$^+$(待测)|Q-HQ|Pt

将醌-氢醌电极与饱和甘汞电极组合成电池，醌-氢醌电极为正极，甘汞电极为负极。

电池（2）：Hg|Hg$_2$Cl$_2$|KCl(饱和水溶液) ‖ CuSO$_4$(0.1mol/L)|Cu

铜电极为正极，甘汞电极为负极，两电极插在 CuSO$_4$ 溶液中组成电池。

电极（3）：Zn|ZnSO$_4$(0.1mol/L) ‖ KCl(饱和水溶液)|Hg$_2$Cl$_2$|Hg

甘汞电极为正极，锌电极为负极，两电极插在 ZnSO$_4$ 溶液中组成电池。

电池（4）：Zn|ZnSO$_4$(0.1mol/L) ‖ CuSO$_4$(0.1mol/L)|Cu

铜电极为正极，锌电极为负极，CuSO₄ 与 ZnSO₄ 二溶液间加凝胶盐桥。

这 4 个电池都存在液体接界，存在液接电势，其大部分已用盐桥消除（饱和甘汞电极本身含饱和 KCl 溶液，事实上成为盐桥），但用盐桥不能完全消除液接电势，一般仍剩余 1～2mV。所以这 4 个电池严格来说还未达到可逆电池的条件，所测得的电池电势只能准至 mV。

3. 测量四个电池的电动势

图 10-23 是 UJ-25 型电位差计板面图，它与图 10-22 原理图的对应关系是："标准电池温度补偿旋钮"对应原理图中 R_N；"工作电流调节旋钮（粗、中、细、微）"对应原理图中 r；"测量旋钮"对应原理图中 R；"按钮（粗、细、短路）"是电位差计的开关；"换向开关（N、X_1、X_2）"对应原理图中 K。

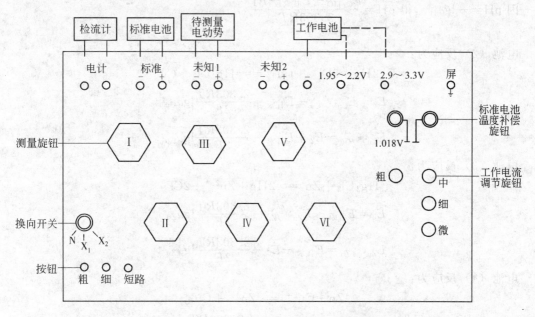

图 10-23　UJ-25 型电位差计板面示意图

UJ-25 型电位差计测电动势步骤如下：

（1）按板面接好线路，要注意电池的正负极。接线时线头要拧成一股，顺着螺丝旋紧方向接牢，线头不能露出"尾巴"。导线若不够长加接另一根导线时接头要用黑胶布包扎，不能裸露在外。仪器要注意摆布整齐合理并便于操作。接线时应先接好电位差计的线路，检查无误后再接各池；测完拆线路时，应先拆各电池接线再拆电位差计面板。检流计分流器放在 0.1 挡。

（2）将板面上"测量旋钮"各挡及"工作电流调节旋钮（粗、中、细、微）"调至零位（逆时针旋转到头）。计算室温下标准电池电动势值，用右上角的"标准电池温度补偿旋钮"标出此值。

（3）标定工作电流至 0.1mA　换向开关指 N，逐级(像天平称量加砝码那样由大到小)调节粗、中、细、微电阻箱使检流计指示无电流通过。接通检流计时应先按粗键，按一下就放开，只观察电流方向；至光标偏离零点很小时再按细键，方法同上，欲使光标迅速回零可按短路键。

（4）测定电池电动势　换向开关指 X_1 或 X_2，由大到小调节测量旋钮使检流计指示无电流通过，旋钮示值就是电池电动势值。如此，标定—测量—再标定—再测量，直至稳定值。

五、数据处理

电池（1）反应为：

$$C_6H_4O_2 + 2Hg + 2H^+ + 2Cl^- \rightleftharpoons Hg_2Cl_2 + C_6H_4(OH)_2$$

电池电动势等于两可逆电极电势之差，用能斯特公式表示为：

$$E_1 = E_{Q/HQ} - E_{甘汞} = E^{\ominus}_{Q/HQ} + \frac{2.303RT}{F}\lg a_{H^+} - E_{甘汞}$$

其中：

$$E^{\ominus}_{Q/HQ} = 0.6994 - 0.00074(T-25) \text{ V}$$

$$E_{甘汞} = 0.2415 - 0.00076(T-25) \text{ V}$$

因 $pH = -\lg a_{H^+}$，得 $pH = \dfrac{E^{\ominus}_{Q/HQ} - E_{甘汞} - E_1}{\dfrac{2.303RT}{F}}$

电池（2）反应为：

$$2Hg + 2Cl^- + Cu^{2+} \rightleftharpoons Hg_2Cl_2 + Cu$$

$$E_2 = E^{\ominus}_{Cu^{2+}/Cu} - E_{甘汞} + \frac{2.303RT}{2F}\lg a_{Cu^{2+}}$$

得

$$E^{\ominus}_{Cu^{2+}/Cu} = E_2 + E_{甘汞} - \frac{2.303RT}{2F}\lg a_{Cu^{2+}}$$

电池（3）反应为：

$$Hg_2Cl_2 + Zn \rightleftharpoons 2Hg + Zn^{2+} + 2Cl^-$$

$$E_3 = E_{甘汞} - E^{\ominus}_{Zn^{2+}/Zn} - \frac{2.303RT}{2F}\lg a_{Zn^{2+}}$$

得

$$E^{\ominus}_{Zn^{2+}/Zn} = E_{甘汞} - E_3 - \frac{2.303RT}{2F}\lg a_{Zn^{2+}}$$

电池（4）反应为：

$$Zn + Cu^{2+} \rightleftharpoons Zn^{2+} + Cu$$

$$E_4 = E^{\ominus}_{Cu^{2+}/Cu} - E^{\ominus}_{Zn^{2+}/Zn} - \frac{2.303RT}{2F}\lg \frac{a_{Zn^{2+}}}{a_{Cu^{2+}}}$$

得

$$E^{\ominus}_{Cu^{2+}/Cu} - E^{\ominus}_{Zn^{2+}/Zn} = E_4 + \frac{2.303RT}{2F}\lg \frac{a_{Zn^{2+}}}{a_{Cu^{2+}}}$$

式中，$E^{\ominus}_{Cu^{2+}/Cu} - E^{\ominus}_{Zn^{2+}/Zn}$ 为丹聂尔电池的标准电动势。

上述各式中 $a_{Zn^{2+}} = r_{\pm}c = 0.15 \times 0.1 = 0.015$ (mol/L)

$$a_{Cu^{2+}} = r_{\pm}c = 0.16 \times 0.1 = 0.016 \text{ (mol/L)}$$

所求各物理量的文献值（25℃）为：

$$E^{\ominus}_{Cu^{2+}/Cu} = 0.337\text{V}$$

$$E^{\ominus}_{Zn^{2+}/Zn} = -0.763\text{V}$$

$$E^{\ominus}_{丹聂尔} = 1.100\text{V}$$

0.05mol/L 邻苯二甲酸氢钾 pH=4.005

六、启示、思考、讨论

1. 电极的处理与制作

本实验对铜电极和锌电极的处理比较简单，这对于准确到 mV 级的测量是可以的；对于较精确的测量则应做进一步处理。对于铜电极，为保证电极金属有较高的纯度要预先进行电镀，对于锌电极要进行汞齐化处理，先用稀硝酸浸洗除去表面氧化物，然后浸入 $Hg_2(NO_3)_2$ 的饱和溶液中片刻，用滤纸擦亮表面，用去离子水洗净。这样做的目的是消除金属表面机械应力不同的影响，使获得重现性较好的电极电势。因汞有剧毒，用过的滤纸要放到盛水的广口瓶中用盖塞紧统一处理。

将处理好的锌电极（或铜电极）插入清洁的电极管内并塞紧，将电极管的吸管管口插入盛有 $ZnSO_4$（或 $CuSO_4$）溶液的小烧杯内，用针管或洗耳球自支管抽气，

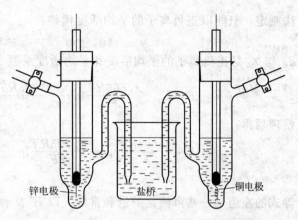

图 10-24 铜锌电池（丹聂尔电池）示意图

将溶液吸入电极管至高出电极约 1cm，旋紧活夹。电极管内不可有气泡（否则不通路），也不可漏液。见图 10-24。

2. 为判断测得的电动势是否准确，可在约 15min 时间内以相等的时间间隔测 7~8 个数据。如果数据逐渐重现，偏差小于±0.5mV，则可认为稳定和准确，取平均值。如果像本实验的电池，用盐桥消除液接电势而未能完全消除，数据偏差放宽至 1~2mV。

3. 本实验电池（1）是测定 pH 比较准确的方法。醌-氢醌电极电势能反映氢离子的活度，称为氢离子指示电极。该电极在 pH 8.5 以上的介质中电势不稳，故不能用于碱性溶液的测定。用来测定 pH 的电极还有玻璃电极、锑电极、氢电极等。氢电极是所有氢离子指示电极中精密度最高的一种，是 pH 测量的基准电极，但氢电极使用不方便，电势稳定较慢，又不能用于含有氧化剂、还原剂、汞、砷等的溶液，故商品酸度计均采用玻璃电极，它不受氧化剂、还原剂及其他杂质的影响，pH 测量范围宽广，使用方便。

实验十　电势法测定电解质离子平均活度系数与标准电极电势

一、实验目的
1. 加深理解电化学热力学的基本知识，进一步掌握电势法测量技术。
2. 应用哈纳德电池测定稀盐酸中离子的平均活度系数，测定氯化银电极的标准电极电势。

二、实验原理
本实验介绍一种典型的可逆电池：氢电极同某种可逆电极组成的无液界电池，例如：

$$Pt|H_2(g)|HCl(aq)|AgCl(s)|Ag \tag{10-45}$$

与氢电极配对的可逆电极以及电解质种类都可以变换，故这一类电池有多种样式。20 世纪 20 年代以来，哈纳德（Harned）学派运用这种类型的电池进行电解质溶液理论和电化学热力学方面的许多研究，理论和实验技术比较成熟，所以这一类电池通称哈纳德电池。

电池［式(10-45)］的电池反应与电动势表示式为：

$$H_2(p)+2AgCl \rightleftharpoons 2Ag+2HCl(b) \tag{10-46}$$

$$E=E^{\ominus}-\frac{2.303RT}{F}\lg(a_{H^+}\cdot a_{Cl^-})+\frac{2.303RT}{2F}\lg\frac{p}{100000} \tag{10-47}$$

式中，p 为氢气分压，以 Pa 表示，标准态压力为 101325Pa，近似可用 100000Pa；b 为 HCl 的质量摩尔浓度；a_{H^+} 和 a_{Cl^-} 为 H^+ 和 Cl^- 的活度，因单种离子不能独自存在，故其活度无

法测定，只能以正负离子的平均活度代替：

$$a_{H^+} \cdot a_{Cl^-} = a_\pm^2 = (\gamma_\pm b_\pm/b^\ominus)^2 \tag{10-48}$$

$a_\pm$ 与 $\gamma_\pm$ 是正负离子的平均活度和平均活度系数（几何平均），代入式(10-47)得：

$$E = E^\ominus - \frac{4.606RT}{F}\lg b - \frac{4.606RT}{F}\lg\gamma_\pm + \frac{2.303RT}{2F}\lg\frac{p}{100000} \tag{10-49}$$

整理后得：

$$E + \frac{4.606RT}{F}\lg b - \frac{2.303RT}{2F}\lg\frac{p}{100000} = E^\ominus - \frac{4.606RT}{F}\lg\gamma_\pm \tag{10-50}$$

等式的左边是一些可测定的量和常数，以 E' 表示，右边的平均活度系数利用德拜-休克尔极限公式 $\lg\gamma_\pm = -0.5115\sqrt{b}$，代入得

$$E' = E^\ominus - \frac{4.606RT}{F}\lg\gamma_\pm = E^\ominus + \frac{4.606RT}{F} \times 0.5115\sqrt{b} \tag{10-51}$$

将 E' 对 $\sqrt{b}$ 作图得直线，外推 $\sqrt{b}$ 至零，此时 $E' = E^\ominus$ 如图 10-25 所示。而 $E^\ominus = E^\ominus_{AgCl/Ag} - E^\ominus_{H^+/H_2}$，因 $E^\ominus_{H^+/H_2}$ 恒为零，所以 $E^\ominus = E^\ominus_{AgCl/Ag}$ 即银-氯化银电极标准电极电势。再将 $E^\ominus_{AgCl/Ag}$ 用于式 (10-50)，对于各种 b 测定电池电动势 E 及氢气分压 p 就可求得对应的 $\gamma_\pm$。手册中一些电解质离子的平均活度系数就是用这种方法测得的。

实验装置见图 10-26。氢气分压可根据测定条件下的大气压力减去水的饱和蒸气压得到。如果用甘汞电极代替银-氯化银电极，因其电势是已知的 $E_{SCE}/V = 0.2415 - 7.6 \times 10^{-4}(T/℃ - 25)$，（单位 V，SCE 表示饱和甘汞电极），可代入式(10-50)直接测定和计算出各种浓度 b 的 $\gamma_\pm$。因存在液接电势，测量精度要低一些。

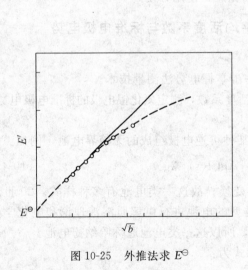

图 10-25　外推法求 $E^\ominus$　　　　图 10-26　Harned 电池

三、仪器与试剂

恒温槽 1 台；UJ-25 型电位差计 1 台；哈纳德电池装置 1 台。

盐酸（一级）。

四、实验步骤

1. 电极的制作及电池装配

氢电极与氯化银电极的制作方法见相关章节。

HCl溶液的配制：一级品36%HCl溶液（商品）与电导水（重蒸馏水）1∶1体积混合，常压蒸馏得恒沸馏分（20.22%），用电导水配制0.1mol/L的HCl溶液，准确标定浓度并稀释为1/2、1/4、1/8、1/16。

将电极与HCl溶液按图10-26装配成哈纳德电池。

2．电动势测定

电池在(25.0±0.1)°C的恒温槽中保持恒温，向氢电极恒温通入氢气约40min后，用UJ-25型电位差计测定电池电动势，每隔5min测定一次，测得值在0.02mV内重现后取平均值。

更换HCl溶液，同上法测定电池电动势。

五、数据处理

1．实验时的大气压力减去当时温度的水饱和蒸气压就是氢气分压 p。根据 p、b 及测得的电动势 E 算出 E'。作 $E'-\sqrt{b}$ 图外推至 $\sqrt{b} \to 0$ 得 $E^{\ominus}$。

2．根据式(10-62)得：

$$\lg \gamma_{\pm} = \frac{E^{\ominus}-E'}{\frac{4.606RT}{F}}$$

本实验温度25°C，将有关数据代入得：

$$\lg \gamma_{\pm} = \frac{E^{\ominus}-\left(E+0.1183\lg b-0.0296\lg\frac{p}{100000}\right)}{0.1183}$$

六、启示、思考、讨论

1．德拜-休克尔极限公式中"极限"的含义是公式适用于强电解质稀溶液。公式 $\lg \gamma_{\pm}=-0.5115\sqrt{b}$ 或 $\lg \gamma_{\pm}=-0.5115\sqrt{I}$ 的适用范围为 $I \leqslant 0.01$mol/L，I 为溶液中离子强度，如果无其他电解质则 $I=b$。为扩大公式的适用范围，不少学者对公式加以改进，例如考虑到离子直径 a 的影响，公式改进为：

$$\lg \gamma_{\pm} = \frac{0.5115 Z_+ Z_- \sqrt{I}}{1+0.3291a\sqrt{I}}$$

如果离子直径取一般的实验测定值 3×10^{-8}m，则公式简化成：

$$\lg \gamma_{\pm} = -\frac{0.5115 Z_+ Z_- \sqrt{I}}{1+\sqrt{I}} \text{ 或 } \lg \gamma_{\pm} = \frac{0.5115\sqrt{I}}{1+\sqrt{I}}$$

后者是对1-1价而言。改进后公式适用范围为 $I \leqslant 0.1$mol/L。古根亥姆进一步得到经验公式

$$\lg \gamma_{\pm} = -\frac{A\sqrt{I}}{1+\sqrt{I}}+bI$$

通过经验系数 A、b 的调节使公式适用范围扩至1.0mol/L。

2．哈纳德电池在电解质溶液理论、电化学热力学乃至化学热力学的研究中得到广泛的应用。由于它是无液界电池，测得的电动势可准确到万分之一伏，故在此基础上求得的数据准确度也很高。除了本实验涉及的内容外还广泛用于测定酸碱平衡、沉淀平衡、络合平衡、氧化还原平衡的平衡常数以及标定标准缓冲溶液的pH值等。关键是要找到合适的可逆电极，并安排成适当的可逆电池。

实验十一　氢超电势的测定

一、实验目的

1. 确切理解超电势和塔费尔公式的意义，了解电极过程动力学的一些基本概念。
2. 测定氢在金属铂和汞上的超电势。
3. 学习电极过程动力学的一些实验方法。

二、实验原理

当电极反应进行时，电极电势 E 要偏离平衡电势 E^p，偏差 $E-E^p$ 称为该电极的超电势，以 η 表示。超电势的出现表明电极反应进程（简称电极过程）中有一定的阻力（或称势垒），要使电极反应加速则阻力更大。为了克服这些阻力，电极必须蓄以能量来推动电极反应进行，这种能量或推动力在电极性质上表现为超电势，阳极偏正 $\eta_a>0$；阴极偏负 $\eta_c<0$。

氢电极是金属材料、电解质、氢气三者紧密联系的体系。电极反应在金属表面进行，并且金属作为导体输入或输出电流。氢超电势是指氢电极发生阴极反应 $2H^+ +2e^- \longrightarrow H_2$ 时的超电势 $\eta_c = E-E^p$。E^p 为氢电极平衡电势，由能斯特公式表示 $E^p=E^\ominus+\dfrac{2.303RT}{F}\lg a_{H^+} = \dfrac{2.303RT}{F}\lg a_{H^+}$，式中 $E^\ominus \equiv 0$（氢标的定义），a_{H^+} 为氢离子活度，稀溶液中可用浓度代替。E 为有电流通过时的电极电势。

氢超电势与电流密度、金属材料等因素有关，η_c 随电流密度增加而增加，$\eta_c=a+b\lg i$。该式称塔费尔经验公式，式中 i 为电流密度，a 与 b 为经验常数，对于不同的金属 b 基本相同，但 a 有明显差异。金属汞、锌、铅等，$a>1.2V$，而贵金属铂、金和镍、钯等，$a<0.5V$。这些规律在生产实际上有重要的应用，在氯碱工业和电解水制氢工业上要采用 η_c 较小的电极材料以降低能耗；在其他电解工业和化学电源中应采用 η_c 较大的电解材料防止副反应和自放电发生。

氢超电势的测量装置见图 10-27，分四部分：电解池、测量电池、电解线路和测量线路。选择一辅助电极（铂片或铂丝）与被测电极组成电解池使氢电极发生还原反应；同时选择一参比电极与被测电极组成测量电池。当电流较大或溶液电阻较大时，电流通过溶液所产生的电位降不可忽略，为此可安置一毛细管，将管口尽量靠近被测电极使测量回路中几乎没有电流通过，见图 10-28。这种毛细管称为鲁金毛细管。

用作氢电极金属材料的种类很多，汞和铂是两个典型，前者氢超电势很大，后者较小。汞易提纯，表面均匀、光滑、易更新；铂很稳定，可制成各种形状如铂片、铂丝、铂黑等。这些性质使超电势测定数据比较精确可靠。本实验介绍的两方面内容在教学安排上可视实际情况选做一种。

三、仪器和试剂

超电势测量装置 1 套；氢气发生器（或高纯氢气）1 套；毫安表 1 台；数字电压表（或电位差计）1 台；直流稳压电源 1 台；甘汞电极 1 支。

0.2mol/L 硫酸；1mol/L 盐酸；饱和 KCl 溶液。

四、实验步骤

1. 铂上氢超电势的测定

(1) 按图 10-27 安装测量装置。安装前仔细洗涤玻璃容器，用洗液浸泡后依次用自来水、去离子水、电导水冲洗，左边容器用饱和 KCl 溶液润洗，中、右边容器用电解液 1mol/L 盐酸润洗。

(2) 被测电极和辅助电极的处理。这两支电极均用直径为 0.5mm 的铂丝烧结在玻璃管中，一头露出管外约 10mm，另一头留在玻璃管中与其他导体（如铜丝）相连。将铂丝电极

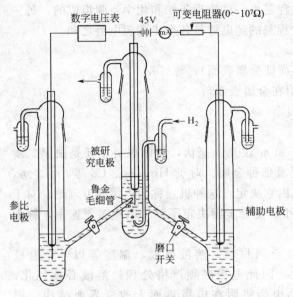 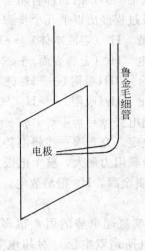

图 10-27　氢超电势测量装置示意图　　　图 10-28　鲁金毛细管装置示意图

浸入王水中约 5min，取出后用自来水冲洗，再用温热 NaOH 溶液浸泡 5min，用自来水、去离子水、电导水、电解液洗涤备用。

（3）将3支电极装入电池。鲁金毛细管中灌入饱和 KCl 溶液，其中不得有气泡，毛细管口应紧靠铂丝。右边磨口用电解液湿润，左边磨口用饱和 KCl 湿润。左中右各注入饱和 KCl 溶液与电解液。

（4）接好线路后，开启氢气发生器，旋开各气阻夹，调节通入电解池的氢气量（每秒2个气泡），使整个电解池充满氢气氛。

（5）调节可变电阻，电流密度控制在 $0\sim 8\text{mA/cm}^2$ 范围内，从小到大测定 10~15 个电流密度下的超电势。每个电流密度重复测定至 3min 内电势变化小于 2mV，可认为达稳定值。

（6）测定完毕后取出研究电极，用游标卡尺测量铂丝长度和直径，计算电极表面积。

2. 汞上氢超电势的测定

（1）测量装置略作改动　图 10-27 中间的电解池底部放置汞，铂丝插入汞中，通氢气的管口对准汞表面，鲁金毛细管管口紧靠汞表面。汞面上加电解液 $0.2\text{mol/L}\ H_2SO_4$。其余同图 10-27。

（2）接好线路，调节可变电阻改变电流，测电流为 0.1、0.2、0.3、0.6、0.8、1.0、1.5、2.0、2.5、3.0、4.0、5.0、7.0、9.0（mA）时的电势。

（3）测定完毕后，测量电解池容器的内径。容器的横截面积即汞的表面积。

五、数据处理

（1）根据电解液中氢离子浓度，用能斯特公式计算氢电极平衡电势 E^p，查得实验温度下饱和甘汞电极的电势 E_{SCE}，结合实验中各电流下测得的电池电势 E，则氢超电势 η_c 为：

$$\eta_c = E - E_{SCE} - E^p$$

（2）根据电极的表面积和实验电流值算得电流密度 i。

（3）作 η_c-$\lg i$ 图，从图像直线求塔费尔公式中的经验常数 a 与 b。

六、启示、思考、讨论

1. 超电势是电极反应得以进行的推动力，研究超电势与电流的关系可以得到电极反应进程（又称电极过程）的情况和规律。电极过程是由一些物理步骤和化学步骤组成的，每一步骤都需要推动力，因而都有超电势。电极过程总的超电势是各个步骤超电势之和。

氢电极过程经历以下几个步骤：
① 扩散　H^+（溶液本体）——→H^+（电极界面即金属表面）；
② 放电　H^+（金属表面）+e^-——→H（吸附在金属表面）；
③ 复合　2H（吸附）——→H_2（吸附在金属表面）；
④ 逸出　H_2（吸附）——→H_2（气体逸出）。

总的超电势 $\eta_c = \eta_1 + \eta_2 + \eta_3 + \eta_4$，其中 η_1 和 η_4 仅几十毫伏，氢超电势主要是由第二步或第三步决定。究竟哪一步超电势最大，还要看那种金属。对于 Hg、Zn、Cd 等，$\eta_2 \gg \eta_3$，表明放电步骤阻力最大，整个电极过程的速率由它决定，这种机理称为迟缓放电理论；对于 Pt、Au 等贵金属，H^+ 很易放电，η_2 比 η_3 还小，复合步骤决定了整个电极过程速率，称为复合理论。

2. 影响氢超电势的因素很多，除了电极金属材料、溶液组成、温度等以外，电极界面结构（所谓双电层）对超电势影响很大，因此电极必须严格处理，溶液必须纯化。如果存在杂质，尤其是有机物，即使量很小也会吸附在电极界面上改变界面结构，影响测量结果。

由此可知，在测量过程中一套数据必须连续测定，不得中断电流，否则由于电极表面发生变化使所测数据不易重现。1min 内被测电势数据如果只变化 1～2mV 就可认为已经稳定。

实验十二　溶液的吸附作用和液体表面张力的测定

一、实验目的

1. 用最大泡压法测定不同浓度的表面活性物质（正丁醇）溶液在一定温度下的表面张力。
2. 应用 Gibbs 和 Langmuir 吸附方程式进行精确作图和图解微分，计算不同浓度正丁醇溶液的表面吸附量和正丁醇分子截面积，以加深对溶液吸附理论的理解。
3. 掌握作图法的要点，提高作图水平。

二、实验原理

当液体中加入某种溶质时，其表面张力要发生变化。例如在水中溶入醇、醛、酮等有机化合物，水的表面张力要减小；若加入某些无机物，则水的表面张力稍有增大。溶液系统可通过自动调节不同组分在表面层中的量来降低表面 Gibbs 能，使系统趋于稳定。因此，若加入的溶质能够降低溶液的表面张力，则该溶质力图浓集在表面上；反之，则该溶质在表面层中的浓度一定低于溶液的内部，这种表面层中某物质的含量与溶液本体中不同的现象，称之为表面吸附作用。当表面层中物质的量大于本体溶液中的量，叫做发生了正吸附，反之为发生负吸附，Gibbs 用热力学方法导出了一定温度下，吸附量的定量公式——Gibbs 吸附等温式：

$$\Gamma = -\frac{c}{RT}\frac{d\gamma}{dc} \tag{10-52}$$

式中，Γ 为表面吸附量（mol/m²）；γ 为表面张力（N/m 或 J/m²）；T 为热力学温度（K）；c 为溶液本体的平衡浓度（mol/L）；R 为气体常数 [J/(mol·K)]。

能使溶剂水的表面张力降低的溶质通常称为表面活性物质。工业上和生活中所用的去污剂、起泡剂、乳化剂及润滑剂等都是表面活性物质。表面活性物质的分子是由亲水的极性部分和憎水的非极性部分构成的，正丁醇分子为 ROH 型一元醇，其羟基为亲水基，烃基为憎水基，当它溶于水后，在溶液表面层形成羟基朝下，烃基朝上的正丁醇单分子层。当溶液浓度增加时，表面吸附量也增加；当浓度足够大时，吸附量达极限值 Γ_∞ 溶液的表面吸附达饱和状态。Γ_∞ 可近似看成在表面上定向排满单分子层时单位表面积中正丁醇的物质量。

正丁醇溶液的 γ-c 曲线示于图 10-29。从曲线可求得不同浓度下的 $d\gamma/dc$ 值，将各值代入 Gibbs 公式可计算不同浓度时表面吸附量 Γ。如果作 Γ-c 曲线，可求得饱和吸附量 Γ_∞，并由下式计算出正丁醇的分子截面积：

$$S = \frac{1}{\Gamma_\infty N_0} \tag{10-53}$$

式中，N_0 为 Avgodro 常数（6.02×10^{23}/mol）。

实际上将 Γ-c 曲线外推求 Γ_∞ 比较困难。设气固单分子层吸附的 Langmuir 吸附等温式适用于溶液的表面吸附，并以表面吸附量 Γ（表面超量）代替单位表面上所含正丁醇的物质量，则有：

图 10-29 γ-c 曲线、Γ-c 曲线和 $\frac{c}{\Gamma}$-c 曲线

$$\theta = \frac{\Gamma}{\Gamma_\infty} = \frac{Kc}{1+Kc} \tag{10-54}$$

或

$$\frac{c}{\Gamma} = \frac{c}{\Gamma_\infty} + \frac{1}{K\Gamma_\infty} \tag{10-55}$$

式中，θ 为吸附分数；c 为溶液本体的平衡浓度；K 为与溶液表面吸附有关的经验常数。由 $\frac{c}{\Gamma}$～c 作图可得一直线，由直线斜率求 Γ_∞，进而可求分子的截面积 S。

用最大泡压法测表面张力方法如下：

测定液体表面张力的方法很多，如毛细管升高法、滴重法、环法、滴外形法等。本实验采用最大泡压法，实验装置如图 10-30 所示。

图 10-30 中 A 为充满水的抽气瓶；B 为直径为 0.2～0.5mm 的毛细管；C 为样品管；D 为恒温槽；E 为放空管。

将毛细管竖直放置，使滴口平面与液面相切，液体即沿毛细管上升，打开抽气瓶的活栓，让水缓缓滴下，使样品管中液面上的压力渐小于毛细管内液体上的压力（即室压），毛细管内外液面形成一压差，此时毛细管内气体将液体压出，在管口形成气泡并逐渐胀大，当压力差在毛细管口所产生的作用力稍大于毛细管口液体的表面张力时，气泡破裂，压差的最大值可由微压仪测量。

若毛细管的半径为 r，气泡从毛细管出来时受到向下的压力为：

$$\Delta p_{\max} = p_{大气} - p_{系统} = \Delta h \rho g$$

式中，Δh 为 U 形压力计所示最大液柱高度差；g 为重力加速度；ρ 为压力计所储液体的

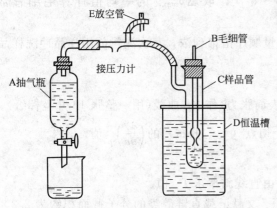

图 10-30 最大泡压法测液体表面张力装置图

密度。气泡在毛细管口所受到的由表面张力引起的作用力为 $2\pi r \cdot \gamma$，气泡刚脱离管口时，上述二力相等：
$$\pi r^2 \Delta p_{max} = 2\pi r \gamma$$
所以
$$\gamma = r\Delta p_{max}/2 \tag{10-56}$$

若将表面张力分别为 γ_1 和 γ_2 的两种液体用同一支毛细管和压力计用上法测出各自的 $\Delta p_{max,1}$ 和 $\Delta p_{max,2}$，则有如下关系：
$$\frac{\gamma_1}{\gamma_2} = \frac{\Delta p_{max,1}}{\Delta p_{max,2}}$$
即
$$\gamma_1 = \frac{\gamma_2}{\Delta p_{max,2}} \Delta p_{max,1} = K \Delta p_{max,1} \tag{10-57}$$

对同一支毛细管来说，K 值为一常数，其值可借一表面张力已知的液体标定之。本实验用纯水作为基准物质，20.0℃时纯水的表面张力为 7.275×10^{-2} N/m（或 J/m²）。

三、仪器和试剂

1. 仪器

表面张力测定装置（包括恒温槽和微压仪）1 套；容量瓶 100mL 1 个，50mL 5 个；1mL 刻度移液管 1 支；洗耳球 1 个。

2. 试剂

正丁醇（二级）；去离子水。

四、实验步骤

1. 溶液配制

按表 10-6 分 2 次配制 9 份溶液，第一次配制 1~5 号，第二次配 6~9 号。

表 10-6 正丁醇表面张力测定溶液配制方法

样品号数	1	2	3	4	5	6	7	8	9
容量瓶体积/cm³	100	50	50	50	50	50	50	50	50
$V_{醇}$/cm³	0.10	0.10	0.25	0.50	0.75	1.00	1.25	1.50	1.75

2. 如图 10-30 装配仪器，恒温槽温度调至 20.0℃，样品管内置待测液体，毛细管竖直放置，毛细管口与液面相切。恒温 5min 以上，测定液体的表面张力。

3. 先测定毛细管常数。样品管内加入一定量蒸馏水（以放入毛细管后管口刚好与液面相切为准），旋动抽气瓶活栓让水缓缓滴下，使气泡从毛细管口均匀逸出，以 3~5s 逸出 1 个气泡为宜，调微压仪测最大压差，读数 3~5 次，取 $\Delta p_{max,2}$ 的平均值计算毛细管常数 K 值。

4. 同法测定各正醇溶液的 $\Delta p_{max,1}$ 值，测量顺序由稀到浓，每次测量前用样品冲洗样品管和毛细管数次。

五、结果与讨论

1. 按式(10-57)计算各浓度正丁醇溶液的表面张力，作 γ-c 曲线（用一整张 16 开坐标纸）。

2. 用双玻璃棒法或镜面法求曲线六个以上切点（均匀分布）的 $\left(\frac{\partial \gamma}{\partial c}\right)_T$ 值。

3. 按式 (10-52) 计算 Γ 值，并求 c/Γ 值。

4. 按式 (10-55) 作 $c/\Gamma \sim c$ 图，得直线，由直线斜率求 Γ_∞ 值。

5. 按式 (10-53) 算出正丁醇的分子截面积。文献记载直链醇类的分子截面积约为 2.2×10^{-19} m²，并以此求出相对误差。

六、思考题

1. 为什么毛细管要与液面垂直且管口要与液面相切？若毛细管深入液面一定深度能否准确测出液体的表面张力？如何测定与计算？

2. 为什么气体的逸出速度要均匀、缓慢？否则有何影响？

3. 本实验中哪个样的准确测定最为重要？为何测量顺序要由稀至浓，若顺序颠倒有何缺点？

4. 本实验存在哪些方法误差？

实验十三 蔗糖水解反应速率常数的测定

一、实验目的

1. 用旋光法测定蔗糖水解反应的速率常数，掌握测定反应速率常数的基本方法，了解古根亥姆动力学数据处理方法的原理。

2. 了解和掌握旋光仪的原理和使用方法。

二、实验原理

在酸性介质中蔗糖水解反应为：

$$\underset{\text{蔗糖(右旋)}}{C_{12}H_{22}O_{11}} + H_2O \xrightarrow{H^+} \underset{\text{葡萄糖(右旋)}}{C_6H_{12}O_6} + \underset{\text{果糖(左旋)}}{C_6H_{12}O_6} \tag{10-58}$$

反应速率方程为：

$$r = -\frac{d}{dt}c_{C_{12}H_{22}O_{11}} = k_2 c_{H_2O}^n \cdot c_{C_{12}H_{22}O_{11}} \tag{10-59}$$

已有文献报道 $n=6$，故反应较复杂。k_2 为反应速率常数，它与反应物和生成物的浓度无关，与温度、催化剂（H^+）的种类和量有关。

从反应式(10-58)的计量关系知蔗糖和水是等摩尔反应，蔗糖的摩尔质量（342.18g/mol）远大于水的摩尔质量（18.02g/mol），故在浓度不大的情况下（质量分数 30%以下）蔗糖水解所消耗的水量是很小的，可认为 c_{H_2O} 基本保持不变，式(10-59)可简化为：

$$r = -\frac{d}{dt}c_{C_{12}H_{22}O_{11}} = k_1 c_{C_{12}H_{22}O_{11}} \tag{10-60}$$

积分得（下文 c 专指蔗糖浓度，下标为时间）

$$\ln\frac{c_t}{c_0} = -k_1 t$$

或

$$\ln c_t = -k_1 t + \ln c_0 \tag{10-61}$$

以 $\ln c_t$ 对 t 作图得直线，斜率的负数即反应速率常数 k_1。从式(10-61)知 k_1 值与反应起始时刻无关，故实验测定时的起始时刻可自定。

由于蔗糖及其水解产物有旋光性，它们的旋光能力各不相同，又因体系的旋光度有加和性，据此可用旋光仪测定体系旋光度随时间的变化来测定速率常数，讨论如下。

影响物质旋光能力的因素很多，为比较各物质的旋光能力可引入比旋光度概念

$$[\alpha]_D^T = \frac{\alpha}{l c} \times 100 \tag{10-62}$$

式中，T 为温度；D 表示光源波长为钠光谱的 D 线（589.3nm）；α 为测得的旋光度，l 为光程长度（单位为 dm）；c 为浓度（100mL 溶液所含溶质的克数）。由式(10-62)得：

$$\alpha = \frac{[\alpha]_D^T l c}{100} \tag{10-63}$$

可知当其他条件不变时旋光度与溶液浓度成正比，即

$$\alpha = K_{旋} c \tag{10-64}$$

蔗糖、葡萄糖和果糖的比旋光度分别为66.6°、52.5°、-91.9°，正角表示右旋，负角表示左旋。随着蔗糖的水解，体系的旋光度逐渐由右旋减小到零继而变成左旋。为方便起见，下面推导中浓度以物质的量浓度（mol/L）表示（不影响结果）。

初始旋光度和反应终了时的旋光度为：

$$\alpha_0 = K_{反} c_0$$
$$\alpha_\infty = K_{生} c_0 \tag{10-65}$$

式中，$K_{反}$ 与 $K_{生}$ 表示反应物和生成物的旋光比例常数；c_0 为反应物初始浓度，数值上等于生成物的最后浓度。设时刻 t 时蔗糖浓度为 c_t，则生成物浓度为 $c_0 - c_t$，此时溶液旋光度为 α_t，根据旋光度的加和性，得到：

$$\alpha_t = K_{反} c_t + K_{生}(c_0 - c_t) \tag{10-66}$$

由式(10-65) 得：

$$c_0 = \frac{\alpha_0 - \alpha_\infty}{K_{反} - K_{生}}$$

由式(10-66) 得：

$$c_t = \frac{\alpha_t - \alpha_\infty}{K_{反} - K_{生}}$$

代入式(10-61) 得：

$$\ln(\alpha_t - \alpha_\infty) = -k_1 t + \ln(\alpha_0 - \alpha_\infty) \tag{10-67}$$

$\ln(\alpha_t - \alpha_\infty)$ 对 t 作图得直线，直线斜率的负数即反应速率常数。此法要测 α_∞，因 α_∞ 很难测准，为避免测 α_∞ 可用古根亥姆法得到满意的结果

$$\ln(\alpha_t - \alpha_{t+\Delta t}) = -k_1 t + c \tag{10-68}$$

式中，Δt 是一个合适的恒定时间间隔，最好选用实验时间的一半，例如本实验反应时间确定为1h，Δt 可取 30min 左右。古根亥姆法式(10-68) 的推导见六。

三、仪器与试剂

WZZ-3 自动旋光仪 1 台；秒表 1 块；25mL 移液管 2 支；150mL 烧杯 2 个；500mL 烧杯 1 个。

蔗糖（二级品）；盐酸（二级）。

四、实验步骤

1. 熟悉和练习旋光仪的使用方法

（1）开机 打开旋光仪电源开关，预热 5min 以后再打开灯源开关。如果钠光灯没亮，说明预热时间不够。关闭灯源开关，再预热一段时间后，重开灯源开关。

（2）零点校正 洗净旋光管，灌满纯水。在旋光管口加上专用玻璃片和垫圈，拧紧螺帽。如果旋光管内存有气泡，应将气泡驱赶至旋光管的突出处，否则将影响测量结果。按照仪器使用说明，校正旋光仪的零点。因本实验处理数据时都是两旋光度之差值，在两旋光度相减时，把零点值也减去了，所以本实验并不需要零点校正。

（3）旋光度测定 倒出旋光管中的纯水，用待测液体洗涤旋光管数次，灌满待测液，测量旋光度。本实验中体系的旋光度随时间变化，必须在规定的时间内开始旋光度的测量，所以要求操作熟练、快捷。

2. 反应速率的测定

用移液管吸取 25mL 20%的蔗糖溶液移入 150mL 的烧杯中，另吸取 25mL 3mol/L HCl 移入另一 150mL 烧杯。将 HCl 溶液倒入蔗糖溶液，搅拌混合后再倒回盛 HCl 溶液的烧杯，如此反复几次，两溶液已混合均匀。用此混合液洗涤旋光管数次，然后灌满旋光管测定旋光度 α_0，同时启动秒表计时，每隔 4min 读一次数 α_4、α_8、α_{12}、……至 60min 测定完毕。

如果反应恒温进行，结果更准确。可在旋光管外加一恒温水套，由超级恒温水浴泵出恒温水流经水套。如果自来水温度较稳定，也可用自来水恒温。

五、数据处理

取 $\Delta t=32$min，式（10-68）为 $\ln(\alpha_t-\alpha_{t+32})=-k_1 t+c$。将 t 与 α_t 分成两组：$t=0$，4，8，…，28 与 32，36，40，…，60，组合成 $\alpha_0-\alpha_{32}$，$\alpha_4-\alpha_{36}$，…，$\alpha_{28}-\alpha_{60}$ 等代入（10-68）式。以 $\ln(\alpha_t-\alpha_{t+32})$ 对 t 作图，求直线斜率进而算出 k_1。

在本实验条件下，k_1 值要求 10^{-2}min^{-1} 数量级，图像线性相关系数 0.98 以上。

六、启示、思考、讨论

古根亥姆（Guggenheim）动力学数据处理公式的推导。

将式（10-67）改写成指数形式，对于任意时刻 t

$$\alpha_t-\alpha_\infty=(\alpha_0-\alpha_\infty)\mathrm{e}^{-k_1 t} \tag{10-69}$$

对于 $t+\Delta t$

$$\alpha_{t+\Delta}-\alpha_\infty=(\alpha_0-\alpha_\infty)\mathrm{e}^{-k_1(t+\Delta t)} \tag{10-70}$$

式（10-69）－式（10-70）得：

$$\begin{aligned}\alpha_t-\alpha_{t+\Delta}&=(\alpha_0-\alpha_\infty)[\mathrm{e}^{-k_1 t}-\mathrm{e}^{-k_1(t+\Delta t)}]\\&=(\alpha_0-\alpha_\infty)\mathrm{e}^{-k_1 t}(1-\mathrm{e}^{-k_1\Delta t})\end{aligned} \tag{10-71}$$

取对数

$$\ln(\alpha_t-\alpha_{t+\Delta t})=-k_1 t+\ln[(\alpha_0-\alpha_\infty)(1-\mathrm{e}^{-k_1\Delta t})] \tag{10-72}$$

因 α_0 和 α_∞ 与 t 无关，Δt 是恒定的温度间隔，所以式（10-72）的第二项为常数，可简写为

$$\ln(\alpha_t-\alpha_{t+\Delta t})=-k_1 t+c$$

即式（10-68）。

实验十四　乙酸乙酯皂化反应速率常数的测定

一、实验目的

1. 用电导法测定乙酸乙酯皂化反应速率常数。
2. 进一步掌握电导率仪的使用方法。

二、实验原理

酯在碱性介质中的水解反应习惯上称为皂化。乙酸乙酯皂化反应如下式所示。

$$\mathrm{NaOH}+\mathrm{CH_3COOC_2H_5}\longrightarrow\mathrm{CH_3COONa}+\mathrm{C_2H_5OH} \tag{10-73}$$

为二级反应，速率方程为：

$$r=\frac{\mathrm{d}x}{\mathrm{d}t}=k(a-x)(b-x) \tag{10-74}$$

式中，a，b 为 NaOH、$\mathrm{CH_3COOC_2H_5}$ 的起始浓度，$a-x$、$b-x$ 和 x 表示反应任一时刻 t 时 NaOH、$\mathrm{CH_3COOC_2H_5}$ 和皂化产物 $\mathrm{CH_3COONa}$、$\mathrm{C_2H_5OH}$ 的浓度。为处理方便起见，在设计实验时使 $a=b$，反应速率方程简化为：

$$r=\frac{\mathrm{d}x}{\mathrm{d}t}=k(a-x)^2 \tag{10-75}$$

积分得

$$k = \frac{x}{at(a-x)} \tag{10-76}$$

皂化反应的逆反应很少，可认为能完全进行，稀溶液中 NaOH、CH_3COONa 可完全电离，反应各阶段各物质的浓度见表10-7。

表 10-7 乙酸乙酯皂化反应各阶段各物质浓度

时间	NaOH	$CH_3COOC_2H_5$	CH_3COONa	C_2H_5OH
0	a	a	0	0
t	$a-x$	$a-x$	x	x
∞	0	0	a	a

浓度可用化学方法测定从而算得反应速率常数 k，k 也可以用物理方法直接测定。一般来说，化学方法比较繁杂，物理方法简捷和准确。本实验采用电导法。根据是：①溶液中 OH^- 的电导率比 CH_3COO^- 大很多且随反应的进行而减少，整个体系电导变化明显；②稀溶液中各强电解质的电导率与其浓度成正比；③溶液总电导率等于各电解质电导率之加和。于是，

$$\kappa_0 = A_1 a \tag{10-77}$$

$$\kappa_\infty = A_2 a \tag{10-78}$$

$$\kappa_t = A_1(a-x) + A_2 a \tag{10-79}$$

式中，A_1 和 A_2 是与温度、溶剂、电解质性质有关的比例常数；κ_0、κ_∞ 为反应开始和终了时溶液的电导率（反应起始时只有 NaOH 导电，终了时只有 CH_3COONa 导电）；κ_t 是时间 t 时溶液的总电导率。由此三式得：

$$x = \left(\frac{\kappa_0 - \kappa_t}{\kappa_0 - \kappa_\infty}\right) a \tag{10-80}$$

代入式(10-76)

$$k = \frac{1}{at}\left(\frac{K_0 - K_t}{K_t - K_\infty}\right) \tag{10-81}$$

整理得：

$$\kappa_t = \kappa_\infty + \frac{1}{ka} \cdot \frac{\kappa_0 - \kappa_t}{t} \tag{10-82}$$

因实验中用同一支电导电极，式(10-82)中的电导率 κ 可用实测之电导 G 代替。二者关系为 $K = KG$，K 为电导池常数，同一电极是相同的，在式(10-82)中可以消去，故得：

$$G_t = G_\infty + \frac{1}{ka}\left(\frac{G_0 - G_t}{t}\right) \tag{10-83}$$

以 G_t 对 $\frac{G_0 - G_t}{t}$ 作图，图像为直线，从斜率 $\frac{1}{ka}$ 可算得 k。

三、仪器与试剂

恒温槽1套；DDS-11A 数显电导率仪1台；DJS-1型电导电极1支；秒表1块。
250mL 容量瓶1个；150mL 锥形瓶3个；25mL 移液管3支；1mL 吸量管1支。
乙酸乙酯（二级）；标准 NaOH 溶液（约0.02mol/L，标定出准确值）。

四、实验步骤

1. 配制乙酸乙酯溶液，其浓度要与标准 NaOH 溶液相同。室温下乙酸乙酯相对密度为0.9，要配制250mL 溶液需纯乙酸乙酯 V(mL)，$V = \frac{88.06c}{4 \times 0.9}$，$c$ 为标准 NaOH 溶液浓度，88.06为乙酸乙酯摩尔质量。用吸量管吸取 V（mL）乙酸乙酯移入已盛有适量水的250mL

容量瓶中稀释至刻度。

2. 用移液管吸取标准 NaOH 溶液 25mL 置于干燥的锥形瓶中并用纯水准确稀释 1 倍，放入 25℃ 恒温槽恒温 5min。开启电导率仪电源预热 10min，将电导电极插入溶液浸没铂片。测定溶液的电导，测三次取平均值。此值即为反应开始时（零时）的电导 G_0。

3. 用移液管吸取 25mL 标准 NaOH 溶液和 25mL 乙酸乙酯溶液分别置于干燥的锥形瓶中，两锥形瓶同时放入 25℃ 恒温槽内恒温。5min 后将一瓶中的溶液倒入另一瓶内混合，再将混合的溶液倒回前一瓶内，如此往复两三次可认为两溶液已混合均匀。两溶液混合后仍放回恒温槽恒温。当两溶液刚混合时开启秒表计时，至 6min 测定溶液电导，以后每隔 2min 测一次，12min 后每隔 4min，40min 后每隔 6min，至 64min 测定结束，共测 G_6、G_8、G_{10}、G_{12}、G_{16}、G_{20}、G_{24}、G_{28}、G_{32}、G_{36}、G_{40}、G_{46}、G_{52}、G_{58}、G_{64} 十五个数据。

五、数据处理

1. 列出数据表。

2. 作 $G_t - \dfrac{G_0 - G_t}{t}$ 图，求直线斜率，计算反应速率常数。标准 NaOH 溶液浓度和乙酸乙酯溶液浓度已知且相等，从斜率求速率常数时式中 $a = \dfrac{c}{2}$。

六、启示、思考、讨论

1. 由于空气中 CO_2 会溶入标准 NaOH 溶液中使浓度改变，因此配制时需用煮沸的电导水；在配好的溶液瓶上安装碱石灰吸收管防止 CO_2 溶入。乙酸乙酯也要新配。

2. 乙酸乙酯溶液更精确的配制方法举例如下：设要配制 250mL 0.02mol/L 的乙酸乙酯溶液，算出所需纯乙酸乙酯的质量为 0.4403g。在 250mL 容量瓶中加入少量电导水（重蒸馏水），准确称量，然后用小滴瓶的滴管滴入 5 滴乙酸乙酯，摇匀后称重，估算每滴乙酸乙酯的质量和所需的滴数。控制滴入乙酸乙酯的滴数直至接近所需的加入量，摇匀再称量。最后几滴，为避免超量可采用滴管口刚接触到滴瓶中的乙酸乙酯液面，让它借毛细作用进入滴管，然后滴入容量瓶。称量乙酸乙酯的量与预先计算的 0.4403g 相差不得超过 1mg。

3. 实验步骤 3 中氢氧化钠溶液与乙酸乙酯溶液混合的方法简便可行，所引起的误差并不大。更好一些的装置和方法有双管皂化池和夹层皂化管等。

4. 考察式(10-81) $k = \dfrac{1}{at}\left(\dfrac{\kappa_0 - \kappa_t}{\kappa_t - \kappa_\infty}\right)$ 整理可得 $\dfrac{\kappa_0 - \kappa_t}{\kappa_t - \kappa_\infty} = kat$，或电导率 K 用电导 G 代替 $\dfrac{G_0 - G_t}{G_t - G_\infty} = kat$。以 $\dfrac{G_0 - G_t}{G_t - G_\infty}$ 对 t 作图，直线线性要比本实验处理数据为好，得到的值也更准确。这样就需测定反应终了时的电导 G_∞，可自行设计实验测定 G_∞。有哪几种方法？哪种方法最好？

实验十五　比色法研究甲基紫反应动力学

一、实验目的

1. 用隔离法测定双分子反应的反应级数和速率常数。
2. 研究盐效应对反应速率常数的影响。
3. 会用分光光度法测定显色物质的瞬时浓度。

二、实验原理

本实验用比色法观测双分子反应的反应速率。反应物是离子型的，其中一个是高度显色的结晶紫（crystal violet，简称 dye），另一个是氢氧根离子（OH^-），产物是无色的。因此可以通过测定不同时间间隔色密度的下降，即用比色计测定系统吸光度的变化来计算双分子反应的速率常数。

反应式为：
$$n(C_{25}H_{20}N_8)^+ + mOH^- \longrightarrow nC_{25}H_{20}N_8(OH)_{m/n}$$

实验证明此反应为基元反应，且 $m=n=1$，即为双分子反应。该反应速率方程的一般形式为：

$$-\frac{d[dye]}{dt} = k_2[OH]^m[dye]^n \tag{10-84}$$

可采用隔离法（反应物中一个的浓度远远大于另一个的浓度）加以简化，本实验中结晶紫的浓度为 $1\mu mol/L$，OH^- 浓度为 $(4\sim 8)$ $mmol/L$，即 OH^- 大大过量，在反应中可认为其浓度基本不变，则反应速率方程可简化为：

$$-\frac{d[dye]}{dt} = k_{ps}[dye]^n \tag{10-85}$$

其中
$$k_{ps} = k_2[OH]^n \tag{10-86}$$

假设，$n=1$ 对式(10-85)积分得：

$$\ln\frac{[dye]_0}{[dye]_t} = k_{ps} \cdot t \tag{10-87}$$

$[dye]_0$ 和 $[dye]_t$ 分别表示结晶紫的初始浓度和 t 时刻的浓度。

由于参照曲线是一条直线

所以
$$\frac{[dye]_0}{[dye]_t} = \frac{[A]_0}{[A]_t}$$

$$\ln[A]_t = \ln[A]_0 - k_{ps}t \tag{10-88}$$

用 $\ln[A]_t$ 对 t 作图得一直线，斜率为 $-k_{ps}$，从而证明假设 $n=1$ 成立，并求得 k_{ps} 值。

由式(10-86)知，$k_{ps}=k_2[OH]^m$，其中 k_2 和 m 是待求的。由两个不同初始浓度的 OH^- 得出两个方程

$$k'_{ps} = k_2[OH^-]'^m \tag{10-89}$$
$$k''_{ps} = k_2[OH]''^m \tag{10-90}$$

通过这两个方程可解得 m 和 k_2。

该反应是两个带相反电荷的一价离子间的反应，因此对介质的离子强度是很敏感的。根据过渡状态理论，在反应过程中，反应物先形成活化络合物，然后活化络合物再分解得到产物：

$$A+B \rightleftharpoons [AB]^{\neq} \longrightarrow 产物$$

因此反应速率常数为：

$$k_2 = k_0 \frac{\gamma_A \cdot \gamma_B}{\gamma_{[AB]^{\neq}}} \tag{10-91}$$

式中，k_0 为离子强度等于零（即活度系数为1）时的反应速率常数；γ 为活度系数。

从式(10-91)可见，k_2 值随着活度系数的比值 $\gamma_A \cdot \gamma_B/\gamma_{[AB]^{\neq}}$ 而改变。

单个离子的活度系数不能测定，可以根据德拜-休格尔理论公式计算。

$$-\lg\gamma_i = A \cdot z_i^2 g(I) \tag{10-92}$$

其中 A 是常数，25℃时其值为 0.509；$g(I) = \frac{\sqrt{I}}{1+\sqrt{I}}$，$I$ 是离子强度，z 是离子价数。

由式(10-91)得：

$$\lg k_2 = \lg k_0 + \lg \gamma_A + \lg \gamma_B - \lg \gamma_{[AB]^{\neq}}$$

将式(10-92) 代入得：

$$\lg k_2 = \lg k_0 + [-Az_A^2 g(I) - Az_B^2 g(I) + Az_{[AB]^{\neq}}^2 g(I)]$$
$$= \lg k_0 + Ag(I)[z_{[AB]^{\neq}}^2 - z_A^2 - z_B^2]$$

由离子反应式可以看出：

$$z_{[AB]^{\neq}} = z_A + z_B$$

所以
$$\lg k_2 = \lg k_0 + 2Az_A \cdot z_B g(I) \tag{10-93}$$

根据式(10-93)，当 k_0 已知时，可以计算 k_2，如果计算结果与实验结果一致，则可以验证过渡状态理论正确。

三、仪器与试剂

1. 仪器

721 型分光光度计（带恒温装置）1 台；超级恒温水浴 1 台；秒表 1 只。

50mL 容量瓶 4 个；100mL 容量瓶 5 个；10mL 移液管 3 支；洗耳球 1 个；锥形瓶 3 个。

2. 试剂

将 0.028～0.030g 结晶紫溶在 1L 水中备用。

0.1mol/L NaOH 溶液；1mol/L KNO_3 溶液。

四、实验步骤

1. 将恒温槽调节到 25℃ 恒温。

2. 将分光光度计按说明书调节好。

3. 在 50mL 容量瓶里将 10mL 结晶紫溶液用水稀释到满刻度，在另一只容量瓶里把 0.1mol/L NaOH 溶液 4mL 用水稀释到 50mL，同时将 2 个容量瓶放入 25℃ 恒温槽内恒温 10min。

4. 将上述已恒温的溶液从容量瓶倒入锥形瓶内混合均匀，同时按动秒表，将混合溶液注入分光光度计的比色皿中，每隔 3～4min 记录一次吸光度，共记录 6～8 个数据。

5. 再用 10mL 结晶紫溶液和 8mL NaOH 溶液重复上述 3、4 步骤。

6. 参照曲线的绘制：用 100mL 容量瓶分别稀释 2mL、4mL、6mL、8mL、10mL 结晶紫溶液到 100mL，测每个溶液的吸光度。吸光度对结晶紫的毫升数作图，直线通过原点，斜率乘 10 等于 $[A]_0$。

7. 用 8mL NaOH 溶液加 2mL、6mL、8mL 1mol/L KNO_3 溶液稀释至 50mL，再用 10mL 结晶紫溶液稀释至 50mL，重复 3、4 步骤。

五、结果与讨论

1. $\ln([A]_0/[A]_t)$ 对 t 作图，应得一直线，可知 $n=1$。求直线斜率，并根据式(10-88)计算得 k_{ps}。

2. 根据两个不同初始浓度 OH^- 得到的 k'_{ps}、k''_{ps}，由式(10-89)、式(10-90)求得 m 和 k_2。

3. 计算加入 KNO_3 的 k_2 值，作 $\lg k_2 \sim g(I)$ 图。

注意：调节分光光度计的波长为结晶紫的最大吸收波长 590nm 处。

六、思考题

1. 若 $\ln([A]_0/[A]_t)$ 对 t 作图不得直线，应当怎么办？

2. 根据电解质溶液理论，解释 KNO_3 在系统中的作用。

实验十六　反应活化能的测定

一、实验目的
1. 了解反应活化能的意义及其测定方法的一般原理，理解计时法原理和条件。
2. 用计时法测定一级反应的活化能。

二、实验原理

温度对化学反应的快慢有明显影响。一般来说，反应速率常数随温度升高而迅速增大，许多反应符合阿累尼乌斯（Arrhenius）公式：

$$k = A\exp\left(-\frac{E_a}{RT}\right) \tag{10-94}$$

式中，E_a 和 A 都是反应的特性常数，E_a 为活化能，A 为指前因子。活化能的物理意义是：能够发生反应的反应物活化分子（通常形成活化复合物）的平均能量与全部反应物分子的平均能量之差，这个意义仅对基元反应是明确的。对于非基元反应式(10-94)仍然符合，但式中 E_a 是组成它的各基元反应活化能的组合，称为表观活化能。实验测得的活化能大多是表观活化能。

测定活化能的一般方法是测定不同温度下的反应速率常数，通过阿氏公式(10-94) 或式(10-95) 算得。公式(10-94) 两边取对数整理成：

$$\ln k = \ln A - \frac{E_a}{RT} \tag{10-95}$$

$\ln k$ 对 $\frac{1}{T}$ 作图，图像为直线，斜率为 $-\frac{E_a}{R}$，从而算得 E_a。

对于比较简单的反应，速率常数与反应物 $\frac{1}{n}$ 寿期之乘积 $kt_{1/n}$ 对不同温度是一个常数。于是可以测定不同温度下的 $t_{1/n}$，通过计算求出活化能，称为计时法，是测定活化能最简便的方法。$\frac{1}{n}$ 寿期是指反应中某反应物反应掉 $\frac{1}{n}$ 物质的量所需的时间，例如 $n=2$，则 $t_{1/n}$ 称为该反应物的半寿期或称半衰期。

所谓比较简单的反应是指只有一种反应物，或是仅一种反应物的量有变化；对于有两种或两种以上反应物的反应，只要各反应物起始量的比例与它们在反应式中的计量数比例相等，那么它们的 $\frac{1}{n}$ 寿期都是相同的。对于这类反应，某反应物的 $\frac{1}{n}$ 寿期就是反应的 $\frac{1}{n}$ 寿期。

现以本实验为例讨论计时法的原理和条件：

$$K_2S_2O_8 + 2KI \longrightarrow 2K_2SO_4 + I_2 \tag{10-96}$$

或写为

$$S_2O_8^{2-} + 2I^- \longrightarrow 2SO_4^{2-} + I_2 \tag{10-97}$$

为了用计时法测定反应活化能，设计实验如下。预先在反应体系中加入一定量的 $Na_2S_2O_3$ 和几滴淀粉溶液，反应开始后所生成的 I_2 立即被 $Na_2S_2O_3$ 还原成 I^-：

$$I_2 + 2S_2O_3^{2-} \longrightarrow 2I^- + S_4O_6^{2-} \tag{10-98}$$

待 $Na_2S_2O_3$ 耗尽后，游离的 I_2 与淀粉生成蓝黑色物质从而指示 $K_2S_2O_8$ 已反应掉 $\frac{1}{n}$。此处 $n = \dfrac{K_2S_2O_8 \text{ 的量}}{Na_2S_2O_3 \text{ 的量}} \times 2$，因子 2 是反应式(10-98) 中 $S_2O_3^{2-}$ 的计量系数，从反应式(10-97) 和式(10-98) 可知 $S_2O_3^{2-}$ 的消耗量恒为 $S_2O_8^{2-}$ 的 2 倍。当 $K_2S_2O_8$ 与 $Na_2S_2O_3$ 的量确定

时，n 是确定值。当然本实验要求 $n>1$。

再看反应式(10-96) 或式 (10-97)。在 $t_{1/n}$ 时间内，由于有 $Na_2S_2O_3$ 的还原作用，I^- 的量一直保持不变，消耗的仅是 $K_2S_2O_8$。实验证明这期间的反应为一级反应，速率方程的积分式为：

$$kt_{1/n} = \ln \frac{a}{a-x} \tag{10-99}$$

a 为 $K_2S_2O_8$ 的初始浓度，$a-x$ 是任意时刻 t 的浓度，$t=t_{1/n}$ 时 $x=\frac{a}{n}$，代入式(10-99) 得：

$$kt_{1/n} = \ln \frac{a}{a-\frac{a}{n}} = \ln \frac{1}{1-\frac{1}{n}} = \ln \frac{n}{n-1} = 常数\; c \tag{10-100}$$

对于不同的温度，k 与 $t_{1/n}$ 都不同，但其乘积不变。

式(10-100) 的两边取对数，然后与式(10-95) 联立解得：

$$\ln t_{1/n} = \frac{E_a}{RT} + 常数 \tag{10-101}$$

$\ln t_{1/n}$ 对 $\frac{1}{T}$ 作图，从斜率可算得活化能 E_a。

三、仪器和试剂

恒温槽 1 套；秒表 1 块；150mL 锥形瓶 4 个；10mL 移液管 1 支；20mL 移液管 2 支。

KI 与 KCl 混合液（0.1mol/L KI + 0.2mol/L KCl）；$K_2S_2O_8$ 溶液 0.02mol/L；$Na_2S_2O_3$ 溶液 0.01mol/L；淀粉溶液。

四、实验步骤

1. 调节恒温槽温度至比室温稍高的某一整数度（如21°C、22°C等）。

2. 准备两个 150mL 锥形瓶，一个放置 20mL KI 与 KCl 混合液和 10mL $Na_2S_2O_3$ 溶液，另一个放置 20mL $K_2S_2O_8$ 溶液和 3~5 滴淀粉溶液，将它们放入恒温槽恒温 5min。取出略微擦干瓶外的水，将一瓶中溶液较快地倒入另一瓶中充分混合，迅速放回恒温槽。在混合的一刹那开始计时，至混合液刚出现蓝色时停止计时。

3. 将恒温槽温度升高 4°C 或 5°C，同 2 法测定第 2 个温度的 $t_{1/n}$，接着再测定其他温度的 $t_{1/n}$。共测 4~5 组数据，温度间隔应大致相同。

五、数据处理

1. 将温度及该温度下 $t_{1/n}$ 列表，作 $\ln t_{1/n} - \frac{1}{T}$ 图。从直线斜率算得活化能 E_a。

2. 反应活化能文献值 $E_a=50.2$kJ/mol，计算相对误差。

六、启示、思考、讨论

计时法测定反应活化能是一种简便、准确和实用的方法。关键是要设计和安排反应在一定条件下进行，使 $kt_{1/n}$ 在不同温度下为常数，同时要找出指示 $t_{1/n}$ 的方法。例如本实验反应原有的速率方程可不需探求，由于加入 $Na_2S_2O_3$，使在 $t_{1/n}$ 时间内符合一级反应规律，$kt_{1/n}$ 为常数；再利用游离碘使淀粉变色来确定 $t_{1/n}$。这种设计是很巧妙的，要具体情况具体分析，找出恰当的方法，使之适合于计时法测定活化能。

对于二级或三级反应，原则上是安排各反应物起始浓度的比例与反应式的计量数相同，使速率方程 $r=k_2c_A^2$ 或 $k_3c_A^3$，从而符合 $kt_{1/n}$ 为常数的条件。

实验十七 X 射线粉末法

一、实验目的
1. 熟悉 X 射线粉末法的基本原理和应用。
2. 掌握多晶 X 射线衍射仪的使用方法。
3. 学会根据 X 射线粉末图进行物相分析和立方晶体的结构参数。

二、基本原理
1. 晶体的 X 射线衍射

X 射线是一种波长范围在 0.001～10nm 之间的电磁波。用于晶体衍射的 X 射线波长约在 0.1nm 左右。

晶体内部的原子或离子在空间排列上具有周期性，构成点阵结构。晶体的点阵结构使得入射的 X 射线产生衍射。

晶体的一族平面点阵（或晶面）用一组晶面指标 $(h'k'l')$ 来表示，$d_{(h'k'l')}$ 为这族平面点阵的平面间距。当入射的 X 射线与这族平面点阵的夹角 $\theta_{(nh',nk',nl')}$ 满足布拉格（Bragg）公式时，

$$2d_{(h'k'l')}\sin\theta_{(nh',nk',nl')}=n\lambda \tag{10-102}$$

在 (nh', nk', nl') 方向上产生衍射。此处 λ 为入射 X 射线的波长，n 为整数（称为衍射级数）。$(nh'nk'nl')$ 常用 (hkl) 表示，称为衍射指标，为其晶面指标 $(h'k'l')$ 的 n 倍。

当波长为 λ 的单色 X 射线入射到一个单晶样品上时，晶体某一族晶面 $(h'k'l')$ 满足衍射条件（式 10-102），即在 (hkl) 衍射方向上产生衍射，如图 10-31(a) 所示。衍射方向和入射方向的夹角为 2θ。当样品为粉末晶体时，晶粒取向是随机的。在满足衍射条件，即入射角为 θ 的所有晶面位置上，皆有 $(h'k'l')$ 晶面存在。所有这些晶面产生的衍射 (hkl) 皆分布在以入射线为轴，顶角为 4θ 的圆锥面上。如图 10-31(b) 所示。每个晶粒皆有许多不同取向的平面点阵族，当单色 X 射线入射晶体的粉末样品时，就会产生许多张角不同的衍射圆锥面，它们都以入射 X 射线为轴，分布在 $2\theta=0°\sim180°$ 范围内。

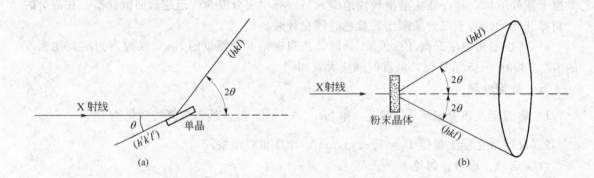

图 10-31 单晶(a)和粉末晶体(b)的 X 射线衍射示意图

2. X 射线粉末图

收集记录晶体粉末样品的 X 射线衍射线，即 X 射线粉末图，常用的方法有照相法（即德拜-谢乐，Debye-Schrrer 法）和衍射仪法。随着现代测试和记录技术的发展，多晶 X 射线衍射仪已经成为一种普通的常用仪器，操作和记录一般实现了计算机控制。本实验采用衍射仪法。

X射线衍射仪主机，由三个基本部分构成：X光源（发射强度高度稳定的X射线的X射线管），衍射角测量部分（精密分度的测角仪）和衍射X射线强度测量和记录部分（X射线检测器和与之配套的量子计数测量记录系统）。图10-32为衍射仪法的基本原理示意图。

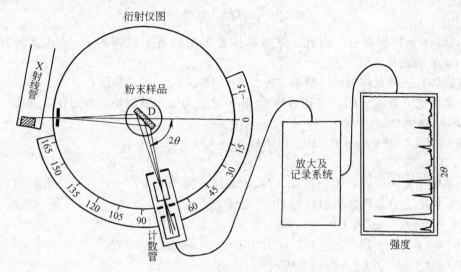

图10-32　X射线衍射仪原理示意图

粉末样品经磨细之后，在样品架上压成平片，安放在测角器中心的底座D上。计数管始终对准中心，绕中心旋转。样品每转θ，计数管转2θ，电子记录仪的记录纸也同步转动，逐一将各衍射线记录下来。在记录得到的衍射图中，一个坐标表示衍射角2θ，另一个坐标表示衍射强度的相对大小。

3. 粉末图的应用

X射线粉末图主要用来进行样品的物相分析、简单晶体的结构测定和晶粒大小的测量。本实验只做前两项内容。

(1) 物相分析　晶体的X射线粉末图有两个特征，其一是衍射峰的分布，即每个峰的位置（2θ），是由晶胞大小和形状决定的；其二是衍射峰的强度，是由晶胞的内容（晶胞所含原子及其分布）决定的。存在两种化学组成和晶体结构完全相同的晶体是不可能的。因此，不同晶体的粉末图是不同的，也就是说，粉末图对于晶体具有指纹作用。

任何晶体都具有其特征的X射线粉末衍射图谱。粉末衍射图谱集（powder diffraction file，PDF，原称ASTM卡），由粉末衍射标准联合会（JCPDS）编辑出版，汇集了各种已知晶体（物相）X射线粉末衍射数据，作为对晶体进行物相鉴定的标准（ASTM卡的用法可参考有关资料）。

用X射线粉末图进行物相分析的一般步骤为：①用衍射仪拍摄待测样品的粉末图；②对粉末图进行数据处理，由各峰的2θ值，计算其$\dfrac{d}{n}$值，并制表列出各峰的d/n和相对强度I/I_0。（I_0为最强峰，其相对强度I/I_0为100）；③根据d/n-I/I_0数据，查找样品物相所属的ASTM卡，从而确定样品所含物相就是其标准粉末图谱所属的物相；④如果样品中含有多个物相，则把粉末图中已鉴定的第一个物相的衍射峰全部除去，其余的衍射峰则属于剩余的未知物相，按上述步骤继续进行鉴定。

(2) 简单晶体的结构测定　对于立方晶系的晶体，晶面间距为：

$$d_{(h'k'l')} = \frac{a}{(h'^2 + k'^2 + l'^2)^{\frac{1}{2}}} \tag{10-103}$$

式中，a 为晶胞常数。将式(10-102)代入式(10-103)得：

$$\sin^2\theta = \frac{\lambda^2}{4a^2}(h^2 + k^2 + l^2) \tag{10-104}$$

式中，h，k，l 为衍射指标。因此，立方晶体粉末图的各衍射峰的 $\sin^2\theta$ 和其衍射指标的 $(h^2+k^2+l^2)$ 成正比。

立方晶体有三种点阵型式，简单立方（P），体心立方（I）和面心立方（F）。

对于简单立方点阵（P），各衍射峰的 $\sin^2\theta$ 之比为三个整数平方和之比，即

$\sin^2\theta_1 : \sin^2\theta_2 : \sin^2\theta_3 : \cdots$

$= 1:2:3:4:5:6:8:9:10:11:12:13:14:16:\cdots$

缺 7，15，…

由于系统消光的原因，体心立方（I）的晶体，其 $(h^2+k^2+l^2)$ 为奇数的衍射均不出现。因此，体心立方点阵各衍射峰的 $\sin^2\theta$ 之比为：

$\sin^2\theta_1 : \sin^2\theta_2 : \sin^2\theta_3 : \cdots$

$= 2:4:6:8:10:12:14:16:18:20:\cdots$

$= 1:2:3:4:5:6:7:8:9:10:\cdots$

不缺 7，15，…

面心立方点阵（F）的系统消光使得其衍射峰 $\sin^2\theta$ 之比为：

$\sin^2\theta_1 : \sin^2\theta_2 : \sin^2\theta_3 : \cdots$

$= 1:1.33:2.67:3.67:4:5.33:6.33:6.67:8:\cdots$

$= 3:4:8:11:12:16:19:20:24:\cdots$

明显的二密一稀的比值分布。

根据立方晶系晶体粉末图提供的 $\sin^2\theta$ 连比特征，可以确定晶体所属的点阵型式，并可根据表10-8将各衍射峰顺次指标化。

表 10-8　立方晶系三种点阵型式出现衍射的衍射指标及其平方和

衍射指标平方和 $h^2+k^2+l^2$	简单立方 P	体心立方 I	面心立方 F	衍射指标平方和 $h^2+k^2+l^2$	简单立方 P	体心立方 I	面心立方 F
1	100			14	321	321	
2	110	110		15			
3	111		111	16	400	400	400
4	200	200	200	17	322、410		
5	210			18	330、411	330、411	
6	211	211		19	331		331
7				20	420	420	420
8	220	220	220	21	421		
9	221、300			22	332	332	
10	310	310		23			
11	311		311	24	422	422	422
12	222	222	222	25	432、500		
13	320			⋮			

将各衍射峰指标化之后，即可计算晶体的晶胞参数

$$a = \frac{\lambda}{2}\sqrt{\frac{(h^2+k^2+l^2)}{\sin^2\theta}} \tag{10-105}$$

如果能够确定晶体的结构基元（一个点阵点所代表的化学式量），还可以计算晶体的密度和简单晶体（如金属）的结构。

值得注意的是，上述利用粉末法测定晶胞参数和晶体结构，只适用于简单立方晶系的晶体。对于其他晶系的晶体，问题要复杂得多。

三、仪器与试剂

X 射线多晶衍射仪；NaCl；玛瑙研钵。

四、实验步骤

1. 将少量的 NaCl 晶体在玛瑙研钵中磨细，直至用手试不再感到有颗粒感。将研好的 NaCl 粉末平铺在贴有双面胶的玻璃样品片上，并用不锈钢片压紧压平。然后，将样品片插在测角仪中心的底座 D 上。

2. 不同型号的衍射仪具体操作步骤略有不同。要拍摄一张好的粉末图，需选择合适的衍射仪使用条件。本实验使用铜靶（Cu，K_α，Ni 片滤波），闪烁计数器。选用狭缝：发射 1°，散射 1°，接收 0.4mm。扫描速度 4°/min。管压 40kV，管流 20mA。扫描范围 25°～87°。开启 X 光机冷却水（在开 X 光机高压之前一定要先开冷却水），开启 X 光机高压，调至 40kV，开管流，调至 20mA。

3. 开启扫描记录系统，将各衍射峰的位置（2θ）和强度记录下来。当 2θ 到达 87°时，停止扫描。关闭 X 射线管窗口，取下样品片。

4. 关闭记录系统，X 光机和冷却水。

5. 实验时注意安全，注意对 X 射线的防护。

五、数据处理及结果

1. 在图谱上标出每个衍射峰的 2θ 的度数，计算各衍射峰的 $\sin^2\theta$ 之比，根据表 10-8 确定 NaCl 的点阵型式和各衍射峰的衍射指标 hkl。

2. 选择较高角度的衍射峰，将其 $\sin\theta$，hkl 和入射 X 射线的波长 λ 代入式(10-105)，求 a，并取其平均值。

3. 若 NaCl 晶体的结构基元为 NaCl，计算 NaCl 晶体密度。

4. 将各衍射峰的 2θ，$\sin\theta$，d/n 和相对强度 I/I_0 按顺序列表，参考 PDF 卡的用法，查出所测样品的 PDF 卡，和所测得的粉末图进行比较，以验证所测样品为 NaCl 晶体。

六、思考题

1. 面心立方晶胞含多少结构基元？
2. 计算晶胞参数 a 时，为什么要用较高角度的衍射峰？

第三节　综合实验部分

实验十八　用差热分析方法研究 Cu-Cr 氧化物催化剂的还原动力学

一、实验目的

1. 学会使用热分析仪，了解热分析仪在催化剂研究中的应用。
2. 学会自组装气-固化学反应稳压稳流配气系统。
3. 学会用热分析曲线解析化学反应动力学的方法。

二、实验原理

糠醛气相加氢反应采用的是 Cu-Cr 双金属催化剂，由共沉淀法制备的该催化剂是双金属氧化物，故需要对其进行还原。因此采用热分析方法研究双金属 Cu-Cr 氧化物还原反应动力学对于该催化剂的制备具有十分重要的意义。

1. 催化剂制备：用分析纯的硝酸铜和硝酸铬配成溶液，在搅拌状态下滴加氨水制成氢氧化物沉淀，将其沉淀过滤、洗涤、干燥、焙烧制成含 Cu∶Cr 摩尔比为 2∶1 的 Cu-Cr 双金属氧化物。

2. 还原反应工艺流程：见图 10-33。

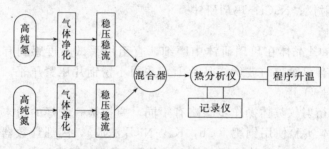

图 10-33　程序升温还原实验流程

由气体钢瓶提供高纯氢和高纯氮气体，经过气体脱氧脱水净化，采用稳压稳流进行控制流量，配制含氢 10%～15% 的氢氮混合气，通入装有研磨均匀的 60～80 目的粉末双金属氧化物催化剂的热分析仪（该热分析带有通气功能），进行程序升温还原反应，由记录仪记录差热分析曲线。

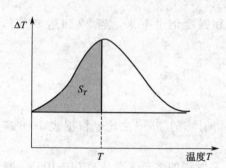

图 10-34　热分析曲线计算还原度

3. 还原动力学研究

（1）还原度的研究

实验得到的热分析曲线示意图见图 10-34。

不同温度下催化剂的还原度可由下列公式计算：

$$\alpha = \frac{S_T}{S_{总}} \tag{10-106}$$

式中，α 为 T 温度下的催化剂还原度；S_T 为 T 温度时阴影下面积，即从起始到 T 时刻的反应热；$S_{总}$ 为曲线下的总面积，反应的总热量。

（2）还原反应动力学原理

对于催化剂还原反应，气相氢气以一定浓度和稳定流速连续流经催化剂表面，反应中近似为定值，催化剂用 A 表示，则 A 的反应动力学方程可用下式表示：

$$-\frac{dc_A}{dt} = k c_A^n \tag{10-107}$$

将下列关系代入方程式(10-107)：

反应物浓度　　　　　　$c_A = c_{A0}(1-\alpha)$

速率常数　　　　　　　$k = k_0 e^{-\frac{E_a}{RT}}$

满足阿累尼乌斯方程。

升温速率　　　　　　　$\beta = \frac{dT}{dt}$

得

$$\frac{d\alpha}{dT} = \frac{k_0}{\beta} e^{-\frac{E_a}{RT}} \cdot (1-\alpha)^n \tag{10-108}$$

取对数再差减得：

$$\Delta \ln\left(\frac{d\alpha}{dT}\right) = -\frac{E_a}{R}\Delta\left(\frac{1}{T}\right) + n\Delta\ln(1-\alpha) \tag{10-109}$$

将式(10-109)等号两边同除以 $\Delta\ln(1-\alpha)$ 得：

$$\frac{\Delta\ln\left(\frac{d\alpha}{dT}\right)}{\Delta\ln(1-\alpha)} = -\frac{E_a}{R}\frac{\Delta\left(\frac{1}{T}\right)}{\Delta\ln(1-\alpha)} + n \tag{10-110}$$

由 $\dfrac{\Delta\ln\left(\frac{d\alpha}{dT}\right)}{\Delta\ln(1-\alpha)}$ - $\dfrac{\Delta\left(\frac{1}{T}\right)}{\Delta\ln(1-\alpha)}$ 作图，直线的斜率可以得到表观活化能，截距可以得到反应级数。

三、实验仪器与药品

仪器：热分析仪（还原反应温度范围室温～600℃）。

气源：钢瓶气高纯氢，钢瓶气高纯氮，用流程装置进行配气。

热分析参比样品：$\alpha\text{-}Al_2O_3$。

催化剂样品：按照如上介绍的催化剂制备方案事先完成催化剂制备。

四、试验步骤

1. 将 Cu-Cr 双金属氧化物研磨成 60～80 目粉末，装入热分析坩埚中约 1/2～2/3 量，设定升温速度 5℃/min，通入含氢气 10%～15% 的氢氮混合气。

2. 打开记录仪，当基线走稳定后开始程序升温还原试验。

3. 当反应曲线回到基线后停止实验。

五、试验数据处理

1. 对热分析曲线进行积分处理（可以用简易的面积称重法），得到不同温度 T 下的还原度 α，得到 $\alpha\text{-}T$ 曲线。

2. 对 $\alpha\text{-}T$ 曲线进行查分处理，得到不同温度 T 下的 $\dfrac{d\alpha}{dT}$，即得到 $\dfrac{d\alpha}{dT}\text{-}T$ 曲线。

3. 完成下列数据处理表

T/K	T_1	T_2	T_3	T_4	T_5	T_6
$\dfrac{1/T}{K^{-1}}$						
α						
$d\alpha/dT$						
$\dfrac{\Delta\ln(d\alpha/dT)}{\Delta\ln(1-\alpha)}$						
$\dfrac{\Delta(1/T)}{\Delta\ln(1-\alpha)}$						

4. 由 $\dfrac{\Delta\ln(d\alpha/dT)}{\Delta\ln(1-\alpha)}$ - $\dfrac{\Delta(1/T)}{\Delta\ln(1-\alpha)}$ 作直线，斜率可得到表观活化能 E_a，截距可得到反应级数 n。

六、思考题

1. 试比较用热分析仪进行该动力学研究与用气相色谱法进行该动力学研究两种方法的不同点？

2. 该方法使用了哪些近似处理，会带来哪些误差？

3. 采用差减法进行动力学研究有哪些优点？

实验十九 固体吸附剂比表面的测定

一、实验目的

1. 通过研究 N_2 在活性炭表面的吸附，掌握连续流动吸附色谱法测量吸附剂的吸附量。

2. 根据色谱法测得的数据，用 B.E.T 方程计算活性炭的比表面积。

二、实验原理

采用色谱法测量固体吸附剂在一定温度和压力条件下吸附气体的吸附量时，固体吸附剂作为固定相，装在样品管中，相当于色谱分离柱的作用。用一种固体吸附剂不产生吸附的惰性气体（H_2）作为载气，携带被吸附的气体（N_2）按一定的分压比混合后依次连续流经色谱检测器（热导池）的参考臂、活性炭吸附管和热导池的测量臂时，如图 10-35 所示，这时计算机将显示出色谱曲线。室温下活性炭不吸附 N_2，则色谱流出曲线没有吸附峰，如图 10-36 中的 *ab* 段所示。当把活性炭吸附管浸入液氮保温杯中时（约 -195℃），活性炭即对混合气中的 N_2 发生物理吸附直至饱和，色谱流出曲线出现一个吸附峰，如图 10-36 中的 *bcd* 段所示。当把活性炭吸附管从液氮中取出重新处于室温时，吸附的 N_2 又脱附出来，色谱流出曲线出现与吸附峰方向相反的脱附峰，如图 10-36 中的 *efg* 段所示。最后在混合气中注入已知体积的纯氮可得到一个校准峰（标准峰），如图 10-36 中的 *hij* 段所示。

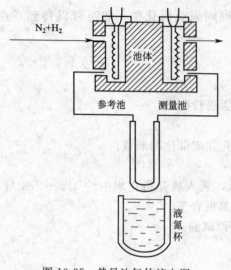

图 10-35　热导池气体流向图

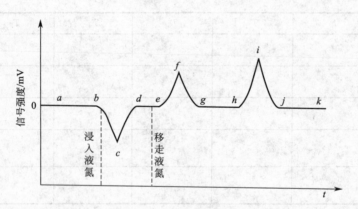

图 10-36　色谱实验曲线

脱附峰面积的大小与吸附量成比例，比例系数可以在保持相同的检测条件下采用直接标定法求得。因而根据脱附峰面积可测量活性炭吸附 N_2 的吸附量，即：

$$V = \frac{S_x}{S_{标}} V_{标} \times \frac{p_{N_2} \times 273}{760 \times T} \tag{10-111}$$

式中　V——活性炭所吸附的氮气量（101325Pa，0℃）；

　　　S_x——样品脱附峰面积；

$S_{标}$——标定峰面积；

$V_{标}$——标定所用氮气量，mL。

实验时改变混合气中的 H_2 与 N_2 的分压比，即可改变氮的分压 p_{N_2}。测量不同分压比条件下的色谱流出曲线则可得到不同氮气压力 p_{N_2} 条件下的吸附量。B.E.T 方程如下：

$$\frac{p}{V(p_0-p)}=\frac{1}{V_m C}+\frac{(C-1)p}{V_m C p_0} \tag{10-112}$$

式中　p——气体的吸附平衡压力；

p_0——吸附平衡温度下被吸附气体的饱和蒸气压；

V——平衡时的气体吸附量（换算成标准状态）；

V_m——吸附剂形成单分子层时所吸附的气体量（换算成标准状态）；

C——与温度、吸附热有关的常数。

根据色谱法测量得到的吸附数据，以 $\frac{p}{V(p_0-p)}$ 对 $\frac{p}{p_0}$ 作图可得一直线，由直线得到的斜率 $\frac{C-1}{V_m C}$ 和截距 $\frac{1}{V_m C}$ 可求得 $V_m=\frac{1}{斜率+截距}$。已知每个被吸附分子的截面积，即可求出吸附剂的比表面积为：

$$S=\frac{V_m N_A \sigma}{22400 \times W}[m^2/g] \tag{10-113}$$

式中　N_A——阿佛加德罗常数；

　　　σ——一个吸附质分子的截面积，N_2 分子量 16.2Å^2（1Å^2=10^{-20}m^2）；

　　　W——吸附剂质量（g）。

由于 V_m 的单位为毫升所以除以 22400（1mol 气体在标准条件下的毫升数）。

三、仪器与试剂

1. 仪器

ST-03 比表面与孔径测定仪，氧蒸气压温度计，小电炉。

2. 气源及样品

高压氮气钢瓶，氢气发生器，液氮，粒状活性炭。

四、实验步骤

本实验采用色谱法测比表面积的实验流程参看图 10-37。

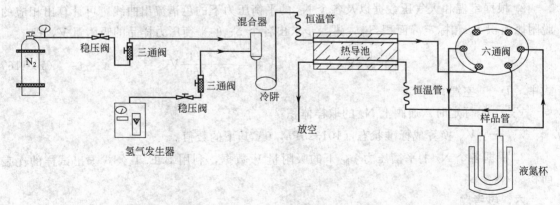

图 10-37　色谱流程示意图

1. 样品处理：先将适当筛目的固体样品（一般为 80~140 目）装在样品管中。样品管预先称重，称取样品的量按样品比表面大致大小而定。样品称量需称至小数点后有效数字三位。

2. 调节气路：载气（H_2）流速用稳流阀调整到 40mL/min 左右。测速用皂膜流量计，以后在整个测定中 H_2 的流速保持不变。用稳流阀调整 N_2 的流速为 5～10mL/min。使获得合适的混合气比例，这样使相对压力 p/p_0 在 0.05～0.35 范围内。随后用皂膜流量计准确测量混合气总流速 $v_总$。在整个测量中气流必须保持稳定。

3. 调整电路：仪器在通气的情况下接通电源，将电流表调整到 100mA。打开计算机，观察屏幕显示基线是否稳定。

4. 标定：把一已知比表面的样品称重后，装入样品管。六通阀处于"脱附"位置，将装有液氮的保温杯套到样品管外，样品即从混合气中吸附 N_2。过一定时间计算机屏幕上将显示一个吸附峰，当吸附达到平衡后，曲线回到原来的基线上。此时移走液氮。片刻，样品表面吸附的 N_2 迅速脱附出来，在屏幕上出现一个脱附峰。在计算机上处理该峰，输入被测样品的重量和比表面积，计算机将保存这些数据。重复几次观察标定峰的再现性，误差小于 2% 即为正常。

5. 准备：将已知重量的待测试样装入样品管内，并接到仪器样品管的接头上。六通阀放在"脱附"位置上。用加热小电炉将样品加热到 200℃（可根据需要选择加热除气温度），用载气吹扫半小时后停止加热并冷却至室温。

6. 测量：基线稳定后即可将液氮保温杯套到样品管上，片刻，计算机将显示出吸附峰。等回到基线后，将液氮移走，在计算机上将显示出一个与吸附峰相反的脱附峰。脱附完毕后，向计算机测量窗口输入样品的编号和重量，样品的比表面积马上显示出来。这样就完成了一个氮的平衡压力下的吸附量测定。

7. 测量大气压及室温，并用氧蒸气压力温度计测定液氮的温度。

五、数据处理

1. 根据载气的流速 $v_载$ 和混合气的总流速 $v_总$，以及实验时的大气压 $p_大$，计算出其相应的 N_2 的流速 $v_总$ 和平衡压力 p_{N_2}：

$$v_{N_2} = v_总 - v_载 \tag{10-114}$$

$$p_{N_2} = \frac{v_{N_2}}{v_总} p_大 = \frac{v_总 - v_载}{v_总} p_大 \tag{10-115}$$

2. 根据室温和大气压数据以及各个 N_2 的平衡压力下的色谱流出曲线，可计算出相应的脱附峰面积 S_x 和标定峰面积 $S_标$，进一步求出各个 N_2 的平衡压力样品的吸附量 V，即

$$V = \frac{S_x}{S_标} V_{N_2}^\ominus \qquad V_{N_2}^\ominus = \frac{273 \times p_{N_2}}{T \times 760} V_{N_2} \tag{10-116}$$

式中　T——室温；

V_{N_2}——标定时六通阀上 N_2 的取样体积；

$V_{N_2}^\ominus$——V_{N_2} 换算成标准状态（101325Pa，0℃）下的数值。

3. 根据各个 N_2 的平衡压力 p_{N_2} 下的吸附量 V 数据，利用 B.E.T 公式求出试样的比表面积。

六、思考题

1. 本实验的色谱法测固体吸附剂的比表面积与其他方法比较优缺点是什么？
2. 给本实验测量带来误差最大的原因是什么？

实验二十 镁铝水滑石清洁合成、组成分析及其晶体结构表征

一、实验目的
1. 了解采用清洁合成路线制备镁铝水滑石的方法。
2. 掌握利用 EDTA 络合滴定法测定镁铝水滑石样品中 Mg^{2+} 和 Al^{3+} 的含量。
3. 学会热分析法确定镁铝水滑石样品中的结构水含量。
4. 了解并通过红外、X 射线粉末衍射表征晶体结构。

二、实验原理

层状双金属氢氧化物（layered double hydroxides，LDHs）是一类近年来发展迅速的阴离子型黏土，又称类水滑石，其组成通式为：$[M(II)_{1-x}M(III)_x(OH)_2]^{x+}A_{x/n}^{n-}\cdot mH_2O$，其中 $M(II)$ 是二价金属离子，$M(III)$ 是三价金属离子，A^{n-} 是阴离子，$x=M(III)/[M(II)+M(III)]$，且 x 必须满足 $0.2 \leqslant x \leqslant 0.33$。典型的类水滑石化合物为镁铝水滑石：$Mg_6Al_2(OH)_{16}CO_3\cdot 4H_2O$。层极具有水镁石 $Mg(OH)_2$ 型正八面体结构，可看作水镁石 $Mg(OH)_2$ 层中的 M^{2+} 部分地被 M^{3+} 取代，形成 M^{2+} 与 M^{3+} 位于中心的复合氢氧化物八面体，这些八面体通过边-边共用 OH 基团形成层（如图 10-38 所示），层板厚度约 0.47nm，层与层对顶叠加，层间以氢键连接。由于 M^{2+} 部分地被 M^{3+} 取代，导致羟基层上正电荷的积累，这些正电荷被位于层间的 A^{n-} 中和。层间阴离子具有可交换性，通过离子交换可在层间嵌入不同的基团。

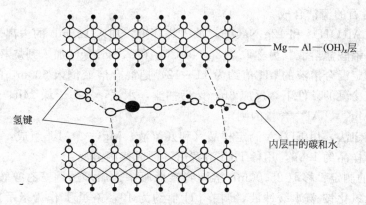

图 10-38 水滑石的层状结构

水滑石 $Mg_6Al_2(OH)_{16}CO_3\cdot 4H_2O$ 加热到一定温度要发生分解，热分解过程包括脱层间水、层间碳酸根离子、层板羟基脱水（层状结构破坏）和新相生成等步骤。在空气中低于 200℃时，仅失去层间的水分，而对结构没有影响；当加热到 250～450℃时，则层板羟基脱水，伴随着 CO_3^{2-} 分解；加热到 450～500℃后，脱水比较完全，CO_3^{2-} 以 CO_2 形式完全脱出，最后剩余物是 $Mg_6Al_2O_8(OH)_2$，称为镁铝复合氧化物。

目前制备水滑石类化合物通常采用共沉淀法，分别有以下合成路线：
① $MgCl_2+AlCl_3+NaOH+Na_2CO_3 \longrightarrow Mg_6Al_2(OH)_{16}CO_3\cdot 4H_2O+NaCl$
② $Mg(NO_3)_2+Al(NO)_3+NaOH+Na_2CO_3 \longrightarrow Mg_6Al_2(OH)_{16}CO_3\cdot 4H_2O+NaNO_3$
③ $MgSO_4+Al_2SO_4+NaOH+Na_2CO_3 \longrightarrow Mg_6Al_2(OH)_{16}CO_3\cdot 4H_2O+Na_2SO_4$

这类合成路线在反应中消耗大量的 NaOH，这些 NaOH 与原料中 Cl^-、NO_3^- 或 SO_4^{2-} 反应，生成低价值的 NaCl、$NaNO_3$ 或 Na_2SO_4 而大量排出，一方面成本相对较高，另一方面造成环境污染。近年来环境保护日益受到重视，清洁合成技术是发展的必然趋势。

本实验即采用清洁合成路线制备镁铝水滑石,该方法是以 MgO 与铝酸钠水溶液混合反应生成水滑石,反应后滤液可全部回收,用于下一批合成物料,无高浓度废液排放,是环境友好过程。同时对合成的镁铝水滑石采用 X 射线粉末衍射法对物质结晶态及晶体结构进行分析,采用红外光谱推测未知物分子中官能团的种类,采用络合滴定法,用 EDTA 滴定样品(和残留液)Mg^{2+}、Al^{3+} 组成,利用热分析法确定产物中结构水含量。

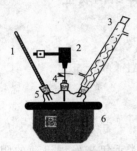

图 10-39 镁铝水滑石制备装置

1—温度计;2—电动搅拌器;3—冷凝管;4—电动搅拌棒;5—三口瓶;6—加热套

三、仪器和试剂

实验装置:制备镁铝水滑石的主要装置如图 10-39 所示。

仪器:电动搅拌器,加热套,回流冷凝管,温度计,500mL 三口圆底烧瓶,酸、碱滴定管各一支,北京光学仪器厂 PCT-2A 型差热天平,日本理学 Rigaku D/Max-3B 型 X 射线粉末衍射仪(Cu 靶,K_α 射线,仪器误差为 0.02 分析纯),NICOLET 60SXB FTIR 型红外光谱仪等。

试剂:MgO(AR),NaOH(AR),$Al(OH)_3$(AR),无水 Na_2CO_3(AR),ZnO(AR),EDTA(AR),三乙醇胺(AR),氯化铵-氨水和乙酸钠-乙酸缓冲溶液,盐酸,铬黑 T 和二甲酚橙指示剂等。

四、实验步骤

1. 镁铝水滑石的清洁合成

称取 10.4g $Al(OH)_3$ 和 12g NaOH,放入烧杯中,加入 125mL 的去离子水,加热至溶液沸腾,以制备铝酸盐溶液。另称取 4.3g Na_2CO_3 和 7.5g MgO 加入到烧杯中,充分搅拌,使混合均匀。测定混合溶液的 pH 值约为 11~12,把混合溶液倒入 500mL 的三口瓶中,在充分搅拌、回流冷凝的条件下,反应 6h,然后抽滤,水洗,70℃干燥 24h,最后研磨。

2. 产物中 Mg^{2+}、Al^{3+} 含量的测定

采用络合滴定法,用 EDTA 滴定样品(和残留液)Mg^{2+}、Al^{3+} 组成,具体过程如下:称取水滑石样品约 1.0g,用稀 HCl 溶解后,配成待测溶液。

(1) Mg^{2+} 的测定:移取 25.00mL 溶液到锥形瓶中,加入过量三乙醇胺溶液将 Al^{3+} 充分络合,再加入氯化铵-氨水缓冲液,调节 pH 值约为 10,铬黑 T 作为指示剂,溶液呈紫红色。用已标定的 EDTA 标准液滴定溶液,直至其变为纯蓝色为止。平行三次,记录用去的溶液体积,取平均值计算 Mg^{2+} 的含量。

(2) Al^{3+} 的测定:移取 25.00mL 的溶液到锥形瓶中,加入过量 EDTA 标准液,煮沸 1min,冷却后加乙酸钠-乙酸缓冲溶液,调节 pH 值约为 6,二甲酚橙作为指示剂,用 Zn^{2+} 标准液滴定溶液至浅粉红色。平行三次,记录用去的 Zn^{2+} 溶液的体积,取平均值计算 Al^{3+} 的含量。

(3) 由 Mg^{2+}、Al^{3+} 含量计算 Mg 与 Al 摩尔比值。

3. 产物中结构水含量的测定

利用热分析法确定产物中结构水含量。采用北京光学仪器厂 PCT-2A 型差热天平,选择升温速率10℃/min,DTA 量程为 50μV,记录样品在室温~600℃范围的 TG-DTA 曲线,确定 200℃以下失重百分比,即为层间水含量。

4. XRD 表征

以扫描速度为 5°/min,2θ 角度范围为 3°~70°,记录镁铝水滑石样品的 XRD 谱图。

5. IR 表征

KBr 压片（样品：KBr=1：100），记录镁铝水滑石样品在 4000～200 cm^{-1} 范围的吸收谱图。

五、实验结果和讨论

1. 由 Mg^{2+}、Al^{3+} 含量计算 Mg 与 Al 摩尔比值

根据上述实验数据，分别计算出 Mg^{2+}、Al^{3+} 的含量，并计算 Mg 与 Al 摩尔比值。

2. 计算结构水含量

由 TG-DTA 曲线，确定 200℃ 以下失重百分比，即为层间水含量。

3. 定镁铝水滑石的组成

根据水滑石组成通式：$[M(Ⅱ)_{1-x}M(Ⅲ)_x(OH)_2]^{x+}A_{x/n}^{n-}\cdot mH_2O$，由以上数据确定 x 及 m，写出所合成产物的组成。

4. XRD 表征晶体结构

将实验所得镁铝水滑石的 XRD 结果列入下表，并计算晶胞参数 a 和 c，与标准谱图值进行比较，确定样品晶体结构。

样品及标准镁铝水滑石的 XRD 结果

hkl	标准值 d/nm	样品 d/nm	a/nm	c/nm
003	0.784			
006	0.390			
009	0.260			
015	0.231			
018	0.195			
110	0.154			

5. IR 表征

对镁铝水滑石的 IR 谱图进行归属，结果列于下表，判断层间阴离子为 CO_3^{2-}，根据上述 XRD 所得层间距，推测 CO_3^{2-} 在层间的排布方式。

样品的 IR 结果

项目	红外吸收峰波数/cm^{-1}
—OH 伸缩振动	
H_2O-CO_3^{2-} 间氢键	
H_2O 弯曲振动	
CO_3^{2-} 对称伸缩振动	
CO_3^{2-} 伸缩振动	
M—O 键伸缩振动	
M—O 键弯曲振动	

六、思考题

1. 为什么本实验的合成路线称为清洁合成？滤液是否可再利用？
2. 镁铝水滑石的 TG-DTA 曲线中有几个失重台阶，对应的是什么分解过程？
3. 镁铝水滑石层间的阴离子 CO_3^{2-} 在层间的排布方式是平行于层板还是垂直于层板？

七、参考文献

[1] Cavani F, Trifiro F, Vaccan A. Catal. Today, 1991, 11: 173.
[2] 胡长文，贺庆林，王恩波等. 大学化学, 1997, 12: 7.

[3] 李蕾，张春英，段雪等. 无机化学学报，2001，17：113.
[4] 罗青松，李蕾，段雪等. 无机化学学报，2001，17：835.
[5] 许国志，李蕾，段雪等. 应用化学，1999，16：106.

实验二十一　气相色谱法测定二氧化碳在活性炭吸附剂上的饱和吸附量

一、实验目的
1. 学会用气相色谱法测定二氧化碳在活性炭吸附剂上的饱和吸附量的原理与方法。
2. 学会用标准曲线法分析和处理实验数据。

二、实验原理
本实验采用气相色谱法通过常压流动吸附装置（图10-40）测定二氧化碳在活性炭吸附剂上的饱和吸附量，研究活性炭吸附剂的吸附性能。

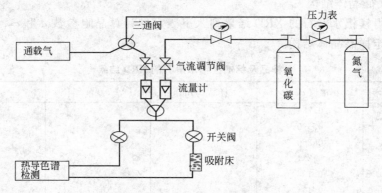

图 10-40　常压流动吸附装置

此方法是将含有一定浓度的吸附质的载气恒流并连续地通过吸附剂，这时柱后便记录台阶式的浓度分布曲线。此方法的操作要点是注意保持操作过程中流速的恒定不变和在热导池线性范围内测定浓度的变化。

1. 气相色谱法工作条件的选择

本实验采用热导检测器，色谱柱为填充柱，载气为纯度99%～99.9%的高纯氮气，进样器为2mL的六通阀进样器。由于载气氮气与二氧化碳的热导率差异较小，为了提高二氧化碳的检测限及灵敏度，首先选择合适的工作条件（以峰高定最）。

(1) 载气流量的选择实验　当使用填充柱时，载气流速应使其对应的线速等于或高于范底姆特曲线中的最佳线速。为了确定适合的载气流速，在氮气压力1.5kgf、桥电流130mA、柱温100℃、池体温度100℃条件下，做载气流速与二氧化碳峰高的关系实验。

(2) 桥电流的选择实验　桥电流与检测物质的响应值成正比，增大桥电流可以迅速提高灵敏度。但桥电流过大，热丝温度升高，噪声加大，基线不稳，而且热丝易烧断，因此在所选择的最佳载气线速、氮气压力1.5kgf、柱温100℃、池体温度100℃条件下选择适合的桥电流。

(3) 池体温度的选择实验　池体温度对输出信号的影响比较灵敏，当池体温度升高，热丝电阻下降，灵敏度降低，但池体温度必须高于柱温，以防止组分蒸气冷凝造成污染降低灵敏度。因此在氮气压力1.5kgf、最佳载气线速、最适宜桥电流条件下选择适合的柱温和池体温度。

2. 二氧化碳标准曲线的绘制

在一定的浓度范围内，二氧化碳的浓度与峰高有良好的线性关系。在本实验所确定的气相色谱工作条件下，用注射器配制一系列浓度的二氧化碳标准气体由 2mL 的六通阀进样，以峰高为纵坐标、二氧化碳的浓度为横坐标绘制标准曲线（图 10-41）。

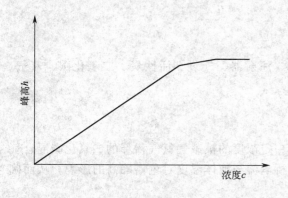

图 10-41　二氧化碳的标准曲线示意图　　　　图 10-42　二氧化碳吸附曲线

标准气体的配制方法如下：

① 取 100mL 的注射器（内放置铝箔用来搅拌）；

② 用 100mL 的注射器或 10mL 高纯二氧化碳气体，用氮气稀释至 100mL，搅拌均匀，配制成 10% 的二氧化碳标准储备气体；

③ 分别用 100mL 的注射器取 10mL、20mL、30mL、40mL、60mL、80mL 的二氧化碳标准储备液（10%），用氮气稀释至 100mL，搅拌均匀，配制成 1%、2%、3%、4%、6% 的二氧化碳标准气体。

3. 二氧化碳在活性炭吸附剂上的饱和吸附量的测定

本实验采用气相色谱法研究活性炭在低浓度二氧化碳中的吸附性能时，吸附气体为被载气氮气稀释的二氧化碳混合气体。在保证吸附过程中吸附气体流速恒定不变和在热导池线性范围内测定二氧化碳浓度的前提下，在线测定经活性炭吸附后的尾气中二氧化碳浓度和流量。当尾气中二氧化碳的浓度与吸附气体中二氧化碳的浓度之比达到 0.9 时认为吸附达到饱和。二氧化碳的饱和吸附量依据吸附曲线（图 10-42）按公式(10-117)计算。

二氧化碳饱和吸附量的计算公式为：

$$q_{CO_2} = \frac{1}{m} \times (c_0 t - \int_{t_1}^{t_2} c \, dt) \times v_{CO_2} \times \frac{273.15}{273.15+T} \times \frac{48}{22.4} \quad (10\text{-}117)$$

式中　q_{CO_2}——动态吸附下二氧化碳的吸附量，mg/g；

　　　m——活性炭吸附剂活化后的质量，g；

　　　c_0——吸附气体中二氧化碳的含量，体积分数；

　　　c——尾气中二氧化碳的含量，体积分数；

　　　T——吸附温度，℃；

　　　t——吸附时间，min；

　　　v——吸附气体流速，mL/min。

氮气在二氧化碳吸附剂上的吸附量很小，通常情况下可以忽略氮气的吸附。在实验中采用皂沫流量计测定尾气流速，并对测定值进行校正，利用六通阀在线分析尾气组成，当尾气中二氧化碳的浓度与吸附气中二氧化碳的浓度接近且达到恒定值时，可以认为一个吸附过程结束。尾气中二氧化碳的浓度可由峰高法,通过二氧化碳的标准曲线计算得出,二氧化碳的标准曲线应在每次吸附实验开始前进行测定校正。积分 $\int_{t_2}^{t_1} cdt$ 由二氧化碳吸附曲线经计算机进行数据处理得出。

三、实验仪器及试剂

气相色谱仪(TCD 检测器)、气体吸附仪、注射器、气袋、活性炭、二氧化碳、氮气、铝箔。

四、实验内容

1. 气相色谱法工作条件的选择

为了提高二氧化碳的检测限及灵敏度,以一定浓度的被载气氮气稀释的二氧化碳混合气体流过色谱柱,分析工作条件——载气流速、桥电流与池体温度对色谱峰高的影响,从而确定合适的载气流速、桥电流与池体温度。

2. 标准曲线的绘制

在所确定的气相色谱工作条件下,用注射器配制一系列浓度的二氧化碳标准气体由 2mL 的六通阀进样,以峰高为纵坐标、二氧化碳的浓度为横坐标绘制标准曲线。

3. 饱和吸附量的测定

在保证吸附过程中吸附气体流速恒定不变和在热导池线性范围内测定二氧化碳浓度的前提下,在线测定经活性炭吸附后的尾气中二氧化碳的浓度和流量,绘制吸附曲线,计算饱和吸附量。

五、实验数据记录及处理

1. 列表给出不同载气流速、桥电流与池体温度对应的色谱峰高,确定合适的载气流速、桥电流与池体温度等工作条件。

2. 列表给出不同二氧化碳浓度下的色谱峰高,并以峰高为纵坐标、二氧化碳的浓度为横坐标绘制标准曲线。

3. 由在线测定经活性炭吸附后的尾气中二氧化碳的浓度和流量绘制吸附曲线并计算饱和吸附量。

六、思考题

1. 什么是吸附?物理吸附与化学吸附有何区别?本实验中二氧化碳的吸附属于哪种吸附?

2. 试分析二氧化碳的吸附及分离在航天及国防工业中的重大意义。

3. 实验中可通过二氧化碳在活性炭上吸附达饱和的时间及其饱和吸附量来衡量活性炭的吸附性能,可选择不同的活性炭分别测定并评价其吸附性能。

实验二十二　脉冲色谱法研究分子筛催化剂催化异丙苯裂解反应动力学

一、实验目的

1. 了解脉冲微反色谱法的装置及工作原理。
2. 学会运用脉冲色谱法测试催化反应动力学参数。

二、实验原理

脉冲微反色谱法是将微型反应器直接连接在色谱柱上,载气以恒定的速度流经微型反应器、色谱柱和鉴定器之后放空,反应物以脉冲形式供给(直接由微量进样器注入),经过催化剂床层进行催化反应。产物及未反应的物质由载气带入色谱柱分离，然后到鉴定器分析（见装置图10-43）。

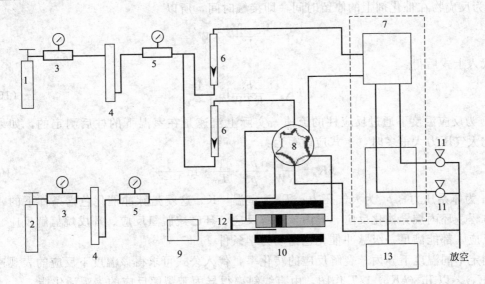

图 10-43　实验装置

1—氢气钢瓶；2—氮气钢瓶；3—稳压阀；4—净化系统；5—稳流阀；6—转子流量计；7—色谱仪；
8—六通阀；9—智能控温仪；10—加热炉；11—皂膜流量计；12—反应器；13—计算机或记录仪

脉冲催化色谱法推导的动力学方程基于如下几条假设：

(1) 反应物的分压与转化率无关，对于一级反应，这个条件自然得到满足；

(2) 反应的控制步骤是表面反应；

(3) 吸附等温线呈线性，当反应物浓度很低时，这个条件近似得到满足。

考察催化剂层中的某一部分，其中有 $\delta W(g)$ 催化剂，在这部分催化剂层中有 $n(mol)$ 的反应物分别分配在气相和催化剂表面上。在气相的量为 $pV_d\delta W/(RT)$（V_d 表示 1g 催化剂上的空隙体积），吸附在催化剂表面上的量为 $K_a p\delta W$ [K_a 为吸附平衡常数，mol/(Pa·g)，p 为反应物的分压，Pa]

于是
$$n = pV_d\delta W/(RT) + K_a p\delta W$$

在脉冲色谱条件下，吸附平衡常数与色谱测定量之间的关联式为：

$$K_a = \frac{V_g}{RT}; \quad V_g = \frac{V_R - V_d}{\delta W}$$

其中 V_R 为反应物通过催化剂床层的保留体积；V_g 为催化剂床层的比保留体积，即每克催化剂的校正保留体积。

所以
$$n = p(V_d + V_g)\delta W(RT)$$

因表面反应是反应的控制步骤，所以反应速率为：

$$\frac{-dn}{dt} = kK_a p\delta W = \frac{kK_a nRT}{V_d + V_g}$$

式中，k 为反应速率常数，$\min^{-1}$。

积分后得
$$\ln n = \left[\frac{-kK_a RT}{V_d + V_g}\right]t + B$$

设 n_0 为反应物初始浓度，x 为反应转化率，则：

$$\ln\frac{1}{1-x}=k\left(\frac{K_\mathrm{a}RT}{V_\mathrm{g}+V_\mathrm{d}}\right)t \tag{10-118}$$

t 为反应物在催化剂上的停留时间，即接触时间，所以

$$t=\frac{V_\mathrm{d}+V_\mathrm{g}}{F_\mathrm{c}'}\cdot W$$

代入上式后得：

$$kK_\mathrm{a}=\frac{F_\mathrm{c}'}{RTW}\ln\frac{1}{1-x} \tag{10-119}$$

F_c' 为反应温度下通过反应柱的流速，实际上流速是在室温下的柱后测定的，如果体系压力比大气压力大很多时，上式应改写为：

$$kK_\mathrm{a}=\frac{F_\mathrm{c}}{RW}\cdot\frac{p_\mathrm{a}}{p_\mathrm{s}}\cdot\frac{1}{T_0}\cdot\ln\frac{1}{1-x} \tag{10-120}$$

p_s 为体系压力；p_a 为大气压力；T_0 为室温，K。这就是脉冲催化色谱条件下的一级动力学方程。环丙烷异构化反应、异丙苯裂解反应、环己烷脱氢反应、环戊烷氢解反应、甲醇脱氢反应，都能满足一级脉冲催化色谱动力学条件。

测定不同温度下异丙苯裂解反应的转化率，代入公式可求得该温度下反应的表观速率常数（kK_a）。以 $\ln(kK_\mathrm{a})$-$1/T$ 作图，由直线斜率得异丙苯裂解反应的表观活化能。

三、仪器和试剂

装置如图 10-43 所示。

其中包括气相色谱一台，精密控温仪一台，（包括热电偶一支），微机及接口（或记录仪）一套（台），电加热炉一台（500W），反应器（一只，不锈钢制，$\phi 3\sim 4$mm），氢气钢瓶一个，分析天平一台。

HY 分子筛催化剂（60～80 目），石英砂，玻璃棉，钢瓶氢气，异丙苯（色谱纯），微量注射器（1μL，10μL 各一支）。

四、实验步骤

1. 对照装置图，熟悉装置流程及各部件作用。参阅色谱仪、控温仪说明书，熟悉仪器使用方法。

2. 称取 100mg 左右催化剂，装入反应器恒温区间内，装填均匀平整，并在两端分别充填适量石英砂及玻璃棉，使催化剂在载气流中不会松动。

3. 接入反应器，并检查整个系统的气密性。

4. 接好各部件电路。

5. 控制载气流量 40mL/min，反应炉温度为 450℃，使催化剂活化 2h，同时打开色谱仪及色谱工作站。

6. 降低反应炉温度至 300℃，调节氢气流量为 80mL/min，从反应物入口处注入异丙苯。由计算机记录并打印裂解产物及残留反应物色谱峰面积。

7. 从 300℃，每 20℃恒温 1h，至 440℃，每一恒温温度进样两针，记录数据，根据公式计算异丙苯裂解反应的转化率。

五、数据记录及结果处理

1. 列表记录实验中测得的色谱图谱数据。用外标法计算转化率 x：

$$x=\frac{A_0-A}{A_0}\times 100\% \tag{10-121}$$

式中，A_0 为于反应器前注入的反应物对应的色谱峰面积；A 与反应后残留的反应物对

应的色谱峰面积。

2. 计算不同温度时的转化率、表观速率常数等填入下表

T/℃	x/%	K×10⁴	lnK	1/T×10³/K⁻¹
300				
320				
340				
360				
380				
400				
420				
440				

以 $1/T$ 为横轴，$\ln K$ 为纵轴作图呈直线，求出斜率计算异丙苯的表观活化能。

六、思考讨论题

1. 推导本实验的动力学方程时为什么要基于前述三条假设？
2. 采用什么操作条件，可以将该方法用于非一级反应的动力学参数测定？

实验二十三　循环伏安法测定饮料中糖的含量

一、实验目的

1. 了解电化学分析的优点，加深对循环伏安法的理解。
2. 学会电化学分析系统的基本操作。
3. 学会用循环伏安法进行样品分析的实验技术。

二、实验原理

电化学分析法（electrochemical analysis）是基于溶液电化学性质的化学分析方法。电化学分析法是由德国化学家 C. 温克勒尔在 19 世纪首先引入分析领域的，仪器分析法始于 1922 年捷克化学家 J. 海洛夫斯基建立极谱法。根据溶液的电化学性质（如电极电位、电流、电导、电量等）与被测物质的化学或物理性质（如电解质溶液的化学组成、浓度、氧化态与还原态的比率等）之间的关系，将被测定物质的浓度转化为一种电学参量加以测量。伏安分析法是指以被分析溶液中电极的电压-电流行为为基础的一类电化学分析方法。与电位分析法不同，伏安分析法是在一定的电位下对体系电流的测量；循环伏安扫描时的电位范围确定的基本要求是建立在对背景（电化学窗口）扫描的基础上的，背景扫描应为一条稳定的基线。基线的特征应主要表现为电极表面的电容特性。

循环伏安法是一种特殊的氧化还原分析方法。其特殊性主要表现在实验的工作环境是在三电极电解池里进行。w 为工作电极（一般为铜电极或碳电极），s 为参比电极（一般为饱和氯化钾电极，二茂铁电极等），a 为辅助电极（一般为铂电极），见图 10-44。当

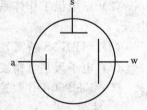

图 10-44　循环伏安法的电极

加一快速变化的电压信号于电解池上，工作电极电位达到开关电位时，将扫描方向反向，所得到的电流-电位（I-E）曲线，称为循环伏安曲线。循环伏安曲线显示一对峰，称为氧化还原峰。在一定的操作条件下，氧化还原峰高度与氧化还原组分的浓度成正比，可利用其进行定量分析。

电化学实验灵敏度极高，在性质的测量中任何微量的杂质如液体样品中的空气、温度、

浓度、扫描速度都会影响到伏安曲线的形状，导致不准确的结果。如果选用圆盘电极或超微电极更必须要求严格的操作条件。

例如图 10-45 是在甲苯-乙腈溶液，$-10℃$，50mV 脉冲，50ms 脉冲宽度，300ms 周期，25mV/s 扫描速度对二茂铁参比时测定的 C_{60} 循环伏安曲线和微分脉冲曲线，它清晰地揭示了 C_{60} 在理论上可以可逆地得失 6 个电子，而在室温则只显示出 5 个氧化还原峰，如果测试条件不严格则只显示 4 个甚至 3 个氧化还原峰。

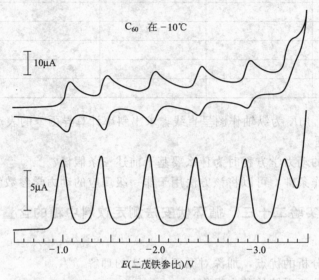

图 10-45 C_{60} 循环伏安曲线和微分脉冲曲线

而对于浓度的测定，需要以浓度和峰电流为坐标绘制标准浓度曲线，然后测定未知样品中相应峰电流的大小，与标准曲线比较从而得到样品中相应组分的浓度。由于灵敏度较高，更多的时候采取抗干扰措施是必须的，如缓冲溶液、络合剂等。该实验以葡萄糖作为工作物质为例来说明循环伏安法测定浓度的一般程序，当然也可以选其他工作物质。

三、仪器与试剂

1. 仪器

(1) LK98BⅡ型电化学分析系统（天津兰力科化学电子高科技有限公司）。

(2) 三电极工作体系，Ag/AgCl 电极为参比电极，Pt 电极为对电极，Cu 电极为工作电极。

(3) pH S-3S 精密 pH 计（上海精密科学仪器有限公司雷磁仪器厂）。

(4) 电子天平（精度 0.1mg）。

(5) KH250-DB 数控超声波清洗器（昆山禾创超声仪器有限公司）。

2. 试剂

NaOH、H_2SO_4、葡萄糖等均为分析纯。

四、实验步骤

1. 电极的处理

电极的表面一般是粗糙的，不光滑的，难免有杂质附着在上面。电化学实验的灵敏度极高，任何杂质的存在都会影响实验结果，在实验前必须对电极表面进行处理。

处理步骤为：砂纸打磨→麂皮打磨→超声清洗→晾干。循环扫描 NaOH（0.10mol/L）溶液得到如图 10-46 所示的循环伏安曲线图，以此作为背景。

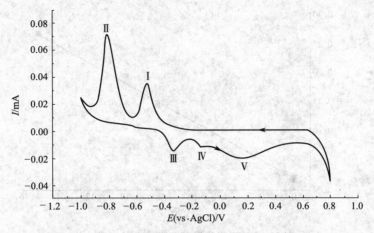

图 10-46　常温下铜电极在 NaOH（0.10mol/L）溶液中的
循环伏安曲线，扫速为 20mV/s

2. 系列标准溶液的配制

称取 1.00g 的葡萄糖固体，用 0.10mol/L 的 NaOH 溶液溶解后，配制成 0.10mol/L 的葡萄糖溶液。再按照一定的比例，用 0.10mol/L 的 NaOH 溶液将其稀释成 0.5mmol/L、1.0mmol/L、5.0mmol/L、8.0mmol/L、10.0mmol/L、15.0mmol/L、20.0mmol/L、30.0mmol/L 的待测溶液。

3. 葡萄糖的标准曲线绘制

循环伏安实验按照从低浓度到高浓度的顺序进行测量，得出图 10-47 的曲线。在图中葡萄糖的浓度是顺着箭头的方向依次增大的。选择样品阳极峰，采用切线法确定峰值电流，扫描基线的切线与阳极峰点的垂直距离（具体参考伏安分析法原理）。以浓度为横坐标，电流为纵坐标，用最小二乘法拟合，得出图 10-48 的标准曲线。

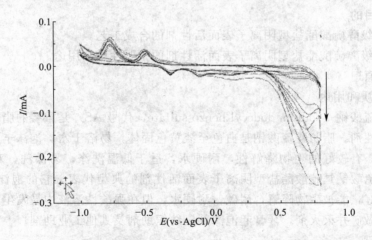

图 10-47　不同浓度葡萄糖溶液的循环伏安曲线

4. 市售饮料葡萄糖的测定

实验时先准备几种含糖分的饮料，如可口可乐、雪碧、百事可乐、鲜橙汁饮品、有机绿茶等。市售饮料中的糖分一般都比较高，实验前采用 0.10mol/L 的 NaOH 溶液按 1∶100 的比例稀释，再运用铜电极通过循环伏安法进行实验。

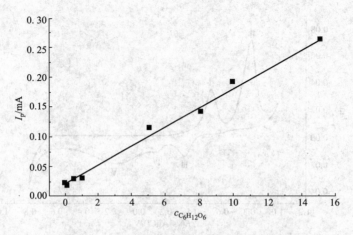

图 10-48　不同浓度葡萄糖溶液的标准曲线

将实验得到的峰电流，从图 10-48 中的标准曲线中找出稀释后各种饮料的浓度，最后将该浓度乘以 100，即是该种饮料的葡萄糖浓度。试比较各种饮料含糖量的高低，并与包装上的标示进行比较。

五、问题与讨论

1. 循环伏安法定量分析的理论依据是什么？
2. 如何做标准曲线？
3. 查阅文献了解循环伏安法定量分析的不同对象及可能采取的措施。

实验二十四　十二烷基硫酸钠的合成及表征

Ⅰ. 十二烷基硫酸钠的合成

一、实验目的

1. 掌握高级醇硫酸酯盐型阴离子表面活性剂的合成工艺。
2. 了解高级醇硫酸酯盐型阴离子表面活性剂的主要性质和用途。

二、实验原理

1. 主要性质和用途

十二烷基硫酸钠（sodium dodecyl benzo sulfate，代号 AS）是重要的脂肪醇硫酸酯盐型阴离子表面活性剂。脂肪醇硫酸钠是白色至淡黄色固体，易溶于水。泡沫丰富，去污力和乳化性都比较好，有较好的生物降解性，耐硬水，适于低温洗涤，易漂洗，对皮肤的刺激性小。十二烷基硫酸钠是硫酸酯盐型阴离子表面活性剂的典型代表。它的泡沫性能，去污力，乳化力都比较好，能被生物降解，耐碱，耐硬水，但在强酸性溶液中易发生水解，稳定性较硫酸盐差。可做矿井灭火剂，牙膏起泡沫剂，纺织助剂及其他工业助剂。

2. 合成原理

由月桂醇与氯磺酸或氨基磺酸作用后经中和而制得。其反应原理如下：

(1) 氯磺酸硫酸化

$$C_{12}H_{25}OH + ClSO_3H \longrightarrow C_{12}H_{25}OSO_3H + HCl$$

$$C_{12}H_{25}OSO_3H + NaOH \longrightarrow C_{12}H_{25}OSO_3Na + H_2O$$

(2) 用氨基磺酸硫酸化

$$C_{12}H_{25}OH + NH_2SO_3H \longrightarrow C_{12}H_{25}OSO_3NH_4$$

三、主要仪器和药品

电动搅拌器,电热套,托盘天平,氯化氢吸收装置,三口烧瓶(250mL),滴液漏斗(60mL),烧杯(50mL,250mL,500mL),温度计(100℃,150℃),量筒(10mL,100mL)。

月桂醇,氢氧化钠,尿素,氯磺酸,氢氧化钠溶液(5%,30%),氯仿,甲醇,硫酸硅胶G,广泛pH试纸。

四、实验内容

1. 用氯磺酸硫酸化

在装有氯化氢吸收装置,温度计和电动搅拌器的250mL三口烧瓶中加入62g月桂醇,在25℃下充分搅拌用滴液漏斗于30min内缓慢滴加24mL氯磺酸,滴加时温度不要超过30℃,注意起泡沫,勿使物料溢出。加完氯磺酸后,于(30±2)℃反应2h,反应中产生的氯化氢气体用5%氢氧化钠溶液吸收。

硫酸化结束后,将硫酸化物缓慢地倒入盛有100g冰和水的混合物的250mL烧杯中(冰:水=2:1),同时充分搅拌,外面用冰水浴冷却。最后用少量冰和水把三口烧瓶中的反应物全部洗出。稀释均匀后,在搅拌下滴加30%氢氧化钠溶液进行中和至pH值为7~8.5。取样做薄层色谱。用50mL烧杯取2g样品测固形物含量和泡沫性能。

2. 用氨基磺酸硫酸化

在装有电动搅拌器,温度计的250mL三口烧瓶中加入74g月桂醇。称取40g氨基磺酸,8g尿素混合均匀。在30~40℃时将混合物分多次慢慢加入三口烧瓶中,同时充分搅拌,使混合物分散开,加完后升温至105~110℃,反应1.5~2h。

反应结束后,加入150mL水,搅匀。趁热倒出,在搅拌下用30%氢氧化钠中和至pH值为7.0~8.5。取样做薄层色谱。测固形物含量和泡沫性能。

3. 薄层色谱

用玻璃棒取少量样品放入试管中,配成2%的溶液,用毛细管滴样。

吸附剂:硅胶G。

展开剂:氯仿:甲醇(5% 0.05mol/L H_2SO_4)=80:20。

展开高度 ✓ 12cm。

显色剂:碘蒸气。

4. 实验结果,记录与处理

本产品为白色或淡黄色固体,溶于水成为半透明溶液。

五、注意事项

1. 磺酸遇水会分解,故所用的玻璃仪器必须干燥。
2. 磺酸的腐蚀性很强,使用时要戴橡胶手套,在通风橱内量取。

六、思考题

1. 硫酸酯盐型阴离子表面活性剂有哪几种?写出结构式。
2. 高级醇硫酸酯盐有哪些特性和用途?
3. 滴加氯磺酸时,温度为什么要控制在30℃以下?
4. 产晶的pH值为什么控制在7.0~8.5?

Ⅱ. 表面活性剂表面张力及CMC的测定

一、实验目的

1. 掌握表面活性剂表面溶液张力的测定原理和方法。

2. 掌握由表面张力计算表面活性剂 CMC 的原理和方法。

二、实验原理

表面张力及临界胶团浓度（cricitalmicelle-forming concentration，CMC）是表面活性剂溶液非常重要的性质。若使液体的表面扩大。需对体系做功，增加单位表面积时，对体系做的可逆功称为表面张力或表面自由能。它们的单位分别是 N/m 和 J/m^2，在因次上时相同的。

表面活性剂在溶液中能够形成胶团时的最小浓度成为临界胶团浓度，在形成胶团时，溶液的一系列性质都发生突变，原则上，可以用任何一个突变的性质测定 CMC 值，但最常用的是表面张力-浓度对数图法。该法适合各种类型的表面活性剂，准确性好，不受无机盐的影响，只是当表面活性剂中混有高表面活性的极性有机物时，曲线中出现最低点。

表面张力的测定方法也有多种，较为常用的方法有滴体积（滴重）法和拉起液膜法（环法及吊片法）。

1. 滴体积（滴重）法

滴体积法的特点是简便而准确。若自一毛细管滴头滴下液体时，可以发现液滴的大小（用体积或质量表示）和液体表面张力有关：表面张力大，则液滴亦大，早在 1864 年，Tate 就提出了表示液滴质量（m）的简单公式。

$$m = 2\pi r \gamma \tag{10-122}$$

式中，r 表示滴头的半径；γ 为表面张力。此式表示支持液滴质量的力为沿滴头周边（垂直）的表面张力，但是此式实际是错误的，实际值比计算值低得多。对液滴形成的仔细观察揭示出其中的奥秘：图 10-49 是液滴形成过程的高速摄影的示意图。

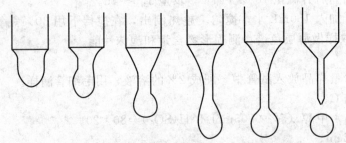

图 10-49 落滴的高速摄影图（示意）

由于发展出的细颈是不稳定的，故总是从此处断开，只有一部分液滴落下，甚至可有 40% 的部分仍然留在管端而未落下。此时，由于形成细颈，表面张力作用的方向和重力作用的方向不一致，而成一定角度，从而使表面张力所能支持的液滴质量变小。因此，须对式 (10-122) 加以校正，即

$$m = 2\pi r \gamma f \tag{10-123}$$
$$\gamma = m/(2\pi r f) = (m/r)F \tag{10-124}$$

式中，f 为校正系数；$F = 1/(2\pi f)$ 为校正因子。一般在实验室中，自液滴体积求表面张力更为方便，此时式(10-124) 可变为

$$\gamma = (V\rho g/r)F \tag{10-125}$$

式中 V——液滴体积；

ρ——液体密度；

g——重力加速度常数。

从滴体积数值，可以根据式(10-125) 计算表面张力。HarRins 和 Brown 自精确的实验与数学分析方法找出 f 值的经验关系，得出 f（或 F）是 $r/V^{1/3}$ 或 V/r^3 的函数。做出了 f-

$r/V^{1/3}$ 的关系曲线,对于计算表面张力提供了校正因子数值。以后又经一系列改进和补充,逐步得出了较为方便而完全的校正因子。

对于一般表面活性较高的表面活性剂水溶液,其密度与水差不多,故用式(10-125)计算表面张力时,可以直接以水的密度代替之,而误差在允许范围之内。

滴体积法对界面张力的测定亦比较适用。可将滴头插入油中(如油密度小于溶液时),让水溶液自管中滴下,按下式计算表面张力

$$\gamma_{1,2} = [V(\rho_1 - \rho_2)g/r]F \tag{10-126}$$

式中,$\gamma_{1,2}$ 表示表面张力;$(\rho_1 - \rho_2)$ 为两种不相溶液体的密度差;其他符号意义如前。

滴体积(滴重)法对于一般液体或溶液的表(界)面张力测定都很适用,但此法非完全平衡方法,故对于表面张力有很长时间的体系不太适用。

2. 环法

把一圆环平置于液面,测量将环拉离液面所需最大的力,由此可计算出液体的表面张力。假设当环被拉向上时,环就带起一些液体。当提起液体的重力 mg 与沿环液体交界处的表面张力相等时,液体质量最大。再提升则液环断开,环脱离液面。设环拉起的液体呈圆筒形(见图10-50),对环的附加拉力(即除去抵消环本身的重力部分)p 为

$$p = mg = 2\pi R'\gamma + 2\pi(R' + 2r)\gamma = 4\pi(R' + r)\gamma + 4\pi R\gamma \tag{10-127}$$

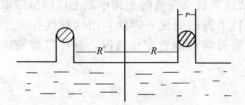
图 10-50 环法测表面张力理想情况

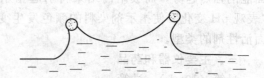
图 10-51 环法测表面张力实际情况

式中,m 为拉起来的液体质量;R 为环的内半径;r 为环丝半径。实际上,式(10-127)是不完善的,因为实际情况并非如此,而是如图 10-51 所示。因此对式(10-127)还需加以校正。于是得

$$\gamma = [p/(2\pi R)]F \tag{10-128}$$

通过大量的实验分析与总结,说明校正因子 F 与 R/r 值及 R^3/V 值有关(V 为圆环带起来的液体体积,可自 $p = mg = V\rho g$ 关系求出,ρ 为液体密度)。F 的数值相当繁杂。环法中直接测量的量为拉力 p,各种测量力的仪器皆可用,一般最常用的仪器为扭力丝天平。

三、主要仪器和药品

表面张力仪,烧杯(50mL),移液管(15mL),容量瓶(50mL)。

十二烷基硫酸钠(SDS)(用乙醇重结晶),二次蒸馏水。

四、实验内容

取 1.44g SDS,用少量二次蒸馏水溶解,然后在 50mL 容量瓶中定容(浓度为 0.1mol/L)。从 0.1mol/L 的 SDS 溶液中移取 5mL,放入 50mL 的容量瓶中定容(浓度为 0.01mol/L。)然后依次从上一浓度的溶液中移取 5mL 稀释 10 倍,配制 0.1~0.00001mol/L 五个浓度的溶液。

用滴体积法或环法首先测定二次蒸馏水的表面张力,对仪器进行校正。然后从稀至浓依次测定 SDS 溶液,并计算表面张力,作出表面张力-浓度对数曲线,拐点处即为 CMC 值。如希望准确测定 CMC 值,在拐点处增加几个测定值即可实现。

五、注意事项

1. SDS 的克拉夫特点为 15℃，测定温度要高于此温度。
2. SDS 在溶解和定容过程中，要小心操作，尽量避免产生泡沫。
3. 在溶液配制及测定过程中，不要让不同浓度的溶液间产生相互影响，防止震动，注意灰尘及挥发性物质的影响。
4. 阳离子表面活性剂溶液的表面张力可以用滴体积法测定，环法不适用。

六、思考题

1. 为什么表面活性剂表面张力-浓度曲线有时出现最低点？
2. 为什么环法不适用于阳离子表面活性剂表面张力的测定？

Ⅲ. 显色法鉴别表面活性剂类型

一、实验目的

学习用指示剂和染料通过显色反应，鉴别表面活性剂类型的原理和方法。

二、实验原理

表面活性剂按其在溶液中的电离情况可以分类为：阳离子表面活性剂；阴离子表面活性剂；非离子表面活性剂。鉴别表面活性剂离子类型的原理是：①表面活性剂与某些染料作用时，生成不溶于溶剂的带色的盐配合物；②表面活性剂胶束有吸附于指示剂上以降低胶束表面能的强烈趋势，而吸附的结果将引起指示剂染料平衡的变化，因此，由这种变化产生的"表观 pH 变化"使指示剂染料的颜色发生变化。通过溶液颜色变化情况，就可以鉴别出表面活性剂的类型。

三、主要仪器和药品

量筒（10mL），试管。

百里酚蓝（0.1%），间磺胺水溶液（0.1%），溴酚蓝（0.1%），指示剂溶液（由亚甲基蓝，焦儿茶酚磺基萘，乙酸乙酯，石油醚配制），阴离子表面活性剂（0.1%），阳离子表面活性剂（1%），非离子表面活性剂（1%），乙酸缓冲溶液（pH=4.6），HCl（0.005mol/L），HCl（0.1mol/L），NaOH（0.1mol/L）。

四、实验内容

1. 阴离子表面活性剂的检出

取 5 支试管，分别加入 2mL 0.005mol/L 的 HCl 和 1～2 滴百里酚蓝，再将待鉴定的 5 种表面活性剂各取 2mL 加入试管，摇匀，颜色由带浅红的黄色变为紫红色为阴离子表面活性剂。

2. 阳离子表面活性剂的检出

取 4 支试管，分别加入 2mL 乙酸缓冲溶液，1～2 滴溴酚蓝，将余下四种待检溶液各取 2mL 分别加到四支试管中，摇匀，颜色由紫色变为纯蓝色为阳离子表面活性剂。

3. 非离子表面活性剂的检出

取 3 支试管分别加入 5mL 左右未检出样品，用 0.1mol/L 的 NaOH 或 HCl 调节 pH 值至 5～6，将 5 滴指示剂和 5mL 石油醚分别加入到样品中，放置使之分层。水相呈绿色，界面为乳白色乳化层，则为非离子表面活性剂。

4. 几种混合成分表面活性剂的鉴别

（1）阳离子与阴离子表面活性剂的鉴别：在酸性条件下，与间磺胺作用，颜色由红变黄。

(2) 阴离子与非离子表面活性剂的鉴别：在缓冲液存在下，溴酚蓝由蓝紫变绿。

(3) 阴离子表面活性剂的确认。在 pH 值为 5~6，加指示剂与石油醚，放置分层，水相呈黄色，界面呈蓝色，石油醚相无色为阴离子表面活性剂；水相蓝色，石油醚相无色，界面黄色为阳离子表面活性剂。

五、补充内容

1. 补充说明的实验现象

(1) 检验非离子表面活性剂时，若聚氧乙烯化程度低，则得到水相蓝绿，界面淡黄的弱阳离子表面活性剂现象，聚氧乙烯化程度高，则为非离子表面活性剂之结果。

(2) 在确认阴、阳离子表面活性剂时，若出现黄绿色水相，淡蓝色界面，为弱阴离子表面活性剂；若出现蓝绿色水相，淡黄色界面，为弱阳离子表面活性剂。

2. 指示剂的配制

(1) 0.1%百里酚蓝：0.1g 染料分散于 2.15mL 0.1mol/L NaOH 中，用蒸馏水稀释到 100mL。

(2) 0.1%溴酚蓝：0.1g 染料分散于 0.5mL 0.1mol/L NaOH 中，水稀释至 100mL。

(3) 指示剂：亚甲基蓝，焦儿茶酚磺基萘分别在石油醚中煮沸，在乙酸乙酯中除去杂质，过滤，将滤出物干燥，再将两染料等物质的量混合，在玛瑙研钵中研细溶于重蒸馏水中，配成 0.05%溶液。色为翡翠色，保存于棕色瓶中，2~3 周内有效。

六、思考题

表面活性剂如何除去有机杂质和盐分？

实验二十五　气相色谱法研究催化燃烧法处理工业有机废气的 Cu-Mn-Zr-O 催化剂的催化活性

一、实验目的

1. 了解催化燃烧法处理工业有机废气的基本方法。
2. 学会共沉淀法制备金属氧化物催化剂的一般方法。
3. 学会绘制气相色谱不同尾气浓度的标准工作曲线。
4. 学会用气相色谱法配合程序升温固定床反应流程研究化学反应在不同温度下的转化率。

二、实验原理

催化燃烧技术是治理挥发性工业有机废气排放的有效方法之一。这些有机废气是造成大气污染的主要物质，其主要来源于交通和工业生产的大量的氮氧化合物和碳氢化合物。如何有效的消除这些有机污染物对环境的影响，一直是全球关注的问题。本实验针对工业有机废气污染进行治理研究。以往多采用贵金属催化剂进行催化燃烧治理有机废气，广泛推广使用受到限制。研制一种高活性、价廉的非贵金属催化剂代替贵金属催化剂是本实验的研究目的，关键问题是研制出起燃温度低、完全燃烧温度低、自燃时间长的高活性催化剂。许多过渡金属氧化物具有较好的催化氧化活性，例如氧化铜、氧化锰等。本实验采用共沉淀合成方法，制备 Cu-Mn-O、Cu-Mn-Zr-O 两种氧化物催化燃烧催化剂，以喷漆等行业的含苯废气（或其他有机污染物）为模型反应，采用常压流动固定床程序升温反应器实验装置对苯（或其他有机污染物）进行催化燃烧反应对催化剂进行催化的活性评价，得到燃烧反应的转化率达到 95% 时的反应条件。

三、实验内容设计

1. 催化燃烧反应实验流程设计

见图 10-52。

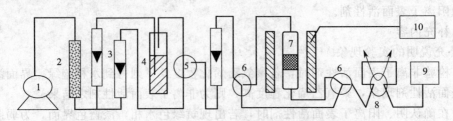

图 10-52 常压流动固定床程序升温反应器流程图
1—空气泵；2—净化器；3—流量计；4—气化器；5—混合器；6—三通阀；
7—反应器；8—六通阀；9—色谱仪；10—程序升温控制加热炉

由空气泵给出空气经净化器脱水后分成两路，其中一路气体经苯（或其他有机污染物）气化器后与另一路气体混合，调节成一定浓度的苯（或其他有机污染物）蒸气，由气相色谱仪（FID）测定反应器的进口浓度。由三通阀将反应气体导向带有程序升温控制的固定床催化反应器，反应器内径 1cm，催化剂床高 2cm，催化剂粒度 40～60 目，气流速度 60L/min。反应气体经过催化剂床层进行催化燃烧反应，尾气的浓度由气相色谱仪检测，当尾气浓度为进口浓度一半时，即反应转化率为 50% 的温度称为起燃温度 $T_{50\%}$，当尾气浓度为进口浓度的 5% 时，即反应转化率为 95% 的温度称为完全燃烧温度 $T_{95\%}$，这两个温度越低，催化剂的活性越高。

2. 催化剂的制备

采用共沉淀方法制备催化剂。取一定量的 $Cu(NO_3)_2 \cdot 3H_2O$、$Mn(NO_3)_2$ 溶液、$Zr(OH)_4$ 配制一定浓度的 Cu^{2+}、Mn^{2+} 和 Cu^{2+}、Mn^{2+}、Zr^{4+} 的盐溶液，在一定温度、一定搅拌速度下滴加一定浓度的沉淀剂，调至一定的 pH 值，经老化、过滤、洗涤、干燥、500℃ 焙烧 3h 制成氧化物 Cu-Mn-O、Cu-Mn-Zr-O 催化剂。

3. 确定气相色谱工作条件

用分析纯有机物（苯或其他有机物）配制标准物质，绘制气相色谱工作曲线：浓度-峰高关系。

4. 设计催化剂催化燃烧活性评价实验

(1) 设定反应气体入口浓度，气体流速。
(2) 调节流量计参考工作曲线，配制一定浓度的入口气体。
(3) 确定程序升温程序。
(4) 研究催化剂的起燃温度和完全燃烧温度。
(5) 对催化剂进行评价分析。

四、实验主要内容

1. 催化剂制备。
2. 确定气相色谱工作条件及绘制气相色谱工作趋向。
3. 采用常压流动程序升温反应装置对 Cu-Mn-O、Cu-Mn-Zr-O 两种氧化物催化燃烧催化剂进行活性评价研究。
4. 得出实验结论，并根据实验结果进行讨论。
5. 撰写实验报告。

五、思考题

1. 根据研究分析 Cu-Mn-O、Cu-Mn-Zr-O 两种氧化物催化燃烧催化剂同贵金属催化剂比较的优缺点？
2. 如何利用燃烧反应热效应实现节能反应？

六、参考文献

[1] 曹国起，胡克季，薛志元等. 易挥发有机化合物在 Pt/Al_2O_3-Si 纤维催化剂上的低温氧化. 环境化学，1997，16（3）：197.

[2] 朱波，陈平，罗孟飞等. $Cu-Ag/\gamma-Al_2O_3$ 催化剂的还原特性及对苯的氧化活性. 分子催化，1995，9（4）：315.

[3] 秦涛，王怡中，胡克源. 催化氧化法处理苯系物工业废气催化剂的研制. 环境科学学报，1995，15（2）：293.

[4] 束骏，吴善良，汪仁. 铜锰氧化物催化甲苯燃烧的作用机理. 催化学报，1989，10（3）：244.

[5] 周仁贤，蒋小原，郑小明. Mn-Cu-O 负载型催化剂上 CO 氧化性能的研究. 环境科学学报，1997，17（2）：132.

[6] 张丽丹，韩春英等. Cu-Mn-Zr-O 氧化物催化剂在苯燃烧反应中的催化活性的研究. 工业催化，2008，16（10）副刊：124-126.

第四节　设计实验部分

实验二十六　吸收法治理 SO_2 气体的研究

一、提示

SO_2 是大气中含量高且分布广的污染物，严重影响着人类的身体健康和生存环境。随着工业的发展，特别在冬季含硫烟气已成为大气中 SO_2 的主要来源。多年来，世界各国都致力于含硫烟气的治理，大多数工业发达国家的含尘 SO_2 烟气得到了有效的控制和治理。采用聚合硫酸铝、氧化锌、活性炭、氨等作为 SO_2 的吸收剂，通过吸收和解吸达到处理和富集 SO_2 的目的，既能解决低浓度 SO_2 烟气对环境的污染问题，又为进一步综合利用 SO_2 提高很好条件。本实验是通过吸收法来治理工业废气 SO_2，研究不同种类的吸收剂对 SO_2 的吸收进行比较，为 SO_2 的综合治理和资源再生利用提供理论依据。

二、要求

1. 根据查阅的文献，总结分析工业上不同治理方法的原理、工艺路线，进行比较分析。
2. 由文献的总结分析确定研究方法和工艺（可以一个方案，也可以多个方案），进行精确实验设计，给出工艺流程。
3. 应用确定的工艺对 SO_2 进行吸收法治理实验；取得实验数据，进行数据分析总结规律，得出结论。
4. 撰写小论文。

三、参考文献

[1] 尹爱君，刘肇华，张宁. 聚铝处理低浓度 SO_2 烟气的研究. 中南工业大学学报，Vol. 30 (3) 1999：260-262.

[2] 张力，刘伟. 活性炭吸附低浓度 SO_2 烟气的研究. 环境保护科，Vol. 24(11)，1998：8-11.

[3] 冯国，蒲日军. 浅析氨法脱硫工艺. 内蒙古科技与经济, 2009 (3): 257-258.
[4] 张顺应，刘肇华，钟积龙. 氧化锌法处理烟气的研究. 湖南冶金, 1997 (4): 8-11.
[5] 陈南洋. 氧化锌法处理低浓度 SO_2 烟气的试验研究和生产实践. 硫酸工业, 2004 (4): 9-14.

实验二十七　治理烟道气中的 NO_x 气体研究

一、提示

大气中的氮氧化物对人和环境都有危害作用。对氮氧化物进行综合治理，减少其危害对人类健康和环境保护都具有重大意义。目前净化处理 NO_x 的方法按治理工艺可分为湿法脱硝和干法脱硝，湿法脱硝包括水吸收法、酸吸收法、碱吸收法、氧化吸收法、液相还原吸收法、微生物净化法等；干法脱硝包括催化还原法、吸附法、等离子法，其中催化还原法分选择性催化还原法（SCR）和非选择性催化还原法（SNCR），等离子法分为电子束照射法和脉冲电晕法。

本实验通过对湿法和干法两种方法的研究对比，总结出两种治理方法的特点，从中确定本实验的治理烟道气中氮氧化合物的研究方法和治理工艺。

二、要求

1. 查阅文献了解国内外治理烟道气中氮氧化合物的各种方法。
2. 提出本实验治理烟道气中氮氧化合物的方法（可以采用一种方法，也可以采用多种方法进行对比研究），设计研究工艺路线。
3. 进行实验，取得实验数据，进行数据分析，得到结论。
4. 撰写研究论文。

三、参考文献

[1] 高冠帅. 我国氮氧化物综合治理概述. 科协论坛, 2009 年第 2 期: 120.
[2] 杜兴胜. 氮氧化物净化技术研究现状及发展趋势. 江西化工, 2008 年第 4 期: 39-42.
[3] 李晓东，杨卓如. 国外氮氧化物气体治理的研究进展. 环境工程, 1996, 14 (6): 34-39.
[4] 朱天乐，郝吉明，周中平等. Ag/Al_2O_3 催化剂用于碳氢化合物选择性还原 NO. 中国环境科学, 2000, 20 (5): 473-476.
[5] 童志权. 工业废气净化与利用. 北京：化学工业出版社, 2001.

实验二十八　乙酸乙酯皂化反应的活化能的测定

一、提示

可通过测定乙酸乙酯皂化反应在不同温度下的速率常数求得其活化能。

二、要求

1. 自行设计实验方案，分别测定乙酸乙酯皂化反应在不同温度下的速率常数。
2. 完成实验，认真记录实验数据并处理，写出实验报告。

实验二十九　$2Ag(s)+Hg_2Cl_2(s) \Longrightarrow 2AgCl(s)+2Hg(l)$ 反应的 ΔG、ΔH、ΔS 和 K 的测定

一、提示

易看出上述反应为氧化还原反应，若将此反应设计成原电池，其 ΔG、ΔH、ΔS 和 K 均

与电动势密切相关。

二、要求

1. 选择合适的电极和电解质溶液,将上述反应设计成原电池。
2. 设计实验进行原电池电动势的测定。
3. 书写实验报告,计算各热力学性质。

实验三十　水杨酸分子量的测定

一、提示

可采用蒸气压下降法或沸点升高法分别设计方案进行测定。

二、要求

1. 设计实验方案分别测定水杨酸溶液及纯溶剂在某温度下的蒸气压或在某压力下的沸点。
2. 完成实验测定,书写实验报告。

主 要 参 考 文 献

[1] 华东化工学院无机化学教研组编. 无机化学实验. 第3版. 北京：高等教育出版社，1990.
[2] 华中师范学院，东北师范大学，陕西师范大学编. 分析化学实验. 北京：人民教育出版社，1981.
[3] 兰州大学，复旦大学化学系有机化学教研室编. 有机化学实验. 北京：高等教育出版社，1985.
[4] 周科衍，高占先主编. 有机化学实验. 第3版. 北京：高等教育出版社，1997.
[5] 北京大学化学系物理化学教研室. 物理化学实验. 北京：北京大学出版社，1985.
[6] 戴维. P. 休梅尔，卡尔. W. 加兰等合著. 物理化学实验. 第4版. 北京：化学工业出版社，1990.
[7] 天津大学无机化学教研室编. 大学化学实验. 天津：天津大学出版社，1998.
[8] 胡立江，尤宏. 工科大学化学实验. 哈尔滨：哈尔滨工业大学出版社，1991.
[9] 吴泳主编. 大学化学新体系实验. 北京：科学出版社，1999.
[10] 陈训浩编著. 法定计量单位的正确使用和常见错误. 北京：金盾出版社，1991.
[11] 大学化学实验改革课题组编. 大学化学新实验. 杭州：浙江大学出版社，1990.
[12] 大学化学实验改革课题组编. 大学化学新实验（二）. 兰州：兰州大学出版社，1993.
[13] 帕维亚 D L，兰普曼 G M. 等著. 现代有机化学实验技术导论. 北京：科学出版社，1985.
[14] 杭州大学化学系分析化学教研室编. 分析化学手册. 第一分册. 基础知识与安全知识. 第2版. 北京：化学工业出版社，1997.
[15] 张济新，邹文樵等编. 实验化学原理与方法. 北京：化学工业出版社，1999.
[16] 柯以侃，周心如等编著. 化验员基本操作与实验技术. 北京：化学工业出版社，2008.
[17] 邓勃，王庚辰等编著. 分析仪器与仪器分析概论. 北京：化学工业出版社，2005.
[18] 陈六平，邹世春. 现代化学实验与技术. 北京：科学出版社，2007.
[19] 张小林，余淑娴等主编. 化学实验教程. 北京：化学工业出版社，2006.
[20] 董慧茹，高彦静等编著. 化学化工信息检索基础知识和检索工具. 北京：化学工业出版社，2005.
[21] 董慧茹，唐伽拉等编著. 化学化工期刊图书的检索与利用. 北京：化学工业出版社，2005.
[22] 国际标准化组织. 测量不确定度表达指南. 尚明耀，康金玉译. 北京：中国计量出版社，1994.
[23] 邓勃编著. 数理统计方法在分析测试中的应用. 北京：化学工业出版社，1984.

附 录

一、法定计量单位的名称符号

我国法定单位是以国际单位制单位为基础，同时选用一些非国际单位制单位构成的。它的名称和符号与国际上通用的名称和符号基本一致，具有固定不变的性质。目前我国法定计量单位执行国家标准 GB 3100～3102—93。

我国法定单位包括以下六个部分：

1. SI 基本单位

SI 基本单位

量的名称	单位名称	单位符号	量的名称	单位名称	单位符号
长度	米	m	热力学温度	开[尔文]	K
质量	千克(公斤)	kg	物质的量	摩[尔]	mol
时间	秒	s	发光强度	坎[德拉]	cd
电流	安[培]	A			

注：1. 圆括号中的名称，是它前面的名称的同义词，下同。

2. 无方括号的量的名称与单位名称均为全称。方括号中的字，在不致引起混淆、误解的情况下，可以省略。去掉方括号中的字即为其名称的简称。下同。

3. 本标准所称的符号，除特殊指明外，均指我国法定计量单位中所规定的符号以及国际符号，下同。

4. 人民生活和贸易中，质量习惯称为重量。

2. 包括 SI 辅助单位在内的具有专门名称的 SI 导出单位

包括 SI 辅助单位在内的具有专门名称的 SI 导出单位

量的名称	SI 导出单位		
	名称	符号	用 SI 基本单位和 SI 导出单位表示
[平面]角	弧度	rad	$1rad=1m/m=1$
立体角	球面度	sr	$1sr=1m^2/m^2=1$
频率	赫[兹]	Hz	$1Hz=1s^{-1}$
力	牛[顿]	N	$1N=1kg \cdot m/s^2$
压力,压强,应力	帕[斯卡]	Pa	$1Pa=1N/m^2$
能[量],功,热量	焦[耳]	J	$1J=1N \cdot m$
功率,辐[射能]通量	瓦[特]	W	$1W=1J/s$
电荷[量]	库[仑]	C	$1C=1A \cdot s$
电压,电动势,电位(电势)	伏[特]	V	$1V=1W/A$
电容	法[拉]	F	$1F=1C/V$
电阻	欧[姆]	Ω	$1\Omega=1V/A$
电导	西[门子]	S	$1S=1\Omega^{-1}$
磁通[量]	韦[伯]	Wb	$1Wb=1V \cdot s$
磁通[量]密度,磁感应强度	特[斯拉]	T	$1T=1Wb/m^2$
电感	亨[利]	H	$1H=1Wb/A$
摄氏温度	摄氏度	℃	$1℃=1K$
光通量	流[明]	lm	$1lm=1cd \cdot sr$
[光]照度	勒[克斯]	lx	$1lx=1lm/m^2$

3. 由于人类健康安全防护上的需要而确定的具有专门名称的 SI 导出单位

由于人类健康安全防护上的需要而确定的具有专门名称的 SI 导出单位

量 的 名 称	SI 导出单位		
	名称	符号	用 SI 基本单位和 SI 导出单位表示
[放射性]活度	贝可[勒尔]	Bq	$1Bq=1s^{-1}$
吸收剂量 比授[予]能 比释动能	戈[瑞]	Gy	$1Gy=1J/kg$
剂量当量	希[沃特]	Sv	$1Sv=1J/kg$

4. 可与国际单位制单位并用的我国法定计量单位

可与国际单位制单位并用的我国法定计量单位

量的名称	单位名称	单位符号	与 SI 单位的关系
时间	分	min	$1min=60s$
	[小]时	h	$1h=60min=3600s$
	日,(天)	d	$1d=24h=86400s$
[平面]角	度	°	$1°=(\pi/180)rad$
	[角]分	′	$1′=(1/60)°=(\pi/10800)rad$
	[角]秒	″	$1″=(1/60)′=(\pi/648000)rad$
体积	升	L,(l)	$1L=1dm^3=10^{-3}m^3$
质量	吨	t	$1t=10^3kg$
	原子质量单位	u	$1u\approx1.660540\times10^{-27}kg$
旋转速度	转每分	r/min	$1r/min=(1/60)s^{-1}$
长度	海里	n mile	$1nmile=1852m$ （只用于航行）
速度	节	kn	$1kn=1nmile/h=(1852/3600)m/s$ （只用于航行）
能	电子伏	eV	$1eV\approx1.602177\times10^{-19}J$
级差	分贝	dB	
线密度	特[克斯]	tex	$1tex=10^{-6}kg/m$
面积	公顷	hm^2	$1hm^2=10^4m^2$

注：1. 平面角单位度、分、秒的符号，在组合单位中应采用 (°)、(′)、(″) 的形式。例如，不用°/s 而用 (°)/s。

2. 升的符号中，小写字母 l 为备用符号。

3. 公顷的国际通用符号为 ha。

5. 由以上单位构成的组合形式的单位

例如：

量的名称	单位名称	单位符号
面积	平方米	m^2
体积	立方米	m^3
密度	千克每立方米	kg/m^3
速度	米每秒	m/s

量的名称	单位名称	单位符号
角速度	弧度每秒	rad/s
加速度	米每二次方秒	m/s²
运动黏度	二次方米每秒	m²/s
动力黏度	帕[斯卡]秒	Pa·s
电场强度	伏[特]每米	V/m
磁场强度	安[培]每米	A/m
光亮度	坎[德拉]每平方米	cd/m²
波数	每米	m⁻¹
熵	焦[耳]每开[尔文]	J/K
比热容	焦[耳]每千克开[尔文]	J/(kg·K)
热导率	瓦[特]每米开[尔文]	W/(m·K)
辐射强度	瓦[特]每球面度	W/sr
电能量	瓦[特小]时	W·h

6. SI 词头

SI 词头

因数	词头名称		符号
	英文	中文	
10^{24}	yotta	尧[它]	Y
10^{21}	zetta	泽[它]	Z
10^{18}	exa	艾[可萨]	E
10^{15}	peta	拍[它]	P
10^{12}	tera	太[拉]	T
10^{9}	giga	吉[咖]	G
10^{6}	mega	兆	M
10^{3}	kilo	千	k
10^{2}	hecto	百	h
10^{1}	deca	十	da
10^{-1}	deci	分	d
10^{-2}	centi	厘	c
10^{-3}	milli	毫	m
10^{-6}	micro	微	μ
10^{-9}	nano	纳[诺]	n
10^{-12}	pico	皮[可]	p
10^{-15}	femto	飞[母托]	f
10^{-18}	atto	阿[托]	a
10^{-21}	zepto	仄[普托]	z
10^{-24}	yocto	幺[科托]	y

二、一些重要的物理常数

真空中的光速	$c = 2.99792458 \times 10^{8}\,\text{m/s}$	摩尔气体常数	$R = 8.314510\,\text{J/(mol·K)}$
电子的电荷	$e = 1.60217733 \times 10^{-19}\,\text{C}$	阿佛加德罗常数	$N_A = 6.0221367 \times 10^{23}\,\text{mol}^{-1}$
原子质量单位	$u = 1.6605402 \times 10^{-27}\,\text{kg}$	里德堡常数	$R_\infty = 1.0973731534 \times 10^{7}\,\text{m}^{-1}$
质子静质量	$m_p = 1.6726231 \times 10^{-27}\,\text{kg}$	法拉第常数	$F = 9.6485309 \times 10^{4}\,\text{C/mol}$
中子静质量	$m_u = 1.6749543 \times 10^{-27}\,\text{kg}$	普朗克常数	$h = 6.6260755 \times 10^{-34}\,\text{J·s}$
电子静质量	$m_e = 9.1093897 \times 10^{-31}\,\text{kg}$	玻尔兹曼常数	$k = 1.380658 \times 10^{-23}\,\text{J/K}$
理想气体摩尔体积	$V_m = 2.241410 \times 10^{-2}\,\text{m}^3/\text{mol}$		

三、国际相对原子质量表

表中除了 5 种元素有较大的误差外,所列数值均准确到第四位有效数字,其末位数的误差不超过±1。对于既无稳定同位素又无特征天然同位数的各个元素,均以该元素的一种熟知的放射性同位素来表示,表中用其质量数(写在化学符号的左上角)及相对原子质量标出。

序数	名称	符号	相对原子质量	序数	名称	符号	相对原子质量	序数	名称	符号	相对原子质量
1	氢	H	1.008	38	锶	Sr	87.62	75	铼	Re	186.2
2	氦	He	4.003	39	钇	Y	88.91	76	锇	Os	190.2
3	锂	Li	6.941±2	40	锆	Zr	91.22	77	铱	Ir	192.2
4	铍	Be	9.012	41	铌	Nb	92.91	78	铂	Pt	195.1
5	硼	B	10.81	42	钼	Mo	95.94	79	金	Au	197.0
6	碳	C	12.01	43	锝	^{89}Tc	98.91	80	汞	Hg	200.6
7	氮	N	14.01	44	钌	Ru	101.1	81	铊	Tl	204.4
8	氧	O	16.00	45	铑	Rh	102.9	82	铅	Pb	207.2
9	氟	F	19.00	46	钯	Pd	106.4	83	铋	Bi	209.0
10	氖	Ne	20.18	47	银	Ag	107.9	84	钋	^{210}Po	210.0
11	钠	Na	22.99	48	镉	Cd	112.4	85	砹	^{210}Po	210.0
12	镁	Mg	24.31	49	铟	In	114.8	86	氡	^{222}Rn	222.0
13	铝	Al	26.98	50	锡	Sn	118.7	87	钫	^{223}Fr	223.0
14	硅	Si	28.09	51	锑	Sb	121.8	88	镭	^{226}Ra	226.0
15	磷	P	30.97	52	碲	Te	127.6	89	锕	^{227}Ac	227.0
16	硫	S	32.07	53	碘	I	126.9	90	钍	Th	232.0
17	氯	Cl	35.45	54	氙	Xe	131.3	91	镤	Pa	231.0
18	氩	Ar	39.95	55	铯	Cs	132.9	92	铀	U	238.0
19	钾	K	39.10	56	钡	Ba	137.3	93	镎	^{237}Np	237.0
20	钙	Ca	40.08	57	镧	La	138.9	94	钚	^{239}Pu	239.1
21	钪	Sc	44.96	58	铈	Ce	140.1	95	镅	^{243}Am	243.1
22	钛	Ti	47.88±3	59	镨	Pr	140.9	96	锔	^{247}Cm	247.1
23	钒	V	50.94	60	钕	Nd	144.2	97	锫	^{247}Bk	247.1
24	铬	Cr	52.00	61	钷	Pm	144.9	98	锎	^{252}Cf	252.1
25	锰	Mn	54.94	62	钐	Sm	150.4	99	锿	^{252}Es	252.1
26	铁	Fe	55.85	63	铕	Eu	152.0	100	镄	^{257}Fm	257.1
27	钴	Co	58.93	64	钆	Gd	157.3	101	钔	^{256}Md	256.1
28	镍	Ni	58.69	65	铽	Tb	158.9	102	锘	^{259}No	259.1
29	铜	Cu	63.55	66	镝	Dy	162.5	103	铹	^{260}Lr	260.1
30	锌	Zn	65.39±2	67	钬	Ho	164.9	104	铲	^{261}Rf	261.1
31	镓	Ga	79.72	68	铒	Fr	167.3	105	𨧀	^{268}Db	268.1
32	锗	Ge	72.61±3	69	铥	Tm	168.9	106	𨭎	^{271}Sg	271.1
33	砷	As	74.92	70	镱	Yb	173.0	107	𨨏	^{272}Bh	272.1
34	硒	Se	78.96±3	71	镥	Lu	175.0	108	𨭆	^{277}Hs	277.1
35	溴	Br	79.90	72	铪	Hf	178.5	109	鿏	^{276}Mt	276.1
36	氪	Kr	83.80	73	钽	Ta	180.9	110	𫟼	^{281}Ds	281.1
37	铷	Rb	85.47	74	钨	W	183.9	111	𬬭	^{280}Rg	280.1

四、常用化合物摩尔质量

化合物	摩尔质量/(g/mol)	化合物	摩尔质量/(g/mol)
$AgBr$	187.77	$Co(NO_3)_2$	182.94
$AgCl$	143.32	$Co(NO_3)_2 \cdot 6H_2O$	291.03
$AgCN$	133.89	CoS	90.99
$AgSCN$	165.95	$CoSO_4$	154.99
Ag_2CrO_4	331.73	$CoSO_4 \cdot 7H_2O$	281.10
AgI	234.77	$CO(NH_2)_2$	60.06
$AgNO_3$	169.87	$CrCl_3$	158.35
$AlCl_3$	133.34	$CrCl_3 \cdot 6H_2O$	266.45
$AlCl_3 \cdot 6H_2O$	241.43	$Cr(NO_3)_3$	238.01
$Al(NO_3)_3$	213.00	Cr_2O_3	151.99
$Al(NO_3)_3 \cdot 9H_2O$	375.13	$CuCl$	98.999
Al_2O_3	101.96	$CuCl_2$	134.45
$Al(OH)_3$	78.00	$Cu(NO_3)_2$	187.56
$Al_2(SO_4)_3$	342.14	$Cu(NO_3)_2 \cdot 3H_2O$	241.60
$Al_2(SO_4)_3 \cdot 18H_2O$	666.41	CuO	79.545
As_2O_3	197.84	Cu_2O	143.09
As_2O_5	229.84	CuS	95.61
As_2S_3	246.02	$CuSO_4$	159.60
$BaCO_3$	197.34	$CuSO_4 \cdot 5H_2O$	249.68
$BaCl_2$	208.24	$FeCl_2$	126.75
$BaCl_2 \cdot 2H_2O$	244.27	$FeCl_2 \cdot 4H_2O$	198.81
$BaCrO_4$	253.32	$FeCl_3$	162.21
BaO	153.33	$FeCl_3 \cdot 6H_2O$	270.30
$Ba(OH)_2$	171.34	$FeNH_4(SO_4)_2 \cdot 12H_2O$	482.18
$BaSO_4$	233.39	$Fe(NO_3)_3$	241.86
$BiCl_3$	315.34	$Fe(NO_3)_3 \cdot 9H_2O$	404.00
$BiOCl$	260.43	FeO	71.846
CO_2	44.01	Fe_2O_3	159.69
CH_3COOH	60.052	Fe_3O_4	231.54
$C_6H_8O_7 \cdot H_2O$(柠檬酸)	210.14	$Fe(OH)_3$	106.87
$C_4H_6O_6$(酒石酸)	150.09	FeS	87.91
C_6H_5OH	94.11	$FeSO_4$	151.90
$C_2H_2(COOH)_2$(丁烯二酸)	116.07	$FeSO_4 \cdot 7H_2O$	278.01
CaO	56.08	$FeSO_4 \cdot (NH_4)_2SO_4 \cdot 6H_2O$	392.13
$CaCO_3$	100.09	H_3AsO_3	125.94
CaC_2O_4	128.10	H_3AsO_4	141.94
$CaCl_2$	110.99	H_3BO_3	61.83
$CaCl_2 \cdot 6H_2O$	219.08	HBr	80.912
$Ca(NO_3)_2 \cdot 4H_2O$	236.15	HCN	27.026
$Ca(OH)_2$	74.09	$HCOOH$	46.026
$Ca_3(PO_4)_2$	310.18	H_2CO_3	62.025
$CaSO_4$	136.14	$H_2C_2O_4$	90.035
$CdCO_3$	172.42	$H_2C_2O_4 \cdot 2H_2O$	126.07
$CdCl_2$	183.32	HCl	36.461
CdS	144.47	HF	20.006
$Ce(SO_4)_2$	332.24	HI	127.91
$Ce(SO_4)_2 \cdot 4H_2O$	404.30	HIO_3	175.91
$CoCl_2$	129.84	HNO_3	63.013
$CoCl_2 \cdot 6H_2O$	237.93	HNO_2	47.013

化 合 物	摩尔质量/(g/mol)	化 合 物	摩尔质量/(g/mol)
H_2O	18.015	$Mn(NO_3)_2 \cdot 6H_2O$	287.04
H_2O_2	34.015	MnO	70.937
H_3PO_4	97.995	MnO_2	86.937
H_2S	34.08	MnS	87.00
H_2SO_3	82.07	$MnSO_4$	151.00
H_2SO_4	98.07	$MnSO_4 \cdot 4H_2O$	223.06
$HgCl_2$	271.50	NO	30.006
Hg_2Cl_2	472.09	NO_2	46.006
HgI_2	454.40	NH_3	17.03
$Hg_2(NO_3)_2$	525.19	CH_3COONH_4	77.083
$Hg_2(NO_3)_2 \cdot 2H_2O$	561.22	NH_4Cl	53.491
$Hg(NO_3)_2$	324.60	$(NH_4)_2CO_3$	96.086
HgO	216.59	$(NH_4)_2C_2O_4$	124.10
HgS	232.65	NH_4SCN	76.12
$HgSO_4$	296.65	NH_4HCO_3	79.055
$KAl(SO_4)_2 \cdot 12H_2O$	474.38	$(NH_4)_2MoO_4$	196.01
KBr	119.00	NH_4NO_3	80.043
$KBrO_3$	167.00	$(NH_4)_2S$	68.14
KCl	74.551	$(NH_4)_2SO_4$	132.13
$KClO_3$	122.55	Na_3AsO_3	191.89
$KClO_4$	138.55	$Na_2B_4O_7$	201.22
KCN	65.116	$Na_2B_4O_7 \cdot 10H_2O$	381.37
$KSCN$	97.18	$NaBiO_3$	279.97
K_2CO_3	138.21	$NaCN$	49.007
K_2CrO_4	194.19	$NaSCN$	81.07
$K_2Cr_2O_7$	294.18	Na_2CO_3	105.99
$K_3Fe(CN)_6$	329.25	$Na_2CO_3 \cdot 10H_2O$	286.14
$K_4Fe(CN)_6$	368.35	$Na_2C_2O_4$	134.00
$KFe(SO_4)_2 \cdot 12H_2O$	503.24	CH_3COONa	82.034
$KHC_4H_4O_6$	188.18	$CH_3COONa \cdot 3H_2O$	136.08
$KHSO_4$	136.16	$NaCl$	58.443
KI	166.00	$NaClO$	74.442
KIO_3	214.00	$NaHCO_3$	84.007
$KMnO_4$	158.03	$Na_2HPO_4 \cdot 12H_2O$	358.14
$KNaC_4H_4O_6 \cdot 4H_2O$	282.22	$Na_2H_2Y \cdot 2H_2O$	372.24
KNO_3	101.10	$NaNO_2$	68.995
KNO_2	85.104	$NaNO_3$	84.995
K_2O	94.196	Na_2O	61.979
KOH	56.106	Na_2O_2	77.978
K_2SO_4	174.25	$NaOH$	39.997
$MgCO_3$	84.314	Na_3PO_4	163.94
$MgCl_2$	95.211	Na_2S	78.04
$MgCl_2 \cdot 6H_2O$	203.30	$Na_2S \cdot 9H_2O$	240.18
$Mg(NO_3)_2 \cdot 6H_2O$	256.41	Na_2SO_3	126.04
MgO	40.304	Na_2SO_4	142.04
$Mg(OH)_2$	58.32	$Na_2S_2O_3$	158.10
$MgSO_4 \cdot 7H_2O$	246.47	$Na_2S_2O_3 \cdot 5H_2O$	248.17
$MnCO_3$	114.95	$NiCl_2 \cdot 6H_2O$	237.69
$MnCl_2 \cdot 4H_2O$	197.91	NiO	74.69

续表

化 合 物	摩尔质量 /(g/mol)	化 合 物	摩尔质量 /(g/mol)
$Ni(NO_3)_2 \cdot 6H_2O$	290.79	Sb_2O_3	291.50
NiS	90.75	Sb_2S_3	339.68
$NiSO_4 \cdot 7H_2O$	280.85	SiF_4	104.08
P_2O_5	141.94	SiO_2	60.084
$PbCO_3$	267.20	$SnCl_2$	189.62
$PbCl_2$	278.10	$SnCl_2 \cdot 2H_2O$	225.65
$PbCrO_4$	323.20	$SnCl_4 \cdot 5H_2O$	350.596
$Pb(CH_3COO)_2$	325.30	SnO_2	150.71
$Pb(CH_3COO)_2 \cdot 3H_2O$	379.30	SnS	150.776
PbI_2	461.00	$SrCO_3$	147.63
$Pb(NO_3)_2$	331.20	$SrSO_4$	183.68
PbO	223.20	$ZnCO_3$	125.39
PbO_2	239.20	$ZnCl_2$	136.29
PbS	239.30	$Zn(CH_3COO)_2$	183.47
$PbSO_4$	303.30	$Zn(NO_3)_2$	189.39
SO_3	80.06	ZnO	81.38
SO_2	64.06	ZnS	97.44
$SbCl_3$	228.11	$ZnSO_4$	161.44
$SbCl_5$	299.02		

五、常用指示剂

1. 酸碱指示剂

名 称	变色范围 pH	颜色变化	配 制 方 法
百里酚蓝(1g/L)	1.2～2.8 8.0～9.6	红—黄 黄—蓝	0.1g 指示剂与 4.3mL 0.05mol/L NaOH 溶液一起摇匀,加水稀释成100mL
甲基橙(1g/L)	3.1～4.4	红—黄	0.1g 甲基橙溶于 100mL 热水
溴酚蓝(1g/L)	3.0～4.6	黄—紫蓝	0.1g 溴酚蓝与 3mL 0.05mol/L NaOH 溶液一起摇匀,加水稀释成100mL
溴甲酚绿(1g/L)	3.8～5.4	黄—蓝	0.1g 指示剂与 21mL 0.05 mol/L NaOH 溶液一起摇匀,加水稀释成100mL
甲基红(1g/L)	4.2～6.2	红—黄	0.1g 甲基红溶于 60mL 乙醇中,加水至 100mL
中性红(1g/L)	6.8～8.0	红—黄橙	0.1g 中性红溶于 60mL 乙醇中,加水至 100mL
酚酞(10g/L)	8.2～10.0	无色—淡红	1g 酚酞溶于 90mL 乙醇中,加水至 100mL
百里酚酞(1g/L)	9.4～10.6	无色—蓝色	0.1g 指示剂溶于 90mL 乙醇中,加水至 100mL
茜素黄 R(1g/L)	1.9～3.3 10.1～12.1	红—黄 黄—淡紫	0.1g 茜素黄溶于 100mL 水中
混合指示剂:			
甲基红-溴甲酚绿	5.1	红—绿	3份 1g/L 的溴甲酚绿乙醇溶液与 1份 2g/L 的甲基红乙醇溶液混合
甲酚红-百里酚蓝	8.3	黄—紫	1份 1g/L 的甲酚红钠盐水溶液与 3份 1g/L 的百里酚蓝钠盐水溶液混合
百里酚酞-茜素黄R	10.2	黄—紫	0.1g 茜素黄和 0.2g 百里酚酞溶于 100mL 乙醇中

2. 氧化还原指示剂

名 称	变色电势 $E^{\ominus}$/V	颜色 氧化态	颜色 还原态	配 制 方 法
二苯胺(10g/L)	0.76	紫	无色	1g 二苯胺在搅拌下溶于 100mL 浓硫酸储于棕色瓶中
二苯胺磺酸钠(5g/L)	0.85	紫	无色	0.5g 二苯胺磺酸钠溶于 100mL 水中,必要时过滤

续表

名 称	变色电势 $E^{\ominus}$/V	颜 色 氧化态	颜 色 还原态	配 制 方 法
邻苯氨基苯甲酸(2g/L)	1.08	红	无色	0.2g 邻苯氨基苯甲酸加热溶解在 100mL $w=0.002$ 的 Na_2CO_3 溶液中,必要时过滤
邻二氮菲 Fe(Ⅱ)	1.06	淡蓝	红	0.965g $FeSO_4$ 加 1.485g 邻二氮菲溶于 100mL 水中
5-硝基邻二氮菲-Fe(Ⅱ)	1.25	浅蓝	紫红	1.608g 5-硝基邻二氮菲加 0.695g $FeSO_4$,溶于 100mL 水中

3. 沉淀及金属指示剂

名 称	颜 色 游离态	颜 色 化合物	配 制 方 法
铬酸钾($w=0.05$ 的水溶液)	黄	砖红	
硫酸铁铵($w=0.40$)	无	血红	$NH_4Fe(SO_4)_2 \cdot 12H_2O$ 饱和水溶液,加数滴浓 H_2SO_4
荧光黄(5g/L)	绿色荧光	玫瑰红	0.50g 荧光黄溶于乙醇,并用乙醇稀释至 100mL
铬黑 T	蓝	酒红	(1)0.2g 铬黑 T 溶于 15mL 三乙醇胺及 5mL 甲醇中 (2)1g 铬黑 T 与 100g NaCl 研细、混匀
钙指示剂	蓝	红	0.5g 钙指示剂与 100g NaCl 研细、混匀
二甲酚橙(1g/L)	黄	红	0.1g 二甲酚橙溶于 100mL 水中
K-B 指示剂	蓝	红	0.5g 酸性铬蓝 K 加 1.25g 萘酚绿 B,再加 25g K_2SO_4 研细、混匀
磺基水杨酸(10g/L 水溶液)	无	红	1g 磺基水杨酸于 100mL 水中
吡啶偶氮萘酚(PAN)(2g/L)	黄	红	0.2g PAN 溶于 100mL 乙醇中
邻苯二酚紫(1g/L)	紫	蓝	0.1g 邻苯二酚紫溶于 100mL 水中

六、常用缓冲溶液

1. 常用 pH 标准缓冲溶液的配制方法

pH 基准试剂	干燥条件 T/K	配 制 方 法	pH 标准值 (298K)
邻苯二甲酸氢钾	378 ± 5,烘 2h	称取 10.12g $KHC_8H_4O_4$,用水溶解后转入 1L 容量瓶中,稀释至刻度,摇匀	4.00 ± 0.01
磷酸氢二钠-磷酸二氢钾	383~393,烘 2~3h	称取 3.533g Na_2HPO_4、3.387g KH_2PO_4,用水溶解后转入 1L 容量瓶中,稀释至刻度,摇匀	6.86 ± 0.01
四硼酸钠	在含 NaCl 蔗糖饱和溶液的干燥器中干燥至恒重	3.80g $Na_2B_4O_7 \cdot 10H_2O$ 溶于水后,转入 1L 容量瓶中,稀释至刻度,摇匀	9.18 ± 0.01

注:1. 配制标准缓冲溶液时,所用纯水的电导率应小于 $1.5\mu S/cm$。配制碱性溶液时,所用纯水要预先煮沸 15min,以除去溶解的二氧化碳。

2. 缓冲溶液可保存 2~3 个月,若发现有浑浊、沉淀或发霉现象时,则不能再用。

2. 常用缓冲溶液的配制

缓冲溶液组成	pK_a	缓冲溶液 pH	缓冲溶液配制方法
氨基乙酸-HCl	2.35 (pK_{a_1})	2.3	取 150g 氨基乙酸溶于 500mL 水中后,加 80mL 浓 HCl,用水稀至 1L
柠檬酸-Na_2HPO_4		2.5	取 113g $Na_2HPO_4 \cdot 12H_2O$ 溶于 200mL 水后,加 387g 柠檬酸,溶解、过滤,用水稀至 1L
一氯乙酸-NaOH	2.86	2.8	取 200g 一氯乙酸溶于 200mL 水中,加 40g NaOH 溶解后,稀至 1L
邻苯二甲酸氢钾-HCl	2.95 (pK_{a_1})	2.9	取 500g 邻苯二甲酸氢钾溶于 500mL 水中,加 80mL 浓 HCl,稀至 1L

续表

缓冲溶液组成	pK_a	缓冲溶液 pH	缓冲溶液配制方法
甲酸-NaOH	3.76	3.7	取 95g 甲酸和 40g NaOH 溶于 500mL 水中,稀至 1L
HAc-NaAc	4.74	4.2	取 3.2g 无水 NaAc 溶于水中,加 50mL 冰醋酸,用水稀至 1L
HAc-NH$_4$Ac		4.5	取 77g NH$_4$Ac 溶于 200mL 水中,加 59mL 冰醋酸,稀至 1L
HAc-NaAc	4.74	4.7	取 83g 无水 NaAc 溶于水中,加 60mL 冰醋酸,稀至 1L
HAc-NaAc	4.74	5.0	取 160g 无水 NaAc 溶于水中,加 60mL 冰醋酸,稀至 1L
HAc-NH$_4$Ac		5.0	取 250g NH$_4$Ac 溶于水中,加 25mL 冰醋酸,稀至 1L
六亚甲基四胺-HCl	5.15	5.4	取 40g 六亚甲基四胺溶于 200mL 水中,加 10mL 浓 HCl,稀至 1L
HAc-NH$_4$Ac		6.0	取 600g NH$_4$Ac 溶于水中,加 20mL 冰醋酸,稀至 1L
NaAc-Na$_2$HPO$_4$		8.0	取 50g 无水 NaAc 和 50g Na$_2$HPO$_4$·12H$_2$O 溶于水中,稀至 1L
Tris-HCl [三羟甲基氨甲烷 CNH$_2$(HOCH$_3$)$_3$]	8.21	8.2	取 25g Tris 试剂溶于水中,加 18mL 浓 HCl,稀至 1L
NH$_3$-NH$_4$Cl	9.26	9.2	取 54g NH$_4$Cl 溶于水,加 63mL 浓氨水,稀至 1L
NH$_3$-NH$_4$Cl	9.26	9.5	取 54g NH$_4$Cl 溶于水,加 126mL 浓氨水,稀至 1L
NH$_3$-NH$_4$Cl	9.26	10.0	(1) 取 54g NH$_4$Cl 溶于水中,加 350mL 浓氨水,稀至 1L (2) 取 67.5g NH$_4$Cl,溶于 200mL 水中,加 570mL 浓氨水,用水稀至 1L

七、酸、碱的解离常数

1. 弱酸的解离常数（298.15K）

弱酸	分子式	解离常数 $K_a^\ominus$
砷酸	H_3AsO_4	$5.7\times10^{-3}(K_{a_1}^\ominus)$; $1.7\times10^{-7}(K_{a_2}^\ominus)$; $2.5\times10^{-12}(K_{a_3}^\ominus)$
亚砷酸	H_3AsO_3	$5.9\times10^{-10}(K_{a_1}^\ominus)$
硼酸	H_3BO_3	5.8×10^{-10}
次溴酸	HBrO	2.6×10^{-9}
碳酸	H_2CO_3	$4.2\times10^{-7}(K_{a_1}^\ominus)$; $4.7\times10^{-11}(K_{a_2}^\ominus)$
氢氰酸	HCN	5.8×10^{-10}
铬酸	H_2CrO_4	[$9.55(K_{a_1}^\ominus)$; $3.2\times10^{-7}(K_{a_2}^\ominus)$]
次氯酸	HClO	2.8×10^{-8}
氢氟酸	HF	6.9×10^{-4}
次碘酸	HIO	2.4×10^{-11}
碘酸	HIO$_3$	0.16
高碘酸	H_5IO_6	$4.4\times10^{-4}(K_{a_1}^\ominus)$; $2\times10^{-7}(K_{a_2}^\ominus)$; $6.3\times10^{-13}(K_{a_3}^\ominus)$①
亚硝酸	HNO$_2$	6.0×10^{-4}
过氧化氢	H_2O_2	$2.0\times10^{-12}(K_{a_1}^\ominus)$
磷酸	H_3PO_4	$6.7\times10^{-3}(K_{a_1}^\ominus)$; $6.2\times10^{-8}(K_{a_2}^\ominus)$; $4.5\times10^{-13}(K_{a_3}^\ominus)$
焦磷酸	$H_4P_2O_7$	$2.9\times10^{-2}(K_{a_1}^\ominus)$; $5.3\times10^{-3}(K_{a_2}^\ominus)$; $2.2\times10^{-7}(K_{a_3}^\ominus)$; $4.8\times10^{-10}(K_{a_4}^\ominus)$
硫酸	H_2SO_4	$1.0\times10^{-2}(K_{a_2}^\ominus)$
亚硫酸	H_2SO_3	$1.7\times10^{-2}(K_{a_1}^\ominus)$; $6.0\times10^{-8}(K_{a_2}^\ominus)$
氢硒酸	H_2Se	$1.5\times10^{-4}(K_{a_1}^\ominus)$; $1.1\times10^{-15}(K_{a_2}^\ominus)$
氢硫酸	H_2S	$8.9\times10^{-8}(K_{a_1}^\ominus)$; $7.1\times10^{-19}(K_{a_2}^\ominus)$②
硒酸	H_2SeO_4	$1.2\times10^{-2}(K_{a_2}^\ominus)$

续表

弱酸	分子式	解离常数 $K_a^{\ominus}$
亚硒酸	H_2SeO_3	$2.7\times10^{-2}(K_{a_1}^{\ominus})$; $5.0\times10^{-8}(K_{a_2}^{\ominus})$
硫氰酸	HSCN	0.14
草酸	$H_2C_2O_4$	$5.4\times10^{-2}(K_{a_1}^{\ominus})$; $5.4\times10^{-5}(K_{a_2}^{\ominus})$
甲酸	HCOOH	1.8×10^{-4}
乙酸	CH_3COOH	1.8×10^{-5}
氯乙酸	$ClCH_2COOH$	1.4×10^{-3}
乳酸	$CH_3CHOHCOOH$	1.4×10^{-4}
苯甲酸	C_6H_5COOH	6.2×10^{-5}
D-酒石酸	CH(OH)COOH CH(OH)COOH	$9.1\times10^{-4}(K_{a_1}^{\ominus})$; $4.3\times10^{-5}(K_{a_2}^{\ominus})$
邻苯二甲酸	$C_6H_4(COOH)_2$	$1.1\times10^{-3}(K_{a_1}^{\ominus})$; $3.9\times10^{-6}(K_{a_2}^{\ominus})$
柠檬酸	CH_2COOH | $C(OH)COOH$ | CH_2COOH	$7.4\times10^{-4}(K_{a_1}^{\ominus})$; $1.7\times10^{-5}(K_{a_2}^{\ominus})$; $4.0\times10^{-7}(K_{a_3}^{\ominus})$
苯酚	C_6H_5OH	1.1×10^{-10}
乙二胺四乙酸	EDTA	$1.0\times10^{-2}(K_{a_1}^{\ominus})$; $2.1\times10^{-3}(K_{a_2}^{\ominus})$; $6.9\times10^{-7}(K_{a_3}^{\ominus})$; $5.9\times10^{-11}(K_{a_4}^{\ominus})$

2. 弱碱的解离常数 (298.15K)

弱酸	分子式	解离常数 $K_b^{\ominus}$
氨水	$NH_3\cdot H_2O$	1.8×10^{-5}
联胺	N_2H_4	9.8×10^{-7}
羟胺	NH_2OH	9.1×10^{-9}
甲胺	CH_3NH_2	4.2×10^{-4}
苯胺	$C_6H_5NH_2$	(4×10^{-10})
六亚甲基四胺	$(CH_2)_6N_4$	(1.4×10^{-9})
乙二胺	$H_2NCH_2CH_2NH_2$	$8.5\times10^{-5}(K_{b_1}^{\ominus})$; $7.1\times10^{-8}(K_{b_2}^{\ominus})$
吡啶	C_5H_5N	1.7×10^{-9}

① 此数据取自:《无机化学丛书》第六卷 (科学出版社,1995 年 12 月)。
② 本数据取自: Lide D R. CRC Handbook of Chemistry and Physics 78th, 1997~1998。
注: 括号中的数据取自: Lange's Handbook of Chemistry (13th ed, 1985)。其余数据均按《NBS 化学热力学性质表》(刘天和, 赵梦月译. 中国标准出版社, 1998 年 6 月) 的数据计算得来。

八、溶度积常数

化学式	$K_{sp}^{\ominus}$	化学式	$K_{sp}^{\ominus}$
AgAc	1.9×10^{-3}	$Ag_4[Fe(CN)_6]$	8.0×10^{-41}
Ag_3AsO_4	1.0×10^{-22}	AgOH	(2.0×10^{-8})
AgBr	5.3×10^{-13}	$AgIO_3$	3.1×10^{-8}
AgCl	1.8×10^{-10}	AgI	8.3×10^{-17}
Ag_2CO_3	8.3×10^{-12}	Ag_2MoO_4	2.8×10^{-12}
Ag_2CrO_4	1.1×10^{-12}	$AgNO_2$	3.0×10^{-5}
AgCN	5.9×10^{-17}	Ag_3PO_4	8.7×10^{-17}
$Ag_2Cr_2O_7$	(2.0×10^{-7})	Ag_2SO_4	1.2×10^{-5}
$Ag_2C_2O_4$	5.3×10^{-12}	Ag_2SO_3	1.5×10^{-14}

续表

化学式	$K_{sp}^{\ominus}$	化学式	$K_{sp}^{\ominus}$
$\alpha\text{-}Ag_2S$	6.3×10^{-50}	$Ca_3(PO_4)_2$(低温)	2.1×10^{-33}
$\beta\text{-}Ag_2S$	1.0×10^{-49}	$Ca_3(PO_4)_2$(高温)	8.4×10^{-32}
AgSCN	1.0×10^{-12}	$CaSO_4$	7.1×10^{-5}
$Al(OH)_3$(无定形)	(1.3×10^{-33})	$Cd(OH)_2$	5.3×10^{-15}
AuCl	(2.0×10^{-13})	CdS	1.4×10^{-29}
$AuCl_3$	(3.2×10^{-25})	CeF_3	(8×10^{-16})
$BaCO_3$	2.6×10^{-9}	$Ce(OH)_3$	(1.6×10^{-20})
$BaCrO_4$	1.2×10^{-10}	$Ce(OH)_4$	2×10^{-28}
BaF_2	1.8×10^{-7}	$Co(OH)_2$(新)	9.7×10^{-16}
$Ba(NO_3)_2$	6.4×10^{-4}	$Co(OH)_2$(陈)	2.3×10^{-16}
$Ba_3(PO_4)_2$	(3.4×10^{-23})	$Co(OH)_3$	(1.6×10^{-44})
$BaSO_4$	1.1×10^{-10}	$\alpha\text{-}CoS$	(4.0×10^{-21})
$\alpha\text{-}Be(OH)_2$	6.7×10^{-22}	$\beta\text{-}CoS$	(2.0×10^{-25})
$\beta\text{-}Be(OH)_2$	2.5×10^{-22}	$Cr(OH)_3$	(6.3×10^{-31})
$Bi(OH)_3$	(4×10^{-31})	CuBr	6.9×10^{-9}
BiI_3	7.5×10^{-19}	CuCl	1.7×10^{-7}
$Fe(OH)_2$	4.86×10^{-17}	CuCN	3.5×10^{-20}
$Fe(OH)_3$	2.8×10^{-39}	CuI	1.2×10^{-12}
FeS	1.6×10^{-19}	CuSCN	1.8×10^{-13}
HgI_2	2.8×10^{-29}	$CuCO_3$	(1.4×10^{-10})
$HgCO_3$	3.7×10^{-17}	$Cu(OH)_2$	(2.2×10^{-20})
$HgBr_2$	6.3×10^{-20}	$Cu_2P_2O_7$	7.6×10^{-16}
Hg_2Cl_2	1.4×10^{-18}	CuS	1.2×10^{-36}
Hg_2CrO_4	(2×10^{-9})	Cu_2S	2.2×10^{-48}
Hg_2I_2	5.3×10^{-29}	$FeCO_3$	3.1×10^{-11}
Hg_2SO_4	7.9×10^{-7}	$NiCO_3$	1.4×10^{-7}
Hg_2S	(1.0×10^{-47})	$Ni(OH)_2$(新)	5.0×10^{-16}
HgS(红)	2.0×10^{-53}	$\alpha\text{-}NiS$	1.1×10^{-21}
HgS(黑)	6.4×10^{-53}	$\beta\text{-}NiS$	(1.0×10^{-24})
$K_2[PtCl_6]$	7.5×10^{-6}	$\gamma\text{-}NiS$	2.0×10^{-26}
Li_2CO_3	8.1×10^{-4}	$PbCO_3$	1.5×10^{-13}
LiF	1.8×10^{-3}	$PbBr_2$	6.6×10^{-6}
Li_3PO_4	(3.2×10^{-9})	$PbCl_2$	1.7×10^{-5}
$MgCO_3$	6.8×10^{-6}	$PbCrO_4$	(2.8×10^{-13})
MgF_2	7.4×10^{-11}	PbI_2	8.4×10^{-9}
$Mg(OH)_2$	5.1×10^{-12}	$Pb(N_3)_2$(斜方)	2.0×10^{-9}
$Mg_3(PO_4)_2$	1.0×10^{-24}	$PbSO_4$	1.8×10^{-8}
$MnCO_3$	2.2×10^{-11}	PbS	9.0×10^{-29}
$Mn(OH)_2$(am)	2.0×10^{-13}	$Sn(OH)_2$	5.0×10^{-27}
MnS(am)	(2.5×10^{-10})	$Sn(OH)_4$	(1×10^{-56})
MnS(cr)	4.5×10^{-14}	SnS	1.0×10^{-25}
BiOBr	6.7×10^{-9}	$SrCO_3$	5.6×10^{-10}
BiOCl	1.6×10^{-8}	$SrSO_4$	3.4×10^{-7}
$BiONO_3$	4.1×10^{-5}	TlCl	1.9×10^{-4}
$CaCO_3$	4.9×10^{-9}	TlI	5.5×10^{-8}
$CaC_2O_4\cdot H_2O$	2.3×10^{-9}	$Tl(OH)_3$	1.5×10^{-44}
$CaCrO_4$	(7.1×10^{-4})	$ZnCO_3$	1.2×10^{-10}
CaF_2	1.5×10^{-10}	$Zn(OH)_2$	6.8×10^{-17}
$Ca(OH)_2$	4.6×10^{-6}	$\alpha\text{-}ZnS$	(1.6×10^{-24})
$CaHPO_4$	1.8×10^{-7}	$\beta\text{-}ZnS$	2.5×10^{-22}

注：本数据是根据《NBS 化学热力学性质表》(刘天和、赵梦月译，中国标准出版社，1998 年 6 月) 中的数据计算得来的。括号中的数据取自于 Lange's Handbook of Chemistry (13th ed, 1985)。

九、某些配离子的标准稳定常数 (298.15K)

配离子	$K_f^\ominus$	配离子	$K_f^\ominus$
$AgCl_2^-$	1.84×10^5	$Cu(CNS)_4^{3-}$	8.66×10^9
$AgBr_2^-$	1.93×10^7	$Cu(SO_3)_2^{3-}$	4.13×10^8
AgI_2^-	4.80×10^{10}	$Cu(NH_3)_4^{2+}$	2.30×10^{12}
$Ag(NH_3)^+$	2.07×10^3	$Cu(P_2O_7)_2^{6-}$	8.24×10^8
$Ag(NH_3)_2^+$	1.67×10^7	$Cu(C_2O_4)_2^{2-}$	2.35×10^9
$Ag(CN)_2^-$	2.48×10^{20}	$Cu(EDTA)^{2-}$	(5.0×10^{18})
$Ag(SCN)_2^-$	2.04×10^8	FeF^{2+}	7.1×10^6
$Ag(S_2O_3)_2^{3-}$	(2.9×10^{13})	FeF_2^+	3.8×10^{11}
$Ag(en)_2^+$	(5.0×10^7)	$Fe(CN)_6^{3-}$	4.1×10^{52}
$Ag(EDTA)^{3-}$	(2.1×10^7)	$Fe(CN)_6^{4-}$	4.2×10^{45}
$Al(OH)_4^-$	3.31×10^{33}	$Fe(NCS)^{2+}$	9.1×10^2
AlF_6^{3-}	(6.9×10^{19})	$FeCl^{2+}$	24.9
$Al(EDTA)^-$	(1.3×10^{16})	$Fe(EDTA)^{2-}$	(2.1×10^{14})
$Ba(EDTA)^{2-}$	(6.0×10^7)	$Fe(EDTA)^-$	(1.7×10^{24})
$Be(EDTA)^{2-}$	(2×10^9)	$HgCl^+$	5.73×10^6
$BiCl_4^-$	7.96×10^6	$HgCl_2$	1.46×10^{13}
$BiCl_6^{3-}$	2.45×10^7	$HgCl_3^-$	9.6×10^{13}
$BiBr_4^-$	5.92×10^7	$HgCl_4^{2-}$	1.31×10^{15}
BiI_4^-	8.88×10^{14}	$HgBr_4^{2-}$	9.22×10^{20}
$Bi(EDTA)^-$	(6.3×10^{22})	HgI_4^{2-}	5.66×10^{29}
$Ca(EDTA)^{2-}$	(1×10^{11})	HgS_2^{2-}	3.36×10^{51}
$Cd(NH_3)_4^{2+}$	2.78×10^7	$Hg(NH_3)_4^{2+}$	1.95×10^{19}
$Cd(CN)_4^{2-}$	1.95×10^{18}	$Hg(CN)_4^{2-}$	1.82×10^{41}
$Cd(OH)_4^{2-}$	1.20×10^9	$Hg(CNS)_4^{2-}$	4.98×10^{21}
CdI_4^{2-}	4.05×10^5	$Hg(EDTA)^{2-}$	(6.3×10^{21})
$Cd(en)_3^{2+}$	(1.2×10^{12})	$Ni(NH_3)_6^{2+}$	8.97×10^8
$Cd(EDTA)^{2-}$	(2.5×10^{16})	$Ni(CN)_4^{2-}$	1.31×10^{30}
$Co(NH_3)_6^{2+}$	1.3×10^5	$Ni(N_2H_4)_6^{2+}$	1.04×10^{12}
$Co(NH_3)_6^{3+}$	(1.6×10^{35})	$Ni(EDTA)^{2-}$	(3.6×10^{18})
$Co(EDTA)^{2-}$	(2.0×10^{16})	$Pb(OH)_3^-$	8.27×10^{13}
$Co(EDTA)^-$	(1×10^{36})	$PbCl_3^-$	27.2
$CuCl_2^-$	6.91×10^4	$PbBr_3^-$	15.5
$CuCl_3^{2-}$	4.55×10^5	PbI_3^-	2.67×10^3
$Cu(CN)_2^-$	9.98×10^{23}	PbI_4^{2-}	1.66×10^4
$Cu(CN)_3^{2-}$	4.21×10^{28}	$Pb(CH_3CO_2)^+$	152
$Cu(CN)_4^{3-}$	2.03×10^{30}	$Pb(CH_3CO_2)_2$	826
$Pd(EDTA)^{2-}$	(2×10^{18})	$PtBr_4^{2-}$	6.47×10^{17}
$PdCl_3^-$	2.10×10^{10}	$Pt(NH_3)_4^{2+}$	2.18×10^{35}
$PdBr_4^{2-}$	6.05×10^{13}	$Zn(OH)_3^-$	1.64×10^{13}
PdI_4^{2-}	4.36×10^{22}	$Zn(OH)_4^{2-}$	2.83×10^{14}
$Pd(NH_3)_4^{2+}$	3.10×10^{25}	$Zn(NH_3)_4^{2+}$	3.60×10^8
$Pd(CN)_4^{2-}$	5.20×10^{41}	$Zn(CN)_4^{2-}$	5.71×10^{16}
$Pd(CNS)_4^{2-}$	9.43×10^{23}	$Zn(CNS)_4^{2-}$	19.6
$Pd(EDTA)^{2-}$	3.2×10^{18}	$Zn(C_2O_4)_2^{2-}$	2.96×10^7
$PtCl_4^{2-}$	9.86×10^{15}	$Zn(EDTA)^{2-}$	(2.5×10^{16})

注:本数据是根据《NBS 化学热力学性质表》(刘天和、赵梦月译,中国标准出版社,1998 年 6 月)中的数据计算得来的。括号中的数据取自于 Lang's Handbook of Chemistry. 13th ed, 1985。

十、标准电极电势（298.15K）

电极反应		$E^{\ominus}/V$
氧化型	还原型	
$Li^+(aq)+e^- \rightleftharpoons Li(s)$		-3.040
$Cs^+(aq)+e^- \rightleftharpoons Cs(s)$		-3.027
$Rb^+(aq)+e^- \rightleftharpoons Rb(s)$		-2.943
$K^+(aq)+e^- \rightleftharpoons K(s)$		-2.936
$Ra^{2+}(aq)+2e^- \rightleftharpoons Ra(s)$		-2.910
$Ba^{2+}(aq)+2e^- \rightleftharpoons Ba(s)$		-2.906
$Sr^{2+}(aq)+2e^- \rightleftharpoons Sr(s)$		-2.899
$Ca^{2+}(aq)+2e^- \rightleftharpoons Ca(s)$		-2.869
$Na^+(aq)+e^- \rightleftharpoons Na(s)$		-2.714
$La^{3+}(aq)+3e^- \rightleftharpoons La(s)$		-2.362
$Mg^{2+}(aq)+2e^- \rightleftharpoons Mg(s)$		-2.357
$Sc^{3+}(aq)+3e^- \rightleftharpoons Sc(s)$		-2.027
$Be^{2+}(aq)+2e^- \rightleftharpoons Be(s)$		-1.968
$Al^{3+}(aq)+3e^- \rightleftharpoons Al(s)$		-1.68
$[SiF_6]^{2-}(aq)+4e^- \rightleftharpoons Si(s)+6F^-(aq)$		-1.365
$Mn^{2+}(aq)+2e^- \rightleftharpoons Mn(s)$		-1.182
$SiO_2(am)+4H^+(aq)+4e^- \rightleftharpoons Si(s)+2H_2O$		-0.9754
* $SO_4^{2-}(aq)+H_2O(l)+2e^- \rightleftharpoons SO_3^{2-}(aq)+2OH^-(aq)$		-0.9362
* $Fe(OH)_2(s)+2e^- \rightleftharpoons Fe(s)+2OH^-(aq)$		-0.8914
$H_3BO_3(s)+3H^++3e^- \rightleftharpoons B(s)+3H_2O(l)$		-0.8894
$Zn^{2+}(aq)+2e^- \rightleftharpoons Zn(s)$		-0.7621
$Cr^{3+}(aq)+3e^- \rightleftharpoons Cr(s)$		(-0.74)
* $FeCO_3(s)+2e^- \rightleftharpoons Fe(s)+CO_3^{2-}(aq)$		-0.7196
$2CO_2(g)+2H^+(aq)+2e^- \rightleftharpoons H_2C_2O_4(aq)$		-0.5950
* $2SO_3^{2-}(s)+3H_2O(l)+4e^- \rightleftharpoons S_2O_3^{2-}(aq)+6OH^-(aq)$		-0.5659
$Ga^{3+}(aq)+3e^- \rightleftharpoons Ga(s)$		-0.5493
* $Fe(OH)_3(s)+e^- \rightleftharpoons Fe(OH)_2(s)+OH^-(aq)$		-0.5468
$Sb(s)+3H^+(aq)+3e^- \rightleftharpoons SbH_3(g)$		-0.5104
* $S(s)+2e^- \rightleftharpoons S^{2-}(aq)$		-0.445
$Cr^{3+}(aq)+e^- \rightleftharpoons Cr^{2+}(aq)$		(-0.41)
$Fe^{2+}(aq)+2e^- \rightleftharpoons Fe(s)$		-0.4089
* $Ag(CN)_2^-(aq)+e^- \rightleftharpoons Ag(s)+2CN^-(aq)$		-0.4073
$Cd^{2+}(aq)+2e^- \rightleftharpoons Cd(s)$		-0.4022
$PbI_2(s)+2e^- \rightleftharpoons Pb(s)+2I^-(aq)$		-0.3653
* $Cu_2O(s)+H_2O(l)+2e^- \rightleftharpoons 2Cu(s)+2OH^-(aq)$		-0.3557
$PbSO_4(s)+2e^- \rightleftharpoons Pb(s)+SO_4^{2-}(aq)$		-0.3555
$In^{3+}(aq)+3e^- \rightleftharpoons In(s)$		-0.338
$Tl^++e^- \rightleftharpoons Tl(s)$		-0.3358
$Co^{2+}(aq)+2e^- \rightleftharpoons Co(s)$		-0.282
$PbBr_2(s)+2e^- \rightleftharpoons Pb(s)+2Br^-(aq)$		-0.2798
$PbCl_2(s)+2e^- \rightleftharpoons Pb(s)+2Cl^-(aq)$		-0.2676
$As(s)+3H^+(aq)+3e^- \rightleftharpoons AsH_3(g)$		-0.2381
$Ni^{2+}(aq)+2e^- \rightleftharpoons Ni(s)$		-0.2363
$VO_2^+(aq)+4H^++5e^- \rightleftharpoons V(s)+2H_2O(l)$		-0.2337
$CuI(s)+e^- \rightleftharpoons Cu(s)+I^-(aq)$		-0.1858
$AgCN(s)+e^- \rightleftharpoons Ag(s)+CN^-(aq)$		-0.1606
$AgI(s)+e^- \rightleftharpoons Ag(s)+I^-(aq)$		-0.1515
$Sn^{2+}(aq)+2e^- \rightleftharpoons Sn(s)$		-0.1410

续表

电极反应		$E^{\ominus}/\text{V}$
氧化型	还原型	
$Pb^{2+}(aq)+2e^- \rightleftharpoons Pb(s)$		-0.1266
* $CrO_4^{2-}(aq)+2H_2O(l)+3e^- \rightleftharpoons CrO_2^-(aq)+4OH^-(aq)$		(-0.12)
$Se(s)+2H^+(aq)+2e^- \rightleftharpoons H_2Se(aq)$		-0.1150
$WO_3(s)+6H^+(aq)+6e^- \rightleftharpoons W(s)+3H_2O(l)$		-0.0909
* $2Cu(OH)_2(s)+2e^- \rightleftharpoons Cu_2O(s)+2OH^-(aq)+H_2O(l)$		(-0.08)
$MnO_2(s)+2H_2O(l)+2e^- \rightleftharpoons Mn(OH)_2(s)+2OH^-(aq)$		-0.0514
$[HgI_4]^{2+}(aq)+2e^- \rightleftharpoons Hg(l)+4I^-(aq)$		-0.02809
$2H^+(aq)+2e^- \rightleftharpoons H_2(g)$		0
* $NO_3^-(aq)+H_2O(l)+2e^- \rightleftharpoons NO_2^-(aq)+2OH^-(aq)$		0.00849
$S_4O_6^{2-}(aq)+2e^- \rightleftharpoons 2S_2O_3^{2-}(aq)$		0.02384
$AgBr(s)+e^- \rightleftharpoons Ag(s)+Br^-(aq)$		0.07317
$S(s)+2H^+(aq)+2e^- \rightleftharpoons H_2S(aq)$		0.1442
$Sn^{4+}(aq)+2e^- \rightleftharpoons Sn^{2+}(aq)$		0.1539
$SO_4^{2-}(aq)+4H^+(aq)+2e^- \rightleftharpoons H_2SO_3(aq)+H_2O(l)$		0.1576
$Cu^{2+}(aq)+e^- \rightleftharpoons Cu^+(aq)$		0.1607
$AgCl(s)+e^- \rightleftharpoons Ag(s)+Cl^-$		0.2222
$[HgBr_4]^{2-}(aq)+2e^- \rightleftharpoons Hg(l)+4Br^-(aq)$		0.2318
$HAsO_2(aq)+3H^+(aq)+3e^- \rightleftharpoons As(s)+2H_2O(l)$		0.2473
$PbO_2(s)+H_2O(l)+2e^- \rightleftharpoons PbO(s,黄色)+2OH^-(aq)$		0.2483
$Hg_2Cl_2(s)+2e^- \rightleftharpoons 2Hg(l)+2Cl^-(aq)$		0.2680
$BiO^+(aq)+2H^+(aq)+3e^- \rightleftharpoons Bi(s)+H_2O(l)$		0.3134
$Cu^{2+}(aq)+2e^- \rightleftharpoons Cu(s)$		0.3394
* $Ag_2O(s)+H_2O(l)+2e^- \rightleftharpoons 2Ag(s)+2OH^-(aq)$		0.3428
$[Fe(CN)_6]^{3-}(aq)+e^- \rightleftharpoons [Fe(CN)_6]^{4-}(aq)$		0.3557
$[Ag(NH_3)_2]^+(aq)+e^- \rightleftharpoons Ag(s)+2NH_3(aq)$		0.3719
* $ClO_4^-(aq)+H_2O(l)+2e^- \rightleftharpoons ClO_3^-(aq)+2OH^-(aq)$		0.3979
* $O_2(g)+2H_2O(l)+4e^- \rightleftharpoons 4OH^-(aq)$		0.4009
$2H_2SO_3(aq)+2H^+(aq)+4e^- \rightleftharpoons S_2O_3^{2-}(aq)+3H_2O(l)$		0.4101
$Ag_2CrO_4(s)+2e^- \rightleftharpoons 2Ag(s)+CrO_4^{2-}(aq)$		0.4456
$H_2SO_3(aq)+4H^+(aq)+4e^- \rightleftharpoons S(s)+3H_2O(l)$		0.4497
$Cu^+(aq)+e^- \rightleftharpoons Cu(s)$		0.5180
$I_2(s)+2e^- \rightleftharpoons 2I^-(aq)$		0.5345
$MnO_4^-(aq)+e^- \rightleftharpoons MnO_4^{2-}(aq)$		0.5545
$H_3AsO_4(aq)+2H^+(aq)+2e^- \rightleftharpoons H_3AsO_3(aq)+H_2O(l)$		0.5748
* $MnO_4^-(aq)+2H_2O(l)+3e^- \rightleftharpoons MnO_2(s)+4OH^-(aq)$		0.5965
* $BrO_3^-(aq)+3H_2O(l)+6e^- \rightleftharpoons Br^-(aq)+6OH^-(aq)$		0.6126
* $MnO_4^{2-}(aq)+2H_2O(l)+2e^- \rightleftharpoons MnO_2(s)+4OH^-(aq)$		0.6175
$2HgCl_2(aq)+2e^- \rightleftharpoons Hg_2Cl_2(s)+2Cl^-(aq)$		0.6571
* $ClO_2^-(aq)+H_2O(l)+2e^- \rightleftharpoons ClO^-(aq)+2OH^-(aq)$		0.6807
$O_2(g)+2H^+(aq)+2e^- \rightleftharpoons H_2O_2(aq)$		0.6945
$Fe^{3+}(aq)+e^- \rightleftharpoons Fe^{2+}(aq)$		0.769
$Hg_2^{2+}(aq)+2e^- \rightleftharpoons 2Hg(l)$		0.7956
$H_2O_2(aq)+2H^+(aq)+2e^- \rightleftharpoons 2H_2O(l)$		1.763
$S_2O_8^{2-}(aq)+2e^- \rightleftharpoons 2SO_4^{2-}(aq)$		1.939
$Co^{3+}(aq)+e^- \rightleftharpoons Co^{2+}(aq)$		1.95
$Ag^{2+}(aq)+e^- \rightleftharpoons Ag^+(aq)$		1.989
$O_3(g)+2H^+(aq)+2e^- \rightleftharpoons O_2(g)+H_2O(l)$		2.075
$F_2(g)+2e^- \rightleftharpoons 2F^-(aq)$		2.889
$F_2(g)+2H^+(aq)+2e^- \rightleftharpoons 2HF(aq)$		3.076

注：本数据是根据《NBS化学热力学性质表》(刘天和、赵梦月译，中国标准出版社，1998年6月) 中的数据计算得来的。括号中的数据取自于 Lange's Handbook of Chemistry. 13th ed, 1985。

十一、常用有机化合物的基本物性参数

1. 常用有机溶剂的沸点和相对密度

名　称	沸　点/℃	d_4^{20}	名　称	沸　点/℃	d_4^{20}
甲醇	64.9	0.7914	苯	80.1	0.8787
乙醇	78.5	0.7893	甲苯	110.6	0.8669
乙醚	34.5	0.7137	二甲苯(o,m,p)	约140.0	
丙酮	56.2	0.7899	氯仿	61.7	1.4832
乙酸	117.9	1.0492	四氯化碳	76.5	1.5940
乙酐	139.5	1.0820	二硫化碳	46.2	1.2632
乙酸乙酯	77.0	0.9003	硝基苯	210.8	1.2037
二氧六环	101.7	1.0037	正丁醇	117.2	0.8098

2. 几种常用液体的折射率

物质 \ n_D	温度 T/℃ 15	温度 T/℃ 20	物质 \ n_D	温度 T/℃ 15	温度 T/℃ 20
苯	1.50439	1.50110	环己烷	1.42900	—
丙酮	1.38175	1.35911	硝基苯	1.5547	1.5524
甲苯	1.4998	1.4968	正丁醇	—	1.39909
乙酸	1.3776	1.3717	二硫化碳	—	1.62546
氯苯	1.52748	1.52460	丁酸乙酯	—	1.3928
氯仿	1.44853	1.44550	乙酸正丁酯	—	1.3961
四氯化碳	1.46305	1.46044	正丁酸	—	1.3980
乙醇	1.36330	1.36139	溴苯	—	1.5604

3. 几种液体的黏度

温度 T/℃ \ 黏度	$\eta/(10^{-4}\text{Pa}\cdot\text{s})$ 水	苯	氯仿
0	1.787	0.912	0.699
10	1.307	0.758	0.625
15	1.139	0.698	0.597
16	1.109	0.685	0.591
17	1.081	0.677	0.586
18	1.053	0.666	0.580
19	1.027	0.656	0.574
20	1.002	0.647	0.568
21	0.9779	0.638	0.562
22	0.9548	0.629	0.556
23	0.9325	0.621	0.551
24	0.9111	0.611	0.545
25	0.8904	0.601	0.540
30	0.7975	0.566	0.514
40	0.6529	0.482	0.464
50	0.5468	0.436	0.424
60	0.4665	0.395	0.389

4. 某些化合物的临界温度及表面张力和黏度与温度的关系

名称	临界温度 T_c/K	表面张力与温度的关系 $\sigma/(mN/m)=a-b(T/℃)$		温度范围 $T/℃$	黏度与温度的关系 $\ln[\eta/(mPa\cdot s)]=A/T-B$		温度范围 T/K
		a	b		A/K	B	
苯	562.09	31.315	0.126	10~80	1254.6	7.0341	283~353
甲苯	591.72	30.9	0.1189	10~100	1074.4	6.5146	283~383
乙苯	617.09	31.48	0.1094	10~100	1088.8	6.4253	283~373
氯苯	632.35	35.97	0.1191	10~130	1084.9	6.2236	283~403
硝基苯	718.45	46.34	0.1157	40~200	1431.9	6.5004	283~483
甲醇	512.58	24	0.0773	10~60	1276.6	7.2038	283~333
乙醇	516.15	24.05	0.0832	10~70	1581.6	7.5616	283~343
丙醇	536.65	25.26	0.0777	10~90	2187.5	8.9711	283~363
正丁醇	562.93	27.18	0.0898	10~100	2266.7	8.9506	283~383
乙二醇	645.15	50.21	0.089	20~140	3305.8	11.26	283~463
三甘醇	710.15	47.33	0.088	20~140	3532.7	11.26	283~553
乙醛	461.15	23.9	0.136	10~50	693.84	6.1178	253~293
丙酮	508.05	26.26	0.112	25~50	858.55	6.3471	283~323
乙酸	594.35	29.58	0.0994	20~90	1381.8	6.8175	293~383
乙酸乙酯	523.25	26.29	0.1161	10~100	983.15	6.4718	283~343
乙胺	456.15	22.63	0.1372	15~40	784.53	6.3803	243~383
乙二胺	593.15	44.77	0.1398	20~90	1932.7	8.4130	293~383
二苯胺	817.15	45.36	0.1017	60~200	2642.3	8.8205	333~573
苯酚	694.15	43.54	0.1068	40~140	2968.5	10.249	323~453

十二、水的物性数据

温度 $T/℃$	蒸气压 p/kPa	密度 $\rho/(kg/L)$	黏度 $\eta/10^{-4}Pa\cdot s$	表面张力 $\sigma/(mN/m)$	折射率 n_D
0	0.6105	0.9999	1.787	75.64	1.33395
10	1.227	0.9997	1.307	74.22	1.33368
15	1.705	0.9992	1.139	73.49	1.33337
20	2.338	0.9983	1.002	72.75	1.33300
25	3.167	0.9971	0.8904	71.97	1.33254
30	4.243	0.9958	0.7975	71.18	1.33192
35	5.623	0.9941	0.7194	70.38	
40	7.376	0.9922	0.6529	69.56	1.33051
45	9.579	0.9903	0.596	68.74	
50	12.334	0.9881	0.5468	67.91	1.32894
55	15.737	0.9857	0.504		
60	19.916	0.9832	0.4665	66.18	
65	25.003	0.9806	0.4335		

续表

温度 T/℃	蒸气压 p/kPa	密度 ρ/(kg/L)	黏度 $\eta/10^{-4}$Pa·s	表面张力 σ/(mN/m)	折射率 n_D
70	31.157	0.9778	0.4042	64.4	
75	38.544	0.9749	0.3781		
80	47.343		0.3547	62.6	
85	57.809		0.3337		
90	70.096		0.3147		
95	84.513		0.2975		
100	101.33		0.2818		

十三、乙醇的含量（体积分数 φ）与折射率

φ/%	n_D	φ/%	n_D	φ/%	n_D	φ/%	n_D
0.50	1.3333	9.50	1.3392	34.00	1.3557	70.00	1.3652
1.00	1.3336	10.00	1.3395	36.00	1.3566	72.00	1.3654
1.50	1.3339	11.00	1.3403	38.00	1.3575	74.00	1.3655
2.00	1.3342	12.00	1.3410	40.00	1.3583	76.00	1.3657
2.50	1.3345	13.00	1.3417	42.00	1.3590	78.00	1.3657
3.00	1.3348	14.00	1.3425	44.00	1.3598	80.00	1.3658
3.50	1.3351	15.00	1.3432	46.00	1.3604	82.00	1.3657
4.00	1.3354	16.00	1.3440	48.00	1.3610	84.00	1.3656
4.50	1.3357	17.00	1.3447	50.00	1.3616	86.00	1.3655
5.00	1.3360	18.00	1.3455	52.00	1.3621	88.00	1.3653
5.50	1.3364	19.00	1.3462	54.00	1.3626	90.00	1.3650
6.00	1.3367	20.00	1.3469	56.00	1.3630	92.00	1.3646
6.50	1.3370	22.00	1.3484	58.00	1.3634	94.00	1.3642
7.00	1.3374	24.00	1.3498	60.00	1.3638	96.00	1.3636
7.50	1.3377	26.00	1.3511	62.00	1.3641	98.00	1.3630
8.00	1.3381	28.00	1.3524	64.00	1.3644	100.00	1.3614
8.50	1.3384	30.00	1.3535	66.00	1.3647		
9.00	1.3388	32.00	1.3546	68.00	1.3650		

十四、不同温度下的饱和水蒸气的压力

单位：Pa

温度/℃	0.0	0.2	0.4	0.6	0.8
0	6.105×10^2	6.195×10^2	6.286×10^2	6.379×10^2	6.473×10^2
1	6.567×10^2	6.650×1^2	6.759×10^2	6.858×10^2	6.958×10^2
2	7.058×10^2	7.159×10^2	7.262×10^2	7.366×10^2	7.473×10^2
3	7.579×10^2	7.687×10^2	7.797×10^2	7.907×10^2	8.019×10^2
4	8.134×10^2	8.249×10^2	8.365×10^2	8.483×10^2	8.603×10^2
5	8.723×10^2	8.846×10^2	8.970×10^2	9.095×10^2	9.222×10^2
6	9.350×10^2	9.481×10^2	9.611×10^2	9.745×10^2	9.880×10^2
7	1.002×10^3	1.016×10^3	1.030×10^3	1.044×10^3	1.058×10^3
8	1.073×10^3	1.087×10^3	1.102×10^3	1.117×10^3	1.132×10^3
9	1.148×10^3	1.164×10^3	1.179×10^3	1.195×10^3	1.211×10^3
10	1.228×10^3	1.244×10^3	1.261×10^3	1.278×10^3	1.295×10^3
11	1.312×10^3	1.330×10^3	1.348×10^3	1.366×10^3	1.384×10^3
12	1.402×10^3	1.421×10^3	1.440×10^3	1.459×10^3	1.478×10^3
13	1.497×10^3	1.517×10^3	1.537×10^3	1.558×10^3	1.578×10^3
14	1.598×10^3	1.619×10^3	1.640×10^3	1.661×10^3	1.683×10^3

续表

温度/℃	0.0	0.2	0.4	0.6	0.8
15	1.705×10^3	1.727×10^3	1.749×10^3	1.772×10^3	1.795×10^3
16	1.818×10^3	1.841×10^3	1.865×10^3	1.889×10^3	1.913×10^3
17	1.937×10^3	1.962×10^3	1.987×10^3	2.012×10^3	2.038×10^3
18	2.063×10^3	2.090×10^3	2.116×10^3	2.143×10^3	2.169×10^3
19	2.197×10^3	2.224×10^3	2.252×10^3	2.280×10^3	2.309×10^3
20	2.338×10^3	2.367×10^3	2.396×10^3	2.426×10^3	2.456×10^3
21	2.486×10^3	2.517×10^3	2.548×10^3	2.580×10^3	2.611×10^3
22	2.643×10^3	2.676×10^3	2.709×10^3	2.742×10^3	2.755×10^3
23	2.809×10^3	2.843×10^3	2.877×10^3	2.912×10^3	2.948×10^3
24	2.983×10^3	3.019×10^3	3.056×10^3	3.093×10^3	3.130×10^3
25	3.167×10^3	3.205×10^3	3.243×10^3	3.282×10^3	3.321×10^3
26	3.361×10^3	3.401×10^3	3.441×10^3	2.490×10^3	3.523×10^3
27	3.565×10^3	3.607×10^3	3.650×10^3	3.692×10^3	3.736×10^3
28	3.780×10^3	3.824×10^3	3.868×10^3	3.914×10^3	3.959×10^3
29	4.005×10^3	4.052×10^3	4.099×10^3	4.147×10^3	4.194×10^3
30	4.243×10^3	4.292×10^3	4.341×10^3	4.391×10^3	4.441×10^3
31	4.492×10^3	4.544×10^3	4.596×10^3	4.648×10^3	4.701×10^3
32	4.755×10^3	4.809×10^3	4.863×10^3	4.918×10^3	4.974×10^3
33	5.030×10^3	5.087×10^3	5.144×10^3	5.202×10^3	5.260×10^3
34	5.319×10^3	5.379×10^3	5.439×10^3	5.500×10^3	5.561×10^3
35	5.623×10^3	5.685×10^3	5.748×10^3	5.812×10^3	5.877×10^3
36	5.941×10^3	6.007×10^3	6.073×10^3	6.139×10^3	6.207×10^3
37	6.275×10^3	6.344×10^3	6.413×10^3	6.483×10^3	6.554×10^3
38	6.625×10^3	6.697×10^3	6.769×10^3	6.842×10^2	6.917×10^3
39	6.992×10^3	7.068×10^3	7.143×10^3	7.220×10^3	7.298×10^3
40	7.376×10^3	7.454×10^3	7.534×10^3	7.614×10^3	7.695×10^3
41	7.778×10^3	7.861×10^3	7.943×10^3	8.029×10^3	8.114×10^3
42	8.199×10^3	8.285×10^3	8.373×10^3	8.461×10^3	8.549×10^3
43	8.639×10^3	8.730×10^3	8.821×10^3	8.914×10^3	9.007×10^3
44	9.101×10^3	9.195×10^3	9.291×10^3	9.387×10^3	9.485×10^3
45	9.583×10^3	9.682×10^3	9.781×10^4	9.882×10^3	9.983×10^3

十五、共沸混合物的性质

1. 二元共沸混合物的性质

混合物的组分	760mmHg[②] 时的沸点/℃		质量分数/%	
	纯组分	共沸物	第一组分	第二组分
水[①]	100			
甲苯	110.8	84.1	19.6	81.4
苯	80.2	69.3	8.9	91.1
乙酸乙酯	77.1	70.4	8.2	91.8
正丁酸丁酯	125	90.2	26.7	73.3
异丁酸丁酯	117.2	87.5	19.5	80.5
苯甲酸乙酯	212.4	99.4	84.0	16.0
2-戊酮	102.25	82.9	13.5	86.5
乙醇	78.4	78.1	4.5	95.5
正丁醇	117.8	92.4	38	62
异丁醇	108.0	90.0	33.2	66.8
仲丁醇	99.5	88.5	32.1	67.9
叔丁醇	82.8	79.9	11.7	88.3
苄醇	205.2	99.9	91	9

续表

混合物的组分	760mmHg②时的沸点/℃		质量分数/%	
	纯组分	共沸物	第一组分	第二组分
烯丙醇	97.0	88.2	27.1	72.9
甲酸	100.8	107.3(最高)	22.5	77.5
硝酸	86.0	120.5(最高)	32	68
氢碘酸	−34	127(最高)	43	57
氢溴酸	67	126(最高)	52.5	47.5
氢氯酸	−84	110(最高)	79.76	20.2
乙醚	34.5	34.2	1.3	98.7
丁醛	75.7	68	6	94
三聚乙醛	115	91.4	30	70
乙酸乙酯	77.1			
二硫化碳	46.3	46.1	7.3	92.7
己烷	69			
苯	80.2	68.8	95	5
氯仿	61.2	60.8	28	72
丙酮	56.5			
二硫化碳	46.3	39.2	34	66
异丙醚	69.0	54.2	61	39
氯仿	61.2	65.5	20	80
四氯化碳	76.8			
乙酸乙酯	77.1	74.8	57	43
环己烷	80.8			
苯	80.2	77.8	45	55

① 有"～～"符号者为第一组分。
② 760mmHg=101.325kPa。

2. 三元共沸混合物的性质

第一组分		第二组分		第三组分		沸点/℃
名称	质量分数/%	名称	质量分数/%	名称	质量分数/%	
水	7.8	乙醇	9.0	乙酸乙酯	83.2	70.0
水	4.3	乙醇	9.7	四氯化碳	86.0	61.8
水	7.4	乙醇	18.5	苯	74.1	64.9
水	7	乙醇	17	环己烷	76	62.1
水	3.5	乙醇	4.0	氯仿	92.5	55.5
水	7.5	异丙醇	18.7	苯	73.8	66.5
水	0.81	二硫化碳	75.21	丙酮	23.98	38.042

十六、正交表

(1) $L_4(2^3)$

试验号 \ 列号	1	2	3
1	1	1	1
2	1	2	2
3	2	1	2
4	2	2	1

任意两列间的交互作用出现于另一列。

(2) $L_8(2^7)$

列号 试验号	1	2	3	4	5	6	7
1	1	1	1	1	1	1	1
2	1	1	1	2	2	2	2
3	1	2	2	1	1	2	2
4	1	2	2	2	2	1	1
5	2	1	2	1	2	1	2
6	2	1	2	2	1	2	1
7	2	2	1	1	2	2	1
8	2	2	1	2	1	1	2

$L_8(2^7)$ 两列间的交互作用表

列号 列号	1	2	3	4	5	6	7
	(1)	3	2	5	4	7	6
		(2)	1	6	7	4	5
			(3)	7	6	5	4
				(4)	1	2	3
					(5)	3	2
						(6)	1

$L_8(2^7)$ 表头设计

列号 因素数	1	2	3	4	5	6	7
3	A	B	A×B	C	A×C	B×C	
4	A	B	A×B C×D	C	A×C B×D	B×C A×D	D
4	A	B C×D	A×B	C B×D	A×C	D B×C	A×D
5	A D×E	B C×D	A×B C×E	C B×D	A×C B×E	D A×E B×C	E A×D

(3) $L_9(3^4)$

列号 试验号	1	2	3	4
1	1	1	1	1
2	1	2	2	2
3	1	3	3	3
4	2	1	2	3
5	2	2	3	1
6	2	3	1	2
7	3	1	3	2
8	3	2	1	3
9	3	3	2	1

任意两列间的交互作用出现于另外两列。

(4) $L_{18}(3^7)$

列号 试验号	1	2	3	4	5	6	7
1	1	1	1	1	1	1	1
2	1	2	2	2	2	2	2
3	1	3	3	3	3	3	3
4	2	1	1	2	2	3	3
5	2	2	2	3	3	1	1
6	2	3	3	1	1	2	2
7	3	1	2	1	3	2	3
8	3	2	3	2	1	3	1
9	3	3	1	3	2	1	2
10	1	1	3	3	2	2	1
11	1	2	1	1	3	3	2
12	1	3	2	2	1	1	3
13	2	1	2	3	1	3	2
14	2	2	3	1	2	1	3
15	2	3	1	2	3	2	1
16	3	1	3	2	3	1	2
17	3	2	1	3	1	2	3
18	3	3	2	1	2	3	1

(5) $L_{27}(3^{13})$

列号 试验号	1	2	3	4	5	6	7	8	9	10	11	12	13
1	1	1	1	1	1	1	1	1	1	1	1	1	1
2	1	1	1	1	2	2	2	2	2	2	2	2	2
3	1	1	1	1	3	3	3	3	3	3	3	3	3
4	1	2	2	2	1	1	1	2	2	2	3	3	3
5	1	2	2	2	2	2	2	3	3	3	1	1	1
6	1	2	2	2	3	3	3	1	1	1	2	2	2
7	1	3	3	3	1	1	1	3	3	3	2	2	2
8	1	3	3	3	2	2	2	1	1	1	3	3	3
9	1	3	3	3	3	3	3	2	2	2	1	1	1
10	2	1	2	3	1	2	3	1	2	3	1	2	3
11	2	1	2	3	2	3	1	2	3	1	2	3	1
12	2	1	2	3	3	1	2	3	1	2	3	1	2
13	2	2	3	1	1	2	3	2	3	1	3	1	2
14	2	2	3	1	2	3	1	3	1	2	1	2	3
15	2	2	3	1	3	1	2	1	2	3	2	3	1
16	2	3	1	2	1	2	3	3	1	2	2	3	1
17	2	3	1	2	2	3	1	1	2	3	3	1	2
18	2	3	1	2	3	1	2	2	3	1	1	2	3
19	3	1	3	2	1	3	2	1	3	2	1	3	2
20	3	1	3	2	2	1	3	2	1	3	2	1	3
21	3	1	3	2	3	2	1	3	2	1	3	2	1
22	3	2	1	3	1	3	2	2	1	3	3	2	1
23	3	2	1	3	2	1	3	3	2	1	1	3	2
24	3	2	1	3	3	2	1	1	3	2	2	1	3
25	3	3	2	1	1	3	2	3	2	1	2	1	3
26	3	3	2	1	2	1	3	1	3	2	3	2	1
27	3	3	2	1	3	2	1	2	1	3	1	3	2

$L_{27}(3^{13})$ 二列间的交互作用表

列号 列号	1	2	3	4	5	6	7	8	9	10	11	12	13
(1)		3 4	2 4	2 3	6 7	5 7	5 6	9 10	8 10	8 9	12 13	11 13	11 12
(2)			1 4	1 3	8 11	9 12	10 13	5 11	6 12	7 13	5 8	6 9	7 10
(3)				1 2	9 13	10 11	8 12	7 12	5 13	6 11	6 10	7 8	5 9
(4)					10 12	8 13	9 11	6 13	7 11	5 12	7 9	5 10	6 8
(5)						1 7	1 6	2 11	8 13	4 12	2 8	4 10	3 9
(6)							1 5	4 13	2 12	2 11	3 10	2 9	4 8
(7)								3 12	4 11	2 12	4 9	3 8	2 10
(8)									1 10	1 9	2 5	3 7	4 6
(9)										1 8	4 7	2 6	3 5
(10)											3 6	4 5	2 7
(11)												1 13	1 12
(12)													1 11

$L_{27}(3^{13})$ 表头设计

列号 因素数	1	2	3	4	5	6	7	8	9	10	11	12	13
3	A	B	$(A \times B)_1$	$(A \times B)_2$	C	$(A \times C)_1$	$(A \times C)_2$	$(B \times C)_1$			$(B \times C)_2$		
4	A	B	$(A \times B)_1$ $(C \times D)_2$	$(A \times B)_2$	C	$(A \times C)_1$ $(B \times D)_2$	$(A \times C)_2$	$(B \times C)_1$ $(A \times D)_2$	D	$(A \times D)_1$	$(B \times C)_2$	$(B \times D)_1$	$(C \times D)_1$

(6) $L_{16}(4^5)$

试验号\列号	1	2	3	4	5
1	1	1	1	1	1
2	1	2	2	2	2
3	1	3	3	3	3
4	1	4	4	4	4
5	2	1	2	3	4
6	2	2	1	4	3
7	2	3	4	1	2
8	2	4	3	2	1
9	3	1	3	4	2
10	3	2	4	3	1

续表

试验号 \ 列号	1	2	3	4	5
11	3	3	1	2	4
12	3	4	2	1	3
13	4	1	4	2	3
14	4	2	3	1	4
15	4	3	2	4	1
16	4	4	1	3	2

任意两列间的交互作用出现于其他三列

(7) $L_{25}(5^6)$

试验号 \ 列号	1	2	3	4	5	6
1	1	1	1	1	1	1
2	1	2	2	2	2	2
3	1	3	3	3	3	3
4	1	4	4	4	4	4
5	1	5	5	5	5	5
6	2	1	2	3	4	5
7	2	2	3	4	5	1
8	2	3	4	5	1	2
9	2	4	5	1	2	3
10	2	5	1	2	3	4
11	3	1	3	5	2	4
12	3	2	4	1	3	5
13	3	3	5	2	4	1
14	3	4	1	3	5	2
15	3	5	2	4	1	3
16	4	1	4	2	5	3
17	4	2	5	3	1	4
18	4	3	1	4	2	5
19	4	4	2	5	3	1
20	4	5	3	1	4	2
21	5	1	5	4	3	2
22	5	2	1	5	4	3
23	5	3	2	1	5	4
24	5	4	3	2	1	5
25	5	5	4	3	2	1

(8) $L_8(4\times 2^4)$

试验号 \ 列号	1	2	3	4	5
1	1	1	1	1	1
2	1	2	2	2	2
3	2	1	1	2	2
4	2	2	2	1	1
5	3	1	2	1	2
6	3	2	1	2	1
7	4	1	2	2	1
8	4	2	1	1	2

(8) $L_8(4\times 2^4)$ 表头设计

因素数 \ 列号	1	2	3	4	5
2	A	B	$(A\times B)_1$	$(A\times B)_2$	$(A\times B)_3$
3	A	B	C		
4	A	B	C	D	
5	A	B	C	D	E

(9) $L_{16}(4^2\times 2^9)$

试验号 \ 列号	1	2	3	4	5	6	7	8	9	10	11
1	1	1	1	1	1	1	1	1	1	1	1
2	1	2	1	1	1	2	2	2	2	2	2
3	1	3	2	2	1	1	1	2	2	2	2
4	1	4	2	2	2	2	2	2	1	1	1
5	2	1	1	2	2	1	2	2	1	2	2
6	2	2	1	2	2	2	1	1	2	1	1
7	2	3	2	1	1	1	2	2	2	1	1
8	2	4	2	1	1	2	1	1	1	2	2
9	3	1	2	2	1	2	1	2	2	1	2
10	3	2	2	1	2	1	2	1	1	2	1
11	3	3	1	2	2	1	2	1	2	1	1
12	3	4	1	2	1	1	1	2	1	2	2
13	4	1	2	2	1	2	1	2	2	2	1
14	4	2	2	2	1	1	2	1	1	1	2
15	4	3	1	1	2	2	2	1	1	2	2
16	4	4	1	1	2	1	1	2	2	2	1

(10) $L_{16}(4^3\times 2^8)$

试验号 \ 列号	1	2	3	4	5	6	7	8	9
1	1	1	1	1	1	1	1	1	1
2	1	2	2	1	1	2	2	2	2
3	1	3	3	2	2	1	1	2	2
4	1	4	4	2	2	2	2	1	1
5	2	1	2	2	2	1	1	1	2
6	2	2	1	2	2	2	1	2	1
7	2	3	4	1	1	1	2	2	1
8	2	4	3	1	1	2	1	1	2
9	3	1	3	1	2	2	2	2	1
10	3	2	4	1	2	1	1	1	2
11	3	3	1	2	1	2	2	1	2
12	3	4	2	2	1	1	1	2	1
13	4	1	4	2	1	2	1	2	1
14	4	2	3	2	1	1	2	1	1
15	4	3	2	1	2	2	1	1	1
16	4	4	1	1	2	1	2	2	2

(11) $L_{16}(4^4 \times 2^3)$

试验号\列号	1	2	3	4	5	6	7
1	1	1	1	1	1	1	1
2	1	2	2	2	1	2	2
3	1	3	3	3	2	1	2
4	1	4	4	4	2	2	1
5	2	1	2	3	2	2	1
6	2	2	1	4	2	1	2
7	2	3	4	1	1	2	2
8	2	4	3	2	1	1	1
9	3	1	3	4	1	2	1
10	3	2	4	3	1	1	2
11	3	3	1	2	2	2	2
12	3	4	2	1	2	1	1
13	4	1	4	2	2	1	2
14	4	2	3	1	2	2	1
15	4	3	2	4	1	1	1
16	4	4	1	3	1	2	2

十七、均匀设计表

(1)　　$U_5(5^4)$

试验号\列号	1	2	3	4
1	1	2	3	4
2	2	4	1	3
3	3	1	4	2
4	4	3	2	1
5	5	5	5	5

$U_5(5^4)$ 表的使用

因素数	列　号			
2	1	2		
3	1	2	4	
4	1	2	3	4

(2)　　$U_7(7^6)$

试验号\列号	1	2	3	4	5	6
1	1	2	3	4	5	6
2	2	4	6	1	3	5
3	3	6	2	5	1	4
4	4	1	5	2	6	3
5	5	3	1	6	4	2
6	6	5	4	3	2	1
7	7	7	7	7	7	7

$U_7(7^6)$ 表的使用

因素数	列　号					
2	1	3				
3	1	2	3			
4	1	2	3	6		
5	1	2	3	4	6	
6	1	2	3	4	5	6

(3)　　$U_9(9^6)$

试验号\列号	1	2	3	4	5	6
1	1	2	4	5	7	8
2	2	4	8	1	5	7
3	3	6	3	6	3	6
4	4	8	7	2	1	5
5	5	1	2	7	8	4
6	6	3	6	3	6	3
7	7	5	1	8	4	2
8	8	7	5	4	2	1
9	9	9	9	9	9	9

$U_9(9^6)$ 表的使用

因素数	列　号					
2	1	3				
3	1	3	5			
4	1	2	3	5		
5	1	2	3	4	5	
6	1	2	3	4	5	6

(4) $U_{11}(11^{10})$

列号\试验号	1	2	3	4	5	6	7	8	9	10
1	1	2	3	4	5	6	7	8	9	10
2	2	4	6	8	10	1	3	5	7	9
3	3	6	9	1	4	7	10	2	5	8
4	4	8	1	5	9	2	6	10	3	7
5	5	10	4	9	3	8	2	7	1	6
6	6	1	7	2	8	3	9	4	10	5
7	7	3	10	6	2	9	5	1	8	4
8	8	5	2	10	7	4	1	9	6	3
9	9	7	5	3	1	10	8	6	4	2
10	10	9	8	7	6	5	4	3	2	1
11	11	11	11	11	11	11	11	11	11	11

$U_{11}(11^{10})$ 表的使用

因素数	列号								
2	1	7							
3	1	5	7						
4	1	2	5	7					
5	1	2	3	5	7				
6	1	2	3	5	7	10			
7	1	2	3	4	5	7	10		
8	1	2	3	4	5	6	7	10	
9	1	2	3	4	5	6	7	9	10
10	1	2	3	4	5	6	7	8	9	10

(5) $U_{13}(13^{12})$

列号\试验号	1	2	3	4	5	6	7	8	9	10	11	12
1	1	2	3	4	5	6	7	8	9	10	11	12
2	2	4	6	8	10	12	1	3	5	7	9	11
3	3	6	9	12	2	5	8	11	1	4	7	10
4	4	8	12	3	7	11	2	6	10	1	5	9
5	5	10	2	7	12	4	9	1	6	11	3	8
6	6	12	5	11	4	10	3	9	2	8	1	7
7	7	1	8	2	9	3	10	4	11	5	12	6
8	8	3	11	6	1	9	4	12	7	2	10	5
9	9	5	1	10	6	2	11	7	3	12	8	4
10	10	7	4	1	11	8	5	2	12	9	6	3
11	11	9	7	5	3	1	12	10	8	6	4	2
12	12	11	10	9	8	7	6	5	4	3	2	1
13	13	13	13	13	13	13	13	13	13	13	13	13

$U_{13}(13^{12})$ 表的使用

因素数	列号										
2	1	5									
3	1	3	4								
4	1	6	8	10							
5	1	6	8	9	10						
6	1	2	6	8	9	10					
7	1	2	6	8	9	10	12				
8	1	2	6	7	8	9	10	12			
9	1	2	3	6	7	8	9	10	12		
10	1	2	3	5	6	7	8	9	10	12	
11	1	2	3	4	5	6	7	8	9	10	12
12	1	2	3	4	5	6	7	8	9	10	11	12

(6) $U_{15}(15^8)$

列号 试验号	1	2	3	4	5	6	7	8
1	1	2	4	7	8	11	13	14
2	2	4	8	14	1	7	11	13
3	3	6	12	6	9	3	9	12
4	4	8	1	13	2	14	7	11
5	5	10	5	5	10	10	5	10
6	6	12	9	12	3	6	3	9
7	7	14	13	4	11	2	1	8
8	8	1	2	11	4	13	14	7
9	9	3	6	3	12	9	12	6
10	10	5	10	10	5	5	10	5
11	11	7	14	2	13	1	8	4
12	12	9	3	9	6	12	6	3
13	13	11	7	1	14	8	4	2
14	14	13	11	8	7	4	2	1
15	15	15	15	15	15	15	15	15

$U_{15}(15^8)$ 表的使用

因素数	列 号
2	1 6
3	1 3 4
4	1 3 4 7
5	1 2 3 4 7
6	1 2 3 4 6 8
7	1 2 3 4 6 7 8
8	1 2 3 4 5 6 7 8

(7) $U_{17}(17^{16})$

列号 试验号	1	2	3	4	5	6	7	8	9	10	11	12	13	14	15	16
1	1	2	3	4	5	6	7	8	9	10	11	12	13	14	15	16
2	2	4	6	8	10	12	14	16	1	3	5	7	9	11	13	15
3	3	6	9	12	15	1	4	7	10	13	16	2	5	8	11	14
4	4	8	12	16	3	7	11	15	2	6	10	14	1	5	9	13
5	5	10	15	3	8	13	1	6	11	16	4	9	14	2	7	12
6	6	12	1	7	13	2	8	14	3	9	15	4	10	16	5	11
7	7	14	4	11	1	8	15	5	12	2	9	16	6	13	3	10
8	8	16	7	15	6	14	5	13	4	12	3	11	2	10	1	9
9	9	1	10	2	11	3	12	4	13	5	14	6	15	7	16	8
10	10	3	13	6	16	9	2	12	5	15	8	1	11	4	14	7
11	11	5	16	10	4	15	9	3	14	8	2	13	7	1	12	6
12	12	7	2	14	9	4	16	11	6	1	13	8	3	15	10	5
13	13	9	5	1	14	10	6	2	15	11	7	3	16	12	8	4
14	14	11	8	5	2	16	13	10	7	4	1	15	12	9	6	3
15	15	13	11	9	7	5	3	1	16	14	12	10	8	6	4	2
16	16	15	14	13	12	11	10	9	8	7	6	5	4	3	2	1
17	17	17	17	17	17	17	17	17	17	17	17	17	17	17	17	17

$U_{17}(17^{16})$ 表的使用

因素数	列 号
2	1 10
3	1 10 15
4	1 10 14 15
5	1 4 10 14 15
6	1 4 6 10 14 15
7	1 4 6 9 10 14 15
8	1 4 5 6 9 10 14 15
9	1 4 5 6 9 10 14 15 16
10	1 4 5 6 7 9 10 14 15 16
11	1 2 4 5 6 7 9 10 14 15 16
12	1 2 3 4 5 6 7 9 10 14 15 16
13	1 2 3 4 5 6 7 9 10 13 14 15 16
14	1 2 3 4 5 6 7 9 10 11 13 14 15 16
15	1 2 3 4 5 6 7 9 9 10 11 13 14 15 16
16	1 2 3 4 5 6 7 9 9 10 11 12 13 15 15 16

(8) $U_{19}(19^{18})$

列号＼试验号	1	2	3	4	5	6	7	8	9	10	11	12	13	14	15	16	17	18
1	1	2	3	4	5	6	7	8	9	10	11	12	13	14	15	16	17	18
2	2	4	6	8	10	12	14	16	18	1	3	5	7	9	11	13	15	17
3	3	6	9	12	15	18	2	5	8	11	14	17	1	4	7	10	13	16
4	4	8	12	16	1	5	9	13	17	2	6	10	14	18	3	7	11	15
5	5	10	15	1	6	11	16	2	7	12	17	3	8	13	18	4	9	14
6	6	12	18	5	11	17	4	10	16	3	9	15	2	8	14	1	7	13
7	7	14	2	9	16	4	11	18	6	13	1	8	15	3	10	17	5	12
8	8	16	5	13	2	10	18	7	15	4	12	1	9	17	6	14	3	11
9	9	18	8	17	7	16	6	15	5	14	4	13	3	12	2	11	1	10
10	10	1	11	2	12	3	13	4	14	5	15	6	16	7	17	8	18	9
11	11	3	14	6	17	9	1	12	4	15	7	18	10	2	13	5	16	8
12	12	5	17	10	3	15	8	1	13	6	18	11	4	16	9	2	14	7
13	13	7	1	14	8	2	15	9	3	16	10	4	17	11	5	18	12	6
14	14	9	4	18	13	8	3	17	12	7	2	16	11	6	1	15	10	5
15	15	11	7	3	18	14	10	6	2	17	13	9	5	1	16	12	8	4
16	16	13	10	7	4	1	17	14	11	8	5	2	18	15	12	9	6	3
17	17	15	13	11	9	7	5	3	1	18	16	14	12	10	8	6	4	2
18	18	17	16	15	14	13	12	11	10	9	8	7	6	5	4	3	2	1
19	19	19	19	19	19	19	19	19	19	19	19	19	19	19	19	19	19	19

$U_{19}(19^{18})$ 表的使用

因素数	列号
2	1 8
3	1 7 8
4	1 6 8 14
5	1 6 8 14 17
6	1 6 8 10 14 17
7	1 6 7 8 10 14 17
8	1 3 6 7 8 10 14 17
9	1 3 4 6 7 8 10 14 17
10	1 3 4 6 7 8 10 14 17 18
11	1 3 4 5 6 7 8 10 14 17 18
12	1 3 4 5 6 7 8 10 13 14 17 18
13	1 3 4 5 6 7 8 10 11 13 14 17 18
14	1 2 3 4 5 6 7 8 10 11 13 14 17 18
15	1 2 3 4 5 6 7 8 10 11 13 14 17 18
16	1 2 3 4 5 6 7 8 9 10 11 12 13 14 17 18
17	1 2 3 4 5 6 7 8 9 10 11 12 13 14 16 17 18
18	1 2 3 4 5 6 7 8 9 10 11 12 13 14 15 16 17 18

(9) $U_{21}(21^{12})$

列号＼试验号	1	2	3	4	5	6	7	8	9	10	11	12
1	1	2	4	5	8	10	11	13	16	17	19	20
2	2	4	8	10	16	20	1	5	11	13	17	19
3	3	6	12	15	3	9	12	18	6	9	15	18
4	4	8	16	20	11	19	2	10	1	5	13	17
5	5	10	20	4	19	8	13	2	17	1	11	16

续表

列号 试验号	1	2	3	4	5	6	7	8	9	10	11	12
6	6	12	3	9	6	18	3	15	12	18	9	15
7	7	14	1	14	14	7	14	7	7	14	7	14
8	8	16	11	19	1	17	4	20	2	10	5	13
9	9	18	15	3	9	6	15	12	18	6	3	12
10	10	20	19	8	17	16	5	4	13	2	1	11
11	11	1	2	13	4	5	16	17	8	19	20	10
12	12	3	6	18	12	15	6	9	3	15	18	9
13	13	5	10	2	20	4	17	1	19	11	16	8
14	14	7	14	7	7	14	7	14	14	7	14	7
15	15	9	18	12	15	3	18	6	9	3	12	6
16	16	11	1	17	2	13	8	19	4	20	10	5
17	17	13	5	1	10	2	19	11	20	16	8	4
18	18	15	9	6	18	12	9	3	15	12	6	3
19	19	17	13	11	5	1	20	16	10	8	4	2
20	20	19	17	16	13	11	10	8	5	4	2	1
21	21	21	21	21	21	21	21	21	21	21	21	21

$U_{21}(21^{12})$ 表的使用

因素数	列 号											
2	1	13										
3	1	4	10									
4	1	4	10	13								
5	1	4	10	16	19							
6	1	4	10	13	16	19						
7	1	4	10	13	16	19	20					
8	1	4	5	8	10	11	17	19				
9	1	2	4	5	8	10	11	17	19			
10	1	2	4	5	8	10	11	16	17	19		
11	1	2	4	5	8	10	11	13	16	17	19	
12	1	2	4	5	8	10	11	13	16	17	19	20